Marine Fishes of China

中国海洋鱼类

陈大刚　张美昭　编著

中国海洋大学出版社
· 青岛 ·

总目录

上卷

无颌鱼形动物

有颌鱼类

中卷

下卷

下卷目录

45（6）绵鳚亚目 Zoarcoidei（14-11a）

本亚目物种体延长，呈鳗形，侧扁。鼻孔1个。体被鳞或裸露。背鳍、臀鳍低而延长，鳍基骨分别与脊椎骨髓棘、脉棘连接；背鳍、臀鳍与尾鳍相连或不相连。腹鳍有或缺失；如有，则为喉位，且较小。绵鳚鱼类的分类关系尚不甚明确。Berg（1940）等将其置于鳚亚目中[66]，Rossenel（1969）将其归于鳕形目，Smith（1986）则将其立为绵鳚目[2]，而Nelson（1984）将其作为鲈形目的一个亚目[3]。本亚目全球有9科95属340种，我国仅有4科9属14种。

注：本亚目中鳗鳚科被Nelson（2006）收录于鲈亚目。本书仍将该科留于绵鳚亚目中。

绵鳚亚目的科、属、种检索表

1a 鳃盖膜与峡部分离或相连甚窄 ……………………………………………………………（4）

1b 鳃盖膜与峡部相连甚宽，鳃孔限于头侧；背鳍无鳍棘或仅尾前部有短棘……………………………………………… 绵鳚科 Zoarcidae（2）

2a 无腹鳍；背鳍无鳍棘；侧线2条；头部稍宽………………宽头长孔绵鳚 *Bothrocara molle* 2289

2b 有腹鳍；背鳍后部有短鳍棘；侧线1条 ………………………………绵鳚属 *Enchelyopus*（3）

3a 眼间隔较宽，平坦；背鳍鳍棘15～20枚；背鳍前部有黑斑………………吉氏绵鳚 *E. gilli* 2290

3b 眼间隔较窄，弧形；背鳍鳍棘9～14枚；背鳍前部无黑斑……………长绵鳚 *E. elongatus* 2291

4-1a 尾鳍退化，完全与背鳍、臀鳍连合 ………………………………………………………（12）

4b 尾鳍明显，仅基部或前半部与背鳍、臀鳍相连 ……………………………………………（5）

5a 左、右鳃膜相连或不相连，鳃孔向前下方延伸；多数种类的背鳍全由鳍棘组成………………………………………………线鳚科 Stichaeidae（8）

5b 左、右鳃膜相连甚宽，横跨喉部成一宽皮褶；背鳍由鳍棘或大部分由鳍棘组成…………………………………………………锦鳚科 Pholidae（6）

6a 胸鳍较长，头长为胸鳍长的1.4～1.5倍；云纹浅淡………………方氏云鳚 *Encdrias fangi* 2292

6b 胸鳍短，头长为胸鳍长的2倍以上；体色较深 ……………………………………………（7）

7a 胸鳍较短，头长为胸鳍长的2.2～2.6倍；体侧有云状暗斑……………云鳚 *E. nebulosus* 2293

7b 胸鳍甚短，头长为胸鳍长的2.3～3.3倍；体侧有白色横线 …………竹云鳚 *E. crassispina* 2294

8-5a 体无侧线，无腹鳍 …………………………………………鸡冠鳚 *Alectrias benjamini* 2295

8b 体有侧线，有腹鳍 ……………………………………………………………………（9）

9a 侧线3条或呈网格状 …………………………………………………………………（11）

9b 侧线1条；眼上缘皮瓣发达……………………………………眉鳚属 *Chirolophis*（10）

10a 眼上缘皮瓣3对 ……………………………………………………斋藤眉鳚 *C. saitone* 2297

10b 眼上缘皮瓣2对 …………………………………………………日本眉鳚 *C. japonicus* 2296

11-9a 侧线3条………………………………………六线鳚 *Ernogrammus hexagrammus* 2298

11b 侧线呈网格状 ………………………………………………伯氏网鳚 *Dictyosoma burgeri* 2299

12–4a 背鳍前部为鳍棘，后部为鳍条 ……………………………内田小绵鳚 *Zoarchias uchidai* 2300

12b 背鳍全部由鳍条组成，或仅前端有1枚鳍棘

…………………………………………鳗鳚科 Congrogadidae 鳗鳚 *Congrogadus subducens* 2301

(256) 绵鳚科 Zoarcidae

本科物种体甚延长，似鳗形。无鳞或具埋入式小圆鳞。头大，口大。两颌具锥状齿。背鳍、臀鳍与尾鳍相连。背鳍无鳍棘或尾鳍前部有短鳍棘。腹鳍有或缺失；如有则为喉位，且很小。侧线退化或稍发达。为冷温性或冷水性鱼类。全球有46属约230种，我国仅有2属4种。

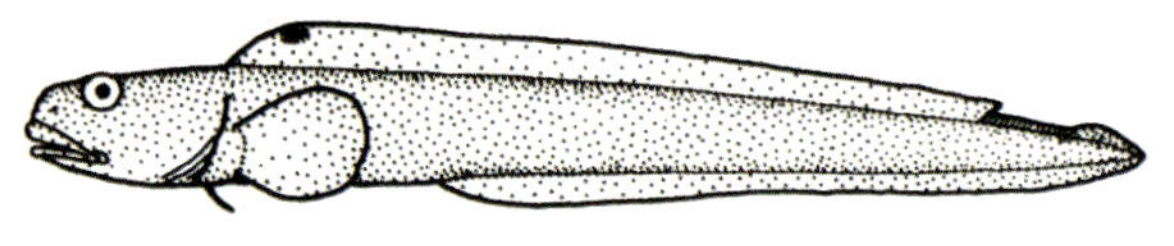

绵鳚科物种形态简图

2289 宽头长孔绵鳚 *Bothrocara molle* Bean，1890 [55]

背鳍120 ~ 127；臀鳍98 ~ 105；胸鳍13 ~ 16；腹鳍0。

本种体延长，侧扁。头大，较宽。口大。两颌、犁骨、腭骨具圆锥状小齿。体被小圆鳞，头和腋部无鳞。侧线2条。有胸鳍，无腹鳍。背鳍长，无鳍棘。背鳍、尾鳍、臀鳍相连。尾尖。体灰褐色或黄褐色，无斑纹。奇鳍黑色。为冷温性底层鱼类。多栖息于水深60 ~ 520 m的沙泥底质海区。分布于我国台湾海域，以及日本北部海域、鄂霍次克海、白令海。体长约60 cm。

▲ 本属我国尚记录有褐长孔绵鳚 *B. brunneum*。分布于我国台湾海域。

绵鳚属 *Enchelyopus* Gronow，1763

本属物种一般特征同科。具侧线。背鳍长，大部分由鳍条组成，仅后部近尾端处具小鳍棘。我国有2种。

2290 吉氏绵鳚 *Enchelyopus gilli* Jordan et Starks，1905

背鳍90～94－XV～XX－16～25；臀鳍94～116；胸鳍19～20；腹鳍3。

本种体延长，后部侧扁。头中等大，稍宽。吻圆钝。眼小，上侧位；眼间隔较宽，平坦。口大，下位。唇发达。上颌稍长于下颌。齿锐尖；上颌齿3行，下颌齿2行；犁骨、腭骨无齿。鳃孔大，鳃膜与峡部相连。背鳍长，后端有15～20枚短鳍棘。胸鳍宽圆。腹鳍小，喉位。尾鳍短小。体灰黄色，腹侧白色，体侧具15～18个暗斑，背鳍前部有一明显的黑色圆斑。为冷温性底层鱼类。栖息于沿岸沙泥底质海区。分布于我国渤海、黄海、东海，以及日本海域、朝鲜半岛海域。体长约45 cm。卵胎生。

注：本种过去被误认为长绵鳚 *E. elongatus*。

2291 长绵鳚 *Enchelyopus elongatus*（Kner，1868）[71]

背鳍85～90－Ⅸ～ⅩⅣ－25～30；臀鳍98～103；胸鳍17～20；腹鳍3。

本种体延长，后部侧扁。头中等大。眼小，近头背；眼间隔窄，圆弧状。背鳍后部有缺刻，具短鳍棘9～14枚。体暗褐色，略带绿色。从背鳍到体侧有15个以上Y形横带。为冷温性底层鱼类。栖息于近岸沙泥底质海区。分布于我国黄海，以及日本山阴海域、北海道海域，朝鲜半岛海域。体长约50 cm。

（257）锦鳚科 Pholidae

本科物种体细长，甚侧扁，被小圆鳞。头部无皮瓣。背鳍1个，多数种类的背鳍全由鳍棘组成。胸鳍小。腹鳍退化；如有，则为喉位。侧线短或缺失。我国有1属3种。

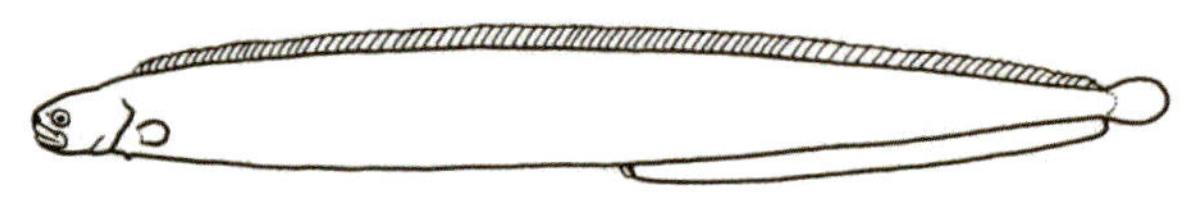

锦鳚科物种形态简图

云鳚属 *Enedrias* Jordan et Gilbert，1898

本属物种一般特征同科。体小，带状。背鳍全部由鳍棘构成。腹鳍小，喉位。无侧线。

2292 方氏云鳚 *Enedrias fangi*（Wang et Wang，1936）

= 方氏锦鳚 *Pholis fangi*

背鳍LXXⅧ～LXXIX；臀鳍Ⅱ－39～41；胸鳍15～16；腹鳍Ⅰ－1。

本种体延长，带状。头短小。吻短，吻长小于眼径。眼小，侧高位。口小，前位；颌齿粗短。鳃孔大，鳃膜相连。体具微小圆鳞，无侧线。胸鳍较长，后缘圆弧形；头长为胸鳍长的1.4～1.5倍。体淡黄褐色。从眼间隔至眼下有一黑褐色横带。背侧与体侧均具14～15个黑褐色云状斑，各斑中央尚有1条浅色横纹。奇鳍也有云状斑。为冷温性底层鱼类。栖息于近岸岩礁或沙泥底质海区。分布于我国黄海、渤海、东海。体长约15 cm[5]。

2293 云鳚 *Enedrias nebulosus*（Temminck et Schlegel，1845）

= 云纹锦鳚 *Pholis nebulosus*

背鳍LXXIX；臀鳍Ⅱ－41；胸鳍15；腹鳍Ⅰ－1。

本种体延长，带状。头短小。吻短，吻长约等于眼径。口小。颌齿短钝，呈窄带状排列。胸鳍短，头长为胸鳍长的2.2～2.6倍。体黄褐色，腹部淡黄色，体有云状暗斑，项部有V形黑纹。为冷温性底层鱼类。栖息于岩礁或沙泥底质海区，水深约20 m。分布于我国黄海、渤海、东海，以及日本北海道以南至高知县海域。体长约12 cm[5, 10]。

2294 **竹云鳚** *Enedrias crassispina* (Temminck et Schlegel, 1845)[71] (上绿褐色，下褐色)

= 竹锦鳚 *Pholistic crassispina*

背鳍LXXIII ~ LXXIV；臀鳍 II - 34 ~ 41；胸鳍11 ~ 13；腹鳍 I - 1。

本种体延长，带状。头被小鳞。胸鳍甚短，头长为胸鳍长的2.3 ~ 3.3倍。体褐色或绿褐色，尾鳍黄色或淡褐色。背鳍基有1列不明显的暗斑，体侧有白色横线。为冷温性底层鱼类。栖息于从潮间带到水深5 m的藻场水域。分布于我国黄海、渤海，以及日本北海道至九州沿海。体长约25 cm[38]。

注：据中坊徹次（1993）、益田一（1984）、尼岡邦夫（1983）记载，本种在黄海、渤海有分布[36, 38, 71]。不过笔者未在上述海域采到过本种。

(258) 线鳚科 Stichaeidae

本科物种体延长。背鳍长，多数种类的背鳍全部由鳍棘组成。侧线缺失或每侧3 ~ 4条。腹鳍缺失或 I - 4。从吻到臀鳍的距离通常等于或短于臀鳍起点到尾端距离。全球有36属约65种，我国有5属6种。

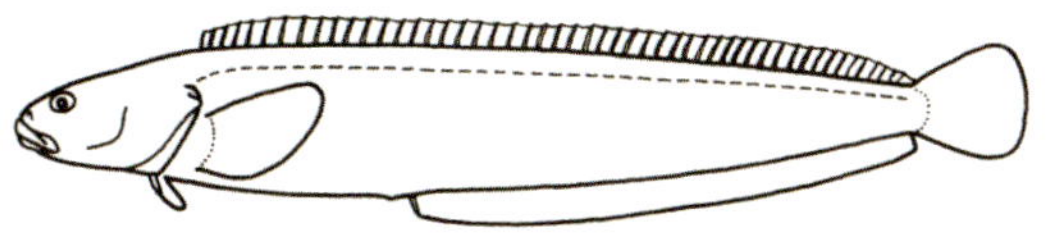

线鳚科物种形态简图

2295 **鸡冠鳚** *Alectrias benjamini* Jordan et Snyder, 1902[38]

= 绿鸡冠鳚

背鳍LV ~ LIX；臀鳍 I - 39 ~ 41；胸鳍10 ~ 11；腹鳍0。

本种体延长，带状。头背有一高起的皮质纵棱，似鸡冠。体前部裸露，后部被圆鳞，无侧线。背鳍低，全由鳍棘组成。无腹鳍。体暗蓝褐色，背缘有1纵行黑褐色斑点（约20个），体侧中央尚有1纵行白斑。尾鳍有灰褐色横纹。为冷温性底层鱼类。栖息于岩礁海区、内湾和藻场海域。分布于我国黄海、渤海，以及日本新潟以北海域、日本海北部海域。体长约10 cm。

眉鳚属 *Chirolophis* Swainson，1839

本属物种体延长，侧扁。头部、背鳍前端和侧线均具皮须。上、下颌齿各2行。犁骨、腭骨无齿。左、右鳃膜相连，但不连于峡部。头、体被小圆鳞。侧线短，止于胸鳍上方，由1行小孔组成。腹鳍喉位，Ⅰ－4。尾鳍后缘圆弧形。我国有2种。

2296 日本眉鳚 *Chirolophis japonicus* Herzenstein，1890

= 日本冠饰鳚 = 縫鳚 *Azuma emmnion*

背鳍LX～LXⅢ；臀鳍Ⅰ－45～47；胸鳍13～15；腹鳍Ⅰ－4。

本种一般特征同属。体延长，侧扁。头小。吻短，圆钝。口稍大。上、下颌齿各2行。眼上缘皮瓣2对，上端分支。鳞小，多埋于皮下。腹鳍发达，喉位，两腹鳍相距近。体橙黄色，体侧有8个黑褐色云状大斑。背鳍具10余个暗斑。尾鳍有2条黑色宽纹。为冷温性底层鱼类。栖息于近岸内湾岩礁海区、近海沙泥底质海区。分布于我国黄海、渤海，以及日本山阴、岩手县以北海域。体长约50 cm。

2297 斋藤眉鳚 *Chirolophis saitone*（Jordan et Snyder，1902）[38]

= 网纹冠饰鳚

背鳍XLIX～LV；臀鳍Ⅰ－35～38；胸鳍13～15；腹鳍Ⅰ－4。

本种体延长，侧扁。头稍大，吻钝尖。头背皮瓣很多。眼上缘皮瓣3对。两颌齿门齿状。犁骨、腭骨无齿。体淡黄褐色，腹侧淡黄色。体侧有10余个褐色横斑，向上与背鳍横带相连。眼下缘有一垂带。胸鳍基黑色。为冷温性底层鱼类。栖息于沿岸岩礁海区。分布于我国黄海北部，以及日本青森县和北海道海域。体长约10 cm。

2298 六线鳚 *Ernogrammus hexagrammus*（Temminck et Schlegel，1846）[38]

背鳍 XXXXIX ~ XLⅢ；臀鳍Ⅰ－25 ~ 30；胸鳍13 ~ 15；腹鳍Ⅰ－4。

本种体延长，侧扁。头呈长锥状，吻尖。口大，唇发达。两颌及犁骨、腭骨均有齿。头部光滑无皮瓣。鳃孔伸达头下，鳃膜与峡部分离。体被小圆鳞。侧线3条，波纹状，有很多小分支。背鳍长，全由鳍棘组成。腹鳍窄长，喉位。头、体背侧棕黑色，背缘有9个灰白色点，眼下有2条灰白色斜带。胸鳍有6条黑色横带。为冷温性底层鱼类。栖息于沿岸岩礁海区的海藻丛中、咸淡水水域。分布于我国黄海、渤海，以及日本北部海域。体长约15 cm。

2299 伯氏网鳚 *Dictyosoma burgeri* Van der Hoeven，1849 [71]

背鳍L ~ LⅣ，7 ~ 13；臀鳍Ⅱ ~ Ⅲ，40 ~ 45；胸鳍10 ~ 13；腹鳍0 ~ 1。

本种体延长，侧扁，呈带状。头小，吻钝。头背缘有纵棱，无皮瓣。口较大，唇发达。两颌、犁骨、腭骨均有齿。体被微小圆鳞。侧线复杂，呈网格状。腹鳍退化，在喉部中央呈小突起状。体淡灰褐色，头部有小黑点，鳃孔上方有2个黑斑。为冷温性底层鱼类。栖息于潮间带岩礁海区。分布于我国黄海、渤海，以及日本海域、朝鲜半岛海域。体长约28 cm。

2300 内田小绵鳚 *Zoarchias uchidai* Matsubara，1932[45]

背鳍 XXVI ~ XXVIII，77 ~ 85；臀鳍 I - 78 ~ 91；胸鳍9；腹鳍0。

本种体延长，呈带状。头小，略呈锥状。眼上无鼻管。鳃裂大，左、右鳃膜与峡部相连。背鳍前部为鳍棘，后部为鳍条。有胸鳍，无腹鳍。背鳍、尾鳍、臀鳍相连。尾尖。体黄褐色，体侧有不规则的斑纹，背鳍、臀鳍亦具斑纹。为冷温性岩礁鱼类。栖息于沿岸岩礁海区的海藻丛中。分布于我国黄海，以及朝鲜半岛海域。体长约10 cm。

注：本种曾被不同学者置于不同科中。中坊徹次（1993）将其置于绵鳚科Zoarcidae，黄宗国（2012）将其置于线鳚科 Stichaidae，刘瑞玉（2008）将其置于猿鳚科 Cebidichthyidae[36, 13, 12]。

（259）鳗鳚科 Congrogadidae

本科物种体鳗形。体被小圆鳞，无颐须。口中等大。颌齿1行，锥状。犁骨、腭骨无齿。鳃膜相连，鳃膜与峡部相连或分离。侧线1 ~ 4条或不完全。背鳍、臀鳍均长。腹鳍无或有；如有，则为喉位，I - 4。本科物种亦被一些学者置于龙䲢亚目Trachinoidei或鲈亚目Percoidei拟雀鲷科Pseudochromidae中[2, 3, 13]。全球有9属17种，我国仅有1属1种。

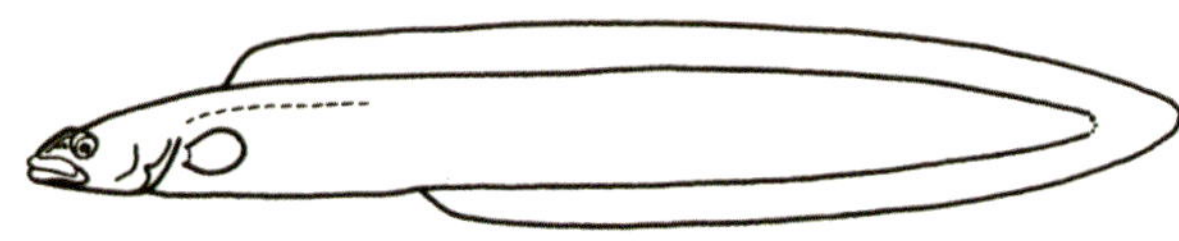

鳗鳚科物种形态简图

2301 **鳗鳚** *Congrogadus subducens*（Richardson，1843）[38]

=鳗鲷

背鳍68～79；臀鳍57～66；胸鳍7～11；腹鳍0。侧线鳞42～67。

本种一般特征同科。体鳗形。吻尖长。下颌比上颌突出。体被小圆鳞，颊部有鳞，鳃盖中央无鳞。背鳍、臀鳍长。背鳍、臀鳍、尾鳍相连。无腹鳍。侧线1条，不完全。体黑褐色。背鳍、臀鳍黄褐色。为珊瑚礁鱼类。栖息于浅水珊瑚礁海区。分布于我国南海，以及日本冲绳海域、菲律宾海域、印度尼西亚海域、印度-西太平洋暖水域。体长约40 cm。

45（7）龙䲢亚目 Trachinoidei（12a）

本亚目物种体长，侧扁或平扁。头部有时被骨板。口大，两颌一般具绒毛状齿群，混杂有锥状齿或犬齿。体被小圆鳞或栉鳞。侧线1～2条。背鳍1～2个，鳍棘部与鳍条部分离或连续，有的无鳍棘。腹鳍有或无；如有则为喉位或胸位。不包括从鲈亚目移来的后颌䲢科，全球有13科53属237种，我国有10科18属约64种（包括后颌䲢科）。

龙䲢亚目的科、属、种检索表

1a 体侧各有1条侧线，且有时中断……（4）

1b 体侧各有2条侧线……鳄齿鱼科 Champsodontidae（2）

2a 第1背鳍上半部黑色……弓背鳄齿鱼 *Champsodon atridorsalis* 2302

2b 第1背鳍上半部不呈黑色……（3）

3a 腹部无鳞；吻短，上颌后端超过眼后缘下方；尾鳍色浅……短鳄齿鱼 *C. snyderi* 2303

3b 腹部有鳞；吻长，上颌后端达眼后缘下方；尾鳍暗褐色……贡氏鳄齿鱼 *C. guentheri* 2304

4-1a 腹鳍胸位；头不被硬骨板……（11）

4b 腹鳍喉位；头部宽大，部分被硬骨板……䲢科Uranoscopidae（5）

5a 背鳍1个；肱棘不发达……（10）

5a 背鳍2个；肱棘强大……（6）

6a 前鳃盖骨下缘有3枚棘……………………………………少鳞䲢 *Uranoscopus oligolepis* [2307]

6b 前鳃盖骨下缘至少有4枚棘……………………………………………………………………（7）

7a 体无明显的斑纹…………………………………………………………………项鳞䲢 *U. tosae* [2308]

7b 体有明显的斑纹……………………………………………………………………………………（8）

8a 体背有2个大的鞍状斑……………………………………………………双斑䲢 *U. bicinctus* [2309]

8b 体背无大的鞍状斑…………………………………………………………………………………（9）

9a 体背侧红褐色，腹侧白色……………………………………………………中华䲢 *U. chinensis* [2305]

9b 体背侧绿褐色，腹侧灰黄色…………………………………………………日本䲢 *U. japonicus* [2306]

10–5a 胸鳍基底无皮瓣；项背无鳞；体斑点蓝绿色………………青䲢 *Gnathagnus elongatus* [2310]

10b 胸鳍基底有皮瓣；项背有鳞；体斑点白色…………………披肩䲢 *Ichthyoscopus lebeck* [2311]

11–4a 侧线不完全，不达尾鳍基，高位；背鳍1个
……………………………………………………后颌䲢科 Opisthognathidae（49）

11b 侧线完全，位于体侧中部或中线下方…………………………………………………………（12）

12a 体延长；背鳍1～2个；体有鳞或无鳞………………………………………………………（16）

12b 体细长；背鳍1个；体有鳞……………………………………………………………………（13）

13a 侧线沿体侧下方延伸；口前位，上颌长
………………沙鳕科 Creediidae 横带沙鳕 *Limnichthys fasciatus* [2312]

13b 侧线沿体侧中央延伸；口次上位，下颌长
……………………毛背鱼科 Trichonotidae 毛背鱼属 *Trichonotus*（14）

14a 背鳍软棘3枚；体侧上部及下部有无鳞区…………………………美丽毛背鱼 *T. elegans* [2313]

14b 背鳍软棘至少5枚；体侧被鳞，无无鳞区……………………………………………………（15）

15a 背鳍鳍条39～41枚，臀鳍鳍条34～36枚，侧线鳞52～55枚；雄鱼背鳍鳍棘显著延伸
…………………………………………………………………………毛背鱼 *T. setigerus* [2314]

15b 背鳍鳍条43～44枚，臀鳍鳍条36～38枚，侧线鳞55～57枚；雄鱼背鳍鳍棘不延伸
……………………………………………………………………线鳍毛背鱼 *T. filamentosus* [2315]

16–12a 体一般被鳞……………………………………………………………………………………（19）

16b 体裸露无鳞………………………………………………………………………………………（17）

17a 口中等大，斜上位；上颌骨不超过眼后缘下方；体具斑纹
………毛齿鱼科 Trichodontidae 日本叉牙鱼 *Arctoscopus japonicus* [2316]

17b 口大，水平位；上颌骨超过眼后缘下方；体无斑纹
……………………………………………………叉齿鱼科 Chiasmodontidae（18）

18a 体腹无黑点状发光组织；侧线上、下无小棘；第3颌齿强大…叉齿鱼 *Chiasmodon niger* [2317]

18b 体腹有黑点状发光组织；吻尖长；胸鳍长，伸越臀鳍基
…………………………………………………………黑体拟灯鱼 *Pseudoscopelus sagamianus* [2318]

19–16a 背鳍1～2个；如背鳍2个时，第1背鳍鳍棘5枚…………………………………（24）

19b 背鳍2个，完全分离；第1背鳍短，由6～7枚鳍棘组成……………………………………………………鲈䲢科 Percophidae（20）

20a 上颌骨后端有肉质皮瓣；臀鳍鳍条14～17枚……………………鲬状鱼属 *Bembrops*（22）

20b 上颌骨后端无肉质皮瓣；臀鳍鳍条24～28枚………………低线鱼属 *Chrionema*（21）

21a 胸鳍有数条暗横带……………………………………………少鳞低线鱼 *C. furunoi* 2319

21b 胸鳍颜色单一无横带；上唇和齿带黑色…………………绿尾低线鱼 *C. chlorotaenia* 2320

22–20a 侧线在胸鳍基底后方急剧下降 ………………………曲线鲬状鱼 *B. curvatura* 2322

22b 侧线在胸鳍基底后方缓慢下降……………………………………………………（23）

23a 背鳍第1鳍棘呈丝状延伸；侧线鳞60～67枚…………………丝棘鲬状鱼 *B. filifera* 2323

23b 背鳍第1鳍棘不呈丝状延伸；侧线鳞50～56枚 ……………尾斑鲬状鱼 *B. caudimacula* 2324

24–19a 鳞较小；眶前骨无棘…………………拟鲈科 Pinguipedidae（26）

24b 鳞较大；眶前骨具1枚尖棘…………双犁鱼科 Hemerocoetidae（25）

25a 第1背鳍短小，不呈丝状延长；吻端有丝状突起 ………须棘吻鱼 *Acanthaphritis barbata* 2325

25b 第1背鳍的5枚鳍棘呈长丝状延长；吻端无丝状突起 … 台湾棘鲈鲬 *Osopsaron formosensis* 2326

26–24a 背鳍鳍棘2枚；上颌长于下颌；体侧有一黄色纵带…高知拟鲈 *Kochichthys flavofasciata* 2327

26b 背鳍鳍棘至少4枚；上颌几乎等于或短于下颌……………………拟鲈属 *Parapercis*（27）

27a 背鳍鳍棘部与鳍条部间有深缺刻 ……………………………………………………（33）

27b 背鳍鳍棘部与鳍条部间无深缺刻 ……………………………………………………（28）

28a 体侧上半部有数条褐色纵线 ……………………条纹拟鲈 *Parapercis mimaseana* 2328

28b 体侧无褐色纵线……………………………………………………………………（29）

29a 尾鳍基有一明显的暗斑 ……………………………………………………………（31）

29b 尾鳍基无明显的暗斑………………………………………………………………（30）

30a 体侧具黄色宽幅横带；背鳍鳍棘通常5枚…………………………赤拟鲈 *P. aurantiaca* 2329

30b 体侧具红褐色窄幅横带；背鳍鳍棘通常4枚………………十横斑拟鲈 *P. decemfasciata* 2330

31–29a 眼下部有暗带；胸鳍基有暗斑………………………………六带拟鲈 *P. sexfasciata* 2331

31b 眼下部及胸鳍基无明显的斑纹；背鳍鳍棘部色浅 ……………………………………（32）

32a 体侧有8条红色横带 ……………………………………多带拟鲈 *P. multifasciata* 2332

32b 体侧有5条略斜的暗横带 …………………………………………鞍带拟鲈 *P. muronis* 2333

33–27a 尾鳍后缘凹入；眼位于头背缘；背鳍鳍棘部有黑斑 ……凹尾拟鲈 *P. schauinslandii* 2334

33b 尾鳍后缘圆弧形或截形；有时尾鳍上叶延伸 ………………………………………（34）

34a 尾鳍无明显的斑纹，或具散列斑点而无暗斑，或仅具暗斑而无斑点 …………………（40）

34b 尾鳍具有或大或小的暗斑，并具明显的斑点 …………………………………………（35）

35a 尾鳍具2个大暗斑，或具2纵列暗斑 …………………………………………………（38）

35b 尾鳍具1个大暗斑 ……………………………………………………………………（36）

36a 尾鳍暗斑后缘有白斑；下颌外侧犬齿3对…………………头斑拟鲈 *P. cephalopunctata* 2335

36b 尾鳍暗斑后缘无白斑；下颌外侧犬齿4对……………………………………………………（37）
37a 尾鳍暗斑近圆形；体侧具成列排布的暗褐色点 ………………多斑拟鲈 *P. polyophtalma* 2336
37b 尾鳍暗斑长方形；体侧具不规则的黑色点列 ………………斑尾拟鲈 *P. hexophthalma* 2337
38–35a 体上部有鞍状暗斑；下颌外侧犬齿4对……………………………背斑拟鲈 *P. snyderi* 2338
38b 体下部有暗斑列；下颌外侧犬齿3对……………………………………………………（39）
39a 鳃孔上方有一黑斑；腹鳍基无暗斑………………………………四斑拟鲈 *P. clathrata* 2339
39b 鳃孔上方无黑斑；腹鳍基有暗斑……………………………………蒲原拟鲈 *P. kamoharai* 2340
40–34a 尾鳍无明显的斑纹；下颌外侧犬齿3～4对…………………………………………（44）
40b 尾鳍有许多斑点或尾鳍基上方有一暗斑 ………………………………………………（41）
41a 尾基上方有一暗斑；犬齿2～3对 ………………………………………………………（43）
41b 尾基上方无暗斑；犬齿5～6对 …………………………………………………………（42）
42a 犬齿5对；体侧无白色纵带，有9～10条暗褐色横带…………………圆拟鲈 *P. cylindrica* 2341
42b 犬齿6对；体侧有白色纵带，且白色纵带穿过8～9条黄褐色横纹 …黄纹拟鲈 *P. xanthozona* 2342
43–41a 颊部有数条暗纵线 ……………………………………………眼斑拟鲈 *P. ommatura* 2343
43b 颊部有宽幅暗横带 ……………………………………………………斑纹拟鲈 *P. tetracantha* 2344
44–40a 体侧具8条窄幅红色横带，下颌前部犬齿4对 ………………织纹拟鲈 *P. multiplicata* 2345
44b 体侧有宽幅横带或横带不明显 …………………………………………………………（45）
45a 体侧有明显的横带，白色斑带有或无 …………………………………………………（47）
45b 体侧具不明显的宽幅横带，体有白斑或浅色纵带 ………………………………………（46）
46a 体淡黄色，体侧有白斑……………………………………………白斑拟鲈 *P. alboguttata* 2346
46b 体黄褐色，体侧有浅色纵带，散具细点 ……………………………细点拟鲈 *P. punctata* 2348
47–45a 体侧中部有1条白色纵带，具6条暗褐色横带 ………………………美拟鲈 *P. pulchella* 2347
47b 体侧中部无白色纵带，下半部有宽幅横带 ………………………………………………（48）
48a 头部有黑斑；背侧黑色斑列发达 ……………………………索马里拟鲈 *P. somaliensis* 2349
48b 头部无黑斑；背侧黑斑列小……………………………………………邵氏拟鲈 *P. shaoi* 2350
49–11a 背鳍前部鳍棘末端分两叉；尾鳍无黑色横带；背鳍鳍棘部有镶白缘的黑色眼状斑
……………………………………………………………………沈氏叉棘䲢 *Stalix sheni* 2355
49b 背鳍鳍棘末端针状，不分叉……………………………后颌䲢属 *Opistognathus*（50）
50a 尾鳍尖；体有2条黑褐色横带；腹鳍有黑斑………………………长颌后颌䲢 *O. evermanni* 2351
50b 尾鳍圆；体无黑色带 ……………………………………………………………………（51）
51a 体具多条紫青色纵带………………………………………………刺青后颌䲢 *O. decorus* 2354
51b 体无纵带 ……………………………………………………………………………………（52）
52a 上颌骨伸达胸鳍基；背鳍基有7～9个黑斑 ……………………卡氏后颌䲢 *O. castelnaui* 2352
52b 上颌骨不达鳃盖后缘；体侧有5条褐色横带 ……………黑带后颌䲢 *O. hongkongiensis* 2353

（260）鳄齿鱼科 Champsodontidae

本科物种体延长，稍侧扁。口大，斜裂。上颌骨大部分外露，下颌突出。外行颌齿细长，呈犬齿状，可倒伏；内行颌齿绒毛状。犁骨有齿。前鳃盖骨隅角有1枚长棘。眶前骨下缘有分叉小棘。体被细小栉鳞。体侧各有2条侧线。背鳍2个，第1背鳍较小。腹鳍胸位，Ⅰ－5。尾鳍叉形。全球仅有1属13种，我国有3种。

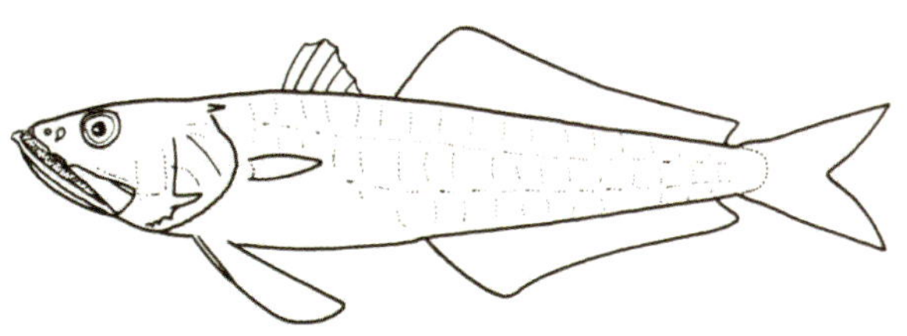

鳄齿鱼科物种形态简图

2302 弓背鳄齿鱼 *Champsodon atridorsalis* Ochiai et Nakamura，1964[15]

背鳍Ⅴ，21；臀鳍20。下鳃耙13。

本种体延长，稍侧扁。口大。上颌具1行犬齿。眶前骨下缘有分叉小棘。前鳃盖骨后下角有3枚棘，2枚棘向前，1枚棘向后且尖长。体灰褐色，腹侧灰白色。第1背鳍上半部黑色。为暖水性底层鱼类。栖息于近岸沙泥底质海区。分布于我国南海、东海，以及日本南部海域、印度尼西亚海域、西太平洋暖水域。体长约10 cm。

2303 短鳄齿鱼 *Champsodon snyderi* Franz，1910[60]

＝史氏鳄齿鱼＝鳄齿鱼 *C. capensis*

背鳍Ⅴ，19～20；臀鳍17～18。下鳃耙10～11。

本种体延长，侧扁。吻短，口大。上颌骨伸越眼后缘下方。腹部无鳞。体银灰色，背鳍、尾鳍色淡。为暖水性底层鱼类。栖息于沙泥底质海区。分布于我国东海、南海、台湾海域，以及日本本州中部以南海域、朝鲜半岛海域。体长约12 cm。

2304 贡氏鳄齿鱼 *Champsodon guentheri* Regan，1908[38]

背鳍Ⅴ，21；臀鳍19～20。下鳃耙11～14。

本种体延长，侧扁。吻较长，上颌后端达眼后缘下方。胸部、腹部有鳞。体青灰色，背鳍色浅，尾鳍暗褐色。为暖水性底层鱼类。栖息于沙泥底质海区。分布于我国南海、台湾海域，以及阿拉弗拉海、印度–西太平洋暖水域。体长约14 cm。

（261）䲢科 Uranoscopidae

本科物种通常体粗，前部平扁，后部略侧扁。头宽大，部分被硬骨板。眼小，位于头背。唇缘穗状，口裂近垂直状。上颌骨宽，大部分外露。颌齿绒毛状。犁骨、腭骨均有齿。有的具丝状皮瓣，由口底伸长。胸鳍上方和鳃盖后方共有2枚肱棘，肱棘基部有毒腺。体裸露或被小圆鳞。侧线位高。腹鳍喉位，Ⅰ–5。背鳍1或2个。全球有8属约50种，我国有3属7种。

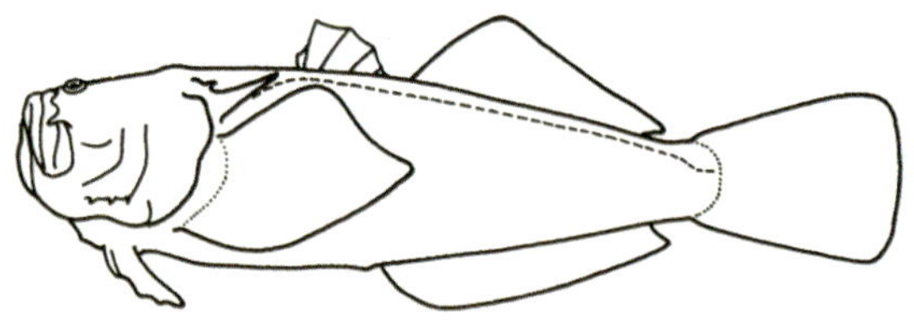

䲢科物种形态简图

䲢属 *Uranoscopus* Linnaeus，1758

本属物种一般特征同科。头粗大，背侧面被骨板。口底常有一长丝状皮瓣。前鳃盖骨下缘有

3～8枚棘。后肩部无穗状皮膜。体被小圆鳞，通常项背无鳞。胸鳍基上方有尖长肱棘。背鳍2个，相距较近。全球约有12种，我国有5种。

2305 中华䲢 *Uranoscopus chinensis* Cuichenot，1882[141]

= 䲢星鱼

背鳍Ⅴ，12～14；臀鳍13～14；胸鳍17～19；腹鳍Ⅰ－5。

本种体粗，尾部侧扁。吻短，圆钝，头粗大，被骨板。眼小，背位；眼间隔凹陷达眼后缘。眶前骨下缘有2枚短棘，前鳃盖骨下缘有4～5枚尖棘。背鳍2个。胸鳍大。尾鳍后缘近截形。体背侧红褐色，具白色花斑，腹侧白色。第1背鳍黑色。尾鳍后缘有白边。为暖水性底层鱼类。栖息于沙泥底质海区，水深35～120 m。分布于我国东海、南海、台湾海域，以及日本南部海域。肱棘基部有毒腺[43]。体长约25 cm。

2306 日本䲢 *Uranoscopus japonicus* Houttuyn，1782[15]

= 网纹䲢

背鳍Ⅳ～Ⅴ，13～15；臀鳍14～15；胸鳍18～19；腹鳍Ⅰ－5。

本种体较粗短。头大，被骨板。下颌内侧有三角形宽皮瓣。前鳃盖骨下方有4～5枚尖棘。肱棘2枚，后棘尖长。项背、侧线前上方无鳞。背鳍2个，第1背鳍有4～5枚鳍棘。体背侧绿褐色，有虫斑或白色网状斑；腹侧灰黄色。第1背鳍黑色，尾鳍黄色。为暖温性底层鱼类。栖息于泥沙底质海区。分布于我国黄海、渤海、东海、台湾海域，以及日本海域、朝鲜半岛海域、西太平洋温暖水域。体长约28 cm。

注：中坊徹次（1993）记述本种前鳃盖骨下缘棘3枚[36]，而倪勇等（2006）记述其前鳃盖骨下缘有4～5枚尖棘[10]。据笔者观察，其前鳃盖骨下缘棘可达5枚。

2307 少鳞䲢 *Uranoscopus oligolepis* Bleeker，1878[10]

背鳍Ⅳ，13～14；臀鳍13；胸鳍18；腹鳍Ⅰ－5。

本种体粗短，头大。前鳃盖骨下缘只有3枚尖棘。体被小圆鳞，斜列。头、项背中央、胸部和喉部无鳞，但侧线前上方有少许鳞片。体褐黄色，背侧有浅褐色网状细纹。为暖水性底层鱼类。栖息于近岸沙泥底质海区。分布于我国东海、南海、台湾海域，以及日本南部海域、印度尼西亚海域。体长约20 cm。

2308 项鳞螣 *Uranoscopus tosae*（Jordan et Hubbs，1925）[38]
= 土佐螣 *Zalescopus tosae*

背鳍Ⅳ～Ⅴ，13；臀鳍12～14；胸鳍17～19；腹鳍Ⅰ－5。侧线鳞61。

本种体较粗短，头大。眼间隔凹陷不达眼后缘。舌上有一长丝状肉质突起。肱棘尖长。前鳃盖骨下缘具4～5枚尖棘。项背被小圆鳞。背鳍2个，尾鳍后缘截形。头、体背侧褐色，腹侧灰白色。体无明显的斑纹。第1背鳍黑色，其他鳍灰黄色。为暖水性底层鱼类。栖息于沙泥底质海区，水深55～420 m。分布于我国东海、南海、台湾海域，以及日本南部海域。体长约25 cm。

2309 双斑螣 *Uranoscopus bicinctus* Temminck et Schlegel，1950[141]

背鳍Ⅳ～Ⅴ，12～14；臀鳍13；胸鳍17～18；腹鳍Ⅰ－5。

本种体稍长，头平扁，尾部侧扁。眼小，背位；眼间隔凹陷。前鳃盖骨下缘有4～5枚尖棘。体被小圆鳞，头、项背、胸部均裸露无鳞。头、体背侧暗褐色，腹侧淡黄色。体背有2个大的鞍状斑，尾后缘黑色。为暖水性底层鱼类。栖息于水深小于100 m的沙泥底质海区。分布于我国南海、台湾海域，以及日本南部海域、印度尼西亚海域。体长约30 cm。

2310 青鰧 *Gnathagnus elongatus*（Temminck et Schlegel，1946）[15]

= 青奇头鰧 *Xenocephalus elongatus*

背鳍13～14；臀鳍16～18；胸鳍22～24；腹鳍Ⅰ－5。

本种体呈圆柱状，头扁平，后部渐侧扁。眼较小，背位；眼间隔凹陷。吻短。口宽，直立状。下颌前方有骨质突起。肱棘弱。项背无鳞。背鳍1个，仅具鳍条。臀鳍长于背鳍。腹鳍喉位。尾鳍后缘截形。体背青绿色，具许多不规则的蓝绿色斑点。胸鳍淡黄色，尾鳍青灰色。为暖温性底层鱼类。分布于我国沿海，以及日本沿海、朝鲜半岛沿海、西北太平洋温暖水域。体长约40 cm。

2311 披肩鰧 *Ichthyoscopus lebeck*（Bloch et Schneider，1801）[38]

背鳍Ⅱ－18；臀鳍16～17；胸鳍16～17；腹鳍Ⅰ－5。

本种体粗短，稍侧扁。头大，吻短。眼甚小，位于头背缘；眼间隔宽长。口较小，口缘具许多皮质突起。鳃盖骨后缘具1列小突起。项背有鳞。胸鳍基底上方有羽状皮瓣。背鳍1个。尾鳍后缘截形。体背褐色，有许多白色大斑点；腹侧灰白色。背鳍有1列白斑。为暖水性底层鱼类。栖息于沙泥底质浅海。分布于我国东海、南海、台湾海域，以及日本南部海域、澳大利亚海域。体长约40 cm。

（262）沙鳕科 Creediidae ＝ 克丽鱼科 ＝ 沙䲢科

本科物种体细长，吻突出，眼背侧位。下唇边缘有1行小须。侧线鳞的后区延长，多呈三叶状。背鳍连续，具12～43枚不分支鳍条。腹鳍胸位，Ⅰ－3～5，而腹鳍间距小。全球有7属16种，我国仅有1属3种。

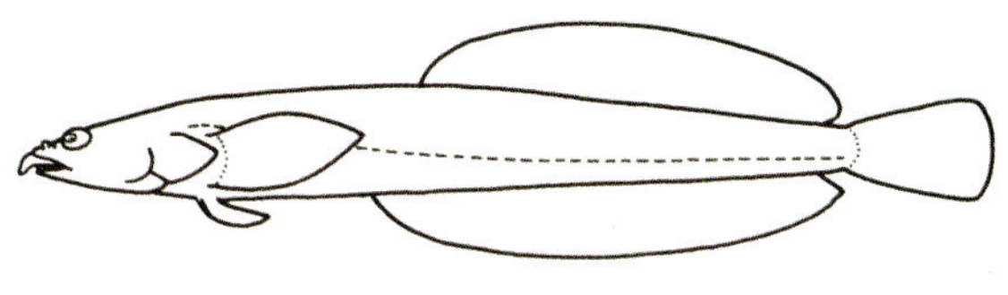

沙鳕科物种形态简图

2312 横带沙鳕 *Limnichthys fasciatus* Waite，1904 [38]

＝褐带泽鳚

背鳍25～26；臀鳍27～29；胸鳍13～14；腹鳍Ⅰ－5。侧线鳞40～43。

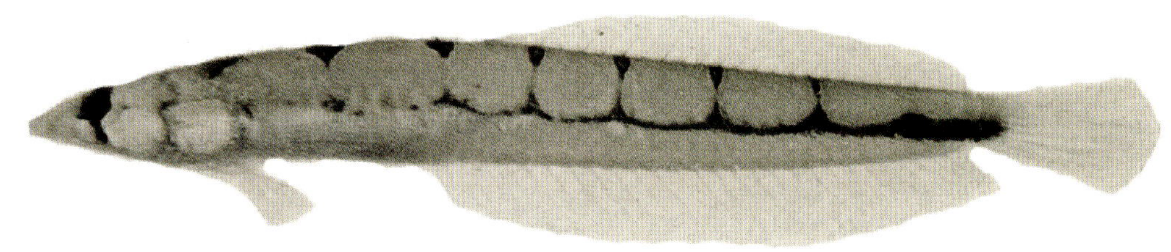

本种体细长，呈圆柱状。头平扁，吻短尖。口大，前位。上唇肥厚，覆盖下唇；下唇有肉质突起。鳃盖后部尖突，盖于胸鳍基部。体被小圆鳞。除颊部外，头部无鳞。背鳍、臀鳍基底长。腹鳍小，尾鳍后缘圆弧形。体淡灰褐色，具鞍状暗斑和纵带。为暖水性底层鱼类。栖息于珊瑚礁沙砾底质海区。分布于我国南海、台湾海域，以及日本南部海域、印度－西太平洋暖水域。体长约5 cm。

▲ 本属我国尚有沙栖沼泽鱼*L. nitidus*和东方沼泽鱼*L. orientalis*，分布于我国东海、台湾海域[13]。

(263) 毛背鱼科 Trichonotidae

本科物种体细长，稍侧扁。眼近背位。口大，次上位。下颌突出。颌齿绒毛状，犁骨、腭骨均有齿。体被大圆鳞。侧线完全。背鳍1个，鳍条分节不分支。背鳍、臀鳍基底很长。本科全球仅有1属约7种，我国有1属3种。

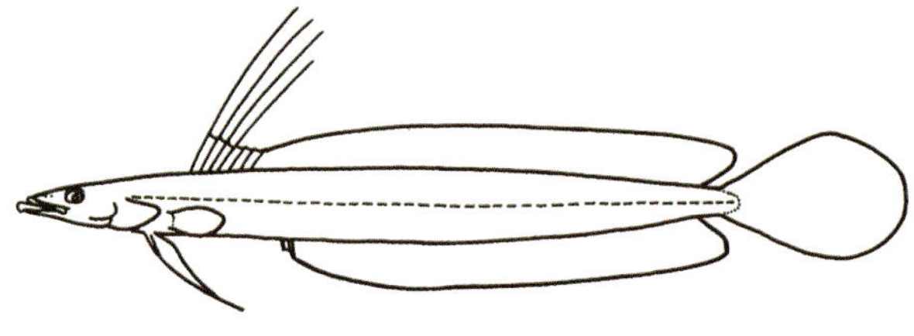

毛背鱼科物种形态简图

毛背鱼属 *Trichonotus* Bloch et Schneider，1801

本属物种一般特征同科。

2313 美丽毛背鱼 *Trichonotus elegans* Shimada et Yoshino，1984[38]（上雄鱼，下雌鱼）

背鳍Ⅲ－43～45；臀鳍Ⅰ－39～42；胸鳍12～14。侧线鳞56～59。

本种体细长，侧扁。吻长而尖。口大，颌齿小而尖。体被圆鳞，体侧上半部和下半部均有无鳞区。雄鱼背鳍3枚软棘呈长丝状，尾鳍矛状；雌鱼背鳍无延长丝，尾鳍后缘圆弧形。体浅灰色。雄鱼背鳍前端黑色，鳃盖后上部有黑斑。雌鱼背鳍前端黑色，体侧有暗纵纹。为暖水性底层鱼类。栖息于沙砾底质浅海。分布于我国台湾海域，以及琉球群岛海域、印度尼西亚海域、印度-西太平洋暖水域。体长18 cm。

2314 毛背鱼 *Trichonotus setigerus* Bloch et Schneider，1801 [38]（上雄鱼，下雌鱼）

= 丝鳍鱚

背鳍Ⅴ～Ⅶ－39～41；臀鳍Ⅰ－34～36；胸鳍12～15。侧线鳞52～55。

本种体细长，侧扁。吻尖长。口大，水平位。下颌前端具疣突。颌齿尖细，下颌齿具倒钩。雄鱼背鳍前几枚软棘呈丝状延长。尾鳍大，后缘圆弧形。背鳍、臀鳍基底长。雌鱼背鳍前端有暗斑。体黄褐色，体背侧有不明显的褐色横带，体侧有1纵列青白色点。为暖水性底层鱼类。栖息于沙底质海区。分布于我国南海、台湾海域，以及日本南部海域，印度-西太平洋暖水域。体长约20 cm。

2315 线鳍毛背鱼*Trichonotus filamentosus*（Steindachner，1867）[38]（上雄鱼，下雌鱼）

背鳍Ⅴ～Ⅶ－43～44；臀鳍36～38；胸鳍12～14。侧线鳞55～57。

本种体细长，侧扁。吻尖长，口大，下颌突出。雄鱼无丝状延长软棘。腹鳍长。尾鳍大，后缘圆弧形。体黄褐色，无明显的斑纹。雄鱼鳃盖后上部有大的圆形暗斑，体侧中部沿侧线有蓝黑色点列。雌鱼头背侧散布黑色斑点，背鳍前部有黑斑。为暖水性底层鱼类。栖息于沙底质海区。分布于我国南海，以及日本静冈海域、和歌山海域。体长约15 cm。

（264）毛齿鱼科 Trichodontidae

本科物种体高，甚侧扁。口中等大，口裂近垂直，唇有穗状皮缘，颌齿刚毛状。前鳃盖骨有5枚尖棘。背鳍鳍棘8～15枚。腹鳍胸位，Ⅰ－5。全球有2属2种，我国有1属1种。

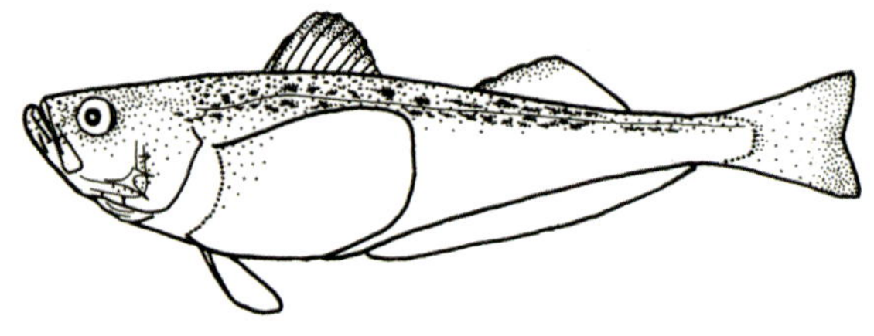

毛齿鱼科物种形态简图

2316 日本叉牙鱼 *Arctoscopus japonicus*（Steindachner，1881）[71]

背鳍Ⅷ～ⅩⅣ，11～16；臀鳍28～34；胸鳍24～28。鳃耙4～5＋13～19。

本种体延长，侧扁而高。口中等大，斜上位。眼大，近背位。颌齿细尖。前鳃盖骨有5枚尖棘。体裸露，无侧线。背鳍2个，胸鳍大，臀鳍基长，尾鳍后缘稍凹入。体背侧黄褐色，布有不规则的黑褐色斑纹；腹侧白色。背鳍缘和尾鳍缘有黑斑。为冷温性底层鱼类。栖息于沙泥底质海区，水深100～400 m。产卵于浅水藻场。分布于我国黄海、东海，以及日本北部海域、朝鲜半岛海域、东北太平洋。体长约20 cm。

（265）叉齿鱼科 Chiasmodontidae

本科物种体延长，稍侧扁。口甚大，两颌具尖齿。腭骨有齿，犁骨齿有或无。头、体裸露无鳞，或有棘刺。背鳍2个，Ⅸ～ⅩⅢ，18～29；臀鳍Ⅰ－17～29。臀鳍前端支鳍骨未埋入肌肉内。有的种类有发光器官。全球有4属15种，我国有3属3种。

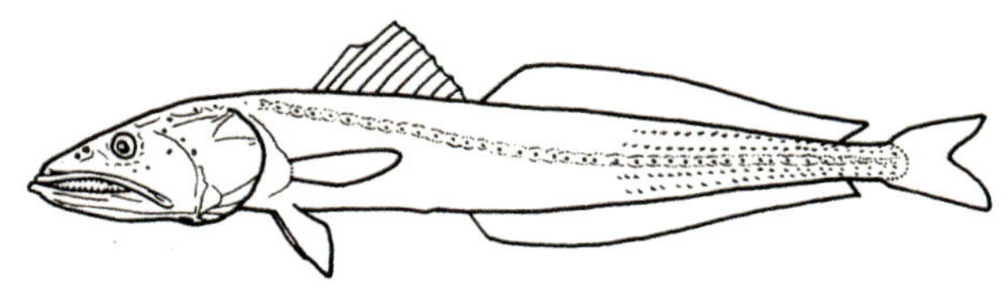

叉齿鱼科物种形态简图

2317 叉齿鱼 *Chiasmodon niger* Johnson，1864 [38]

背鳍Ⅺ，29；臀鳍Ⅰ-27；胸鳍16；腹鳍Ⅰ-5。

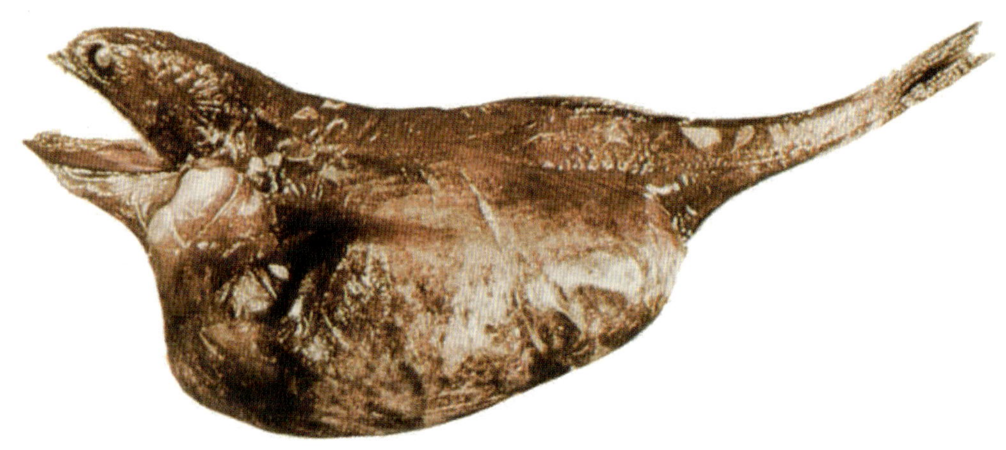

本种体延长，侧扁。头大，吻短而尖。口甚大，口裂可达头后部下方。两颌具长犬齿2行，可倒伏。腭骨有短齿。前鳃盖骨下缘有一短棘。背鳍2个；第2背鳍与臀鳍对位，同形。胸鳍大。尾鳍叉形。体呈暗褐色，无发光器官。为大洋深海鱼类。生性凶猛，本图为其吞食比自身还大的鱼的图照。分布于我国台湾海域，以及日本骏河湾海域，印度洋、大西洋。体长约25 cm。

2318 黑体拟灯鱼 *Pseudoscopelus sagamianus* Tanaka，1908 [38]

=黑线岩鲈

背鳍Ⅶ～Ⅸ，22～23；臀鳍Ⅰ-21～22；胸鳍13～14；腹鳍Ⅰ-5。

本种体延长，侧扁。吻尖长。口甚大，裂斜。上颌骨大部分外露，后端伸达前鳃盖骨后下缘。两颌外侧各具1行小齿，内侧有1～5行可倒伏犬齿。腭骨齿1行至多行。头、体无鳞。第1背鳍有7～9枚鳍棘。第2背鳍与臀鳍等长，同形。胸鳍尖长，伸越臀鳍基。腹鳍短小，胸位。尾鳍叉形。

体暗褐色，腹部有黑点状发光组织。为大洋深海鱼类。分布于我国东海，以及日本骏河湾海域，印度洋、太平洋。体长约14 cm。

▲ 本科我国尚有阿氏线棘细齿𫚥 *Dysalotus alcocki*，分布于我国台湾海域[13]。

（266）鲈䲢科 Percophidae

本科物种体延长，呈亚圆柱状，后部侧扁。头平扁。吻宽平，似鸭嘴。眼大，上侧位。口大，前位；下颌稍突出。颌齿绒毛状。犁骨齿、腭骨齿有或无。通常背鳍2个，腹鳍喉位。尾鳍后缘截形或圆弧形。全球有12属44种（含双犁鱼科物种），我国有2属6种。

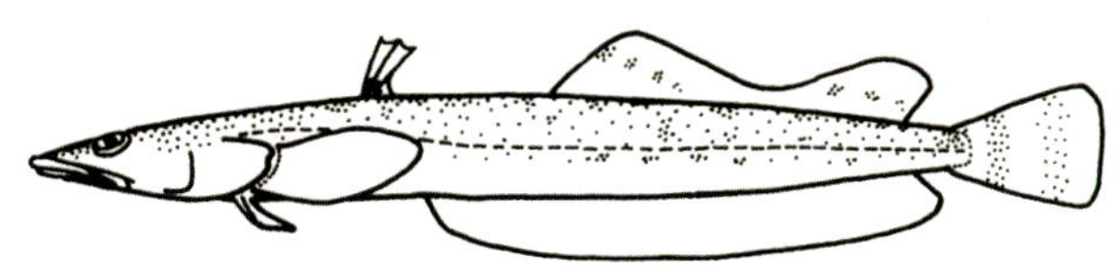

鲈䲢科物种形态简图

低线鱼属 *Chrionema* Gilbert，1905

本属物种体延长，呈亚圆柱状。头平扁。眼大，上侧位。口大，前位。两颌、犁骨、腭骨均具齿。上颌骨外露，无皮瓣。除胸部、腹部被圆鳞外，头、体被栉鳞。侧线完全，低位，自胸鳍基上方弯曲向下，沿体下部延伸至尾鳍基。背鳍2个，尾鳍后缘圆弧形或截形。全球有4种以上，我国有3种。

2319 少鳞低线鱼 *Chrionema furunoi* Okamura et Yamachi，1982[48]（上雄鱼，下雌鱼）

背鳍Ⅵ，16～17；臀鳍25～28；胸鳍21～23；腹鳍Ⅰ－5。侧线鳞67～78。

本种一般特征同属。体细长，呈亚圆柱状。头平扁，吻尖，眼大。体被栉鳞。侧线低位。体黄褐色。体侧有1列褐色大斑。胸鳍有数条暗横带。雄鱼尾鳍有黄色圆斑，雌鱼胸鳍基前有黑斑。为暖水性底层鱼类。栖息水深200 ~ 300 m。分布于我国东海、台湾海域，以及日本九州海域、帕劳海域、西太平洋暖水域。体长约21 cm。

2320 绿尾低线鱼 *Chrionema chlorotaenia* Mckay，1971 [38]

背鳍Ⅵ，15 ~ 17；臀鳍25 ~ 26；胸鳍23 ~ 24；腹鳍Ⅰ－5。侧线鳞78 ~ 85。

本种体细长，呈亚圆柱状。头平扁。吻尖长，口裂大，下颌较突出。前鳃盖骨下缘有小棘。体被栉鳞。头背鳞不达眼前缘。体背侧淡褐色，腹侧乳白色。上唇和齿带黑色。体侧有3个褐色大斑，褐色大斑间尚有小斑。尾鳍带绿色。为暖水性底层鱼类。栖息水深250 ~ 300 m。分布于我国东海、台湾海域，以及日本土佐湾海域、澳大利亚海域、印度–西太平洋暖水域。体长约22 cm。

2321 黄斑低线鱼 *Chrionema chryseres* Gilbert，1905 [44]

背鳍Ⅵ，16 ~ 17；臀鳍24 ~ 25；胸鳍22 ~ 23；腹鳍Ⅰ－5。侧线鳞79 ~ 89。

本种体细长，呈亚圆柱状。吻尖长。下颌突出，上颌骨达眼径1/3处。眼间隔鳞区窄，向前可伸至后鼻孔处。前部侧线鳞具棱嵴。胸鳍长，伸达第2背鳍起始处下方。体黄绿色，体侧有8 ~ 9个暗斑。上唇色稍深。齿带白色。胸鳍无横带。为暖水性底层鱼类。分布于我国东海、南海，以及日本土佐湾海域、美国夏威夷海域、太平洋深水域。体长约23 cm。

注：过去认为本种与少鳞低线鱼是同种[48]。二者雄性个体尤为相似。但二者在侧线鳞、吻上鳞、齿带颜色等方面有差别，因而分立为两种。未被笔者编入本书检索表。

鲬状鱼属 *Bembrops* Steindachner，1876

本属物种体延长，前部稍平扁，后部呈亚圆柱状。头长，平扁，头背无骨棱或强棘。口大，前位；下颌突出。上颌骨外露，被鳞，后缘有三角形皮瓣。两颌、犁骨、腭骨均具绒毛状齿。眼大，侧上位；眼间隔窄。侧线完全。背鳍2个，尾鳍后缘截形。全球有15种，我国有3种。

2322 曲线鲬状鱼 *Bembrops curvatura* Okada et Suzuki，1952[38]（上雄鱼，下雌鱼）
= 曲线挂帆鳍

背鳍Ⅵ～Ⅶ，14～15；臀鳍14～15；胸鳍22～25；腹鳍Ⅰ－5。侧线鳞42～50。

本种一般特征同属。体细长，头部平扁。吻尖长，吻上无棘，吻端无须。侧线在胸鳍基后陡降至体下半部。体淡褐色，散布黄斑。背鳍前部黑色，尾鳍基上缘有黑色圆斑。为深海鱼类。栖息水深200 m。分布于我国东海、南海、台湾海域，以及日本南部海域。体长约16 cm。

2323 丝棘鲬状鱼 *Bembrops filifera* Gilbert，1905 [48]

背鳍Ⅵ，14～15；臀鳍16～17；胸鳍26～29；腹鳍Ⅰ－5。侧线鳞60～67。

本种体细长，头平扁。吻似匙状。下颌突出。第1背鳍鳍棘呈丝状延长。侧线在胸鳍基后缓缓下降。体灰黄色，腹侧灰白色。体侧有10～11个圆形暗斑。第1背鳍前端黑色，尾下缘黑色。雄鱼第2背鳍上半部和臀鳍边缘色暗。雌鱼尾鳍基上方有眼状斑。为深海鱼类。栖息水深250～400 m。分布于我国南海、台湾海域，以及日本熊野以南海域、帕劳海域、美国夏威夷海域。体长约22 cm。

2324 尾斑鲬状鱼 *Bembrops caudimacula* Steindachner，1876 [38]

＝鲬形鱼

背鳍Ⅵ，14～15；臀鳍16～17；胸鳍25～26；腹鳍Ⅰ－5。侧线鳞50～56。

本种体细长，呈圆柱状。头部平扁。吻尖长，上颌骨后端具长三角形肉质皮瓣。鳃盖骨具长棘。第1背鳍鳍棘不呈丝状延长。侧线前部鳞具小棘。体淡褐色。第1背鳍膜黑色，第2背鳍有白色纵带。雄鱼尾鳍具黑斑。为深海鱼类。分布于我国东海、台湾海域，以及日本南部海域、澳大利亚海域、印度–西太平洋暖水域。体长约20 cm。

(267) 双犁鱼科 Hemerocoetidae

本科物种一般特征与鲈螣科相似。故有学者将其作为亚科列入鲈螣科[36]。吻端有棘。背鳍通常1个；如果为2个时，第1背鳍也较短小或呈丝状延长。体被较大鳞片。眶前骨具1枚尖棘。我国有2属4种。

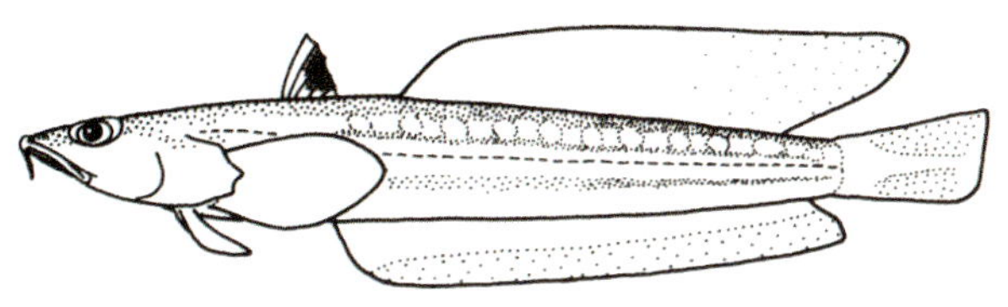

双犁鱼科物种形态简图

2325 须棘吻鱼 *Acanthaphritis barbata*（Okamura et Kishida，1963）[38]（上雄鱼，下雌鱼）

= 须棘鲈螣 *Spinapsaron barbata*

背鳍Ⅴ，20～21；臀鳍25～26；胸鳍19～21；腹鳍Ⅰ－5。侧线鳞34～35。

本种体细长，略呈圆柱状。头部稍平扁。眼大，眼间隔窄。吻短，吻端尖，每侧各有1枚前棘，吻端有丝状突起。口大，水平位。前颌骨缝合处具一丝状皮质突起。两颌、犁骨具齿。体被弱栉鳞，颊部及鳃盖被鳞。鳃盖后部盖于胸鳍基底。腹鳍长，伸达肛门。尾鳍后缘截形。背鳍2个；第1背鳍短小，黑色。体淡褐色，雄鱼略带橙红色。为深海鱼类。分布于我国东海、台湾海域，以及日本南部海域、澳大利亚海域、西太平洋暖水域。体长约10 cm。

▲ 本属我国尚有大鳞棘吻鱼 *A. grandisquamis* 和昂氏棘吻鱼 *A. unoorum*，分别分布于我国南海和台湾海域[13]。

2326 台湾棘鲈鲬 *Osopsaron formosensis* Kao et Shen，1985[37]

= *Acanthaphritis formosensis*

背鳍Ⅴ，20～22；臀鳍24～27；胸鳍18～19；侧线鳞32～35。

本种体细长，略呈圆柱状。吻短，吻端尖，具吻棘，但吻端无丝状突起。体被栉鳞，颊部有鳞。第1背鳍5枚鳍棘均呈丝状延长。尾鳍后缘圆弧形。体褐色，体侧有2条黄色纵带，眼后和鳃盖后方有黄色斜纹。各鳍略带金黄色。为深海鱼类。分布于我国台湾海域，以及日本南部海域、西北太平洋暖水域。

(268) 拟鲈科 Pinguipedidae = Parapercidae = 鲻形鰧科 Mugiloldidae

本科物种体延长，呈亚圆柱状，后部侧扁。头部无骨板，前鳃盖骨缘平滑或有小锯齿。主鳃盖骨有1枚粗棘。口前位，上颌骨多被眶前骨所遮盖。唇稍厚。两颌具绒毛状齿带，杂有较大尖齿或犬齿。犁骨有齿，腭骨齿有或无。体被较小栉鳞。侧线完全，位高。背鳍鳍棘与鳍条部相连，中间或有深缺刻。尾鳍后缘平截或呈深弯入形。全球有5属54种，我国有2属26种。

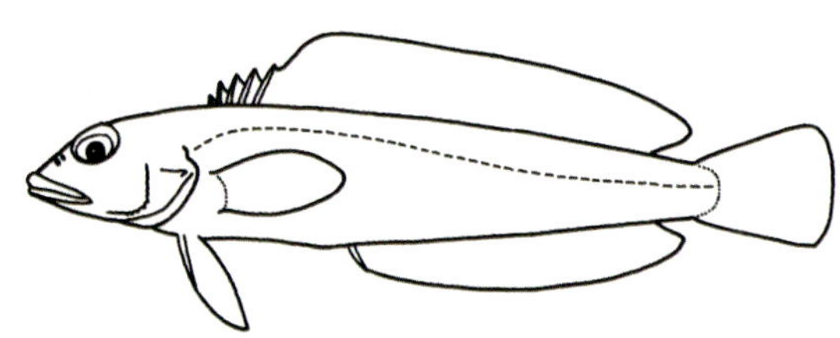

拟鲈科物种形态简图

2327 **高知拟鲈** *Kochichthys flavofasciata*（Kamohara，1936）[14]
= 黄带高知拟鲈

背鳍Ⅱ－22；臀鳍Ⅰ－17；胸鳍18～19。侧线鳞56～59。

本种体细长。头小，稍平扁。尾部侧扁。口裂大。上颌较下颌突出，上颌末端达眼后缘下方。犁骨、腭骨无齿。前鳃盖骨后缘具锯齿。主鳃盖骨具1枚棘。体背、头侧均被鳞。背鳍的2枚鳍棘与鳍条部连续。体背侧褐色，腹侧淡灰白色。体侧有一黄色纵带，尾鳍基上方有一黑斑。为暖水性底层鱼类。分布于我国台湾海域，以及日本高知海域、土佐湾海域，西北太平洋暖水域。体长约16 cm。

拟鲈属 *Parapercis* Bleeker，1863

本属物种一般特征同科。

2328 **条纹拟鲈** *Parapercis mimaseana*（Kamohara，1937）[38]
= 斑棘拟鲈 *Parapercis striolata*

背鳍Ⅴ－23；臀鳍Ⅰ－19；胸鳍18～19。侧线鳞61～65。

本种体细长，圆柱状。吻长，吻端稍尖。眼大。口裂大。上、下颌几乎等长。背鳍有5枚鳍棘，鳍棘部与鳍条部间无深缺刻。头侧、体背和体侧均被鳞。尾鳍后缘圆弧形。体背侧黄褐色，腹侧银白色。体侧上半部沿鳞列有褐色纵带。背鳍鳍棘部黑色，有白边。尾鳍基上方有黑斑。为暖水性底层鱼类。栖息于沙泥底质海区。分布于我国东海、台湾海域，以及日本南部海域、澳大利亚海域、印度-西太平洋暖水域。体长约20 cm。

2329 赤拟鲈 *Parapercis aurantiaca* Döderlein，1884[68]

=黄拟鲈

背鳍Ⅴ－23；臀鳍Ⅰ－19；胸鳍20～22；腹鳍Ⅰ－5。侧线鳞60。

本种体细长，呈圆柱状。吻端圆钝。眼大，背侧位。口大。下颌外侧有6枚犬齿，犁骨、腭骨有齿。主鳃盖骨有1枚扁棘。背鳍以鳍条部高、长。尾鳍后缘圆弧形。体红色，体侧有7条宽幅黄色横带。为暖水性底层鱼类。栖息于水深大于100 m的沙泥底质海区。分布于我国台湾海域，以及日本南部海域、朝鲜半岛海域、西北太平洋暖水域。体长约18 cm。

2330 十横斑拟鲈 *Parapercis decemfasciata*（Franz，1910）[38]

背鳍Ⅳ－23～24；臀鳍Ⅰ－19～20；胸鳍20。侧线鳞61。

本种体细长，呈圆柱状。吻短钝。口裂大，两颌约等长。前鳃盖骨后缘光滑。主鳃盖、后头部及体均被栉鳞。体红黄色，胸部、腹部白色。体侧具10条红褐色窄横带。为暖水性底层鱼类。栖息于沙泥底质海区。分布于我国台湾海域，以及日本南部海域、西北太平洋暖水域。体长约15 cm。

2331 六带拟鲈 *Parapercis sexfasciata*（Temminck et Schlegel，1843）[68]

背鳍Ⅴ～Ⅵ－23；臀鳍Ⅰ－19～20；胸鳍15～17。侧线鳞60～64。

本种体细长，呈圆柱状。吻稍尖长。前鳃盖骨后缘光滑，主鳃盖骨有2枚小棘。头侧后方具鳞。体褐色，腹侧白色。体侧有5条Y形暗横带。眼下方有暗带，胸鳍基有暗斑，尾鳍基上部有黑色圆斑。为暖水性底层鱼类。栖息于沙泥底质海区。分布于我国东海、台湾海域，以及日本千叶以南海域、朝鲜半岛海域、西北太平洋暖水域。体长约20 cm。

2332 多带拟鲈 *Parapercis multifasciata* Döderlein，1884[68]

＝多横斑拟鲈

背鳍Ⅴ－21；臀鳍Ⅰ－17；胸鳍15。侧线鳞57～58。

本种体细长，呈圆柱状。吻短，稍尖。口裂小，下颌突出。下颌前部有8枚犬齿，腭骨无齿。眼大，位于背缘。体背侧橘红色，有小黑点。体侧具8条红色窄横带。腹侧灰白色。胸鳍基具镶有红边的黄色斑，背鳍鳍棘部鳍膜通常有黑斑。尾鳍基有圆斑。为暖水性底层鱼类。栖息于沙泥底质海区，水深大于100 m。分布于我国东海、台湾海域，以及日本东京湾以南海域、朝鲜半岛海域、美国夏威夷海域、太平洋暖水域。体长约17 cm。

2333 鞍带拟鲈 *Parapercis muronis*（Tanaka，1918）[38]

= 牟娄拟鲈

背鳍Ⅴ－23；臀鳍Ⅰ－18～20；胸鳍17～20。侧线鳞53～57。

本种体细长，呈圆柱状。吻短。眼大，位于头背缘。口大，两颌几乎等长。犁骨、腭骨均具齿。前鳃盖骨缘光滑，主鳃盖骨具1枚锐棘。后头部、鳃盖、体侧被栉鳞。体背侧深红色，腹侧淡红色，体侧有5条略斜的暗横带。尾鳍基有一小暗斑。为暖水性底层鱼类。栖息于大陆架沙泥底质海区。分布于我国台湾海域，以及日本南部海域、西北太平洋暖水域。体长约13 cm。

2334 凹尾拟鲈 *Parapercis schauinslandii*（Steindachner，1900）[38]

= 玫瑰拟鲈

背鳍Ⅴ－21；臀鳍Ⅰ－17；胸鳍15～16。侧线鳞56～57。

本种体细长，呈圆柱状。吻短，圆钝。眼大，位于头背缘。口大，下颌前端具6枚犬齿。腭骨无齿。背鳍具深缺刻。尾鳍后缘凹入，呈新月形。体侧白色，具两条连续的红色方斑纵列。背鳍鳍棘部有黑斑，鳍条部有一暗点列。为暖水性底层鱼类。栖息于沙砾底质浅海。分布于我国台湾海域，以及日本相模湾以南海域、印度-太平洋暖水域。体长约12 cm。

2335 头斑拟鲈 *Parapercis cephalopunctata*（Seale，1901）[38]
= 雪点拟鲈 *P. millepunctata*

背鳍Ⅴ－20～21；臀鳍Ⅰ－16～17；胸鳍17～18。侧线鳞59～60。

本种体细长，呈圆柱状。吻长，吻端钝。口裂大。下颌前端犬齿3对，腭骨无齿。背鳍有深缺刻。背鳍鳍棘以第3鳍棘最长。腹鳍长，伸达肛门。体背侧茶褐色，腹侧银白色，体侧具暗褐色斑9个。唇上、下具暗斑。尾鳍中部有大黑斑，其后尚有白斑。为暖水性底层鱼类。栖息于沙砾底质浅海。分布于我国台湾海域，以及琉球群岛海域、印度-太平洋中西部暖水域。体长约 17 cm。

2336 多斑拟鲈 *Parapercis polyophtalma*（Cuvier，1829）[15]
= 太平洋拟鲈 *P. pacifica* = 六斑拟鲈

背鳍Ⅴ－21～22；臀鳍Ⅰ－17～18；胸鳍17～18。侧线鳞58～60。

本种体细长，呈圆柱状。吻尖长，口大。下颌前部有4对犬齿。犁骨具小齿，腭骨无齿。背鳍第3鳍棘长。腹鳍达肛门。尾鳍扇形。体淡褐色，腹侧灰白色。体侧、背鳍及臀鳍均具成列排布的暗褐色点。背鳍前部有黑斑，尾鳍具一近圆形黑色大斑[38]。为暖水性底层鱼类。栖息于沙砾底质浅海。分布于我国南海、台湾海域，以及琉球群岛海域、印度–西太平洋暖水域。体长约17 cm。

2337 斑尾拟鲈 *Parapercis hexophthalma* (Cuvier，1829)[16]

= 六睛拟鲈

背鳍Ⅴ－21；臀鳍Ⅰ－16～17；胸鳍17～18。侧线鳞59～60。

本种体细长，呈圆柱状。吻尖，口大，唇厚。犁骨齿多行。体灰褐色，腹侧白色。头、体具不规则的暗斑。背鳍鳍棘部有黑斑，鳍条部有3～4行黑点。尾鳍中央具一长方形黑斑。为暖水性底层鱼类。栖息于沙底质浅海。分布于我国南海，以及印度–西太平洋暖水域。体长约18 cm。

注：从形态特征看，本种与多斑拟鲈十分相似，主要差别在于尾鳍所具暗斑的形状[16]。《南海鱼类志》（1962）曾将二者列为同种[7]，刘瑞玉（2008）、黄宗国（2012）均将二者列为两种[12, 13]。笔者也认为二者似是同种，但仍按资料作两种鱼分述，供参考。

2338 背斑拟鲈 *Parapercis snyderi* Jordan et Starks，1905[38]

= 史氏拟鲈

背鳍Ⅴ－21；臀鳍Ⅰ－16～18；胸鳍14～15。侧线鳞38～44。

本种体稍粗短，呈圆柱状。吻端较钝，口裂大。两颌约等长，具绒毛状齿。下颌外侧具犬齿8枚。主鳃盖骨有1枚扁棘。背鳍具深缺刻，中间1枚鳍棘最长。体红褐色，背侧具5个鞍状暗斑。体侧中央有一宽纵带，下方有5～9个暗横斑。胸鳍基有黑斑，尾鳍有2个大黑斑。为暖水性底层鱼类。栖息于沙砾底质浅海。分布于我国南海、台湾海域，以及日本南部海域、朝鲜半岛海域、西北太平洋暖水域。体长约12 cm。

2339 四斑拟鲈 *Parapercis clathrata* Ogilby，1910[38]

= 四棘拟鲈 *P. quadrispinosus* = 肩斑拟鲈 = 格框拟鲈

背鳍Ⅳ－20～21；臀鳍Ⅰ－17；胸鳍17～18。侧线鳞57～60。

本种体细长，呈圆柱状。吻尖长，眼突于头背缘。口大，下颌外侧具6枚犬齿。鳃盖骨具小棘。背鳍有深缺刻，尾鳍后缘圆弧形。体侧黄褐色，腹侧色稍淡，体侧下部有暗斑纵列。鳃盖上方具有青色边缘的黑斑。尾鳍前部有两纵列暗斑。为暖水性底层鱼类。栖息于沙砾底质浅海。分布于我国南海、台湾海域，以及琉球群岛海域、印度－西太平洋暖水域。体长约15 cm。

2340 蒲原拟鲈 *Parapercis kamoharai* Schultz，1966[141]

背鳍Ⅴ－21；臀鳍Ⅰ－16～18；胸鳍17～18。侧线鳞58～60。

本种体细长，呈圆柱状。吻稍尖长。口裂大，下颌外侧具6枚犬齿。背鳍第3和第4枚鳍棘约等长。腹鳍末端达肛门。尾鳍上叶稍延长。体淡茶褐色。体侧有数条暗横带，每一横带腹侧端皆有一黑点相连。颊部有数条暗斜纹。腹鳍基底有暗斑。尾鳍具2纵列暗斑点。为暖水性底层鱼类。栖息于沙泥底质海区。分布于我国台湾海域，以及日本和歌山海域、高知海域，西北太平洋暖水域。体长约20 cm。

2341 圆拟鲈 *Parapercis cylindrica*（Bloch，1792）[15]

背鳍Ⅴ－21～22；臀鳍Ⅰ－17；胸鳍14～16。侧线鳞48～52。

本种体呈长圆柱状。吻尖长，口裂大。下颌外侧具10枚犬齿，腭骨有齿。鳃盖骨有2枚棘。体背侧黄褐色，腹侧灰白色。体侧有9～10条暗褐色横带。背鳍鳍棘部有大黑斑，背鳍鳍条部、臀鳍和尾鳍均有褐色小点。为暖水性底层鱼类。栖息于沙砾底质浅海。分布于我国东海、南海、台湾海域，以及琉球群岛海域、西太平洋暖水域。体长约10 cm。

2342 黄纹拟鲈 *Parapercis xanthozona*（Bleeker，1849）[15]

＝红带拟鲈

背鳍Ⅴ－21；臀鳍Ⅰ－17；胸鳍16～17。侧线鳞66。

本种体呈长圆柱状。吻尖长，口大。两颌、犁骨具小齿，下颌外侧具犬齿6对。腭骨无齿。体被栉鳞，背鳍前被圆鳞。尾鳍上叶略延长。体背侧黄褐色，腹侧淡黄色。体侧有8～9条横纹，横纹被体中央的白色纵带切断。颊部有10多条灰白色斜纹。奇鳍有许多黑色小点列。为暖水性底层鱼类。栖息于沙砾底质浅海。分布于我国南海、台湾海域，以及印度–太平洋暖水域。体长约19 cm。

2343 眼斑拟鲈 *Parapercis ommatura* Jordan et Starks，1902 [38]

= 真拟鲈

背鳍Ⅴ－22；臀鳍Ⅰ－18；胸鳍15～16。侧线鳞60。

本种体细长，呈圆柱状。口裂大，下颌稍突出。下颌外侧有2～3对犬齿，腭骨无齿。前鳃盖骨下缘锯齿状。主鳃盖骨具1枚棘。头侧、体侧及后头部被鳞。体背侧黄褐色，腹侧色稍淡。体侧有8条暗横带，其中部分为Y形。颊部有多条暗纵线。尾鳍基上方具一眼状斑。为暖水性底层鱼类。栖息于沙泥底质浅海。分布于我国南海、台湾海域，以及日本南部海域、朝鲜半岛海域、西北太平洋暖水域。体长约11 cm。

2344 斑纹拟鲈 *Parapercis tetracantha*（Lacépède，1800）[38]

= 四棘拟鲈

背鳍Ⅴ－20～21；臀鳍Ⅰ－16～17；胸鳍17～18。侧线鳞59～65。

本种体细长，呈圆柱状。吻端尖。口大。下颌外侧具6枚犬齿，腭骨无齿。体被栉鳞，胸部、腹部被圆鳞。主鳃盖骨后缘具棘。体褐色。鳃盖后上缘具大黑斑。眼下方具2条宽幅横带。背鳍鳍棘部黑色，鳍条部有3列黑点。体侧具9条暗横带。尾鳍基上方有一黑斑，尾鳍散布暗点。为暖水性底层鱼类。栖息于沙泥底质浅海。分布于我国台湾海域，以及日本相模湾以南海域、印度西太平洋暖水域。体长约22 cm。

注：《南海诸岛海域鱼类志》（1979）中的四棘拟鲈是指 *P. quadrispionsus*。该鱼曾用过四斑拟鲈 *P. clathrata* 这一称谓[8]。其实该鱼与沈世杰（2012）所指的 *P. tetracantha*[37] 是两种鱼。

2345 织纹拟鲈 *Parapercis multiplicata* Randall，1984[14]

= 横带拟鲈 = 多带拟鲈

背鳍Ⅴ－21；臀鳍Ⅰ－17；胸鳍14～16。侧线鳞56～58。

本种体细长，呈圆柱状。头略扁平。眼大，位于头背缘。口大。下颌外侧具8枚犬齿，腭骨无齿。背鳍第4鳍棘最长。体背侧淡橘红色，具许多小黑点。体侧有8条红色窄横带。胸鳍下方有一红斑。背鳍鳍棘部有黑斑，鳍条部和臀鳍各有1列红点。为暖水性底层鱼类。栖息于沙砾底质浅海。分布于我国台湾海域，以及日本沿海、西北太平洋暖温水域。

2346 白斑拟鲈 *Parapercis alboguttata*（Günther，1872）[16]

= 蓝吻拟鲈

本种体细长，呈圆柱状。头扁平。口较大，腭骨无齿。前鳃盖骨下缘有锯齿。主鳃盖骨有短棘。体侧淡橙黄色，头部红褐色，腹面色浅。吻前部和鳃盖有数条斜向的浅纹带。腹鳍、尾鳍、臀鳍有暗斑。为暖水性底层鱼类。栖息于沙泥底质浅海。分布于我国南海，以及菲律宾海域、西太平洋暖水域。体长约16 cm。

2347 美拟鲈 *Parapercis pulchella*（Temminck et Schlegel，1843）[68]

背鳍Ⅴ－21～22；臀鳍Ⅰ－17～18；胸鳍16～17。侧线鳞56～64。

本种体细长，呈圆柱状。吻稍尖长，口裂较小。两颌及犁骨外侧齿呈犬齿状，腭骨无齿。前鳃盖骨后缘圆弧形，光滑。主鳃盖骨具小棘。背鳍具深缺刻，背鳍鳍棘以第4鳍棘最长。尾鳍上叶延长。体红褐色，体侧有6条暗褐色横带和1条白色纵带。颊部有多条蓝色横带。背鳍鳍棘部有黄褐色斑。为暖水性底层鱼类。栖息于沙砾底质浅海。分布于我国东海、南海、台湾海域，以及日本南部海域、朝鲜半岛海域、印度－西太平洋暖水域。体长约18 cm。

2348 细点拟鲈 *Parapercis punctata*（Cuvier，1829）[14]

＝斑点拟鲈

本种体细长，呈圆柱状。吻短，稍钝。眼大，背侧位。口较小，具小齿。背鳍具深缺刻。尾鳍后缘圆弧形。体侧黄褐色，有斑点；腹部白色。体侧具不明显的宽幅横斑和一纵带。头部鳃盖上方有暗褐色斑，颊部具数条青色横纹，背鳍鳍棘部有黑斑。为暖水性底层鱼类。栖息于沿岸沙泥底质海区。分布于我国东海、南海，以及新加坡海域、印度–西太平洋暖水域。体长约11 cm。

2349 索马里拟鲈 *Parapercis somaliensis* Schultz，1968[14]

背鳍Ⅴ－21～22；臀鳍Ⅰ－17；胸鳍17。侧线鳞51～55。

本种体细长，近圆柱状。吻短，眼大。唇厚，口较小。下颌外侧犬齿3对。背鳍有深缺刻，以第4鳍棘最长。尾鳍上叶稍延长。体上部暗褐色，下部色浅。体侧具8条红褐色宽带。头背有黑斑，腹鳍、尾鳍有暗斑。为暖水性底层鱼类。栖息于沙泥底质海区。分布于我国南海、台湾海域，以及日本纪伊半岛以南海域、非洲索马里海域。体长约18 cm。

2350 邵氏拟鲈 *Parapercis shaoi* Randall，2008[37]

本种与索马里拟鲈十分相似，以致过去将二者混淆[9]。黄宗国（2012）将二者定为两个独立物种[13]。二者主要区别在于本种背侧红褐色，腹侧红色，腹面白色；体侧虽也具8条横带，但体侧黑斑偏小；头背无黑斑，眼下有横带；腹鳍、尾鳍无黑斑。为暖水性底层鱼类。栖息于沿岸沙泥底质海区。分布于我国台湾海域[37]。

▲ 本属我国尚有大眼拟鲈*P. macrophthalma*、斑棘拟鲈*P. striolata*，分布于我国南海、台湾海域[13]。

（269）后颌䲢科 Opistognathidae

本科物种体呈长椭圆形（侧面观）或稍延长。头中等大。体被圆鳞，头部无鳞。口大，前位。上颌骨宽，远伸越眼后缘下方。有上颌辅骨。颌齿1行，犬齿状。有的种类犁骨有齿。腭骨无齿。侧线通常1条，位高。个别种类侧线2条。背鳍有9～11枚鳍棘，臀鳍有2～3枚鳍棘。腹鳍喉位，Ⅰ－5，外侧2枚鳍条不分支。尾鳍后缘圆弧形。全球有3属约70种，我国有2属8种。

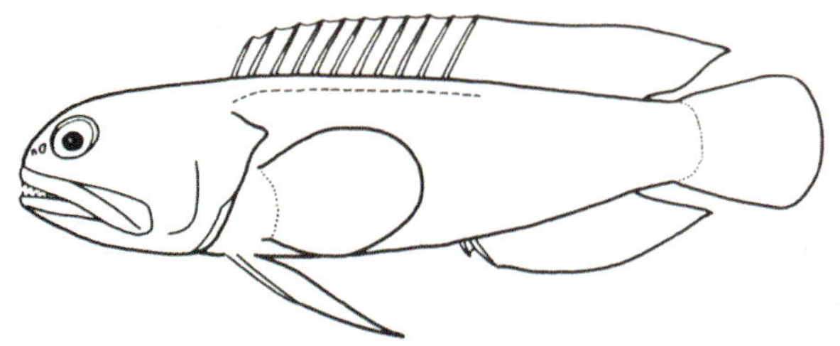

后颌䲢科物种形态简图

后颌䲢属 *Opistognathus* Cuvier，1816

本属物种一般特征同科。

2351 长颌后颌䲢 *Opistognathus evermanni*（Jordan et Snyder，1902）[38]

＝纹鳍后颌䲢＝艾氏后颌鳚

背鳍Ⅺ－10～11；臀鳍Ⅱ－10；胸鳍19～20；腹鳍Ⅰ－5。侧线鳞40～46。

本种体呈长椭圆形（侧面观），侧扁。头大，吻短而圆钝。口裂大。上颌骨宽大，远超过眼后缘下方。两颌约等长，均具齿带。前鳃盖后缘圆弧形，光滑。体被大型鳞。侧线不完全。尾鳍后缘圆弧形，稍尖。体红黄色。背鳍、臀鳍具黑色带，尾鳍有黑边。为暖水性底层鱼类。栖息于沙砾底质浅海。分布于我国南海、台湾海域，以及日本和歌山海域、长崎海域，西北太平洋暖水域。体长约8 cm。

2352 卡氏后颌䲢 *Opistognathus castelnaui* Bleeker，1860 [38]

背鳍Ⅺ－14；臀鳍Ⅱ－14～15；胸鳍18～20；腹鳍Ⅰ－5。侧线鳞87～105。

本种体延长，侧扁。头大。吻短，钝圆。口裂大，上颌骨末端超越鳃盖，伸达胸鳍基。两颌具齿，犁骨、腭骨无齿。侧线沿背鳍基纵走，仅达第3鳍条处。胸鳍短，尾鳍后缘圆弧形。体背侧褐色，腹侧淡褐色。背鳍基有7～9个黑斑。为暖水性底层鱼类。栖息于沙砾底质浅海。分布于我国台湾海域，以及日本冲绳海域、菲律宾海域、西太平洋暖水域。体长约25 cm。

2353 黑带后颌䲢 *Opistognathus hongkongiensis* Chan，1968 [37]

＝香港后颌䲢

背鳍Ⅺ－11；臀鳍Ⅱ－10；胸鳍19～20；腹鳍Ⅰ－5。鳃耙12＋22。

本种体延长，侧扁。头大。吻短，钝圆。口大。上颌骨宽阔，远超过眼后缘下方。颌齿呈犬齿状，犁骨具小齿。侧线不完全，仅达背鳍鳍棘部后方。背鳍、臀鳍鳍棘弱。体淡黄色，具5条褐色横带。头部有深褐色斑。偶鳍黄色。为暖水性底层鱼类。栖息于近岸岩礁海区。分布于我国南海、台湾海域，以及西北太平洋暖水域。

2354 刺青后颌䲢 *Opistognathus desorus* Smith-Vaniz et Yoshino，1989 [38]

背鳍Ⅺ－12；臀鳍Ⅱ－11；胸鳍19～20。侧线鳞56～67。鳃耙13～15＋28～30。

本种体呈长椭圆形（侧面观）。头大，吻短钝。口大，斜裂。上颌骨后端截形，不达主鳃盖骨。体被鳞，头部无鳞。尾鳍后缘近圆弧形。体和各鳍黄色。体侧有多条紫青色纵线，头部具紫青色虫纹。背鳍、臀鳍有同色纵纹。为暖水性底层鱼类。栖息于沙砾底质海区，水深100 m左右。分布于我国南海，以及琉球群岛近海。体长约12 cm。

▲ 本属我国尚有苏缘后颌䲢 *O. solorensis*、霍氏后颌䲢 *O. hopkinsi*，分布于我国台湾海域 [13]。

2355 沈氏叉棘䲢 *Stalix sheni* Smith et Vaniz，1989 [9]

背鳍Ⅹ～Ⅺ－10～11；臀鳍Ⅱ－10～11；胸鳍23；腹鳍Ⅰ－5。鳃耙8＋16。

本种体细长，侧扁。头大，吻短钝。眼大；眼间隔窄，下凹。口大。两颌约等长。上颌骨远超过眼后缘下方。两颌均具窄齿带。背鳍第1~9枚鳍棘末端分两叉。体灰褐色，胸部淡黄色。背鳍鳍棘部具镶白边的眼状斑。偶鳍淡黄色。为暖水性底层鱼类。栖息于浅水岩礁海区。分布于我国台湾海域，以及西北太平洋暖水域。

▲ 本属我国尚有无斑叉棘螣 *S. immculatus*，分布于我国东海[13]。

45（8）玉筋鱼亚目 Ammodytoidei（16b）

本亚目物种体细长，侧扁。前颌骨能伸缩，下颌突出。背鳍和臀鳍均无鳍棘。腹鳍有或无；如有则喉位，具1枚鳍棘和3枚鳍条。尾鳍叉形。中筛骨很长，锄骨刀片状。腹椎具椎体横突。无鳔。全球仅有1科5属18种，我国有1科4属4种。

注：玉筋鱼类自贝尔格（1955）至Nelson（1994）均被列为鲈形目的一个独立亚目，但被Nelson（2006）列为龙螣亚目的一个科[66, 3B, 3C]。基于玉筋鱼类和龙螣鱼类有较大差异，本书仍将其设为一个亚目。另过去有学者如贝尔格等曾将裸玉筋鱼科Hypoptychidae鱼类也归入玉筋鱼科Ammodytidae[66]，其实前者属于刺鱼目，和后者有很大差异，在我国也未见分布。

(270) 玉筋鱼科 Ammodytidae

本科物种体细长，呈圆柱状。头长，口大。下颌长，有或无齿。犁骨、腭骨均无齿。体被小圆鳞。侧线高位，与背鳍平行。背鳍基底长，均由鳍条组成。

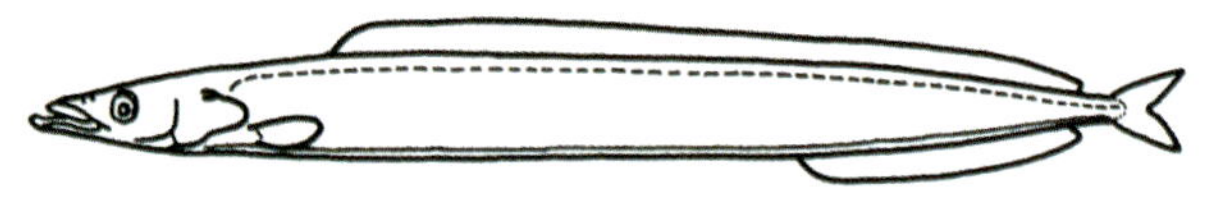

玉筋鱼科物种外形简图

玉筋鱼科的属、种检索表

1a 背鳍鳍条50枚以上；体具横皮褶，腹缘两侧有纵皮褶；上、下颌无齿
……玉筋鱼 *Ammodytes personatus* 2356

1b 背鳍鳍条50枚以下；体无横皮褶，腹缘两侧无纵皮褶；上颌齿细小……（2）

2a 腹鳍喉位，具1枚鳍棘和3枚鳍条……台湾玉筋鱼 *Embolichthys mitsukurii* 2357

2b 无腹鳍；背鳍鳍条40~45枚，臀鳍鳍条10~16枚；颌齿绒毛状
……绿布氏玉筋鱼 *Bleekeria anguilliviridus* 2358

2356 **玉筋鱼** *Ammodytes personatus* Girard，1856
= 太平洋玉筋鱼

背鳍55～59；臀鳍28～32；胸鳍15～16。鳃耙4～6＋20～23。

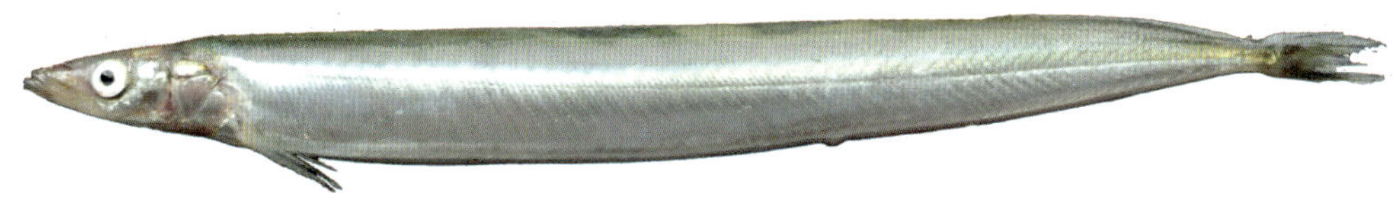

本种体细长，呈圆柱状。吻尖长。口大。下颌突出，不肥大。侧线沿体背缘纵走，侧线鳞约146枚。背鳍基底长。无腹鳍。腹缘有皮褶160～180个。体背缘暗绿色，体侧淡绿色，腹缘银白色。为冷温性底层鱼类。栖息于内湾沙底质浅海，潜沙夏眠。分布于我国黄海、渤海，以及日本海域、朝鲜半岛海域、西北太平洋温水域。体长约25 cm。产量高，可食用或作为饲料。

2357 **台湾玉筋鱼** *Embolichthys mitsukurii*（Jordan et Evermann，1902）[14]
= 箕作氏玉筋鱼 *Bleekeria mitsukurii*

背鳍40～43；臀鳍14～17；胸鳍14～16；腹鳍Ⅰ－3。鳃耙6～9＋18～22。

本种体细长，稍侧扁。吻长尖。口大。下颌突出，显著肥厚。颌齿绒毛状。体被小圆鳞。背鳍长，胸鳍短而尖。腹鳍退化，极小。腹缘无皮褶。体背侧褐色，腹侧粉红色至银白色。为暖水性底层鱼类。栖息于沙泥底质浅海。分布于我国南海、台湾海域，以及日本相模湾海域。体长约15 cm。

2358 绿布氏玉筋鱼 *Bleekeria anguilliviridus*（Fowler，1931）[20]

= 绿鳗布氏玉筋鱼 *B. viridianguilla*

背鳍40～45；臀鳍10～16；背鳍13～15；胸鳍14～15。

本种与台湾玉筋鱼相似。体细长，稍粗壮。头尖而长，下颌突出，前颌骨能伸缩。体被稍大圆鳞。体无纵皮褶。两颌具绒毛状齿。犁骨、腭骨无齿。侧线完全。无腹鳍。尾鳍深叉形。无鳔。体浅黄褐色，腹部色浅。尾鳍灰黑色，具白边。为暖水性底层鱼类。潜栖于沙底质浅海。分布于我国南海、台湾海域。

▲ 本科我国尚有短身原玉筋鱼 *Protammodytes brachistos*，分布于我国台湾海域[13]。

45（9）鳚亚目 Blennoidei（16a）

本亚目物种背鳍、臀鳍延长。如有腹鳍，则腹鳍喉位或颏位，Ⅰ－2～4。尾鳍一般不与背鳍、臀鳍相连。鼻孔每侧2个。头部在项部、眼上缘或感觉孔边缘常有皮须。眶下骨无骨突，不与前鳃盖骨连接。全球有6科127属732种，我国有4科31属约101种。

鳚亚目的科、属、种检索表

1a 背鳍1～2个 ……（11）

1b 背鳍3个 ……三鳍鳚科 Tripterygiidae（2）

2a 侧线前后不连续 ……（7）

2b 侧线前后连续 ……（3）

3a 胸鳍上半部分支鳍条4～5枚；侧线有孔鳞后方似有缺刻 ……额角三鳍鳚 *Ceratobregma helenae* 2359

3b 胸鳍上半部分支鳍条6～7枚；侧线有孔鳞后方无缺刻 ……弯线鳚属 *Helcogramma*（4）

4a 体侧有明显的纵带；胸鳍上部分支鳍条6枚 ……纵带弯线鳚 *H. striata* 2360

4b 体侧有不规则的斜带或斑纹；胸鳍上部分支鳍条7枚……（5）

5a 下颌感觉管孔6个以上；头长约为眼径的2.9倍；背鳍有黑缘……黑鳍弯线鳚 *H. fuscopinna* 2363

5b 下颌感觉管孔不超过4个；头长约为眼径的3.2倍……（6）

6a 下颌感觉管孔4个；侧线鳞19～24枚……钝吻弯线鳚 *H. obtusirostris* 2361

6b 下颌感觉管孔2个；侧线鳞26～31枚……哈氏弯线鳚 *H. habena* 2362

7-2a 臀鳍鳍棘2枚……（10）

7b 臀鳍鳍棘1枚……双线鳚属 *Enneapterygius*（8）

8a 侧线有孔鳞不超过13枚……小双线鳚 *E. minutus* 2364

8b 侧线有孔鳞15～22枚……（9）

9a 前鼻管皮瓣末端分2～3叉；侧线有孔鳞18～19枚……筛口双线鳚 *E. etheostomus* 2365

9b 前鼻管皮瓣末端不分叉；头背部隆起，眼上缘皮瓣椭圆形……隆背双线鳚 *E. tutuilae* 2366

10-7a 第1背鳍具4枚鳍棘；头后、前鳃盖、胸鳍基有鳞；侧线有孔鳞达第2背鳍末端……短鳞诺福克鳚 *Norfolkia brachylepis* 2378

10b 第1背鳍具3枚鳍棘；头后、前鳃盖、胸鳍基无鳞；侧线有孔鳞不达第2背鳍末端……黑尾史氏三鳍鳚 *Springerichthys bapturus* 2379

11-1a 体通常裸露无鳞；口较小，具耙状齿……鳚科Blenniidae（14）

11b 体被圆鳞，覆瓦状排列……（12）

12a 鳞细小，埋于皮下（穴居新热鳚除外），皆有鳞沟；具生殖瓣膜……胎鳚科 Clinidae 黄鳚 *Springeratus xanthosoma* 2380

12b 鳞稍大，露出，仅前区有鳞沟；背鳍前部无或有黑点；眼上缘皮瓣2～3列……唇鳚科 Labrisomidae 新热鳚属 *Neoclinus*（13）

13a 头背无皮瓣；胸鳍鳍条14枚……裸新热鳚 *N. nudus* 2381

13b 头背有皮瓣；胸鳍鳍条13枚……穴居新热鳚 *N. lacunicola* 2382

14-11a 鳃孔小；左、右鳃膜未跨峡部，不连接……（60）

14b 鳃孔大；左、右鳃膜跨峡部连接……（15）

15a 尾鳍鳍条全部不分支……（51）

15b 尾鳍鳍条大部分分支……（16）

16a 上颌有犬齿；体有7～8条与背鳍相连的暗横带……矶鳚 *Blennius yatabei* 2383

16b 上颌无犬齿……（17）

17a 头正中线有梳状皮瓣……缘顶须鳚 *Scartella emarginata* 2384

17b 头正中线无梳状皮瓣……（18）

18a 项部皮瓣基底短，或无皮瓣……（26）

18b 项部皮瓣基底长……（19）

19a 颏部有1对皮瓣；背鳍鳍条12～13枚；臀鳍鳍条13～14枚；体有豹纹
……短多须鳚 *Exallias brevis* 2385
19b 颏部无皮瓣；背鳍鳍条通常14～16枚；臀鳍鳍条通常15～16枚 …穗肩鳚属 *Cirripectes*（20）
20a 头与身体有许多黑褐色斑点……微斑穗肩鳚 *C. fuscoguttatus* 2386
20b 头与身体无黑褐色斑点……（21）
21a 背鳍鳍棘部与鳍条部间无缺刻……袋穗肩鳚 *C. perustus* 2387
21b 背鳍鳍棘部与鳍条部间有缺刻……（22）
22a 颈部皮瓣的上半部与下半部连续；背鳍鳍条通常15枚，臀鳍鳍条通常16枚
……斑穗肩鳚 *C. quagga* 2388
22b 颈部皮瓣的上半部与下半部分离；背鳍鳍条通常14枚，臀鳍鳍条通常15枚……（23）
23a 腹鳍Ⅰ-3；雄鱼体侧有暗横带，雌鱼具红褐色网状纹……多斑穗肩鳚 *C. polyzona* 2389
23b 腹鳍Ⅰ-4……（24）
24a 眼下部有红色斑，体红褐色……丝鳍穗肩鳚 *C. variolosus* 2390
24b 眼下部无红色斑……（25）
25a 颈部皮瓣下半部基底厚；前鳃盖感觉管具多个孔……紫黑穗肩鳚 *C. imitator* 2391
25b 颈部皮瓣下半部基底薄；前鳃盖感觉管仅具1～2个孔……火红穗肩鳚 *C. castaneus* 2392
26-18a 腹鳍Ⅰ-3（4）……（35）
26b 腹鳍Ⅰ-4……（27）
27a 前部侧线有鳞状突起；背鳍鳍条11~12枚，臀鳍鳍条12~13枚
……塞舌尔呆鳚 *Stanulus seychellensis* 2393
27b 前部侧线无鳞状突起；背鳍鳍条13~18枚，臀鳍鳍条15~19枚…犁齿鳚属 *Entomacrodus*（28）
28a 上唇平滑；无头须；体侧具6条黄褐色横带……海犁齿鳚 *E. thalassinus* 2394
28b 上唇全部或部分有锯齿缘；具头须……（29）
29a 头须分支……触角犁齿鳚 *E. epalzeocheilos* 2395
29b 头须不分支……（30）
30a 眼上须不分支；背鳍鳍棘部前部有一黑斑……（34）
30b 眼上须分支；背鳍鳍棘部前部无黑斑……（31）
31a 头部腹面有镶白边的橙黄色V形纹……云纹犁齿鳚 *E. niuafoouensis* 2396
31b 头部腹面无条纹，若有时也不镶白边……（32）
32a 胸鳍基部上方有一大黑斑；体有镶白边的横带……尾带犁齿鳚 *E. caudofasciatus* 2397
32b 胸鳍基部上方无黑斑……（33）
33a 眼眶后缘具不规则的或稍垂直的细黑纹；体侧有成团黑点……点斑犁齿鳚 *E. striatus* 2398
33b 眼眶后缘无黑纹；体侧具纵行淡色点斑组成的6条横带……斑纹犁齿鳚 *E. decussatus* 2389
34-30a 体侧散布白色小点……史氏犁齿鳚 *E. stellifer stellifer* 2400
34b 体侧白色点稍大，数目少……赖氏犁齿鳚 *E. stellifer lighti* 2401
35-26a 臀鳍最后鳍条有鳍膜与尾柄相连……（48）
35b 臀鳍最后鳍条几乎无鳍膜与尾柄相连……（36）
36a 眼上缘皮瓣短；鼻皮瓣分支或不分支；胸鳍鳍条13~14枚……蛙鳚属 *Istiblennius*（39）

36b 眼上缘皮瓣长；鼻皮瓣不分支；胸鳍鳍条15枚 ……………………矮冠鳚属 *Praealticus*（37）
37a 颊部无黑纹；头与胸鳍有黑点；眼上缘皮瓣掌状 …………犬牙矮冠鳚 *P. margaritarius* 2402
37b 颊部有许多黑纹；头与胸鳍无黑点；眼上缘皮瓣羽根状 ………………………………（38）
38a 吻与体部有16～18条斜纹 ……………………………………………吻纹矮冠鳚 *P. striatus* 2403
38b 吻与颊部有4～5条深斜纹…………………………………………五带矮冠鳚 *P. tanegasimae* 2404
39–36a 上、下唇平滑 ……………………………………………………………………………（42）
39b 上唇具锯齿缘 …………………………………………………………………………………（40）
40a 颈须和眼上须皆不分支；体侧有6对暗横带；横带间具小黑点，头顶无冠膜（♀）；横带间无黑点，头顶具冠膜（♂）………………………………………围眼蛙鳚 *I. periophthalmus* 2405
40b 无颈须，眼上须分支 …………………………………………………………………………（41）
41a 体侧具7～8条纵线；头顶冠膜有（♂）或无（♀）…………………线纹蛙鳚 *I. lineatus* 2406
41b 体侧无纵线，具9对横带；体侧中央有一黑斑（♂）；横带间有小黑点（♀）……………………………………………………………………冠蛙鳚 *I. coronatus* 2407
42–39a 具颈须；体侧后部、背鳍、臀鳍具许多黑点，头顶无冠膜（♀）；体侧具横带，头顶有冠膜（♂）…………………………………………………………暗纹蛙鳚 *I. edentulus* 2408
42b 不具颈须 ………………………………………………………………………………………（43）
43a 鼻须单一，不分支 …………………………………………………………………………（47）
43b 鼻须分支 ………………………………………………………………………………………（44）
44a 眼上须具羽状分支；头顶具冠膜，背鳍鳍棘部有黑斑（♂）；头顶无冠膜，背棘鳍鳍部无黑斑（♀）……………………………………………………………杜氏蛙鳚 *I. dussumieri* 2409
44b 眼上须单一，不分支 ………………………………………………………………………（45）
45a 尾柄处有许多白点（♂）；体侧无纵线，背鳍有许多褐色细斜线（♀）……………………………………………………………………对斑蛙鳚 *I. bilitonensis* 2412
45b 尾柄处无白点（♂）；体侧具纵线或断纵线（♀）……………………………………（46）
46a 体侧无黑色纵线或断纵线，具9条不明显的淡色横带，带中具环纹（♂）；体侧有4～5列断纵线，纵线不呈黑色（♀）………………………………………断纹蛙鳚 *I. interruptus* 2410
46b 体侧有3～5条不明显的黑色断纵线，头冠膜高（♂）；体侧有5条黑色断纵线，头冠膜低（♀）……………………………………………………………红点蛙鳚 *I. cyanostigma* 2411
47–43a 体侧具3条（♂）或多条（♀）黑色纵纹 ……………………尾纹蛙鳚 *I. caudolineata* 2413
47b 体侧具许多横带，横带又断裂成3条纵纹和小点 ……………………穆氏蛙鳚 *I. muelleri* 2414
48–35a 无颈须；体侧有6～7条横带和白色短纹…………………笠鳚 *Rhabdoblennius ellipse* 2415
48b 有颈须 …………………………………………………………………………………………（49）
49a 背鳍鳍棘13枚；体侧有7条倒V形黑色横带 …………黑点仿鳚 *Mimoblennius atrocinctus* 2416
49b 背鳍鳍棘12枚……………………………………………………………风鳚属 *Salarias*（50）
50a 眼上缘皮瓣、颈部皮瓣分支；背鳍缺刻浅 ………………………细纹风鳚 *S. fasciatus* 2417
50b 眼上缘皮瓣、颈部皮瓣不分支；背鳍缺刻深………………………点纹风鳚 *S. luctuosus* 2418
51–15a 体较高；颈部有皮瓣；背鳍鳍棘10枚；腹鳍 Ⅰ－2 ………………………………………………全黑乌鳚 *Atrosalarias fuscus holomelas* 2419

51b 体较低；颈部无皮瓣；背鳍鳍棘11～16枚；腹鳍Ⅰ－3～4……………………………（52）

52a 眼上缘无皮瓣 ……………………………………………………异齿鳚属 *Ecsenius*（55）

52b 眼上缘有皮瓣 ………………………………………………………………………（53）

53a 下唇无吸盘 ……………………………………………………跳弹鳚 *Alticus saliens* 2420

53b 下唇有吸盘……………………………………………………唇盘鳚属 *Andamia*（54）

54a 背鳍鳍棘15～16枚；头无冠膜，体侧有白点；头侧、胸鳍有暗斑
……………………………………………………………太平洋唇盘鳚 *A. pacifica* 2421

54b 背鳍鳍棘13～15枚；雄鱼有冠膜；体侧无白点；头侧、胸鳍无暗斑
………………………………………………………………………雷氏唇盘鳚 *A. reyi* 2422

55-52a 背鳍无缺刻；体侧中央有一列白点……………………………红尾异齿鳚 *E. namiyei* 2423

55b 背鳍有缺刻 ……………………………………………………………………………（56）

56a 前鼻孔前、后缘各有1条皮瓣；体侧无斑纹，前半部色暗，后半部橙黄色
…………………………………………………………………双色异齿鳚 *E. bicolor* 2424

56b 前鼻孔后缘有1条皮瓣；体侧有斑点或条纹 ……………………………………………（57）

57a 背鳍鳍条16～18枚，臀鳍鳍条18～20枚；体侧有暗纵带和9个褐色斑
…………………………………………………………………线纹异齿鳚 *E. lineatus* 2425

57b 背鳍鳍条12～15枚，臀鳍鳍条14～17枚 …………………………………………………（58）

58a 体侧有横带（♂）或纵带（♀），无眼状斑或横Y形纵纹 …………巴氏异齿鳚 *E. bathi* 2426

58b 体侧有眼状斑或横Y形纵纹 ……………………………………………………………（59）

59a 体侧具纵列绿褐色眼状斑数对 ……………………………………眼斑异齿鳚 *E. oculus* 2427

59b 胸鳍基有横Y形黑色纵纹向后延伸…………………………江岛异齿鳚 *E. yaeyamaensis* 2428

60-14a 腹鳍有或无，如有则具1枚鳍棘和3枚鳍条……………………………………………（68）

60b 腹鳍具1枚鳍棘，2枚鳍条 ……………………………………………………………（61）

61a 前、后鼻孔有皮瓣；体乳白，布有黑色斑点
……………………………………………多斑宽额鳚 *Laiphognathus multimaculatus* 2429

61b 前、后鼻孔无皮瓣 ……………………………………………………………………（62）

62a 背鳍、臀鳍、尾鳍鳍膜不相连 ……………………………肩鳃鳚属 *Omobranchus*（64）

62b 背鳍、臀鳍、尾鳍鳍膜相连…………………………………………………………（63）

63a 背鳍、臀鳍、尾鳍鳍膜完全相连；背鳍Ⅶ～Ⅷ－21～24；后鼻孔退化
……………………………………………………………克氏连鳍鳚 *Enchelyurus kraussi* 2430

63b 背鳍、臀鳍与尾鳍仅部分鳍膜相连；背鳍Ⅺ～Ⅻ－18～20；后鼻孔明显
……………………………………………………赫氏龟鳚 *Parenchelyurus hepburni* 2431

64-62a 头部正中线皮瓣突出成冠膜；体侧有约10条暗褐色横带
………………………………………………………冠肩鳃鳚 *O. fasciolatoceps* 2432

64b 头部正中线无皮瓣 ……………………………………………………………………（65）

65a 体侧有多条暗纵带；鳃孔下缘止于胸鳍第1鳍条处……………斑点肩鳃鳚 *O. punctatus* 2433

65b 体侧无暗纵带；鳃孔下缘达胸鳍第2～5鳍条处 ……………………………………（66）

66a 头部和体前部有黑色横带；体后部密布小黑点 …………………美肩鳃鳚 *O. elegans* 2434

66b 体后部无小黑点 ……………………………………………………………………（67）

67a 头顶和颈部均有黑斑；眼后无白色线纹……………………………吉氏肩鳃鳚 *O. germaini* 2435

67b 头顶和颈部皆无黑斑；眼后有白色线纹………………………………狐肩鳃鳚 *O. ferox* 2436

68-60a 体显著长，呈带状；背鳍起始于眼前上方；体侧有20条黑白相间的横带 ………………………………………………………………带鳚 *Xiphasia setifer* 2437

68b 体延长，但不呈带状；背鳍起始于眼后上方……………………………………………（69）

69a 口腹位…………………………………………………………………………………（76）

69b 口端位或亚端位…………………………………………………………………………（70）

70a 背鳍Ⅳ－25～28；下颌犬齿显著长大，犬齿前缘有深沟 ……稀棘鳚属 *Meiacanthus*（74）

70b 背鳍Ⅹ～Ⅺ－14～21；下颌犬齿大，犬齿前缘无深沟…………跳岩鳚属 *Petroscirtes*（71）

71a 背鳍前3枚鳍棘延长；背鳍鳍棘和鳍条合计有24～27枚…………高鳍跳岩鳚 *P. mitratus* 2438

71b 背鳍无延长鳍棘；背鳍鳍棘与鳍条合计有26～34枚………………………………………（72）

72a 鳃盖和尾鳍基各有一黑斑；下颌皮瓣分3～4支 ……………………史氏跳岩鳚 *P. springeri* 2439

72b 鳃盖和尾鳍基皆无黑斑；下颌皮瓣不分支……………………………………………………（73）

73a 颈部无皮瓣；头上侧感觉管孔3个 ……………………………纵带跳岩鳚 *P. breviceps* 2440

73b 颈部有皮瓣；头上侧感觉管孔5个………………………………变色跳岩鳚 *P. variabilis* 2441

74-70a 眼至背鳍起始处有一镶蓝线的黑色斜带……………………金鳍稀棘鳚 *M. atrodorsalis* 2442

74b 眼至背鳍起始处无黑色斜带……………………………………………………………………（75）

75a 体侧具黑色纵带；腹侧无网状纹…………………………………黑带稀棘鳚 *M. grammistes* 2443

75b 体侧具白色纵带；腹侧有网状纹 ………………………………浅带稀棘鳚 *M. kamoharai* 2444

76-69a 体无侧线；胸鳍鳍条11～13枚……………………………………横口鳚属 *Plagiotremus*（78）

76b 体有侧线；胸鳍鳍条13～15枚…………………………………………盾齿鳚属 *Aspidontus*（77）

77a 体侧有深蓝色纵带达尾端；幼鱼背鳍前端伸长 …………………纵带盾齿鳚 *A. taeniatus* 2445

77b 体侧有黑色纵带，但未达尾端；幼鱼背鳍前端不伸长………杜氏盾齿鳚 *A. dussumieri* 2446

78-76a 体无明显的暗纵带；背鳍软条27～30枚 …………………云雀横口鳚 *P. laudandus* 2447

78b 体有暗纵带；背鳍软条31～39枚 ……………………………………………………………（79）

79a 体侧下半部有黑色纵带；背鳍鳍棘10～12枚 ………………………横口鳚 *P. rhinorhynchos* 2448

79b 体侧下半部无黑色纵带；背鳍鳍棘7～9枚……………………黑带横口鳚 *P. tapeinosoma* 2449

（271）三鳍鳚科 Tripterygiidae

本科物种背鳍3个，前两个全由鳍棘组成，后一个具7枚以上的鳍条。臀鳍具1～2枚鳍棘或无鳍棘。腹鳍喉位，具1枚鳍棘和2～3枚鳍条，鳍棘细小或退化。项部无皮须。体被栉鳞，仅前区有鳞沟。全球有19属约95种，我国有5属约26种。

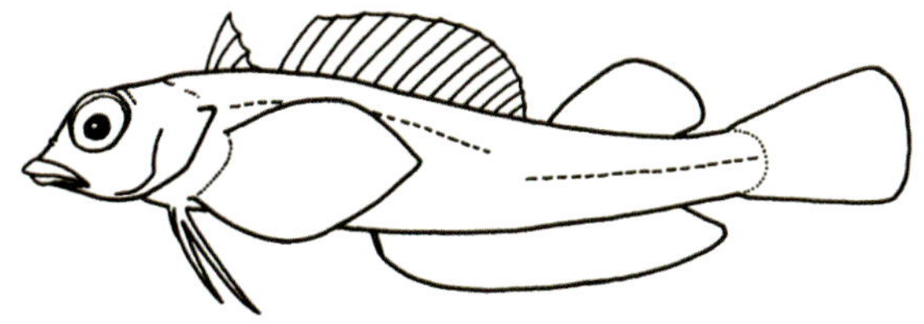

三鳍鳚科物种形态简图

2359 额角三鳍鳚 *Ceratobregma helenae* Holleman，1987[37]

= 海伦额鳚

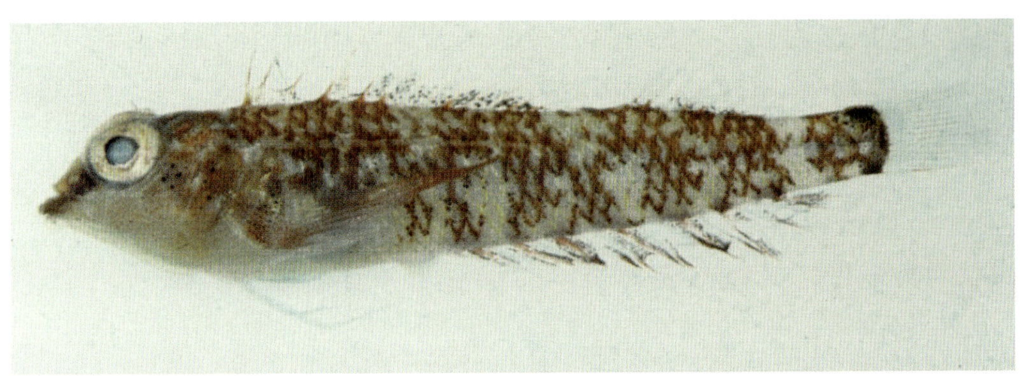

本种体稍延长，侧扁。眼大，突出于头背缘。吻短钝。口稍大，水平位。下颌突出。两颌密生小齿，外行齿较大。犁骨齿较颌齿大，腭齿少而大。背鳍3个。胸鳍上半部有分支鳍条4~5枚。体被栉鳞，头除颈部以外未被鳞，腹部被圆鳞。尾鳍后缘稍呈圆弧形。体灰黄色，具不规则的红褐色斑和白斑。各鳍色浅。为暖水性岩礁鱼类。栖息于浅水岩礁海区。分布于我国台湾海域，以及印度洋暖水域。

弯线鳚属 *Helcogramma* McCulloch et Waite，1918

本属物种鼻瓣呈叶状，眼上缘皮瓣小或无皮瓣。颏部感觉管孔发达。侧线连续。头部、腹部和背鳍基无鳞或具栉鳞。两颌具3~4行弯曲的圆锥状齿，外行齿较大。犁骨、腭骨具齿。胸鳍上半部分支鳍条6~7枚。我国有6种。

2360 纵带弯线鳚 *Helcogramma striata* Hansen，1986[37]

背鳍 Ⅲ，XIV~XV，9~11；臀鳍 Ⅰ-20~22；胸鳍 ⅲ+6+vii。侧线鳞25~33。

本种体细长，侧扁。`眼大，上缘高于头背。吻短尖，口裂小。下颌稍突出。颌齿细密，外行齿大，向后弯曲。犁骨、腭骨有齿。眼上缘无皮瓣，鼻瓣小叶状。体红褐色，体侧有3条白色纵带，尾鳍中央具褐色纵带。为暖水性岩礁鱼类。栖息于岩礁、珊瑚礁海区，水深小于10 m。分布于我国东海、南海、台湾海域，以及日本伊豆半岛以南海域、西太平洋暖水域。体长约4 cm。

2361 钝吻弯线鳚 *Helcogramma obtusirostris*（Klunzinger，1871）[37]

背鳍 Ⅲ，XⅢ ~ XV，9 ~ 10；臀鳍 Ⅰ − 19 ~ 20；胸鳍 ii + 7 + vii。侧线鳞19 ~ 24。

本种体细长，侧扁。吻短钝。两颌约等长，下颌具4个感觉管孔。眼上缘皮瓣细短，鼻瓣叶状。背侧有6个红斑，体侧有白点。头淡绿色，具红斑。胸鳍基具2个红斑。为暖水性岩礁鱼类。栖息于岩礁海区。分布于我国台湾海域，以及日本南部海域、印度−西太平洋暖水域。体长约3 cm。

2362 哈氏弯线鳚 *Helcogramma habena* William et McCormick，1996[37]

= 线头弯线鳚 = 三角弯线鳚 *H. inclinata*

本种体细长，侧扁。腹部前部高，向后渐细。吻短钝，两颌约等长。下颌具2个感觉管孔。犁骨齿带呈半圆形。侧线鳞26～31枚。体侧具红褐色H形斑。头红褐色，具白色斜带。背鳍、臀鳍灰黑色，具多行白色点列。为暖水性岩礁鱼类。栖息于浅水岩礁海区。分布于我国东海、南海、台湾海域。

注：黄宗国（2012）认为哈氏弯线鳚与三角弯线鳚为同种[13]，沈世杰（2011）则将二者分立为2种，区别在于后者背侧横带为Y形[37]。

2363 黑鳍弯线鳚 *Helcogramma fuscopinna* Holleman，1982[37]（上雄鱼，下雌鱼）

背鳍Ⅲ，Ⅻ～ⅩⅣ，10～12；臀鳍Ⅰ－19～21。侧线鳞20～23。

本种体细长，侧扁。头高。眼大，眼上缘皮瓣单一。下颌感觉管孔为5～7＋1～2＋5～7。体淡褐色，体侧具7～8条褐色横带。头部眼下缘有一浅色水平纵纹。奇鳍后缘色暗。为暖水性岩礁鱼类。栖息于浅水珊瑚礁海区。分布于我国台湾海域。

▲ 本属我国尚有四纹弯线鳚 *H. fuscipectoris*、奇卡弯线鳚 *H. chica*，均分布于我国台湾海域[37]。

双线鳚属 *Enneapterygius*（Rüppell，1835）

本属物种体细长，侧扁。侧线不连续。前段侧线鳞为有孔鳞，止于第2背鳍后下方；后段侧线鳞为缺刻鳞，末端达尾柄。头部、胸鳍基、腹部无鳞。背鳍Ⅲ，Ⅺ～ⅩⅤ，7～10。第1背鳍各鳍棘向后渐短。眼上缘皮瓣和鼻瓣膜均细长。颌齿细密，外行齿较大。犁骨、腭骨多具齿。本属种类多，我国记录有16种，均为热带珊瑚礁、岩礁海区小型鱼类。基于本属许多种类为近年定名，分布于我国台湾海域，笔者未全面掌握其分类特征。这些种类仅据沈世杰（2011）略予介绍[37]，而未被编列于检索表中。供参考。

2364 小双线鳚 *Enneapterygius minutus*（Günther，1877）[37]

= 小九鳍鳚

背鳍 Ⅲ，Ⅺ ~ ⅩⅢ，8 ~ 9；臀鳍 Ⅰ－16 ~ 18；胸鳍 ii + 6 + vii。侧线鳞12 ~ 13 + 17 ~ 22。

本种一般特征同属。体细长，侧扁。眼大，突出于头背缘。吻短尖，口小，两颌约等长。眼上缘皮瓣和鼻瓣均细长。侧线2段，侧线有孔鳞12 ~ 13枚。体黄褐色，腹侧灰白色。体侧各鳞缘黑色，并有白点。头部色较深。吻至胸鳍基有一黑色宽纵带。为暖水性岩礁鱼类。栖息于潮间带珊瑚礁海区或潮上带水窿中。分布于我国南海、台湾海域，以及琉球群岛海域、西太平洋暖水域。体长约2.5 cm。

2365 筛口双线鳚 *Enneapterygius etheostomus*（Jordan et Snyder，1902）[44]

= 筛口罗氏鳚 *Rosenblatella etheostoma*

背鳍 Ⅲ，ⅩⅢ ~ ⅩⅤ，9 ~ 10；臀鳍 Ⅰ－19 ~ 21；胸鳍 iii + 6 + vii。

本种体细长，侧扁。眼大，吻短钝，两颌约等长。眼上缘皮瓣长，不分支。鼻瓣膜不呈锯齿状而有短柄，顶端分叉。雄鱼体黑色，具2条白色横斑，各鳍色暗。雌鱼体灰白色，具4～5条褐色H形横斑，各鳍黄色或红色。为暖水性岩礁鱼类。栖息于从潮间带到水深10 m左右的岩礁海区。分布于我国台湾海域，以及日本南部海域、西太平洋暖水域。体长约5.5 cm。

2366 隆背双线鳚 *Enneapterygius tutuilae* Jordan et Seale，1906 [37]

背鳍Ⅲ，Ⅺ～Ⅻ，8～10；臀鳍Ⅰ－16～18。

本种体稍高，细长。头背隆起，下颌感觉管孔为2＋2＋2。眼上缘皮瓣单一，较宽。鼻瓣膜单一，细长。体黄色、绿色或黄棕色，有5条黄棕色或黑褐色横带，横带上方分叉。吻和头腹面红色。第2背鳍具一黑斑。腹鳍黑色。为暖水性岩礁鱼类。栖息于珊瑚礁、岩礁海区。分布于我国台湾海域。体长约4.5 cm。

2367 陈氏双线鳚 *Enneapterygius cheni* Wang，Shao et Shen，1996 [37]

＝陈氏九鳍鳚

本种一般特征同属。体细长，侧扁。前部侧线有孔鳞15～17枚，始于鳃孔上方，止于第3背鳍前下方；后部侧线缺刻鳞17～19枚。头、体黑色。眼下具一白色宽带。体侧有数条白色斜横带。颈部有一橘黄色斑。分布于我国台湾海域。

注：本种及以下双线鳚鱼类未编入检索表。

2368 美丽双线鳚 *Enneapterygius elegans*（Peters，1876）[37]

背鳍Ⅲ，Ⅻ，9；臀鳍Ⅰ－17。侧线有孔鳞18；侧线缺刻鳞16。下颌感觉孔4＋1＋4。

本种体细长，侧扁。眼上缘皮瓣小，鼻瓣细长。第1背鳍较第2背鳍低。体红色，头部大部分为黑色。眼下有一白斑。尾柄有2个黑斑。背鳍、尾鳍有红色点列。分布于我国台湾海域。

2369 红身双线鳚 *Enneapterygius erythrosoma* Shen et Wu，1994[37]

本种体细长，侧扁。吻短尖，上、下颌约等长。体被栉鳞。头、颈、胸鳍基和腹部均无鳞。体灰白色，具红色H形横斑。头红色，眼下至下颌有一白色带。胸鳍基有一三角形红斑。分布于我国台湾海域，以及日本小笠原群岛海域、菲律宾海域、西太平洋暖水域。

2370 黄顶双线鳚 *Enneapterygius flavoccipitis* Shen et Wu，1994[37]

本种体细长，侧扁。吻长而尖，两颌约等长。体被栉鳞。体暗红色，头下部黑色。胸鳍、头背及第1背鳍均为黄色。分布于我国台湾海域，以及中西太平洋。

2371 孝真双线鳚 *Enneapterygius hsiojenae* Shen et Wu，1994[37]

本种体细长，侧扁。吻稍长尖。体被栉鳞。肛门后腹部具1～2列圆鳞，和体侧栉鳞交会。体乳白色，体侧有4条暗横带至黄色横带。胸鳍基后方有黑斑。头白色，密布黑点。各鳍黄色。分布于我国南海、台湾海域。

2372 白点双线鳚 *Enneapterygius leucopunctatus* Shen et Wu，1994 [37]

= 白斑九鳍鳚

本种体细长，侧扁。吻短尖。体被栉鳞，腹部上部、后部边缘有4～6列小圆鳞与栉鳞交会。雄鱼红褐色，有许多白斑。雌鱼褐色，有更多白斑。腹侧白色。分布于我国南海、台湾海域，以及琉球群岛海域、西北太平洋。

2373 矮双线鳚 *Enneapterygius nanus*（Schultz，1960）[37]

本种体细长，侧扁。吻短尖。口小，两颌约等长。眼上缘皮瓣和鼻瓣膜均细长。体被栉鳞。头、颈、胸无鳞。腹部仅有少数圆鳞。体黄色，头与体侧均布以红色小点。分布于我国台湾海域，以及澳大利亚海域、太平洋暖水域。

2374 菲律宾双线鳚 *Enneapterygius philippinus*（Peters，1868）[37]（上雄鱼，下雌鱼）

背鳍Ⅲ，Ⅺ～Ⅻ，8～9；臀鳍Ⅰ－15～17。侧线有孔鳞12～13；侧线缺刻鳞17～20。下颌感觉管孔3＋1＋3。

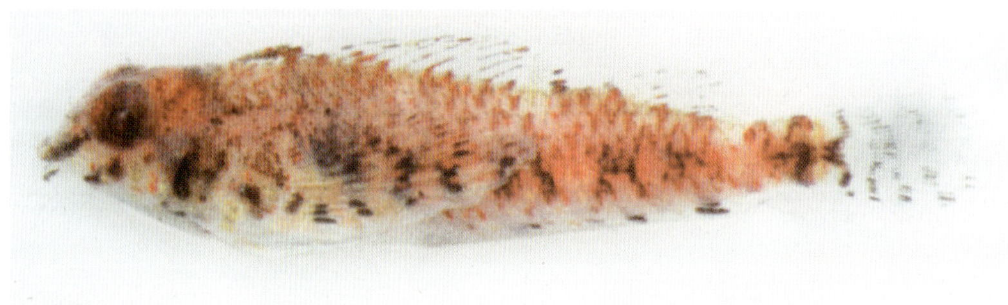

本种体细长，侧扁。眼上缘皮瓣短，鼻瓣膜叶状。第1背鳍低。雄鱼头下部黑色；体黄色至红棕色，密布黑色点；臀鳍、尾鳍黑色，背鳍黄色至红棕色。雌鱼体淡红色至黄色，体侧有许多不规则的棕色横带和小点；胸鳍、臀鳍、尾鳍有黑色横纹或点列。分布于我国台湾海域。

2375 红尾双线鳚 *Enneapterygius rubicauda* Shen et Wu，1994 [37]

本种体细长，侧扁。吻短尖。眼上缘皮瓣和鼻瓣膜均细长。体具红褐色横带，头、胸、腹面均白色。上颌至眼前缘有一暗褐色线。尾柄具宽幅褐色横带。分布于我国台湾海域，以及琉球群岛海域、菲律宾海域、西太平洋暖水域。

2376 邵氏双线鳚 *Enneapterygius shaoi* Chiang et Chen，2008[37]（上雄鱼，下雌鱼）

背鳍Ⅲ，Ⅻ，10；臀鳍Ⅰ－18；胸鳍 ii＋6＋vii。侧线有孔鳞16～18；侧线缺刻鳞15～17。下颌感觉管孔4＋1＋4。

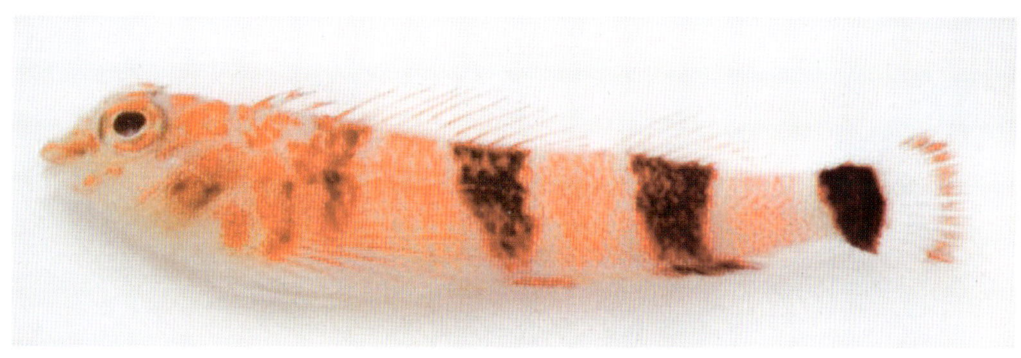

本种体细长，侧扁。吻短钝。眼上缘皮瓣小，鼻瓣膜宽短。第1背鳍低。体粉红色到淡橙色不等。体侧有4条稍斜的、镶白边的棕色宽幅横带。尾鳍色浅，近边缘有黑棕色线纹。分布于我国台湾海域。

2377 沈氏双线鳚 *Enneapterygius sheni* Chiang et Chen，2008[37]（前雄鱼，后雌鱼）

背鳍Ⅲ，Ⅻ，9；臀鳍Ⅰ－17；胸鳍 ii ＋4＋ vi～vii。侧线有孔鳞16～18；侧线缺刻鳞16～18。下颌感觉管孔4＋1＋4。

本种体细长，侧扁。眼上缘皮瓣细长，鼻瓣膜细长。第1背鳍高。雄鱼头部有黑斑，第1、第2背鳍和臀鳍色深。雌鱼第2背鳍具4个黑斑，臀鳍有8～9条暗带。鳃盖具黑色斑。尾柄具一横纹。分布于我国台湾海域。

▲ 本属我国尚有苍白双线䲁 *E. pallidoseridlis*、单斑双线䲁 *E. unimaculatus*，分布于我国台湾海域[37, 13]。

2378 短鳞诺福克䲁 *Norfolkia brachylepis*（Schultz，1960）[37]

= 诺福克三鳍䲁 *Tripterygion brachylepis*

背鳍Ⅳ，Ⅻ～ⅩⅢ，9；臀鳍Ⅱ－17～20；胸鳍iv＋5＋vi。侧线鳞15～18＋19。

本种体细长，侧扁。吻短，钝尖。眼大，上缘突出于头背。口小，两颌约等长。颌齿中大型，外行齿较大。犁骨齿单行，呈倒V形排列。腭骨无齿。眼上缘皮瓣大而宽，具锯齿。鼻瓣叶状。第1背鳍有4枚鳍棘。头后、前鳃盖、胸鳍基有鳞。体具6条H形褐色横斑。眼下有一褐色大斑。各鳍灰色，具多列褐色点。为暖水性岩礁鱼类。栖息于潮间带岩礁或珊瑚礁海区。分布于我国台湾海域，以及日本伊豆半岛以南海域、澳大利亚海域、印度－西太平洋暖水域。体长约4 cm[37]。

▲ 本属我国尚有托氏诺福克䲁 *N. thomasi*，分布于我国台湾海域[13]。

2379 黑尾史氏三鳍鳚 *Springerichthys bapturus*（Jordan et Snyder，1903）[38]

= 少棘三鳍鳚 *Tripterygion bapturus*

背鳍Ⅲ，ⅩⅦ，12；臀鳍Ⅱ－26；胸鳍ⅲ＋6＋ⅶ。侧线鳞29＋18。

本种体细长，侧扁。口小。颌齿细小。犁骨齿2～3行，呈半圆形排列。腭骨具齿。眼上缘皮瓣和鼻皮瓣细长，不分支，无锯齿。第1背鳍具3枚鳍棘。头后、前鳃盖、胸鳍基无鳞。体侧散布小黄点。腹部白色。头褐色，具黄色斑。鳃盖具大黑斑。尾鳍黑色。为暖水性岩礁鱼类。栖息于潮间带岩礁海区。分布于我国台湾海域，以及日本南部海域。体长约5 cm。

（272）胎鳚科 Clinidae

本科物种体延长，侧扁。两颌具锥状或绒毛状齿。体被小圆鳞，埋于皮下。侧线完全或不完全。背鳍连续，鳍棘多于鳍条，前方3枚鳍棘延长，鳍条不分支。尾鳍不与背鳍、臀鳍相连。腹鳍喉位。臀鳍有2枚鳍棘。全球有20属约73种，我国仅有1属1种。

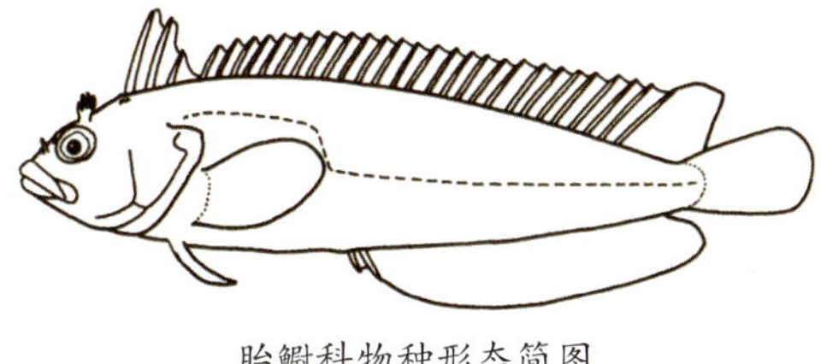

胎鳚科物种形态简图

2380 黄鳚 *Springeratus xanthosoma*（Bleeker，1857）[37]

背鳍Ⅲ，ⅩⅩⅤ～ⅩⅩⅧ－3～6；臀鳍Ⅱ－19～22。侧线鳞50～58。

本种体稍细长，侧扁。吻短，吻长小于眼径。两颌约等长。犁骨、腭骨具齿。前鼻孔呈管状，具鼻瓣。侧线完全。背鳍前3枚鳍棘延长，呈冠状。具生殖瓣膜。体被小圆鳞，埋于皮下。体黑褐色，有数条不明显的横带；横带延伸至背鳍、臀鳍。为暖水性岩礁鱼类。栖息于沿岸内湾藻场。分布于我国台湾海域，以及日本种子岛海域、奄美大岛海域，印度-西太平洋暖水域。体长约7 cm。

（273）唇鳚科 Labrisomidae

本科物种体细长。口较大。两颌、犁骨、腭骨均具齿。项部、鼻孔和眼上缘常具皮瓣。体被中等大或小圆鳞，不埋于皮下（穴居新热鳚除外），仅前区有鳞沟。全球有16属约102种，我国有1属2种。

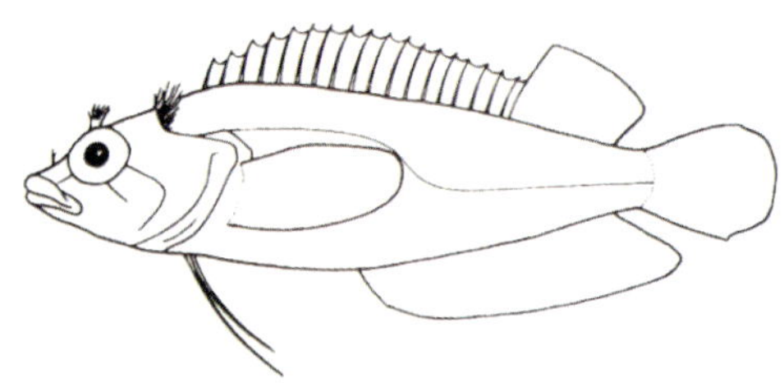

唇鳚科物种形态简图

新热鳚属 *Neoclinus* Girard，1858

本属物种一般特征同科。体细长，侧扁。体被稍大圆鳞。眼上缘皮瓣2～3列。背鳍前部无或有黑点。台湾学者将本属置于旗鳚科（烟管鳚科Chaenopsidae）[9]。笔者考虑本属鱼类仍有鳞片，故将其放在唇鳚科。

2381 裸新热鳚 *Neoclinus nudus* Stephens et Springer，1971 [37]

= 裸新胎鳚

背鳍 XXIV～XXVI－18～20；臀鳍 II－28～31；胸鳍14。

本种体细长，侧扁。吻短钝。眼上缘皮瓣2列，共6～7对。头顶部无皮瓣。口大。上颌外侧齿18枚，前部8枚较大。下颌前外侧第8枚齿为中大型犬齿。犁骨、腭骨具齿。背鳍低，无缺刻。雄鱼头、体暗褐色或黑色，有不明显的斑纹；沿背侧有6～7个褐色斑，体侧有10对镶白边的横带。为暖水性岩礁鱼类。栖息于低潮线附近岩礁海区。分布于我国台湾海域，以及日本冲绳海域、朝鲜半岛海域、西北太平洋暖水域。体长约5 cm。

2382 穴居新热鳚 *Neoclinus lacunicola* Fukåo，1980[38]

背鳍 XXII～XXV－17～18；臀鳍 II－27～28；胸鳍13。

本种体细长，侧扁。吻短钝。眼上缘皮瓣2列，共7对，头项部有1对小皮瓣。口大。两颌、犁骨和腭骨各有1行齿。背鳍起始于后头部，有浅缺刻。体被圆鳞，埋于皮下。体银白色或淡红色，体侧有许多黑色横带。为暖水性岩礁鱼类。栖息于波浪较大潮下带岩礁海区。分布于我国台湾海域，以及日本伊豆半岛以南海域、西北太平洋暖水域。体长约6 cm。

（274）鳚科 Blenniidae

本科物种体呈椭圆形（侧面观）或鳗形，侧扁。体无鳞或被小圆鳞。头部眼上缘有皮瓣，有的项部、前鼻孔也有皮瓣。两颌各有1行门齿状齿，有的具犬齿。有的唇齿能活动。犁骨有齿，腭骨无齿。鳃孔小或大。侧线一至多条或无。背鳍1～2个，延长。尾鳍分叉或不分叉，或与背鳍、臀鳍相连。全球有53属约345种，我国有24属约72种。

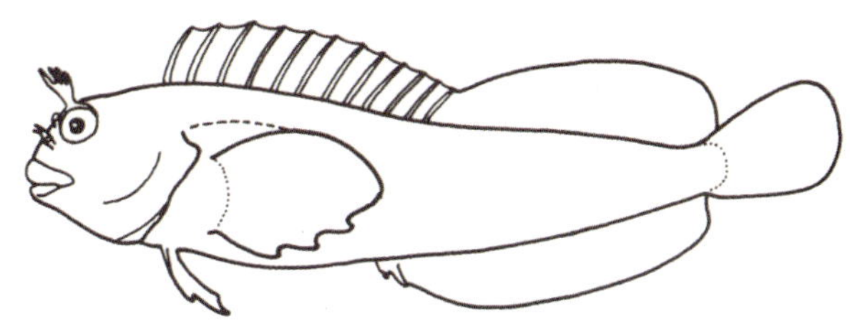

鳚科物种形态简图

2383 矶鳚 *Blennius yatabei* Jordan et Snyder，1900[38]
= 八部固齿鳚 *Parablennius yatabei* = 副鳚

本种体延长，侧扁。头顶无冠膜。鼻瓣2条，丝状。眼上缘皮瓣掌状，分支。项部无皮瓣。两颌皆具1枚犬齿。背鳍有缺刻。背鳍、臀鳍以鳍膜与尾柄相连。体浅褐色，密布深褐色小点。体侧有7～8条暗横带。背鳍鳍棘部前部有黑斑。为暖温性岩礁鱼类。栖息于沿岸岩礁海区。分布于我国东海、黄海、台湾海域，以及日本奄美大岛以北海域，朝鲜半岛海域，西北太平洋暖温水域。体长约6 cm。

2384 缘顶须鳚 *Scartella emarginata*（Güther，1861）[14]
= 敏鳚 *S. cristata*

背鳍Ⅻ－14～15；臀鳍Ⅱ－15～16；胸鳍14；腹鳍Ⅰ－3；尾鳍ⅱ9ⅱ。

本种体细长，侧扁。头顶无冠膜。鼻瓣和眼上缘皮瓣均呈掌状，分支。头顶中线有梳状皮瓣，呈3＋11分支。两颌无犬齿。鳃孔大。尾鳍鳍条多数分支。体褐色，雄鱼具斑纹，体侧有6～7条灰褐色横带。背鳍鳍棘部前部有黑斑。为暖水性岩礁鱼类。栖息于岩礁或珊瑚礁海区。分布于我国南海、台湾海域，以及日本静冈以南海域、印度–西太平洋暖水域。体长约7 cm。

2385 短多须鳚 *Exallias brevis*（Kner，1868）[38]

= 豹鳚

背鳍Ⅻ，12～13；臀鳍Ⅱ－13～14；胸鳍15；腹鳍Ⅰ－4；尾鳍ⅱ9ⅱ。

本种体较高，侧扁，呈椭圆形（侧面观）。眼高位。项部皮瓣基底长，眼上缘、颏部均有1对皮瓣。上、下唇有皱褶。两颌无犬齿。体桃红色，布有豹纹状斑。臀鳍前有黑斑，各鳍散布红色斑点。为暖水性岩礁鱼类。栖息于波浪大的岩礁或珊瑚礁海区。分布于我国台湾海域，以及琉球群岛海域、印度洋、太平洋中部暖水域。体长约10 cm。

穗肩鳚属 *Cirripectes* Swainson，1839

本属物种体呈长椭圆形（侧面观），侧扁。颏部无皮瓣，鼻上和眼上缘皮瓣均分支。颈部有1列小须。颌齿栉状，1行，多达150枚，能活动。下颌后方犬齿有或无。全球有20种，我国有8种。

2386 微斑穗肩鳚 *Cirripectes fuscoguttatus* Strasburg et Schlutz，1953 [37]

= 微斑颈须鳚

本种体高，侧扁，侧面观呈长椭圆形。吻短，吻端近垂直。口裂小。鼻须与眼须共9～10条。颈须55条，丛生于头侧，基部膨大。上唇具许多小突起，下唇皱褶状。下颌具一犬齿。背鳍有深缺刻。体褐色，头、体侧、胸鳍、腹鳍布满黑褐色点。为暖水性岩礁鱼类。栖息于浅水岩礁海区。分布于我国台湾海域，以及太平洋西部暖水域。

2387 袋穗肩鳚 *Cirripectes perustus* Smith，1939[37]

本种体高，短，侧扁。吻短。口小，位于吻下方。上、下唇均具锯齿缘。下颌有一犬齿。鼻须5条。眼须8条。颈须34条，分支，丛生。背鳍无缺刻，后端与尾柄相连。体褐色，无斑点。吻与头侧黑褐色。为暖水性岩礁鱼类。栖息于浅水岩礁海区。分布于我国台湾海域，以及澳大利亚海域、印度-太平洋暖水域。

2388 斑穗肩鳚 *Cirripectes quagga*（Fowler et Ball，1924）[37]

背鳍Ⅻ－15；臀鳍Ⅱ－16；胸鳍15；腹鳍Ⅰ－4；尾鳍ⅱ9ⅱ。

本种体延长，侧扁。吻端近垂直。头无冠膜。鼻须6条。眼须5条。颈须上、下连续，28条。上唇具锯齿缘，下唇稍呈锯齿状。下颌有一犬齿。背鳍第1、第2鳍棘延长。头、体浅褐色，眼下方有2条暗带。体侧遍布小白点。为暖水性岩礁鱼类。栖息于沿岸浪大岩礁海区。分布于我国台湾海域，以及日本南部海域、美国夏威夷海域、印度-太平洋暖水域。体长约7 cm。

2389 多斑穗肩鳚 *Cirripectes polyzona*（Bleeker，1868）[38]（上雄鱼，下雌鱼）

背鳍Ⅻ－14；臀鳍Ⅱ－15；胸鳍15；腹鳍Ⅰ－3；尾鳍ⅱ9ⅱ。

本种体延长，侧扁，稍高。吻端近垂直。口较大，下颌具犬齿。眼须及鼻须短。颈须一列，上、下分离，32～59条。鳃孔大，左、右鳃膜跨峡部连接。体褐色。雄鱼具许多暗横带和黄色、白色斑点。鳃盖后方有黑斑。雌鱼具红褐色网状纹。为暖水性岩礁鱼类。栖息于沿岸风浪大的岩礁海区。分布于我国台湾海域，以及日本纪伊半岛以南海域、澳大利亚海域、印度–太平洋暖水域。体长约8 cm。

2390 丝鳍穗肩鳚 *Cirripectes variolosus* Cuvier，1836[38]

＝岐瓣穗肩鳚

背鳍Ⅻ－14；臀鳍Ⅱ－15；胸鳍15；腹鳍Ⅰ－4；尾鳍ⅱ9ⅱ。

本种体延长，侧扁。眼大，高突。吻短钝，呈垂直状。鼻须和眼须短，多为分支状。颈须一横列，稍短。下颌有犬齿。体暗红褐色。眼下方有许多红色斑点。背鳍、臀鳍暗褐色。尾鳍上、下叶有白斑。为暖水性岩礁鱼类。栖息于风浪大的珊瑚礁顶部。分布于我国台湾海域，以及日本小笠原群岛海域、西太平洋暖水域。体长约5 cm。

2391 紫黑穗肩鳚 *Cirripectes imitator* Williams，1985[37]

= 模颈须鳚

背鳍Ⅻ－14；臀鳍Ⅱ－15；胸鳍15；腹鳍Ⅰ－4；尾鳍 ii 9 ii 。

本种体延长，侧扁。吻短，吻端近垂直。鼻须、眼须具羽状分支。颈须横贯颈部，其下半部基底长、厚。上唇具锯齿缘，下唇平滑。下颌骨有一犬齿。前鳃盖感觉管开口复杂，具多个管孔。体具黑色、褐色间隔色带或深褐色网状纹。通常雌鱼色深，雄鱼浅褐色。为暖水性岩礁鱼类。栖息于沿岸浪大的岩礁海区。分布于我国台湾海域，以及日本和歌山海域、琉球群岛海域、菲律宾海域、西太平洋暖水域。体长约7 cm。

2392 火红穗肩鳚 *Cirripectes castaneus*（Valenciennes，1836）[14]

= 颊纹穗肩鳚

背鳍Ⅻ－14；臀鳍Ⅱ－15～16；胸鳍14～15；腹鳍Ⅰ－4；尾鳍 ii 9 ii 。

本种体延长，侧扁。吻短，吻端圆钝。鼻须3条。眼须3～5条。颈须28～30条，下半部基底薄。上唇具锯齿缘，下唇中央平滑。下颌具一犬齿。鳃盖每一感觉管仅1～2个开孔。体红褐色，具许多白点。背鳍鳍棘前部和尾上叶后部黄色。为暖水性岩礁鱼类。栖息于沿岸风浪大的岩礁海区。分布于我国台湾海域，以及琉球群岛海域、印度－西太平洋暖水域。体长约8 cm。

▲ 本属我国尚有丝背穗肩鳚 *C. filamentosus*，分布于我国台湾海域[13]。

2393 塞舌尔呆鳚 *Stanulus seychellensis* Smith，1959[38]

=塞舌尔锡鳚

背鳍 XIII－11～12；臀鳍 II－12～13；胸鳍15；腹鳍 I－4；尾鳍 ii 5＋4 ii 。

本种体延长，侧扁。头顶无冠膜。颈须、鼻须单一，不分支。无眼须。上、下唇平滑，前部侧线鳞上有交叠鳞覆盖，形成鳞状突起。背鳍具深缺刻。雄鱼臀鳍鳍棘部具皱褶。体银白色，具黄褐色网状纹。胸鳍基底有镶白边的黄斑。头部黄褐色，鳃盖具八角形深黄色斑。为浅海岩礁鱼类。分布于我国台湾海域。

注：此图是呆鳚 *S. talboti*，与塞舌尔呆鳚的区别在于其头、体多呈黄色，无黄褐色网纹。

犁齿鳚属 *Entomacrodus* Gill，1859

本属物种体延长，头顶无冠膜。颈部无叶状须，或仅有一皮褶。下颌有犬齿，犁骨有1行短的锥状小齿。腹鳍 I－4。背鳍最后鳍膜与尾柄相连。我国有8种。

2394 海犁齿鳚 *Entomacrodus thalassinus*（Jordan et Seale，1906）[14]

=海间颈须鳚

背鳍 XIII－13～14；臀鳍 II －15～16；胸鳍14；腹鳍 I－4；尾鳍 ii 9 ii 。

本种一般特征同属。体细长，侧扁。眼位于头前端。眼须长且中部分支。鼻须掌状，分支。颈须单一，不分支。口，水平位。背鳍有缺刻。眼后有黑点。体侧具6条黄褐色横带，并具小斑点。雌鱼臀鳍灰色，雄鱼臀鳍黑色。为暖水性岩礁鱼类。栖息于沿岸风浪大的岩礁海区。分布于我国台湾海域，以及日本伊豆半岛以南海域、印度-太平洋暖水域。体长约4 cm。

2395 触角犁齿鳚 *Entomacrodus epalzeocheilos*（Bleeker，1859）[14]

=缨唇间颈须鳚

本种体细长，侧扁。眼大，位于头前端。颈须、鼻须呈掌状且分支。眼须呈羽状分支。上唇具锯齿缘，下唇平滑。下颌有一犬齿。雄鱼眼后方有斜线，头下方有V形纹。体侧有6条不明显的暗横带。雌鱼色较淡。为暖水性岩礁鱼类。栖息于沿岸岩礁海区。分布于我国台湾海域，以及印度尼西亚海域、澳大利亚海域、印度-西太平洋暖水域。体长约6 cm。

2396 云纹犁齿鳚 *Entomacrodus niuafoouensis*（Fowler，1932）[38]

=虫纹间颈须鳚

背鳍XⅢ－15～16；臀鳍16～17；胸鳍14；腹鳍Ⅰ－4；尾鳍ⅱ9ⅱ。

本种体延长，侧扁。眼须分4～7支。鼻须多数分支。颈须单一，不分支。上唇下缘有27～39个须状突起。两颌、犁骨均具齿。体暗紫褐色，腹面白色。头部腹面有3～4条镶白边的V形纹。为暖水性岩礁鱼类。栖息于沿岸浪大的岩礁海区。分布于我国台湾海域，以及日本小笠原群岛海域、印度–太平洋暖水域。体长约10 cm。

2397 尾带犁齿鳚 *Entomacrodus caudofasciatus*（Regan，1909）[38]

背鳍 XIII ～ XIV – 14～15；臀鳍 II – 16～17；胸鳍14；腹鳍 I – 4；尾鳍 ii 9 ii 。

本种体细长，侧扁。眼大，位于头前端顶部。眼须、鼻须多而分支。颈须单 ，不分支。上唇两侧锯齿状，下唇光滑。下颌具一犬齿。背鳍具深缺刻。体灰褐色，体侧有横纹。鳃孔后方有黑斑。尾鳍有多条暗褐色纹。为暖水性岩礁鱼类。栖息于沿岸浪大的岩礁海区。分布于我国南海、台湾海域，以及日本小笠原群岛海域、印度–西太平洋暖水域。体长约6 cm。

2398 点斑犁齿鳚 *Entomacrodus striatus*（Quoy et Gaimard，1836）[14]

= 横带间颈须鳚

背鳍 XIII – 15～16；臀鳍 II – 16～17；胸鳍14；腹鳍 I – 4；尾鳍 ii 9 ii 。

本种体延长，侧扁。眼须、鼻须末端多分支。颈须单一，不分支。上唇下缘具18～34个须状突起。两颌和犁骨具齿。背鳍具深缺刻。雌鱼臀鳍第1鳍棘埋于生殖瓣中。体侧有5块密布黑点的带状区，尾鳍有5～6条点列横带。为暖水性岩礁鱼类。栖息于沿岸浪大的岩礁海区。分布于我国台湾海域，以及日本纪伊半岛以南海域、印度–西太平洋热带水域。体长约8 cm。

2399 斑纹犁齿鳚 *Entomacrodus decussatus* Bleeker，1858 [38]

背鳍 XIII – 17～18；臀鳍 II – 18～19；胸鳍14；腹鳍 I – 4；尾鳍 ii 9 ii 。

本种体延长，侧扁。眼大，前顶位。头顶无冠膜。鼻须掌状，分支。眼须羽状，分支。颈须单一，不分支。体浅灰色，体侧具6条由斑点形成的横带，奇鳍有点列。为暖水性岩礁鱼类。栖息于沿岸浪大的岩礁海区。分布于我国台湾海域，以及琉球群岛海域、太平洋中部暖水域。体长约7 cm。

2400 史氏犁齿鳚 *Entomacrodus stellifer stellifer*（Jordan et Snyder，1902）[38]

背鳍 XIII – 15～17；臀鳍 II – 17～19；胸鳍14；腹鳍 I – 4；尾鳍 ii 9 ii 。

本种体延长，侧扁。雄鱼具冠膜。鼻须掌状，分支。眼须和颈须单一，不分支。上唇中央边缘呈波状突起，下唇平滑。两颌各具可动小齿一行。犁骨具齿。体深橄榄色。眼部有3条放射状黑色宽带。体侧有6 ~ 7条黑色横带，散布小白点。背鳍鳍棘部前部有黑斑。为暖水性岩礁鱼类。栖息于沿岸浪大的岩礁海区。分布于我国台湾海域，以及日本神奈川以南海域等。体长约11 cm。

2401 **赖氏犁齿鳚** *Entomacrodus stellifer lighti*（Herre，1938）[14]
= 莱特犁齿鳚 *E. lighti*

背鳍Ⅻ ~ XIII − 14 ~ 16；臀鳍Ⅱ − 16 ~ 18；胸鳍14；腹鳍Ⅰ − 4；尾鳍 ii 9 ii 。

赖氏犁齿鳚形态特征与史氏犁齿鳚相似，为史氏犁齿鳚的一个亚种。但也有学者将赖氏犁齿鳚列为一独立种[37]。二者区别在于本亚种体色较浅；体侧白色斑点稍大，数量较少。为暖水性岩礁鱼类。栖息于沿岸礁岩海区。分布于我国东海、台湾海域，以及新加坡海域。体长约5 cm。

矮冠鳚属 *Praealticus* Schultz et Chapman，1960

本属物种无颈须。鼻须单一，不分支，眼须具分支。侧线止于背鳍中部下方。腹鳍Ⅰ − 3（4）。背鳍和臀鳍最后鳍膜不与尾柄连接。我国有3种。

2402 **犬牙矮冠鳚** *Praealticus margaritarius*（Snyder，1908）[38]
= 麻卡勒矮冠鳚 = 双线矮冠鳚 *P. bilineatus*

背鳍Ⅻ ~ XIII − 18 ~ 19；臀鳍Ⅱ − 20 ~ 21；胸鳍15；腹鳍Ⅰ − 3；尾鳍 ii 9 ii 。

本种一般特征同属。体延长，侧扁，头顶具冠膜。鼻须单一，不分支。眼须掌状，分支。无颈须。上、下唇平滑，两颌各具可动齿1行。下颌有犬齿。头、冠膜、胸鳍有小黑点。体侧有6条横带，有2纵列白点。背鳍鳍棘前部有黑斑。为暖水性岩礁鱼类。栖息于沿岸珊瑚礁、岩礁海区。分布于我国台湾海域，以及日本和歌山以南海域、西太平洋暖水域。体长约8 cm。

注：沈世杰（2011）认为双线矮冠鳚与麻卡勒矮冠鳚为同种[37]；而黄宗国（2012）则认为麻卡勒矮冠鳚即为犬牙矮冠鳚，而与双线矮冠鳚属两个独立种。笔者比较沈世杰（1993，2011）和益田一（1983）、中坊徹次（1993）的记述和图照[9, 37, 38, 36]，认为双线矮冠鳚和麻卡勒矮冠鳚为同种。

2403 吻纹矮冠鳚 *Praealticus striatus* Bath，1992[14]

背鳍XII～XVI－16～20；臀鳍II－18～20；胸鳍15；腹鳍I－4；尾鳍ii 9 ii。

本种体延长，侧扁。上唇具锯齿缘，下唇中间呈锯齿状。眼须羽根状，具许多分支。雄鱼通常有冠膜，雌鱼无。吻前及体侧有16～18条深色斜纹。吻下方具3～4条V形条纹。为暖水性岩礁鱼类。栖息于珊瑚礁、岩礁海区。分布于我国南海、台湾海域，以及中西太平洋暖水域。

2404 五带矮冠鳚 *Praealticus tanegasimae*（Jordan et Starks，1906）[38]

＝种子岛矮冠鳚

背鳍XII～XIII－16～20；臀鳍II－18～21；胸鳍15；腹鳍I－3～4。

本种体延长，侧扁。上唇具锯齿缘，下唇中央锯齿状。眼须长，呈羽根状。雄鱼有冠膜，颊部具4～5条深色斜纹。体黄褐色，体侧有许多条灰褐色横纹。为暖水性岩礁鱼类。栖息于沿岸珊瑚礁、岩礁海区。分布于我国台湾海域，以及日本和歌山以南海域、西太平洋暖水域。体长约11 cm。

蛙鳚属 *Istiblennius* Whitley，1943

= 真动齿鳚属 *Blenniella*

本属物种头顶通常有冠膜。眼上缘皮瓣短。下颌犬齿有或无。上颌齿205～225枚，下颌齿165～195枚。背鳍有深缺刻。腹鳍Ⅰ－3。臀鳍最后鳍膜不与尾柄相连。我国有10种。

2405 围眼蛙鳚 *Istiblennius periophthalmus*（Valenciennes，1836）[38]（上雄鱼，下雌鱼）

= 围眼真动齿鳚 *Blenniella periophthalmus* = 眼斑风鳚 *Salarias periophthalmus*

背鳍ⅩⅢ－19～20；臀鳍Ⅱ－19～22；胸鳍14；腹鳍Ⅰ－3；尾鳍ⅱ9ⅱ。

本种一般特征同属。体细长，侧扁。雄鱼有小冠膜，雌鱼无。鼻须具4～5条丝状分支。眼须、颈须单一，不分支。上唇具锯齿缘，下唇平滑。两颌各具可动齿1行。下颌有一犬齿。体淡灰色，眼后具弯月形斑。体侧有6对横带。雌鱼横带间有黑点，第1臀鳍鳍棘埋于皮下。雄鱼横带间无黑点，背鳍基底上方具斑纹。为暖水性岩礁鱼类。分布于我国南海、台湾海域，以及琉球群岛以南海域、印度–太平洋暖水域。体长约10 cm[8, 37]。

2406 线纹蛙鳚 *Istiblennius lineatus*（Cuvier et Valenciennes，1836）[14]

=纹身蛙鳚=线纹风鳚 *Salarias lineatus*=线纹真动齿鳚

背鳍 XIII－21～24；臀鳍 II－20～25；胸鳍13～14；腹鳍 I－3；尾鳍 ii 9 ii。

本种体细长，侧扁。雄鱼具冠膜。鼻须、眼须均呈掌状，分支。无颈须。上唇缘呈波浪状。两颌各具可动齿1行。背鳍最后鳍膜与尾柄相连，臀鳍鳍膜不与尾柄相连。体暗褐色。眼侧有不规则的横断线，眼后有灰斑。体侧有7～8条黑纵线，近背鳍处有6对黑斑。背鳍具斜线。为暖水性岩礁鱼类。栖息于潮间带珊瑚礁、岩礁海区。分布于我国南海、台湾海域，以及琉球群岛以南海域、印度–太平洋中部水域。体长约10 cm[8]。

2407 冠蛙鳚 *Istiblennius coronatus*（Güther，1801）[38]（上雄鱼，下雌鱼）

=红点真动齿鳚=冠须真动齿鳚 *Blenniella chrysospilos*

背鳍 XIII－19～21；臀鳍 II－20～23；胸鳍14；腹鳍 I－3；尾鳍 ii 9 ii。

本种体细长，侧扁。吻短，前缘垂直状。头无冠膜或有极低的皮褶。鼻须掌状，分支。眼须具2～3个分支。无颈须。两颌各具可动齿1行。体灰褐色。雌鱼体侧具9对褐色横带；雄鱼横带宽。为暖水性岩礁鱼类。栖息于潮间带珊瑚礁海区。分布于我国台湾海域，以及琉球群岛以南海域、西太平洋暖水域。体长约9 cm。

2408 暗纹蛙鳚 *Istiblennius edentulus*（Bloch et Schneider，1801）[14]

= 条纹蛙鳚 = 暗纹真动齿鳚 = 暗纹敏鳚 *Scartella edentulous* = 暗纹风鳚 *Salarias edentulous*

背鳍 XIII－18～22；臀鳍 II－20～23；胸鳍14；腹鳍 I－3；尾鳍 ii 9 ii 。

本种体延长，侧扁。雄鱼具冠膜。鼻须掌状，分支。眼须、颈须单一，不分支。上、下唇平滑。两颌各具可动齿1行，下颌无犬齿。背鳍后端与尾柄相连，臀鳍不与尾柄相连。雄鱼体侧有5～6对深褐色横带，背鳍有黑缘。雌鱼横带色较淡，体后部及背鳍、臀鳍有许多黑点。为暖水性岩礁鱼类。栖息于浅水珊瑚礁海区。分布于我国南海、台湾海域，以及日本纪伊半岛以南海域、澳大利亚海域、印度－太平洋中西部暖水域。体长约11 cm[8]。

2409 杜氏蛙鳚 *Istiblennius dussumieri*（Valenciennes，1836）[14]

= 赞加宝真动齿鳚 *Blenniella zamboangae* = 杜氏风鳚 *Salarias dussumieri* = 横带真动齿鳚

背鳍XII～XIV－19～20；臀鳍 II －22～24；胸鳍14；腹鳍 I－3；尾鳍 ii 9 ii 。

本种体延长，侧扁。雄鱼具冠膜。鼻须掌状，分支；眼须具羽状分支。无颈须。眼后无黑带。体橙黄色。雄鱼体侧横带排列不规则，背鳍鳍棘部前部有一黑斑，鳍条部和尾鳍上叶浅黄色。雌鱼

体侧横带清晰，背鳍、臀鳍、尾鳍有许多斑点。为暖水性岩礁鱼类。栖息于沿岸岩礁海区。分布于我国南海、台湾海域，以及澳大利亚海域、印度–太平洋中部暖水域。体长约8 cm[8]。

2410 断纹蛙鳚 *Istiblennius interruptus*（Bleeker，1857）[14]+[37]（上雄鱼，下雌鱼）

= 断纹真动齿鳚 *Blenniella interrupta*

背鳍 XⅢ ~ XⅣ – 19 ~ 20；臀鳍 Ⅱ – 20 ~ 21；胸鳍13 ~ 14；腹鳍 Ⅰ – 3；尾鳍 ⅱ 9 ⅱ 。

本种体细长，侧扁。头前端垂直状。雄鱼具低冠膜。鼻须分支。眼须单一，不分支。无颈须。上、下唇平滑。下颌具犬齿。雄鱼眼后及鳃盖上缘各有一黑斑，体侧有9条不明显的淡色横带，带中具有环纹。雌鱼眼后有灰黑色斑，体侧有4 ~ 5列不连续纵线，无环纹。为暖水性岩礁鱼类。栖息于沿岸岩礁海区。分布于我国台湾海域，以及印度尼西亚海域、西太平洋暖水域。体长约5.5 cm。

2411 红点蛙鳚 *Istiblennius cyanostigma*（Bleeker，1849）[14]

= 圆斑蛙鳚

背鳍 XⅢ – 19 ~ 20；臀鳍 Ⅱ – 19 ~ 21；胸鳍14；腹鳍 Ⅰ – 3；尾鳍 ⅱ 9 ⅱ 。

本种体细长，侧扁。吻端近垂直。头具冠膜，雌鱼冠膜较低。鼻须具2～4个丝状分支。眼须单一，不分支。无颈须。两颌各具可动齿1行。雌鱼浅褐色，眼下吻端有红黑色斑，体侧有5条黑色纵线。雄鱼体呈暗紫色，具3～5条不明显的黑色纵线。为暖水性岩礁鱼类。栖息于沿岸珊瑚礁海区、潮间带池沼。分布于我国台湾海域，以及琉球群岛以南海域、印度–西太平洋暖水域。体长约7 cm。

2412 对斑蛙鳚 *Istiblennius bilitonensis*（Bleeker，1858）[37]+[14]（上雄鱼、下雌鱼）

= 对斑真动齿鳚 *Blenniella bilitonensis*

背鳍 XIII – 19～20；臀鳍 II – 19～21；胸鳍14；腹鳍 I – 3；尾鳍 ii 9 ii 。

本种体细长，侧扁。头前端近垂直状。雄鱼具圆薄冠膜，雌鱼冠膜呈小肉质隆起。鼻须掌状，分支。眼须细长，不分支。无颈须。两颌具可动齿1行。上、下唇平滑。侧线不完全。体裸露。雄鱼体暗黄褐色；体侧有8条褐色纵线，中轴处有暗斑；尾柄有许多白点。雌鱼体侧无褐色纵线，背鳍有许多褐色细斜线。为暖水性岩礁鱼类。栖息于沿岸珊瑚礁海区、潮间带池沼。分布于我国南海、台湾海域，以及日本纪伊半岛以南海域、澳大利亚海域、西太平洋暖水域。体长约8 cm。

2413 尾纹蛙鳚 *Istiblennius caudolineata*（Günther，1877）[37]

=尾纹真动齿鳚 *Blenniella caudolineata*

背鳍Ⅻ～XIV－19～22；臀鳍Ⅱ－20～23；胸鳍14；腹鳍Ⅰ－3；尾鳍ⅱ9ⅱ。

本种体细长，侧扁。头前端近垂直状。雄鱼冠膜高，雌鱼冠膜低。鼻须、眼须单一，不分支。无颈须。侧线不完全，侧线孔稀疏排列。体灰褐色。雄鱼体侧有3条黑色线纹，间有方形暗斑纵向排列；尾柄无白点。雌鱼体侧具多条黑色纵纹，方形暗斑不甚显著。为暖水性岩礁鱼类。栖息于沿岸岩礁海区。分布于我国台湾海域，以及日本南部海域、太平洋暖水域。

2414 穆氏蛙鳚 *Istiblennius muelleri*（Klunzinger，1879）[14]

背鳍ⅩⅢ－20；臀鳍Ⅱ－20～21；胸鳍14；腹鳍Ⅰ－3；尾鳍ⅱ9ⅱ。

本种体细长，侧扁。头前端近垂直状，具冠膜。鼻须、眼须单一，不分支。无颈须。上、下唇平滑，两颌各具可动齿1行。背鳍最后鳍膜与尾柄相连，臀鳍与尾柄不相连。体浅灰褐色，冠膜白色。体侧有许多黑色横带，横带又断裂成3条纵波纹和小点。尾鳍有许多白点。为暖水性岩礁鱼类。栖息于沿岸岩礁海区。分布于我国台湾海域，以及澳大利亚海域、太平洋西部暖水域。

2415 笠鳚 *Rhabdoblennius ellipse* (Jordan et Snyder, 1906) [38]

= 灿烂棒鳚 *R. nitidus*

背鳍Ⅻ－20～21；臀鳍Ⅱ－20～21；胸鳍14；腹鳍Ⅰ－3；尾鳍ⅱ9ⅱ。

体细长，侧扁。头前端近垂直状。无冠膜。鼻须、眼须均单一，不分支。无颈须。上、下唇平滑。两颌均具固着齿1行，下颌具犬齿。背鳍无缺刻。背鳍、臀鳍最后鳍膜与尾柄相连。体浅绿色，头后有黑斑。体侧具6～7条横带和白色短纹。背鳍、尾鳍有白点。胸鳍基具弯月形黑斑。为暖水性岩礁鱼类。栖息于岩礁海区。分布于我国台湾海域，以及日本纪伊半岛以南海域、西太平洋暖水域。体长约6 cm。

2416 黑点仿鳚 *Mimoblennius atrocinctus* (Regan, 1909) [38]

= 黑拟鳚 *Meiacanthus areocinctus*

背鳍ⅩⅢ－16～19；臀鳍Ⅱ－19～21；胸鳍14；腹鳍Ⅰ－3；尾鳍ⅱ9ⅱ。

体细长，侧扁。头无冠膜。眼须至少2枚，细长，分支。鼻须、颈须掌状，分支。上、下唇平滑，两颌齿均为固着齿。背鳍具缺刻。背鳍、臀鳍最后鳍膜与尾柄相连。体黄褐色，体侧有7条倒V形黑色横带。背鳍鳍棘部前部有黑斑。胸鳍基有大黑斑。为暖水性岩礁鱼类。栖息于风浪大的岩礁海区。分布于我国南海、台湾海域，以及琉球群岛以南海域、印度–西太平洋暖水域。体长约4 cm。

风鳚属 *Salarias* Cuvier，1817

本属物种头顶有一冠状肉质皮瓣或一低隆起。鼻上和眼上缘有皮须。有颈须。唇发达，上唇边缘呈或不呈锯齿状。两颌各具细齿1行，栉状，能活动。犁骨、腭骨无齿。侧线不完全，常止于胸鳍附近。腹鳍Ⅰ－3，鳍棘埋于皮下。我国有3种。

2417 细纹风鳚 *Salarias fasciatus*（Bloch，1786）[14]

＝细纹真动齿鳚＝细纹唇齿鳚

背鳍Ⅻ－18～20；臀鳍Ⅱ－19～21；胸鳍14；腹鳍Ⅰ－3；尾鳍ⅱ9ⅱ。

本种一般特征同属。体延长，侧扁。头前端近垂直。鼻须、眼须、颈须掌状，均分支。上、下唇平滑。颌齿小，能活动。犁骨无齿。左、右鳃膜相连。背鳍、臀鳍后端与尾柄相连。体褐色，体侧有8对黑褐色带。体前方有许多黑色点纹上斜线。背鳍基、臀鳍基有成对黑点。为暖水性岩礁鱼类。栖息于浅水岩礁、珊瑚礁海区。分布于我国南海、台湾海域，以及琉球群岛以南海域、澳大利亚海域、印度–太平洋中部暖水域。体长约12 cm[8]。

2418 点纹风鳚 *Salarias luctuosus* Whitley，1929[38]

背鳍Ⅻ－18～19；臀鳍Ⅱ－19～20；胸鳍14；腹鳍Ⅰ－3；尾鳍ⅱ9ⅱ。

本种体细长，侧扁。冠膜低矮。鼻须、眼须细长，末端尖。颈须短，不分支。体淡黄褐色，体侧有多行白色短线，形成断续纵纹。背鳍鳍棘部前部有红斑和黑斑。背鳍基底有成对黑点纵列。

胸鳍基有暗斑。为暖水性岩礁鱼类。栖息于珊瑚礁、岩礁海区。分布于我国南海，以及琉球群岛海域、日本小笠原群岛海域、印度-太平洋暖水域。体长约4 cm。

▲ 本属我国尚有雨斑风鳚 *S. guttatus*，以项背皮须针状，体无横带为特征。分布于我国南海、台湾海域[2]。

2419 全黑乌鳚 *Atrosalarias fuscus holomelas*（Günther，1872）[38]

= 乌风鳚

背鳍Ⅹ－19～21；臀鳍Ⅱ－18～20；胸鳍16～17；腹鳍Ⅰ－2；尾鳍Ⅹ。

本种体高，侧扁，呈椭圆形（侧面观）。头端钝圆。颈须、眼须短，不分支。体黑色，背鳍鳍棘部前部有黑斑，背鳍缘橙黄色。为暖水性岩礁鱼类。栖息于潮间带岩礁海区。分布于我国台湾海域，以及琉球群岛海域、印度尼西亚海域、澳大利亚海域、印度-太平洋暖水域。体长约7 cm。

2420 跳弹鳚 *Alticus saliens*（Forster，1788）[38]

= 高冠鳚 = 高冠跳弹鳚

背鳍XIV－21～23；臀鳍Ⅱ－25～27；胸鳍15；腹鳍Ⅰ－4；尾鳍xii。

本种体甚细长，侧扁。吻短，前缘近垂直。口裂小，下腹位。上、下唇具锯齿缘。眼位于头前背缘。眼须具羽状分支。鼻须小，不分支。无颈须。雄鱼头具冠膜。体黑褐色。背鳍鳍棘部前部有黑斑，各鳍色浅。为暖水性岩礁鱼类。栖息于沿岸岩礁海区。分布于我国南海、台湾海域，以及日本八丈岛海域、小笠原群岛海域，印度-太平洋暖水域。体长约10 cm。

唇盘鳚属 *Andamia* Blyth，1858

本属物种体细长，侧扁。头宽大，前部稍平扁。眼小，侧上位。口下位，唇瓣发达。下唇后方有一椭圆形吸盘。颌齿细小。背鳍、臀鳍基底长。尾鳍后缘圆弧形，鳍条全不分支。我国有2种。

2421 太平洋唇盘鳚 *Andamia pacifica* Tomiyana，1955 [14]

= 四指唇盘鳚 *A. tetradactylus*（Bleeker，1858）

背鳍 XV ~ XVI - 17 ~ 18；臀鳍 II - 24 ~ 25；胸鳍15；腹鳍 I - 4；尾鳍 xii 。

本种一般特征同属。体细长，侧扁。头部平扁，吻短钝。口小，开口于吻下缘。鼻须小，不分支。眼须羽状。两唇具弱锯齿。下颌口部具椭圆形吸盘。两颌各具1行可活动齿。体无鳞。背鳍、臀鳍末端与尾柄相连。体暗褐色，散布许多白点。为暖水性岩礁鱼类。栖息于潮间带岩礁海区。分布于我国南海、台湾海域，以及琉球群岛海域、印度尼西亚海域。体长约10 cm。

2422 雷氏唇盘鳚 *Andamia reyi*（Sauvage，1880）[14]

背鳍 XIII ~ XV - 16 ~ 17；臀鳍 II - 22 ~ 23；胸鳍15；腹鳍 I - 4；尾鳍 xii 。

本种体细长，侧扁。吻短而圆钝。口小，下唇后方具一吸盘。上颌齿细小，可活动，有120多枚。雄鱼头顶具三角形肉质冠膜。背鳍第2鳍棘延长。体淡灰褐色。头与胸鳍无黑点，体侧无白点。为暖水性岩礁鱼类。分布于我国台湾海域，以及菲律宾海域、印度-西太平洋暖水域。体长约6.5 cm。

异齿鳚属 *Ecsenius* McCulloch，1923

本属物种体延长，吻部陡短。有鼻须，无眼须和颈须。眼大，侧上位。鳃孔大，鳃膜伸越峡部相连。背鳍Ⅺ～ⅩⅢ－12～20，臀鳍Ⅱ－14～22；背鳍、臀鳍后端与尾柄相连。胸鳍12～14，腹鳍Ⅰ－3。尾鳍后缘圆弧形、截形或凹入，鳍条不分支。全球有40种，我国有7种。

2423 红尾异齿鳚 *Ecsenius namiyei*（Jordan et Valenciennes，1902）[14]

=纳氏异齿鳚=红尾无须鳚=额异齿鳚 *E. frontalis*

背鳍Ⅻ－19～20；臀鳍Ⅱ－21～22；胸鳍13；腹鳍Ⅰ－3；尾鳍xiii。

本种一般特征同属。体细，侧扁。吻短，钝圆。口小，下颌前、后各具1枚犬齿。无眼须和颈须，具2条鼻须。侧线具成对垂直侧线孔。背鳍无缺刻。背鳍、臀鳍后端与尾柄相连。头、体、背鳍、臀鳍均呈黑褐色，尾柄与尾鳍浅黄色，体侧中央有一列白点。为暖水性岩礁鱼类。栖息于珊瑚礁、岩礁海区，水深5～20 m。分布于我国台湾海域，以及日本伊豆半岛以南海域、印度–西太平洋暖水域。体长约9 cm。

注：黄宗国（2012）将额异齿鳚与纳氏异齿鳚（即红尾异齿鳚）分立为2种[13]。但据有关文献资料记述[9, 37]，二者似应为同种。

2424 双色异齿鳚 *Ecsenius bicolor*（Day，1888）[38]

=二色无须鳚

背鳍Ⅺ－16～18；臀鳍Ⅱ－18～20；胸鳍13；腹鳍Ⅰ－3；尾鳍xiv。

本种体延长，侧扁。吻短钝，前端近垂直。眼大，位于头前端。口小，下颌后方具1枚犬齿。前鼻孔前、后缘各具1条皮瓣。背鳍具缺刻。背鳍缺刻前的体色为黑褐色，后为橙黄色。奇鳍色淡。为暖水性岩礁鱼类。栖息于珊瑚礁海区。分布于我国台湾海域，以及琉球群岛以南海域、印度–西太平洋暖水域。体长约7 cm。

2425 线纹异齿鳚 *Ecsenius lineatus* Klausewitz，1962 [14]

= 断线异齿鳚

背鳍Ⅻ – 16 ~ 18；臀鳍Ⅱ – 18 ~ 20；胸鳍13；腹鳍Ⅰ – 3；尾鳍xiii。

本种体细长。吻短钝，前端近垂直。前鼻孔后缘具单一、细长鼻须。眼上缘与颈部无须。两颌均具可动齿1行。背鳍具缺刻。背鳍、臀鳍后端与尾柄相连。尾鳍鳍条不分支。体茶褐色，由眼至尾基有一间断暗纵带和9个褐色斑。为暖水性岩礁鱼类。栖息于珊瑚礁海区。分布于我国台湾海域，以及日本三宅岛海域、琉球群岛海域、澳大利亚海域、印度–西太平洋暖水域。体长约7.5 cm。

2426 巴氏异齿鳚 *Ecsenius bathi* Springer，1988 [37]

= 巴氏无须鳚

背鳍Ⅺ ~ Ⅻ – 12 ~ 14；臀鳍Ⅱ – 14 ~ 15；胸鳍13 ~ 14；腹鳍Ⅰ – 3；尾鳍xiii。

本种体细长，侧扁。眼大，位于头背缘。具鼻须。口小，下位。侧线无成对孔，向后伸达背鳍鳍棘部后端。体灰色。雌鱼有2条橙黄色纵带，间有9 ~ 10个白斑。雄鱼具横带。为暖水性岩礁鱼类。栖息于珊瑚礁海区。分布于我国南海、台湾海域，以及马来西亚海域、中西太平洋暖水域。

2427 眼斑异齿鳚 *Ecsenius oculus* Springer，1971[14]

背鳍Ⅻ－12～15；臀鳍Ⅱ－15～17；胸鳍13；腹鳍Ⅰ－3；尾鳍xiii。

本种体细长，侧扁。眼位于头端。吻前端近垂直。具单一鼻须，无眼须和颈须。两颌均具可动齿1行。背鳍具深缺刻。体黄褐色，体侧具3对以上纵列绿褐色眼状斑。各鳍淡绿色。为暖水性岩礁鱼类。栖息于珊瑚礁海区。分布于我国台湾海域，以及琉球群岛以南海域、西太平洋暖水域。体长约5.6 cm。

2428 江岛异齿鳚 *Ecsenius yaeyamaensis*（Aoyagi，1954）[37]

背鳍Ⅻ－13～14；臀鳍Ⅱ－15～16；胸鳍13；腹鳍Ⅰ－3；尾鳍xiii。

本种体细长，侧扁。眼位于头端。吻前端近垂直。两颌均具可动齿1行，下颌后方具犬齿。背鳍有深缺刻。体褐色，无眼斑。胸鳍基具横Y形黑线纹向后延伸。各鳍色浅。为暖水性岩礁鱼类。栖息于珊瑚礁海区。分布于我国台湾海域，以及琉球群岛以南海域，印度－西太平洋暖水域。体长约5 cm。

▲ 本属我国尚有黑色异齿鳚 *E. melarchus*，分布于我国南海、台湾海域[13]。

2429 多斑宽额鳚 *Laiphognathus multimaculatus* Smith，1955[14]

背鳍Ⅹ～Ⅻ－19～21；臀鳍Ⅱ－19～24；胸鳍12～14；腹鳍Ⅰ－2；尾鳍xii。

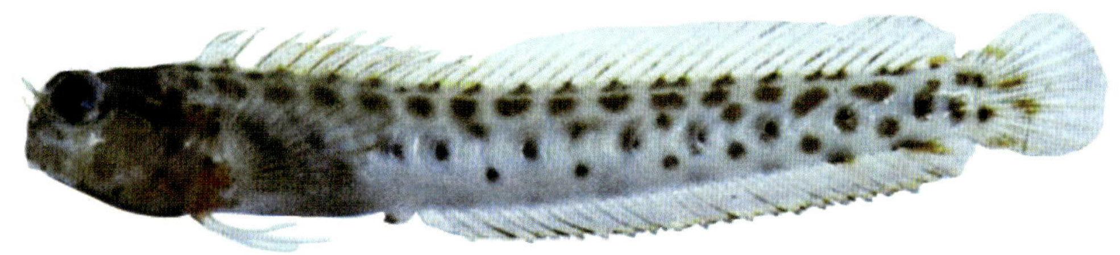

本种体细长，侧扁。眼大，吻短，吻端近垂直。无冠膜。鼻孔具分叉形鼻须。口小，腹位。下颌齿稍长于上颌齿。口角具唇膜瓣。鳃孔小。尾鳍后缘圆弧形。体乳白色，密布黑色斑点，背侧具一纵列黑点。各鳍乳白色，无斑纹。为暖水性岩礁鱼类。栖息于沿海潮下带滚石区。分布于我国台湾海域，以及日本爱媛县海域、印度–西太平洋暖水域。体长约4 cm。

2430 克氏连鳍鳚 *Enchelyurus kroussi*（Kluntziger，1871）[37]

＝黑蛙鳚

背鳍Ⅶ～Ⅷ－21～24；臀鳍Ⅱ－19～20；胸鳍14～16；腹鳍Ⅰ－2；尾鳍xiv。

本种体延长，侧扁。头无冠膜。后鼻孔退化，前鼻孔无鼻须。上、下唇平滑。两颌前部均具齿1行，后部各有1枚犬齿。鳃孔小。背鳍高，无缺刻。背鳍、尾鳍、臀鳍鳍膜相连。头部、体部和背鳍、臀鳍均为黄褐色。头侧有7条黑色斜线。为暖水性岩礁鱼类。栖息于沿海潮间带滚石区。分布于我国南海、台湾海域，以及琉球群岛以南海域、澳大利亚海域、印度–太平洋暖水域。体长约3 cm。

2431 赫氏龟鳚 *Parenchelyurus hepburni*（Snyder，1908）[38]

=拟鳗尾鳚

背鳍Ⅺ～Ⅻ－18～20；臀鳍Ⅱ－19～20；胸鳍13～14；腹鳍Ⅰ－2；尾鳍xiii。

本种体细长，侧扁。头无冠膜和须。鳃孔直径小于眼径。上、下唇平滑。两颌前部均具齿1行，后方各有1枚犬齿。背鳍无缺刻。背鳍、臀鳍后端与尾柄相连。体蓝黑色，体侧和背鳍、臀鳍各具2～3纵列白点。为暖水性岩礁鱼类。栖息于沿海潮间带滚石区。分布于我国南海、台湾海域，以及琉球群岛以南海域、西太平洋暖水域。体长约3 cm。

肩鳃鳚属 *Omobranchus* Cuvier et Valenciennes，1836

本属物种头部无皮须。有冠膜或无。颌齿细小，不能活动。鳃孔小，下端不超过胸鳍第5鳍条。眶前感觉管孔2～3个，眶下感觉管孔7～8个。侧线不完全。背鳍基底长，始于鳃孔上方。尾鳍后缘圆弧形、截形或凹形。全球有21种，我国有6种。

2432 冠肩鳃鳚 *Omobranchus fasciolatoceps*（Richardson，1846）[38]

=斑头肩鳃鳚

背鳍Ⅻ－20～21；臀鳍Ⅱ－22～24；胸鳍13；腹鳍Ⅰ－2；尾鳍xiii。

本种一般特征同属。体延长，侧扁。雌、雄鱼均具冠膜。口小，水平位。两颌具不动齿和犬齿。鳃孔小，位于胸鳍上方。腹鳍喉位，鳍棘埋入皮下。背鳍、臀鳍后端与尾柄相连。侧线短。体背侧淡褐色，腹侧淡黄色。头部及体侧皆具暗褐色横带。雄鱼背鳍鳍棘部有一暗褐色纵带。为暖水性岩礁鱼类。栖息于河口、内湾、岩礁海区。分布于我国台湾海域，以及日本东京湾海域、濑户内海。体长约6 cm。

2433 斑点肩鳃鳚 *Omobranchus punctatus*（Valenciennes，1836）[37]

背鳍Ⅺ～Ⅻ－19～22；臀鳍Ⅱ－21～25；胸鳍13；腹鳍Ⅰ－2；尾鳍xiii。

本种体细长，侧扁。头无冠膜和头须。吻短钝，前端近垂直。两颌均具1行不动齿，后方皆具犬齿。上、下唇平滑，下唇具膜。鳃孔小，下缘仅达胸鳍第1鳍条基部。背鳍、臀鳍后端与尾柄相连。体淡灰褐色。头部有3条环带。体侧有3～5条纵线。为暖水性岩礁鱼类。栖息于岩礁海区海藻丛中、潮间带潟湖。分布于我国南海、东海、台湾海域，以及日本东京湾以南海域、印度－西北太平洋暖水域。体长约9 cm。

2434 美肩鳃鳚 *Omobranchus elegans*（Steindachner，1876）[15]

＝美鳚 *Dasson elegans*

背鳍Ⅻ－21～22；臀鳍Ⅱ－22～23；胸鳍13；腹鳍Ⅰ－2；尾鳍xiii。

本种体细长，侧扁。头圆钝，口小。两颌各有1行密篦状齿，后部各有一犬齿。鳃孔下端达胸鳍第2～5鳍条基部。体无鳞，亦无侧线。体黄色，前部具深灰色横带，后部密布小黑点。为暖温性岩礁鱼类。栖息于沿岸岩礁海区、潮间带池沼。分布于我国黄海、渤海、台湾海域，以及日本北海道以南海域、朝鲜半岛海域、西北太平洋温暖水域。体长约5 cm。

2435 吉氏肩鳃鳚 *Omobranchus germaini*（Sauvage，1883）[14]

= 花肩鳃鳚 *O. kallosoma*

背鳍 XⅢ − 18 ~ 20；臀鳍 Ⅱ − 22 ~ 23；胸鳍13；腹鳍 Ⅰ − 2。

本种体细长，侧扁。下唇具唇膜。上、下颌齿均少于30枚，两颌后部均有犬齿。鳃裂达胸鳍第4鳍条基部。背鳍无缺刻，后端与尾柄相连。雄鱼眼后有一暗斑，头腹侧有4 ~ 7条不规则的灰黑色带。体侧具成对黑褐色横带。为暖水性岩礁鱼类。栖息于沿岸岩礁海区。分布于我国台湾海域、南海，以及西太平洋暖水域。体长约6.2 cm。

2436 狐肩鳃鳚 *Omobranchus ferox*（Herre，1927）[38]（上雄鱼，下雌鱼）

= 猛肩鳃鳚

背鳍Ⅻ ~ XⅢ − 20 ~ 22；臀鳍 Ⅱ − 23 ~ 24；胸鳍13；腹鳍 Ⅰ − 2；尾鳍 xⅲ 。

本种体细长，前半部略高。吻短钝。口小，开口于吻下方。体褐色，眼后有白线。雄鱼头顶隆起，背鳍后端有一黑斑，体侧有许多横带，背侧有1列黑斑。雌鱼色稍浅，背鳍后端无黑斑，体侧横带不明显。为暖水性岩礁鱼类。栖息于河口、岩礁海区。分布于我国南海、台湾海域，以及日本西表岛海域、印度–西太平洋暖水域。体长约5 cm。

▲ 本属我国尚有长肩鳃鳚 *O. elongatus*，分布于我国南海、台湾海域[13]。

2437 带䲁 *Xiphasia setifer* Swainson，1839 [44]

本种体鳗形，稍侧扁。头稍呈圆柱状，无冠膜及皮须。吻短，圆钝。口裂小，位于吻端。两颌各具一犬齿。鳃孔小，位于胸鳍基上方。腹鳍Ⅰ－3。背鳍始于眼前缘上方，与尾柄相连。雄鱼尾鳍呈长丝状；体黄褐色，具20条黑白相间横带；背鳍鳍棘部有黑点。为暖水性底层鱼类。栖息于内湾或沙泥底质浅海。分布于我国南海、台湾海域，以及日本相模湾以南海域、澳大利亚海域、印度－西太平洋暖水域。体长约40 cm。

跳岩䲁属 *Petroscirtes* Rüppell，1830

本属物种体延长，侧扁。吻钝圆。口小，亚端位。前颌骨背面未完全被中筛骨、鼻骨掩盖。眼上皮须有或无。通常有颈须。鳃孔小，完全位于胸鳍基上方。侧线至少伸达背鳍鳍棘部后缘。我国有4种。

2438 高鳍跳岩䲁 *Petroscirtes mitratus* Rüppell，1830 [38]

背鳍Ⅹ～Ⅺ－14～16；臀鳍Ⅱ－14～16；胸鳍13～16；腹鳍Ⅰ－3；尾鳍xi 。

本种一般特征同属。体延长，侧扁。吻短，钝圆。口小。两颌具不动齿和犬齿，下颌犬齿大。具眼上须。颏部具须，不分支。鳃裂位于胸鳍基上方。背鳍始于颈部，前3枚鳍棘甚延长。背鳍、臀鳍后端与尾柄相连。体暗褐色，体侧具大小不等的不定型暗斑。为暖水性岩

礁鱼类。栖息于内湾、藻场水域。分布于我国台湾海域，以及琉球群岛海域、印度–太平洋暖水域。体长约7 cm。

2439 史氏跳岩鳚 *Petroscirtes springeri* Smith–Vaniz，1976[38]

背鳍Ⅻ–21～22；臀鳍Ⅱ–20～21；胸鳍14；腹鳍Ⅰ–3；尾鳍xi。

本种体细长，侧扁。吻短，钝尖，颏须分3～4支。两颌各具齿1行，其后皆有犬齿。第1背鳍鳍棘不延长。背鳍、臀鳍后端与尾柄相连。体棕褐色。头、体侧具灰点形成的纵带。鳃盖后部和尾鳍基各有一黑斑。为暖水性岩礁鱼类。栖息于岩礁、珊瑚礁海区。分布于我国台湾海域，以及日本相模湾海域、西北太平洋暖水域。体长约7 cm。

2440 纵带跳岩鳚 *Petroscirtes breviceps*（Valenciennes，1836）[38]

=短头跳岩鳚

背鳍Ⅹ～Ⅻ–17～21；臀鳍Ⅱ–18～21；胸鳍13～16；腹鳍Ⅰ–3；尾鳍xi。

本种体细长，侧扁。吻短钝。颏须单一，不分支。眼上须小，颈部无皮瓣。头上侧感觉管孔3个。下颌犬齿大。侧线短。雄鱼尾鳍后缘内凹，上、下叶延长。雌鱼尾鳍后缘截形。体黄褐色。体侧具褐色纵带，纵带上、下具白色带。为暖水性岩礁鱼类。栖息于岩礁海区。分布于我国南海、台湾海域，以及日本南部海域，朝鲜半岛海域，印度–西太平洋暖水域。体长约11 cm。

2441 变色跳岩鳚 *Petroscirtes variabilis* Cantor，1849[37]（上雄鱼，下雌鱼）

背鳍Ⅹ～Ⅻ－16～19；臀鳍Ⅱ－16～19；胸鳍13～15；腹鳍Ⅰ－3；尾鳍xi。

本种体细长，侧扁。吻稍尖长，颏须单一，不分支。眼上须粗，有颈须。头上侧感觉管孔5个。第1背鳍鳍棘不延长。体侧具5条灰褐色纵带，并常成一褐色宽带。头、体均有褐色网状纹或斑点。背鳍、臀鳍有褐色点列斜带。为暖水性岩礁鱼类。栖息于沿海内湾、藻场。分布于我国台湾海域，以及琉球群岛以南海域、西太平洋暖水域。体长约7 cm。

稀棘鳚属 *Meiacanthus* Norman，1943

本属物种体延长，侧扁。头圆钝。下颌后部有一大型犬齿，犬齿前缘有一深沟，基部有毒腺。鳃孔小，位于胸鳍基上方。背鳍Ⅳ－25～28。背鳍、臀鳍后端与尾柄相连。我国有3种。

2442 金鳍稀棘鳚 *Meiacanthus atrodorsalis*（Günther，1877）[38]

＝尖背稀棘鳚＝金鳍小鳍鳚

背鳍Ⅳ－25～28；臀鳍Ⅱ－15～18；胸鳍13～15；腹鳍Ⅰ－3；尾鳍xi。

本种一般特征同属。体延长，侧扁，前部稍高。吻端钝圆。头顶无冠膜，无颈须。口小，上颌具小型犬齿。下颌大型犬齿前缘具深沟，基部具毒腺。背鳍始于头后。尾鳍呈弯月形。侧线短。体前部暗褐色，后部黄色。从眼至背鳍起点有一镶蓝线的黑色斜带。为暖水性岩礁鱼类。栖息于珊瑚礁海区。分布于我国台湾海域，以及琉球群岛海域、澳大利亚海域、西太平洋暖水域。体长约6 cm。

2443 黑带稀棘䲁 *Meiacanthus grammistes* (Valenciennes，1836)[38]

= 四带䲁

背鳍Ⅳ－25～28；臀鳍Ⅱ－14～16；胸鳍13～16；腹鳍Ⅰ－3；尾鳍xi 。

本种体延长，侧扁。吻短，圆钝。口小。上颌具小犬齿。下颌具大犬齿，齿前缘具深沟，基部有毒腺。侧线短。体裸露。雄鱼尾鳍上、下叶延长。体侧有3条黑色纵带。为暖水性岩礁鱼类。栖息于珊瑚礁海区。分布于我国台湾海域，以及琉球群岛海域、澳大利亚海域、西太平洋暖水域。体长约7 cm。

2444 浅带稀棘䲁 *Meiacanthus kamoharai* Tomiyama，1956[38]

= 蒲原稀棘䲁

背鳍Ⅳ－25～27；臀鳍Ⅱ－15～16；胸鳍15；腹鳍Ⅰ－3；尾鳍xi 。

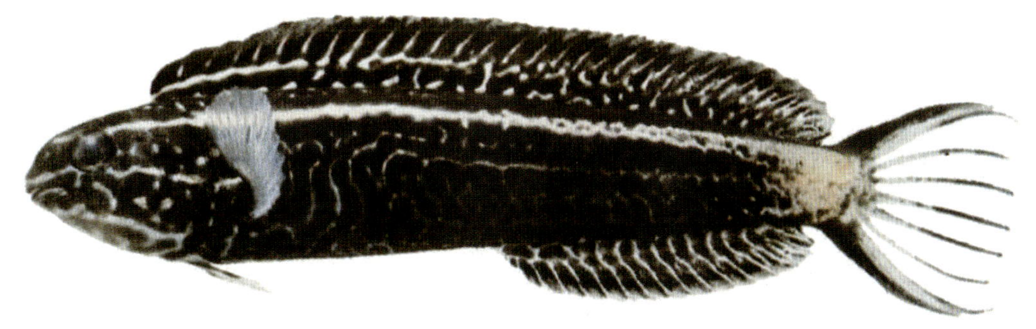

本种体延长，侧扁。吻钝圆。口小，开口于吻下部。下颌具大型犬齿。背鳍起始于眼后上方。体黑色，背侧具一白色纵带，腹侧具网状纹。背鳍基有白色纵行线纹。为暖水性岩礁鱼类。栖息于浅水岩礁海区。分布于我国台湾海域，以及日本纪伊半岛以南海域。体长约10 cm。

盾齿鳚属 *Aspidontus* Quoy et Gaimard，1834

本属物种体细长，侧扁。口小，腹位。上、下颌齿各1行，门齿状。两颌后部各有一犬齿，下颌犬齿较大。体裸露无鳞。背鳍鳍棘与鳍条等长。侧线完全或不完全。尾鳍后缘截形。我国有2种。

2445 纵带盾齿鳚 *Aspidontus taeniatus* Quoy et Gaimard，1834 [15]

= 三带盾齿鳚

背鳍Ⅹ～Ⅻ－26～28；臀鳍Ⅱ－25～28；胸鳍13～15；腹鳍Ⅰ－3；尾鳍xi。

本种一般特征同属。体细长，侧扁。吻尖长。口小，腹位。两颌各有1行门齿状齿，下颌有扩大的犬齿。鳃裂达胸鳍基底中部。体无鳞，侧线位高。背鳍、臀鳍后端与尾柄相连。体淡褐色。体侧和背鳍、臀鳍有深蓝色纵带。为暖水性岩礁鱼类。栖息于浅水岩礁、珊瑚礁海区。分布于我国南海、台湾海域，以及日本相模湾以南海域、印度–西太平洋暖水域。体长约12 cm。

注：本种与隆头鱼类中的裂唇鱼*Labroides dimidiatus*形态惊人相似，这是趋同进化的结果。

2446 杜氏盾齿鳚 *Aspidontus dussumieri*（Valenciennes，1836）[38]

= 丝鳍盾齿鳚

背鳍Ⅸ～Ⅺ－29～34；臀鳍Ⅱ－25～30；胸鳍13～15；腹鳍Ⅰ－3；尾鳍xi。

本种体细长，侧扁。吻钝圆。口小，颌齿门齿状。侧线达背鳍鳍棘基底后部。鳃盖达胸鳍基底下方。尾鳍后缘截形，成鱼尾鳍后缘呈丝状延长。体灰褐色。体侧有一黑色纵带贯穿，但不达尾端。背鳍、臀鳍黄色。为暖水性岩礁鱼类。栖息于珊瑚礁、岩礁海区。分布于我国南海、台湾海域，以及日本相模湾以南海域、西太平洋热带水域。体长约14 cm。

横口鳚属 *Plagiotremus* Gill，1865

本属物种体细长，侧扁，呈带状。口小。上、下颌齿细小，各1行。下颌后端有一犬齿。鳃孔小，止于胸鳍基底上方。体裸露无鳞，无侧线。腹鳍 Ⅰ – 3或无腹鳍。尾鳍后缘截形或深叉形。全球有10种，我国有4种。

2447 云雀横口鳚 *Plagiotremus laudandus*（Whitley，1961）[38]

= 劳丹横口鳚

背鳍Ⅶ ~ Ⅹ – 27 ~ 30；臀鳍 Ⅱ – 22 ~ 24；胸鳍11 ~ 12；腹鳍 Ⅰ – 3；尾鳍 xi 。

本种一般特征同属。体细长，侧扁。吻短，钝圆。口小，位于吻下缘。上颌齿门齿状；下颌齿平扁，后端有大犬齿。鳃裂极小。背鳍始于眼后上方。背鳍、臀鳍后端和尾柄相连。尾鳍深叉形。体裸露，无侧线。体前部青褐色，后部黄色。两眼前具一白色连接线。为暖水性岩礁鱼类。栖息于珊瑚礁、岩礁海区。分布于我国台湾海域，以及日本三宅岛以南海域、西太平洋暖水域。体长约7 cm。

2448 横口鳚 *Plagiotremus rhinorhynchos*（Bleeker，1852）[38]

= 黄短带鳚

背鳍Ⅹ ~ Ⅻ – 31 ~ 37；臀鳍 Ⅱ – 29 ~ 33；胸鳍11 ~ 12；腹鳍 Ⅰ – 3；尾鳍 xi 。

本种体细长，侧扁。吻尖长。口小。两颌齿门齿状，下颌具弯曲的大犬齿。鳃裂小，止于胸鳍基中部。尾鳍叉形。体黑褐色。体侧有2条蓝色纵纹。背鳍、臀鳍灰褐色。尾鳍黄色。为暖水性岩礁鱼类。栖息于珊瑚礁、岩礁海区。分布于我国台湾海域，以及日本相模湾以南海域、印度–西太平洋暖水域。体长约12 cm。

2449 黑带横口鳚 *Plagiotremus tapeinosoma*（Bleeker，1857）[38]

=窄体短带鳚=黑短带鳚

背鳍Ⅶ～Ⅸ－34～39；臀鳍Ⅱ－28～33；胸鳍11～12；腹鳍Ⅰ－3；尾鳍xi。

本种体细长，侧扁。吻尖长。口小。颌齿门齿状，下颌有犬齿。鳃孔小，止于胸鳍基下缘。尾鳍凹入形。体上半部有一褐色纵带，其上有成串横带。体下半部灰白色。背鳍、臀鳍有黑边。尾鳍略呈黄色。为暖水性岩礁鱼类。栖息于珊瑚礁、岩礁海区。分布于我国台湾海域，以及日本相模湾以南海域、印度–西太平洋热带水域。体长约10 cm。

▲ 本属我国尚有叉横口鳚（=叉短带鳚 *P. spilistius*），分布于我国南海[13]。

45（10）喉盘鱼亚目 Gobiesocoidei（3b）

本亚目物种腹鳍通常存在，并特化为吸盘。背鳍无鳍棘。头、体无鳞片。眶前骨后方无围眼眶骨。上匙骨有一凹窝与匙骨突起相关节，此为本亚目物种特有的特征。尾下骨愈合成板状。无鳔。该亚目鱼类结构特化，其分类地位也几经变动。全球有2科36属约120种，我国仅有1科7属7种。

注：关于喉盘鱼类，贝尔格（1955）将其作为独立的目，且该目仅包含喉盘鱼科Gobiesocidae1个科[66]；而Nelson（1994）则将鳍鳝科Alabettidae置于该目，使之包含2个科[3B]。Nelson（2006）又将其列为一亚目，与鲔亚目并列[3C]。

（275）喉盘鱼科 Gobiesocidae

本科物种一般特征同亚目。

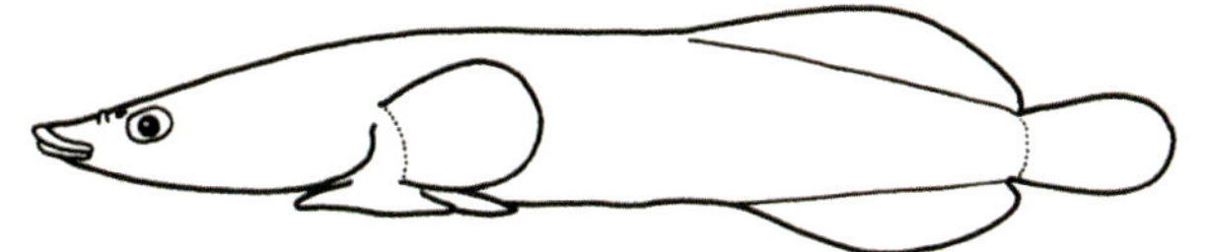

喉盘鱼科物种形态简图

喉盘鱼科的属、种分类检索表

1a 单吸盘型……（5）
1b 双吸盘型……（2）
2a 下颌有侧线感觉管孔……（4）
2b 下颌无侧线感觉管孔……（3）
3a 头侧（前鳃盖）有3对感觉管孔……小姥鱼 *Aspasma minima* 2451
3b 头侧无感觉管孔……印度异齿喉盘鱼 *Pherallodus indicus* 2453
4-2a 下颌侧线感觉管孔3对……纹头锥齿喉盘鱼 *Conidens laticephalus* 2450
4b 下颌侧线感觉管孔1对；头、体有白色纵带……鹤姥鱼 *Aspasmichthys ciconiae* 2452
5-1a 背鳍、臀鳍、尾鳍鳍膜不相连；吻圆，喉盘中有颗粒状突起
……盘孔喉盘鱼 *Discotrema crinophila* 2456
5b 背鳍、臀鳍、尾鳍鳍膜相连……（6）
6a 前鳃盖侧线感觉管孔2对……线纹喉盘鱼 *Diademichtys lineatus* 2454
6b 前鳃盖侧线感觉管孔3对……黄喉盘鱼 *Lepadichthys frenatus* 2455

2450 纹头锥齿喉盘鱼 *Conidens laticephalus*（Tanaka，1909）[70]

=宽头喉盘鱼=黑纹锥齿喉盘鱼

背鳍8；臀鳍6；胸鳍21；尾鳍6+5。脊椎骨15+16。

本种头宽大，前部平扁。尾部侧扁。体上无鳞，但有小突起。口端位，稍倾斜。鳃膜不与峡部相连。腹鳍特化形成的吸盘为双吸盘型。吸盘分前、后区，由一游离缘隔离，中间有4~5列小乳突。下颌和头部感觉管孔发达。下颌侧线感觉管孔3对。背鳍、臀鳍后端和尾鳍靠近，但不连接。体深褐色至黑色，体上有横带，头背具窄纹。为暖水性附礁小型鱼类。栖息于浅水岩礁海区。分布于我国南海、台湾海域，以及日本千叶海域、长崎海域，西北太平洋热带水域。体长约5 cm。

2451 小姥鱼 *Aspasma minima*（Döelerlein，1887）[14]

背鳍7；臀鳍7；胸鳍21；尾鳍5 + 5。脊椎骨15 + 20。

本种体细长，前部扁平。吻端圆钝，吻长大于眼径。口小，上颌稍突出。上颌具2行门齿状齿，内行齿小；下颌齿仅1行。无下颌感觉管孔。鳃膜与峡部相连。体裸露无鳞。背鳍起始于肛门后上方。背鳍、臀鳍皆不与尾鳍相连。胸鳍外缘圆弧形，腹鳍特化为双吸盘。体黄绿色，奇鳍有黑缘。为暖水性岩礁小型鱼类。栖息于浅水岩礁海区的海藻丛中。分布于我国台湾海域，以及日本千叶以南海域、西北太平洋。体长约2.1 cm。

2452 鹤姥鱼 *Aspasmichthys ciconiae*（Jordan et Fowler，1902）[70]

背鳍11；臀鳍8；胸鳍21；尾鳍5 + 5。脊椎骨15 + 18。

本种与小姥鱼相似，但其吻部较突出，有1对下颌感觉管孔。吸盘属于双吸盘型，其前部中央无乳突。背鳍、臀鳍与尾鳍靠近，不连续。背鳍、臀鳍鳍条偏多也是其区别于小姥鱼的主要特征之一。体黄褐色，奇鳍色深。体侧有白色纵带。为暖水性礁栖小型鱼类。栖息于浅水岩礁海区。分布于我国南海、台湾海域，以及日本静冈以南海域、西太平洋。体长约5 cm。

2453 印度异齿喉盘鱼 *Pherallodus indicus*（Weber，1913）[14]

背鳍8；臀鳍7；胸鳍21～22；尾鳍5＋5。脊椎骨14＋18。

本种体细小，后部侧扁。头宽而扁平。腹鳍特化为双吸盘，中央区有扁平突起。下颌和前鳃盖无侧线感觉管孔。背鳍、臀鳍与尾鳍间距较远。体灰褐色至粉红色不等，布有复杂斑纹。为暖水性岩礁小型鱼类。栖息于浅水岩礁海区的红藻、海胆群落区。分布于我国台湾海域，以及日本静冈海域、长崎以南海域，太平洋热带水域。体长约3 cm。

2454 线纹喉盘鱼 *Diademichtys lineatus*（Sauvage，1883）[38]

背鳍15；臀鳍14；胸鳍26；尾鳍6＋6。脊椎骨16＋22。

本种体细，前部低。头、吻尖长。背鳍、臀鳍后端以鳍膜与尾鳍相连。尾鳍短圆。腹鳍特化为单吸盘。下颌无侧线感觉管孔，前鳃盖有2对侧线感觉管孔。体黑褐色，背侧有一浅色纵带。尾鳍黄色，周缘黑色。为暖水性岩礁小型鱼类。栖息于浅水岩礁海区，隐居于毒刺海胆间。分布于我国南海、台湾海域，以及日本静冈以南海域、印度–西太平洋热带水域。体长约3 cm。

2455 黄喉盘鱼 *Lepadichthys frenatus* Waite, 1904[70]

= 连鳍喉盘鱼 = 三鳍姥鱼 *Aspasma misaki*

背鳍16～17；臀鳍13；胸鳍27；尾鳍6＋5。脊椎骨14＋12。

本种体延长，后部侧扁。吻窄，吻端圆钝。口小，端位。上、下颌约等长，各具1行圆锥状齿。眼间隔平或稍凹。鳃膜与峡部相连。前鳃盖具3对侧线感觉管孔。背鳍、臀鳍与尾鳍相连。胸鳍外缘圆弧形。腹鳍特化为单吸盘。尾鳍后缘圆弧形。体黄褐色，带绿色；腹部白色。尾鳍有白边。为暖水性岩礁小型鱼类。栖息于岩礁、珊瑚礁海区，通常与刺冠海胆共栖。分布于我国南海、台湾海域，以及日本小笠原群岛以南海域、西太平洋热带水域。体长约5 cm。

2456 盘孔喉盘鱼 *Discotrema crinophila* Briggs, 1976[14]

背鳍9；臀鳍8；胸鳍26；尾鳍6＋6。脊椎骨17＋18。

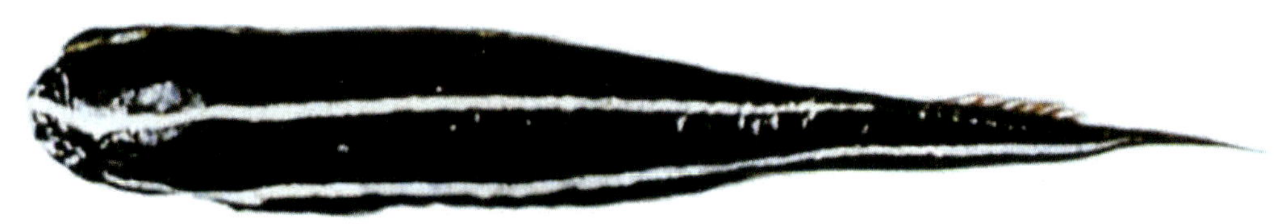

本种体长，平扁。尾侧扁。吻短圆，口小。上、下颌各具1行门齿状齿。下颌、前鳃盖均无侧线感觉管孔。背鳍、臀鳍与尾鳍靠近，但不与尾鳍相连。尾鳍后缘圆弧形。腹鳍特化为单吸盘。吸盘肉质厚，具特殊的乳头状突起。体黑褐色，体侧自吻端至尾鳍有淡黄色纵带。为珊瑚礁小型鱼类。栖息于珊瑚礁海区，与日本海齿花共栖。分布于我国南海、台湾海域，以及琉球群岛海域、斐济海域、太平洋热带水域。体长约5 cm。

45（11）鲔亚目 Callionymoidei（15a）

本亚目物种体延长，平扁或呈圆柱形。尾部侧扁。头平扁或稍呈圆柱形。口小，平横，亚前位，能伸缩。两颌具绒毛状齿。前鳃盖骨具棘或无棘。主鳃盖骨和下鳃盖骨无棘或具尖棘。体裸露无鳞。侧线有或无。背鳍1～2个。腹鳍位于胸鳍前下方，左右平展，Ⅰ－5。有关鲔亚目的种类统计数目差异较大。据Nelson（2006）统计，全球有2科12属194种；其中蜥鲔科有2属12种，鲔科有10属182种[3C]。据刘瑞玉（2008）统计，我国有2科12属30种；其中蜥鲔科有2属2种，鲔科有10属28种[12]。本书收录到的我国拥有的种类为2科13属45种。

鲔亚目的科、属、种检索表

1a 前鳃盖骨具棘，主鳃盖骨、下鳃盖骨无棘；鳃孔甚小；躯体侧线正常 ……鲔科 Callionymidae（3）

1b 前鳃盖骨无棘，主鳃盖骨、下鳃盖骨各有1枚棘；鳃孔中等大；躯体侧线退化，呈沟状……蜥鲔科 Draconettidae（2）

2a 背鳍鳍棘柔软；主鳃盖骨向后棘弯曲向上；第2背鳍鳍条、臀鳍鳍条均为11～12枚 ……蜥鲔 *Draconetta xenica* 2457

2b 背鳍鳍棘坚硬；主鳃盖骨向后棘不弯曲向上；第2背鳍鳍条14枚，臀鳍鳍条13枚 ……短鳍粗棘鲔 *Centrodraco acanthopma* 2458

3-1a 尾鳍中央鳍条末端分支；前鳃盖骨棘后端不呈钩状……（6）

3b 尾鳍中央2枚鳍条末端不分支；前鳃盖骨棘后端呈钩状 ……深水鲔属 *Bathycallionymus*（4）

4a 第2背鳍倒数第2鳍条分支；雄鱼臀鳍无黑斑，雌鱼臀鳍下缘色暗…基岛深水鲔 *B. kaianus* 2459

4b 第2背鳍最后鳍条分支，倒数第2鳍条不分支……（5）

5a 背侧斑纹粗；雄鱼第1背鳍鳍棘呈丝状延长；雌鱼第1背鳍鳍棘也比第2鳍棘长，第3鳍棘膜黑斑细长……台湾深水鲔 *B. formosanus* 2460

5b 背侧斑纹细；雄鱼第1背鳍鳍棘不呈丝状延长；雌鱼第1、第2背鳍鳍棘等长，第3鳍棘膜黑斑圆形……纹鳍深水鲔 *B. sokonumeri* 2461

6-3a 口小；下唇上缘无肉质突起……（8）

6b 口稍大，幅宽；下唇上缘有许多肉质突起 ……喉褶鲔属 *Eleutherochir*（7）

7a 单背鳍……单鳍喉褶鲔 *E. mirabilis* 2462

7b 双背鳍……双鳍喉褶鲔 *E. opercularis* 2463

8-6a 体侧下部有一纵向皮褶；鳃盖部有皮瓣；眼下感觉管末端分支 ……奇异双线鲔 *Diplogrammus xenicus* 2464

8b 体侧无皮褶；鳃盖部无皮瓣……（9）

9a 第2背鳍有不分支鳍条；第2背鳍鳍条7～10枚，臀鳍鳍条6～9枚 ……（19）

9b 第2背鳍鳍条8枚，均分支；臀鳍鳍条7枚……（10）

10a 臀鳍最后鳍条末端分支……（13）

10b 臀鳍最后鳍条末端不分支……连鳍鲔属 *Synchiropus*（11）

11a 第1背鳍暗褐色；体散布红褐色斑点……………………………戴氏连鳍䲗 *S. delandi* 2465
11b 第1背鳍不呈暗褐色；体无红褐色斑点……………………………………………（12）
12a 背鳍第1鳍棘丝状延长；第2背鳍黄色；体侧有橄榄色带状斑纹……红连鳍䲗 *S. altivelis* 2466
12b 背鳍第1鳍棘仅雄鱼的延长；第2背鳍色淡；体无橄榄色带状斑纹；各鳍膜有一白色垂线
……………………………………………………………………益田氏连鳍䲗 *S. masudai* 2467
13-10a 腹鳍鳍棘和第1鳍条呈指状，与其他鳍条分离…………指脚䲗 *Dactylopus dactylopus* 2471
13b 腹鳍正常，无游离鳍条…………………………………………………………………（14）
14a 头背呈宽三角形，吻宽大于90°；第1背鳍第3～4枚棘间有一黑斑
……………………………………………………………………格氏连鳍䲗 *S. grinnelli* 2468
14b 头背呈尖三角形，吻宽小于90°；第1背鳍第3～4枚棘间无黑斑……………………（15）
15a 第2背鳍鳍条末端分2支；胸鳍鳍条约20枚…………………叉棘䲗属 *Neosynchiropus*（17）
15b 第2背鳍鳍条末端分3支；前鳃盖骨棘背缘具2～5枚小棘…翼连鳍䲗属 *Pterosynchiropus*（16）
16a 尾柄高与体长比值大于0.18；体红棕色，体侧具多条波状纵斜纹
……………………………………………………………花斑翼连鳍䲗 *P. splendidus* 2469
16b 尾柄高与体长比值小于0.18；体橄榄绿色，体侧具多个眼状斑或长条斑
……………………………………………………………变色翼连鳍䲗 *P. picturatus* 2470
17-15a 臀鳍除最前面鳍条外，末端均分支；雄鱼第1背鳍有4个圆斑；雌鱼臀鳍有4条褐色宽斜带
……………………………………………………………………眼斑叉棘䲗 *E. ocellatus* 2472
17b 臀鳍除最后面鳍条外，末端均不分支…………………………………………………（18）
18a 前鳃盖骨棘下部有向前棘；眼上缘有1对皮瓣；雄鱼颊部有一黑褐色斑，雌鱼第1背鳍高
……………………………………………………………………饭岛叉棘䲗 *E. ijimai* 2473
18b 前鳃盖骨棘下部无向前棘；眼上缘无皮瓣；雄鱼颊部无黑褐色斑，雌鱼第1背鳍低
……………………………………………………………………莫氏叉棘䲗 *E. morrisoni* 2474
19-9a 尾柄部侧线有连接支连接左、右侧线………………………………䲗属 *Callionymus*（23）
19b 尾柄部侧线无连接支连接左、右侧线…………………………………………………（20）
20a 前鳃盖骨棘呈直线状，末端尖直…………………………拟美䲗属 *Pseudocallurichthys*（22）
20b 前鳃盖骨棘后端向内侧弯曲…………………………………………………………（21）
21a 侧线在体侧后半部急剧下弯；腹鳍后缘鳍膜与胸鳍基上端连接；前鳃盖骨棘基部无倒棘
…………………………………………………………小连鳍䲗 *Minysynchiropus kiyoae* 2475
21b 侧线在体侧后半部直线状；腹鳍后缘鳍膜与胸鳍基中央连接；前鳃盖骨棘基部具一倒棘；第1背鳍鳍膜有缺刻……………………………美体拟双线䲗 *Paradiplogrammus enneactis* 2476
22-20a 雄鱼背鳍第1、第2鳍棘呈丝状延伸；体侧下部有虫状斑纹；雌鱼臀鳍有黑缘
……………………………………………………………………曳丝拟美䲗 *P. variegatus* 2477
22b 雄鱼背鳍第1鳍棘呈丝状延伸；体侧散布小暗斑；雌鱼臀鳍全呈白色
……………………………………………………………………白臀拟美䲗 *P. pleurostictus* 2478
23-19a 前鳃盖骨强棘末端弯曲……………………………………………………………（26）
23b 前鳃盖骨强棘末端平直……………………………………………………………（24）
24a 臀鳍鳍条8枚，背鳍有黑斑；臀鳍下缘黑色……………………………日本䲗 *C. japonicus* 2479

24b 臀鳍鳍条9枚 ……………………………………………………………………………（25）

25a 雄鱼背鳍第1鳍棘呈丝状延长，与其他鳍棘分离；雌鱼第3棘膜有黑色眼状斑 ……………………………………………………………单丝鰤 *C. filamentosus* 2480

25b 雄鱼背鳍第1鳍棘与其他鳍棘相连；雌鱼第3棘膜无黑斑…………丝背美尾鰤 *C. dorysus* 2481

26-23a 第1背鳍具3枚鳍棘 ………………………………………………………香鰤 *C. olidus* 2482

26b 第1背鳍具4枚鳍棘 ……………………………………………………………………（27）

27a 前鳃盖骨棘枪状，上缘锯齿状 …………………………………………长崎鰤 *C. huguenini* 2483

27b 前鳃盖骨棘不呈枪状，后端向上弯曲，上缘具小棘 ……………………………………（28）

28a 臀鳍鳍条8枚；前鳃盖骨棘显著上弯，其背缘中央具5枚小棘 ……弯棘鰤 *C. curvicornis* 2484

28b 臀鳍鳍条9枚 ……………………………………………………………………………（29）

29a 尾鳍长大于体长的1/3；雄鱼第1背鳍各鳍棘均呈丝状延长；前鳃盖骨棘背缘具3～4枚小棘 ……………………………………………………………斑鳍鰤 *C. octostigmatus* 2485

29b 尾鳍长小于或等于体长的1/3……………………………………………………………（30）

30a 雄鱼第1背鳍不显著长大 …………………………………………………………………（32）

30b 雄鱼第1背鳍显著长大 ……………………………………………………………………（31）

31a 雄鱼背鳍第1鳍棘长为第2鳍棘长的1.5倍以上；前鳃盖骨棘背缘具1枚强棘 ……………………………………………………………南方鰤 *C. meridionalis* 2486

31b 雄鱼背鳍第1鳍棘长与其他鳍棘等长；前鳃盖骨棘背缘具2～4枚小棘…丝鳍鰤 *C. virgis* 2487

32-30a 体背斑纹小，褐斑排列不规则，或为大斑块；前鳃盖骨棘不太长，上缘有2～4枚棘 ………………………………………………………………………………（34）

32b 体背斑纹大，布有规则的白色斑点或浅色横纹；前鳃盖骨棘长，上缘有4～6枚棘 ……（33）

33a 体茶褐色，布有规则的白色斑点；前鳃盖骨棘上缘有4～6枚小棘 ………扁鰤 *C. planus* 2488

33b 体黄褐色，布有浅色横纹；前鳃盖骨棘上缘有4枚小棘 ……………短鳍鰤 *C. kitaharae* 2489

34-32a 尾鳍全部散布小黑点；雄鱼背鳍鳍棘和尾鳍鳍条几乎全为丝状延伸 ……………………………………………………………瓦氏鰤 *C. valenciennei* 2490

34b 尾鳍中上部散布小黑点，下部色暗或有黑色带 ……………………………………………（35）

35a 雌、雄鱼第1背鳍均无丝状延长鳍棘；雌鱼第1背鳍有黑色大圆斑…李氏鰤 *C. richardsoni* 2491

35b 雄鱼背鳍第1或第1、第2鳍棘呈丝状延长；雌鱼第1背鳍无大圆斑…………………………（36）

36a 雄鱼背鳍第1鳍棘呈丝状延长，第1背鳍后部有大黑斑；雌鱼第1背鳍几乎全为黑色 ……………………………………………………………月斑鰤 *C. lunatus* 2492

36b 雄鱼背鳍第1、第2鳍棘呈丝状延长，第1背鳍后部无黑斑；雌鱼第1背鳍后半部呈黑色 ………………………………………………………………………………（37）

37a 雄鱼臀鳍有黑褐色斜纹，第2背鳍有2列暗点；雌鱼体下部有白色小圆斑 ……………………………………………………………绯鰤 *C. beniteguri* 2493

37b 雄鱼臀鳍淡灰色，第2背鳍中部有1列暗点；雌鱼体下部有椭圆形白斑 ……………………………………………………………饰鳍鰤 *C. ornatipinnis* 2494

（276）蜥䲗科 Draconettidae

本科物种体延长，呈圆柱状。口位于吻端，上颌较下颌长。前鳃盖骨无棘，主鳃盖骨和下鳃盖骨各具一强棘。头部侧线发达；躯体侧线退化，呈沟状。鳃孔较大。我国有2属3种。

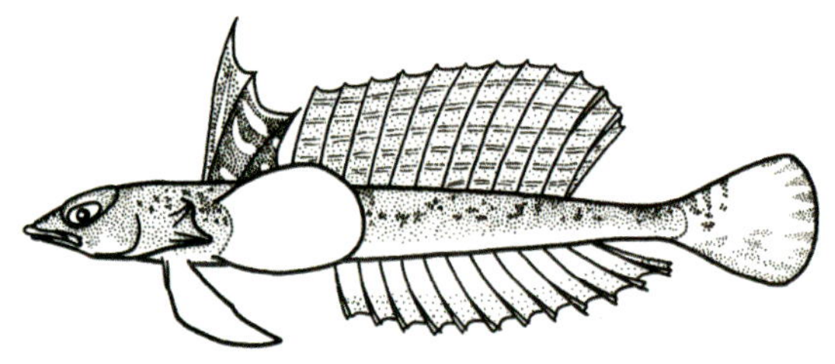

蜥䲗科物种形态简图

2457 蜥䲗 *Draconetta xenica* Jordan et Fowler，1903[38]

背鳍Ⅲ，11～12；臀鳍11～12；胸鳍22；腹鳍Ⅰ－5；尾鳍22。

本种体延长，呈圆柱状。背鳍鳍棘柔软细长。眼大，眼间隔窄。吻突出，口较大。颌齿稍大。鳃孔大。主鳃盖骨、下鳃盖骨具强棘，前者向上弯曲。侧线退化。体淡红色，背侧色深。头背有褐色斑纹，体侧有土黄色斑。为暖水性底层鱼类。栖息水深180～350 m。分布于我国南海，以及日本骏河湾海域、九州海域，帕劳海域，印度–西太平洋暖水域。体长约7 cm。

注：黄宗国（2012）认为本种与珠点蜥䲗 *D. margarostigma* 为同种[13]。刘瑞玉（2008）认为珠点蜥䲗即为强棘珠点蜥䲗 *Centrodraco pseudoxenicus*[12]。中坊徹次（1985）明确指出蜥䲗与强棘珠点蜥䲗是独立两种[36]。此问题值得商榷。

2458 短鳍粗棘䲗 *Centrodraco acanthopma*（Regan，1904）[48]

背鳍Ⅲ，14；臀鳍13；胸鳍25；腹鳍Ⅰ-5；尾鳍23。

本种体延长，呈圆柱状。第1背鳍低，鳍棘粗短、坚硬。眼大，眼径长于背鳍鳍棘。吻短。颌齿小，绒毛状。主鳃盖骨、下鳃盖骨有强棘，不向上弯曲。侧线不明显。体红色，腹部色浅。鳃盖处有红褐色大斑。为暖水性底层鱼类。栖息水深170～600 m。分布于我国台湾海域，以及日本九州海域、帕劳海域、北大西洋暖水域。体长约9 cm。

（277）䲗科 Callionymidae

本科物种体延长。头宽，平扁。眼位于头背侧。口小，两颌均具绒毛状齿。鳃孔小，前鳃盖骨有一强棘，主鳃盖骨、下鳃盖骨无棘。侧线1条。我国有11属42种。

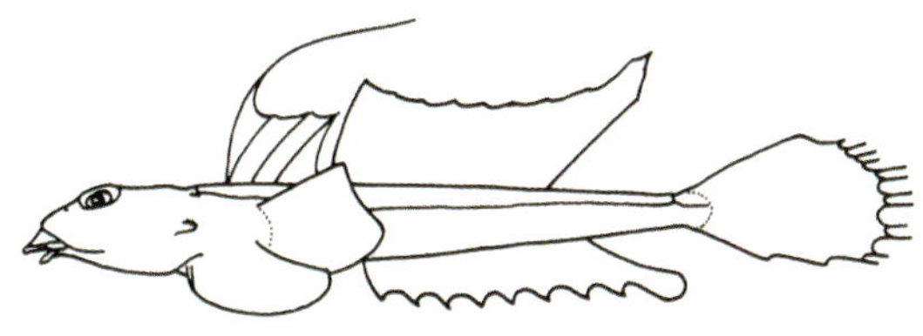

䲗科物种形态简图

深水䲗属 *Bathycallionymus* Nakabo，1982

本属物种体延长，平扁。前鳃盖骨棘后端有倒钩。背鳍除最后1枚鳍条或倒数第2鳍条外均不分支。尾鳍中央两鳍条末端不分支。尾柄背缘有侧线横支连接左、右侧线。

2459 基岛深水鰤 *Bathycallionymus kaianus*（Günther，1880）[38]（上雄鱼，下雌鱼）

= 基岛鰤 *Callionymus kaianus*

背鳍Ⅳ，9；臀鳍9；胸鳍 ii ＋17～19；腹鳍Ⅰ－5；尾鳍 i 3 ii 2 ii 。

本种一般特征同属。体细长，扁平。眼大。吻短，钝尖。口小，下位。前鳃盖骨棘前下缘有前向棘，后缘呈钩状，上缘具2枚小棘。雌、雄鱼第1背鳍呈丝状延伸，第2背鳍倒数第2鳍条分支。尾鳍中央有延长的不分支鳍条。体灰色。第1背鳍有一大黑斑。雄鱼臀鳍灰色，雌鱼臀鳍下缘黑色。为暖水性底层鱼类。栖息于大陆架边缘海区。分布于我国东海、台湾海域，以及日本南部海域、班达海。体长约16 cm。

2460 台湾深水鰤 *Bathycallionymus formosanus*（Fricke，1981）[14]

= 台湾鼠鰤 = 台湾鰤 *Callionymus formosanus*

背鳍Ⅳ，9；臀鳍9；胸鳍 ii ＋16～19；腹鳍Ⅰ－5；尾鳍 i 3 ii 2 ii 。

本种体甚细长，平扁。吻短尖，眼大，鳃孔背位。前鳃盖骨棘后缘倒钩状，上缘有2枚弯棘。第1背鳍鳍棘和尾鳍中央鳍条呈丝状延长，第2背鳍倒数第2鳍条不分支。体深褐色，背侧斑纹粗。

第1背鳍前部有3个小白斑，后部有大黑斑。臀鳍色稍深。为暖水性底层鱼类。栖息于大陆架边缘海区。分布于我国南海、台湾海域，以及日本南部海域、印度–西太平洋暖水域。体长约12 cm。

2461 纹鳍深水䲗 *Bathycallionymus sokonumeri*（Kamohara，1936）[38]（上雄鱼，下雌鱼）

背鳍Ⅳ，9；臀鳍9；胸鳍ⅱ，17～19；腹鳍Ⅰ–5；尾鳍ⅰ3ⅱ2ⅱ。

本种体细长，平扁。吻短钝，眼大。第1背鳍鳍棘不呈丝状延长，第2背鳍除最后鳍条外均不分支。尾鳍中央鳍条呈长丝状。体青灰色，背侧斑纹细。雄鱼第1背鳍无黑色圆斑，雌鱼有一大的黑色圆斑。为暖水性底层鱼类。栖息于大陆架边缘海区。分布于我国台湾海域，以及日本南部海域、太平洋暖水域。体长约14 cm。

喉褶䲗属 *Eleutherochir* Bleeker，1879

本属物种体延长，头平扁。口稍大，两颌均具齿。下唇上缘有1行肉质突起。鳃孔小，位于背侧。前鳃盖骨棘后端不向上弯。背鳍1～2个。腹鳍喉位。我国有2种。

2462 单鳍喉褶䲗 *Eleutherochir mirabilis*（Snyder，1911）[38]（左幼鱼，右成鱼）

= 单鳍䲗 *Draculo mirabilis*

背鳍13；臀鳍13；胸鳍ⅱ，16～20；腹鳍Ⅰ–5；尾鳍ⅰ6ⅱ，ⅰ7ⅱ。

本种一般特征同属。体延长。头平扁，背面观呈三角形。口稍大，下唇上缘有1行大的肉质突起。眼大，眼间距小于眼径的1/3。背鳍1个，全由鳍条组成。体灰褐色，微带黄色；腹侧灰白色。头、体、各鳍散布黑色小斑点。为暖温性底层鱼类。栖息于沿岸沙底质浅海区。分布于我国黄海、渤海，以及日本北部海域、朝鲜半岛海域、西北太平洋温水域。体长约5.5 cm。

2463 双鳍喉褶䲗 *Eleutherochir opercularis*（Valenciennes，1837）[38]

背鳍Ⅳ，9；臀鳍9；胸鳍ii，23；腹鳍I－5；尾鳍i 7 ii。

本种体延长，头平扁，背面观呈三角形。口稍大，下唇上缘有细小肉质突起。眼稍小，眼间距大于眼径。背鳍2个，第1背鳍均由鳍棘组成。体深褐色，体侧布有白色斑点。第1背鳍黑色。为暖水性底层鱼类。栖息于近岸河口、沙底质海区。分布于我国台湾海域，以及琉球群岛海域、印度-西太平洋暖水域。体长约6.5 cm。

2464 奇异双线䲗 *Diplogrammus xenicus*（Jordan et Thompson，1914）[38]

＝暗带双线䲗

背鳍Ⅳ，8；臀鳍7；胸鳍ii，15～17；腹鳍I－5；尾鳍i 7 ii。

本种体延长，平扁。吻长，吻端突出。口小，颌齿绒毛状，上颌骨后端有疣状突起。眼高突，眼下感觉管末端分支。鳃孔小。前鳃盖骨棘末端上弯，背缘有4～9枚小棘。鳃盖后部有一游离皮瓣。体侧下部有一纵向皮褶。雄鱼第1背鳍呈丝状延长。依栖息地不同，体呈黄褐色或绿褐色，布有暗斑。为暖水性底层鱼类。栖息珊瑚礁、岩礁海区。分布于我国南海、台湾海域，以及日本南部海域、越南海域、印度-西太平洋暖水域。体长约5 cm。

连鳍鰤属 *Synchiropus* Gill，1860

本属物种头、体呈长锥形，或略平扁，尾部较侧扁。眼大，眼周无皮瓣。前鳃盖骨棘末端向上弯曲，基底无向前倒棘。侧线1条。腹鳍最后1枚鳍条由鳍膜与胸鳍基相连。尾鳍后缘斜截形或略呈圆弧形。我国有6种。

2465 戴氏连鳍鰤 *Synchiropus delandi* Fowler，1934[14]

= 戴氏棘红鰤 *Foetorepus delandi*

背鳍Ⅳ，8；臀鳍7；胸鳍22～23；腹鳍Ⅰ－5。

本种一般特征同属。体延长，略平扁。眼甚大，鳃孔下侧位。后头部具2个窄三角形骨质棱。前鳃盖骨棘末端近垂直上弯。第1背鳍鳍棘延长，臀鳍最后1枚鳍条分支。尾鳍上、下叶不对称。体侧散布形状不规则的红褐色斑点。臀鳍具一黑色纵带。为暖水性底层鱼类。栖息于沿岸海区。分布于我国台湾海域。

注：本属鱼类臀鳍最后鳍条分叉，但中坊徹次（1985）对于列为棘红鰤属 *Foetorepus* 的几种鰤按末端不分支列检索表[36]。本书亦同。

2466 红连鳍鰤 *Synchiropus altivelis*（Temminck et Schegel，1845）[44]

= 丝棘红鰤 *Foetorepus altivelis* = 帆鳍蹼趾鰤

背鳍Ⅳ，8；臀鳍7；胸鳍ⅰ，19～20；腹鳍Ⅰ－5；尾鳍ⅰ7ⅱ。

本种体延长，平扁。吻尖小。鳃孔小，位于胸鳍基底上方。前鳃盖骨具强棘，末端平直，背缘有一弯曲棘，腹缘平滑无棘。背鳍第1鳍棘呈丝状延长，背鳍鳍条都分支。臀鳍最后1枚鳍条分支。尾鳍中央鳍条延长。体红色，具带状橄榄色斑纹。为暖水性底层鱼类。栖息于大陆架边缘海区。分布于我国东海、南海、台湾海域，以及日本南部海域、西北太平洋暖水域。体长约17 cm。

2467 益田氏连鳍䲗 *Synchiropus masudai* Nakabo，1987 [38]

= 益田棘红䲗 *Foetorepus masudai*

背鳍Ⅳ，8；臀鳍7；胸鳍ⅰ，20～21；腹鳍Ⅰ－5；尾鳍ⅰ7ⅱ。

本种体延长，稍平扁。头背缘稍隆起。眼大，吻短钝。口小，两颌均具绒毛状齿带。雄鱼背鳍第1鳍棘呈丝状延长，起始于鳃孔前上方。体红色，腹侧白色，具深红色斑纹。腹鳍、臀鳍和尾鳍下半部有深红色斑。为暖水性底层鱼类。栖息于大陆架边缘海区。分布于我国台湾海域，以及日本高知海域。体长约14 cm。

2468 格氏连鳍䲗 *Synchiropus grinnelli* Fowler，1941 [14]

背鳍Ⅳ，8；臀鳍7；胸鳍ⅰ，20～23；腹鳍Ⅰ－5。

本种体延长，头背部呈宽三角形。吻短宽，吻宽大于90° 。后头部有2个较低的骨质棱。前鳃盖骨棘平直，背缘有一弯曲小棘，腹缘平滑无棘。鳃孔下侧位。臀鳍最后鳍条分支。雄鱼背鳍第1鳍棘呈丝状延长。体背侧橙黄色，腹侧白色。背鳍第3、第4鳍棘膜有卵形黑斑。尾鳍缘黑色，鳍基具两黑斑。为暖水性底层鱼类。栖息于沿岸沙底质海区。分布于我国台湾海域。

▲ 本属尚有珊瑚连鳍䲗 *S. corallinus*、高鳍连鳍䲗 *S. laddi*，分布于我国台湾海域[13]。

翼连鳍䲗属 *Pterosynchiropus* Nakabo，1982

本属物种体稍侧扁。吻短钝。眼大，口小。后头部平滑，无骨质棱突起。前鳃盖骨棘末端上弯，背缘具2~5枚小棘。第2背鳍鳍条分3支。臀鳍鳍条多分支。体色艳丽，斑纹复杂。我国有2种。

2469 花斑翼连鳍䲗 *Pterosynchiropus splendidus*（Herre，1927）[38]（上雄鱼，下雌鱼）

= 花斑连鳍䲗 *Synchiropus splendidus* = 光泽高柄䲗

背鳍Ⅳ，8；臀鳍7；胸鳍ⅰ，30；腹鳍Ⅰ－5；尾鳍ⅰ8ⅰ。

本种一般特征同属。体后部侧扁。吻短钝；眼大，上侧位。后头部平滑。鳃孔下侧位。前鳃盖骨棘平直，末端稍上弯，背缘具2~5枚小棘。侧线单一。雄鱼背鳍第1鳍棘丝状，第2背鳍鳍条和臀鳍鳍条均分支。尾鳍后缘圆弧形，尾柄高与体长的比值大于0.18。体红棕色，腹面淡绿色，体侧具多条蓝绿色波状长条形斑。鳃盖区有一深蓝色大斑。为暖水性底层鱼类。栖息于沿岸海区。分布于我国东海、南海、台湾海域，以及琉球群岛海域、澳大利亚海域、西太平洋暖水域。体长约4 cm。

2470 **变色翼连鳍䲗** *Pterosynchiropus picturatus*（Peters，1877）[14]

= 变色连鳍䲗 *Synchiropus picturatus* = 锈鳍连鳍䲗

背鳍Ⅳ，8；臀鳍7；胸鳍ⅰ，29～32；腹鳍Ⅰ－5。

本种体稍侧扁。眼较大，吻短。鳃孔下侧位。前鳃盖骨棘背缘具3～5枚小棘。第2背鳍和臀鳍鳍条均分支。体淡橄榄绿色，体侧、腹部具多个眼状斑或长条形斑。为暖水性底层鱼类。栖息于沿岸海区。分布于我国台湾海域。体长约5.7 cm。

2471 **指脚䲗** *Dactylopus dactylopus*（Valenciennes，1837）[14]

背鳍Ⅳ，8；臀鳍7；胸鳍ⅱ，17；腹鳍Ⅰ－4；尾鳍ⅰ7ⅱ。

本种体延长，稍平扁。吻短钝，两颌约等长。前鳃盖骨棘背缘有2～5枚小倒棘，腹缘有2～4枚小倒棘。后头部有一横向感觉线连接两侧侧线。鳃孔小，背侧位。腹鳍鳍棘和第1鳍条连成指状，与其他鳍条分离。体背茶褐色，腹侧白色。第1背鳍有一黑斑，第2背鳍具白色斑点和褐色纵纹。为暖水性底层鱼类。栖息于沙底质浅海。分布于我国南海、台湾海域，以及琉球群岛海域、印度-西太平洋暖水域。体长约10 cm。

叉棘䲗属 *Neosynchiropus*

本属物种体延长，几乎呈圆柱状。眼高位，突出于头背缘。眼周有或无皮瓣。前鳃盖骨棘后缘二叉形。体侧侧线靠近背缘延伸，在后头部尚有一横支与其相连接。雄鱼第1背鳍大，扇状。体多具茶褐色大理石斑纹。我国有3种。

2472 眼斑叉棘䲗 *Neosynchiropus ocellatus*（Pallas，1770）[38]（上雄鱼，下雌鱼）

= 眼斑连鳍䲗 *Synchiropus ocellatus*

背鳍Ⅳ，8；臀鳍7；胸鳍 ii，17～20；腹鳍 I－5；尾鳍 i 7 ii。

本种体延长，头稍侧扁。鳃孔稍侧位，前鳃盖骨棘末端向上弯，背缘有1枚弯棘。后头部平滑，无棱嵴，有一横向感觉线连接鱼体两侧侧线。第2背鳍鳍条末端分2支，臀鳍除最前面鳍条外末端亦分2

支。体暗绿色，雄鱼第1背鳍有4个圆斑，雌鱼臀鳍有4条褐色宽斜带。为暖水性底层鱼类。栖息于珊瑚礁、沙底质海区。分布于我国台湾海域，以及日本南部海域、印度–西太平洋暖水域。体长约6 cm。

2473 饭岛叉棘鮨 *Neosynchiropus ijimai*（Jordan et Thompsom，1914）[38]（上雄鱼，下雌鱼）
= 饭岛连鳍鮨 *Synchiropus ijimai*

背鳍Ⅳ，8；臀鳍7；胸鳍ⅰ，17～21；腹鳍Ⅰ－5；尾鳍ⅰ7ⅱ。

本种体延长，头稍侧扁。前鳃盖骨棘基部有一向前的棘。眼周有1对皮瓣。雄鱼第1背鳍大，鳍棘均延长。雌鱼背鳍高，鳍棘延长。第2背鳍鳍条分2支，臀鳍仅最后鳍条分叉。雄鱼颊部有一深褐色斑，雌鱼头部红色。为暖水性底层鱼类。栖息于珊瑚礁、沙底质海区。分布于我国台湾海域，以及日本伊豆半岛海域、西北太平洋暖水域。体长约7 cm。

2474 莫氏叉棘䲗 *Neosynchiropus morrisoni*（Schultz，1960）[38]（上雄鱼，下雌鱼）

= 莫氏新鳞鳍䲗 = 莫氏连鳍䲗 *Synchiropus morrisoni*

背鳍Ⅳ，8；臀鳍7；胸鳍ⅲ，18；腹鳍Ⅰ－5；尾鳍ⅰ7ⅱ。

本种体延长，近圆柱状。吻短钝，眼大，高位，眼上缘无皮瓣。前鳃盖骨棘后缘双叉状。臀鳍除最后鳍条外，末端均不分叉。雄鱼体黄褐色；第1背鳍大，扇状，暗绿色，有条纹。雌鱼体红色，头部腹面有褐色小斑；第1背鳍小而低，深蓝色。为暖水性底层鱼类。栖息于珊瑚礁、岩礁海区。分布于我国南海，以及日本三宅岛海域、中西太平洋暖水域。体长约6 cm。

2475 小连鳍鮨 *Minysynchiropus kiyoae*（Fricke et Zaiser，1983）[38]（上雄鱼，下雌鱼）

背鳍Ⅳ，9；臀鳍8；胸鳍ⅱ，15；腹鳍Ⅰ－5；尾鳍ⅰ7ⅱ。

本种体细长，侧扁。吻短尖。眼大，高位。前鳃盖骨棘长，上缘有5～6枚小棘，后缘向上弯曲，基部无倒棘。侧线在胸鳍后方急剧向下弯曲。雄鱼体灰褐色，有6～7个黑斑排成纵列。第1背鳍高，火焰形，色浅。雌鱼体淡黄褐色，有纵列白点斑；背鳍小，暗褐色。为暖水性底层鱼类。栖息于砾石、粗沙底质海区，隐藏于溶洞或海藻丛中。分布于我国台湾海域，以及日本伊豆半岛海域。体长约2 cm。

2476 **美体拟双线鲔** *Paradiplogrammus enneactis*（Bleeker，1879）[38]
= 斑鳍鲔 *Callionymus enneactis* = 九棘倒钩鲔 = 高背鲔 *C. altidorsalis*

背鳍Ⅳ，8；臀鳍7；胸鳍 i ，15～20；腹鳍 Ⅰ－5；尾鳍 i 7 ii 。

本种体细长，平扁。吻尖长，口小。鳃孔小，背位。前鳃盖骨棘末端上弯，腹缘平滑，基部有小倒棘，背缘有1～3枚弯棘。雄鱼第1背鳍第1、第3鳍棘呈丝状延长，鳍膜缺刻深；体淡茶褐色，布有黑斑；背鳍第3棘膜有黑斑；尾鳍上叶色浅，下叶有多个黑斑点。雌鱼第1背鳍无黑斑。为暖水性底层鱼类。栖息于浅海藻场、小石混杂的沙底质海区。分布于我国南海、台湾海域，以及琉球群岛海域、菲律宾海域、西太平洋暖水域。体长约6 cm。

拟美鲔属 *Pseudocallurichthys*

本属物种体延长，稍侧扁或平扁。后头部有2个骨质突起。前鳃盖骨棘末端尖直，腹缘平滑，稍凹，基部有倒棘，背缘有4～6枚小棘。雄鱼背鳍第1鳍棘呈丝状延长。尾鳍长，上、下叶不对称。我国有2种。

2477 **曳丝拟美鲔** *Pseudocallurichthys variegatus*（Temminck et Schlegel，1845）[38]
= 粗顶拟美尾鲔 = 拟奇美尾鲔 = 曳丝拟美尾鲔 *Calliurichthys variegatus*

背鳍Ⅳ，8；臀鳍7；胸鳍 i ，17～18；腹鳍 Ⅰ－5；尾鳍 i 7 ii 。

本种体延长，略侧扁。吻尖长，后头部具2个大的骨质突起。口小，上颌稍长。前鳃盖骨棘末端尖直，腹缘平滑、稍凹，基部有1枚强倒棘，背缘有4～6枚小倒棘。雄鱼背鳍第1、第2鳍棘呈丝状延长。尾鳍长，不对称。头、体背侧深褐色，腹侧白色。雌鱼体侧具1列大黑斑。为暖水性底层鱼类。栖息于岩礁、藻场的沙底质海区。分布于我国南海、台湾海域，以及日本南部海域、澳大利亚海域、西太平洋暖水域。体长约10 cm。

2478 **白臀拟美䲗** *Pseudocallurichthys pleurostictus*（Fricke，1982）[37]（上雄鱼，下雌鱼）

=胡麻䲗 *Callionymus pleurostictus*

背鳍Ⅳ，8；臀鳍7；胸鳍ⅱ～ⅳ，13～15；腹鳍Ⅰ－5；尾鳍ⅰ7ⅱ。

本种体细长，头部平扁。鳃孔背侧位。后头部有2个低的骨质突起。前鳃盖骨棘甚长，基部有1枚大的倒棘，背缘有7～14枚小棘。雄鱼背鳍第1鳍棘呈丝状伸长，生殖乳突细长。体淡褐色，体侧有一纵列黑斑。雄鱼下颌腹面黑色，雌鱼臀鳍白色。为暖水性底层鱼类。栖息于沙底质浅海。分布于我国台湾海域，以及日本奄美大岛海域、泰国海域、澳大利亚海域、西太平洋暖水域。体长约3 cm。

䲗属 *Callionymus* Linnaeus，1758

本属物种体延长。头部平扁，背面观近三角形。眼间隔窄，眼周无皮瓣。前鳃盖骨棘大，后端向上弯曲，基部有1枚前向倒棘，上缘有1～6枚小棘。主鳃盖骨光滑。侧线简单，下方无皮褶。背鳍、臀鳍除最后鳍条基部分支外，均不分支。我国有20种。

2479 日本䗉 *Callionymus japonicus*（Houttuyn，1782）[68]

= 日本美尾䗉 *Calliurichthys japonicus*

背鳍Ⅳ，9；臀鳍8；胸鳍ⅱ，16～19；腹鳍Ⅰ－5；尾鳍ⅰ7ⅱ。

本种体特别细长，平扁。后头部有1对骨质突起。鳃孔小，背位。前鳃盖骨棘末端平直，背缘有6～10枚锯齿状棘。雄鱼背鳍第1、第2鳍棘呈丝状延长。背鳍、臀鳍最后鳍条分支。雌、雄鱼尾鳍均延长，呈长矛状。体背侧淡褐色，具白斑，体侧有1列黑色斑点。背鳍有黑斑，臀鳍下缘黑色。雄鱼喉部尚有黑斑。为暖水性底层鱼类。栖息水深20～200 m。分布于我国东海、南海、台湾海域，以及日本南部海域、澳大利亚海域、西太平洋暖水域。体长约22 cm。

2480 单丝䗉 *Callionymus filamentosus* Valenciennes，1837 [37]（上雄鱼，下雌鱼）

= 丝鳍美尾䗉 *Calliurichthys filamentosus*

背鳍Ⅳ，9；臀鳍9；胸鳍17～21；腹鳍Ⅰ－5；尾鳍ⅰ7ⅱ。

本种体延长，平扁。后头部有1对低骨质突起。鳃孔背位。前鳃盖骨棘末端平直，腹缘平滑，基部有1枚强倒棘，背缘具4～9枚小棘。雄鱼第1背鳍低；第1鳍棘呈丝状，与后面鳍棘分离。雌鱼的背鳍第1鳍棘则不分离。尾鳍稍延长或后缘呈圆弧形。体褐色，背侧有许多白点或黑点。为暖水性底层鱼类。栖息于沿岸沙底质海区。分布于我国南海、台湾海域，以及印度–西太平洋暖水域。

2481 丝背美尾䲗 *Callionymus dorysus*（Jordan et Fowler，1903）[37]（上雄鱼，下雌鱼）

= 枪棘美尾䲗 = 丝鳍美尾䲗 *Calliurichthys dorysus*

背鳍Ⅳ，9；臀鳍9；胸鳍18～21；腹鳍Ⅰ－5；尾鳍ⅰ7ⅱ。

本种体延长，平扁。后头部有1对低骨质突起。吻尖长，口裂小。前鳃盖骨棘末端平直，背缘具3～9枚小棘。雄鱼第1背鳍鳍棘高，第2～3鳍棘也呈丝状延长。雌鱼尾鳍后缘呈圆弧形，体背侧褐色，有许多白点，体侧具1列褐色斑，腹侧白色。为暖水性底层鱼类。栖息于沙泥底质海区。分布于我国黄海、东海、南海、台湾海域，以及西北太平洋暖水域。体长约14 cm。

2482 香䲗 *Callionymus olidus*（Günther，1873）[45]

= 香斜棘䲗 *Repomucenus olidus*

背鳍Ⅲ，9；臀鳍9；胸鳍17～18；腹鳍Ⅰ－5。

本种体延长。头宽扁，背面观呈三角形。吻短尖。眼较小，上侧位。前鳃盖骨具1枚长棘，背缘有4～5枚小棘，基底有1枚倒棘。侧线发达，在后头部和尾柄上方各有一横支与左、右侧线相连。第1背鳍小，远离第2背鳍。背鳍、臀鳍仅最后鳍条分支。尾鳍后缘圆弧形。体灰褐色，密布暗斑。背侧隐具5～6条暗横带，第1背鳍深黑色。为暖温性底层鱼类。栖息于沙泥底质海区，常进入江河。分布于我国东海、南海，以及西北太平洋温暖水域。体长约6 cm。

2483 长崎䲗 *Callionymus huguenini* Bleeker，1858[38]（上雄鱼，下雌鱼）

= 长崎倒钩䲗 = 长崎斜棘䲗 = 哈氏背果鼠䲗 *Repomucenus huguenini*

背鳍Ⅳ，9；臀鳍9；胸鳍ⅰ，17～19；腹鳍Ⅰ－5；尾鳍ⅰ7ⅱ。

本种体延长，平扁。后头部无骨质突起。吻长，钝尖。口小，上颌稍长。前鳃盖骨棘枪形，上缘呈锯齿状。雄鱼背鳍有1～3枚鳍棘呈丝状延长，雌鱼背鳍有1～2枚鳍棘呈丝状延长。体侧灰褐色，上侧有一暗纵带达尾端，带下有连续黑点。臀鳍具黑色纵带缘。尾鳍上、下叶不对称。雄鱼下叶延长。为暖水性底层鱼类。栖息水深30～80 m。分布于我国东海、南海、台湾海域，以及日本以南海域、西北太平洋暖水域。体长约16 cm。

注：黄宗国（2012）认为本种与短鳍䲗 *C. kitaharae* 为同种[13]。实际上，二者应是两个独立物种。

2484 **弯棘䲗** *Callionymus curvicornis* (Valenciennes, 1837)[14]

= 弯棘斜棘䲗 = 弯棘倒钩䲗 *Repomucenus curvicornis*

背鳍Ⅳ，9～10；臀鳍8（9）；胸鳍18～20；腹鳍Ⅰ－5。

本种体细长，平扁。后头部具平滑骨板或1对低骨质棱。吻尖长。鳃裂小，背位。前鳃盖骨棘末端向上弯曲，上缘具5枚小弯棘，基部具1枚倒棘。雄鱼尾鳍长；体背侧黄褐色，腹侧银白色，具许多蓝色横纹；颊部有蓝色条形斑。雌鱼第1背鳍白色，后部具黑斑。为暖温性底层鱼类。栖息于沙泥底质海区。分布于我国东海、南海、台湾海域，以及朝鲜半岛海域、西北太平洋温暖水域。

注：本种检索取用沈世杰（1994），该检索表的臀鳍鳍棘数与种的描述有差别[9]。

2485 **斑鳍䲗** *Callionymus octostigmatus* Fricke, 1981[37]（上雄鱼，下雌鱼）

= 八斑䲗

背鳍Ⅳ，9；臀鳍9；胸鳍19～23；腹鳍Ⅰ－5。

本种体延长，平扁。后头部有1对低骨质突起。鳃孔背位。前鳃盖骨棘末端弯曲，上缘具3～4枚弯棘，基部有1枚倒棘。雄鱼第1背鳍各鳍棘均呈丝状延长，尾鳍长大，其长度大于体长的1/3。雌鱼尾鳍稍短，后缘圆弧形。体背侧褐色，具许多镶黑缘的白点，体侧具1～2列深褐色斑点。为暖水性底层鱼类。栖息于沙泥底质海区。分布于我国东海、南海、台湾海域，以及印度－西太平洋暖水域。

2486 南方鲔 *Callionymus meridionalis* Suwardji，1965[37]（上雌鱼，下雄鱼）
= 子午鲔 = 棘丝鲔 *C. monofilispinnus*

背鳍Ⅳ，9；臀鳍9；胸鳍19～22；腹鳍Ⅰ－5。

本种体延长，平扁。后头部有低骨质突起。前鳃盖骨棘末端弯曲，背缘仅具1枚强棘。背鳍第1鳍棘长，雄鱼的可达背鳍第2鳍棘的1.5倍，但不呈丝状。背鳍、臀鳍除最后鳍条外均不分支。体背侧黄褐色，腹侧黄白色。雄鱼第1背鳍白色，具小黑点；雌鱼第1背鳍色浅，有黑边。为暖水性底层鱼类。栖息于近岸沙泥底质海区。分布于我国南海、台湾海域。

2487 丝鳍鲔 *Callionymus virgis*（Jordan et Fowler，1903）[38]
= 倒钩鲔 = 朝鲜鲔 *Repomucenus virgis* = *R. koreanus*

背鳍Ⅳ，9；臀鳍9；胸鳍17～19；腹鳍Ⅰ－5。

本种体甚细长，平扁。吻短尖。前鳃盖骨棘短，末端上弯，背缘有2～4枚小棘，基部有前向小突起。背鳍、臀鳍最后鳍条基部分支。雄鱼第1背鳍各鳍棘皆呈丝状延长；背鳍灰色，基底有黑色点列。为暖温性底层鱼类。栖息水深40～100 m。分布于我国东海、南海、台湾海域，以及日本若狭湾海域、高知县海域，朝鲜半岛海域，西北太平洋温暖水域[45]。体长约8 cm。

2488 扁鰤 *Callionymus planus* Ochiai，1955 [38]+[14]

= 扁斜棘鰤 *Repomucenus planus*

背鳍Ⅳ，9；臀鳍9；胸鳍ⅰ，17～21；腹鳍Ⅰ－5；尾鳍ⅰ7ⅱ。

本种体延长，头部平扁，尾部稍侧扁。后头部平滑，鳃孔背位。前鳃盖骨棘末端上弯，背缘具4～6枚棘，基部具强倒棘。侧线直达尾鳍，后头部和尾柄部各有一横向侧线与左、右侧线连接。雄鱼背鳍鳍棘与鳍条等长，雌鱼鳍棘则较鳍条短。体茶褐色，并布有规则的白色斑点。为暖温性底层鱼类。栖息于近岸沙底质海区。分布于我国黄海、渤海、东海、台湾海域，以及日本南部海域、泰国湾海域、西北太平洋温暖水域。体长约10 cm。

2489 短鳍鰤 *Callionymus kitaharae* Jordan et Seale，1906 [15]

背鳍Ⅳ，9；臀鳍9；胸鳍ⅰ，19；腹鳍Ⅰ－5；尾鳍ⅰ7ⅱ。

本种体延长，头平扁，尾柄部圆柱状，后头部平滑等形态特征与扁鰤十分相似，分布区也相同。李明德（1998）将本种视为扁鰤[33]。短鳍鰤以体色稍淡，为黄褐色，布有浅色横纹而和扁鰤相区别。笔者在黄海、渤海曾采得众多标本，其体色深浅及斑点依栖息地不同有变化，曾都被记述为短鳍鰤[56]。本书按独立种收录，供参考。

2490 瓦氏䲗 *Callionymus valenciennei* Temminck et Schlegel，1845[38]（上雄鱼，下雌鱼）

= 瓦氏倒钩䲗 *Repomucenus valenciennei* = 丝棘䲗 *C. flagris*

背鳍Ⅳ，9；臀鳍9；胸鳍ⅰ，16～19；腹鳍Ⅰ－5；尾鳍ⅰ7ⅱ。

本种体延长，扁平。鳃孔小，背位。前鳃盖骨棘短，背缘具3～4枚小弯棘，基部有前向小棘。背鳍、臀鳍最后鳍条分支。雄鱼第1背鳍鳍棘和尾鳍中央鳍条呈丝状延长，雌鱼各鳍均不呈丝状延长。体灰褐色，尾鳍散布小黑点。雄鱼臀鳍下缘黑色，雌鱼背鳍鳍棘部有黑斑。为暖温性底层鱼类。栖息于近岸内湾沙泥底质海区。分布于我国黄海、渤海、东海、台湾海域，以及日本石狩湾以南海域、朝鲜半岛海域、西北太平洋温暖水域。体长约10 cm。

2491 李氏䲗 *Callionymus richardsoni*（Bleeker，1854）

= 李氏斜棘䲗 *Repomucenus richardsoni*

背鳍Ⅳ，9；臀鳍9；胸鳍ⅰ，17～19；腹鳍Ⅰ－5；尾鳍ⅰ7ⅱ。

本种体细长，扁平。吻尖长，鳃孔背位。前鳃盖骨棘较短，背缘具2～4枚小棘，第1背鳍鳍棘无丝状延长。尾鳍长，上、下叶不对称。体黄褐色，第1背鳍第3鳍棘膜有白边大黑斑。尾鳍中上部散布暗点，下部黑色。为暖温性底层鱼类。栖息于近岸内湾浅水沙底质海区。分布于我国东海、南海、台湾海域，以及日本仙台湾以南海域、朝鲜半岛海域、西北太平洋温暖水域。体长约17 cm。

2492 **月斑䲗** *Callionymus lunatus* Temminck et Schlegel，1845[38]（上雄鱼，下雌鱼）

= 月斑斜棘䲗 *Repomucenus lunatus* = 月斑美尾䲗 *Calliurichthys lunatus*

背鳍Ⅳ，9；臀鳍9；胸鳍ⅰ，17～20；腹鳍Ⅰ－5；尾鳍ⅰ7ⅱ。

本种体细长，侧扁。吻尖长。眼上位，眼下感觉管特别发达。鳃盖骨棘短。雄鱼背鳍第1鳍棘呈丝状延长，第4鳍棘膜有黑斑。第2背鳍和臀鳍后部鳍条长。体侧茶褐色，具白色小点；腹侧白色。尾鳍下叶有黑色纵带。雌鱼第1背鳍几乎全呈黑色，臀鳍白色，体侧中央有长圆形黑斑。为暖水性底层鱼类。栖息于沙泥底质海区。分布于我国南海、台湾海域，以及日本长崎海域、高知海域，朝鲜半岛海域，西北太平洋暖水域。体长约15 cm。

2493 **绯䲗** *Callionymus beniteguri*（Jordan et Snyder，1900）[15]

= 本氏倒钩䲗 *Repomucenus beniteguri*

背鳍Ⅳ，9；臀鳍9；胸鳍ⅰ，17～20；腹鳍Ⅰ－5；尾鳍ⅰ7ⅱ。

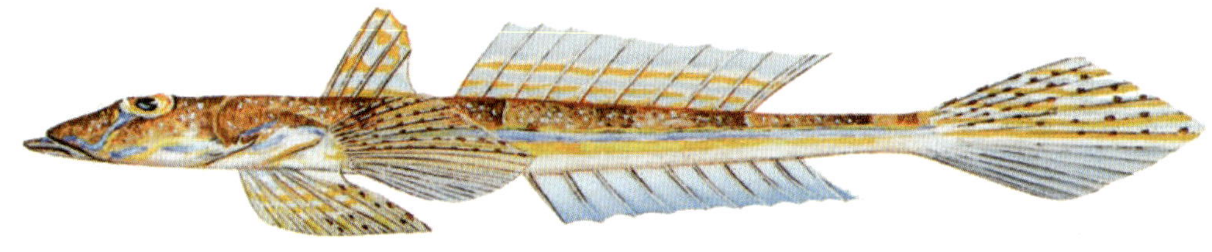

本种体延长，平扁。吻尖长。眼大。后头部平滑。鳃裂小，背位。前鳃盖骨棘短，后端上弯，上缘具3～4枚小弯棘，基部有1枚前向倒棘。雄鱼背鳍第1、第2鳍棘呈丝状延长。背鳍、臀鳍最后鳍条分支。臀鳍有深色斜纹。尾鳍中央鳍条较长，下部色暗。雌鱼第1背鳍后半部黑色，体侧具许多黑色与白色相间的斑点。为暖温性底层鱼类。栖息于近岸内湾沙底质海区。分布于我国黄海、渤海、东海、台湾海域，以及日本濑户内海、有明海，朝鲜半岛海域、西北太平洋温暖水域。体长约16 cm。

2494 饰鳍鰤 *Callionymus ornatipinnis*（Regan，1905）[38]（上雄鱼，下雌鱼）

= 饰鳍斜棘鰤 *Repomucenus ornatipinnis*

背鳍Ⅳ，9；臀鳍9；胸鳍ⅰ，18～21；腹鳍Ⅰ－5；尾鳍ⅰ7ⅱ。

本种体延长，平扁。后头部平滑。其形态特征与绯鰤相似。刘瑞玉（2008）指出本种与绯鰤属于同种[12]。但黄宗国（2011）、中坊徹次（1993）、益田一（1983）均认为二者为两个独立种[13，36，38]，二者区别在于本种雄鱼臀鳍淡灰色，第2背鳍中央仅有1列小暗斑。雌、雄鱼体侧下部有白色椭圆形斑。此外，本种前鳃盖骨棘上缘具2～3枚小弯棘，和绯鰤也略有区别。为暖温性鱼类。分布区与绯鰤重叠。体长约17 cm。

▲ 本属尚有大鳍鰤*C. altipinnis*、贝氏鰤*C. belcheri*、海氏鰤*C. hindsii*、沙氏鰤*C. schaapii*，分布于我国台湾海域[13]。

45（12）虾虎鱼亚目 Gobioidei（3a）

本亚目物种体延长，呈亚圆柱状或鳗形，侧扁或前部平扁而后部侧扁。通常体被圆鳞或栉鳞，有时鳞片退化或裸露无鳞。体无侧线。头部常有黏液管或黏液孔。背鳍2个，分离或连续，或第1背鳍消失。鳍棘柔软，有时呈丝状延长。臀鳍具一弱棘或无鳍棘。腹鳍胸位，具1枚鳍棘和3～5枚鳍条。左、右腹鳍分离、接近或愈合成吸盘。无顶骨，无眶下骨或未骨化。本亚目是鲈形目鱼类中种类最多的类群。全球有9科270属2211种（含淡水种），我国有7科93属310余种。

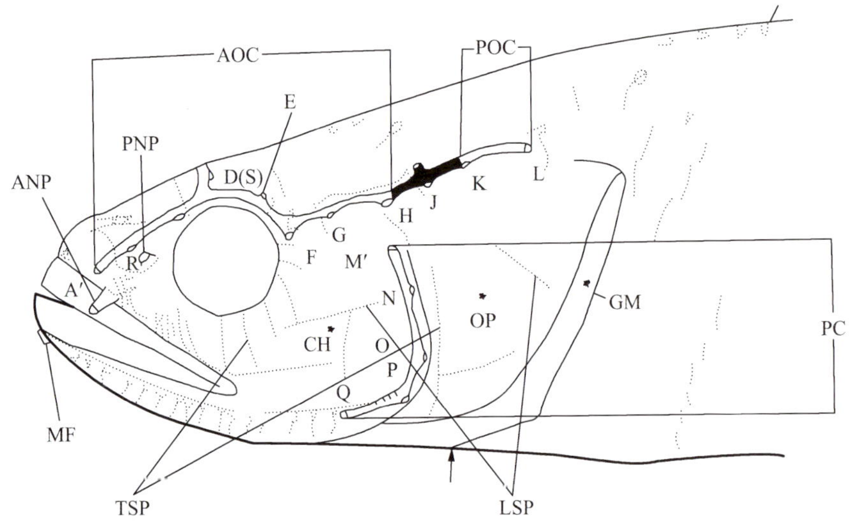

箭头所指为鳃盖膜与峡部愈合处的位置。感觉管黑色部分表示在虾虎鱼科绝大部分种类无该段感觉管。A～Q表示感觉管孔的位置及名称。ANP. 前鼻孔；AOC. 眼前肩胛骨管；CH. 颊部；GM. 鳃盖膜；LSP. 纵列感觉乳突线（纵列孔器）；MF. 颏部皮突；OP. 鳃盖骨；PC. 前鳃盖管；PNP. 后鼻孔；POC. 后眼肩胛骨管；TSP. 横列感觉乳突线（横列孔器）

虾虎鱼类头部感觉系统模式图

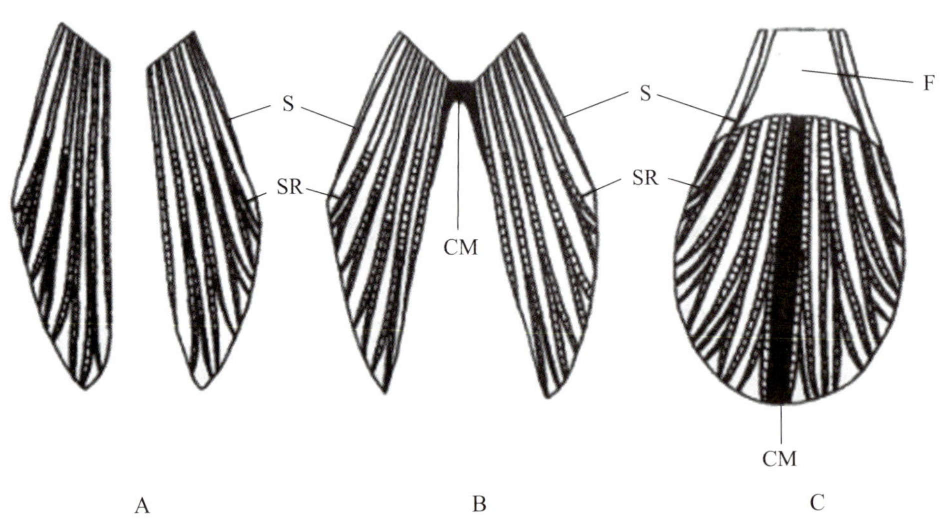

A. 左、右腹鳍完全分离；B. 左、右腹鳍内侧鳍条由愈合膜在基部相连；C. 左、右腹鳍由愈合膜及膜盖形成完整的吸盘。CM. 愈合膜；F. 膜盖；S. 鳍棘；SR. 鳍条

虾虎鱼类腹鳍类型模式图

虾虎鱼亚目的科、属、种检索表*

1a 尾柄极度收缩，变细；尾杆骨细长；臀鳍具11～12枚鳍条，起点不与背鳍起点相对………辛氏微体鱼科 Schindleriidae 早熟辛氏微体鱼 *Schindleria praematura* 2724

1b 尾柄正常，较宽阔，中间不收缩变细；尾杆骨不细长……………………………………（2）

2a 下唇具游离缘，向下延伸；具包缝………峡塘鳢科 Xenisthmidae 多纹峡塘鳢 *Xenisthmus polyzonatus* 2495

2b 下唇无游离缘，不向下延伸；无包缝……………………………………………………（3）

3a 下颌前端呈锥形突出………………沙鳢科 Kraemeriidae 穴沙鳢 *Kraemeria cunicularia* 2496

3b 下颌前端不呈锥形突出……………………………………………………………………（4）

4a 鳃盖条4～5枚，左、右腹鳍大多愈合成吸盘…………………………………………（13）

4b 鳃盖条6枚，左、右腹鳍分离，不形成吸盘；肩胛骨小，不发达，胸鳍支鳍骨与匙骨相邻………………………………塘鳢科 Eleotridae（5）

5a 眼上方无骨嵴………………………………………………………………………………（7）

5b 眼上方骨嵴发达，嵴缘有小锯齿…………………………………………嵴塘鳢属 *Butis*（6）

6a 头平扁；吻尖长；下颌突出；两眼间隔及前鳃盖有鳞………黑点嵴塘鳢 *B. melanostigma* 2498

6b 头略呈圆柱形；吻稍短，圆钝；上、下颌约等长………………锯嵴塘鳢 *B. koilomatodon* 2499

7-5a 犁骨齿1丛；纵列鳞多于90枚，尾鳍具一黑斑………………乌塘鳢 *Bostrychus sinensis* 2497

7b 犁骨无齿；纵列鳞少于78枚……………………………………………………………（8）

8a 前鳃盖骨后缘无小棘…………………………………………………………………（12）

8b 前鳃盖骨后缘具1枚弯向前的小棘；头部扁平……………………………塘鳢属 *Eleotris*（9）

9a 眼下具7条横行排列的感觉乳突线，第2、第4、第6条向下延伸，穿越颊部第8纵行排列的乳突线；纵列鳞约60枚，背鳍前鳞45～46枚……………………………褐塘鳢 *E. fusca* 2500

9b 眼下具5条横行排列的感觉乳突线；纵列鳞55枚以下，背鳍前鳞不多于45枚…………（10）

10a 眼下具5条横行排列的乳突线，均不穿越颊部第8条纵行排列的乳突线；从颏部沿前鳃盖骨下缘的乳突线不分出横向支……………………………………尖头塘鳢 *E. oxycephala* 2501

10b 眼下具5条横行排列的乳突线，其中有的穿越颊部第8条纵行排列的乳突线；从颏部沿前鳃盖骨下缘的乳突线分出许多横向支…………………………………………………（11）

11a 眼下具第2、第4条横行排列的乳突线向下延伸，穿越第8条纵行排列的乳突线……………………………………………………………………刺盖塘鳢 *E. acanthopoma* 2502

11b 眼下具第2、第3、第4条横行排列的乳突线向下延伸，穿越第8条纵行排列的乳突线……………………………………………………………………黑体塘鳢 *E. melanosoma* 2503

12-8a 纵列鳞68～70枚；前鳃盖后缘有3个感觉管孔（N、O、P）……………………………………………云斑尖塘鳢 *Oxyeleotris marmorata* 2504

* 本亚目鱼类种属繁多，分类难度较大。本书此部分检索表的编排以伍汉霖（2008）的分类检索为蓝本[4H]。由于引入头部侧线感觉系统进行分类，致许多鱼种归属有较大变化。为此，笔者在后续分种介绍中略增记述，以供读者参考。

12b 纵列鳞30～40枚；前鳃盖后缘有5个感觉管孔（M′、N、O、P、Q′）
……………………………………………………头孔塘鳢 *Ophiocara porocephala* 2505

13–4a 眼背侧位或侧位，或眼退化；口通常斜裂；左、右腹鳍一般相连成吸盘，或不相连；纵列鳞21枚以上或裸露无鳞…………虾虎鱼科 Gobiidae（24）

13b 眼侧位；口上位；左、右腹鳍不形成吸盘；纵列鳞60～157枚 ……………………………（14）

14a 背鳍1个，鳍棘部和鳍条部相连，基部长，具20～22枚鳍棘
……………………………蠕鳢科 Microdesmidae 眼带鳚虾虎鱼 *Gunnellichthys curiosus* 2713

14b 背鳍2个，第1背鳍具5～7枚鳍棘
……………………………………………………鳍塘鳢科 *Ptereleotridae*（15）

15a 第1背鳍第1～3鳍棘正常，较低，不呈丝状……………………………………………（17）

15b 第1背鳍第1～3鳍棘显著高陡……………………………………线塘鳢属 *Nemateleotris*（16）

16a 背鳍第1、第2鳍棘最长，呈丝状；尾鳍后缘圆弧形 …………大口线塘鳢 *N. magnificus* 2714

16b 背鳍第1～3鳍棘等长，不呈丝状；尾鳍后缘截形，稍凹入 ………华丽线塘鳢 *N. decora* 2715

17–15a 第2背鳍具1枚鳍棘，23～38枚鳍条 ……………………………鳍塘鳢属 *Ptereleotris*（19）

17b 第2背鳍具1枚鳍棘，13～19枚鳍条 ……………………………………舌塘鳢属 *Parioglossus*（18）

18a 体侧黑色纵带较宽，由吻沿体、腹缘直达尾鳍下部；前鳃盖后缘具2个感觉孔
……………………………………………………………………美丽舌塘鳢 *P. formosus* 2716

18b 体侧深灰色纵带较窄，沿体侧中部伸达尾鳍中部，并形成一卵圆形大黑斑；前鳃盖无感觉管孔………………………………………………………………尾斑舌塘鳢 *P. dotui* 2717

19–17a 两背鳍间以鳍膜相连，中间具浅缺刻…………………………单鳍鳍塘鳢 *P. monoptera* 2718

19b 两背鳍分离，无鳍膜相连 ……………………………………………………………………（20）

20a 颏部中央无皮质状短须 ………………………………………………………………………（22）

20b 颏部中央具一皮质状短须 ……………………………………………………………………（21）

21a 体侧有20条橘红色细横带；尾鳍后缘内凹，无丝状延长鳍条………斑马鳍塘鳢 *P. zebra* 2719

21b 体侧无橘红色细横带；尾鳍后缘截形或楔形，有丝状延长鳍条 …丝尾鳍塘鳢 *P. hanae* 2720

22–20a 尾鳍中央部有一大的椭圆形黑斑 …………………………尾斑鳍塘鳢 *P. heteroptera* 2721

22b 尾鳍中央部无大的椭圆形黑斑 ………………………………………………………………（23）

23a 胸鳍基部有一竖直黑色细纹，体侧有10余条弧形横纹…………细鳞鳍塘鳢 *P. microlepis* 2722

23b 胸鳍基部无竖直黑色细纹；体前半部浅棕色，后半部深褐色；尾鳍上、下叶边缘灰黑色
………………………………………………………………………黑尾鳍塘鳢 *P. evides* 2723

24–13a 体呈鳗形；背鳍1个，起点位于体前半部；背鳍、尾鳍、臀鳍通常相连
……………………………………………………………近盲虾虎鱼亚科 Amblyopinae（219）

24b 体不呈鳗形；背鳍2个，分离，或连续但有缺刻；有时第1背鳍消失；背鳍、尾鳍、臀鳍不相连 ……………………………………………………………………………………（25）

25a 下颌齿多行，少数2行 ……………………………………………… 虾虎鱼亚科 Gobiinae（37）

25b 下颌齿一般1行（个别种类2行）……………………………………………………………（26）

26a 口前位或亚前位，平裂或稍斜裂；眼小，背侧位，下眼睑有或无；胸鳍发达，基部有或无臂状肌柄 ………………………………………………背眼虾虎鱼亚科 Oxudercinae（31）

26b 口下位或亚下位，平横或马蹄形；眼中等大或小，无眼睑；胸鳍臂状，无肌柄 ……………………瓢虾虎鱼亚科 Sicydiinae（27）

27a 吻狭，不呈圆团状，无吻褶；雄鱼体侧具4～5条黑褐色横带，雌鱼无 ……………………环带瓢眼虾虎鱼 *Sicyopus zosterophorum* 2708

27b 吻宽，圆团状，具吻褶，常包住上唇 ……………………（28）

28a 胸鳍具13～16枚鳍条；腹鳍基底长约等于腹鳍长的1/2 ……枝牙虾虎鱼属 *Stiphodon*（30）

28b 胸鳍具18～20枚鳍条；腹鳍基底长大于腹鳍长的1/2………瓢鳍虾虎鱼属 *Sicyopterus*（29）

29a 第2背鳍Ⅰ－10；纵列鳞58～63枚；尾鳍上、下叶无纵带 ……………………日本瓢鳍虾虎鱼 *S. japonicas* 2709

29b 第2背鳍Ⅰ－11；纵列鳞51～54枚；雄鱼尾鳍橙黄色；雌鱼尾鳍上、下叶具一狭纵带 ……………………宽颊瓢鳍虾虎鱼 *S. macrostetholepis* 2710

30–28a 第2背鳍Ⅰ－10，胸鳍具14枚鳍条……黑鳍枝牙虾虎鱼 *Stiphodon percnopterygionus* 2711

30b 第2背鳍Ⅰ－9，胸鳍具15枚鳍条；项部具鳞，无裸露区 ……………………紫身枝牙虾虎鱼 *S. atropurpureus* 2712

31–26a 无下眼睑；第1背鳍有6枚鳍棘，第2背鳍、臀鳍均具22枚鳍条；纵列鳞50～54枚 ……………………马都拉叉牙虾虎鱼 *Apocryptodon madurensis* 2701

31b 具下眼睑 ……………………（32）

32a 第1背鳍具5枚鳍棘 ……………………（35）

32b 第1背鳍具11～14枚鳍棘……………………弹涂鱼属 *Periophthalmus*（33）

33a 左、右腹鳍基部分离，无膜盖；头侧具许多珠状斑；第1背鳍前上方尖突，边缘有黑带 ……………………银线弹涂鱼 *P. argentilineatus* 2704

33b 左、右腹鳍基部愈合，具膜盖；头侧无珠状斑 ……………………（34）

34a 第1背鳍高耸，略呈大三角形，边缘有具白边的宽黑纹，各鳍棘尖端短丝状，第1鳍棘最长 ……………………大鳍弹涂鱼 *P. magnuspinnatus* 2703

34b 第1背鳍较低，长扇状，边缘无宽黑纹，各鳍棘尖端微露，第2鳍棘最长 ……………………弹涂鱼 *P. modestus* 2702

35–32a 下颌无须；第1背鳍较宽……………………大弹涂鱼 *Boleophthalmus pectinirostris* 2705

35b 下颌有须；第1背鳍细长 ……………………青弹涂鱼属 *Scartelaos*（36）

36a 颊部和鳃盖上各具黄色横纹；第1背鳍黄色，前、后部黑色；尾鳍无黑色斑纹 ……………………大青弹涂鱼 *S. gigas* 2707

36b 颊部和鳃盖上均无黄色横纹；第1背鳍灰黑色；尾鳍具4～5条蓝黑色点列横纹 ……………………青弹涂鱼 *S. histophorus* 2706

37–25a 背鳍2个，起点位于体前半部；或第1、第2背鳍连续，中间具缺刻……………………（40）

37b 背鳍1个；起点位于体后部……………………竿虾虎鱼属 *Luciogobius*（38）

38a 颊部具1列扁须；尾鳍基部具一黑色竖直条纹；胸鳍上、下方各有一游离鳍条 ……………………西海竿虾虎鱼 *L. saikaiensis* 2508

38b 颊部无须；尾鳍基部无黑色竖直条纹 ……………………（39）

39a 胸鳍上方具1枚游离鳍条 ……………………竿虾虎鱼 *L. guttatus* 2506

39b 胸鳍上方具3枚游离鳍条……………………………扁头竿虾虎鱼 *L. platycephalus* 2507

40–37a 第1背鳍3枚鳍棘；第2背鳍具1枚鳍棘，17枚鳍条；吻突出，遮盖上唇
……………………………………………………带虾虎鱼 *Eutaeniichthys gilli* 2509

40b 第1背鳍具5～17枚鳍棘……………………………………………………（41）

41a 颊部无横列的皮嵴突起……………………………………………………（46）

41b 颊部有数个横列的皮嵴突起…………………………美虾虎鱼属 *Callogobius*（42）

42a 左、右腹鳍不愈合成吸盘……………………………………………………（44）

42b 左、右腹鳍愈合成吸盘……………………………………………………（43）

43a 尾鳍较短；第2背鳍Ⅰ-8～10；纵列鳞25～34枚；第2背鳍有2个黑色圆斑，第1背鳍第1、2鳍棘最长，略呈丝状延长…………………………史氏美虾虎鱼 *C. snelliusi* 2510

43b 尾鳍较长；第2背鳍Ⅰ-13～15；纵列鳞65～70枚……种子岛美虾虎鱼 *C. tanegasimae* 2511

44–42a 尾鳍后缘圆弧形，体粗壮；背鳍前鳞11～15枚…………美虾虎鱼 *C. sclateri* 2512

44b 尾鳍尖长，体较细长……………………………………………………（45）

45a 胸鳍较长，末端向后伸越臀鳍起点；背鳍前鳞16～22枚……长鳍美虾虎鱼 *C. hasseltii* 2513

45b 胸鳍较短，末端向后不伸越臀鳍起点；背鳍前鳞3～10枚…冲绳美虾虎鱼 *C. okinawae* 2514

46–41a 左、右腹鳍愈合形成吸盘……………………………………………………（102）

46b 左、右腹鳍分离或愈合，但不形成完整的吸盘…………………………………（47）

47a 前鳃盖骨后缘或鳃盖区无棘……………………………………………………（49）

47b 前鳃盖骨后缘有一向后尖棘或呈锯齿状…………………星塘鳢属 *Asterropteryx*（48）

48a 前鳃盖骨后缘有3～5枚大小相等的小棘；第1背鳍第3鳍棘长，呈丝状
……………………………………………………星塘鳢 *A. semipunctatus* 2515

48b 前鳃盖骨后缘有3枚小棘，小棘下方有1枚更大尖棘；第1背鳍第3鳍棘短，不呈丝状
……………………………………………………棘星塘鳢 *A. spinosa* 2516

49–47a 纵列鳞20～45枚，或裸露无鳞……………………………………………（68）

49b 纵列鳞50～160枚……………………………………………………（50）

50a 下颌向前突出，长于上颌；眼高位，位于头背两侧…………钝塘鳢属 *Amblyeleotris*（61）

50b 上颌向前突出，长于下颌；或上、下颌几乎等长……………………………（51）

51a 上、下颌几乎等长；吻突出，遮盖上唇……………………钝虾虎鱼属 *Amblygobius*（59）

51b 上颌向前突出，稍长于下颌，或两颌约等长；吻不遮盖上唇…凡塘鳢属 *Valenciennea*（52）

52a 纵列鳞100枚以下……………………………………………………（55）

52b 纵列鳞100枚以上……………………………………………………（53）

53a 背鳍Ⅵ，Ⅰ-17～18；臀鳍Ⅰ-16……………………………丝条凡塘鳢 *V. strigata* 2530

53b 背鳍鳍条和臀鳍鳍条均为15枚以下……………………………………………（54）

54a 胸鳍鳍条22～23枚；第1背鳍上半部有一大的椭圆形黑斑，无红色纵纹
……………………………………………………双带凡塘鳢 *V. helsdingenii* 2533

54b 胸鳍鳍条20～21枚；第1背鳍具红色纵纹，无黑斑……………长鳍凡塘鳢 *V. longipinnis* 2534

55–52a 背鳍有黑色区……………………………………………………（57）

55b 背鳍无黑色区……………………………………………………（56）

56a 第2背鳍Ⅰ－11～13；臀鳍Ⅰ－12；背侧散布橙色斑点，腹侧有一黄色窄纵纹；第1背鳍较高，略呈三角形……………………………………………………大鳞凡塘鳢 *V. puellaris* 2531

56b 第2背鳍Ⅰ－14～15；臀鳍Ⅰ－13～14；体侧具3条红色狭纵带，背侧无橙色斑点；第1背鳍较低，不呈三角形……………………………………………无斑凡塘鳢 *V. immaculatus* 2537

57–55a 体侧具3条褐色宽横带；头侧具1条斜纹………………………………鞍带凡塘鳢 *V. wardii* 2532

57b 体侧无褐色宽横带；头侧无斜纹或具3条斜纹……………………………………………………（58）

58a 头侧无斜纹，颊部具若干蓝色小斑点；尾鳍无红色斑点………六斑凡塘鳢 *V. sexguttata* 2535

58b 头侧具3条斜纹，颊部无蓝色小斑点；尾鳍有红色斑点…………石壁凡塘鳢 *V. muralis* 2536

59–51a 全身黑色；第1背鳍第1、第2鳍棘呈丝状延长；吻突出；体侧有3条细纵带……………………………………………………………………………赫氏钝虾虎鱼 *A. hectori* 2527

59b 全身不呈黑色…………………………………………………………………………………………（60）

60a 无背鳍前鳞；体侧无横带，具2条浅红褐色纵带；第2背鳍基具5～6个黑斑……………………………………………………………………………………短唇钝虾虎鱼 *A. nocturunus* 2528

60b 具背鳍前鳞；体侧具5～6条暗横带；第1背鳍第3、第4鳍棘最长，第4～6鳍棘具一卵圆形黑斑…………………………………………………………………………尾斑钝虾虎鱼 *A. phalaena* 2529

61–50a 纵列鳞85枚以下……………………………………………………………………………（63）

61b 纵列鳞90枚以上…………………………………………………………………………………（62）

62a 体侧有5条橘红色横带；左、右腹鳍分离，不形成吸盘……………亚诺钝塘鳢 *A. yanoi* 2517

62b 体侧有3条深褐色横带；左、右腹鳍愈合成吸盘 ………………福氏钝塘鳢 *A. fontanesii* 2518

63–61a 腹部具大型三角形黑斑；体侧有许多橘黄色圆斑；纵列鳞70～75枚，背鳍前鳞12～16枚………………………………………………………………………点纹钝塘鳢 *A. guttatus* 2519

63b 腹部无大型三角形黑斑………………………………………………………………………（64）

64a 第2背鳍Ⅰ－11～12；臀鳍Ⅰ－11～12……………………………………………………（66）

64b 第2背鳍Ⅰ－13～14；臀鳍Ⅰ－13～14……………………………………………………（65）

65a 鳃盖膜具暗蓝色线纹；左、右腹鳍间无膜盖，鳍条间愈合膜发达；体侧有5条橙色宽横带……………………………………………………………………小笠原钝塘鳢 *A. ogasawarensis* 2520

65b 鳃盖膜无暗蓝色线纹；左、右腹鳍间有膜盖，鳍条间愈合膜极小；体侧有5条深褐色宽横带……………………………………………………………………………日本钝塘鳢 *A. japonicus* 2521

66–64a 纵列鳞76枚，横列鳞26枚；体侧横带边缘模糊不清 …圆眶钝塘鳢 *A. periophthalma* 2522

66b 纵列鳞55～70枚，横列鳞18～21枚；体侧横带边缘清晰……………………………………（67）

67a 背鳍前鳞18～23枚；体侧具6～7条红色宽横带，带宽比无横带处宽……………………………………………………………………………………红纹钝塘鳢 *A. wheeleri* 2523

67b 无背鳍前鳞；体侧具5条深褐色斜横带，带宽比无横带处狭……施氏钝塘鳢 *A. steinitzi* 2524

68–49a 胸鳍上方鳍条游离……………………………………………异塘鳢 *Heterelecotris poecila* 2538

68b 胸鳍上方鳍条不游离…………………………………………………………………………（69）

69a 体裸露无鳞；眼极小，几乎退化……………………………华氏软塘鳢 *Austrolethops wardi* 2539

69b 体被鳞；眼大、中等大，不退化…………………………………………………………………（70）

70a 下颌下方具8～9条竖直（横向）感觉乳突线；头部有5条灰白色横线，体侧隐具10条灰色

横带 ……………………………………………… 南海伊氏虾虎鱼 *Egglestonichthys patriciae* 2693

70b 下颌下方无竖直（横向）感觉乳突线 …………………………………………………（71）

71a 吻钝圆或稍尖，吻长小于眼径 ……………………………………………………………（76）

71b 吻稍长，吻长几乎与眼径相等 ……………………………… 纺锤虾虎鱼属 *Fusigobius*（72）

72a 第1背鳍第1鳍棘呈丝状延长；尾鳍基具一与眼等大的黑色大斑 …………………………………………………………… 黄斑纺锤虾虎鱼 *F. inframaculatus* 2540

72b 第1背鳍第1鳍棘不延长为丝状；尾鳍基的斑块小于眼 ……………………………………（73）

73a 第2背鳍和尾鳍具许多与瞳孔等大的黑色小圆斑……………… 巨纺锤虾虎鱼 *F. maximus* 2541

73b 第2背鳍和尾鳍无黑色小圆斑 ……………………………………………………………（74）

74a 第1背鳍第5、第6鳍棘间有一黑色大圆斑，具竖直黑条纹 … 裸项纺锤虾虎鱼 *F. duospilus* 2542

74b 第1背鳍后部无大黑斑 ………………………………………………………………………（75）

75a 尾柄中央具一横斑；口几乎平横…………………………… 短棘纺锤虾虎鱼 *F. neophytus* 2543

75b 尾柄中央无横斑；胸鳍上方具一黑色圆斑；口斜裂 ……… 肱斑纺锤虾虎鱼 *F. humeralis* 2544

76-71a 第2背鳍Ⅰ-7～11；臀鳍Ⅰ-6～10 ……………………………………………………（80）

76b 第2背鳍Ⅰ-12～16；臀鳍Ⅰ-11～17 ……………………… 梵虾虎鱼属 *Vanderhorstia*（77）

77a 尾鳍后缘圆弧形；体侧上半部有数个黑色圆点，间有黑色斜带 …………………………………………………………… 纹腹梵虾虎鱼 *V. fasciventris* 2545

77b 尾鳍矛状；体侧上半部无黑色圆点 ………………………………………………………（78）

78a 体侧无暗斑；尾鳍基有黑色横带 ……………………………… 默氏梵虾虎鱼 *V. mertensi* 2546

78b 体侧有数个暗斑；尾鳍基无黑色横带 ……………………………………………………（79）

79a 第1背鳍第3鳍条呈丝状延长；体侧有数纵列圆斑、黑点 … 黄点梵虾虎鱼 *V. ornatissima* 2547

79b 第1背鳍第3鳍条不呈丝状延长；体侧有长黑斑 ………… 尖体梵虾虎鱼 *V. lanceolata* 2548

80-76a 鳃孔向下方不伸达前鳃盖骨下缘；头背具感觉管孔 ………… 矶塘鳢属 *Eviota*（89）

80b 鳃孔向下方伸越前鳃盖骨下缘，达眼下方；头背无感觉管孔 ……………………………（81）

81a 尾鳍后缘截形；左、右腹鳍分离，不愈合，无愈合膜……………… 磨塘鳢属 *Trimma*（85）

81b 尾鳍后缘圆弧形；左、右腹鳍2/3处愈合，具愈合膜，但不形成吸盘 …………………………………………………………… 锯鳞虾虎鱼属 *Priolepis*（82）

82a 项部具背鳍前鳞18～19枚；第1背鳍无丝状延长鳍棘，第2背鳍Ⅰ-10～11；头、体具12条浅色横带 ……………………………………………… 横带锯鳞虾虎鱼 *P. cinctus* 2563

82b 项部无背鳍前鳞 ……………………………………………………………………………（83）

83a 第1背鳍无丝状延长鳍棘；胸鳍基上方横带不分支，基部具一黑色横纹；头部有5条横纹 …………………………………………………………… 广裸锯鳞虾虎鱼 *P. boreus* 2564

83b 第1背鳍第1～4鳍棘呈丝状延长；胸鳍基上方横带分支…………………………………（84）

84a 第2背鳍Ⅰ-8；胸鳍基上方横带（后支）较宽 …………… 侧条锯鳞虾虎鱼 *P. latifascima* 2566

84b 第2背鳍Ⅰ-9；胸鳍基上方横带（后支）较窄 ………… 多纹锯鳞虾虎鱼 *P. semidoliatus* 2565

85-81a 无背鳍前鳞 …………………………………………………………………………（88）

85b 背鳍前鳞至少2枚 ……………………………………………………………………………（86）

86a 胸鳍基具黑色斑纹；背鳍第2鳍棘呈丝状延长 ……………………… 丝背磨塘鳢 *T. naudei* 2567

86b 胸鳍基无黑色斑纹；背鳍无丝状延长鳍棘……………………………………………………（87）
87a 第2背鳍具1枚鳍棘，9～10枚鳍条…………………………冲绳磨塘鳢 *T. okinawae* 2569
87b 第2背鳍具1枚鳍棘，8枚鳍条…………………………………红拟磨塘鳢 *T. caesiura* 2568
88-85a 纵列鳞27～29枚；体侧具一褐色纵带；胸鳍基无斑点……纵带磨塘鳢 *T. grammistes* 2570
88b 纵列鳞25～27枚；体侧具许多圆形或近圆形橘黄色或红色斑块；胸鳍基具2个圆斑 ……………………………………………………………大眼磨塘鳢 *T. macrophthalma* 2571
89-80a 眼后方无箭形感觉管………………………………………………………………………（94）
89b 眼后方有箭形感觉管……………………………………………………………………（90）
90a 胸鳍基底有2个明显的暗斑；项部有一大黑斑 ……………………………矶塘鳢 *E. abax* 2549
90b 胸鳍基底无明显的暗斑……………………………………………………………………（91）
91a 项部有横带；体侧有横带 ……………………………………项纹矶塘鳢 *E. epiphanies* 2550
91b 项部无横带；尾柄上半部无黑斑………………………………………………………（92）
92a 眼后方无黑斑；体侧具一白色纵线纹 ……………………白线矶塘鳢 *E. albolineata* 2551
92b 眼后方有黑斑；体侧无白色纵线纹………………………………………………………（93）
93a 背中线上有成对的红色和黑色斑点……………………………蜘蛛矶塘鳢 *E. smaragdus* 2552
93b 背中线上无黑点；腹中线上有成对的红色和黑色斑点 …………黑体矶塘鳢 *E. melasma* 2553
94-89a 胸鳍下部有分支鳍条……………………………………………………………………（99）
94b 胸鳍下部无分支鳍条……………………………………………………………………（95）
95a 尾鳍基中央无暗斑 ………………………………………………………………………（97）
95b 尾鳍基中央有暗斑 ………………………………………………………………………（96）
96a 尾鳍基中央有2个暗斑………………………………………………对斑矶塘鳢 *E. cometa* 2555
96b 尾鳍基中央仅1个暗斑……………………………………………稀氏矶塘鳢 *E. sebreei* 2554
97-95a 尾柄下半部色暗；体无暗斑，体轴下部红色；尾鳍基下部具一大黑斑 ……………………………………………………………黑腹矶塘鳢 *E. nigriventris* 2556
97b 尾柄下半部有明显的暗斑；尾鳍基无大黑斑…………………………………………（98）
98a 眼后有黑斑；臀鳍基有4个、尾柄下方有3个橙红色斑…………颞斑矶塘鳢 *E. storthynx* 2557
98b 眼后无黑斑；胸鳍基上部有黑点；体侧有橙红色纵带 …………胸斑矶塘鳢 *E. prasites* 2558
99-94a 胸鳍基底有3个暗斑；臀鳍起点至尾鳍基间有6个黑斑 ……………………………………………………………昆士兰矶塘鳢 *E. queenslandica* 2559
99b 胸鳍基底无暗斑或有2个暗斑…………………………………………………………（100）
100a 尾柄中央无明显的黑斑；下腹侧有9个黑斑；腹鳍鳍条5枚………条纹矶塘鳢 *E. afelei* 2561
100b 尾柄中央有黑斑；腹鳍鳍条4枚…………………………………………………………（101）
101a 臀鳍起点至尾鳍基底部有5个黑斑；胸鳍基有2个暗斑 …………葱绿矶塘鳢 *E. prasina* 2560
101b 臀鳍起点至尾鳍基底部有4条红色横带 …………………………塞班矶塘鳢 *E. saipanensis* 2562
102-46a 体延长；口斜裂或平横；若口平横，口裂不伸越眼后缘下方…………………（117）
102b 体侧面观呈椭圆形或卵圆形……………………………………………………………（103）
103a 头部无密集小须或乳突…………………………………………………………………（108）
103b 头部具密集小须或乳突……………………………副叶虾虎鱼属 *Paragobiodon*（104）

104a 头侧、体侧黄色；各鳍灰黄色……………………………黄副叶虾虎鱼 *P. xanthosomus* 2572
104b 头侧、体侧及各鳍均不呈黄色或灰黄色……………………………………………（105）
105a 头侧、体侧及各鳍均呈黑色…………………………………黑副叶虾虎鱼 *P. melanosomus* 2573
105b 头部红褐色；体侧乳白色、黑色或深灰色…………………………………………（106）
106a 体侧乳白色；腹鳍深灰色，其他鳍黑色…………………黑鳍副叶虾虎鱼 *P. lacunicolus* 2574
106b 体侧黑色或深灰色；各鳍黑色…………………………………………………………（107）
107a 吻部、颊部、鳃盖及头部腹面密具较长的毛状乳突
……………………………………………………………棘头副叶虾虎鱼 *P. echinocephalus* 2575
107b 吻部、颊部、鳃盖及头部腹面密具短小的毛状乳突…………疣副叶虾虎鱼 *P. modestus* 2576
108-103a 鳃孔很宽，向下可伸达前鳃盖骨下缘；腹鳍较大，约与胸鳍等长
……………………………………………………短身裸叶虾虎鱼 *Lubricogobius exiguus* 2577
108b 鳃孔很窄，向下不伸达前鳃盖骨下缘；腹鳍很小，其长度约为胸鳍长的1/4
…………………………………………………………………叶虾虎鱼属 *Gobiodon*（109）
109a 体侧具14～20条蓝色横纹，无纵带…………………………多线叶虾虎鱼 *G. multilineatus* 2578
109b 体侧无蓝色横纹，头部和胸鳍基有或无横带………………………………………（110）
110a 鳃盖上角具一黑色圆斑………………………………………………………………（115）
110b 鳃盖上角无黑色圆斑…………………………………………………………………（111）
111a 头部有横向的带纹………………………………………………………………………（113）
111b 头部无横向的带纹………………………………………………………………………（112）
112a 体及各鳍黄色 ……………………………………………………黄体叶虾虎鱼 *G. okinawae* 2579
112b 体灰棕色；除胸鳍、腹鳍色深外，其他鳍浅灰色……………灰叶虾虎鱼 *G. unicolor* 2586
113-111a 头部有红色横带；体侧具数行红色斑点；峡部有纵沟…沟叶虾虎鱼 *G. rivulatus* 2580
113b 头部无红色横带，具蓝色横纹……………………………………………………………（114）
114a 头部具2条浅蓝色细横纹，横纹横过眼睛 ………………眼带叶虾虎鱼 *G. oculolineatus* 2581
114b 头和胸鳍基具5条蓝色横纹…………………………………五线叶虾虎鱼 *G. quinquestrigatus* 2582
115-110a 体黄色；头部有红色横带，体背有红色斑点………红点叶虾虎鱼 *G. erythrospilus* 2583
115b 体色暗，无红色斑点…………………………………………………………………………（116）
116a 头、体橙褐色或红褐色；眼下方和胸鳍基前各有2条蓝色横线
…………………………………………………………………橙色叶虾虎鱼 *G. citrinus* 2584
116b 头下部蓝色；体和各鳍灰黑色至橄榄色；眼上、下方各有1条暗横纹
………………………………………………………………小鳍叶虾虎鱼 *G. micropus* 2585
117-102a 项部无皮嵴突起……………………………………………………………………（123）
117b 项部自眼至第1背鳍通常具一长的皮嵴突起（触角沟虾虎鱼例外）…………………（118）
118a 项部皮嵴颇高，鸡冠状，始于眼上方 ………浅色项冠虾虎鱼 *Cristatogobius nonatoae* 2587
118b 项部皮嵴低平，始于眼后方 ………………………………………………………………（119）
119a 尾鳍后缘圆弧形，其长度几乎等于头长；体侧具许多暗斜带
…………………………………………………………拟丝虾虎鱼 *Cryptocentroides insignis* 2588
119b 尾鳍尖，其长度大于头长；体侧无暗斜带 ………………沟虾虎鱼属 *Oxyurichthys*（120）

120a 眼上缘具一触角状皮瓣 ……………………………………………………………………（122）
120b 眼上缘无皮瓣 ……………………………………………………………………………（121）
121a 纵列鳞59～62枚；体侧具5～6个椭圆形斑；体后半部有6条细纹
…………………………………………………………南方沟虾虎鱼 *O. visayamus* 2589
121b 纵列鳞73～77枚；尾鳍基部稍前具1个黑色小圆斑 ……巴布亚沟虾虎鱼 *O. papuensis* 2590
122–120a 项背中线被鳞，无皮嵴突起 ………………………触角沟虾虎鱼 *O. tentacularis* 2591
122b 项背中线无鳞，具皮嵴突起……………………………眼瓣沟虾虎鱼 *O. ophthalmonema* 2592
123–117a 第1背鳍第1鳍棘坚硬，不易弯曲；前鳃盖骨后缘具1～2枚短棘
…………………………………………………刺盖虾虎鱼 *Oplopomus oplopomus* 2593
123b 第1背鳍第1鳍棘柔软，可弯曲 ………………………………………………………（124）
124a 鳃盖内的肩带内缘无肉质皮瓣，或有肉质皮瓣但皮瓣不呈舌形或指状 ……………（129）
124b 鳃盖内的肩带内缘有几个舌形或指状肉质皮瓣 ………………………………………（125）
125a 下颌颏部具须多条；背鳍鳍棘部有一大黑斑……矛尾虾虎鱼 *Chaeturichthys stigmatias* 2594
125b 下颌无须 …………………………………………………………………………………（126）
126a 上、下颌几乎等长；体侧有7～14条暗横带 ………………狭虾虎鱼属 *Stenogobius*（128）
126b 上颌较厚，向前突出于下颌前方；舌端分叉…………………阿胡虾虎鱼属 *Awaous*（127）
127a 第1背鳍具数纵行暗斑点，后方无睛状斑 …………黑首阿胡虾虎鱼 *A. melanocephalus* 2595
127b 第1背鳍具灰黑色斑块，第6鳍棘处有一睛状斑……………睛斑阿胡虾虎鱼 *A. ocellaris* 2596
128–126a 第2背鳍Ⅰ-11；臀鳍Ⅰ-11；颊部及鳃盖部无鳞；体侧有13～14条黑色细横纹；眼下方有一黑色斜横带 ………………………………………条纹狭虾虎鱼 *S. genivittatus* 2597
128b 第2背鳍Ⅰ-10；臀鳍Ⅰ-10；颊部及鳃盖部均被鳞；体侧有7～9条灰色粗横带；眼下方黑横带竖直状……………………………………………眼带狭虾虎鱼 *S. ophthalmoporus* 2598
129–124a 前鼻孔下方无皮质隆起……………………………………………………………（135）
129b 前鼻孔下方具一小皮质隆起 ………………………………………………………………（130）
130a 胸鳍上方无游离鳍条；体灰褐色，有3条横带 ……三角捷虾虎鱼 *Drombus triangularis* 2599
130b 胸鳍上方具游离鳍条；舌端凹入或分叉…………………………深虾虎鱼属 *Bathygobius*（131）
131a 头部扁平，横切面呈三角形；颊部被鳞…………………………阔头深虾虎鱼 *B. cotticeps* 2600
131b 头部横切面呈圆形；颊部裸露无鳞 …………………………………………………（132）
132a 腹鳍膜盖中央有一突起；胸鳍具1枚分3支的游离鳍条……圆鳍深虾虎鱼 *B. cyclopterus* 2601
132b 腹鳍膜盖中央凹入，无突起 ……………………………………………………………（133）
133a 第1背鳍浅棕色，在近中部处具宽纵带，边缘为黄色………………深虾虎鱼 *B. fuscus* 2602
133b 第1背鳍色浅，无宽纵带 ………………………………………………………………（134）
134a 下颌腹面颏瓣后缘平直，不内凹；腹侧具许多小斑点 …巴东深虾虎鱼 *B. padangensis* 2603
134b 下颌腹面颏瓣后缘凹入；腹侧无斑点…………………………椰子深虾虎鱼 *B. cocosensis* 2604
135–129a 舌前端圆弧形，平截或微凹（珊瑚虾虎鱼属和鲻虾虎鱼属有例外）；口小或中等大，口裂仅伸达眼后缘前下方 ………………………………………………………………（148）
135b 舌前端深凹或分叉；口大，口裂伸达眼后缘下方或远后下方（舌虾虎鱼属、裸身虾虎鱼属有例外） ……………………………………………………………………………（136）

136a 胸鳍上方无游离鳍条 ……………………………………………………………………（138）

136b 胸鳍上方具游离鳍条 ……………………………………裸头虾虎鱼属 *Chaenogobius*（137）

137a 胸鳍具黑色点列；体侧具白色点列，无宽横带 ……………大口裸头虾虎鱼 *C. gulosus* 2605

137b 胸鳍不具黑色点列；体侧具宽横带，无白色点列…长颌裸头虾虎鱼 *C. dolichognathus* 2606

138–136a 体侧鳞片大，体前部鳞不埋入皮内；纵列鳞27～35枚

……………………………………………………………舌虾虎鱼属 *Glossogobius*（143）

138b 体侧具细鳞，体前部鳞埋入皮内；纵列鳞50枚以上 …裸身虾虎鱼属 *Gymnogobius*（139）

139a 头部无感觉管及感觉管孔；体侧有7～8条黄色横带…………黄带裸身虾虎鱼 *G. laevis* 2607

139b 头部有感觉管及感觉管孔 ……………………………………………………………（140）

140a 头部有3个感觉管孔；背鳍前鳞7枚 ……………………栗色裸身虾虎鱼 *G. castanea* 2608

140b 头部有4个感觉管孔 ………………………………………………………………（141）

141a 背鳍前鳞27枚；眼间隔宽大于眼径；第2背鳍鳍条9～11枚；尾鳍基有一黑色小圆斑

……………………………………………………………条尾裸身虾虎鱼 *G. urotaenia* 2609

141b 无背鳍前鳞或仅有1～7枚背鳍前鳞；眼间隔宽等于或小于眼径；第2背鳍鳍条11～14枚

……………………………………………………………………………………（142）

142a 纵列鳞69～75枚；颊部具2条水平纵行感觉乳突线 …七棘裸身虾虎鱼 *G. heptacanthus* 2610

142b 纵列鳞86～91枚；颊部具3条水平纵行感觉乳突线 ……网纹裸身虾虎鱼 *G. mororanus* 2611

143–138a 颏部有小须1对，体侧中央有5～6个黑斑……………双须舌虾虎鱼 *G. bicirrhosus* 2612

143b 颏部无须 …………………………………………………………………………（144）

144a 瞳孔上部有一由虹彩伸出的尖突；腹鳍具3条斜纹；第1背鳍第1、第5鳍棘后方各有一大黑斑…………………………………………………………双斑舌虾虎鱼 *G. biocellatus* 2613

144b 瞳孔上部无虹彩伸出的尖突；腹鳍无斜纹；第1背鳍无大黑斑…………………………（145）

145a 眼后及背鳍前各有2横行小黑斑；尾鳍基有2个三角形黑斑

……………………………………………………………斑纹舌虾虎鱼 *G. olivaceus* 2614

145b 眼后及背鳍前方均无黑斑 …………………………………………………………（146）

146a 眼下感觉乳突线不分支；鳃盖感觉乳突线（第20～21条）分若干小支；尾鳍基有一黑色圆斑

……………………………………………………………………金黄舌虾虎鱼 *G. aureus* 2615

146b 眼下感觉乳突线分支 ………………………………………………………………（147）

147a 背鳍前鳞13～14枚；眼前下方至上颌具一斜带……………西里伯舌虾虎鱼 *G. celebius* 2616

147b 背鳍前鳞19～21枚；眼前下方至上颌无明显的斜带…………………舌虾虎鱼 *G. giuris* 2617

148–135a 头部无须 …………………………………………………………………………（159）

148b 头部有须（纹缟虾虎鱼无须）………………………………………………………（149）

149a 尾鳍上叶具一有白边的黑色睛状斑 ………拟矛尾虾虎鱼 *Parachaeturichthys polynema* 2618

149b 尾鳍上叶无睛状斑 …………………………………………………………………（150）

150a 第1背鳍有6枚鳍棘 …………………………………………………………………（152）

150b 第1背鳍有7～8枚鳍棘 ……………………………………………………………（151）

151a 第1背鳍有7枚鳍棘；颏部、颊部、前鳃盖边缘和鳃盖上均有小须

……………………………………………………睛尾蝌蚪虾虎鱼 *Lophiogobius ocellicauda* 2619

151b 第1背鳍有8枚鳍棘；颏部具3对小须 …六丝钝尾虾虎鱼 *Amblychaeturichthys hexanema* 2620

152–150a 颏部无小须；眼小，眼径小于吻长；颌齿尖锥形 ……髯虾虎鱼属 *Gobiopsis*（158）

152b 颏部有多行小须，颌齿细尖，或无小须且外行颌齿三叉形 ……………………………（153）

153a 眼大，眼径大于吻长，突出于头的背缘……………髯毛虾虎鱼 *Barbuligobius boehlkei* 2621

153b 眼小，眼径小于吻长，不突出于头的背缘；两颌外行齿呈三叉状；第2背鳍Ⅰ－10～14 ……………………………………………………………缟虾虎鱼属 *Tridentiger*（154）

154a 头侧具许多小须 ………………………………………………………髭缟虾虎鱼 *T. barbatus* 2624

154b 头侧无须 ……………………………………………………………………………………（155）

155a 纵列鳞50～60枚，横列鳞15～24枚；第2背鳍鳍条11～14枚；胸鳍上方鳍条游离，有许多小突起；头侧有较大白点，腹面无白点…………………纹缟虾虎鱼 *T. trigonocephalus* 2625

155b 纵列鳞34～42枚，横列鳞12～17枚；第2背鳍鳍条10～11枚 ……………………………（156）

156a 胸鳍最上方鳍条游离；无背鳍前鳞；项部裸露 …………裸项缟虾虎鱼 *T. nudicervicus* 2626

156b 胸鳍最上方鳍条不游离；有背鳍前鳞 ………………………………………………………（157）

157a 第1背鳍（成鱼）无丝状延长鳍条；头侧散布略带绿色的白点 ……………………………………………………………………短棘缟虾虎鱼 *T. brevispinis* 2627

157b 第1背鳍有丝状鳍条；头侧密布白点；体侧有4条暗褐色纵带 …………………………………………………………………………暗缟虾虎鱼 *T. obscurus* 2628

158–152a 尾柄长为尾柄高的2.9～3.0倍；前鳃盖后缘无感觉管及感觉孔 …………………………………………………………………砂髯虾虎鱼 *G. arenarius* 2622

158b 尾柄长约为尾柄高的2.1倍；前鳃盖后缘有2个感觉管及感觉孔 ……………………………………………………………五带髯虾虎鱼 *G. quinquecincta* 2623

159–148a 体侧有较大黑斑和鞍状斑 ……………… 云斑裸颊虾虎鱼 *Yongeichthys nebulosus* 2629

159b 体侧无圆形大黑斑和鞍状斑 ……………………………………………………………（160）

160a 口角无皮质突起 ……………………………………………………………………………（163）

160b 口角具皮质突起………………………………………………颌鳞虾虎鱼属 *Gnatholepis*（161）

161a 胸鳍基上方体侧具一U形黑斑；体侧有7条褐色细纵纹和6个灰褐色大斑 ………………………………………………………肩斑颌鳞虾虎鱼 *G. scapulostigma* 2632

161b 胸鳍基上方体侧无U形黑斑，体侧无褐色细纵纹 ……………………………………（162）

162a 臀鳍具红色及黑色圆斑………………………………………臀斑颌鳞虾虎鱼 *G. deltoids* 2631

162b 臀鳍无红色及黑色圆斑…………………………………………颌鳞虾虎鱼 *G. anjerensis* 2630

163–160a 吻突出，略覆盖上唇前缘…………………………………………………………（210）

163b 吻不突出，不覆盖上唇 ……………………………………………………………………（164）

164a 第1背鳍有6枚鳍棘 ………………………………………………………………………（172）

164b 第1背鳍有7～11枚鳍棘 …………………………………………………………………（165）

165a 胸鳍上方鳍条不游离…………………………………………刺虾虎鱼属 *Acanthogobius*（168）

165b 胸鳍上方数鳍条游离…………………………………………高鳍虾虎鱼属 *Pterogobius*（166）

166a 体侧有暗纵带；第1背鳍长方形；体红褐色…………………纵带高鳍虾虎鱼 *P. virgo* 2633

166b 体侧无纵带 ……………………………………………………………………………………（167）

167a 头部具黑色条纹；体侧具6条黑色横带……………………蛇首高鳍虾虎鱼 *P. elapoides* 2634

167b 头部无黑色条纹；体侧具5条黑褐色横带 …………………五带高鳍虾虎鱼 *P. zacalles* 2635

168–165a 头部裸露无鳞；无背鳍前鳞或仅具1～6枚背鳍前鳞……………………………（171）

168b 头部至少在鳃盖上具鳞；背鳍前鳞13～30枚 ……………………………………（169）

169a 第2背鳍Ⅰ–10～11，臀鳍Ⅰ–9～10；纵列鳞33～37枚；背鳍前鳞13～15枚 ……………………………………………………………………棕刺虾虎鱼 *A. luridus* 2636

169b 第2背鳍Ⅰ–13～22，臀鳍Ⅰ–11～18；纵列鳞45～67枚；背鳍前鳞23～30枚……（170）

170a 第2背鳍Ⅰ–18～22，臀鳍Ⅰ–15～18；纵列鳞57～67枚；背鳍前鳞27～30枚；颏部有长方形皮突 ……………………………………………斑尾刺虾虎鱼 *A. ommaturus* 2637

170b 第2背鳍Ⅰ–13～14，臀鳍Ⅰ–11～13；纵列鳞45～55枚；背鳍前鳞25～28枚；颏部无长方形皮突 ……………………………………………黄鳍刺虾虎鱼 *A. flavimanus* 2638

171–168a 第2背鳍Ⅰ–12～13，臀鳍Ⅰ–11；尾鳍长等于或大于头长 ……………………………………………………………长体刺虾虎鱼 *A. elongata* 2639

171b 第2背鳍Ⅰ–10～11，臀鳍Ⅰ–10；尾鳍长短于头长 …………乳白刺虾虎鱼 *A. lactipes* 2640

172–164a 腹鳍膜盖上的鳍棘附近无突起…………………………………………………（178）

172b 腹鳍膜盖上的鳍棘附近具2个突起 ……………………………………………（173）

173a 突起呈叶状；第2背鳍Ⅰ–8～9；两颌齿不呈三叉状 ………………………………………………子陵吻虾虎鱼 *Rhinogobius giurinus* 2641

173b 突起呈指状 …………………………………………………………………（174）

174a 眼间隔中间具2个感觉管孔…………………………珊瑚虾虎鱼属 *Bryaninops*（176）

174b 眼间隔中间具1个感觉管孔…………………………腹瓢虾虎鱼属 *Pleurosicya*（175）

175a 项背中央露出，两侧有鳞；第1背鳍基有一黑斑 ………………………………………………莫桑比克腹瓢虾虎鱼 *P. mossambica* 2643

175b 项背两侧无鳞；第1背鳍基无黑斑 ……………………………双叶腹瓢虾虎鱼 *P. bilobatus* 2642

176–174a 眼间隔区的感觉管中断…………………………………漂游珊瑚虾虎鱼 *B. natans* 2644

176b 眼间隔区的感觉管连续 ……………………………………………………（177）

177a 纵列鳞40～44枚；鳃孔狭；尾鳍色浅 ……………………额突珊瑚虾虎鱼 *B. yongei* 2645

177b 纵列鳞45～50枚；鳃孔宽；尾鳍下半叶色深 ………………宽鳃珊瑚虾虎鱼 *B. loki* 2646

178–172a 纵列鳞20～43枚……………………………………………………………（199）

178b 纵列鳞44～128枚………………………………………………………………（179）

179a 两眼前缘至吻端无暗条纹 ……………………………………………………（184）

179b 两眼前缘至吻端各具一暗条纹 ……………………栉眼虾虎鱼属 *Ctenogobiops*（180）

180a 鳃孔向头腹面延伸至前鳃盖骨后下方；胸鳍鳍条19枚 ……………………………（182）

180b 鳃孔向头腹面延伸至眼后下方；胸鳍鳍条18枚；吻背无V形条纹 …………………（181）

181a 第1背鳍第1～2鳍棘呈丝状延长，可伸达尾柄部 …………长棘栉眼虾虎鱼 *C. tangaroai* 2647

181b 第1背鳍各鳍棘正常，不特别延长，不伸达尾柄部 ………褐斑栉眼虾虎鱼 *C. crocineus* 2648

182–180a 尾鳍尖，中间略凹；头部有3条亮斜纹 …………斜带栉眼虾虎鱼 *C. aurocingulus* 2649

182b 尾鳍后缘圆弧形，中间无凹刻 …………………………………………………（183）

183a 颊部具褐色纵纹；纵列鳞45～49枚，横列鳞12～13枚……台湾栉眼虾虎鱼 *C. fomosa* 2650

183b 颊部具水平排列的褐点；纵列鳞52～64枚，横列鳞19～26枚 ……点斑栉眼虾虎鱼 *C. pomastictus* 2651

184–179a 颊部膨出；左、右颊在眼后缘显著接近……奥奈富山虾虎鱼 *Tomiyamichthys oni* 2652

184b 颊部正常；左、右颊在眼后缘不靠近……（185）

185a 体灰黑色，项部自吻背至第1背鳍前为白色……白背虾虎鱼 *Lotilia graciliosa* 2653

185b 体不呈灰黑色，体背色暗；或体黑色，体背至尾柄全为白色……（186）

186a 第1背鳍鳍棘呈丝状延长，可伸达第2背鳍后方；体无明显横带，具灰色纵带 ……大口犁突虾虎鱼 *Myersina macrostoma* 2654

186b 第1背鳍第1～第4鳍棘不呈丝状延长（丝虾虎鱼、长丝虾虎鱼及阿部鲻虾虎鱼、诸氏鲻虾虎鱼例外）……（187）

187a 纵列鳞至少50枚；背鳍鳍条通常不少于10枚……丝虾虎鱼属 *Cryptocentrus*（193）

187b 纵列鳞30～58枚；背鳍鳍条通常7～9枚（芒虾虎鱼例外）……（188）

188a 头部具皮褶，有6个感觉管孔；体棕褐色，体侧无条纹；胸鳍白色；无背鳍前鳞 ……芒虾虎鱼 *Mangarinus waterousi* 2655

188b 头部无皮褶；无感觉管孔；第2背鳍、臀鳍鳍条均为Ⅰ-7～9；纵列鳞30～58枚；有背鳍前鳞……鲻虾虎鱼属 *Mugilogobius*（189）

189a 尾鳍无黑色纵带……（191）

189b 尾鳍有黑色纵带……（190）

190a 体侧尾柄部有2条黑色纵带……阿部鲻虾虎鱼 *M. abei* 2656

190b 体侧尾柄部有数条黑色横带……泉鲻虾虎鱼 *M. fontinalis* 2657

191–189a 第1背鳍第2、第3鳍棘最长，呈丝状延长；尾鳍基部有一“<”形黑斑 ……诸氏鲻虾虎鱼 *M. chulae* 2658

191b 第1背鳍各鳍棘不呈丝状延长；尾鳍基部无条形斑……（192）

192a 尾鳍无横带……泰加拉鲻虾虎鱼 *M. tagala* 2660

192b 尾鳍有横带……清尾鲻虾虎鱼 *M. cavifrons* 2659

193–187a 第2背鳍鳍条和臀鳍鳍条均在17枚以上；眼后具2条黑色纵纹；腹鳍长短于头长；尾鳍长为头长的1.3～1.5倍……头带丝虾虎鱼 *C. cephalotaenius* 2661

193b 第2背鳍鳍条和臀鳍鳍条均在13枚以下……（194）

194a 鳃盖腹面有1枚向下的棘；体侧有8条不明显的横带……丝虾虎鱼 *C. cryptocentrus* 2662

194b 鳃盖腹面无向下的棘……（195）

195a 第1背鳍前方有鳞；纵列鳞60枚以下；体侧中央具1行5个黑色圆斑，并有不明显的横带 ……纹斑丝虾虎鱼 *C. strigilliceps* 2663

195b 第1背鳍前方无鳞……（196）

196a 纵列鳞100枚以下……（198）

196b 纵列鳞100枚以上……（197）

197a 体侧有4～5条暗横带；第1背鳍前5枚鳍棘呈丝状延长……长丝虾虎鱼 *C. filifer* 2664

197b 体侧无横带；第1背鳍无丝状延长鳍棘……白背丝虾虎鱼 *C. albidorsus* 2665

198a 纵列鳞76～78枚；体侧具2～3行暗褐色斑，腹侧无横纹；无背鳍前鳞 ……台湾丝虾虎鱼 *C. yatsui* 2666

198b 纵列鳞68～70枚；体侧中央具1纵列黑色圆斑，腹侧具6～7条黑色横纹；有背鳍前鳞 ……眼斑丝虾虎鱼 *C. nigrocellatus* 2667

199–178a 左、右鳃膜相连，但不与峡部相连；口特大，口裂大于头长的一半；体侧具5～6条斜带 ……大口巨颌虾虎鱼 *Mahidolia mystacina* 2668

199b 左、右鳃膜不相连，仅分别连于峡部 ……（200）

200a 鳃盖上部有鳞；前鳃盖后缘具感觉管孔；颊部无鳞；臀鳍Ⅰ-6 ……比科尔雷虾虎鱼 *Redigobius bikolamus* 2669

200b 鳃盖上部无鳞（青斑细棘虾虎鱼例外）……（201）

201a 体侧斑块不成对排列 ……（203）

201b 体侧具4～5对暗斑 ……（202）

202a 尾鳍基具一叉状黑斑；无背鳍前鳞 ……裸项蜂巢虾虎鱼 *Favonigobius gymnauchen* 2670

202b 尾鳍基具1对圆形黑斑；有2～3枚背鳍前鳞 ……雷氏点颊虾虎鱼 *Papillogobius reichei* 2671

203–201a 尾鳍长等于或小于头长 ……（205）

203b 尾鳍长大于头长 ……寡鳞虾虎鱼属 *Oligolepis*（204）

204a 口大，上颌骨后伸不达眼后缘下方；眼下缘至口裂后缘具一斜行黑色条纹 ……尖鳍寡鳞虾虎鱼 *O. acutipennis* 2672

204b 口特大，上颌骨超过眼后缘下方；眼下方至上颌骨后方具一斜向L形黑色条纹 ……大口寡鳞虾虎鱼 *O. stomias* 2673

205–203a 第1背鳍前半部黑色 ……双斑矮虾虎鱼 *Pandaka bipunctata* 2674

205b 第1背鳍前半部不呈黑色 ……（206）

206a 尾鳍上部无斜带；感觉乳突排列成纵行线，无横行感觉乳突线 ……缰虾虎鱼属 *Amoya*（208）

206b 尾鳍上部具斜带；感觉乳突排列成纵行线，尚有横行感觉乳突线 ……细棘虾虎鱼属 *Acentrogobius*（207）

207a 无背鳍前鳞；体侧后半部具4个黑褐色大斑块 ……头纹细棘虾虎鱼 *A. viganensis* 2675

207b 背鳍前鳞30～37枚；鳃盖上部被小圆鳞；体侧有5个大暗斑 ……青斑细棘虾虎鱼 *A. viridipunctatus* 2676

208–206a 肩胛部有1个蓝绿色圆斑 ……犬牙缰虾虎鱼 *Amoya caninus* 2677

208b 肩胛部无蓝绿色圆斑 ……（209）

209a 纵列鳞25～26枚，背鳍前鳞少于10枚；颊部无鳞；体侧具2～3条褐色点线状纵带，尾鳍基有一椭圆形暗斑 ……普氏缰虾虎鱼 *A. pflaumi* 2678

209b 纵列鳞31～37枚，背鳍前鳞17～20枚；颊部被小圆鳞；体侧中央常有5～6个黑斑 ……紫鳍缰虾虎鱼 *A. janthinopterus* 2679

210–163a 鳃盖上部具鳞 ……（216）

210b 鳃盖上部无鳞；项部鳞达或不达眼后缘，或项部无鳞；吻圆突，前方突于上唇上方，形成吻褶 ……衔虾虎鱼属 *Istigobius*（211）

211a 胸鳍上方第1～3鳍条游离，每枚鳍条均分2支；体侧有6～7纵行斑点及线纹 ……………………………………………………………妆饰衔虾虎鱼 *I. ornatus* 2680

211b 胸鳍上方各鳍条不游离，第1鳍条不分支，第2～3鳍条分支 ……………………（212）

212a 背鳍前鳞15～17枚 ……………………………………………和歌山衔虾虎鱼 *I. hoshinonis* 2681

212b 背鳍前鳞不超过10枚 …………………………………………………………………（213）

213a 第1背鳍无明显黑斑 ……………………………………………………………………（215）

213b 第1背鳍前部或后部具一黑斑 …………………………………………………………（214）

214a 第1背鳍后部有一大黑斑；眼后缘至鳃盖上部具一黑色细纵纹 ……………………………………………………………黑点衔虾虎鱼 *I. nigroocellatus* 2682

214b 第1背鳍前部有一小黑斑；眼后缘至鳃盖上部无纵纹………华丽衔虾虎鱼 *I. decoratus* 2683

215-213a 眼后缘至鳃盖上部的水平线上无明显的纵纹，尾鳍基有一哑铃形黑斑 ……………………………………………………………戈氏衔虾虎鱼 *I. goldmanni* 2684

215b 眼后缘至鳃盖上部的水平线上有一明显的纵纹，尾鳍基有一V形暗斑 ……………………………………………………………凯氏衔虾虎鱼 *I. campbelli* 2685

216-210a 颊部无鳞；前鼻孔短管状，悬垂于唇边；鳃盖骨上方和前鳃盖骨后缘无感觉管孔 ……………………………………………………………拟虾虎鱼属 *Pseudogobius*（218）

216b 颊部具鳞；眼后下缘至口角具一灰黑色斜带；尾鳍后缘无弧形黑纹 ……………………………………………………………鹦虾虎鱼属 *Exyrias*（217）

217a 第1背鳍前部鳍条呈丝状延长 ………………………………纵带鹦虾虎鱼 *E. puntang* 2686

217b 第1背鳍第5鳍棘与第1鳍棘几乎等长 ……………………黑点鹦虾虎鱼 *E. bellissimus* 2687

218-216a 第1背鳍第5、第6鳍棘膜上有黑斑；体侧有纵列5个较大黑斑 ……………………………………………………………爪哇拟虾虎鱼 *P. javanicus* 2688

218b 第1背鳍鳍棘膜上无黑斑；体侧有1纵列小黑斑 ………………小口拟虾虎鱼 *P. masago* 2689

219-24a 鳃盖上方无凹陷；眼退化 …………………………………………………………（222）

219b 鳃盖上方具一凹陷；眼很小 …………………………………………………………（220）

220a 左、右腹鳍愈合，边缘完整，呈漏斗状，后缘无缺刻；纵列鳞70～85枚 ……………………………………………………………孔虾虎鱼 *Trypauchen vagina* 2694

220b 左、右腹鳍愈合，边缘不完整，后缘凹入，具缺刻；下颌无犬齿 ……………………………………………………………栉孔虾虎鱼属 *Ctenotrypauchen*（221）

221a 头部、项部裸露无鳞或偶被小鳞；胸部、腹部具稀疏排布的小鳞 ……………………………………………………………中华栉孔虾虎鱼 *C. chinensis* 2695

221b 头部、项部、胸部、腹部均无鳞 ……………………小头栉孔虾虎鱼 *C. microcephalus* 2696

222-219a 口小，上、下颌齿绒毛状，无犬齿；背鳍Ⅵ－31 ……………………………………………………………高体盲虾虎鱼 *Brachyamblyopus anotus* 2697

222b 口中等大，颇斜，具许多外露的大犬齿；背鳍Ⅵ－39～58，臀鳍鳍条27～50枚 ……………………………………………………………（223）

223a 下颌缝合部后方具犬齿1对；胸鳍约与腹鳍等长，鳍条31枚以上；口裂较斜 ……………………………………………………………拉氏狼牙虾虎鱼 *Odontamblyopus lacepedii* 2698

223b 下颌缝合部后方无犬齿；胸鳍短于腹鳍，鳍条20枚以下；口裂几乎垂直
……………………………………………………………鳗虾虎鱼属 *Taenioides*（224）

224a 背鳍和臀鳍后端各有一缺刻，不与尾鳍相连；头长明显小于腹鳍基后缘到肛门距离
……………………………………………………………须鳗虾虎鱼 *T. cirratus* 2699

224b 背鳍和臀鳍后端无缺刻，与尾鳍相连；头长约等于腹鳍基后缘到肛门距离
……………………………………………………………等颌鳗虾虎鱼 *T. limicola* 2700

（278）峡塘鳢科 Xenisthmidae

本科物种体延长，稍侧扁。头中等大，平扁。吻稍尖，眼中等大。口大，前上位。下颌突出，下唇具游离缘，具包缝。头部具感觉器如图1所示。背鳍2个；第1背鳍低矮，具6枚鳍棘。臀鳍与第2背鳍相对，同形。胸鳍大，扇形。左、右腹鳍分离，不呈吸盘状。尾鳍后缘圆弧形。头、体裸露或被圆鳞。我国仅有1属1种。

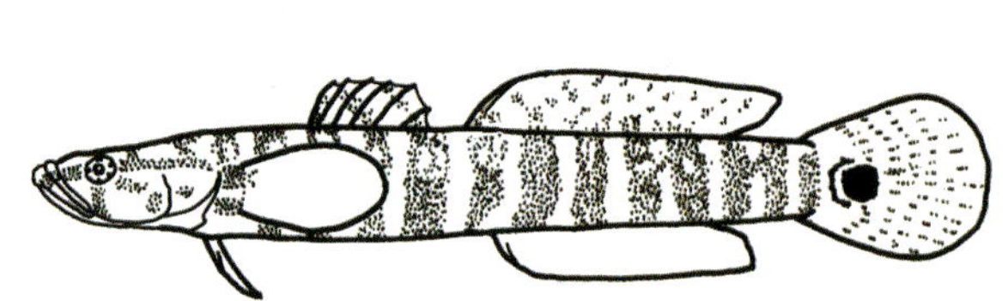

峡塘鳢科物种形态简图

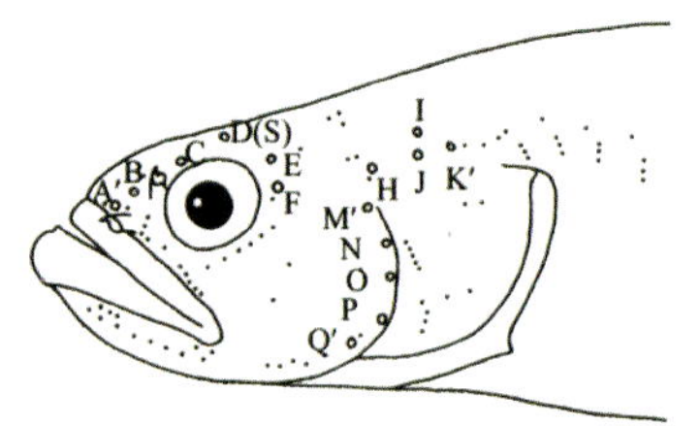

图1　多纹峡塘鳢头部侧线感觉器模式图

峡塘鳢属 *Xenisthmus* Snyder，1908

本属物种一般特征同科。

2495 多纹峡塘鳢 *Xenisthmus polyzonatus*（Klunzinger，1871）[38]

背鳍Ⅵ，Ⅰ-11；臀鳍Ⅰ-10；胸鳍17；腹鳍Ⅰ-5。纵列鳞58；背鳍前鳞20。

本种体延长，侧扁。背缘、腹缘稍平直。头中等大，平扁。头部具5个感觉管孔，无纵行感觉乳突线。吻短；眼中等大，背侧位。口中等大，前上位。下颌突出，具游离缘。颌齿细小，无犬齿。前鳃盖后缘有5个感觉管孔，主鳃盖上方有4个感觉管孔（图1）[4H]。头、体具埋于皮下的细小圆鳞。无侧线。体淡黄色，头侧和体侧具13条深色横带。尾鳍基有一黑色大圆斑。为暖水性底层鱼类。栖息于珊瑚礁、砾石底质海区。分布于我国台湾海域，以及日本冲绳海域、印度–西太平洋。体长约5 cm。

（279）沙鳢科 Kraemeriidae

本科物种体细小。舌端分两叶。上颌颇短，下颌向前突出成膨大的颏部。下唇先端呈锥形突出。眼小，顶位。体裸露无鳞。背鳍1个。胸鳍小。左、右腹鳍分离或相连。尾鳍椭圆形。鳃盖骨下缘呈多锯齿状。头背、前鳃盖和主鳃盖各有2个感觉管孔（图2）[4H]。我国仅有1属1种。

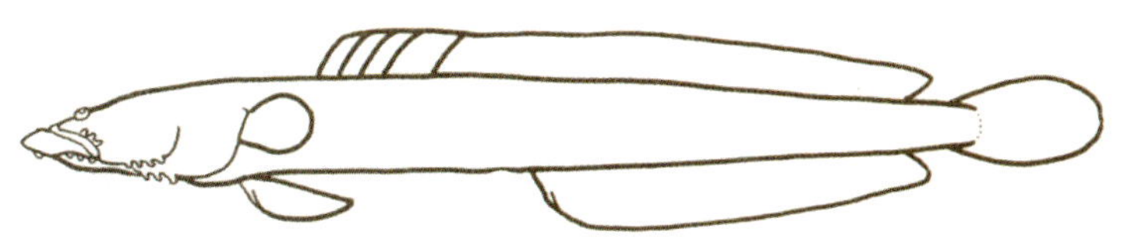

沙鳢科物种形态简图

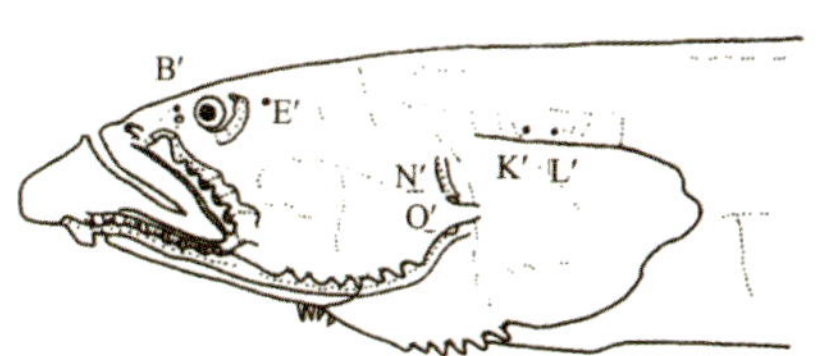

图2　穴沙鳢头部侧线感觉器模式图

沙鳢属 *Kraemeria* Steindachner，1906

本属物种特征同科。

2496 穴沙鳢 *Kraemeria cunicularia* Rofen，1958[38]

= 穴柯氏鱼

背鳍Ⅴ－16；臀鳍Ⅰ－13；胸鳍9；腹鳍Ⅰ－5。纵列鳞0。

本种体细长，侧扁。头中等大，前部尖锥形。头背有2个感觉管孔。颏部具T形及若干分散乳突。吻长，突出。眼小，近顶位。口小，前上位。上颌颇短；下颌长，向前突出包围上颌，形成膨大的颏部。舌端分两叶。前鳃盖骨及主鳃盖骨下缘呈锯齿状，前鳃盖和主鳃盖各具2个感觉管孔（图2）[4H]。体裸露无鳞。背鳍1个。腹鳍左、右分离，无膜盖。头、体浅棕色，各鳍略透明。暖水性底层鱼类。潜栖于沙底质低潮区。分布于我国南海，以及日本南部海域、印度–太平洋暖水域。体长约4 cm。

(280) 塘鳢科 Eleotridae

本科物种体延长，后部侧扁。头平扁或侧扁。眼不突出于头背缘之外，无游离下眼睑。口大，下颌常突出，上、下颌均具细齿。犁骨有或无齿，腭骨常无齿。前鳃盖骨后缘有或无棘，鳃盖条6枚。体被圆鳞或栉鳞，或无鳞；无侧线。背鳍2个，分离。第1背鳍有6～8枚鳍棘；第2背鳍大于第1背鳍，与臀鳍同形，对位。胸鳍大，基部不呈臂状。腹鳍胸位，左、右腹鳍靠近，但不愈合为吸盘。我国海洋种类有5属8种。

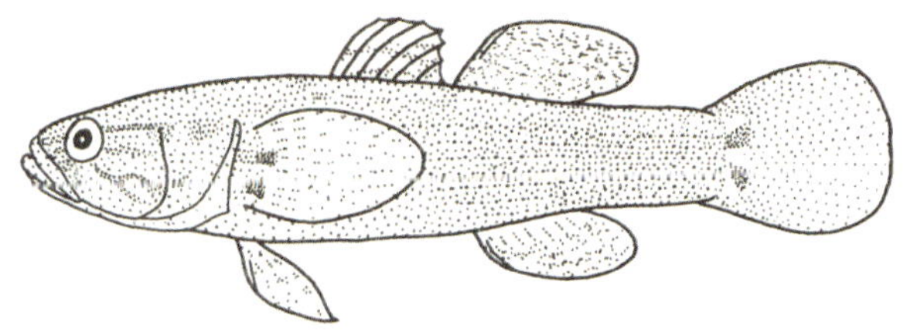

塘鳢科物种形态简图

2497 乌塘鳢 *Bostrychus sinensis* Lacépède，1801 [38]

= 中华乌塘鳢

背鳍Ⅵ，Ⅰ－10～11；臀鳍Ⅰ－9～10；胸鳍17～18；腹鳍Ⅰ－5。纵列鳞120～140；背鳍前鳞60～70。鳃耙3～4＋10～11。

本种一般特征同科。体延长，粗壮。头中等大，头背具7个感觉管孔（A′、B、C、D、E、F、G）。吻短钝，宽圆。眼小，上侧位。眼下具4～5条放射状感觉乳突线。口大，前上位，犁骨有小型锥状齿丛。鳃盖上方和前鳃盖后缘各具5个感觉管孔（图3），鳃盖条6枚。体被小圆鳞，无侧线。背鳍2个，分离。第1背鳍具6枚鳍棘，以第3、第4鳍棘最长。胸鳍宽，后缘圆弧形，腹鳍不形成吸盘。尾鳍后缘圆弧形。体具暗褐色斑纹，第1背鳍中央有一浅纵带，第2背鳍有6～7条暗褐色纵带。尾鳍有一带白边的大型黑色眼状斑。为暖水性底栖鱼类。栖息于浅海、内湾、咸淡水水域或红树林湿地。分布于我国黄海、东

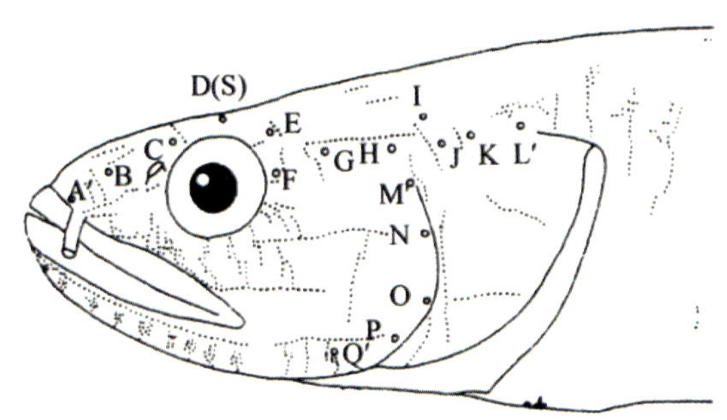

图3 乌塘鳢头部侧线感觉器模式图

海、南海、台湾海域，以及日本南部海域、印度–西太平洋暖水域。体长约20 cm。经济价值高，已开展人工增养殖[119]。

嵴塘鳢属 *Butis* Bleeker，1874

本属与乌塘鳢属相似。头平扁，颊圆突。头背有7个感觉管孔，鳃盖上方和前鳃盖后缘各有5个感觉管孔（图4）。吻细长；口小，前位。颌无犬齿，犁骨、腭骨均无齿。眼小，眼间隔宽平，眼上方有发达骨嵴，嵴的边缘有锯齿。前鳃盖骨后缘无小棘或锯齿。鳃盖条6枚。体被大栉鳞。左、右腹鳍不呈吸盘状。我国有3种。

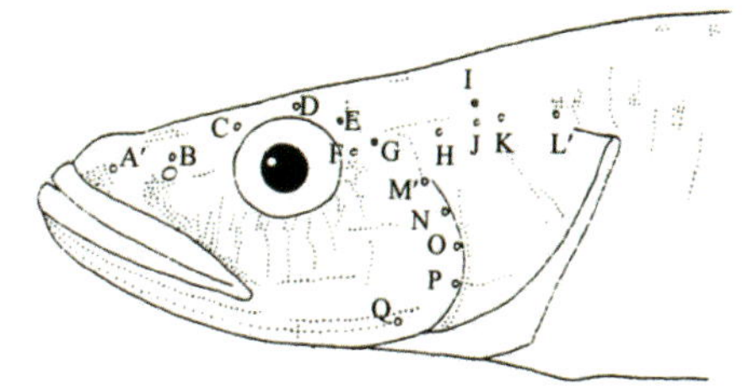

图4　黑点嵴塘鳢头部侧线感觉器模式图

2498 黑点嵴塘鳢 *Butis melanostigma*（Bleeker，1849）[4H]

= 大鳞嵴塘鳢 *B. butis* = 安邦塘鳢 *B. amboinesis*

背鳍Ⅵ，Ⅰ–8；臀鳍Ⅰ–8；胸鳍16～18；腹鳍Ⅰ–5。纵列鳞28～30；背鳍前鳞20～21。鳃耙3＋6～7。

本种一般特征同属。头平扁，吻尖长。下颌突出，两眼间隔及前鳃盖有鳞。头部感觉器分布如图4所示。体灰褐色，背部色较深。体侧鳞片灰褐色，每枚鳞上有一斑点。体侧有许多纵行点纹，头侧有一黑色纵纹。胸鳍基有一黑斑，其上、下各有一白斑。为暖水性底层鱼类。栖息于沿岸浅水、河口、红树林湿地的咸淡水水域。分布于我国南海、台湾海域，以及日本南部海域、西太平洋热带水域。体长约12 cm。

2499 锯嵴塘鳢 *Butis koilomatodon* (Bleeker, 1849) [4H]

= 皱嵴塘鳢 *B. caperata*

背鳍Ⅵ, Ⅰ－8～9；臀鳍Ⅰ－7～8；胸鳍20～22；腹鳍Ⅰ－5。纵列鳞28～31；背鳍前鳞12～13。鳃耙4～5＋7。

本种与黑点嵴塘鳢相似。吻稍短而圆钝，吻长等于或稍大于眼径。上、下颌约等长。眼上后缘具半环形锯齿状骨嵴。头、体棕褐色，体侧有6条暗横带。眼下方或后下方常有2～3条辐射状灰黑色条纹。各鳍多呈灰色、黑色。为暖水性底层鱼类。多栖息于河口、红树林湿地或礁石海区。分布于我国南海、东海、台湾海域，以及琉球群岛海域。体长约7 cm。

▲ 本属尚有裸首嵴塘鳢 *B. gymnopomus*，以眼间隔和前鳃盖无鳞为特征。分布于我国台湾海域[4H]。

塘鳢属 *Eleotris* Bloch et Schneider, 1801

塘鳢属与乌塘鳢属形态特征相似。体延长，粗壮。鳃盖条6枚。腹鳍不呈吸盘状。眼上方无骨嵴。头部平扁，无任何感觉管孔。眼下颊部具数横行及一纵行感觉乳突（图5）[4H]。犁骨、腭骨均无齿。前鳃盖骨后缘具1枚向前弯曲的小棘。纵列鳞为42～76枚。尾鳍后缘圆弧形，无黑色眼状斑。本属我国有4种。

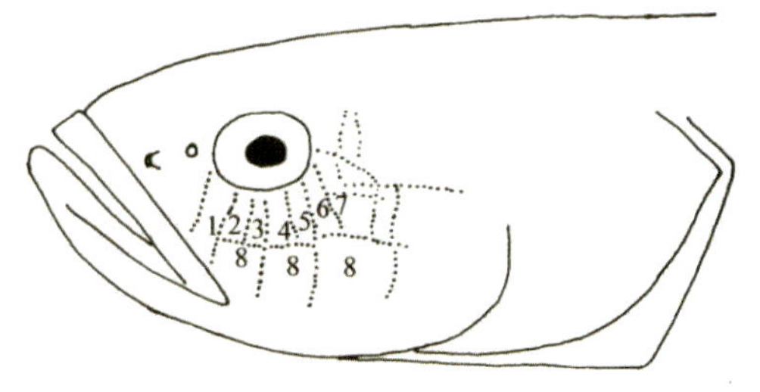

图5 褐塘鳢头部感觉器模式图

2500 **褐塘鳢** *Eleotris fusca*（Schneider et Forster，1801）[38]

=暗塘鳢

背鳍Ⅵ，Ⅰ－8；臀鳍Ⅰ－8；胸鳍19～20；腹鳍Ⅰ－5。纵列鳞60～61；背鳍前鳞45～46。鳃耙1～8。

本种一般特征同属。体延长。吻短钝，平扁。眼中等大，上侧位。眼下颊部具7条横行排列的感觉乳突线，其第2、第4、第6条向下延伸，并穿越颊部第8条纵行排列的乳突线（图5）。体棕黑色，体侧鳞片边缘常有小黑点连成的不规则纵纹。各鳍浅褐色，胸鳍基和尾鳍上部常有一暗斑。为暖水性底层鱼类。分布于我国珠江水系、台湾沿海，以及日本南部沿海、菲律宾沿海、太平洋暖水域。体长可达16 cm。

2501 **尖头塘鳢** *Eleotris oxycephala* Temminck et Schlegel，1845[38]

=斑点塘鳢 *E. balia*

背鳍Ⅵ，Ⅰ－8～9；臀鳍Ⅰ－8～9；胸鳍14～16；腹鳍Ⅰ－5。纵列鳞47～52；背鳍前鳞31～45。

本种与褐塘鳢相似。体延长。头略扁，钝尖。眼下颊部具5条横行排列的乳突线，均不穿越颊部第8纵行排列的乳突线。从颏部沿前鳃盖骨下缘排列的感觉乳突线不分出横向支。体棕黄色，略带微灰色；体侧自鳃盖至尾鳍基隐具1条黑色纵带及不规则的云状小黑斑。头部青灰色，有一黑色纵纹。为暖水性底层鱼类。栖息于淡水江河底层，偶见于河口水域。分布于我国长江、闽江、珠江等南部水系及河口水域、台湾沿岸河口水域，以及日本南部沿岸河口水域。体长可达21 cm。

2502 刺盖塘鳢 *Eleotris acanthopoma* Bleeker，1853 [38]

背鳍Ⅵ，Ⅰ－8～9；臀鳍Ⅰ－8～9；胸鳍14～16；腹鳍Ⅰ－5。纵列鳞47～53；背鳍前鳞31～38。鳃耙2＋5。

本种体延长，粗壮。吻平扁，短钝。眼下颊部横行感觉乳突线分出许多横向支。纵列鳞和背鳍前鳞较少。体棕褐色。从吻经眼至鳃盖及颊部各有1条深黑色斜纵纹。为暖水性底层鱼类。栖息于江河下游及河口水域。分布于我国海南沿海、台湾沿海，以及日本南部沿海、印度尼西亚沿海。体长约10 cm。

2503 黑体塘鳢 *Eleotris melanosoma* Bleeker，1852 [38]

＝条纹塘鳢 *E. fasciatus*

背鳍Ⅵ，Ⅰ－8～9；臀鳍Ⅰ－8～9；胸鳍16～18；腹鳍Ⅰ－5。纵列鳞42～52；背鳍前鳞34～43。鳃耙2～3＋8～9。

本种体延长。头前部圆钝，略平扁。眼下颊部有5条横行排列的感觉乳突线，其第2、第3和第4条横行排列的乳突线下延，穿过颊部中央第8条纵行排列的乳突线。体深棕色，头侧有与刺盖塘鳢相似的黑色线纹，但线纹较细。胸鳍基上方常有一黑斑。为暖水性底层鱼类。栖息于河口及江河下游水域。分布于我国珠江、海南沿岸河口水域、台湾沿岸河口水域，以及日本南部沿岸河口水域、菲律宾沿岸河口水域。体长可达13 cm。

2504 云斑尖塘鳢 *Oxyeleotris marmorata*（Bleeker，1852）[14]

背鳍Ⅵ，Ⅰ－9；臀鳍Ⅰ－8；胸鳍16～18；腹鳍Ⅰ－5。纵列鳞68～70；背鳍前鳞38～42。

尖塘鳢与塘鳢属鱼类的主要区别在于尖塘鳢的前鳃盖骨后缘无小棘，只有3个感觉管孔。本种体长为体高的4.3～4.4倍。头较大，前部钝尖，平扁。口大，前位；下颌突出。两颌齿细尖，呈带状排列，外行齿均扩大。犁骨、腭骨无齿。头、体棕色，体侧具云状斑块及不规则横带。尾鳍基有褐色三角形大斑。为暖水性底层鱼类。栖息于江河中、下游至河口水域。分布于我国台湾沿海，以及泰国沿海、印度尼西亚沿海、太平洋中部岛屿近海。体长可达60 cm。

2505 头孔塘鳢 *Ophiocara porocephala*（Valenciennes，1837）[9]

＝蛇骨塘鳢＝黑长身虾虎

背鳍Ⅵ，Ⅰ－8；臀鳍Ⅰ－7；胸鳍13；腹鳍Ⅰ－5。纵列鳞30～40；背鳍前鳞26。

本种与云斑尖塘鳢相似。其前鳃盖骨后缘无小棘，但有5个感觉管孔。体被中等大弱栉鳞，纵列鳞较少。吻中等大，圆钝。口大，前上位。颌齿细尖，多行，内行齿较粗壮。头、体棕青色，体背侧两背鳍下各具一不规则大斑。体中部有4～5条灰黑色纵带，并杂有小斑点。鳃盖、颊部有若干小白斑。各鳍灰黑色，奇鳍边缘色浅。为暖水性底层鱼类。栖息于河口。分布于我国北部湾、台湾沿海，以及日本南部沿海、印度–西南太平洋沿岸暖水域。体长14 cm。

（281）虾虎鱼科 Gobiidae

本科物种体延长，前部呈亚圆柱状，后部侧扁；或体侧扁；或呈鳗形。头侧扁或平扁。眼或中等大，或较小，或退化；侧位或背侧位，突出于头背缘。口大或小。颌齿细尖，1行或多行，外行齿不分叉或分叉、平直。犁骨、腭骨通常无齿。前鳃盖骨边缘光滑，或者有细锯齿或1～2枚棘。鳃盖条5枚。体被栉鳞或圆鳞，或者部分或完全无鳞；无侧线。背鳍2个，第1背鳍有6～8枚弱棘；或背鳍1个，常与尾鳍相连。胸鳍大，后缘圆弧形，鳍基肌肉不发达或呈臂状。腹鳍 Ⅰ – 5，呈吸盘状或分离。为虾虎鱼亚目中种类最多的科。我国有80属285种。

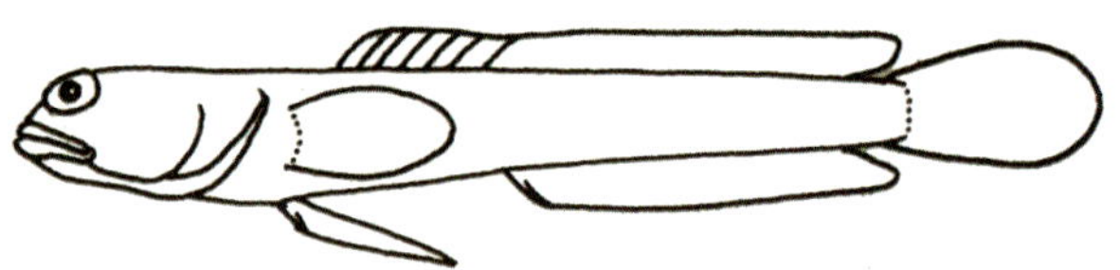

虾虎鱼科物种形态简图

虾虎鱼亚科 Gobiinae

本亚科物种体延长，但不呈鳗形。背鳍2个，分离，有时第1背鳍消失。背鳍、臀鳍不与尾鳍相连。颌齿发达；下颌齿通常多行，少数2行，直立。是虾虎鱼科中最大类群，常见虾虎鱼多在本亚科中。我国有67属，包括许多淡水种属。

竿虾虎鱼属 *Luciogobius* Gill，1859

本属物种体呈竿状。头较宽，长而平扁。头背、鳃盖及前鳃盖均无感觉管孔，但颊部有3～4行纵向感觉乳突线（图6）[4H]。吻短钝；眼小，上侧位。口较大，前位。颌齿锐尖，排列成齿带，外行齿均扩大。颏部无须。鳃盖条5枚。头、体裸露无鳞，无侧线。背鳍1个，后位；与臀鳍同形，对位。胸鳍后缘圆弧形，有或无游离丝。腹鳍愈合成吸盘。我国有3种。

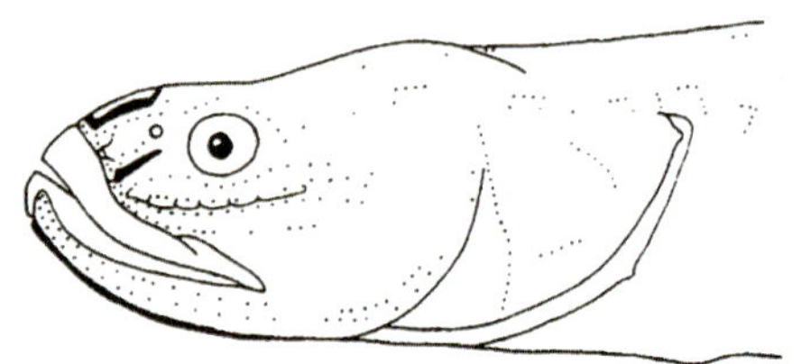

图6 竿虾虎鱼头部侧线感觉器模式图

2506 竿虾虎鱼 *Luciogobius guttatus* Gill，1859 [38]

背鳍Ⅰ－12；臀鳍Ⅰ－12～13；胸鳍18；腹鳍Ⅰ－5。纵列鳞0；背鳍前鳞0。

一般特征如属。体细长如竿。以颊部无须，尾鳍基无黑色竖直条纹，胸鳍上方有1枚游离鳍条而与近缘种相区分。头、体淡褐色，密布微小黑点，头侧和体侧有圆斑。为暖温性底层鱼类。栖息于潮下带。分布于我国沿海，以及日本沿海、朝鲜半岛沿海。体长约6 cm。

2507 扁头竿虾虎鱼 *Luciogobius platycephalus* Shiogaki et Dotsu，1976 [38]

＝平头竿虾虎鱼

背鳍Ⅰ－10；臀鳍Ⅰ－14；胸鳍14；腹鳍Ⅰ－5。纵列鳞0；背鳍前鳞0。

本种与竿虾虎鱼很相似。颊部不具扁皮须，尾鳍基无黑色竖直条纹。以头前部宽而扁平，胸鳍上方有3枚游离鳍条而与竿虾虎鱼及其他近缘种相区分。头、体浅褐色，有微小点。背鳍、胸鳍、尾鳍无带纹。腹鳍色浅。为暖水性底层鱼类。栖息于沿岸岩礁海区。分布于我国南海，以及日本南部海域。体长约8 cm。

2508 西海竿虾虎鱼 *Luciogobius saikaiensis* Dotsu，1957 [38]

背鳍Ⅰ－9；臀鳍Ⅰ－9；胸鳍17；腹鳍Ⅰ－5。纵列鳞0；背鳍前鳞0。

本种体细长，头圆钝。颊部肌肉发达，隆起。眼下方具5～6枚扁须，排成一纵行。胸鳍上、下方各有1枚游离鳍条。胸鳍基和尾鳍基各具一黑色竖直条纹。头、体浅褐色，散布虫状小黑斑。为暖水性底层鱼类。栖息于近岸岩礁海区。分布于我国台湾海域，以及日本南部海域。体长约4 cm。

2509 带虾虎鱼 *Eutaeniichthys gilli* Jordan et Snyder，1901[38]

背鳍Ⅲ，Ⅰ－17～18；臀鳍Ⅰ－11～12；胸鳍14～16；腹鳍Ⅰ－5。鳃耙0～1＋4～5。

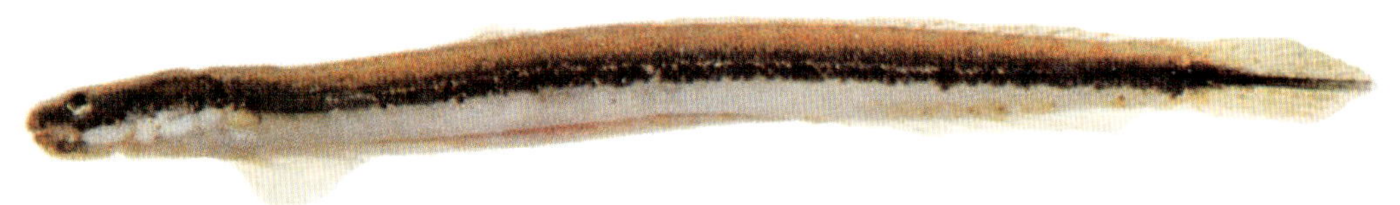

本种体细竿状。头侧扁，头背无任何感觉管及管孔。颊部具3条水平感觉乳突线（图7）[4H]。吻较短，圆钝，突出于上唇之前。口小，上、下颌约等长。背鳍2个，相距甚远。第1背鳍仅具3枚鳍棘。第2背鳍基底长，具1枚鳍棘和17～18枚鳍条。体裸露无鳞。体淡褐色或微黄色，体侧从吻端至尾鳍末端有1条黑色纵带。各鳍色浅，无斑纹。为冷温性底层鱼类。栖息于岩礁海区及河口和滩涂水域。分布于我国黄海、渤海，以及日本海域、朝鲜半岛海域。体长约6 cm。

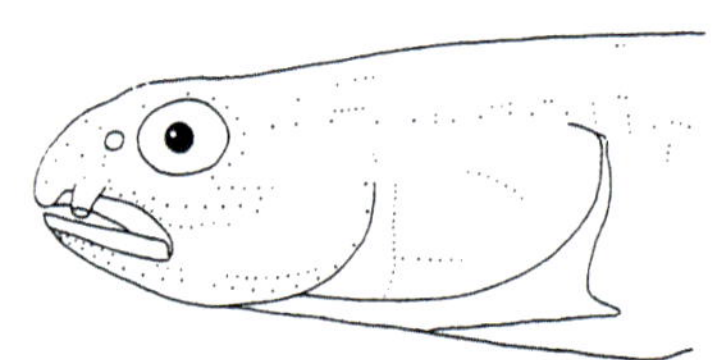

图7 带虾虎鱼头部感觉器模式图

美虾虎鱼属 *Callogobius* Bleeker，1874

本属物种体延长。头宽大，略平扁，具许多感觉管孔，头侧颊部具多条横列皮嵴突起和2条水平皮嵴突起（图8）[4H]。吻突出。眼中等大，眼间隔狭窄。口小，前位。下颌突出。颌齿多行，外行齿扩大。舌游离，前端圆弧形或内凹。鳃盖条5枚。体前部被圆鳞，后部被栉鳞或圆鳞。背鳍2个，第1背鳍有6枚鳍棘，第2背鳍Ⅰ－7～15。有的种类腹鳍基部无膜盖或膜盖不发达，不形成吸盘；也有的种类腹鳍基部膜盖正常，形成吸盘。我国有11种。

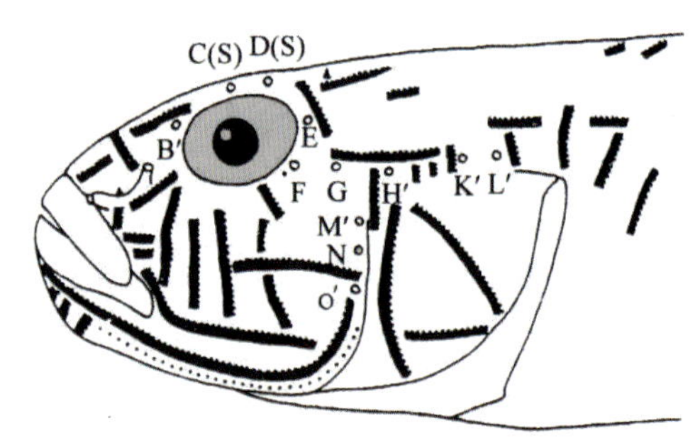

图8 史氏美虾虎鱼头部感觉器模式图

2510 史氏美虾虎鱼 *Callogobius snelliusi* Koumans，1953 [38]

= 史奈利硬皮虾虎鱼

背鳍Ⅵ，Ⅰ－8～10；臀鳍Ⅰ－7；胸鳍17；腹鳍Ⅰ－5。纵列鳞25～34；背鳍前鳞10。鳃耙0＋8。

本种一般特征同属。头背具6个感觉管孔（B′、C、D、E、F、G）。颊部具4条竖直的皮嵴突起和2条水平皮嵴突起（图8）[4H]。第1背鳍有6枚鳍棘，以第1、第2鳍棘最长，并略呈丝状延长。第2背鳍Ⅰ－8～10。体前部被圆鳞，后部被栉鳞，纵列鳞较少。腹鳍有膜盖，左、右腹鳍愈合成吸盘。尾鳍较短，后缘圆弧形。体棕灰色，体侧具3条黑褐色横带。头部嵴状感觉乳突黑色。第2背鳍基有2个黑色圆斑。为暖水性底层鱼类。多栖息于珊瑚礁海区。分布于我国南海、台湾海域，以及日本南部海域、西太平洋暖水域。体长约5 cm。

2511 种子岛美虾虎鱼 *Callogobius tanegasimae*（Snyder，1908）[38]

= 神岛硬皮虾虎鱼

背鳍Ⅵ，Ⅰ－13～15；臀鳍Ⅰ－12；胸鳍17～18；腹鳍Ⅰ－5。纵列鳞65～70；背鳍前鳞0。

本种体颇延长。头背具感觉管孔4个。颊部具4条竖直的皮嵴突起和2条水平皮嵴突起。腹鳍具膜盖，左、右腹鳍愈合成吸盘。其第2背鳍鳍条多，Ⅰ－13～15。纵列鳞也多。尾鳍长。体棕褐色，具3条黑褐色大横斑。头部嵴状感觉乳突黑色。尾鳍基有一弧形黑带。各鳍深褐色，多具点列线纹。为暖水性底层鱼类。栖息于河口泥质洞穴中，夜间才出来觅食。分布于我国台湾海域，以及日本南部海域、太平洋暖水域。体长可达8 cm。

2512 美虾虎鱼 *Callogobius sclateri*（Steindachner，1879）[38]

=美塘鳢 *Eleotrs sclateri*

背鳍Ⅵ，Ⅰ－9；臀鳍Ⅰ－8；胸鳍17～18；腹鳍Ⅰ－5。纵列鳞27～30；背鳍前鳞11～15。鳃耙2＋7。

本种体延长，粗壮。头背具6个感觉管孔。颊部有4条竖直的和2条水平的皮嵴突起。吻较长而圆钝。眼小，背侧位，眼间隔窄。口小，下颌长于上颌。颌齿细尖。上颌齿2～3行，外行齿扩大。下颌齿3～4行，外行前部和内行后部齿扩大。体前部被小圆鳞，后部被栉鳞。背鳍前鳞较少，为11～15枚。腹鳍膜盖不发达，不形成吸盘。尾鳍后缘圆弧形。体紫褐色。体侧具不规则的黑褐色斑块和3条同色宽横带。吻部、眼下有黑褐色斜带。奇鳍有多条点列斜纹。为暖水性底层鱼类。栖息于热带沿岸岩礁海区或珊瑚丛海区。分布于我国南海、台湾海域，以及日本南部海域、印度–西太平洋暖水域。体长约7 cm。

2513 长鳍美虾虎鱼 *Callogobius hasseltii*（Bleeker，1851）[38]

=暗斑美虾虎鱼

背鳍Ⅵ，Ⅰ－10；臀鳍Ⅰ－7；胸鳍16；腹鳍Ⅰ－5。纵列鳞34；背鳍前鳞16～22。鳃耙1＋9。

本种体延长。头背具6个感觉管孔。颊部具4条竖直的和2条水平的皮嵴突起。吻稍长，圆钝。口小，前上位。两颌齿3～4行，外行前部齿稍扩大。胸鳍宽。腹鳍膜盖不发达，不形成吸盘。尾鳍尖，矛状。尾长约为头长的1.5倍。体上部橙绿色，下部褐色。眼后颊部有一黑褐色斜纹。项部有

3～4条横纹。体侧散具不规则的黑褐色云纹。尾鳍有一褐色圆形大斑。为暖水性底层鱼类。栖息于热带沿岸岩礁及珊瑚丛海区。分布于我国南海、台湾海域，以及日本南部海域、印度-西南太平洋暖水域。体长约6 cm。

2514 冲绳美虾虎鱼 *Callogobius okinawae*（Snyder，1908）[38]

背鳍Ⅵ，Ⅰ－10；臀鳍Ⅰ－8；胸鳍16～17；腹鳍Ⅰ－5。纵列鳞36～38；背鳍前鳞3～10。鳃耙1～2＋9。

本种体形与长鳍美虾虎鱼相似。体细长，尾鳍长。头背具6个感觉管孔。腹鳍无膜盖，左、右腹鳍不愈合为吸盘。但胸鳍较短，不伸达臀鳍。背鳍前鳞少。体褐色，体侧具不规则的黑褐色斑块和3条同色横带。胸鳍基底和尾鳍上叶各有一黑褐色斑点。为暖水性底层鱼类。栖息于热带沿岸岩礁及珊瑚丛海区。分布于我国南海、台湾海域，以及日本南部海域、西太平洋南部暖水域。体长约6 cm。

▲ 本属我国尚有圆鳞美虾虎鱼 *C. liolepis*、沈氏美虾虎鱼 *C. sheni*、鞍美虾虎鱼 *C. clitellus* 等，均分布于我国台湾海域[13]。

2515 星塘鳢 *Asterropteryx semipunctatus* Rüppell，1830[14]

＝半斑星塘鳢

背鳍Ⅵ，Ⅰ－10；臀鳍Ⅰ－9；胸鳍16；腹鳍Ⅰ－5。纵列鳞24～25；背鳍前鳞6～7。鳃耙4＋10。

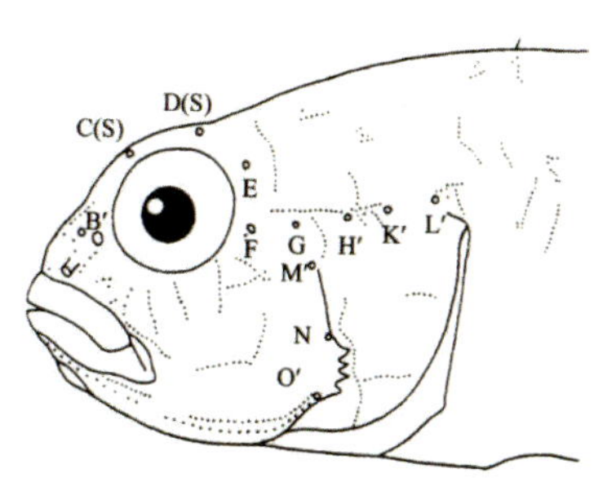

图9　星塘鳢头部感觉器模式图

本种体略侧扁，侧面观呈长椭圆形。头中等大，前部钝尖，略平扁。头背具6个感觉管孔（B′、C、D、E、F、G′），颊部具1条水平感觉乳突线，近口角处另具1条短的水平乳突线（图9）[4H]。口小，上、下颌几乎等长。颌齿细尖，多行；下颌最后外行齿呈犬齿状。前鳃盖骨后缘有3～5枚大小相等的小棘。体被大栉鳞，背鳍前鳞6～7枚。第1背鳍第3鳍棘最长，呈丝状。腹鳍不呈吸盘状。头、体浅褐色，体侧有不规则的暗褐色斑及横带，常具亮蓝色小点。胸鳍基部也有一亮蓝色斑点。为暖水性底层鱼类。栖息于近岸石砾底质海区。分布于我国南海、台湾海域，以及日本南部海域、印度-中西太平洋热带海域。体长约6 cm。

2516 棘星塘鳢 *Asterropteryx spinosa*（Goren，1981）[37]

背鳍Ⅵ，Ⅰ－10；臀鳍Ⅰ　9；胸鳍20；腹鳍Ⅰ－5。纵列鳞26；背鳍前鳞5。

本种与星塘鳢相似。体延长，侧扁，侧面观呈椭圆形。头中等大。眼小，位于头背缘。头背亦具6个感觉管孔，颊部具一水平乳突线。吻圆钝，平扁；口小，位于吻端。前鳃盖骨后缘有3枚小棘，其下方尚有1枚更强大的指向后方的尖棘。背鳍第3鳍棘短而第4鳍棘延长。体侧散布黑色小点。背鳍第1、第2鳍棘间具一黑斑。眼下至唇角有一黑色横带。为暖水性底层鱼类。栖息于近岸沙泥、石砾或珊瑚礁海区。分布于我国台湾海域，以及日本南部海域和中西太平洋暖水域。体长约7 cm。

钝塘鳢属 *Amblyeleotris* Bleeker，1874

本属物种体延长，侧扁。头背具6个感觉管孔（B′、C、D、E、F、G′）（图10）[4H]，颊部具2纵行水平感觉乳突线。吻圆钝。眼中等大，背侧位；眼间隔窄。眼下缘具6条放射状乳突线。口大，前位。下颌略前突，具数对较大犬齿。上颌齿3～5行，为锥状齿。唇厚，舌游离，舌端圆弧形。前鳃盖骨后缘无棘。鳃盖条5枚。体被栉鳞，有些种类被少许圆鳞，纵列鳞57～110枚。两背鳍分离。腹鳍无膜盖，不呈吸盘状；或偶有膜盖，形成吸盘。我国有14种。

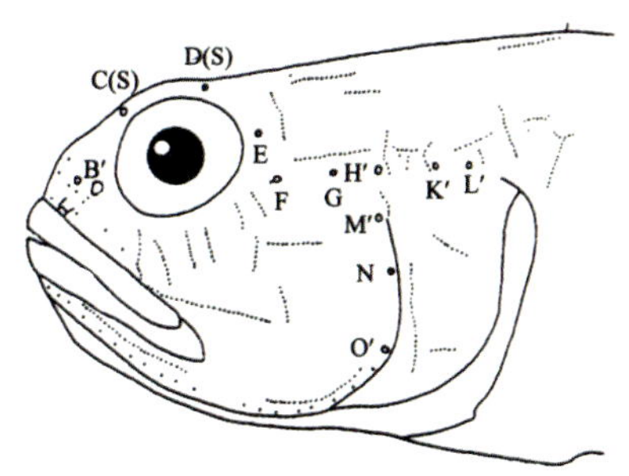

图10 钝塘鳢属物种头部感觉器模式图

2517 亚诺钝塘鳢 *Amblyeleotris yanoi* Aonuma et Yoshino，1996 [37]

背鳍Ⅵ，Ⅰ－13；臀鳍Ⅰ－13；胸鳍18；腹鳍Ⅰ－5。纵列鳞98；背鳍前鳞0。

本种一般特征同属。体延长。吻短，圆钝，稍平扁。体前部少部分被小圆鳞，后部被栉鳞。头部项背和第1背鳍前均无鳞。腹鳍无膜盖，不愈合成吸盘。尾鳍长。体浅黄色，体侧有5条橙红色横带。胸鳍、腹鳍透明。尾鳍黄色，后缘具红色条纹。为暖水性底层鱼类。栖息于沿海或珊瑚礁、沙砾底质海区，与鼓虾共栖。分布于我国台湾海域，以及日本南部海域、印度尼西亚海域。体长约7 cm。

2518 福氏钝塘鳢 *Amblyeleotris fontanesii*（Bleeker，1852）[14]

＝三带钝鲨

背鳍Ⅵ，Ⅰ－15；臀鳍Ⅰ－16；胸鳍20；腹鳍Ⅰ－5。纵列鳞105；背鳍前鳞20。

本种体延长，侧扁。吻圆钝，头背较高。头背有6个感觉管孔。颊部具2纵行水平感觉乳突线。眼下缘有6条放射状乳突线。体被小细鳞。项背无鳞。左、右腹鳍愈合成吸盘，有膜盖。体乳黄色，体侧具3条深褐色宽横带。第1背鳍基具一半圆形褐色斑。腹鳍色暗。尾鳍浅黄色，后缘无红色条纹。为暖水性底层鱼类。栖息于珊瑚礁海区或沙砾底质海区，亦常与鼓虾共栖。分布于我国台湾海域，以及日本南部海域、菲律宾海域、印度尼西亚海域。体长约14 cm。

2519 点纹钝塘鳢 *Amblyeleotris guttatus*（Fowler，1938）[38]

= 斑点钝塘鳢

背鳍Ⅵ，Ⅰ－12；臀鳍Ⅰ－12；胸鳍19；腹鳍Ⅰ－5。纵列鳞70～75；背鳍前鳞12～16。

本种体延长。体前部少部分被小圆鳞，后部被栉鳞。头部、胸鳍基无鳞，项背有鳞。第1背鳍的第3、第4鳍棘较长，呈丝状。腹鳍无膜盖，不呈吸盘状。体浅黄色，散布橘黄色圆斑。腹侧胸鳍基前、后各有一大型三角形黑色斑块。为暖水性底层鱼类。栖息于珊瑚礁海区，与鼓虾共栖。分布于我国台湾海域，以及琉球群岛海域、西太平洋暖水域。体长约8 cm。

2520 小笠原钝塘鳢 *Amblyeleotris ogasawarensis* Yanagisawa，1978 [38]

背鳍Ⅵ，Ⅰ－13；臀鳍Ⅰ－13；胸鳍19；腹鳍Ⅰ－5。纵列鳞84；背鳍前鳞0。

本种体延长。左、右腹鳍愈合膜发达，但无膜盖，不形成吸盘。体浅黄色，体侧具5条橙色宽横带。鳃盖后上方具一暗蓝色斑。鳃盖膜具蓝色线纹。第1背鳍基底有一半圆形橙色斑。臀鳍下缘橙褐色。为暖水性底层鱼类。栖息于沿海或珊瑚礁沙砾底质海区，与鼓虾共栖。分布于我国台湾海域，以及日本小笠原群岛海域、澳大利亚东北部海域。体长约8 cm。

2521 日本钝塘鳢 *Amblyeleotris japonicus* Takagi，1957[38]

背鳍Ⅵ，Ⅰ-14；臀鳍Ⅰ-14；胸鳍20；腹鳍Ⅰ-5。纵列鳞76；背鳍前鳞2。

本种与小笠原钝塘鳢相似。体延长。与小笠原钝塘鳢相比，本种左、右腹鳍间有很小的膜盖，其愈合膜极不发达。体乳黄色，有5条深褐色宽横带。胸鳍基和颊部具蓝紫色浅纹或细点。但鳃盖后上方无暗蓝色斑。为暖水性底层鱼类。栖息于沿海或珊瑚礁、沙砾底质海区，常与鼓虾共栖。分布于我国台湾海域，以及日本南部海域。体长约7 cm。

2522 圆眶钝塘鳢 *Amblyeleotris periophthalma*（Bleeker，1853）[38]

=黑斑钝塘鳢=花斑钝塘鳢 *A. maculata*

背鳍Ⅵ，Ⅰ-12；臀鳍Ⅰ-11～12；胸鳍18；腹鳍Ⅰ-5。纵列鳞76；背鳍前鳞0。

本种体延长。眼大，上侧位，突出于头背缘。第1背鳍以第3鳍棘最长，略呈丝状延长。膜鳍无膜盖，不愈合为吸盘。头背裸露，无背鳍前鳞。体棕黄色，体侧横带边缘模糊。胸鳍透明无色，尾鳍灰白色。臀鳍灰褐色，具2条橘红色纵线纹，其间尚有一颜色较深的长条形斑。为暖水性底层鱼类。栖息于沿海或珊瑚礁、沙砾底质海区，与鼓虾共栖。分布于我国台湾海域，以及日本南部海域、印度-西太平洋暖水域。体长约7 cm。

2523 红纹钝塘鳢 *Amblyeleotris wheeleri*（Polunin et Lubbock，1977）[38]

= 条纹钝塘鳢 *A. fasciata* = 惠氏钝鲨

背鳍Ⅵ，Ⅰ－12；臀鳍Ⅰ－11～12；胸鳍18～19；腹鳍Ⅰ－5。纵列鳞65～70；背鳍前鳞18～23。

本种体延长，侧扁。头背具6个感觉管孔。颊部有2纵行感觉乳突线。眼下缘有6条放射状感觉乳突线。项背有鳞。腹鳍无膜盖，不愈合成吸盘。体淡黄色，具6～7条红色宽横带。横带边缘界线清晰。口角具一红斑。背鳍灰白色，具10余个红色斑点。为暖水性底层鱼类。栖息于沿海或珊瑚礁、砾石底质海区，与鼓虾共栖。分布于我国台湾海域，以及琉球群岛海域、印度－西太平洋暖水域。体长约5 cm。

2524 施氏钝塘鳢 *Amblyeleotris steinitzi*（Klausewitz，1974）[38]

背鳍Ⅵ，Ⅰ－12；臀鳍Ⅰ－12；胸鳍19；腹鳍Ⅰ－5。纵列鳞64；背鳍前鳞0。

本种与红纹钝塘鳢相似。但项背裸露，无背鳍前鳞。体白色。体侧具5条深褐色斜横带，其宽度小于无横带处，界线分明。头侧颊部和鳃盖部有若干蓝色小点。臀鳍色浅，下部具颜色较深的纵纹。为暖水性底层鱼类。栖息于沿海或珊瑚礁、沙砾底质海区，与鼓虾共栖。分布于我国台湾海域，以及日本南部海域、印度－西太平洋暖水域。体长约6 cm。

2525 太平岛钝塘鳢 *Amblyeleotris taipinensis* Chen，Shao et Chen，2007[37]

背鳍Ⅵ，Ⅰ－13；臀鳍Ⅰ－14；胸鳍19。纵列鳞73～76；横列鳞28。

本种体延长，侧扁。吻短，下颌突出。眼大，高位。无背鳍前鳞。第1背鳍较高。尾鳍略呈矛状。腹鳍愈合膜很低，无系褶。体淡灰褐色，有5条褐色宽横带。除尾鳍基有褐斑外，其他鳍无大的斑点。为暖水性底层鱼类。分布于我国南海[37]。

2526 布氏钝塘鳢 *Amblyeleotris bleekeri* Chen，Shao et Chen，2006[37]

背鳍Ⅵ，Ⅰ－13；臀鳍Ⅰ－14；胸鳍19。纵列鳞62～63；横列鳞21。

本种与太平岛钝塘鳢十分相似。无背鳍前鳞。腹鳍愈合膜低，且无系褶。体色斑纹均相似。仅纵列鳞、横列鳞偏少。分布于我国台湾海域[37]。

注：上述两种据沈世杰（2011）介绍及图照[37]，似为同种。但笔者未找到其他原图比较。黄宗国（2012）将二者分立为两种[13]。笔者因获取的信息不足而未将二者编入检索表。

▲ 本属我国尚有头带钝塘鳢 *A. cephalotaenius* 等，分布于我国台湾海域[13, 37]。

钝虾虎鱼属 *Amblygobius* Bleeker，1874

本属物种与钝塘鳢相似。体延长。头宽大，头背具6个感觉管孔（B′、C、D、E、F、G）（图11）[4H]，颊部有2条水平乳突线。吻部突出，遮盖上唇。上、下颌几乎等长。两颌齿尖锐，排列稀疏。下颌外行齿较上颌外行齿大，其内侧有2~3行细齿。体被栉鳞，项背被圆鳞，颊部无鳞。背鳍Ⅵ，Ⅰ-14~15。左、右腹鳍愈合成吸盘。我国有4种。

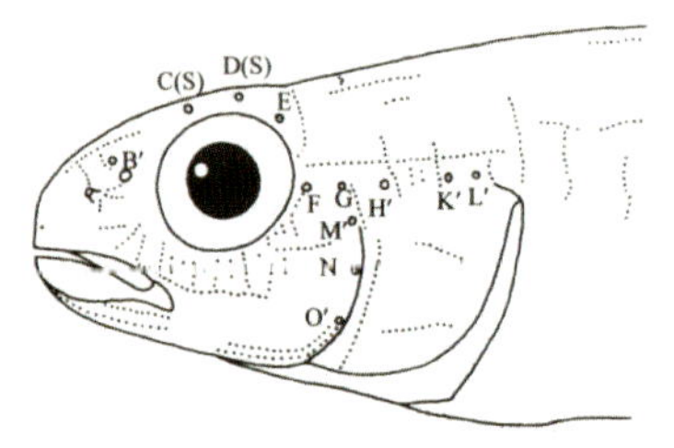

图11 钝虾虎鱼属物种头部感觉器模式图

2527 赫氏钝虾虎鱼 *Amblygobius hectori*（Smith，1957）[38]

背鳍Ⅵ，Ⅰ-15；臀鳍Ⅰ-14；胸鳍17；腹鳍Ⅰ-5。纵列鳞56；背鳍前鳞23。

本种一般特征同属。体延长。吻圆突，突出于上唇前方，形成皮褶包住上唇。头部感觉器分布如图11[4H]所示。第1背鳍高，其第1、第2鳍棘最长，呈丝状延长。体棕黑色，头侧、体侧有3条细纵带。第2背鳍基底有一具白边的长条形黑斑。腹鳍尖端具一黑点。为暖水性底层鱼类。栖息于岩礁海区或珊瑚礁浅海区，也偶见于海藻丛海域，穴居。分布于我国台湾海域，以及日本南部海域、印度-西太平洋暖水域。体长约9 cm。

2528 短唇钝虾虎鱼 *Amblygobius nocturunus*（Herre，1945）[38]

背鳍Ⅵ，Ⅰ－14；臀鳍Ⅰ－14；胸鳍17；腹鳍Ⅰ－5。纵列鳞66；背鳍前鳞0。

本种体形与赫氏钝虾虎鱼相似。吻前端圆钝，颇短。唇略厚，发达。体被小栉鳞，吻和颊部裸露无鳞，无背鳍前鳞。体浅灰色。体侧有2条浅红褐色宽纵带，第1条自吻端沿体背侧直达尾鳍上叶，第2条自口角沿体中部伸达尾鳍中部。沿第2背鳍基有5～6个黑斑。为暖水性底层鱼类。栖息于泥沙、碎岩、珊瑚礁、岩礁海域，穴居。分布于我国南海、台湾海域，以及日本南部海域、中西太平洋暖水域。体长约4 cm。

2529 尾斑钝虾虎鱼 *Amblygobius phalaena*（Valenciennes，1837）[38]

= 白条钝虾虎鱼 *A. albimaculatus*

背鳍Ⅵ，Ⅰ－14；臀鳍Ⅰ－14；胸鳍19～20；腹鳍Ⅰ－5。纵列鳞55～56；背鳍前鳞27～28。鳃耙0＋5～7。

本种体延长，较粗壮。头中等大。吻颇长，吻端圆钝，包住上唇。第1背鳍第3、第4鳍棘最长。体被小栉鳞。头、体绿褐色，体侧有5～6条宽的镶白边的横带。第1背鳍第4～6鳍棘间有一黑色卵圆形斑。尾鳍淡红色，基底处有一大黑斑。为暖水性底层鱼类。栖息于浅海泥沙、砾石、珊瑚、岩礁、藻丛中，雌、雄鱼成对掘洞生活。分布于我国南海、台湾海域，以及日本南部海域、印度–西太平洋暖水域。体长约10 cm。

▲ 本属我国尚有百瑙钝虾虎鱼*A. bynoensis*，以背侧有数条短横带为特征。分布于我国南海[4H]。

凡塘鳢属 *Valenciennea* Bleeker，1856

本属物种体延长，侧扁。头较大，头背具6个感觉管孔（B′、C、D、E、F、G）（图12）[4H]。颊部具2条水平乳突线；第1乳突线较短，与眼下缘乳突线相接。吻较长，但不突出，也不遮盖上唇。上颌向前突出，稍长于下颌，或两颌约等长。两颌齿细尖，多行。第2背鳍、臀鳍同形，鳍式均为 Ⅰ – 11 ~ 19。胸鳍上方无游离鳍条。腹鳍分离，不愈合为吸盘。我国有8种。

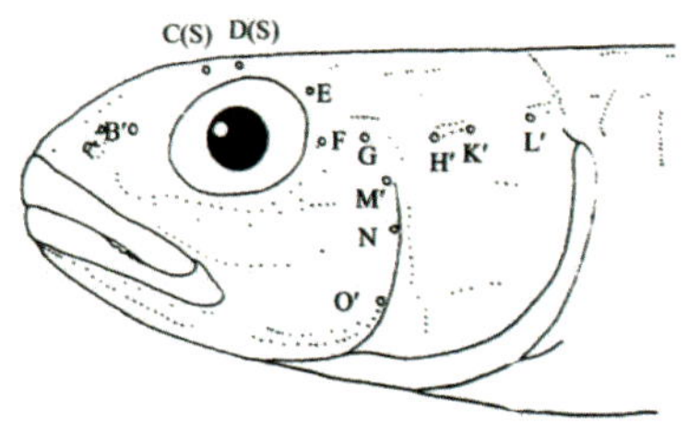

图12　凡塘鳢属物种头部感觉器模式图

2530 丝条凡塘鳢 *Valenciennea strigata*（Broussonet，1782）[38]

= 丝条美塘鳢 *Eleotriodes strigatus* = 红带塘鳢

背鳍Ⅵ，Ⅰ – 17 ~ 18；臀鳍 Ⅰ – 16；胸鳍22 ~ 23；腹鳍 Ⅰ – 5。纵列鳞105 ~ 115；背鳍前鳞0。鳃耙0 + 16。

本种一般特征同属。体延长。口大，上、下颌约等长。第1背鳍较高，第2 ~ 4鳍棘呈丝状延长。第2背鳍长，Ⅰ – 17 ~ 18。臀鳍 Ⅰ – 16，与背鳍同形、对位。体灰黄色，体侧无条纹。眼后方有一镶黑边的紫色纵带。吻、颊和鳃盖下部均呈橙黄色。各鳍黄色，略带红色。为暖水性底层鱼类。栖息于岩礁海区和珊瑚礁丛海区。分布于我国南海、台湾海域，以及日本南部海域、印度–西太平洋暖水域。体长可达13 cm。

2531 大鳞凡塘鳢 *Valenciennea puellaris*（Tomiyama，1956）[38]

= 点带塘鳢 *Eleotriodes puellaris*

背鳍Ⅵ，Ⅰ–11～13；臀鳍Ⅰ–12；胸鳍21；腹鳍Ⅰ–5。纵列鳞84；背鳍前鳞0。

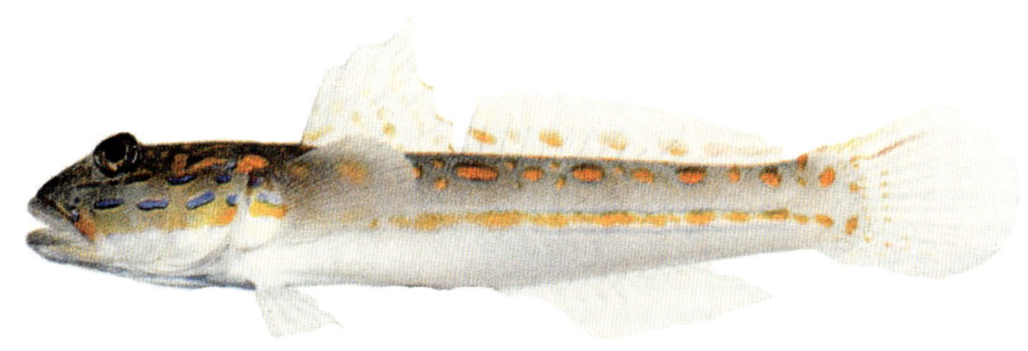

本种体较细长。头较大。口大，前位。上颌突出，稍长于下颌。第1背鳍较高，略呈三角形；以第3鳍棘最长，但不呈丝状延长。第2背鳍与臀鳍同形，对位。体被栉鳞，后部鳞较大。项背、颊部裸露，无背鳍前鳞。头、体浅灰色，略带黄色。头部有多个紫色长条形斑。体侧具一黄色纵带。背侧隐具6条黄色横带，与体侧纵带相交；并不规则地布有橙色斑点。为暖水性底层鱼类。栖息于沙底质海区和珊瑚礁丛海区。分布于我国台湾海域，以及日本南部海域、印度–西太平洋暖水域。体长可达10 cm。

2532 鞍带凡塘鳢 *Valenciennea wardii*（Playfalr，1867）[141]

= 鞍带美塘鳢 = *V. nigromaculata*

背鳍Ⅵ，Ⅰ–12；臀鳍Ⅰ–12；胸鳍20；腹鳍Ⅰ–5。纵列鳞78；背鳍前鳞0。鳃耙0＋10。

本种体延长。吻较长，圆钝。上颌稍突出，两颌几乎等长。颌齿锐尖，多行，弯向内侧。上颌外侧有犬齿，以缝合部第4～5枚最发达。体被弱栉鳞，头背正中线无鳞。体浅灰黄色。第1背鳍有一具白边的大黑斑。第2背鳍后部有黑斑。体侧具3条褐色宽横带。头侧有一蓝色斜纹。为暖水性底层鱼类。栖息于岩礁海区和珊瑚礁丛海区。分布于我国南海，以及日本南部海域、印度–西太平洋暖水域。体长可达10 cm。

2533 **双带凡塘鳢** *Valenciennea helsdingenii*（Bleeker，1858）[38]

= 双带塘鳢 *Eleotriodes helsdingenii*

背鳍Ⅵ，Ⅰ–11；臀鳍Ⅰ–11；胸鳍22～23；腹鳍Ⅰ–5。纵列鳞126～140；背鳍前鳞0。

本种体延长。吻长，前端钝圆。口大，上颌稍突出。颌齿锐尖。尾鳍上、下叶均有数枚鳍条呈丝状。头、体灰棕色，头背灰黑色。体侧有2条黑色纵带，自吻直达尾鳍末端。第1背鳍上半部具一长圆形大黑斑。为暖水性底层鱼类。栖息于近岸沙底质海区和珊瑚礁海区。分布于我国台湾海域，以及日本南部海域、印度–西太平洋暖水域。体长可达10 cm。

2534 **长鳍凡塘鳢** *Valenciennea longipinnis*（Lay et Bennett，1839）[15]

= 长鳍美塘鳢 *Eleotriodes longipinnis*

背鳍Ⅵ，Ⅰ–12；臀鳍Ⅰ–12；胸鳍20～21；腹鳍Ⅰ–5。纵列鳞105～110；背鳍前鳞0。鳃耙0+8。

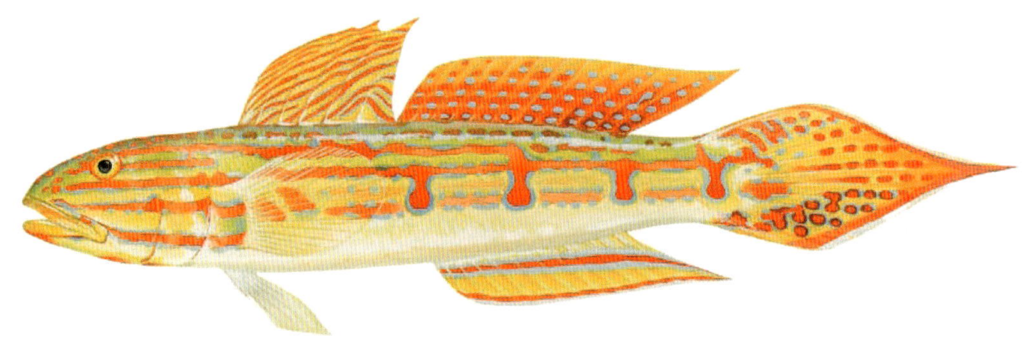

本种体延长。口大，上颌稍突出，两颌约等长。犁骨、腭骨无齿。前鳃盖骨后缘无棘。尾鳍矛

状。头、体灰黄色，具多条红色纵纹。体侧有5个边缘为紫色的马蹄形或长颈瓶状红色斑。颊部有若干红色条纹。各鳍黄色，具红色纵纹。为暖水性底层鱼类。栖息于沿岸岩礁海区和珊瑚礁海区。分布于我国南海、台湾海域，以及日本南部海域、印度–西太平洋暖水域。体长可达14 cm。

2535 六斑凡塘鳢 *Valenciennea sexguttata*（Valenciennes，1837）[38]

= 六点塘鳢 *Eleotris sexguttatus*

背鳍Ⅵ，Ⅰ–12；臀鳍Ⅰ–12；胸鳍20；腹鳍Ⅰ–5。纵列鳞81～83；背鳍前鳞0。鳃耙12～13。

本种体延长。吻部长，前端圆钝。口大，前位。上颌稍突出，两颌约等长。第1背鳍尖三角形，以第3鳍棘最长，但不呈丝状。第2背鳍与臀鳍同为Ⅰ–12。胸鳍宽。腹鳍不呈吸盘状。尾鳍后缘圆弧形。头、体浅灰色，体侧中央有一微红色纵纹。颊部有若干蓝色小斑点，无条纹。第1背鳍端部具一小黑斑。胸鳍基有1～2个蓝点。尾鳍浅灰黄色。为暖水性底层鱼类。栖息于近岸沙泥底质海区和珊瑚礁海区。分布于我国台湾海域，以及日本南部海域、印度–西太平洋暖水域。体长可达10 cm。

2536 石壁凡塘鳢 *Valenciennea muralis*（Valenciennes，1837）[37]

= 石壁美塘鳢 = 条纹塘鳢

背鳍Ⅵ，Ⅰ–12；臀鳍Ⅰ–12；胸鳍19～20；腹鳍Ⅰ–5。纵列鳞80～90；背鳍前鳞0。

本种体延长。头颇大，侧扁。吻长，圆钝。眼小，靠近头背缘。口中等大，上颌末端未达眼中部下方。第1背鳍以第3、第4鳍棘最长。尾鳍长。体紫绿色或草绿色，头侧具3条斜纹，体侧有3条红纵带。各鳍黄色。第1背鳍有3～5条红色纵带，鳍棘顶部有一黑斑。尾鳍有红色斑点，边缘灰黑色。为暖水性底层鱼类。栖息于近岸岩礁海区和珊瑚礁海区。分布于我国南海、台湾海域，以及中西太平洋暖水域。体长达13 cm。

2537 无斑凡塘鳢 *Valenciennea immaculatus*（Ni，1981）[37]

= 无斑美塘鳢

背鳍Ⅵ，Ⅰ－14～15；臀鳍Ⅰ－13～14；胸鳍19～20；腹鳍Ⅰ－5；纵列鳞76～81，背鳍前鳞0。

本种体延长，稍侧扁。后头部具肉质突起。吻较短，圆钝。眼中等小，侧上位。口大，颌齿尖锐，齿尖弯向内侧。两背鳍稍分离。两腹鳍相靠近，但不愈合。头部与胸鳍基无鳞。体被栉鳞。体淡黄色，体侧有3条红色狭纵带，中央具1条银白色纵带。背鳍基、臀鳍基各有一红色细纵带。为暖水性底层鱼类。栖息于沙礁海区和珊瑚礁海区。分布于我国南海、台湾海域，以及西太平洋暖水域。体长约7 cm。属稀有、濒危物种[46]。

2538 异塘鳢 *Heterelotris poecila*（Fowler，1946）[38]

= 杂色异塘鳢 = 琉球鲨

背鳍Ⅵ，Ⅰ－10；臀鳍Ⅰ－8；胸鳍18；腹鳍Ⅰ－5。纵列鳞34；背鳍前鳞0。

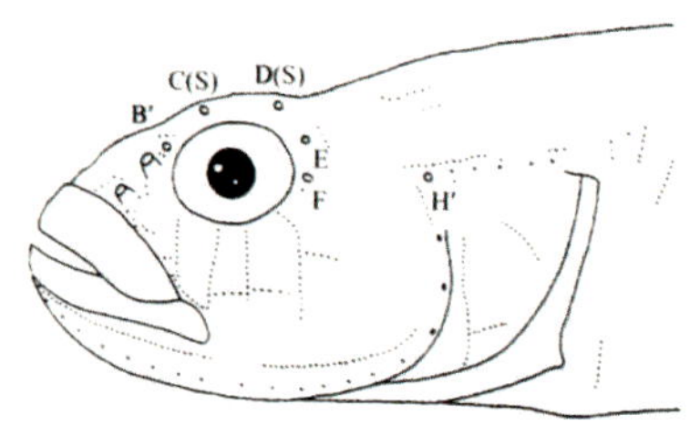

图13 异塘鳢头部感觉器模式图

本种体延长，前部稍平扁，后部侧扁。头背具5个感觉管孔（B′、C、D、E、F）（图13）[4H]。吻短钝，圆突。颊部隆突。眼中等大，上侧位。眼下缘有4条竖直感觉乳突线，向下伸越颊部水平乳突线。口大，前位。上、下颌约等长。鼻孔2个，前鼻孔圆形，具一短管；后鼻孔小，圆形，具短管。体被中等栉鳞，头部和项部无鳞。胸鳍宽，扇形，第1、第2鳍条游离。左、右腹鳍不愈合成吸盘。体灰黑色，体侧具不规则的云状斑纹。背鳍起点前方有一黑色斑块。胸鳍基上方有一小黑斑。尾鳍有5条灰黑色横纹。为暖水性底层鱼类。栖息于潮间带岩礁海区。分布于我国台湾海域，以及日本南部海域、太平洋中部海域。体长约4 cm。

2539 华氏软塘鳢 *Austrolethops wardi* Whitley，1935[9]

= 小眼软塘鳢

背鳍Ⅵ，Ⅰ－13～14；臀鳍Ⅰ－12～13；胸鳍16～17；腹鳍Ⅰ－4。纵列鳞0；背鳍前鳞0。

本种体延长，较高，侧扁。头中等大，前部圆钝。眼极小，几乎退化。前鼻孔具一短管，接近上唇；后鼻孔小，裂隙状，无鼻管。全身裸露无鳞。胸鳍宽，上方无游离鳍条。腹鳍不愈合成吸盘。头、体淡紫色，无条纹及斑块。第1背鳍深灰色，有一大黑斑。第2背鳍后部灰黑色。腹鳍黑色。尾鳍色浅。为暖水性底层鱼类。栖息于潮间带岩礁及珊瑚礁海区。分布于我国台湾海域，以及菲律宾海域、澳大利亚大堡礁海域、印度-西太平洋暖水域。体长约6 cm。为濒危物种[9]。

纺锤虾虎鱼属 *Fusigobius* Whitley，1930

本属物种体延长，略透明。头宽大，横断面呈三角形。头背具6个感觉管孔（B′、C、D、E、F、G）（图14）[4H]。吻长约等于眼径。眼中等大或小，不退化。口小，前位，几乎为横裂。下颌稍突出。颌齿锐尖，3～4行，外行齿稍扩大。通常体被中等栉鳞，纵列鳞23～26枚。头部、吻部、项部、颊部与鳃盖均裸露无鳞。背鳍Ⅵ，Ⅰ－9～10。臀鳍与第2背鳍对位，同形，Ⅰ－8～9。胸鳍长，上部无游离鳍条。左、右腹鳍愈合成一吸盘，但其愈合膜不发达。尾鳍短，后缘圆弧形。我国有7种。

2540 黄斑纺锤虾虎鱼*Fusigobius inframaculatus*（Randall，1994）[38]

= 阿曼纺锤虾虎鱼 *F. inframaculatus* = 长棘纺锤虾虎鱼 *F. longispinus* = 长棘尖吻虾虎鱼

背鳍Ⅵ，Ⅰ-9；臀鳍Ⅰ-8；胸鳍19；腹鳍Ⅰ-5。纵列鳞24；背鳍前鳞4。

图14　黄斑纺锤虾虎鱼头部感觉器模式图

本种一般特征同属。体延长。头中等大，较尖，头背具6个感觉管孔（图14）[4H]。眼大，上缘突出于头背，眼径与吻长几乎相等。口小，前位。颌齿锐密，呈犬齿状。体被栉鳞。背鳍前鳞少。第1背鳍高，以第1鳍棘最长，呈丝状。腹鳍愈合成吸盘。体白色透明，具许多橙色圆斑，体侧尚有4个较大的灰黑色斑块。尾鳍基斑块略呈三角形，与眼几乎等大。各鳍透明，背鳍、尾鳍有许多橙色小斑。为暖水性底层鱼类。栖息于珊瑚礁海域。分布于我国台湾海域，以及日本南部海域、印度-西太平洋暖水域。体长可达7 cm。

2541 巨纺锤虾虎鱼 *Fusigobius maximus*（Randall，2001）[38]

背鳍Ⅵ，Ⅰ-9；臀鳍Ⅰ-8；胸鳍18～19；腹鳍Ⅰ-5。纵列鳞25～26；背鳍前鳞0。

本种与黄斑纺锤虾虎鱼相似。体延长。口小，前位，下颌稍长于上颌。两颌齿细小，锐尖，无犬齿。体被中等栉鳞。背鳍第1、第2鳍棘最长，但不呈丝状延长。体浅棕色，头侧、体侧散布黑色小点。尾鳍基有一小于眼的椭圆形黑斑。第1背鳍基具2个黑斑。第2背鳍和尾鳍散布与瞳孔等大的小黑斑。胸鳍基有2个小黑斑。颊部具2条竖直黑色横带。为暖水性底层鱼类。栖息于珊瑚礁、沙底

质海域。分布于我国台湾海域，以及日本南部海域、印度尼西亚海域、印度–西太平洋暖水域。体长可达7.5 cm。

2542 裸项纺锤虾虎鱼 *Fusigobius duospilus* Hoese et Reader，1985 [38]

背鳍Ⅵ，Ⅰ–9；臀鳍Ⅰ–8；胸鳍19；腹鳍Ⅰ–5。纵列鳞24；背鳍前鳞0。

本种体延长，稍侧扁，略透明。头中等大，断面呈三角形。吻长等于眼径。体被栉鳞。吻部、项部、颊部和鳃盖部均裸露无鳞。体浅棕色。头、体散具许多黑色小点。尾鳍基有一小于眼的三角形黑斑，第1背鳍上具1条竖直黑条纹和1个圆形大黑斑，第2背鳍有许多橙色点列条纹。为暖水性底层鱼类。栖息于岩礁海域或珊瑚礁海域。分布于我国台湾海域，以及日本南部海域、印度–太平洋暖水域。体长约4 cm。

2543 短棘纺锤虾虎鱼 *Fusigobius neophytus*（Günther，1877）[37]

=尖吻纺锤虾虎鱼=植虾虎鱼

背鳍Ⅵ，Ⅰ–9；臀鳍Ⅰ–8；胸鳍18～19；腹鳍Ⅰ–5。纵列鳞23～24；背鳍前鳞0。

本种体延长，半透明，前部较粗。头中等大，较尖。口小，几乎平横。下颌稍突出，长于上颌。体被栉鳞，无背鳍前鳞。体浅棕色，体侧散布小黑点。尾柄中央有一楔形小黑斑。两背鳍上有数纵行点列条纹。眼前后至上颌有1条黑色斜纹。为暖水性底层鱼类。栖息于岩礁或珊瑚礁礁盘区的沙底质海域。分布于我国台湾海域，以及日本南部海域、印度–太平洋暖水域。体长可达7.5 cm。

2544 **肱斑纺锤虾虎鱼** *Fusigobius humeralis*（Randall，2001）[82]
= 肩斑鲯塘鳢 *Coryphopterus humeralis*

背鳍Ⅵ，Ⅰ–9；臀鳍Ⅰ–8；胸鳍18；腹鳍Ⅰ–5。纵列鳞28；背鳍前鳞0。

本种与短棘纺锤虾虎鱼相似。体延长。口小。下颌略突出，稍长于上颌。口斜裂。体浅棕色，体侧散布小黑点。尾柄中央无小黑斑，在尾鳍基正中有一小黑斑。尾鳍具3列横带，胸鳍上方有一黑色圆斑。为暖水性底层鱼类。栖息于沙底质珊瑚丛海域。分布于我国台湾海域，以及日本南部海域、澳洲大堡礁海域、印度–中西太平洋暖水域。体长约4 cm。

▲ 本属我国尚有橘斑纺锤虾虎鱼 *F. melacron*，分布于我国台湾海域[13]。

梵虾虎鱼属 *Vanderhorstia* Smith，1949

本属物种体延长，侧扁。头大，一般具6个感觉管孔（B′、C、D、E、F、G）（图15）[4H]。颊部不隆起，一般具2条水平感觉乳突线，而无竖直乳突线。吻圆钝，颊短，吻长小于眼径。眼大或中等大，侧上位，眼间隔窄。口大或中等大，前位，斜裂。上、下颌约等长，或下颌稍突出。体被细小圆鳞或栉鳞，埋于皮下。头部、项背、颊部均裸露无鳞。背鳍Ⅵ，Ⅰ–12～16。臀鳍与第2背鳍对位，同形，Ⅰ–11～17。胸鳍无丝状游离鳍条。腹鳍小，左、右愈合，但因膜盖不明显而未形成吸盘。我国有5种。

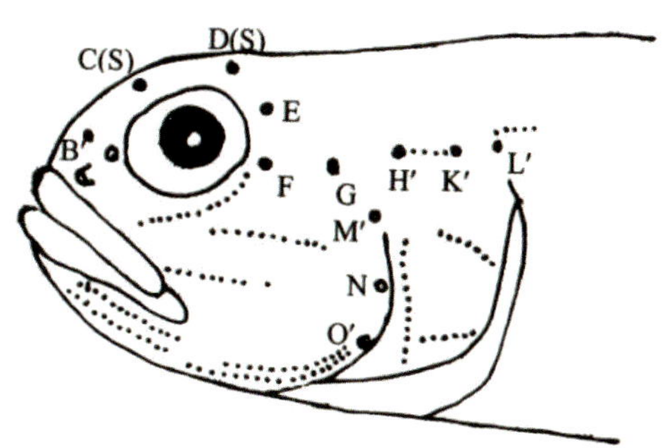

图15 梵虾虎鱼属物种头部感觉器模式图

2545 纹腹梵虾虎鱼 *Vanderhorstia fasciventris*（Smith，1959）[38]

= 背斑梵虾虎鱼 *V. ambanoro*

背鳍Ⅵ，Ⅰ－13；臀鳍Ⅰ－13；胸鳍19；腹鳍Ⅰ－5。纵列鳞73；背鳍前鳞0。

本种一般特征同属。体延长，略侧扁。头中等大。吻钝，吻长短于眼径。眼大，侧上位，上缘突出于头背。口中等大，斜裂。下颌长于上颌。第1背鳍呈长方形，第2背鳍与臀鳍同形，对位，鳍条为13枚。尾鳍后缘圆弧形。体灰褐色，体侧上半部有数个黑色圆斑，间有数条黑色斜带。为暖水性底层鱼类。栖息于内湾沙泥底质海区，与短脊鼓虾共栖。分布于我国台湾海域，以及日本石恒岛海域、西北岛海域，印度–西南太平洋暖水域。体长约3.5 cm。

2546 默氏梵虾虎鱼 *Vanderhorstia mertensi* Klausewitz，1974[38]

背鳍Ⅵ，Ⅰ－16；臀鳍Ⅰ－17；胸鳍17；腹鳍Ⅰ－5。纵列鳞63；背鳍前鳞0。

本种体延长，头钝尖。第1背鳍呈尖三角形，以第3鳍棘长，但不呈丝状。第2背鳍与臀鳍基底等长，同形，对位。尾鳍长，矛状。体灰褐色，体侧有一黄色纵带，无斑点。头部眼下有橙色斜带。尾柄基部有一黑色横带。为暖水性底层鱼类。栖息于内湾沙泥底质海区，与短脊鼓虾共栖。分布于我国台湾海域，以及日本和歌山海域、小笠原群岛海域，红海。体长约3.2 cm。

2547 黄点梵虾虎鱼 *Vanderhorstia ornatissima* Smith，1959[38]

=多鳞梵虾虎鱼

背鳍Ⅵ，Ⅰ-14；臀鳍Ⅰ-13；胸鳍17；腹鳍Ⅰ-5。纵列鳞52；背鳍前鳞0。

本种体稍粗。眼中等大，侧高位。口斜裂。下颌突出，长于上颌。第1背鳍三角形，以第3鳍棘最长，呈丝状延长。尾鳍稍宽，为矛状。头、体黄褐色，有几个呈纵列排布的圆形暗斑和黑色小斑点，并散布粉红色线纹。尾鳍灰色，布有粉红色和黄色纵纹。腹鳍色暗。为暖水性底层鱼类。栖息于珊瑚礁、沙底质海区，与短脊鼓虾共栖。分布于我国南海、台湾海域，以及日本西南诸岛海域，西印度洋、南太平洋暖水域。体长约3.7 cm。

2548 尖体梵虾虎鱼 *Vanderhorstia lanceolata* Yangisawa，1978[38]

背鳍Ⅵ，Ⅰ-12；臀鳍Ⅰ-12；胸鳍16；腹鳍Ⅰ-5。纵列鳞63；背鳍前鳞0。

本种体较修长，略透明。第1背鳍呈三角形，第3鳍棘最长，但不呈丝状延长。尾鳍矛状，以中

央鳍条最长。体淡黄褐色，体侧中央有数个呈纵列排布的长条形黑斑。头侧密布暗斑。体背缘和背鳍上有斑点。各鳍色浅。为暖水性底层鱼类。栖息于内湾沙泥底质海区，与鼓虾共栖。分布于我国台湾海域，以及日本和歌山海域、冲绳岛海域。体长约3 cm。

▲ 本属我国尚有斑头梵虾虎鱼 *V. puncticeps*，亦称斑头栉虾虎鱼 *Ctenogobius puncticeps*。分布于我国东海，为我国特有种[4H]。

矶塘鳢属 *Eviota* Jenkins，1903

本属物种体延长。头颇大，前部略平扁，头背具5个（B′、C、D、E、F）或3个（C、E、F）感觉管孔（图16）[4H]。眼后方有或无箭形感觉管。颊部圆突。吻圆钝，宽短；吻长小于眼径。眼大，上侧位。眼间隔窄，内凹。口大，前上位。颌齿细尖，多行，呈带状排列。鳃孔较窄，侧位，下方不达前鳃盖骨下缘。体被大栉鳞，纵列鳞少于30枚。第1背鳍仅由6枚鳍棘组成。第2背鳍与臀鳍同形，对位，Ⅰ－8～9。胸鳍上部无游离鳍条。腹鳍狭长，不形成吸盘。尾鳍后缘圆弧形。我国有21种。

2549 矶塘鳢 *Eviota abax*（Jordan et Snyder，1901）[14]

＝褐斑虾虎鱼

背鳍Ⅵ，Ⅰ－9；臀鳍Ⅰ－8；胸鳍17～18；腹鳍Ⅰ－4。纵列鳞23～24；背鳍前鳞0。鳃耙1＋5。

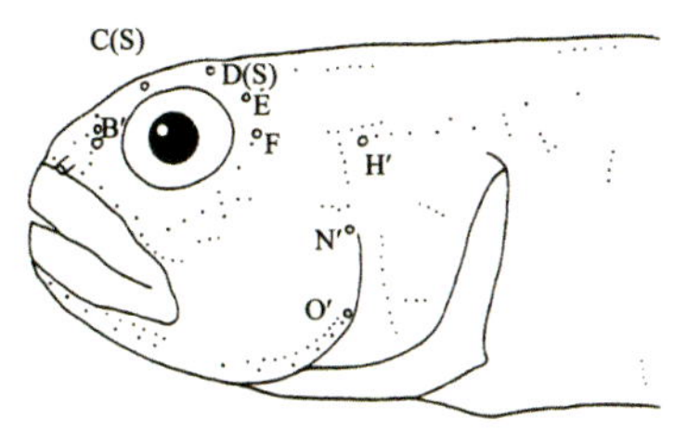

图16 矶塘鳢头部感觉器模式图

本种一般特征同属。体延长，略透明。头较大，头背具5个感觉管孔（图16）。吻短，圆钝，吻长小于眼径。眼大，上侧位。眼后方有箭形感觉管。口大，上、下颌约等长。鳃孔较窄，向前下方仅伸达胸鳍基下方。体被大型弱栉鳞。雄性背鳍第1鳍棘呈丝状延长。体浅棕黄色，各鳞片边缘暗红色。头部有灰红色斑点。眼后项部有一大黑斑。胸鳍基底上、下各有一大圆斑。沿腹缘有5～6个暗斑。各鳍透明，有暗红色点线。为暖水性底层鱼类。栖息于珊瑚礁丛中。分布于我国南海、台湾海域，以及日本南部海域、朝鲜半岛海域、中西太平洋暖水域。体长约4 cm。

2550 项纹矶塘鳢 *Eviota epiphanies* Jenkins，1903[38]

背鳍Ⅵ，Ⅰ－8～9；臀鳍Ⅰ－7～9；胸鳍16～17；腹鳍Ⅰ－5。纵列鳞23～24；背鳍前鳞0。

本种与矶塘鳢相似。体延长，略透明。头部感觉管孔模式和矶塘鳢相同（图16）。本种体带棕红色。体侧背、腹缘有数个暗红色斑，并向中央靠近，连成横带。背鳍前方项背有3～4条暗横带。胸鳍基无暗带。腹鳍第5软条仅为痕迹。为暖水性底层鱼类。栖息于潮间带或潮下海域。分布于我国台湾海域，以及日本伊豆半岛海域、琉球群岛海域、太平洋暖水域。体长约2.5 cm。

2551 白线矶塘鳢 *Eviota albolineata* Jewett et Lachner，1983[37]

＝细点矶塘鳢

背鳍Ⅵ，Ⅰ－8；臀鳍Ⅰ－8；胸鳍17；腹鳍Ⅰ－4。纵列鳞25；背鳍前鳞0。

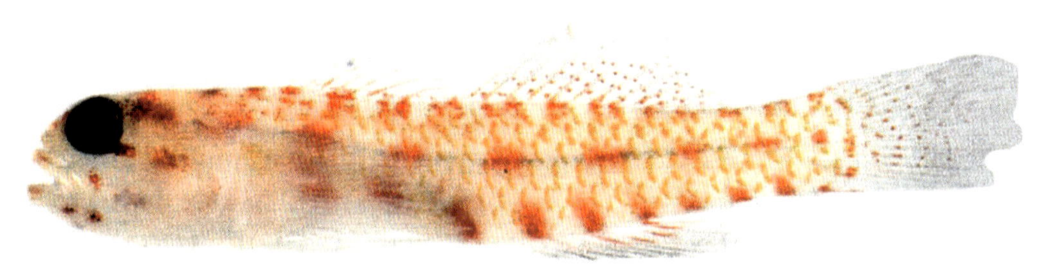

本种体延长，透明。头颇大，头背具5个感觉管孔。吻短，圆钝。眼大，上侧位；眼径大于吻长。唇肥厚。下颌突出，稍长于上颌。体浅黄色。体侧具一白色纵线纹，无横纹。头背有2～3条深色水平纵纹，眼后方无黑斑，而颊部前方散布黑色细点。臀鳍基底和尾柄腹侧具6～8个深红色小点。尾柄上半部无黑斑。为暖水性底层鱼类。栖息于珊瑚礁海区。分布于我国台湾海域，以及日本南部海域、印度－西太平洋暖水域。体长约3 cm。

2552 蜘蛛矶塘鳢 *Eviota smaragdus* Jordan et Seale，1906[38]

= 背点矶塘鳢

背鳍Ⅵ，Ⅰ－8～9；臀鳍Ⅰ－8；胸鳍15～17；腹鳍Ⅰ－5。纵列鳞23～24；背鳍前鳞0。

本种体延长，半透明。眼大，侧高位，上缘突出于头背缘；眼径远大于吻长。体黄绿色。眼后方有一黑斑。背中线有成对的红色和黑色小斑点。臀鳍基到尾柄下方有数个较大圆斑。沿体侧中央有1列稀疏排列的红色斑点。腹腔背缘黑色。各鳍色浅，有红色点列线。为暖水性底层鱼类。栖息于珊瑚礁海区及潮间带海域。分布于我国台湾海域，以及琉球群岛海域，西、南太平洋暖水域。体长约2.5 cm。

2553 黑体矶塘鳢 *Eviota melasma* Lachner et Karnella，1980[38]

= 红点矶塘鳢

背鳍Ⅵ，Ⅰ－8～9；臀鳍Ⅰ－8；胸鳍18～19；腹鳍Ⅰ－5。纵列鳞24～26；背鳍前鳞0。

本种体延长，略粗壮，侧扁。吻短，吻长小于眼径。眼大，上侧位；眼间隔窄。口大，前上位。上、下颌约等长。体被大型弱栉鳞。体浅黄色，腹侧淡紫灰色。眼后项背有大型黑色眼状斑。体背侧和头侧散布红色斑点。腹中线后部具6个成对的红黑斑点。为暖水性底层鱼类。栖息于沿岸海域、珊瑚礁海域。分布于我国台湾海域，以及琉球群岛海域、越南海域、西南太平洋暖水域。体长约4 cm。

2554 稀氏矶塘鳢 *Eviota sebreei* Jordan et Seale，1906[14]

背鳍Ⅵ，Ⅰ-9；臀鳍Ⅰ-8；胸鳍17；腹鳍Ⅰ-5。纵列鳞25；背鳍前鳞0。

本种体延长，较低。头较大，前端略尖。头背具3个感觉管孔。吻长小于眼径。口大，前上位。上、下颌约等长。体被大型弱栉鳞。头部至背鳍前裸露无鳞。背鳍以第3鳍棘最长，各鳍棘不呈丝状延长。腹鳍狭长，鳍棘短，第1～4鳍条均有穗状边缘，不形成吸盘。体浅黄色，自吻至尾鳍基具一红棕色宽纵带。头部、项背无深色斑点。尾鳍基具一深褐色斑。各鳍灰白色，尾鳍下叶红棕色。为暖水性底层鱼类。栖息于珊瑚礁海域。分布于我国台湾海域，以及琉球群岛海域、印度-西太平洋暖水域。体长约3 cm。

2555 对斑矶塘鳢 *Eviota cometa* Jewett et Lachner，1983[82]

背鳍Ⅵ，Ⅰ-8；臀鳍Ⅰ-6～7；胸鳍14～16；腹鳍Ⅰ-5。纵列鳞21～23；背鳍前鳞0。

本种与稀氏矶塘鳢相似。其体稍高，头背具3个感觉管孔。眼大，眼径大于吻长。口较大，上、下颌约等长。胸鳍下部无分支鳍条。腹鳍长，不愈合成吸盘，腹鳍鳍条有穗状边缘。体浅黄褐色，体侧中央具1纵列大斑点。尾鳍基有前、后排列的2个暗斑。为暖水性底层鱼类。栖息于近岸岩礁海区或珊瑚礁海区。分布于我国台湾海域，以及日本冲绳海域，中西太平洋暖水域。体长约2 cm。

2556 黑腹矶塘鳢 *Eviota nigriventris* Giltay，1933[38]

= 黑尾矶塘鳢

背鳍Ⅵ，Ⅰ－7～9；臀鳍Ⅰ－8～9；胸鳍16～17；腹鳍Ⅰ－5。纵列鳞22～23；背鳍前鳞0。

本种体延长，较高。吻长短于眼径。眼大，侧上位。口中等大，前位。第1背鳍呈三角形，以第2鳍棘最长，但不呈丝状。头、体侧自吻端至尾鳍基有一红棕色宽纵带。尾鳍基下部具一大黑斑，与沿尾部腹面到尾鳍基下部的黑带相连。各鳍透明，有红色细点。为暖水性底层鱼类。栖息于珊瑚礁海域。分布于我国台湾海域，以及琉球群岛海域，西、南太平洋暖水域。体长约2.5 cm。

2557 颞斑矶塘鳢 *Eviota storthynx*（Rofen，1959）[38]

背鳍Ⅵ，Ⅰ－8～9；臀鳍Ⅰ－7～8；胸鳍15～17；腹鳍Ⅰ－5。纵列鳞22；背鳍前鳞0。

本种体延长，甚透明。吻长小于眼径。眼大，侧高位，上缘突出于头背缘。背鳍以第1、第2鳍棘最长，呈丝状。腹鳍狭长，各鳍条亦有穗状边缘，不形成吸盘。体浅黄色，后半部腹侧有黑色纵纹。吻至眼下部有一带纹。眼后方具黑色圆斑。在臀鳍基到尾柄下方，分别有4个和3个橙红色斑。各鳍几乎透明。为暖水性底层鱼类。栖息于珊瑚礁海区和沙、砾石底质海域。分布于我国南海，以及日本南部海域、菲律宾海域、印度尼西亚海域。体长约4 cm。

2558 胸斑矶塘鳢 *Eviota prasites* Jordan et Seale，1906 [38]

背鳍Ⅵ，Ⅰ－7～10；臀鳍Ⅰ－6～8；胸鳍15～18；腹鳍Ⅰ－5。纵列鳞22；背鳍前鳞0。

本种体延长，略透明。头中等大，头背有5个感觉管孔。吻圆钝，口前位。下颌稍长于上颌。体橙黄色，胸鳍基上方有一黑色斑点。体侧中央有一自眼后至尾鳍基的橙红色宽纵带，其下缘与7～8条同色横条相连接。背缘有许多橙红色斑点。各鳍色浅，有浅红色点列。为暖水性底层鱼类。栖息于潮下带海域。分布于我国台湾海域，以及日本鹿儿岛海域、西太平洋暖水域。体长约2.5 cm。

2559 昆士兰矶塘鳢 *Eviota queenslandica* Whitley，1932 [38]

＝头点矶塘鳢

背鳍Ⅵ，Ⅰ－9；臀鳍Ⅰ－8；胸鳍15；腹鳍Ⅰ－4。纵列鳞25；背鳍前鳞0。

本种体延长，头背有感觉管孔5个。眼大，上侧位，稍突出。口大，前上位。上、下颌等长。体被大栉鳞。头项背、胸部和背鳍前无鳞。第1背鳍高，第1鳍棘最长，但不呈丝状延长。胸鳍长、大，下方数鳍条具穗状分支。腹鳍狭长，各鳍条具发达的穗状边缘。体灰棕色，头部有许多黑色大圆斑。体侧鳞片边缘密布小黑点。胸鳍基上方、下方、前下方各有一大圆斑。腹侧臀鳍起点至尾鳍基间共有6个黑斑，奇鳍上有多条点列黑纹。为暖水性底层鱼类。栖息于沿岸浅海、珊瑚礁海区。分布于我国南海、台湾海域，以及琉球群岛海域、澳大利亚海域。体长约3 cm。

2560 葱绿矶塘鳢 *Eviota prasina*（Klunzinger，1871）[38]

背鳍Ⅵ，Ⅰ－8；臀鳍Ⅰ－8；胸鳍15；腹鳍Ⅰ－4。纵列鳞24；背鳍前鳞0。

本种体延长。头中等大，前部圆钝，头背有5个感觉管孔。眼大，上侧位。口大，前上位、上、下颌约等长。体被大栉鳞。第1背鳍以第1鳍棘最长。胸鳍宽大，下部鳍条分支。腹鳍狭长，穗状边缘发达。体青绿色，头部微带黄色。头侧有许多由小黑点聚成的圆斑。体侧隐具5～6条黑色斜纹。仅胸鳍基上、下方各有一颜色较深的圆斑。尾柄中央有一大暗斑。腹侧臀鳍起点至尾鳍基有5个黑斑。为暖水性底层鱼类。栖息于沿岸海域、珊瑚礁海域。分布于我国南海、台湾海域，以及日本南部海域、印度–西太平洋暖水域。体长约3 cm。

2561 条纹矶塘鳢 *Eviota afelei* Jordan et Seale，1906[38]

背鳍Ⅵ，Ⅰ－8～9；臀鳍Ⅰ－8；胸鳍15～17；腹鳍Ⅰ－5。纵列鳞23；背鳍前鳞0。

本种与葱绿矶塘鳢相似。体延长。吻短钝，吻长短于眼径。眼大，上侧位，上缘突出于头背缘。口前位，上、下颌约等长。体半透明，黄绿色。体侧有若干暗条纹。胸鳍基底下方无暗斑。下腹侧有9个黑斑。尾柄中央无明显的黑斑，眼后也无黑色圆斑。为暖水性底层鱼类。栖息于珊瑚礁海区、潮间带海区、潟湖。分布于我国台湾海域，以及琉球群岛海域、西太平洋热带水域。体长约2 cm。

2562 塞班矶塘鳢 *Eviota saipanensis* Fowler，1945[14]

背鳍Ⅵ，Ⅰ－9；臀鳍Ⅰ－8；胸鳍16～18；腹鳍Ⅰ－4。纵列鳞24；背鳍前鳞0。

本种体延长，甚侧扁。头较大，眼间隔窄，吻短而圆钝。口大，上颌骨达眼后缘下方。颌齿细尖，外行齿弯曲。犁骨、腭骨无齿。第1背鳍第1鳍棘最长，雄鱼第1背鳍第1鳍棘呈丝状延长。腹鳍狭长，有穗状边缘，鳍条4枚。头、躯干腹侧翠绿色，体背侧和尾部黄色，透明。体侧有6条红色狭长横纹，以臀鳍基及尾柄腹侧4条较明显。尾柄中央有1个黑斑。臀鳍暗褐色。为暖水性底层鱼类。栖息于沿岸海区及珊瑚礁海区。分布于我国台湾海域，以及琉球群岛海域、西太平洋暖水域。体长约3 cm。

▲ 本属我国尚有泣矶塘鳢 *E. lacrimae*、尾条矶塘鳢 *E. zebrina*、斑点矶塘鳢 *E. spilota*、透体矶塘鳢 *E. pellucida* 等种，分布于我国南海、台湾海域[4H，13]。

锯鳞虾虎鱼属 *Priolepis* Valenciennes，1837

本属物种体延长，侧扁。头宽大，前部平扁。头背无感觉管孔。颊部突出，常具2条水平感觉乳突线，无竖直感觉乳突线（图17）[4H]。吻短，圆钝，吻长小于眼径。眼大，上侧位，眼间隔窄。口中等大，前位，下颌稍突出。两颌齿小，锐尖，3～4行，上颌外行齿、下颌内行齿均扩大。鳃孔长，伸向头腹面。鳃盖条5枚。体被中等大栉鳞，纵列鳞22～32枚，背鳍前有或无鳞。背鳍Ⅵ，Ⅰ－8～11。臀鳍与第2背鳍对位，同形，Ⅰ－7～10。左、右腹鳍内侧鳍条2/3处愈合，但不形成吸盘。尾鳍宽。本属我国有8种。

2563 横带锯鳞虾虎鱼 *Priolepis cinctus*（Regan，1908）[38]

=纳氏锯鳞虾虎鱼=*P. naraharae* =十二条虾虎鱼

背鳍Ⅵ，Ⅰ－10～11；臀鳍Ⅰ－9；胸鳍18；腹鳍Ⅰ－5。纵列鳞29～31；背鳍前鳞18～19。鳃耙3～4＋12～14。

图17　横带锯鳞虾虎鱼头部感觉器模式图

本种一般特征同属。体延长，侧扁。头中等大，头部感觉器分布如图17[4H]所示。吻稍尖突，稍短，吻长小于眼径。眼大，背侧位，上缘突出于头背缘。口中等大，下颌长于上颌。体被中等大栉鳞，项部具圆鳞，背鳍前鳞18～19枚。第1背鳍以第3、第4鳍棘较长，不呈丝状。左、右腹鳍仅至2/3处愈合，不形成吸盘。头、体浅褐色，具12条浅色横带。各鳍色浅。为暖水性底层鱼类。栖息于岩礁海区和珊瑚礁海区。分布于我国南海、台湾海域，以及日本南部海域、印度–中西太平洋暖水域。体长约3.5 cm。

2564 广裸锯鳞虾虎鱼 *Priolepis boreus*（Snyder，1909）[38]

=广裸条虾虎鱼 *Zonogobius boreus*

背鳍Ⅵ，Ⅰ－9；臀鳍Ⅰ－7；胸鳍17；腹鳍Ⅰ－5。纵列鳞24～25；背鳍前鳞0。鳃耙2～4＋10～12。

本种与横带锯鳞虾虎鱼相似。体延长。无背鳍前鳞。第1背鳍各鳍棘不呈丝状延长。左、右腹鳍鳍条仅2/3具愈合膜，无膜盖，不呈吸盘状。头部暗黄色，体米黄色。头部有5条具深色边缘的横带。胸鳍基部具一黑色横纹。体侧无横带。各鳍透明，微黄色。为暖水性底层鱼类。栖息水深1～3 m。分布于我国台湾海域，以及日本南部海域、朝鲜半岛海域、西北太平洋暖水域。体长约3 cm。

2565 多纹锯鳞虾虎鱼 *Priolepis semidoliatus*（Valenciennes，1837）[38]
= 丝棘锯鳞虾虎鱼 = 条虾虎鱼 *Zonogobius semidoliatus*

背鳍Ⅵ，Ⅰ－9；臀鳍Ⅰ－7；胸鳍17～18；腹鳍Ⅰ－5。纵列鳞26～27；背鳍前鳞0。鳃耙4＋10～15。

本种体较粗短。第1背鳍高，其第1～4鳍棘呈丝状延长。头、体棕黄色，头部有6条具深色边缘的浅色横带，第6横带自项背向下分2支。体侧有时有4～5条浅色横带。各鳍淡黄色，背鳍、尾鳍尚有由橘黄色小点组成的条纹。为暖水性底层鱼类。栖息于岩礁海区和珊瑚丛海区。分布于我国南海、台湾海域，以及日本南部海域、印度–中西太平洋暖水域。体长约5 cm。

2566 侧条锯鳞虾虎鱼 *Priolepis latifascima* Winterbottom et Burridge，1993[37]
= 白带锯鳞虾虎鱼

背鳍Ⅵ，Ⅰ－8；臀鳍Ⅰ－7；胸鳍18；腹鳍Ⅰ－5。纵列鳞24～25；背鳍前鳞0。

本种与多纹锯鳞虾虎鱼很相似，以致二者曾被认为是同种[4H]。二者的区别在于本种的第2背鳍为Ⅰ－8，胸鳍基上方的横带较宽。体淡褐色，头部具4～5条镶黑边的白色横带，其最后1条自

项背向下分为2支。为暖水性底层鱼类。栖息水深1～2 m。分布于我国台湾海域，以及日本南部海域。体长约3 cm。

▲ 本属我国尚有拟横带锯鳞虾虎鱼 *P. fallacincta*、裸颊锯鳞虾虎鱼 *P. inhaca*、卡氏锯鳞虾虎鱼 *P. kappa*、颈纹锯鳞虾虎鱼 *P. muchifasciatus*，分布于我国南海、台湾海域[4H, 13]。

磨塘鳢属 *Trimma* Jordan et Seale，1906

本属物种延长。头颇大，侧扁。头背无感觉管孔；颊部稍突，具2条水平感觉乳突线（图18）[4H]。吻短，前端稍尖；吻长小于眼径。眼颇大，上侧位，上缘突出。眼间隔窄。口大，前上位，下颌长于上颌。颌齿细尖，多行。鳃孔颇宽，下缘超过前鳃盖后缘。体被大栉鳞，纵列鳞24～30枚。背鳍Ⅵ，Ⅰ－7～10。第2背鳍、臀鳍对位，同形。胸鳍宽大，上缘无游离鳍条。腹鳍狭长，分离，无愈合膜，不呈吸盘状。尾鳍后缘截形。我国有11种。

2567 丝背磨塘鳢 *Trimma naudei* Smith，1957[70]

＝红塘鳢

背鳍Ⅵ，Ⅰ－8；臀鳍Ⅰ－8；胸鳍16～17；腹鳍Ⅰ－5。纵列鳞26～27；背鳍前鳞6～8。

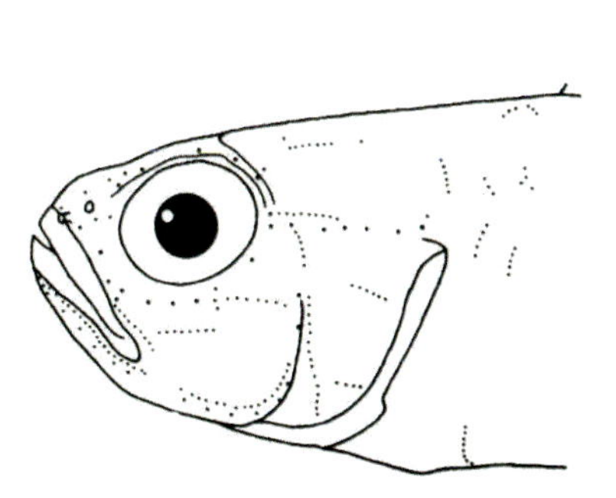

图18　丝背磨塘鳢头部感觉器模式图

本种一般特征同属。体延长，粗壮。头宽大，头部感觉管孔分布如图18[4H]所示。眼大，上缘突出。眼径大于吻长。第1背鳍第2鳍棘呈丝状延长。第2背鳍与臀鳍对位，同形。体被大栉鳞。体密布大型红斑。体侧中央斑块在尾柄部连成一红色纵线。背侧、腹侧各具5～6个斑块。胸鳍基部具黑色线纹。为暖水性底层鱼类。栖息于岩礁或珊瑚礁海区。分布于我国台湾海域，以及琉球群岛海域、印度–西太平洋暖水域。体长可达3 cm。

2568 红拟磨塘鳢 *Trimma caesiura* Jordan et Seale，1906 [38]

背鳍VI，Ⅰ–8；臀鳍Ⅰ–8；胸鳍17～18；腹鳍Ⅰ–5。纵列鳞26～27。

本种体延长，侧扁，稍粗壮。头较大。眼大，近背位。眼间隔窄，眼间隔及眼后有沟。体被栉鳞，背鳍前方、胸部及胸鳍基有鳞。胸鳍鳍条分支。腹鳍第5鳍条的鳍膜十分发达。体红色，头背与体侧散布黑色斑点。各鳍色淡。背鳍、臀鳍有红色点列。尾鳍有2条红色纵纹。为暖水性底层鱼类。栖息于浅水珊瑚礁、岩礁海区。分布于我国台湾海域，以及琉球群岛海域、西太平洋热带水域。体长约3.5 cm。

2569 冲绳磨塘鳢 *Trimma okinawae*（Aoyagi，1949）[38]

=黄点拟矶塘鳢

背鳍VI，Ⅰ–9～10；臀鳍Ⅰ–8～9；胸鳍17～18；腹鳍Ⅰ–5。纵列鳞26～27；背鳍前鳞2～5。

本种体延长，侧扁。眼大，吻短小，吻长小于眼径。体被大栉鳞，但背鳍前鳞较少。第1背鳍较高，以第3鳍棘最长，不呈丝状。体侧密布橘色细斑。颊部至鳃盖具3条红色横纹。背鳍、臀鳍及胸鳍基有2～3列橘色斑点。为暖水性底层鱼类。栖息于浅水珊瑚礁海区。分布于我国台湾海域、南海，以及日本南部海域、澳大利亚西北海域、西太平洋暖水域。体长约3.5 cm。

2570 纵带磨塘鳢 *Trimma grammistes*（Tomiyama，1936）[38]

= 纵带拟矶塘鳢

背鳍Ⅵ，Ⅰ－10；臀鳍Ⅰ－10；胸鳍18～19；腹鳍Ⅰ－5。纵列鳞27～29；背鳍前鳞0。

本种体延长，稍粗壮。头宽大。眼大，吻短，吻长仅为眼径之半。口大，下颌较突出。体被大栉鳞。背鳍前裸露无鳞。第1背鳍近三角形，以第2、第3鳍棘最长，但不呈丝状延长。体暗红色，背侧深褐色。体侧具一深褐色宽纵带，由上颌经眼直达尾鳍基。项背至背鳍前有一褐色细长纵带。各鳍浅灰色，尾鳍中部具一红色纵带。胸鳍基部无斑点。为暖水性底层鱼类。栖息于浅水岩礁海区或珊瑚礁海区。分布于我国台湾海域，以及日本南部海域、韩国济州岛海域。体长达2.5 cm。

2571 大眼磨塘鳢 *Trimma macrophthalma*（Tomiyama，1936）[38]

= 围斑磨塘鳢 = 大眼拟矶塘鳢

背鳍Ⅵ，Ⅰ－9；臀鳍Ⅰ－9；胸鳍17～18；腹鳍Ⅰ－5。纵列鳞25～27；背鳍前鳞0。

本种体延长，粗壮。头宽大。无背鳍前鳞。吻短小，眼大，吻长仅为眼径的40%。眼间隔极窄。第1背鳍呈三角形，第2鳍棘最长，延长成丝状。体红色，头、体具许多圆形或略不规则的橘黄色或红色斑块。各鳍皆为粉红色。胸鳍基部具2个圆斑。为暖水性底层鱼类。栖息于浅水岩礁海区或珊瑚礁海区。分布于我国台湾海域，以及琉球群岛海域、印度–西太平洋暖水域。体长可达2.5 cm。

▲ 我国本属尚有橘点磨塘鳢 *T. annosum*、方氏磨塘鳢 *T. fangi*、底斑磨塘鳢 *T. tevegae*等，分布于我国台湾海域[13]。

副叶虾虎鱼属 *Paragobiodon* Bleeker，1873

本属物种体侧面观呈椭圆形，前部呈亚圆柱状，后部颇侧扁。头部高而圆突，圆球状。头背具4个感觉管孔（B′、C、E、F）；颊部隆起，仅散具数个感觉乳突（图19）[4H]。吻短，圆钝。眼中等大，侧位而高。口小，口裂常近垂直。颌齿尖锐，多行。鳃孔较窄，直裂。鳃盖条5枚。体被强栉鳞，纵列鳞22～24枚。头背裸露无鳞，被细小毛状乳突。第1背鳍有6枚鳍棘。第2背鳍与臀鳍同形，对位；二者鳍式皆为Ⅰ，8～10。胸鳍宽大，无游离鳍条。左、右腹鳍愈合成杯状吸盘。尾鳍后缘圆弧形。我国有5种。

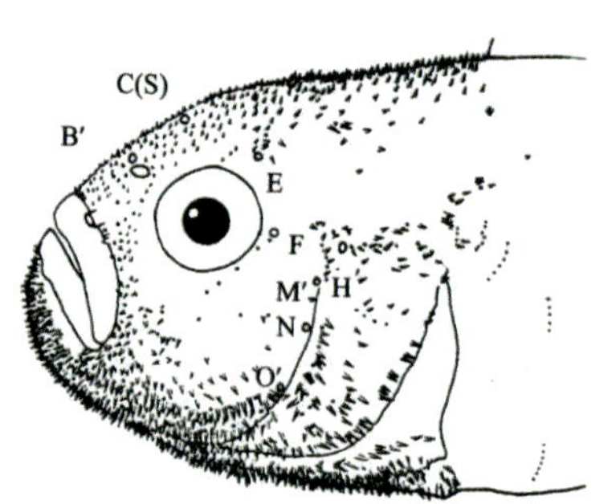

图19　副叶虾虎鱼属物种头部感觉器模式图

2572 黄副叶虾虎鱼 *Paragobiodon xanthosomus*（Bleeker，1852）[14]

= 黄身副短虾虎鱼

背鳍Ⅵ，Ⅰ–9；臀鳍Ⅰ–8；胸鳍19；腹鳍Ⅰ–5。纵列鳞23；背鳍前鳞0。

本种一般特征同属。体侧面观呈椭圆形。头大。口大，前上位，口裂近垂直。下颌稍长。颊部鳍突出。体被较大栉鳞。头部裸露无鳞，被以细小毛状乳突，尤以鳃盖和头腹面较多。背鳍以第3、第4鳍棘最长，不呈丝状延长。腹鳍短小，愈合成一杯状吸盘。头、体黄褐色，无斑点或条纹。鳞上具许多小黑点。鳍灰黄色或深黄色。为暖水性底层鱼类。栖息于浅水珊瑚礁海区。分布于我国南海、台湾海域，以及琉球群岛海域、印度-中西太平洋。体长约3 cm。

2573 **黑副叶虾虎鱼** *Paragobiodon melanosomus*（Bleeker，1852）[38]

背鳍Ⅵ，Ⅰ-8～9；臀鳍Ⅰ-9；胸鳍20～21；腹鳍Ⅰ-5。纵列鳞23～24；背鳍前鳞0。

本种与黄副叶虾虎鱼相似。体侧面观呈椭圆形。头大，侧扁而高，头部感觉器分布如图19所示。头部和体侧灰黑色，无斑点和条纹，各鳍黑色。为暖水性底层鱼类。栖息于沿岸珊瑚礁海区。分布于我国南海，以及琉球群岛海域、印度-中西太平洋暖水域。体长约2.5 cm。

2574 **黑鳍副叶虾虎鱼** *Paragobiodon lacunicolus* Kendall et Goldsboxough，1911[38]
=白副叶虾虎鱼

背鳍Ⅵ，Ⅰ-9～10；臀鳍Ⅰ-8～9；胸鳍21～23；腹鳍Ⅰ-5。纵列鳞21～22；背鳍前鳞0。

本种体侧面观呈椭圆形。吻钝圆，口较小，下颌稍短于上颌。第1背鳍较低。腹鳍短小，愈合成一杯状吸盘。头部红褐色，体侧乳白色，头后胸部有一黑色宽横带。腹鳍深灰色，其他鳍黑色。为暖水性底层鱼类。栖息于珊瑚礁海区。分布于我国南海，以及琉球群岛海域、印度–西太平洋暖水域。体长约2.5 cm。

2575 棘头副叶虾虎鱼 *Paragobiodon echinocephalus*（Rüppell，1830）[38]

= 副叶虾虎鱼

背鳍Ⅵ，Ⅰ–9；臀鳍Ⅰ–8；胸鳍20～21；腹鳍Ⅰ–5。纵列鳞22～23；背鳍前鳞0。

本种体侧面观呈椭圆形。头较大。其吻部、颊部、鳃盖和头腹面均密具较长的毛状乳突。头、项和胸部红褐色，密布灰色小点。眼蓝紫色。体侧黑色。各鳍黑色。为暖水性底层鱼类。栖息于浅水珊瑚礁海区。分布于我国南海，以及琉球群岛海域、印度–中西太平洋暖水域。体长约3 cm。

2576 疣副叶虾虎鱼 *Paragobiodon modestus*（Ragan，1908）[4H]

= 短须副叶虾虎鱼 = 典范副短虾虎鱼

背鳍Ⅵ，Ⅰ–8～9；臀鳍Ⅰ–9；胸鳍20～21；腹鳍Ⅰ–5。纵列鳞22～23；背鳍前鳞0。

本种与棘头副叶虾虎鱼相似。但本种体略高。其吻部、颊部、鳃盖和头腹面密布较短小的毛状乳突。头部红褐色。体侧深灰色，密布小黑点。各鳍黑色。为暖水性底层鱼类。栖息于浅水珊瑚礁海区。分布于我国南海、台湾海域，以及琉球群岛海域、印度洋暖水域。体长可达6.5 cm。

2577 短身裸叶虾虎鱼 *Lubricogobius exiguus* Tanaka，1915[38]

背鳍Ⅵ，Ⅰ－9～10；臀鳍Ⅰ－7；胸鳍20～21；腹鳍Ⅰ－5。纵列鳞0；背鳍前鳞0。鳃耙3＋9～10。

图20　短身裸叶虾虎鱼头部感觉器模式图

本种体侧面观呈长卵圆形。头大，头背无感觉管孔，颊部具一短一长共2条水平感觉乳突线（图20）[4H]。吻短，前端圆弧形。眼大，侧上位。口大，前位。下颌突出，长于上颌。鳃孔宽大，向前下方伸达前鳃盖骨下方。头、体完全裸露无鳞。胸鳍宽大，无丝状游离鳍条。腹鳍长大，愈合为吸盘。尾鳍后缘圆弧形。头、体金黄色，腹部色浅。各鳍浅灰色。为暖水性底层鱼类。栖息于浅水珊瑚礁海区。分布于我国南海，以及日本东京湾以南海域。体长约4 cm。

叶虾虎鱼属 *Gobiodon* Bleeker，1856

本属物种体侧面观呈椭圆形或卵圆形，颇侧扁。头中等大，头背有5个感觉管孔（B′、C、D、E、F）；颊部散具若干感觉乳突（图21）[4H]。吻短，圆钝。眼小，侧高位。眼间隔高而圆突。口小，前位；口裂水平状。颌齿锐尖，多行。鳃孔较窄，直裂，不达前鳃盖骨下缘。头、体全部裸露无鳞。第1背鳍仅由6枚鳍棘组成。第2背鳍与臀鳍同形，对位；二者鳍式均为Ⅰ－9～12。胸鳍宽大，无丝状游离鳍条。腹鳍小，愈合成吸盘。尾鳍后缘圆弧形。我国有11种。

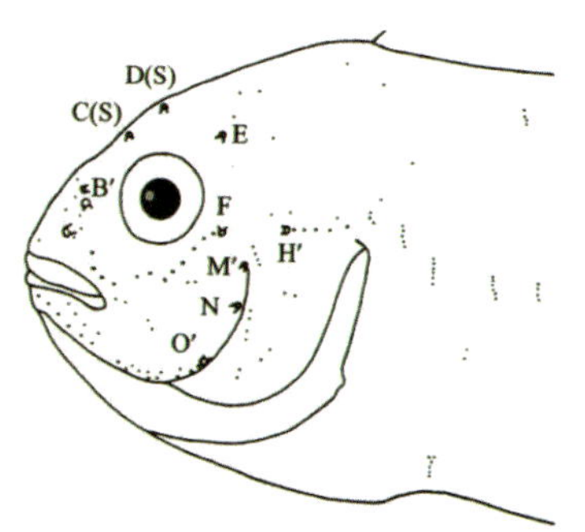

图21　叶虾虎鱼属物种头部感觉器模式图

2578 多线叶虾虎鱼 *Gobiodon multilineatus* Wu，1979[38]

背鳍Ⅵ，Ⅰ－10；臀鳍Ⅰ－9；胸鳍18～19；腹鳍Ⅰ－5。鳃耙0～2＋6～7。

本种一般特征同属。体侧面观呈卵圆形。头大，短而高。口小，前位。上颌略长于下颌。鳃孔竖直，裂缝状。鳃盖条5枚。体黄棕色。头部和胸鳍基具5～7条浅蓝色线状横纹。体侧具14～20条蓝色横纹，呈波状平行排列；无纵带。背鳍、臀鳍黄棕色，胸鳍、腹鳍黄褐色。尾鳍黄色，边缘深棕色。为暖水性底层鱼类。栖息于浅水珊瑚礁海区。分布于我国南海、台湾海域，以及琉球群岛海域。体长约4 cm。为濒危物种[4H]。

2579 黄体叶虾虎鱼 *Gobiodon okinawae* Sawada, Arai et Abe，1972[38]

背鳍Ⅵ，Ⅰ－10；臀鳍Ⅰ－9；胸鳍16～17；腹鳍Ⅰ－5。

本种体侧面观呈椭圆形。头大，短而高。吻短。眼较大，侧上位。口小，前位。上、下颌约等长。体裸露无鳞。头背和鳃盖部均具细小感觉乳突。头、体黄色，无斑点和条纹。各鳍黄色。为暖水性底层鱼类。栖息于浅海枝状珊瑚丛中。分布于我国南海、台湾海域，以及琉球群岛海域。体长约4 cm。

2580 沟叶虾虎鱼 *Gobiodon rivulatus*（Rüppell），1830[38]

=圆斑叶虾虎鱼=网纹短虾虎鱼=五带短虾虎鱼

背鳍Ⅵ，Ⅰ-10；臀鳍Ⅰ-9；胸鳍21；腹鳍Ⅰ-5。

本种体侧扁，侧面观呈卵圆形。头大，圆钝。眼较大，侧位。吻短钝，吻长小于眼径。鳃孔窄，峡部有纵沟。体黄绿色，体侧具数行红斑。眼下至胸鳍基部有5条橙红色横带。各鳍黄绿色，奇鳍外缘时有黑缘。为暖水性底层鱼类。栖息于浅海枝状珊瑚丛中。分布于我国台湾海域，以及琉球群岛海域、西太平洋暖水域。体长约4 cm。

2581 眼带叶虾虎鱼 *Gobiodon oculolineatus* Wu，1979[38]

=暗带叶虾虎鱼=眼线短虾虎鱼

背鳍Ⅵ，Ⅰ-10；臀鳍Ⅰ-9；胸鳍17~19；腹鳍Ⅰ-5。鳃耙0~1+8~9。

本种体侧扁，侧面观呈卵圆形。头短而高，头、体完全裸露无鳞。头背、鳃盖和颊部均有细小疣状突。头红棕色，眼蓝灰色，眼下方具2条平行的蓝色横纹。体灰褐色，无条纹或斑点。各鳍灰黑色。为暖水性底层鱼类。栖息于浅海珊瑚礁丛中。分布于我国南海、台湾海域，以及琉球群岛海域。体长约4 cm。本种属濒危物种。

2582 五线叶虾虎鱼 *Gobiodon quinquestrigatus*（Valenciennes，1837）[38]

背鳍Ⅵ，Ⅰ－10；臀鳍Ⅰ－8～9；胸鳍18～19；腹鳍Ⅰ－5。鳃耙2＋7。

本种与眼带叶虾虎鱼相似。体侧扁，侧面观呈椭圆形。体灰褐色，头部橘色。头侧和胸鳍基有5条蓝色细长横纹，体侧无横纹。沿背鳍和臀鳍基底各有一浅色纵纹。各鳍黑色。尾鳍边缘浅灰色。为暖水性底层鱼类。栖息于岩礁海区和浅海枝状珊瑚丛中。分布于我国南海，以及日本南部海域、印度–中西太平洋暖水域。体长约5 cm。其皮肤黏液有毒。

2583 红点叶虾虎鱼 *Gobiodon erythrospilus* Bleeker，1875[15]

背鳍Ⅵ，Ⅰ－11；臀鳍Ⅰ－9；胸鳍21～22；腹鳍Ⅰ－5。鳃耙2＋7。

本种体甚侧扁而高，侧面观呈椭圆形。头中等大，吻短，圆钝。口小，前位，口裂水平状。上、下颌约等长。头、体黄绿色，头侧和胸鳍基具5条红色横纹。体背缘沿背鳍基底有一纵列红色斑点。沿臀鳍基底亦有红色纵纹。鳃盖后上端有一黑色圆斑。各鳍淡黄褐色。为暖水性底层鱼类。栖息于珊瑚礁海区。分布于我国南海，以及日本南部海域，印度–中西太平洋暖水域。体长可达4.5 cm。其皮肤黏液有毒。

2584 橙色叶虾虎鱼 *Gobiodon citrinus*（Rüppell，1838）[70]

= 柠檬高牙虾虎鱼

背鳍Ⅵ，Ⅰ－10；臀鳍Ⅰ－9；胸鳍20；腹鳍Ⅰ－5。

本种体侧面观呈椭圆形，较短，甚侧扁。头大，短而高，前端陡直。头部感觉器分布如图21[4H]。头部和体侧橙褐色或红褐色。鳃盖后上角具一黑色小圆斑。自眼有2条蓝色横线向下延伸。胸鳍基底前尚有2条蓝色横线。背鳍、臀鳍各有一细纵纹。各鳍灰黄色或灰褐色。为暖水性底层鱼类。栖息于浅海枝状珊瑚等珊瑚丛中。分布于我国台湾海域，以及琉球群岛海域、菲律宾海域、印度－西太平洋暖水域。体长约4 cm。其皮肤黏液有毒。

2585 小鳍叶虾虎鱼 *Gobiodon micropus* Günther，1861 [38]

背鳍Ⅵ，Ⅰ－11；臀鳍Ⅰ－9；胸鳍19；腹鳍Ⅰ－5。

本种是叶虾虎鱼中体最侧扁的鱼种，侧面观呈椭圆形。头大，短而高。吻短。口小，前位。上、下颌几乎等长。体灰黑色至橄榄色。头下半部蓝色，鳃孔上方有一小黑点。眼上、下缘各有一暗横纹。各鳍灰黑色。为暖水性底层鱼类。栖息于浅海枝状珊瑚丛中。分布于我国台湾海域，以及琉球群岛海域、印度－西太平洋暖水域。体长约3.5 cm。

2586 灰叶虾虎鱼 *Gobiodon unicolor*（Castelnau，1873）[14]

=灰短虾虎鱼

背鳍Ⅵ，Ⅰ-11；臀鳍Ⅰ-10；胸鳍18；腹鳍Ⅰ-5。

本种体侧面观呈卵圆形，甚侧扁。头大，短而高。吻短，口小。齿细小，锐尖。唇发达，较厚。鳃裂狭窄。左、右腹鳍愈合成吸盘。头、体完全裸露无鳞。第1背鳍第1鳍棘较第2鳍棘短。体灰褐色，无任何斑纹。除胸鳍、腹鳍色深外，其他鳍浅灰色，略透明。为暖水性底层鱼类。栖息于浅海枝状珊瑚丛中。分布于我国南海、台湾海域，以及琉球群岛海域、西太平洋暖水域。体长约4 cm。

▲ 本属我国尚有宽纹叶虾虎鱼 *G. histrio*和棕褐叶虾虎鱼*G. fulvus*，分别分布于我国南海和台湾海域[13, 4H]。棕褐叶虾虎鱼与眼带叶虾虎鱼形态特征十分相似，二者曾被视为同种[4H]。

2587 浅色项冠虾虎鱼 *Cristatogobius nonatoae*（Ablan，1940）[38]

=丝鳍项冠虾虎鱼=白颈冠虾虎鱼*C. albius*

背鳍Ⅵ，Ⅰ-10；臀鳍Ⅰ-9~10；胸鳍16；腹鳍Ⅰ-5。纵列鳞30~31；背鳍前鳞8~10。

图22 浅色项冠虾虎鱼头部感觉器模式图

本种体延长，前部呈亚圆柱状，后部侧扁。头中等大，头背有6个感觉管孔（B′、C、D、E、F、G），颊部具3个水平感觉乳突线（图22）[4H]。项部自眼至背鳍前具一高而长的皮质鸡冠状突起。吻短钝，吻长小于眼径。眼中等大，上侧位。眼间隔狭窄、隆起。口小，前位，下颌稍突出。上、下颌齿各4行。体被栉鳞，头部无鳞。第1背鳍较高，其前5枚鳍棘呈丝状延长。腹鳍尖形，愈合为吸盘。体浅灰色，体侧无斑纹。头部色暗，项冠暗灰色。第1背鳍后部有一黑斑，其他鳍灰褐色。为暖水性底层鱼类。栖息于河口、红树林湿地或近岸溪流浅水区。分布于我国海南沿海、台湾沿海，以及日本南部沿海、泰国沿海、菲律宾沿海。体长约8 cm。

2588 拟丝虾虎鱼 *Cryptocentroides insignis*（Seale，1910）[38]

背鳍Ⅵ，Ⅰ－12；臀鳍Ⅰ－12；胸鳍16；腹鳍Ⅰ－5。纵列鳞62～70；背鳍前鳞0。

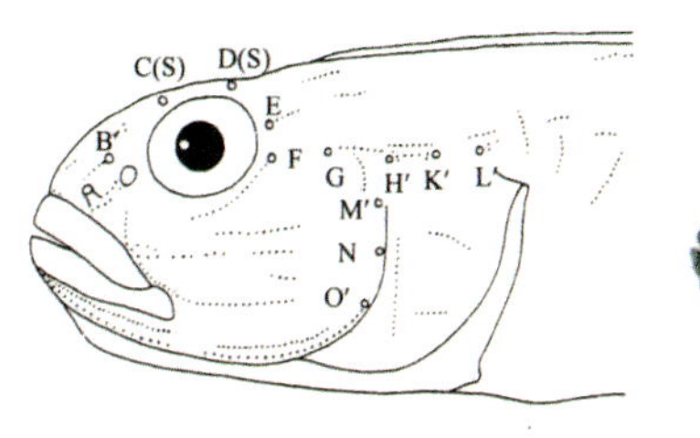

图23　拟丝虾虎鱼头部感觉器模式图

本种体较细长。头背具6个感觉管孔（B′、C、D、E、F、G），颊部具水平感觉乳突线4条（图23）[4H]。吻短钝，吻长小于眼径。眼中等大，上侧位。项背皮嵴低平，始于眼后方。口小，前位，下颌稍突出。颌齿细尖，上颌齿4行，下颌齿3行。体被栉鳞，背鳍前裸露无鳞。第1背鳍第3、第5鳍棘最长。腹鳍愈合成吸盘。尾鳍后缘圆弧形，其长度几乎等于头长。体灰褐色，体侧有8～9条暗褐色斜带。头、体密布不规则的小黑点。雌鱼奇鳍点纹较多。为暖水性底层鱼类。栖息于珊瑚礁海域。分布于我国海南海域，以及日本南部海域、菲律宾海域、印度尼西亚海域。体长约6 cm。

沟虾虎鱼属 *Oxyurichthys* Bleeker，1857

本属物种体延长，侧扁。头中等大，头背具5个感觉管孔（A′、B、C、D、F）；颊部具2条水平感觉乳突线（图24）[4H]。吻短而圆钝。眼大，上侧位。眼间隔颇窄，有时内凹，或有一纵沟。项背皮嵴低平。口大，前位。颌齿尖锐，上颌齿1行，下颌齿2～4行。体前部被圆鳞，后部被栉鳞。颊部、鳃盖无鳞。背鳍Ⅵ，Ⅰ－10～13。臀鳍与第2背鳍对位，同形，二者鳍式均为Ⅰ－10～14。胸鳍宽大，无丝状游离鳍条。腹鳍愈合成吸盘。尾鳍长，其长度大于头长。本属我国有10种。

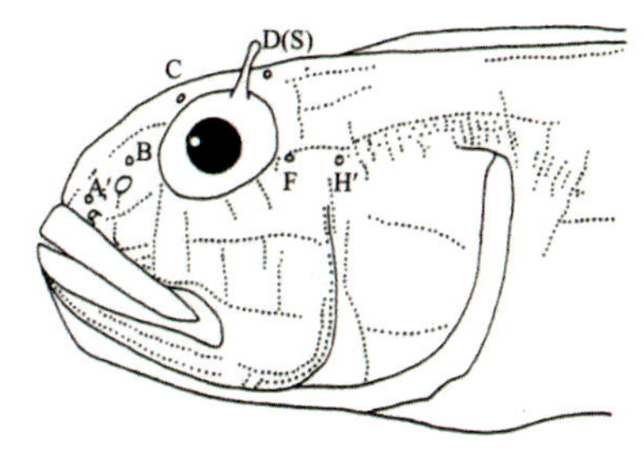

图24　沟虾虎鱼属物种头部感觉器模式图

2589 南方沟虾虎鱼 *Oxyurichthys visayamus* Herre，1927[38]

=维沙亚鸽鲨

背鳍Ⅵ，Ⅰ－11；臀鳍Ⅰ－13；胸鳍18；腹鳍Ⅰ－5。纵列鳞59～62；背鳍前鳞0。

本种一般特征同属。体延长，较侧扁。头中等大，圆钝。吻宽短。眼大，上侧位。眼间隔窄，眼上缘无皮瓣。项背中线有皮嵴突起。口大，前下位，上颌稍长于下颌。体被细鳞，头部和背前区裸露无鳞。第1背鳍呈丝状延长。腹鳍愈合成一长吸盘。尾鳍长，其长度远超过头长。体黄褐色，体侧具1纵列5～6个椭圆形斑，体后半部尚有6条细纹。背鳍有数条灰色线纹。为暖水性底层鱼类。栖息于河口、红树林湿地及近岸内湾、泥底质海区。分布于我国南海、台湾海域，以及日本南部海域、印度－中西太平洋暖水域。体长可达9 cm。

2590 巴布亚沟虾虎鱼 *Oxyurichthys papuensis*（Valenciennes，1837）[14]

=尖尾鱼=眼角鸽鲨

背鳍Ⅵ，Ⅰ－12；臀鳍Ⅰ－13；胸鳍24；腹鳍Ⅰ－5。纵列鳞73～77；背鳍前鳞0。

本种体延长。头较短，眼上缘无皮瓣。眼间隔内凹成纵沟。背中线具一小皮嵴突起。其眼后横沟明显。背鳍前部各鳍棘较长，不呈丝状延长。体褐绿色，体侧隐具1纵行5个暗斑。眼下方具一暗斑。背鳍具暗纵带。臀鳍边缘色暗。胸鳍基底具一暗斑。尾鳍灰黑色，尾鳍基具一黑色小圆斑。为暖水性底层鱼类。栖息于河口缓流处、软泥底质滩涂区。分布于我国台湾沿海、南海沿岸，以及日本南部沿海、印度尼西亚沿海、中西太平洋暖水域沿岸。体长可达12 cm。

2591 触角沟虾虎鱼 *Oxyurichthys tentacularis*（Valenciennes，1837）[14]

=眼丝鸽鲨

背鳍Ⅵ，Ⅰ－12～13；臀鳍Ⅰ－13；胸鳍20～22；腹鳍Ⅰ－5。纵列鳞47～53；背鳍前鳞12～15。鳃耙2＋5～6。

本种体较细长。头短小，圆突。眼中等大，眼上缘后方有一乳白色触角状扁薄皮瓣。眼间隔窄，具纵凹沟。项背中线无皮嵴突起。项部被小圆鳞。第1背鳍以第3鳍棘最长，呈丝状延长。尾鳍尖长。体浅棕色，腹部色浅，体侧具5～6个暗斑。背鳍、臀鳍边缘灰色。腹鳍、尾鳍灰黑色。为暖水性底层鱼类。栖息于咸淡水及沿岸软泥底质浅海区。分布于我国南海、台湾海域，以及印度–中西太平洋暖水域。体长约10 cm。

2592 眼瓣沟虾虎鱼 *Oxyurichthys ophthalmonema*（Bleeker，1856）[38]

=触角尖尾鲨

背鳍Ⅵ，Ⅰ－12；臀鳍Ⅰ－12～13；胸鳍22～23；腹鳍Ⅰ－5。纵列鳞50～54；背鳍前鳞0。鳃耙2＋5。

本种与触角沟虾虎鱼很相似。体略粗壮。头部短小，头部感觉器分布如图24[4H]所示。眼上缘后方有灰色较厚的触角状皮瓣。眼间隔内凹，形成一纵凹沟，后方横沟明显。项背中线具一较低的皮嵴突起。背鳍前裸露无鳞。第1背鳍以第2、第3鳍棘最长，不呈丝状延长[4H]（但益田一（1983）本种图照显示其有丝状延长[38]，疑似触角沟虾虎）。体灰棕色，腹部色浅。体侧具5个暗斑，排列成1纵行。各鳍浅灰色。背鳍具4～5行点列纵纹。为暖水性底层鱼类。栖息于河口缓流处，抑或港湾、潟湖及沿岸滩涂区。分布于我国南海、台湾海域，以及日本南部海域、菲律宾海域、中西太平洋暖水域。体长可达15 cm。

注：沈世杰（1993）认为本种和触角沟虾虎鱼为同种[9]。朱元鼎（1962）称其为触角尖尾鱼 *O. tentarularis*[7]。伍汉霖（2008，2012）则认为其与触角沟虾虎鱼为两个独立种[4H, 13]，二者主要以背鳍前鳞和背中线皮嵴有无相区别。

▲ 本属我国尚有小鳞沟虾虎鱼 *O. microlepis*、矛状沟虾虎鱼 *O. lonchotus*、长背沟虾虎鱼 *O. amabalis*、眼点沟虾虎鱼 *O. oculomirus*等，分布于我国南海、台湾海域[7, 13, 4H]。

2593 刺盖虾虎鱼 *Oplopomus oplopomus*（Valenciennes，1837）[38]

= *O. caninoides*

背鳍Ⅵ，Ⅰ－10；臀鳍Ⅰ－10；胸鳍18～19；腹鳍Ⅰ－5。纵列鳞28～30；背鳍前鳞11～12。鳃耙2～3＋6～7。

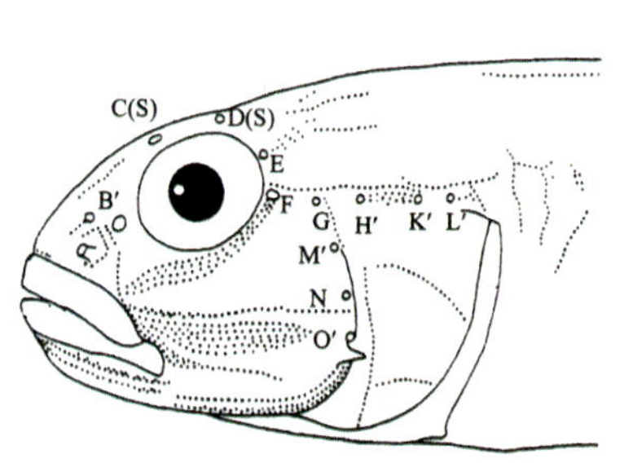

图25　刺盖虾虎鱼头部感觉器模式图

本种体延长，侧扁。头略侧扁，头背具6个感觉管孔（B′、C、D、E、F、G），颊部具3组纵行排列的感觉乳突线（图25）[4H]。吻短钝。眼中等大，上侧位。眼间隔窄。口中等大，前位。上、下颌约等长。颌齿尖锐，多行。前鳃盖骨下部有1～2枚短棘。鳃盖条4枚。体被中等大栉鳞，项部被鳞。第1背鳍以第4、第5鳍棘最长，但不呈丝状延长。第2背鳍与臀鳍对位、同形。胸鳍后缘圆弧形，上部无丝状游离鳍条。腹鳍呈吸盘状。尾鳍后缘圆弧形。体黄绿色，体侧有5个纵行排列的椭圆形暗斑，斑点周围有小点。第1背鳍后缘具一黑斑，沿背鳍基底有1列黑色斑点。臀鳍具1列红色点纹。腹鳍黑褐色。为暖水性底层鱼类。栖息于沿岸沙底质海区。分布于我国南海、台湾海域，以及日本南部海域、印度尼西亚海域、印度–太平洋暖水域。体长约8 cm。

2594 矛尾虾虎鱼 *Chaeturichthys stigmatias* Richardson，1844
= 尖尾虾虎鱼

背鳍Ⅷ，Ⅰ－21～23；臀鳍Ⅰ－18～19；胸鳍21～24；腹鳍Ⅰ－5。纵列鳞42～50；背鳍前鳞21～26。鳃耙4～5＋9～13。

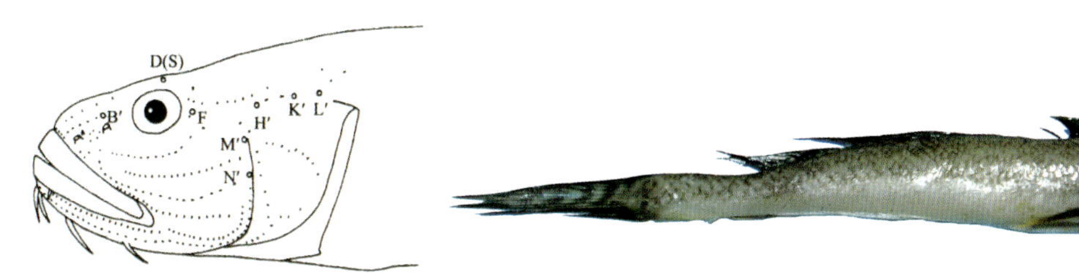

图26　矛尾虾虎鱼头部感觉器模式图

本种体颇延长。头宽扁，头背具3个感觉管（B′、D、F），颊部有4条纵向感觉乳突线（图26）[4H]。吻圆钝。眼较小，上侧位。口大，前位，下颌稍长于上颌。上、下颌各具2行尖齿；外行齿较大，呈犬齿状，内弯。颏部有短小触须3～4对。体被圆鳞，仅吻部无鳞。第1背鳍具8枚短鳍棘。第2背鳍与臀鳍长，对位，同形。胸鳍宽，无游离鳍条。鳃盖内肩带内缘有2个长舌形肉质皮瓣。腹鳍愈合成吸盘。尾鳍尖长，其长度大于头长。体黄褐色，头背部有不规则的斑纹。第1背鳍后缘有一大黑斑。尾鳍有4～5行横纹。为暖温性底层鱼类。栖息于河口至水深60～90 m的沙泥底质海区。分布于我国沿海，以及日本沿海、朝鲜半岛沿海。体长可达22 cm。

阿胡虾虎鱼属 *Awaous* Valenciennes，1837

本属物种体延长。头部宽短，前部平扁，头背有6个感觉管孔（A′、B、C、D、F、G）；颊部突出，有5条竖直乳突线，向下止于水平乳突线上（图27）[4H]。吻圆钝。眼中等大，背侧位。眼间隔较平坦。口中等大，近下位，平横。上颌较厚，突出于下颌前方。舌发达，前端分叉。颏部无须。体被中等大栉鳞，头背、项部被圆鳞，吻部、颊部裸露无鳞。第1背鳍有6枚鳍棘。第2背鳍与臀鳍短，对位，鳍式均为Ⅰ－9～11。鳃盖内肩带内缘有2个长舌形肉质皮瓣。腹鳍小，愈合成吸盘。尾鳍后缘圆弧形。我国有2种。

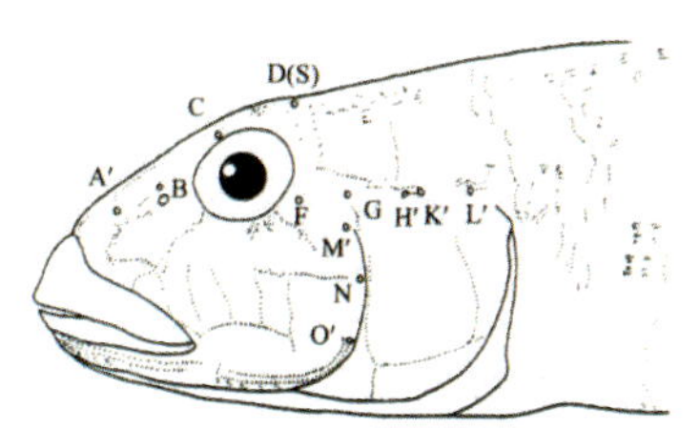

图27　黑首阿胡虾虎鱼头部感觉器模式图

2595 黑首阿胡虾虎鱼 *Awaous melanocephalus*（Bleeker，1849）[38]

= 黑斑舌虾虎鱼 *Glossogobius grammepomus* = 霍氏虾虎鱼 *Gobius hoepplii*
= 霍氏细棘虾虎鱼 *Acentrogobius hoepplii*

背鳍Ⅵ，Ⅰ-10；臀鳍Ⅰ-9～10；胸鳍17～18；腹鳍Ⅰ-5。纵列鳞54～56；背鳍前鳞19～21。鳃耙2+4～5。

本种一般特征同属。体延长。头大，略呈三角形，头部感觉管孔分布如图27[4H]所示。体灰褐色，腹部色浅。体侧有6～7个灰黑色斑块。背侧有许多不规则的云状小斑。第1背鳍有3～4条黑色点列纵纹，后部无眼状斑。胸鳍基底上方有一黑斑。尾鳍有8～10条黑色横纹。眼前下方有2条黑色条纹。为暖水性底层鱼类。栖息于河川，有时进入河口水域，于沙石间挖洞而居。分布于我国海南沿海、台湾沿海，以及日本南部沿海，印度-中西太平洋暖水域沿岸。体长可达13 cm。

2596 睛斑阿胡虾虎鱼 *Awaous ocellaris*（Broussenet，1782）[38]

背鳍Ⅵ，Ⅰ-10；臀鳍Ⅰ-10；胸鳍17～18；腹鳍Ⅰ-5。纵列鳞49～52；背鳍前鳞19～22。

本种与黑首阿胡虾虎鱼十分相似，以致曾把本种误鉴定为黑首阿胡虾虎鱼（朱元鼎，伍汉霖 1965）[120]。本种体稍短高，上唇更肥厚。体侧具7～8个灰黑色不规则的斑块；斑块较小且不甚显著。第1背鳍第6鳍棘处有一明显的黑色睛状斑。为暖水性底层鱼类。栖息于河川。分布于我国台湾水域、日本南部水域、菲律宾水域。体长可达20 cm。

注：严格说本种属于淡水鱼类，栖息于河川。因该种被《中国海洋生物名录》（2010）收入[12]，故本书亦将其列写，供参考。

狭虾虎鱼属 *Stenogobius* Bleeker，1874

本属物种体延长，侧扁。头宽大，短而高。头背具5个感觉管孔（A′、B、C、D、F）。颊部平，稍凹，具2纵行感觉乳突线（图28）[4H]。吻圆钝。眼中等大，上侧位，眼前下缘的前3条放射状乳突线向下延伸，超越第1水平状乳突线（图28）。口中等大，近前位。上、下颌几乎等长。颌齿尖锐，多行，稍内弯。颏部无须。体被中等大弱栉鳞。第1背鳍有6枚鳍棘。第2背鳍与臀鳍对位，同形，二者鳍式均为Ⅰ－10～12。胸鳍宽，无丝状游离鳍条，鳃盖肩带内缘有2个长舌形肉质皮瓣。腹鳍小，呈吸盘状。尾鳍长。我国有2种。

2597 条纹狭虾虎鱼 *Stenogobius genivittatus*（Valenciennes，1837）[38]

= 种子细虾虎鱼

背鳍Ⅵ，Ⅰ－11；臀鳍Ⅰ－11；胸鳍15；腹鳍Ⅰ－5。纵列鳞48；背鳍前鳞18。

图28　条纹狭虾虎鱼头部感觉器模式图

本种一般特征同属。体延长，侧扁。头中等大，短而高，头部感觉器分布如图28所示。颊部及鳃盖部无鳞。头、体浅棕色，背部色深。体侧鳞片边缘均呈灰黑色。体侧中央有1条波状纵带，另有13～14条黑色细横纹。眼下方有一黑色斜横带。背鳍、臀鳍各有3～4条点列条纹。为暖水性底层鱼类。栖息于河川中下游或河口。分布于我国台湾沿海，以及日本西南诸岛沿海。体长约7 cm。

2598 眼带狭虾虎鱼 *Stenogobius ophthalmoporus*（Bleeker，1853）[38]

= 高身狭虾虎鱼 *S. lachrymosus*

背鳍Ⅵ，Ⅰ-10；臀鳍Ⅰ-10；胸鳍16~17；腹鳍Ⅰ-5。纵列鳞50~52；背鳍前鳞18~20。

本种与条纹狭虾虎鱼十分相似，曾被误鉴定为条纹狭虾虎鱼[4H]。本种体较高，粗壮。头背稍隆起。第1背鳍稍高，第3鳍棘更长。颊部、鳃盖部被鳞。体侧具7~9条灰褐色横带。眼下有一近竖直的灰黑色横带直抵口角。胸鳍基上方具一长条形黑斑。为暖水性底层鱼类。栖息于河川中下游和河口泥沙底质水域。分布于我国海南沿海、台湾沿海，以及日本南部沿海、印度-中西太平洋诸岛沿海。体长可达14 cm。

2599 三角捷虾虎鱼 *Drombus triangularis*（Weber，1909）[4H]

= 三角珠虾虎鱼= 三角细棘虾虎鱼 *Acentrogobius triangularis*

背鳍Ⅵ，Ⅰ-10；臀鳍Ⅰ-8~11；胸鳍16~17；腹鳍Ⅰ-5。纵列鳞31~34；背鳍前鳞16~18。

本种体延长。头中等大，头背具6个感觉管孔（B′、C、D、E、F、G）；颊部突出，具2纵行感觉乳突线，两纵线间尚有4条竖直乳突线（图29）[4H]。吻圆钝。眼中等大，上侧位。眼下缘具5条细短放射状乳突线，但均不超越第1水平乳突线。鼻孔2个，分离。前鼻孔下方有一小型皮质隆起。口中等大，前位，稍突出。唇厚，发达。体被中等大栉鳞，头部无鳞。胸鳍宽大，无丝状游离鳍条。

腹鳍小，愈合成吸盘。尾鳍后缘圆弧形。体灰褐色，体侧具3条不规则的横纹，散具白色小点。雄鱼第1背鳍具一椭圆形黑斑，第2背鳍有许多小黑斑。臀鳍有1纵列暗点。胸鳍有一三角形白斑。尾鳍浅褐色，有多行点列。为暖水性底层鱼类。栖息于咸淡水河口及砾石、沙粒底质浅海。分布于我国南海，以及日本南部海域、菲律宾海域、印度-西太平洋暖水域。体长约7 cm。

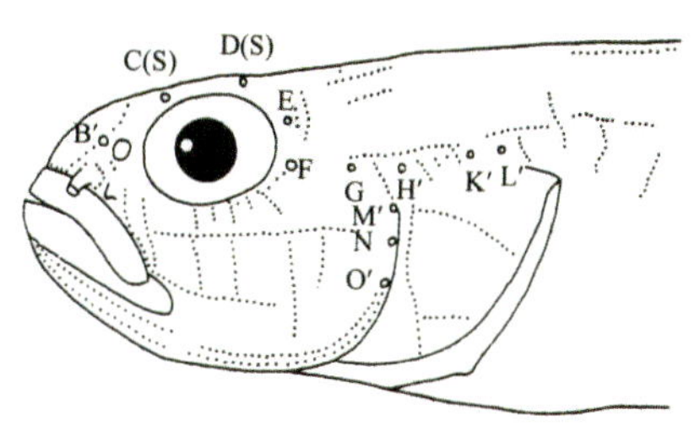

图29　三角捷虾虎鱼头部感觉器模式图

深虾虎鱼属 *Bathygobius* Bleeker，1878

本属物种体延长。头部平扁，头背有6个（B′、C、D、E、F、G）或5个（B′、D、E、F、G）感觉管孔（图30）[4H]。眼稍大，眼间隔狭窄。鼻孔2个，前鼻孔下方有一小皮质隆起。口前位。上、下颌约等长或下颌稍突出。下颌腹面颏瓣后缘凹入或平直。唇略厚。舌游离，舌端凹入或分叉。体被中等大栉鳞，项部被圆鳞，颊部有或无鳞。第1背鳍有6枚鳍棘，以第1鳍棘最长。臀鳍与第2背鳍同形。胸鳍上部鳍条呈丝状游离。腹鳍小，呈吸盘状。尾鳍后缘圆弧形。我国有8种。

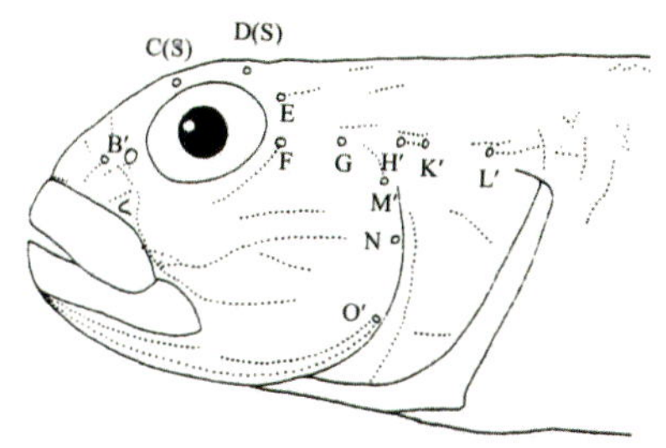

图30　深虾虎鱼属物种头部感觉器模式图

2600 阔头深虾虎鱼 *Bathygobius cotticeps*（Steindachner，1879）[38]

背鳍Ⅵ，Ⅰ-10；臀鳍Ⅰ-8；胸鳍21；腹鳍Ⅰ-5。纵列鳞39；背鳍前鳞27。

本种一般特征同属。体延长。头中等大，平扁，横切面呈三角形。口中等大，前位。上、下颌约等长。下颌腹面颏瓣后缘平直，外缘不显著突出。体被中等大栉鳞，颊部有小圆鳞。胸鳍长，上部有4～5根丝状游离鳍条，最上部一游离鳍条分5支。体棕黑色，体侧具5～6条褐色横带，并间杂有深褐色小斑点。第1背鳍后部有1～2个黑色圆斑。尾鳍有数行不规则的横纹。为暖水性底层鱼类。栖息于潮间带砾石及岩礁海域。分布于我国台湾海域，以及日本南部海域、南太平洋暖水域。体长约6 cm。

2601 圆鳍深虾虎鱼 *Bathygobius cyclopterus*（Valenciennes，1837）[14]

= 糙头深虾虎鱼 *B. crassoceps* = 肩斑虾虎鱼

背鳍Ⅵ，Ⅰ－9；臀鳍Ⅰ－8；胸鳍21～22；腹鳍Ⅰ－5。纵列鳞34～36；背鳍前鳞18～21。

本种与阔头深虾虎鱼一般形态特征相似。但头部横切面近圆形，吻宽圆而钝。颊部裸露无鳞。前鼻孔呈短管状，边缘另有鼻瓣，下方具有一小的皮质隆起。胸鳍上部有4～5枚游离鳍条，其第1游离鳍条分3支。腹鳍小，愈合成一吸盘，其吸盘膜盖中央有一突起。体灰褐色，项部、体侧具4～5条暗横带或不规则的云状斑，并间杂有许多黑褐色小斑点。各鳍多有不规则的横带。为暖水性底层鱼类。栖息于潮间带砾石海域。分布于我国台湾海域、南海，以及日本南部海域、印度尼西亚海域、印度－西南太平洋暖水域。体长约7 cm。

2602 深虾虎鱼 *Bathygobius fuscus*（Rüppell，1830）[14]

= *Gobius albopunctatus* = 杂色虾虎鱼 *G. poecilichthys* = 云斑虾虎鱼

背鳍Ⅵ，Ⅰ－9；臀鳍Ⅰ－8；胸鳍18～19；腹鳍Ⅰ－5。纵列鳞35～38；背鳍前鳞14～16。鳃耙2＋7～8。

本种一般特征同属。体延长，较粗壮。头中等大，头部感觉管孔分布如图30[4H]所示。体被栉鳞，头部裸露。项部被小圆鳞并延伸至眼后缘。腹鳍小，膜盖中部凹入，无突起。体色、斑纹变化较大，通常体棕褐色，头部灰棕色，体侧和项部具5～6条灰褐色横带。第1背鳍浅棕色，具颜色较深的宽纵带，边缘黄色。第2背鳍浅棕色，具4～5纵行小蓝点，边缘深黄色。为暖水性底层鱼类。栖息于潮间带砾石及珊瑚礁海域。分布于我国南海、台湾海域，以及日本南部海域，朝鲜半岛海域，太平洋、大西洋和印度洋暖水域。体长约9 cm。

2603 巴东深虾虎鱼 *Bathygobius padangensis*（Bleeker，1851）[38]

=黑深虾虎鱼

背鳍Ⅵ，Ⅰ－9；臀鳍Ⅰ－8；胸鳍18；腹鳍Ⅰ－5。纵列鳞36～38；背鳍前鳞18～20。鳃耙1～2＋7～8。

本种与深虾虎鱼相似。体延长。头中等大，头部感觉管孔分布如图30[4H]所示。腹鳍膜盖中部凹入，无突起。前鼻孔短管状，下方亦具一小皮质隆起，但无鼻瓣。其下颌腹面颏瓣后缘平直，不内凹。第1背鳍以第2鳍棘最长，不呈丝状。胸鳍上部有数根丝状游离鳍条，每个游离鳍条仅分2支。体灰棕色，腹部色浅。体侧中央具5～6条褐色横带或不规则的云状纹，横带可伸达腹部并杂有深褐色小斑点。鳃盖部具1纵行褐色斑点。第1背鳍色浅，无颜色较深的宽带，有3～4纵列点纹。胸鳍基具2个黑色斑。为暖水性底层鱼类。栖息于潮间带砾石海域。分布于我国南海、台湾海域，以及日本南部海域、印度尼西亚海域、印度–西太平洋暖水域。体长约7 cm。

2604 椰子深虾虎鱼 *Bathygobius cocosensis*（Bleeker，1854）[38]

背鳍Ⅵ，Ⅰ－9；臀鳍Ⅰ－7；胸鳍18；腹鳍Ⅰ－5。纵列鳞35～36；背鳍前鳞4～8。鳃耙2＋8。

本种体延长，头中等大。腹鳍膜盖中部凹入，无突起。前鼻孔短管状，下方有皮质隆起，无鼻瓣。第1背鳍以第1鳍棘最长。口中等大，上、下颌约等长。下颌腹面颏瓣后缘凹入。体棕色，体侧中央具1纵列小暗斑，上方具若干褐色横带。腹部无任何暗斑。眼后方鳃盖及胸鳍基上方各具一

黑斑。尾鳍有数行不规则的横纹。为暖水性底层鱼类。栖息于潮间带砾石海域。分布于我国台湾海域，以及日本南部海域、印度-太平洋暖水域。体长约6 cm。

▲ 本属我国尚有香港深虾虎鱼 *B. meggitti*、莱氏深虾虎鱼 *B. laddi*、扁头深虾虎鱼 *B. petrophilus*，分布于我国南海、台湾海域[4H, 13]。

裸头虾虎鱼属 *Chaenogobius* Gill，1859

2605 大口裸头虾虎鱼 *Chaenogobius gulosus*（Sauvage，1882）[38]

= 大口虾虎鱼 *Chasmichthys gulosus*

背鳍Ⅵ，Ⅰ-10～11；臀鳍Ⅰ-8～9；胸鳍7+14～16；腹鳍Ⅰ-5。纵列鳞85～87；背鳍前鳞28。鳃耙3+10。

本种体延长。头中等大，头背有3个感觉管孔（B′、D、F）；颊部稍突出，通常具1条眼下感觉乳突线（图31）[4H]。吻圆钝。口大，前位。上颌略突出。两颌齿多行，呈绒毛状齿带。唇厚。舌游离，前端凹入。颏部具一皮质突起，后缘有一横沟。体被小圆鳞，腹部鳞片几乎埋皮下。第1背鳍具6枚鳍棘，以第2、第3鳍棘较长。第2背鳍与臀鳍对位，同形。胸鳍后缘圆弧形，上部有6～7枚丝状游离鳍条。腹鳍小，呈吸盘状。尾鳍后缘圆弧形。体暗褐色，腹部色较浅，上部有不规则的暗斑。体侧有白色小斑点。胸鳍具黑色点列。尾鳍色暗，有白边，基部具一大黑斑。为暖温性底层鱼类。栖息于沿岸岩礁海域。分布于我国黄海、渤海，以及日本海域、朝鲜半岛海域。体长约12 cm[5]。

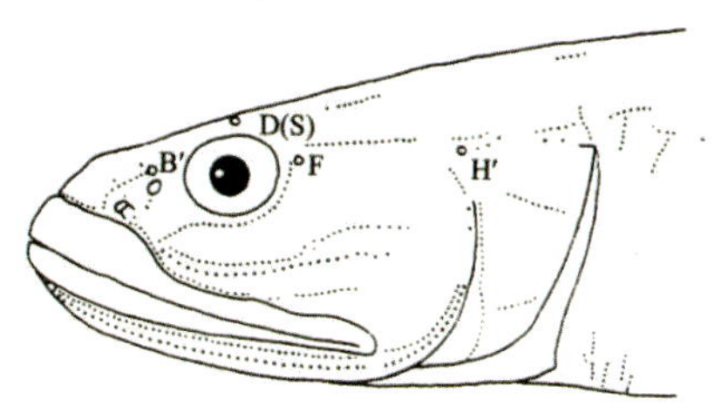

图31　大口裸头虾虎鱼头部感觉器模式图

2606 长颌裸头虾虎鱼 *Chaenogobius dolichognathus*（Hilgendorf，1879）[38]

=尾纹裸头虾虎鱼 *Chasmichthys annularis*

背鳍Ⅵ，Ⅰ－10；臀鳍Ⅰ－9；胸鳍22；腹鳍Ⅰ－5。纵列鳞63。

本种与大口裸头虾虎鱼一般形态特征相似。体略细长。头中等大。胸鳍上部具游离鳍条。颏部皮质突起中间后缘有沟。体暗褐色，体侧具宽横带。第1背鳍后缘有黑斑。尾鳍基具大型黑斑。为暖温性底层鱼类。栖息于沿岸浅海区。分布于我国黄海、东海、台湾海域，以及日本海域、朝鲜半岛海域。

裸身虾虎鱼属 *Gymnogobius* Gill, 1863

本属物种体延长。头中等大，头部具2～4个感觉管孔或无感觉管孔（图32）[4H]；一般具1条眼下感觉乳突线，2～3条水平乳突线。吻圆钝。眼中等大。口大，下颌稍突出。两颌齿多行，呈绒毛状。唇厚。舌游离，前端分叉。颏部常具一皮质突起，后缘有一横沟。体被栉鳞或圆鳞，体前部鳞片埋入皮内。头部通常无鳞。臀鳍与第2背鳍同形，对位，Ⅰ－7～11。胸鳍上部无丝状游离鳍条。腹鳍小，愈合成吸盘。尾鳍后缘圆弧形。我国有5种。

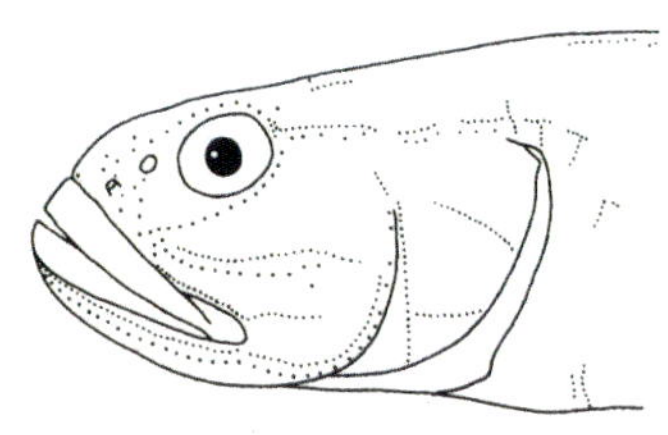
a 黄带裸身虾虎鱼

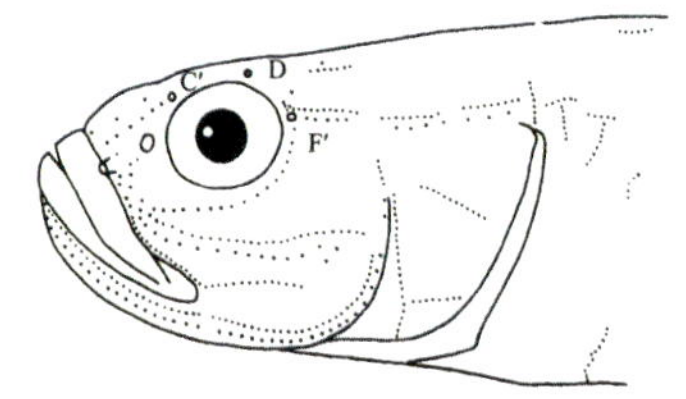

b 栗色裸身虾虎鱼

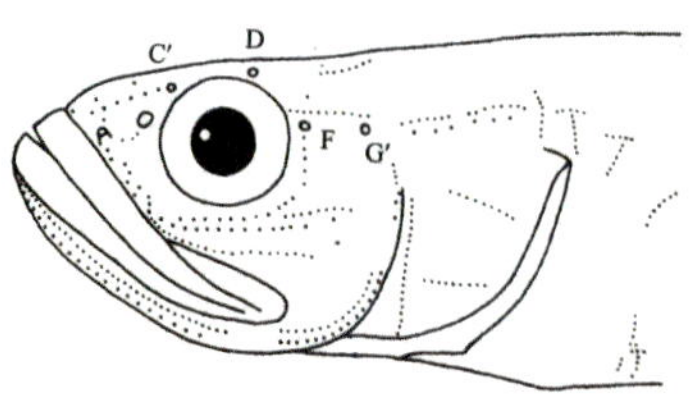

c 七棘裸身虾虎鱼

图32 裸身虾虎鱼属物种头部感觉器模式图

2607 黄带裸身虾虎鱼 *Gymnogobius laevis*（Steindachner，1879）[38]（上雄鱼，下雌鱼）

= 光滑裸身虾虎鱼 = 黄带克丽虾虎鱼 *Chloea laevis*

背鳍Ⅶ～Ⅷ，Ⅰ－9～10；臀鳍Ⅰ－9～10；胸鳍20；腹鳍Ⅰ－5。纵列鳞58～60；背鳍前鳞0。鳃耙3＋8～9。

本种一般特征同属。其最主要特点是头部无感觉管孔；颊部有1条眼下感觉乳突线，其下为3条水平乳突线（图32a）[4H]。鳞小，为弱栉鳞。头项部及背鳍前无鳞。胸鳍尖，上部无丝状游离鳍条。腹鳍尖，愈合为一吸盘。头、体浅黄褐色。体侧有7～8条黄色横带，有时横带不明显。雄鱼背鳍有数纵行暗点。雌鱼繁殖期背鳍、臀鳍、腹鳍黑色。为冷温性底层鱼类。栖息于我国辽河、图们江水系中下游，以及日本北海道至东京水域、俄罗斯萨哈林岛（库页岛）水域、朝鲜半岛水域。体长约5 cm。

2608 栗色裸身虾虎鱼 *Gymnogobius castanea*（O′ Shaughnessy，1875）[38]**（上雄鱼，下雌鱼）**

= 栗色裸头虾虎鱼 *Chaenogobius castanea*

背鳍Ⅶ，Ⅰ-10；臀鳍Ⅰ-9；胸鳍21；腹鳍Ⅰ-5。纵列鳞68；背鳍前鳞7。

本种体稍高。头较小。头部有3个感觉管孔（C′、D、F′）（图32b）[4H]。吻稍长，吻长大于眼径。口稍小，上颌骨仅达眼中部下方。头部无鳞，背鳍前鳞7枚。头、体浅黄褐色，体侧无暗横带，但有一由小斑点排列而成的纵纹。雄性背鳍有数行暗纵纹，雌鱼生殖期背鳍、臀鳍、腹鳍黑色。为冷温性底层鱼类。栖息于江河及河口。分布于我国辽河、图们江、鸭绿江水系，以及日本北海道水域、朝鲜半岛水域。体长约7 cm。

2609 条尾裸身虾虎鱼 *Gymnogobius urotaenia*（Hilgendorf，1879）[38]

= 尾纹长颌虾虎鱼 = 尾纹裸头虾虎鱼 *Chaenogobius annularis*

背鳍Ⅵ，Ⅰ－9～11；臀鳍Ⅰ－9～11；胸鳍17～20；腹鳍Ⅰ－5。纵列鳞68～75；背鳍前鳞27。鳃耙2＋7～8。

本种体延长。头中等大，较长，头部具4个感觉管孔。吻圆钝。口较大，下颌稍突出，上颌骨可达眼下缘后下方。眼中等大，眼间隔大于眼径。颏部具一皮质隆起，后缘有一横沟。体被弱小栉鳞，头部裸露，项背被小圆鳞。体灰褐色。头、体背侧具云状宽横纹。体侧具7～8个不规则的灰黑色斑块。第1背鳍后端和尾鳍基部各有一黑斑。尾鳍尚有5～6行黑色波状横纹，边缘白色。为冷温性底层鱼类。栖息于河川中下游。分布于我国图们江、鸭绿江水系，以及日本北部水域、朝鲜半岛水域。体长可达10 cm。

注：郑葆珊（1979）将本种定名为尾纹长颌虾虎鱼 *C. annularis*，并认为它与大颌裸身虾虎鱼（裸虾虎鱼）*G. macrognathus* 是同种[96]。而中坊徹次（1993）和益田一（1982）则认为二者是不同鱼种[36, 38]，区别在于后者眼间隔稍窄，仅稍大于眼径。

2610 七棘裸身虾虎鱼 *Gymnogobius heptacanthus*（Hilgendorf，1879）[38]

= 肉犁裸虾虎鱼 = 肉犁克丽虾虎鱼 *Chloea sarchynnis*

背鳍Ⅶ，Ⅰ－11～14；臀鳍Ⅰ－12～13；胸鳍18～21；腹鳍Ⅰ－5。纵列鳞69～75；背鳍前鳞0。鳃耙6＋14～15。

本种体细长。头长，侧扁。头部有4个感觉管孔，颊部具一眼下感觉乳突线和2条水平乳突线（图32c）[4H]。眼中等大。口较大，下颌突出，上颌达眼后缘下方。颏部常具一皮质隆起，后缘有横沟。第1背鳍有7枚鳍棘。体被小型弱栉鳞。头部、项部、胸部裸露，无背鳍前鳞。体灰褐色，背侧有虫状纹或网状纹，体侧常有14～15个不明显的黑斑。眼前缘有一黑色条纹伸向上唇。雌鱼第1背鳍后部有一黑斑，雄鱼胸鳍基有一小黑斑。为冷温性底层鱼类。栖息于河口及近岸海域。分布于我国黄海、渤海，以及日本北海道以南海域、朝鲜半岛海域、俄罗斯滨海区沿岸海域。体长约6 cm。

2611 网纹裸身虾虎鱼 *Gymnogobius mororanus*（Jordan et Snyder，1901）[38]

= 黑鳍克丽虾虎鱼 *Chloea nigripinnis*

背鳍Ⅶ，Ⅰ－12～14；臀鳍Ⅰ－11～14；胸鳍21～23；腹鳍Ⅰ－5。纵列鳞86～91；背鳍前鳞0。

本种体稍粗。头部有4个感觉管孔。唇厚，口大。下颌突出，上颌伸达眼远后下方。颊部具1条眼下乳突线，有3条水平乳突线。体被弱小栉鳞。体浅灰绿色，腹面浅白色，背侧具网状纹。两背鳍均具棕色斑点。尾鳍灰黑色，散布黑色小点。为冷温性底层鱼类。栖息于河口及沿岸海域。分布于我国渤海、黄海，以及日本北海道以南海域、朝鲜半岛海域、俄罗斯萨哈林岛（库页岛）海域。体长约7 cm。

舌虾虎鱼属 *Glossogobius* Gill，1859

本属物种体延长。头宽大，前部侧扁，头背具6个感觉管孔（B′、C、D、E、F、G）；颊部突出，常具5条水平感觉乳突线，而无竖直乳突线（图33）[4H]。吻圆钝或尖突。眼中等大或小，上侧位。口中等大，前位。下颌明显突出。颌齿锐尖，3～4行。唇略厚。舌发达，游离，前端凹入或深分叉。颏部无须或具小须1对。体被中等大栉鳞，头被圆鳞，项部、颊部裸露无鳞。第1背鳍具6枚鳍棘。第2背鳍与臀鳍同形，对位，二者鳍式均为Ⅰ－6～10。胸鳍宽长，上方无游离鳍条。腹鳍小，愈合成一吸盘，有膜盖，不内凹，不呈叶状突出。尾鳍宽而圆或尖而长。我国有8种。

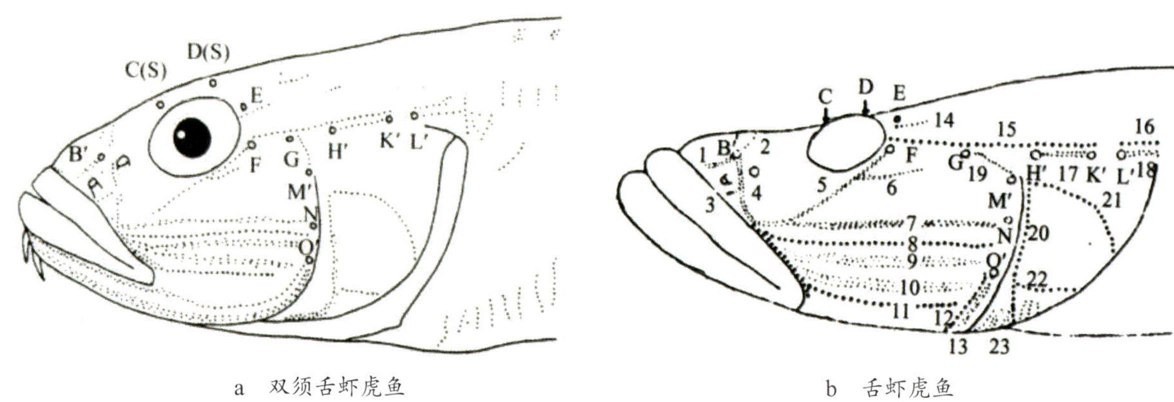

a 双须舌虾虎鱼　　b 舌虾虎鱼

图33 舌虾虎鱼属物种头部感觉器模式图

2612 双须舌虾虎鱼 *Glossogobius bicirrhosus*（Weber，1894）[38]

背鳍Ⅵ，Ⅰ－9；臀鳍Ⅰ－8；胸鳍18～19；腹鳍Ⅰ－5。纵列鳞30～31；背鳍前鳞16～17。鳃耙2～3＋8。

本种一般特征同属。体延长。头颇大，较尖。头部感觉器分布如图33a所示。吻颇长。眼大，背侧位，眼间隔窄。口中等大。舌游离，前端分叉。颏部有小须1对。体被中等大栉鳞，头部、项部被圆鳞。第1背鳍第2鳍棘最长，呈丝状延长。尾鳍长。头、体灰棕色。头部眼下向口角有黑色斜纹。颏须深褐色。背侧具不规则的褐色斑块。体侧中央有5～6个黑斑。尾鳍灰色，隐具数行横纹。其他鳍浅灰色。为暖水性底层鱼类。栖息于河口、潟湖，潜伏于泥沙中。分布于我国南海、台湾海域，以及日本南部海域、西太平洋暖水域。体长可达15 cm。

2613 双斑舌虾虎鱼 *Glossogobius biocellatus*（Valenciennes，1837）[38]

背鳍Ⅵ，Ⅰ－8～9；臀鳍Ⅰ－8；胸鳍17～19；腹鳍Ⅰ－5。纵列鳞28～31；背鳍前鳞14～16。鳃耙1～2＋6～7。

本种体延长。头颇大。吻前端低窄，颇长，吻长远大于眼径。眼小，背侧位，瞳孔上部有一由虹彩伸出的舌状小暗斑。第1背鳍以中部鳍棘最长，但不呈丝状延长。体灰褐色，背部色较深。体

侧中央具1纵列4～5个大暗斑，或在背侧形成鞍状斑。第1背鳍灰褐色，其前部和后部各有1个黑色眼状斑。为暖水性底层鱼类。栖息于河口及红树林湿地、港湾、潟湖及浅海区。分布于我国东海、南海、台湾海域，以及日本伊豆半岛海域、印度-中西太平洋暖水域。体长可达10 cm。

2614 斑纹舌虾虎鱼 *Glossogobius olivaceus*（Temminck et Schlegel，1845）[38]

= 舌虾虎鱼 *G. iuris* = 斑纹舌虾虎鱼 *G. fasciato-punctatus*

背鳍Ⅵ，Ⅰ-9；臀鳍Ⅰ-8～9；胸鳍18～19；腹鳍Ⅰ-5。纵列鳞29～32；背鳍前鳞24～27。鳃耙4～5+12。

本种体延长。头中等大，较尖。吻尖突，颊长，吻长大于眼径。眼中等大。口中等大。下颌突出，长于上颌。颊部的纵行感觉乳突线中有3条是由3列平行小乳突构成的（图33b）。第1背鳍以第2棘鳍最长，雄鱼的延长成丝状。头、体棕黄色，背部色较深。背侧有4～5条灰色宽横带。眼后及背鳍前各有2横行黑色斑点。胸鳍基部有2个灰黑色斑。尾鳍基部有2个三角形黑斑。为暖水性底层鱼类。栖息于河口、红树林湿地、港湾及近岸滩涂区。分布于我国东海、南海、台湾海域，以及日本新潟海域。体长可达23 cm。

2615 金黄舌虾虎鱼 *Glossogobius aureus* Akihito et Meguro，1975 [38]

= 金色义舌鲨

背鳍Ⅵ，Ⅰ－9；臀鳍Ⅰ－8；胸鳍18～19；腹鳍Ⅰ－5。纵列鳞32～33；背鳍前鳞23～27。鳃耙2～3＋7。

本种体较粗，延长。头中等大，较尖。颊部有5纵行感觉乳突线。眼下感觉乳突线（即第5条）不分支。鳃盖乳突线则分成若干小支[4H]。头、体灰褐色；背部色较深，隐具5～6个褐色横斑。体侧中央具4～5个较大黑斑。眼后项部及背鳍前无黑斑。各鳍灰色或灰褐色。尾鳍基有一黑色圆斑。为暖水性底层鱼类。栖息于河口、潟湖及内湾。分布于我国南海、台湾海域，以及日本西南诸岛海域、西太平洋暖水域。体长可达30 cm。

2616 西里伯舌虾虎鱼 *Glossogobius celebius*（Valenciennes，1837）[38]

背鳍Ⅵ，Ⅰ－8；臀鳍Ⅰ－8；胸鳍18～19；腹鳍Ⅰ－5。纵列鳞31～32；背鳍前鳞13～14。鳃耙3～4＋8～9。

本种体延长。颊部的5纵行感觉乳突线均由单列小乳突组成。眼下感觉乳突线（即第5条）为分叉型，分出第6条感觉乳突线[4H]。体灰褐色。眼前下方至上颌具一斜带。体侧中央明显有4～5个较大黑斑。背部具3～4个褐色横斑。为暖水性底层鱼类。栖息于河口、沙泥底质海域。分布于我国南海，以及日本南部海域、菲律宾海域、澳大利亚海域、西太平洋暖水域。体长可达15 cm。

2617 舌虾虎鱼 *Glossogobius giuris*（Hamilton，1822）[4H]

= *Gobius platycephalus*

背鳍Ⅵ，Ⅰ－9～10；臀鳍Ⅰ－8～9；胸鳍17～18；腹鳍Ⅰ－5。纵列鳞31～34；背鳍前鳞19～21。鳃耙2～4＋7～9。

本种与西里伯舌虾虎鱼相似。体延长。头较大，且略尖。眼下感觉乳突线（即第5条）分叉，分出第6条感觉乳突线。其颊部乳突线虽也由5条纵行线（第7～11条）组成，但其中仅2条由单列小乳突组成，其他均由3列平行小乳突并列而成（图33b）[4H]。头、体灰褐色；背部色深，具5～6个横斑。体侧中央具4～5个较大黑斑。眼前下方至上颌无明显的斜带。为暖水性底层鱼类。栖息于内湾、河口、沙泥底质海区。分布于我国东海、南海、台湾海域，以及菲律宾海域、印度－中西太平洋暖水域。体长可达25 cm。

2618 拟矛尾虾虎鱼 *Parachaeturichthys polynema*（Bleeker，1853）[4H]

= 须虾虎鱼

背鳍Ⅵ，Ⅰ－10～12；臀鳍Ⅰ－9；胸鳍21～23；腹鳍Ⅰ－5。纵列鳞28～31；背鳍前鳞12～15。鳃耙3～4＋9～10。

本种体延长，侧扁。头粗大，略平扁。头背具3个感觉管孔（B′、D、F），颊部有4条水平乳突线，眼下另有1条斜向吻部的乳突线，无竖直乳突线（图34）[4H]。眼大，上侧位。吻圆钝。口中等大，前位。上、下颌等长。两颌齿细尖，多行；外行齿扩大，有犬齿。舌前端截形或微凹入。头部腹面密具小须。体被大栉鳞，头部、项部、胸部、腹部被圆鳞。臀鳍与第2背鳍对位，同形；二者鳍式分别为Ⅰ－9和Ⅰ－10～12。胸鳍尖长，无游离鳍条。腹鳍愈合为吸盘。尾鳍尖矛状。体棕褐色，腹部色浅。各鳍灰黑色。尾鳍上方有一镶白边的椭圆形黑斑，尾鳍下缘色暗。为暖水性底层鱼类。栖息于河口、沙泥底质海区。分布于我国黄海、东海、南海、台湾海域，以及日本南部海域、印度－西太平洋暖水域。体长约11 cm。本种部分个体含有河鲀毒素[43]。

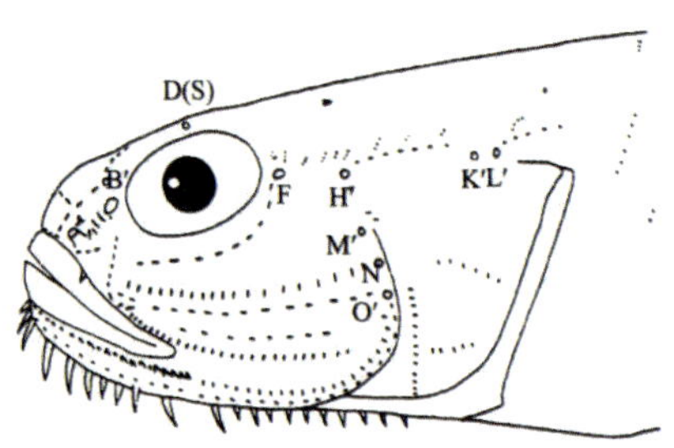

图34　拟矛尾虾虎鱼头部感觉器模式图

2619 睛尾蝌蚪虾虎鱼 *Lophiogobius ocellicauda* Günther，1873[60]

= 蝌蚪虾虎鱼 *Ranulina fimbriidens*

背鳍Ⅶ，16～18；臀鳍17～18；胸鳍20～23；腹鳍Ⅰ－5。纵列鳞35～39；背鳍前鳞14～16。鳃耙4～5＋9～10。

本种体延长，前部近平扁。吻宽扁，前端广圆。眼小，上侧位。眼下感觉管具6个感觉孔（R1～R6）（图35）[4H]。口大，前位。下颌稍突出。颌齿2行，尖细；外行齿外露，几乎呈平卧状。颏部密布短皮须，颊部和鳃盖亦均有小须。体被大圆鳞，颊部、项部和鳃盖被小鳞。第1背鳍具7枚鳍棘。胸鳍宽大。腹鳍愈合成吸盘。尾鳍长。头、体黄褐色，背部色较深。头部有不规则的带纹。各鳞后有弧形黑斑。尾鳍基中央有一黑色睛状斑，其后有2～3个黑色弧形纹。为暖温性底层鱼类。栖息于河口。分布于我国黄海、渤海、东海。体长约14 cm。

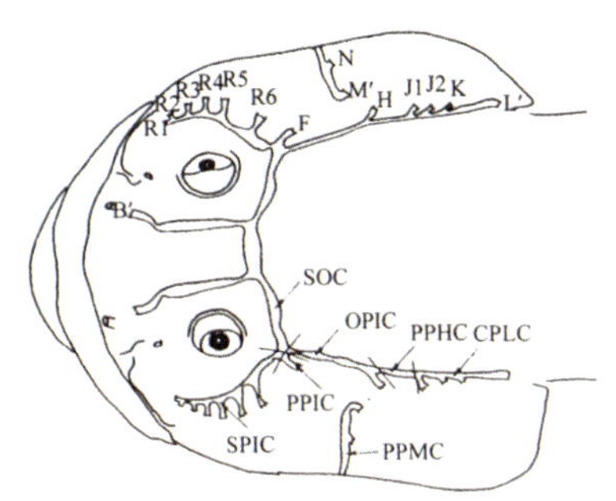

图35　睛尾蝌蚪虾虎鱼头部感觉器模式图

2620 六丝钝尾虾虎鱼 *Amblychaeturichthys hexanema*（Bleeker，1853）[18]

= 钝尖尾虾虎鱼 = 六丝矛尾虾虎鱼 *Chaeturichthys hexanema*

背鳍Ⅷ，14～17；臀鳍12～15；胸鳍21～23；腹鳍Ⅰ－5。纵列鳞35～40；背鳍前鳞13～16。鳃耙5＋9～11。

本种体延长。头较大，宽而平扁，头背具2个感觉管孔（C′、F），颊部具4条水平乳突线（图36）[4H]。无竖直感觉乳突线和皮褶突起。吻圆钝。眼大。口大，下颌稍突出。颌齿2行。舌游离，前端截形。颏部具短小触须3对。体被栉鳞。颊部、鳃盖部被鳞。第1背鳍有8枚鳍棘。胸鳍尖圆。肩带内缘无长指状肉质皮瓣，但具2个颗粒状肉质皮突（这也是与矛尾虾虎鱼属最主要的差别）。腹鳍愈合成吸盘。尾鳍尖长。体黄褐色，体侧有4～5个颗粒状暗斑。第1背鳍前缘黑色，其余鳍灰色。为暖温性底层鱼类。栖息于沿海及河口。分布于我国沿海，以及日本北海道沿海、九州沿海，朝鲜半岛沿海。体长达15.5 cm。

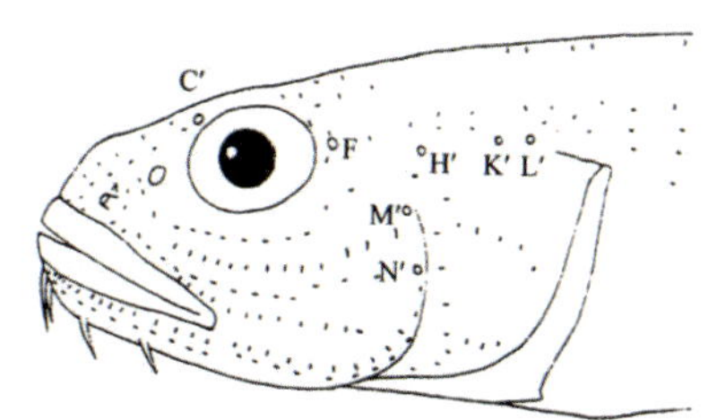

图36　六丝钝尾虾虎鱼头部感觉器模式图

2621 髯毛虾虎鱼 *Barbuligobius boehlkei* Lachner et Mckinney，1974[14]

= 长须虾虎鱼 = 须虾虎鱼

背鳍Ⅵ，Ⅰ-9；臀鳍Ⅰ-9；胸鳍19～20；腹鳍Ⅰ-5。纵列鳞23～24；背鳍前鳞0。

本种体延长。头颇大，前部较平扁，具5个感觉管孔（B′、D、E、F、G）；颊部及头腹面密布指状短须，具4列感觉乳突线（图37）[4H]。眼较大，背侧位。眼径大于吻长。口中等大，前位。颌齿细尖，多行。舌宽，前端圆弧形。体被大型栉鳞，头部、项部、胸部、腹部均无鳞。第1背鳍有6枚棘，以第2、第3鳍棘最长。胸鳍宽大。腹鳍略短，呈吸盘状。尾鳍长。体黄色，背侧具5个宽大的鞍状褐色斑。头、体散布大小不等的黑斑。眼下方具一黑斑。各鳍浅黄色且透明。胸鳍基上方有一大型黑斑。为暖水性底层鱼类。栖息于珊瑚礁、沙砾底质海区。分布于我国台湾海域，以及琉球群岛海域、印度-西太平洋暖水域。体长约4 cm。

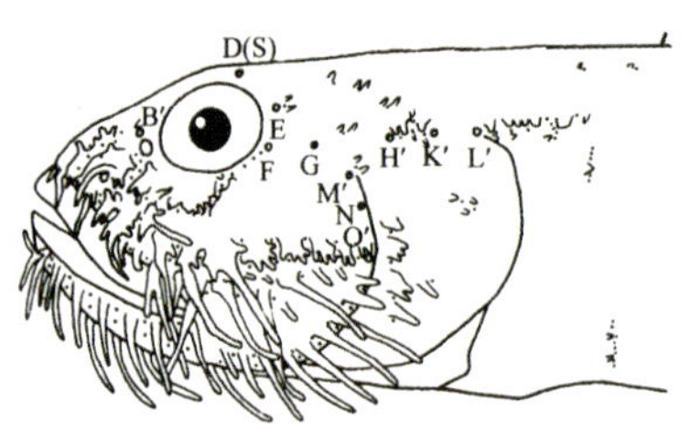

图37　髯毛虾虎鱼头部感觉器模式图

髯虾虎鱼属 *Gobiopsis* Steindachner，1861

本属物种体延长。头大，平扁，头背具4个感觉管孔（B′、D、E、F）（图38）[4H]。吻宽短，有许多皮瓣。眼中等大，眼径小于吻长，眼间隔宽平。口大，下颌突出。下颌腹面有几根细长扁须。颌齿尖锥形，多行。头腹面、颊部下方具多行纵皮褶，无横皮褶。体前部被小圆鳞，后部被较大圆鳞或栉鳞。头部无鳞。第1背鳍有6枚鳍棘。胸鳍尖。腹鳍愈合成椭圆形吸盘。尾鳍后缘圆弧形。我国有3种。

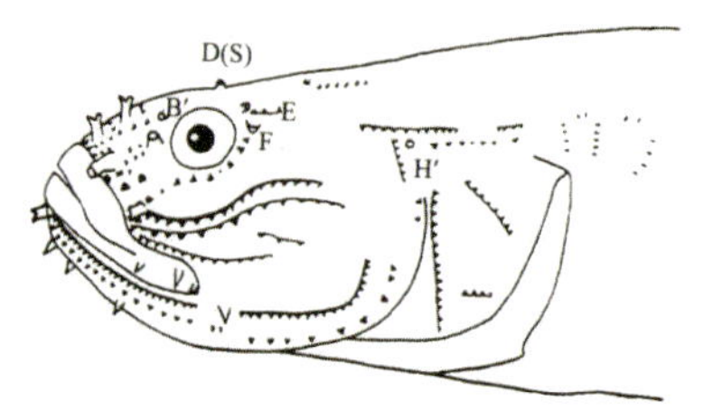

图38　髯虾虎鱼属物种头部感觉器模式图

2622 砂髯虾虎鱼 *Gobiopsis arenarius*（Snyder，1908）[38]

=砂虾虎鱼

背鳍Ⅵ，Ⅰ－10；臀鳍Ⅰ－8～9；胸鳍17～18；腹鳍Ⅰ－5。纵列鳞35～36；背鳍前鳞9～10。

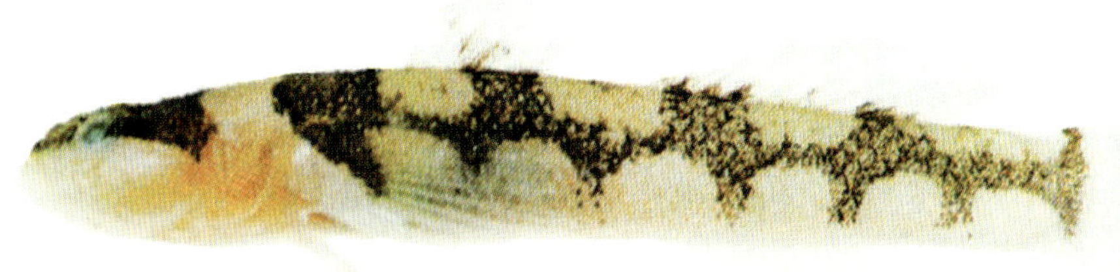

本种一般特征如属。体较细长。头大，略平扁。头背具4个感觉管孔，前鳃盖后缘无感觉管孔（图38）[4H]。吻圆钝，吻部有许多丝状须或小皮瓣。颏部也有数根细长扁须。口颇宽大，下颌稍长。唇厚。舌游离，前端截形。颊部有多条纵行宽大皮褶，无横列皮褶突起（图38）。体前部被圆鳞，后部被栉鳞。头部除项背外，裸露无鳞。第1背鳍以第4鳍棘最长。体棕色。体侧具4条褐色横带，中部具一波状纵带。为暖水性底层鱼类。栖息于岩石底质及珊瑚礁海域。分布于我国南海、台湾海域，以及日本南部海域。体长约4 cm。

2623 五带髯虾虎鱼 *Gobiopsis quinquecincta*（Smith，1931）[38]

背鳍Ⅵ，Ⅰ－10；臀鳍Ⅰ－9；胸鳍18；腹鳍Ⅰ－5。纵列鳞35；背鳍前鳞7。

本种与砂髯虾虎鱼相似。体略粗壮。头背具4个感觉管孔，前鳃盖后缘具2个感觉管孔。颏部有3条纵行宽长皮褶。第1背鳍以第4、第5鳍棘最长。体浅灰棕色，头背部黑棕色。体侧具5条黑褐色横带。眼后头部尚有一斜带。为暖水性底层鱼类。栖息于珊瑚礁海域。分布于我国台湾海域，以及日本冲绳海域、印度－西太平洋暖水域。体长约3 cm。

▲ 本属我国尚有大口髯虾虎鱼*G. macrostomus*，以口大，背鳍前鳞多为特征，分布于我国珠江水系。

缟虾虎鱼属 *Tridentiger* Gill，1858

本属物种体粗壮，前部圆柱形，后部略侧扁。头宽大，前部略平扁。颊部肌肉隆起，无横皮褶突起；具3～4条水平感觉乳突线。吻圆钝。眼小，侧上位。口大，前位。颌齿发达，均为2行；外行齿分三叉；内行齿尖小，不分叉。舌宽，前端圆弧形。头侧无触须，或具多行短须。前鳃盖后缘具3个感觉管孔（M′、N′、O′）（图39）[4H]。体被栉鳞，头部常无鳞。第2背鳍与臀鳍对位，同形。胸鳍宽。腹鳍形成吸盘。尾鳍后缘圆弧形。我国有6种。

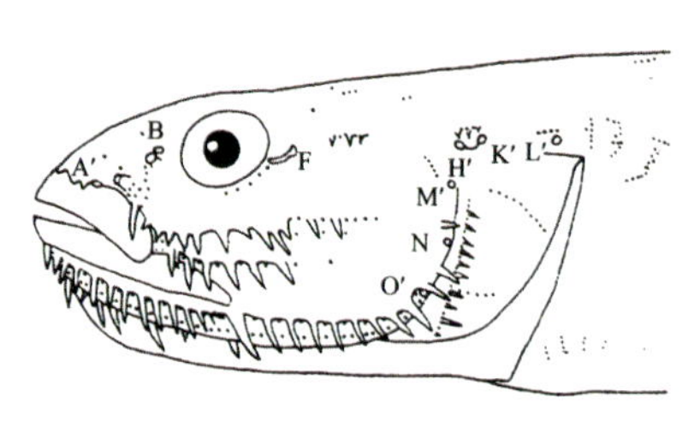

a　髭缟虾虎鱼

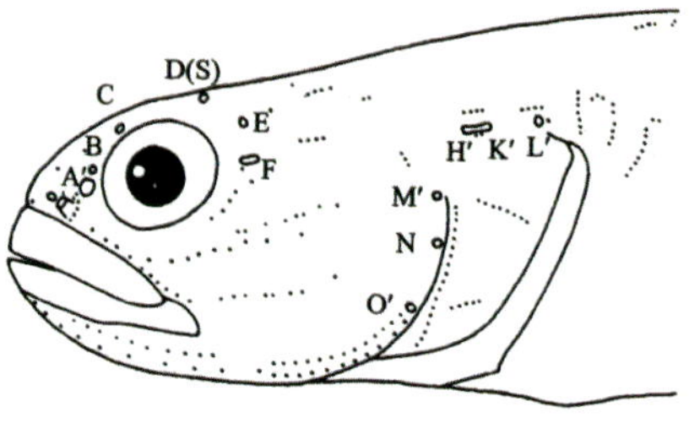

b　裸项纹缟虾虎鱼

图39　缟虾虎鱼属物种头部感觉器模式图

2624 髭缟虾虎鱼 *Tridentiger barbatus*（Günther，1861）[41]

=钟馗虾虎鱼 *Triaenopogon barbatus* =髭虾虎鱼

背鳍Ⅵ，Ⅰ－10；臀鳍Ⅰ－9～10；胸鳍21～22；腹鳍Ⅰ－5。纵列鳞36～37；背鳍前鳞17～18。鳃耙2＋5～7。

本种一般特征同属。体粗壮。头背具3个感觉管孔（A′、B、F）；颊部具3～4条水平感觉乳突线（图39a）[4H]。吻短宽，广弧形。口宽大，上、下颌等长。头部具许多触须，呈穗状排列。吻缘有须1行，下颌腹面有须2行，鳃盖上部尚有小须2群。体被中等大栉鳞，项部被小圆鳞。第1背鳍以第2、第3鳍棘最长。头、体黄褐色，腹部色浅，体侧常有5条黑色宽横带。背鳍、尾鳍也有暗带纹。为暖温性底层鱼类。栖息于河口或近岸海域。分布于我国沿海，以及日本海域、朝鲜半岛海域。体长可达12 cm。

2625 纹缟虾虎鱼 *Tridentiger trigonocephalus*（Gill，1859）[15]

背鳍Ⅵ，Ⅰ－11～14；臀鳍Ⅰ－9～11；胸鳍19～20；腹鳍Ⅰ－5。纵列鳞50～60枚；背鳍前鳞12～14。鳃耙4＋8～9。

本种体延长。头部无小须，头背具6个感觉管孔，颊部具3～4条水平感觉乳突线。吻前端圆突，吻长稍大于眼径。口中等大，前位。胸鳍第1鳍条与第2鳍条间有缺凹，游离。体浅褐色，背部色深。体侧常具2条黑褐色纵带，分别自吻端和眼后缘贯穿鱼体直抵尾鳍基。亦有仅具横带或云状斑的个体。头侧散具白色圆点。臀鳍具2条红棕色纵带。胸鳍基有一小黑斑。尾鳍具4～5条暗横纹。为暖温性底层鱼类。栖息于河口及近岸海域。分布于我国沿海，以及日本海域、朝鲜半岛海域。体长可达13 cm。

2626 裸项纹缟虾虎鱼 *Tridentiger nudicervicus* Tomiyama，1934[38]

背鳍Ⅵ，Ⅰ－10～11；臀鳍Ⅰ－9；胸鳍19～20；腹鳍Ⅰ－5。纵列鳞37～38；背鳍前鳞0。鳃耙4＋8～9。

本种与纹缟虾虎鱼相似。体延长，粗壮。头背具6个感觉管孔，颊部具3～4条水平感觉乳突线（图39b）[4H]。吻稍长，吻长大于眼径，口中等大。体被中等大栉鳞。头部无鳞，项部裸露，背鳍前亦无鳞。胸鳍长大，第1鳍条游离。体浅棕色，背部色较深。体侧有5～6个不规则的斑块。头部具2条黑褐色纵带。胸鳍灰蓝色，基部有一黑斑。尾鳍色浅，尾鳍基具2个小黑斑。为暖水性底层鱼类。栖息于沿海及咸淡水水域。分布于我国南海、东海、台湾海域，以及日本有明海、朝鲜半岛海域。体长约9 cm。

2627 短棘缟虾虎鱼 *Tridentiger brevispinis* Katsuyama, Arai et Nakamura，1972[38]（上雄鱼，下雌鱼）

= 缟虾虎鱼 = 暗缟虾虎鱼 *T. obscures*

背鳍Ⅵ，Ⅰ－10～11；臀鳍Ⅰ－9～10；胸鳍18；腹鳍Ⅰ－5。纵列鳞34～36；背鳍前鳞17～18。鳃耙3＋7。

本种体延长，颇粗壮。头颇宽大，略平扁。头背具6个感觉管孔，颊部具3～4条水平感觉乳突线。吻较长，吻长约为眼径的2倍。体被中等大栉鳞，纵列鳞较少。项部具背鳍前鳞。第1背鳍高，成鱼鳍棘不呈丝状延伸。胸鳍第1鳍条不游离。体灰褐色，背部色较深。颊部及鳃盖上有15～20个较大的略带绿色的白色斑点。体侧有数条细纵线纹。胸鳍基部有一黑斑。为暖温性底层鱼类。栖息于河口及近岸海域。分布于我国沿海，以及日本北海道、九州海域，朝鲜半岛海域。体长可达11 cm。

2628 暗缟虾虎鱼 *Tridentiger obscurus*（Temminck et Schlegel，1845）[38]

背鳍Ⅵ，Ⅰ－11；臀鳍Ⅰ－10；胸鳍18；腹鳍Ⅰ－5。纵列鳞39；背鳍前鳞14。

本种与短棘缟虾虎鱼十分相似，故二者曾被列为同种。但《中国海洋生物名录》（2008）[12]和《日本産魚類検索》（1993）[36]均将二者列为两个独立物种。其区别在于本种第1背鳍无论幼鱼还是成鱼均有丝状延长鳍棘；体浅黄褐色，头侧密布大白点，体侧有4条暗褐色纵带；腹鳍暗褐色，其他鳍偏黄褐色。为暖温性底层鱼类。栖息于河口及近岸海域。分布于我国东海、南海、台湾海域，以及日本有明海、朝鲜半岛海域。体长约5.5 cm。

▲ 本属我国尚有双带缟虾虎鱼*T. bifasciatus*。因其与纹缟虾虎鱼很相像，沈世杰（1993）曾将二者作为同种[9]。本种以胸鳍上方无游离鳍条和小突起而与纹缟虾虎鱼相区分[4H]。

2629 云斑裸颊虾虎鱼 *Yongeichthys nebulosus*（Forsskål，1775）[38]

＝云斑栉虾虎鱼 *Gobius cringer* ＝ *Ctenogobius cringer* ＝云纹吻虾虎鱼 *Rhinogobius nebulosus*

背鳍Ⅵ，Ⅰ－9；臀鳍Ⅰ－9；胸鳍17～18；腹鳍Ⅰ－5。纵列鳞27～29；背鳍前鳞0。鳃耙1～2＋6。

本种体延长，粗壮，略侧扁。头中等大，圆钝。头背具6个感觉管孔（B′、C、D、E、F、G）；颊部突出，具6条感觉乳突线，有的末端分叉（图40）[4H]。眼颇大，上侧位。眼间隔窄。口中等大，上、下颌约等长。颌齿锐尖，多行。颏部无须。体被中等大栉鳞。头部、项部、颊部与鳃盖完全裸露无鳞。第1背鳍有6枚鳍棘，以第2鳍棘最长。第2背鳍与臀鳍同形，对位，二者鳍式均为Ⅰ－9。头、体淡褐色，体侧中央有3～4

个大黑斑，背侧有2～3个鞍状斑。眼下及鳃盖各有1条暗褐色长斑。尾鳍有点状斑，边缘黑色，基部有一大暗斑。为暖水性底层鱼类。栖息于河口及港湾、红树林湿地。分布于我国台湾海域、南海，以及琉球群岛海域、新加坡海域、西南太平洋暖水域。体长可达18 cm。含有河鲀毒素[43]。

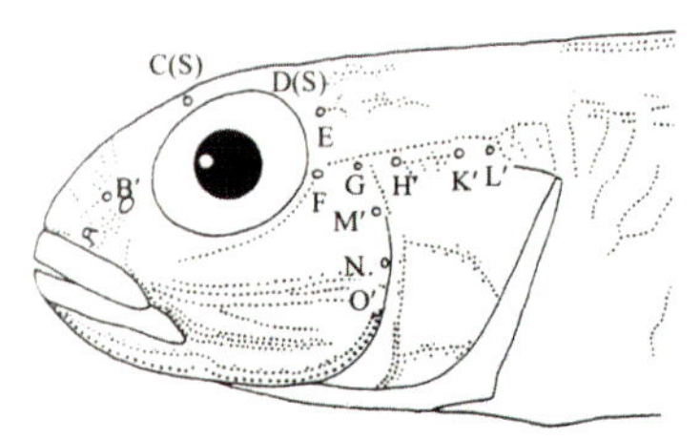

图40　云斑裸颊虾虎鱼头部感觉器模式图

颌鳞虾虎鱼属 *Gnatholepis* Bleeker，1874

本属物种体延长，侧扁。头中等大，头背具5个感觉管孔（A′、B、C、D、F）（图41）[4H]；颊部纵行乳突线分段。前鳃盖后缘具3个感觉管孔。吻圆钝。眼中等大，侧上位。口中等大，前位。口角具皮质突起，上颌长于下颌。颌齿细尖，多行。下颌两侧具大型犬齿。体被中等大栉鳞，项部、颊部及鳃盖被鳞。纵列鳞25～32枚。第1背鳍有6枚鳍棘。第2背鳍与臀鳍对位，同形，Ⅰ－10～11。腹鳍愈合成吸盘。尾鳍长。我国有3种。

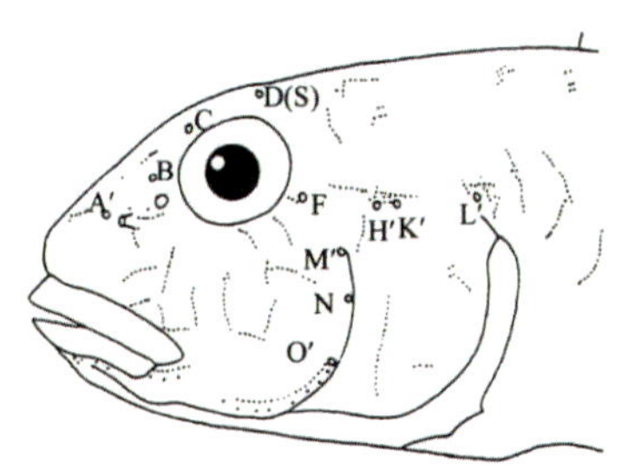

图41　颌鳞虾虎鱼属物种头部感觉器模式图

2630 颌鳞虾虎鱼 *Gnatholepis anjerensis*（Bleeker，1851）[38]

＝安佳颌鳞虾虎鱼＝高伦细棘虾虎鱼 *Acentrogobius cauerensis*

背鳍Ⅵ，Ⅰ－11；臀鳍Ⅰ－11；胸鳍17；腹鳍Ⅰ－5。纵列鳞28；背鳍前鳞9。

本种一般特征同属。体延长。头中等大，头部感觉器分布如图41所示。吻圆钝，吻长稍大于眼径。眼中等大，背侧位，突出于头部背缘。口中等大，前位；口角具皮质突起。第1背鳍以第2、第3鳍棘最长，不呈丝状。体浅黄色或浅灰色，体侧具许多黑褐色点，背侧具7个较小的褐色横斑。体侧中央下方亦有1列7个黑褐色云斑。眼部下缘有一竖直的黑线。各鳍灰白色，透明，有黑点。为暖水性底层鱼类。栖息于珊瑚礁或岩礁沙底质海区。分布于我国南海、台湾海域，以及琉球群岛海域、印度尼西亚海域、印度–西太平洋暖水域。体长约4 cm。

注：黄宗国（2012）将本种和臀斑颌鳞虾虎鱼 *G. deltoids* 视为同种[13]，但两者还是有明显差别。益田一（1983）、伍汉霖（2008）将二者分立为2种[38，4+1]。

2631 臀斑颌鳞虾虎鱼 *Gnatholepis deltoids*（Seale，1901）[38]

背鳍Ⅵ，Ⅰ–11；臀鳍Ⅰ–11；胸鳍16；腹鳍Ⅰ–5。纵列鳞30；背鳍前鳞10。

本种与颌鳞虾虎鱼相似。体延长，粗壮。吻圆钝。口小，前位；口角具皮质突起。第1背鳍较高，以第2、第3鳍棘最长，不呈丝状。体棕黄色。颊部具许多浅蓝色小圆斑。眼下部有一黑色竖线。体侧具6～7条棕色宽斑带，并散具蓝色斑点。臀鳍深黄色，具红色及黑色圆斑。各鳍浅黄色，略透明。为暖水性底层鱼类。栖息于珊瑚礁、沙底质海域。分布于我国台湾海域，以及日本八重山诸岛海域、中西太平洋暖水域。体长约6 cm。

2632 肩斑颌鳞虾虎鱼 *Gnatholepis scapulostigma* Herre，1953[38]

=眼带虾虎鱼

背鳍Ⅵ，Ⅰ–11；臀鳍Ⅰ–11；胸鳍17；腹鳍Ⅰ–5。纵列鳞28；背鳍前鳞8。

本种体延长。眼中等大，上侧位，突出于头背缘。口中等大，前位；口角具皮质突起。第1背

鳍高，以第2、第3鳍棘最长。体黄色。体侧具7条纵向细纹，中部有6个成列的灰褐色大斑。胸鳍上方具一U形大黑斑。眼下方有一竖直黑色带纹。各鳍灰色，多分布有灰褐色点线。为暖水性底层鱼类。栖息于岩礁或珊瑚礁海区。分布于我国台湾海域，以及日本南部海域、马尔代夫群岛海域。体长约6 cm。

高鳍虾虎鱼属 *Pterogobius* Gill，1863

本属物种体延长。头宽大，前部平扁，头背有4个感觉管孔（B′、C、D、F）（图42）[4H]；颊部突出，具3条水平感觉乳突线。吻圆钝或稍尖。眼中等大或小，上侧位。眼后下方有一斜向感觉乳突线（图42）[4H]。口中等大，前位。颌齿锐尖，多行。唇略厚。舌游离。颏部无须，前鳃盖后缘有2或3个感觉管孔（图42）[4H]。体被小栉鳞，通常头部除鳃盖外均裸露无鳞，个别例外。纵列鳞85～139枚。第1背鳍有8枚鳍棘。第2背鳍与臀鳍对位，同形，二者鳍式皆为Ⅰ－20～27。胸鳍长，上方有丝状游离鳍条。腹鳍小，愈合成吸盘。尾鳍宽或尖长。我国有3种。

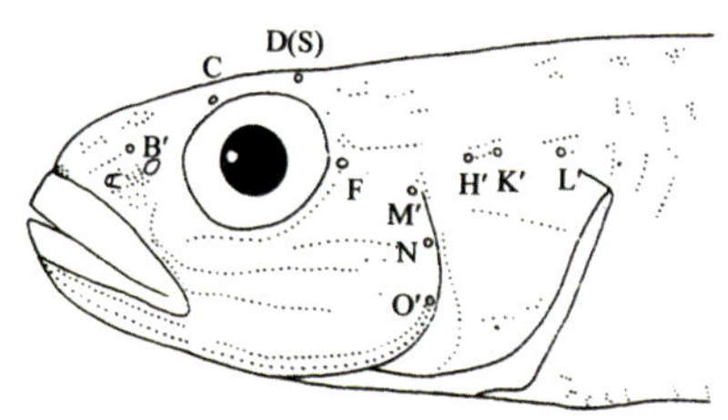

图42　高鳍虾虎鱼属物种头部感觉器模式图

2633 纵带高鳍虾虎鱼 *Pterogobius virgo*（Temminck et Schlegel，1845）[38]

背鳍Ⅷ，Ⅰ－27；臀鳍Ⅰ－27；胸鳍23；腹鳍Ⅰ－5。纵列鳞139；背鳍前鳞46。

本种一般特征同属。体延长。吻稍尖。口中等大，前位。唇厚，上颌稍突出。第1背鳍近长方形，无丝状延长鳍棘。胸鳍长，上部有短的游离鳍条。幼鱼尾鳍后缘平截，成鱼尾鳍长。头、体红

褐色。体背侧有纵贯全体的镶有紫边的深红色带。背鳍基部有一红色纵带，边缘具一紫色纵带。臀鳍深褐色，外缘紫色。尾鳍色深，边缘亦带紫色。为暖水性底层鱼类。栖息于近岸岩礁海区。分布于我国东海，以及日本长崎海域、富山海域，朝鲜半岛海域。体长可达20 cm。

2634 蛇首高鳍虾虎鱼 *Pterogobius elapoides*（Günther，1872）[38]

背鳍Ⅷ，Ⅰ－21；臀鳍Ⅰ－20；胸鳍24；腹鳍Ⅰ－5。纵列鳞85；背鳍前鳞39。

本种体延长。头中等大，圆钝。头部感觉器分布如图42所示。吻稍宽长，吻长大于眼径。口中等大，上、下颌约等长。颌齿3行，细尖。无犬齿。唇肥厚。舌游离，前端内凹。体被小栉鳞，头部仅鳃盖上方和项背被鳞。第1背鳍高，以第3鳍棘最长，略呈丝状延长。胸鳍宽，上方有8～10枚短游离鳍条。体浅棕色。体侧具6条镶白边的黑色横带。横带可伸入背鳍、臀鳍。项背中央至眼后有一黑色斜带，眼间隔有一穿越眼下方达头腹的黑色横纹。为暖温性底层鱼类。栖息于近岸岩礁海区。分布于我国黄海、东海，以及日本北海道海域、九州海域，朝鲜半岛海域。体长约12 cm。

2635 五带高鳍虾虎鱼 *Pterogobius zacalles* Jordan et Snyder，1901[38]

= 横带高鳍虾虎鱼

背鳍Ⅷ，Ⅰ－24；臀鳍Ⅰ－24；胸鳍22；腹鳍Ⅰ－5。纵列鳞91～94；背鳍前鳞33～35。鳃耙3＋12。

本种与蛇首高鳍虾虎鱼相似。体延长。吻宽短，圆钝；吻长亦大于眼径。第1背鳍较高，以第3、第4鳍棘稍长，但不呈丝状。胸鳍宽，上方有6～8枚短游离鳍条。头、体浅灰黑色，背侧色深，腹侧白色。体侧有5条黑褐色宽横带。背鳍、臀鳍、尾鳍边缘黑色，内侧为橘红色。眼间隔后方有一橘红色横纹伸至眼中部下方。为暖温性底层鱼类。栖息于近岸岩礁海区。分布于我国黄海，以及日本北海道海域、九州海域。体长约12 cm。

刺虾虎鱼属 *Acanthogobius* Gill，1859

本属物种体延长，头宽大，头背具2个（B′、F）或3个（B′、D、F）感觉管孔；颊部突出，有3条感觉乳突线（图43）[4H]。吻较长，圆钝。眼中等大或小，上侧位。眼下缘有一斜向感觉乳突线。口中等大，前位。两颌约等长或上颌稍突出。颌齿锐尖，2～3行。唇略厚。舌游离，前端截形或内凹。前鳃盖后缘具2个感觉管孔。颏部有或无长方形皮突。头、体前部被小圆鳞，后部被栉鳞。第1背鳍有7～11枚鳍棘。第2背鳍与臀鳍对位，同形，二者鳍式分别为Ⅰ－10～22和Ⅰ－9～18。胸鳍长，无丝状游离鳍条。腹鳍小，愈合成吸盘，膜盖边缘内凹。尾鳍宽或尖长。我国有6种。

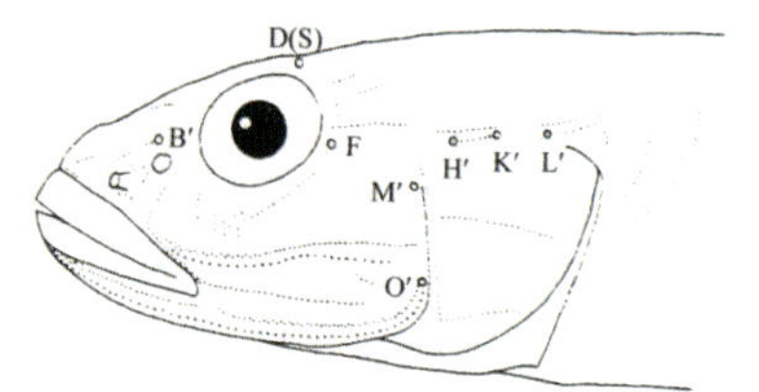

图43　刺虾虎鱼属物种头部感觉器模式图

2636 棕刺虾虎鱼 *Acanthogobius luridus* Ni et Wu，1985[60]

背鳍Ⅷ，Ⅰ－10～11；臀鳍Ⅰ－9～10；胸鳍19～20；腹鳍Ⅰ－5。纵列鳞33～37；背鳍前鳞13～15。鳃耙2～3＋8～9。

本种一般特征同属。体延长。头中等大。吻长大于眼径。眼中等大，眼间隔狭窄。口中等大，前位。上颌长于下颌。体被弱栉鳞。头部除项部和鳃盖外，均裸露无鳞。第1背鳍高，以第2、第3鳍棘最长，不呈丝状延伸。头、体灰褐色，背部色较深。体侧隐具6～7个暗斑。背鳍浅灰色，第1背鳍端部黑色。臀鳍、胸鳍、腹鳍灰色。尾鳍黄褐色，具6～7条黑褐色点列横纹。为暖温性底层鱼类。栖息于浅海、河口。分布于我国黄海、东海、南海，以及朝鲜半岛海域。体长约8 cm。为濒危物种[4H]。

2637 斑尾刺虾虎鱼 *Acanthogobius ommaturus*（Richadson，1845）

＝矛尾刺虾虎鱼 *Gobius hasta* ＝斑尾复虾虎鱼 *Synechogobius ommaturus*

＝矛尾复虾虎鱼 *S. hasta*

背鳍Ⅸ～Ⅺ，18～22；臀鳍15～18；胸鳍20～22；腹鳍Ⅰ－5。纵列鳞57～67；背鳍前鳞27～30。鳃耙3～4＋8～9。

本种体延长。头宽大。吻较长，圆钝。眼小，上侧位，眼间隔平坦。口大，上颌稍长。颌齿尖细，上颌齿1～2行，下颌齿2～3行。唇发达。舌游离，前端截形。颏部有一长方形皮突。背鳍、臀鳍鳍条多。鳞较小而多。体淡黄褐色，体侧有数个黑色斑块。头部有不规则的暗斑。背鳍灰黄色，有3～5纵行黑色点纹。胸鳍、腹鳍黄色，基部有一暗斑。尾鳍矛状，尾鳍基有一黑斑。为暖温性底层鱼类。栖息于近海或河口滩涂水域，穴居。为对虾养殖的敌害鱼类[121]。分布于我国渤海、黄海、东海，以及日本有明海、八代海，朝鲜半岛海域。体长可达50 cm。

2638 **黄鳍刺虾虎鱼** *Acanthogobius flavimanus*（Temminck et Schlegel，1845）[15]

= 雅氏刺虾虎鱼 *A. jacoti*

背鳍Ⅷ，Ⅰ－13～14；臀鳍Ⅰ－11～13；胸鳍20～22；腹鳍Ⅰ－5。纵列鳞45～55；背鳍前鳞25～28。

本种与斑尾刺虾虎鱼相似。体延长。头中等大，圆钝，头部感觉器分布如图43[4H]所示。口较小，上颌骨仅达眼中部稍后下方。颏部无长方形皮突。纵列鳞、背鳍前鳞稍少。尾鳍长。头、体灰褐色，背部色深。体侧有1纵列不规则的暗褐色云状斑块。眼前下方具2条深色斜纹。背鳍具3～4纵行黑点。尾鳍具6～7行黑点列弧纹。为暖温性底层鱼类。栖息于近岸河口、港湾、沙或泥底质海域。分布于我国渤海、黄海、东海，以及日本北海道海域、本州海域，朝鲜半岛海域，澳大利亚海域，美国加州海域。体长15 cm。

2639 **长体刺虾虎鱼** *Acanthogobius elongata*（Fang，1942）[60]

= 阿匍虾虎鱼 *Aboma lactipes*

背鳍Ⅶ～Ⅷ，Ⅰ－12～13；臀鳍Ⅰ－11；胸鳍19～20；腹鳍Ⅰ－5。纵列鳞34～38；背鳍前鳞0～3。鳃耙2～3＋7～8。

本种体甚延长，侧扁。头中等大，稍宽扁，头背具2个感觉管孔。颊部稍隆起，具3条乳突线。吻圆钝。眼小，背侧位，眼间隔狭窄。口中等大，上颌稍长于下颌。前鳃盖后缘具2个感觉管孔（图43）[4H]。体被弱栉鳞，头部裸露无鳞。背鳍前鳞少或无，为0～3枚。胸鳍宽，上部无游离鳍条。腹鳍膜盖边缘内凹，呈细锯齿状。尾鳍长，等于或大于头长。头、体灰棕色，背部色较深，颏部灰色。体侧无明显斑块，有时具6条细横纹。各鳍浅灰色。为暖温性底层鱼类。栖息于浅海、河口。分布于我国黄海、东海，以及朝鲜半岛海域。体长约8 cm。为易危物种[46]。

2640 乳白刺虾虎鱼 *Acanthogobius lactipes*（Hilgendorf，1879）[38]

= 白鳍虾虎鱼 = 乳白阿匍虾虎鱼 *Aboma lactipes* = 对马阿匍虾虎鱼 *A. tsushimae*

背鳍Ⅶ~Ⅷ，Ⅰ-10~11；臀鳍Ⅰ-10；胸鳍18~19；腹鳍Ⅰ-5。纵列鳞33~37；背鳍前鳞0~4。

本种体稍粗短。头稍高耸。头背具3个感觉管孔。眼中等大，背侧位，突出于头背缘。体被弱栉鳞，头部裸露无鳞。背鳍前鳞无或少。第1背鳍高，以第2、第3鳍棘最长，有时呈丝状延长。尾鳍长，其长度短于头长。头、体浅黄色，背部色较深。体侧有1纵列不规则的暗褐色斑纹，头及鳃部有不规则的棕色斑纹。背鳍有3~4列黑色纵纹。尾鳍有多行点列弧纹。为冷温性底层鱼类。栖息于河口及近岸岩礁海区。分布于我国黄海，以及日本北海道海域、本州海域，朝鲜半岛海域，俄罗斯萨哈林岛（库页岛）海域。体长约8 cm。

▲ 本属我国尚有斑鳍刺虾虎鱼 *A. stigmothonus*，第1背鳍具9枚鳍棘，其上有一大黑斑。本种曾被误鉴定为黄鳍刺虾虎鱼[7]。为我国特有种，分布于南海[4H, 13]。

2641 子陵吻虾虎鱼 *Rhinogobius giurinus*（Rutter，1897）[38]

= 子陵栉虾虎鱼 *Ctenogobius hadropterus* = 普栉虾虎鱼

背鳍Ⅵ，Ⅰ-8~9；臀鳍Ⅰ-8~9；胸鳍20~21；腹鳍Ⅰ-5。纵列鳞27~30；背鳍前鳞11~13。鳃耙2+6~7。

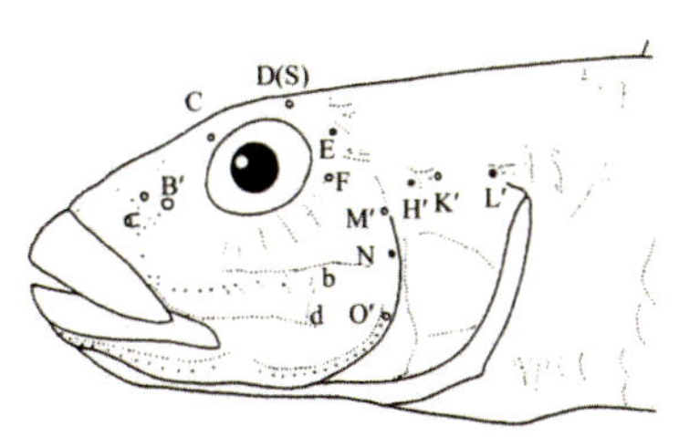

图44　子陵吻虾虎鱼头部感觉器模式图

本种体延长。头中等大，圆钝。头背具5个感觉管孔（B′、C、D、E、F）；颊部突出，具2纵行乳突线（图44）[4H]。口中等大，前位。上、下颌约等长。颌齿细尖，上、下颌齿各2行，无犬齿。前鳃盖后缘有3个感觉管孔。体被大栉鳞，吻部、颊部、鳃盖无鳞。第1背鳍高，以第3、第4鳍棘最长。第2背鳍 Ⅰ－8～9。腹鳍愈合成吸盘，膜盖发达，有2个叶状突起。尾鳍长。头、体黄褐色。体侧有6～7个不规则的黑斑。头部有数条黑褐色蠕虫状条纹。臀鳍、胸鳍、腹鳍黄色，胸鳍基上端有一大黑点。背鳍具多条点纹。为暖温性底层鱼类。本种原为海洋鱼类或河海洄游鱼类，现已有陆封淡水种。笔者曾在山东乳山河口采到。分布于我国黄海、渤海及各大江河水系的河口区，以及日本本州沿海，朝鲜半岛沿海。体长可达13 cm。

2642 双叶腹瓢虾虎鱼 *Pleurosicya bilobatus*（Koumans，1941）[38]

背鳍Ⅵ，Ⅰ－8；臀鳍Ⅰ－8；胸鳍16～17；腹鳍Ⅰ－5。纵列鳞25；背鳍前鳞6。

本种体较细长。头背具6个感觉管孔。颊部略隆起，仅具1条水平感觉乳突线。吻圆锥形。眼较大，背侧位。眼间隔稍宽，其中间具1个感觉管孔。口大，前位。上颌稍长于下颌。两颌具多行细齿。前鳃盖后缘具2～3个感觉管孔。体被大型栉鳞，项背两侧无鳞。第1背鳍有6枚鳍棘。第2背鳍与臀鳍对位，同形。胸鳍宽，下部有几枚鳍条不分支。腹鳍愈合成吸盘，膜盖有2个指状突起。尾鳍后缘圆弧形。体黄褐色，背侧色较深。腹侧色浅，带黄绿色。背鳍灰褐色，雄鱼第2背鳍后部有黑点。尾鳍深褐色，腹鳍白色。为暖水性底层鱼类。栖息于珊瑚礁海区，与软珊瑚共栖。分布于我国台湾海域，以及日本冲绳海域。体长约2 cm。

2643 莫桑比克腹瓢虾虎鱼 *Pleurosicya mossambica* Smith，1959[14]

背鳍Ⅴ～Ⅵ，Ⅰ－7；臀鳍Ⅰ－8；胸鳍19；腹鳍Ⅰ－5。纵列鳞24；背鳍前鳞8。

本种与双叶腹瓢虾虎鱼相似。但体稍粗壮。头较高、宽，头部感觉管孔分布如图45[4H]所示。吻圆锥形，较长。眼颇大。眼间隔稍宽，具1个感觉管孔。口大。颌齿多行，锐尖。上颌外行具6～8枚大型弯曲犬齿。体被大栉鳞，项背两侧被鳞。第1背鳍呈三角形，以第2、第3鳍棘最长。体黄红色，透明。体下半部具一淡红色纵纹，延伸至尾鳍基。眼前方有红纹。各鳍粉红色，透明。第1背鳍基底有一黑斑。胸鳍、尾鳍具红棕色斑点。为暖水性底层鱼类。常与软珊瑚共栖，也可与海绵共栖。分布于我国台湾海域，以及日本奄美大岛海域、高知海域，印度–西南太平洋暖水域。体长约3 cm。

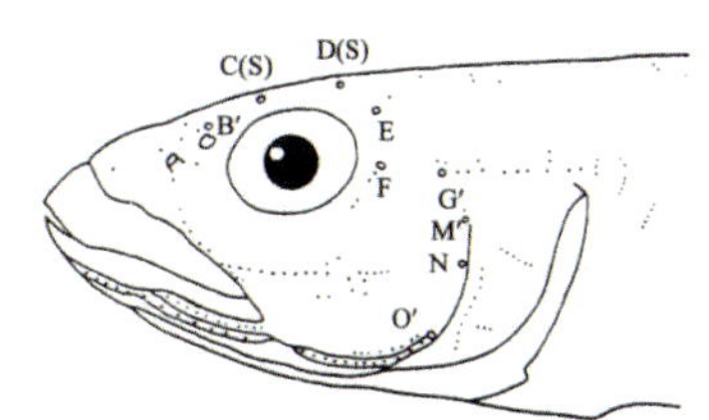

图45　莫桑比克腹瓢虾虎鱼头部感觉器模式图

珊瑚虾虎鱼属 *Bryaninops* Smith，1959

本属物种体颇延长。头大，颇平扁。头背具6个感觉管孔（B′、C、D、E、F、G′）（个别种类例外）（图46）[4H]。吻扁尖。颊部略隆起，仅具一水平感觉乳突线。眼甚大，背侧位。眼间隔略窄，中部具2条感觉管。口大，前位。上、下颌约等长。两颌齿细尖，多行。舌宽，前端呈双叉或三叉状。前鳃盖后缘具3个感觉管孔。体被小栉鳞，纵列鳞30～60枚，项背无鳞。第1背鳍有6枚鳍棘。第2背鳍与臀鳍对位，同形。胸鳍宽。腹鳍呈吸盘状，膜盖具二指状突起。尾鳍后缘截形。我国有3种。

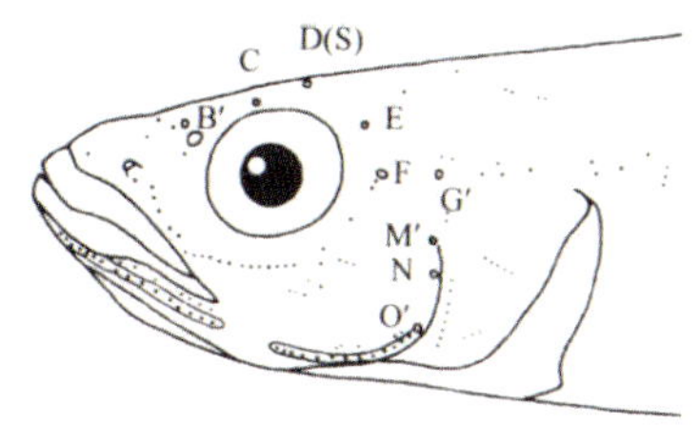

图46　珊瑚虾虎鱼属物种头部感觉器模式图

2644 漂游珊瑚虾虎鱼 *Bryaninops natans* Larson，1985[82]

= 红眼珊瑚虾虎鱼

背鳍Ⅵ，Ⅰ–8；臀鳍Ⅰ–8；胸鳍16；腹鳍Ⅰ–5。背鳍前鳞0。

本种一般特征同属。体延长，较低。头颇大，较尖，前部宽扁。头背具7个感觉管孔。眼间隔中部具2条不连续感觉管。前鳃盖和下颌下方各有1条感觉乳突沟。头、体浅黄色且透明。背鳍、尾鳍透明无色。臀鳍、腹鳍浅黄色。为暖水性小型鱼类。栖息于珊瑚礁海区的芦茎珊瑚上，常成对栖于同株珊瑚。分布于我国台湾海域，以及琉球群岛海域、印度-中西太平洋暖水域。体长约4 cm。

2645 额突珊瑚虾虎鱼 *Bryaninops yongei*（Davis et Cohen，1969）[82]

=杨氏珊瑚虾虎鱼

背鳍Ⅵ，Ⅰ-8；臀鳍Ⅰ-9；胸鳍16；腹鳍Ⅰ-5。纵列鳞40～44；背鳍前鳞0。

本种与漂游珊瑚虾虎鱼相似。头背具6个感觉管孔。眼间隔中部具2条连续的感觉管。颌齿锐尖，雄鱼下颌具7～8枚大型犬齿。前鳃盖后缘具3个感觉管孔。前鳃盖与下颌下方均有感觉乳突沟。体浅黄色且透明，可见体内深褐色三角形斑块。胸鳍基有一大型黄褐色斑块，尾鳍色浅。为暖水性底层鱼类。栖息于珊瑚礁海区的芦茎珊瑚上，具良好的保护色。分布于我国台湾海域，以及琉球群岛海域、印度尼西亚海域、印度-西南太平洋暖水域。体长约4 cm。

2646 宽鳃珊瑚虾虎鱼 *Bryaninops loki* Larson，1985[82]

= 罗氏珊瑚虾虎鱼

背鳍Ⅵ，Ⅰ－8；臀鳍Ⅰ－8；胸鳍15～16；腹鳍Ⅰ－5。纵列鳞45～50；背鳍前鳞0。

本种体颇延长，较低。头大，具6个感觉管孔（图46）。眼间隔中部具2条连续的感觉管。舌游离，前端呈三叉形。鳃孔宽阔。第1背鳍略呈三角形，以第2、第3鳍棘最长。体浅粉红色，透明，可见体内深红色三角形斑块。尾鳍下半叶红色，其他鳍浅红色且透明。为暖水性底层鱼类。喜栖息于珊瑚礁海区的芦茎珊瑚上，营共栖生活，卵附于珊瑚表面。分布于我国台湾海域，以及琉球群岛海域、太平洋中西部暖水域。体长约4 cm。

栉眼虾虎鱼属 *Ctenogobiops* Smith，1959

本属物种体延长，侧扁。头宽大，头部有6个感觉管孔（B′、C、D、E、F、G）（图47）[4H]。颊部裸露，具2条水平感觉乳突线。一般尚有2列斜向口角的断续斜纹。吻尖突。眼大，上侧位。眼前缘至吻端具一暗条纹。眼下后方有一乳突线（图47）。口大，前位。上、下颌等长或下颌略长。两颌齿尖锐，多行，呈犬齿状。前鳃盖后缘有3个感觉管孔。体被中等栉鳞，或前部具圆鳞，项部、颊部、鳃盖部均裸露无鳞。第1背鳍有6枚鳍棘。第2背鳍与臀鳍对位，同形，均具10～12枚鳍条。左、右腹鳍愈合，不形成或形成吸盘，膜盖不内凹，也不形成叶状突出。我国有8种。

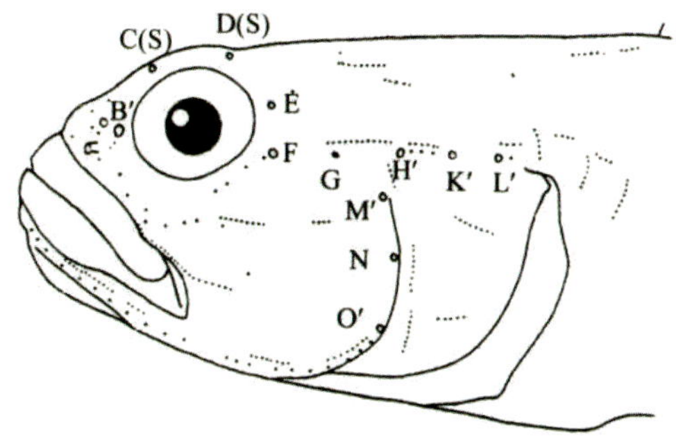

图47　栉眼虾虎鱼属物种头部感觉器模式图

2647 长棘栉眼虾虎鱼 *Ctenogobiops tangaroai* Lubbock et Polinin，1977[38]

= 东加栉虾虎鱼

背鳍Ⅵ，Ⅰ－8；臀鳍Ⅰ－10；胸鳍18；腹鳍Ⅰ－5。纵列鳞52；背鳍前鳞0。

本种一般特征同属。体延长。吻短，口中等大，下颌长于上颌。鳃孔宽大，向前伸止于眼后缘下方。体被栉鳞，无背鳍前鳞。第1背鳍高，以第1～2鳍棘最长，呈丝状延长，可伸达尾柄部。腹鳍外缘圆弧形，无膜盖，不形成吸盘。体浅黄色，腹部亮白色。头部和体侧散布橘红色斑点。颊部下方有2个暗斑。各鳍色浅，有少数橘红色斑点。为暖水性底层鱼类。栖息于珊瑚礁、沙底质海区，与鼓虾共栖。分布于我国台湾海域，以及琉球群岛海域、西南太平洋暖水域。体长约5 cm。

2648 褐斑栉眼虾虎鱼 *Ctenogobiops crocineus* Smith，1959[38]

= 颊纹栉眼虾虎鱼 *C. maculosus* = 细点栉虾虎鱼 = 西普尔栉虾虎鱼

背鳍Ⅵ，Ⅰ－11；臀鳍Ⅰ－11；胸鳍18；腹鳍Ⅰ－5。纵列鳞58；背鳍前鳞0。

本种体延长，侧扁。头中等大。吻短，圆突，吻长稍小于眼径。眼大，突出于头背缘。鳃孔宽大。第1背鳍高，以第2鳍棘最长，但不呈丝状延长。腹鳍外缘圆弧形，左、右腹鳍愈合成一吸盘。头、体浅棕色。体侧中央有1纵列中型暗褐色斑，其上方有2列小斑点，下方有1列小斑点。为暖水性底层鱼类。栖息于珊瑚礁海区，与鼓虾共栖。分布于我国台湾海域，以及琉球群岛海域、澳大利亚大堡礁海域、印度-中西太平洋。体长可达8 cm。

2649 斜带栉眼虾虎鱼 *Ctenogobiops aurocingulus*（Herre，1935）[38]

= 黄斑栉虾虎鱼 = 细带栉虾虎鱼

背鳍Ⅵ，Ⅰ-11；臀鳍Ⅰ-11；胸鳍19；腹鳍Ⅰ-5。纵列鳞49；背鳍前鳞0。

本种体延长。头中等大，圆钝，头部感觉管孔分布如图47[4H]所示。鳃孔略小，向前止于前鳃盖后下缘。第1背鳍高，第1、第2鳍棘最长，呈丝状延长。胸鳍宽。腹鳍外缘圆弧形，无膜盖，也不形成吸盘。尾鳍大，后缘中间有缺刻而形成2个尖突。体灰褐色，体侧中部有1列7~8个暗斑。两眼前方各有一细条纹。头部有3条亮斜纹。吻背有V形条纹。颊部有2条褐色斜纹。各鳍浅灰色，有纵纹及斑点。为暖水性底层鱼类。栖息于珊瑚礁海域，与鼓虾共栖。分布于我国南海、台湾海域，以及日本冲绳海域、菲律宾海域、印度-西南太平洋暖水域。体长约8 cm。

2650 台湾栉眼虾虎鱼 *Ctenogobiops fomosa* Randall，Shao et Chen，2003[37]

背鳍Ⅵ，Ⅰ-11；臀鳍Ⅰ-11；胸鳍19；腹鳍Ⅰ-5。纵列鳞45~49；背鳍前鳞0。

本种体延长，稍粗壮。吻短，眼大。口中等大，下颌长于上颌。鳃孔前伸止于前鳃盖下缘后方。体前部被圆鳞，后部被栉鳞。头项、颊部、鳃区均裸露无鳞。第1背鳍以第2或第3鳍棘最长，不呈丝状。胸鳍宽。腹鳍愈合，无膜盖，不呈吸盘状。尾鳍长。头、体浅棕色。体侧中部有3纵行暗褐色圆斑，以最下1行圆斑最大。眼后至背鳍前有1列蓝色小斑。颊部有2纵行褐色狭带。各鳍色浅，透明。胸鳍基具一白色卵圆形斑。为暖水性底层鱼类。栖息于珊瑚礁海域，与鼓虾共栖。分布于我国台湾海域，为我国特有种。体长约6 cm。

2651 点斑栉眼虾虎鱼 *Ctenogobiops pomastictus* Lubbock et Polinin，1977[38]

背鳍VI，Ⅰ－11；臀鳍Ⅰ－11；胸鳍19；腹鳍Ⅰ－5。纵列鳞52～64；背鳍前鳞0。

本种与台湾栉虾虎鱼十分相似。体延长。鳃孔略小，向头腹延伸，止于前鳃盖下缘后方。第1背鳍以第2鳍棘最长，不呈丝状延长。胸鳍宽。腹鳍不呈吸盘状。体浅棕色，体侧中部有1纵行不规则的灰黑色斑块，背、腹侧各有1纵行黑色小斑。颊部有2行水平排列的褐点。吻部两侧具1条V形条纹。第1背鳍基部具一颜色深的纵纹。为暖水性底层鱼类。栖息于珊瑚礁海域，与鼓虾共栖。分布于我国台湾海域，以及琉球群岛海域、澳大利亚大堡礁海域、西南太平洋暖水域。体长约6 cm。

▲ 本属我国尚有丝棘栉眼虾虎鱼 *C. feroculus*、丝背栉眼虾虎鱼 *C. mitodes*和小斑栉眼虾虎鱼 *C. phaeosictus*，分布于我国南海、台湾海域。[13，4H]

2652 奥奈富山虾虎鱼 *Tomiyamichthys oni*（Tomiyama，1936）[38]

背鳍VI，Ⅰ－11；臀鳍Ⅰ－11；胸鳍17；腹鳍Ⅰ－5。纵列鳞83；背鳍前鳞0。

本种体延长。头中等大。吻短钝，小于眼径。口较大，前位，斜裂。下颌稍突出。眼中等大，侧上位，眼间隔窄。颊部发达，膨出，左、右颊在眼后缘显著靠近，中间呈沟状。头背感觉孔5个。颊部有4纵行感觉乳突线，无横行排列的感觉乳突线[38]。颊和鳃盖无鳞片。第1背鳍高。尾鳍

大。头、体暗褐色，胸部和腹部色浅。体侧具黑色大斑块。第1背鳍有黑缘，尾鳍基有大黑斑。为暖水性底层鱼类。栖息于岩礁沙砾底质海区，与鼓虾共栖。分布于我国台湾海域，以及日本伊豆半岛海域、冲绳海域。体长约8 cm。

▲ 本属我国尚有艾伦富山虾虎鱼 *T. alleni* 等种，均分布于台湾海域[13]。

2653 白背虾虎鱼 *Lotilia graciliosa* Klausewitz，1960[38]

= 白头虾虎鱼

背鳍Ⅵ，Ⅰ－9；臀鳍Ⅰ－9；胸鳍16；腹鳍Ⅰ－5。纵列鳞46；背鳍前鳞0。

本种体延长，侧扁。头宽大，头背具6个感觉管孔（B′、C、D、E、F、G）（图48）[4H]。颊部突出，吻圆钝。眼中等大，背侧位。眼前下缘具4条放射状乳突线（图48）[4H]。口中等大，前上位。颌齿细小，多行，尖锐。前鳃盖后缘具3个感觉管孔。体被中小栉鳞。项部、颊部、鳃部裸露无鳞。第1背鳍有6枚鳍棘。第2背鳍与臀鳍对位，同形；二者鳍式皆为Ⅰ－9。腹鳍愈合成吸盘。尾鳍长。头、体灰黑色，体侧自吻至第1背鳍前完全白色。背鳍布有白色斑块。胸鳍基和尾柄亦有小白斑。尾鳍白色。为暖水性底层鱼类。栖息于珊瑚礁海区，与鼓虾共栖。分布于我国台湾海域，以及日本冲绳海域、澳大利亚海域、印度–西太平洋暖水域。体长约4 cm。

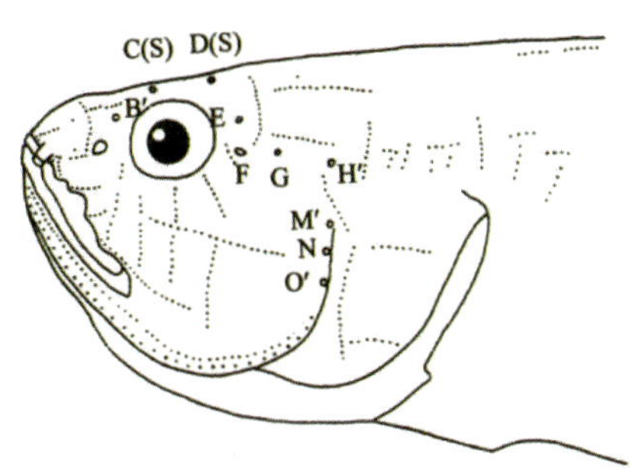

图48　白背虾虎鱼头部感觉器模式图

2654 大口犁突虾虎鱼 *Myersina macrostoma* Herre，1934[38]

背鳍Ⅵ，Ⅰ－10；臀鳍Ⅰ－9；胸鳍16；腹鳍Ⅰ－5。纵列鳞64；背鳍前鳞0。

本种体延长，前部呈亚圆柱状，后部侧扁。头宽扁，头背具6个感觉管孔（B′、C、D、E、F、G）；颊部具2行水平感觉乳突线（图49）[4H]。吻圆钝，眼大，两眼至吻端无暗纹。眼下缘具7条放射状感觉乳突线（图49）。口大，前位。下颌突出。两颌齿尖，多行。前鳃盖后缘具2个感觉管孔。体被小圆鳞。颊部、鳃部无鳞，无背鳍前鳞。第1背鳍有6枚鳍棘，呈丝状延长，达第2背鳍后方。腹鳍小，愈合为吸盘。尾鳍宽。体灰褐色，背部有一灰白色纵带。颊部和腹部浅灰色。各鳍灰色，第1背鳍基有黑斑。为暖水性底层鱼类。栖息于珊瑚礁海域，与鼓虾同巢穴共栖。分布于我国台湾海域，以及日本石垣岛海域、菲律宾海域。体长约3.5 cm。

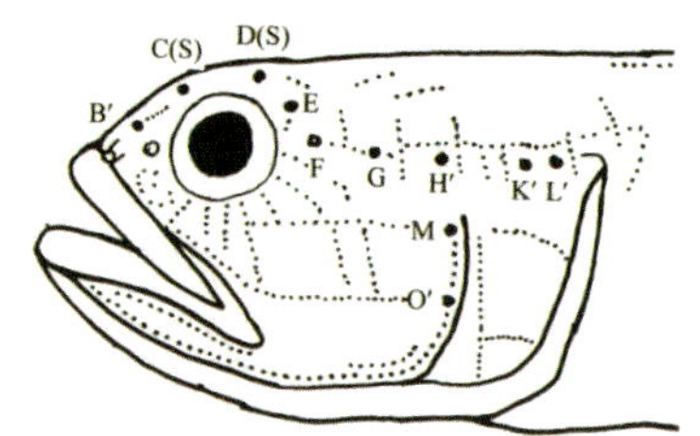

图49　大口犁突虾虎鱼头部感觉器模式图

▲ 本属我国尚有横带犁突虾虎鱼 *M. fasciatus* （= 横带寡鳞虾虎鱼 *Oligolepis fasciatus*）和杨氏犁突虾虎鱼 *M. yangii*，二者皆为我国特有种且皆属于濒危物种[4H]。前者分布于福建南部海域，后者分布于我国台湾海域。

2655 芒虾虎鱼 *Mangarinus waterousi* Herre，1943[38]

背鳍Ⅵ，Ⅰ－11；臀鳍Ⅰ－10；胸鳍15；腹鳍Ⅰ－5。纵列鳞46～47；背鳍前鳞0。

本种体颇延长，前部呈圆柱状。头宽大，头背具6个感觉管孔（B′、C、D、E、F、G）（图50）[4H]。颊部具3条感觉乳突线，上、下两乳突线具皮褶。吻中等长，圆钝。眼小，上侧位。眼前后、颊部、鳃部均具较长皮褶。口小，上位。下颌突出，两颌呈竖直状。颌齿尖锐，2～3行。前鳃盖后缘具2个感觉管孔。体前部被小圆鳞，后部被栉鳞。头部无鳞，无背鳍前鳞。第1背鳍有6枚鳍棘。胸鳍长，无丝状游离鳍条。腹鳍小，愈合成吸盘。尾鳍基部宽，末端略尖。头、体棕褐色。背鳍、臀鳍边缘灰黑色。胸鳍白色。尾鳍有3～4条灰黑色弧形条纹。为暖水性底层鱼类。栖息于河口、淤泥底质海区，穴居。分布于我国南部沿海，以及日本冲绳沿海、菲律宾沿海、帕劳沿海。体长达6.5 cm。

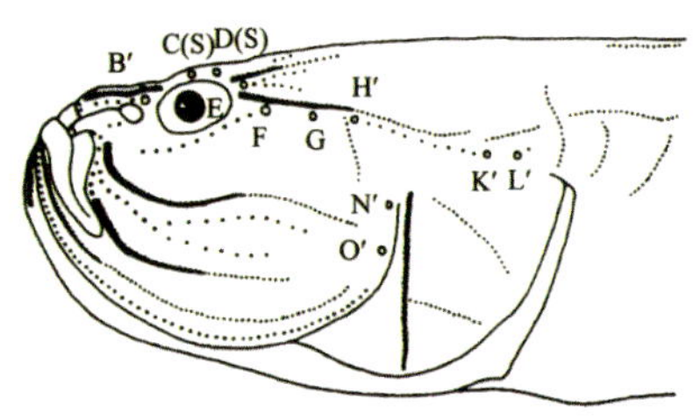

图50　芒虾虎鱼头部感觉器模式图

鲻虾虎鱼属 *Mugilogobius* Smith，1899

本属物种体延长。头宽大，无皮嵴状突起。头部和鳃盖无任何感觉管孔。颊部有3条水平乳突线（图51）[4H]。吻圆钝。眼中等大，上侧位。眼间隔宽，稍突出。鼻孔每侧2个，前鼻孔管状，紧邻上唇。口中等大，前位。上颌稍突出。颌齿尖细，列成窄带状。舌稍宽，前端圆弧形、平截或分叉。体多被栉鳞，纵列鳞30~58枚。项部、后头部和鳃盖均被鳞。第1背鳍有6枚鳍棘。第2背鳍与臀鳍同形，对位；二者鳍式均为Ⅰ－7~9。胸鳍长。腹鳍小，愈合成吸盘。尾鳍后缘圆弧形。我国有5种。

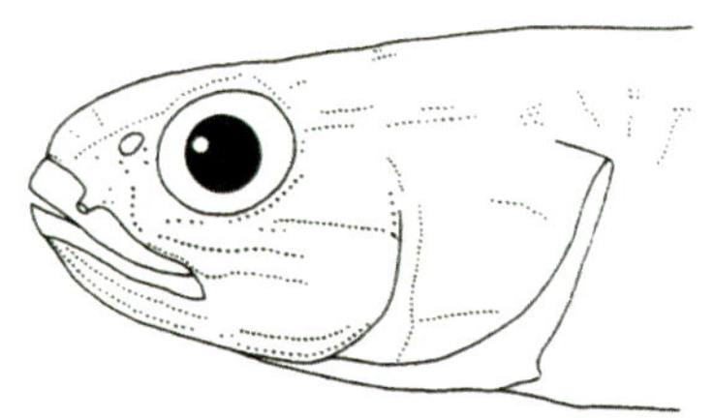

图51　鲻虾虎鱼属物种头部感觉器模式图

2656 阿部鲻虾虎鱼 *Mugilogobius abei*（Jordan et Snyder，1901）[4H]

背鳍Ⅵ，Ⅰ－8；臀鳍Ⅰ－8；胸鳍17；腹鳍Ⅰ－5。纵列鳞44；背鳍前鳞24。鳃耙3＋3。

本种一般特征同属。体延长。头颇大，头部感觉管子分布如图51[4H]所示。吻圆钝，吻长约等于眼径。唇发达。舌游离，前端分叉浅。体被弱栉鳞，前部为小圆鳞，仅吻部和颊部无鳞。第1背鳍鳍棘末端呈丝状延长，以第2、第3鳍棘最长。体灰褐色，腹面色浅，前部有5~6行暗横纹。尾柄有2条纵带，可伸达尾鳍后缘。鳃盖中部有一暗斑。第1背鳍具一黑斑。尾鳍上部黑色，其余鳍比体色稍暗。为暖温性底层鱼类。栖息于河口、近岸滩涂区。分布于我国沿海，以及日本东京湾海域、宫城海域、石川海域，朝鲜半岛沿海。体长达6 cm。

2657 泉鲻虾虎鱼 *Mugilogobius fontinalis*（Jordan et Seale，1906）[38]

背鳍Ⅵ，Ⅰ－8；臀鳍Ⅰ－8；胸鳍16；腹鳍Ⅰ－5。纵列鳞40。

本种与阿部鲻虾虎鱼十分相似。体延长。吻钝圆。背鳍具丝状延长鳍棘，以第2、第3鳍棘最长。体暗褐色，体侧直到尾柄有10条左右黑色横带。第1背鳍具黑斑。尾鳍具黑色纵线。为暖水性底层鱼类。栖息于河口。分布于我国台湾沿海，以及日本西表岛沿海。体长约4 cm。

2658 诸氏鲻虾虎鱼 *Mugilogobius chulae*（Smith，1932）[4H]

＝左拉鲻虾虎鱼＝中华太门虾虎鱼 *Tamanka sinensis*

背鳍Ⅵ，Ⅰ－7；臀鳍Ⅰ－8；胸鳍14；腹鳍Ⅰ－5。纵列鳞30；背鳍前鳞11。

本种体延长。头较大，头部感觉器分布如图51[4H]所示。第1背鳍亦以第2、第3鳍棘最长，呈丝状延长。其眼较小，吻长略大于眼径。舌游离，前端内凹。头、体浅棕色，体侧散布10余条“<”形、X形黑色条纹。第1背鳍和项部有斜向胸鳍的黑色宽带。第1背鳍中部尚有一大黑斑。尾鳍基有1条“<”形及1条近似S形黑纹。为暖水性底层鱼类。栖息于河口及咸淡水水域。分布于我国南部沿海，以及琉球群岛沿海、菲律宾沿海。体长约4 cm。

2659 清尾鲻虾虎鱼 *Mugilogobius cavifrons*（Weber，1909）[37]

= 穴鲻虾虎

背鳍Ⅵ，Ⅰ-8；臀鳍Ⅰ-8；胸鳍17；腹鳍Ⅰ-5。纵列鳞44；背鳍前鳞24。鳃耙3+3。

本种体延长，稍粗壮。头中等大，稍高。吻前端平扁，宽而圆钝，吻长几乎等于眼径。口中等大。舌游离，前端内凹。第1背鳍短，前方3枚鳍棘长，但不呈丝状延长。尾鳍宽，大于头长。体黄棕色。体侧有9条不规则的灰黑色短横带。颊部有2条黑色宽带。第1背鳍中部有黑色弧形宽带，第2背鳍上部有一白色纵纹。尾鳍基部有4条黑色横纹。为暖水性底层鱼类。栖息于河口、红树林湿地。分布于我国台湾沿海，以及日本石垣岛沿海、菲律宾沿海、美国夏威夷沿海。体长达7 cm。

2660 泰加拉鲻虾虎鱼 *Mugilogobius tagala*（Herre，1927）[38]

背鳍Ⅵ，Ⅰ-8；臀鳍Ⅰ-8；胸鳍17；腹鳍Ⅰ-5。纵列鳞45；背鳍前鳞24。

本种与清尾鲻虾虎鱼十分相似。体长约为体高的5.2倍，约为头长的4.1倍。本种以体稍细长，头稍尖，尾鳍无明显横带，体背侧暗斑清晰而区别于清尾鲻虾虎鱼。伍汉霖（2008）认为二者为同一种鲻虾虎鱼[4H]。益田一（1982）则将二者分立为2种[38]。沈世杰（1993）记述泰加拉鲻虾虎鱼体浅褐色，鳃盖有一大暗斑，体背侧有若干暗横带[9]。两者的生态习性相同，分布区重叠。分布于我国台湾海域，以及日本南部海域。体长约2.8 cm。

丝虾虎鱼属 *Cryptocentrus* Valenciennes，1837

本属物种体延长，侧扁。头大，头背有6个感觉管孔（B′、C、D、E、F、G）；颊部有2行感觉乳突线（图52）[4H]。吻圆钝。眼中等大，上侧位。在眼前下缘放射状感觉乳突线中，最前1～2条竖直乳突线超越颊部的第1感觉乳突线（图52）。口大，上、下颌约等长或下颌稍突出。两颌齿多行，唇较厚，舌前端截形。前鳃盖后缘感觉管孔2或3个。体被细小圆鳞或栉鳞，埋于皮下。头部无鳞。第1背鳍有6枚鳍棘。胸鳍无丝状游离鳍条。腹鳍形成吸盘。尾鳍尖长、尖圆、或后缘圆弧形。我国有11种。

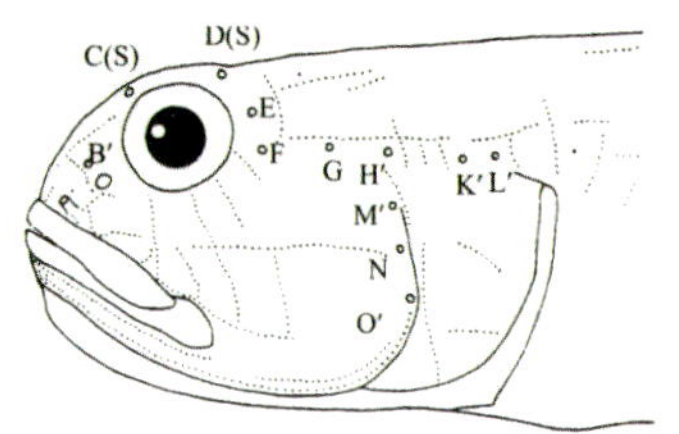

图52　丝虾虎鱼属物种头部感觉器模式图

2661 头带丝虾虎鱼 *Cryptocentrus cephalotaenius* Ni，1988

背鳍Ⅵ，Ⅰ－18～19；臀鳍Ⅰ－18～20；胸鳍19～20；腹鳍Ⅰ－5。纵列鳞121～128；背鳍前鳞0。鳃耙8。

本种体延长，侧扁。头中等大，前部圆钝。头背具6个感觉管孔（B′、C、D、E、F、G）（图52）。吻短，圆钝。眼中等大。前鼻孔短管状，后鼻孔圆形。口中等大，前位。下颌稍突出，上颌达眼中部后方。上、下颌齿各约4行，细尖，呈带状排列。舌游离。鳃耙细短。体前部被小圆鳞，后部被栉鳞，头和第1背鳍前无鳞。背鳍2个。第1背鳍第4、第5鳍棘较长，可达第2背鳍起始处。腹鳍形成吸盘。尾鳍尖，其长度为头长的1.3～1.5倍。体黄绿色，有5条紫灰色横带。眼后有2条黑色细纹。为暖水性底层鱼类。栖息于近岸沙底质海域。属濒危物种。分布于我国海南海域。为我国特有种。体长约9 cm[4H]。

2662 丝虾虎鱼 *Cryptocentrus cryptocentrus*（Valenciennes，1837）[82]

=正猴鲨

背鳍Ⅵ，Ⅰ－10；臀鳍Ⅰ－9；胸鳍16；腹鳍Ⅰ－5。纵列鳞62；背鳍前鳞0。

本种体延长。头中等大。吻短而圆钝，吻长短于眼径。眼小，上侧位。口大，上、下颌约等长。颌齿细尖，多行。上颌前方具3～4枚大犬齿，下颌左、右侧各具一大犬齿。鳃盖腹面有一向下的小棘。第1背鳍较高，第2、第3鳍棘最长，呈丝状延长。尾鳍后端尖。头、体蓝黄褐色，散列蓝色小点。头部夹杂橘红色点。体侧有8条暗横带。背鳍、臀鳍具2～4列暗点纹。胸鳍、腹鳍浅蓝褐色。尾鳍透明，时有小斑点。为暖水性底层鱼类。栖息于近岸岩礁或珊瑚礁海区。分布于我国台湾海域、东海，以及红海。体长约8 cm。

2663 纹斑丝虾虎鱼 *Cryptocentrus strigilliceps*（Jordan et Seale，1906）[14]

背鳍Ⅵ，Ⅰ－10；臀鳍Ⅰ－9；胸鳍17；腹鳍Ⅰ－5。纵列鳞约50；背鳍前鳞14。

本种体延长。吻短钝，吻长约与眼径相等。口大，前位，上、下颌约等长。颌齿细尖，缝合部各有3～4枚犬齿。前鳃盖后缘感觉管孔3个。鳃盖腹面无向下小棘。体被鳞。第1背鳍以第2、第3鳍棘最长，但不呈丝状延长。体暗灰色。体侧具5个黑色圆斑及不甚显著的横带和小黑点。胸鳍基上方和第1背鳍基部各有一黑色眼状斑。为暖水性底层鱼类。栖息于珊瑚礁海域及沙底质海区。分布于我国台湾海域，以及琉球群岛海域、印度–西南太平洋暖水域。体长约4 cm。

2664 长丝虾虎鱼 *Cryptocentrus filifer*（Valenciennes，1837）[18]

= *Gobius knutteli*

背鳍Ⅵ，Ⅰ–10～11；臀鳍Ⅰ–9；胸鳍18～19；腹鳍Ⅰ–5。纵列鳞105～120；背鳍前鳞0。鳃耙3～4＋11～12。

本种体延长。头中等大。吻短，圆钝。眼中等大，上侧位。口大，前位。下颌稍突出。唇颇厚。舌游离，前端圆。前鳃盖感觉管孔2个。体被小圆鳞，埋于皮下。头部、项部均无鳞。第1背鳍甚高，前5枚鳍棘延长成丝状。尾鳍尖，其长度大于头长。体黄绿色，略带红色。体侧有4～5条暗横带。头部有亮蓝色小点。第1背鳍有一椭圆形黑斑，第2背鳍有2纵行暗斑。尾鳍具6条暗横纹。为暖温性底层鱼类。栖息于沿岸沙泥底质海区。分布于我国近岸海域，以及日本富山湾海域、千叶海域，朝鲜半岛海域，印度–西太平洋。体长约12 cm。

2665 白背带丝虾虎鱼 *Cryptocentrus albidorsus*（Yanagisawa，1978）[38]

背鳍Ⅵ，Ⅰ–11；臀鳍Ⅰ–10；胸鳍17；腹鳍Ⅰ–5。纵列鳞100～110；背鳍前鳞0。

本种体较细长。头中等大。头部感觉器分布如图52[4H]所示。吻短，圆突。眼小，背侧位。口中等大，前位。上、下颌等长。颌齿细尖。上颌齿4行，外行齿呈犬齿状，内行齿几乎平卧。下颌齿3行。前鳃盖后缘感觉管孔3个。体被小圆鳞，项部、鳃盖部均无鳞。第1背鳍较低，以第2、第3鳍棘较长。尾鳍尖。体紫黑色。体背侧有一深黄褐色纵带，幼鱼纵带为白色，体侧中部有1纵行9个深褐色斑块。各鳍鲜黄色，胸鳍基有一褐色大斑，尾鳍有数条褐色横纹。为暖水性底层鱼类。栖息于沿岸珊瑚礁海区及沙底质海区，喜与鼓虾共栖。分布于我国海南海域、台湾海域，以及琉球群岛海域。体长约7 cm。

2666 台湾丝虾虎鱼 *Cryptocentrus yatsui*（Tomiyama，1936）[14]

= 耶氏丝虾虎鱼 = 谷津氏丝虾虎鱼

背鳍Ⅵ，Ⅰ-10；臀鳍Ⅰ-9；胸鳍15～16；腹鳍Ⅰ-5。纵列鳞76～78；背鳍前鳞0。

本种体延长。头中等大。吻短，圆突，吻长稍大于眼径。眼小，背侧位，眼间隔狭窄。口大，前位。下颌稍突出，上颌达眼后缘下方。颌齿细尖，多行，不呈犬齿状。唇颇厚，舌端圆。体被小栉鳞，项部、颊部、鳃盖部均裸露无鳞。体侧具2～3行不规则的暗褐色斑。各鳍色较浅，尾鳍基有一黑斑。为暖水性底层鱼类。栖息于沿岸沙泥底质海区、红树林湿地及河口内湾。分布于我国台湾沿海，为我国台湾沿海特有种。体长约9 cm。

2667 眼斑丝虾虎鱼 *Cryptocentrus nigrocellatus*（Yanagisawa，1978）[38]

背鳍Ⅵ，Ⅰ-10；臀鳍Ⅰ-9；胸鳍17；腹鳍Ⅰ-5。纵列鳞68～70；背鳍前鳞3。

本种体延长。头中等大。口大，上、下颌约等长。上颌前部有3～4枚大犬齿，下颌两侧各有1枚大犬齿。体被小栉鳞。第1背鳍低，以第2、第3鳍棘较长。尾鳍长，其长度小于头长。体暗褐色，体侧中央具1纵列8～9个黑色圆斑，间以白斑。腹侧有6～7条黑色横纹，间以白点纹。头侧有3～4条白点纹。鳃盖处有一白缘大黑斑。为暖水性底层鱼类。栖息于近岸砾石及海藻丛中，喜与鼓虾共栖。分布于我国台湾海域，以及琉球群岛海域。体长约8 cm。

▲ 本属我国尚有银丝虾虎鱼 *C. pretiosus*、红丝虾虎鱼 *C. russus*、蓝带丝虾虎鱼 *C. cyanotaenius*和孔雀丝虾虎鱼 *C. pavoninoides*，均分布于我国南海[4H, 13]。

2668 大口巨颌虾虎鱼 *Mahidolia mystacina*（Valenciennes，1837）[4I]

背鳍Ⅵ，Ⅰ－10；臀鳍Ⅰ－9；胸鳍17；腹鳍Ⅰ－5。纵列鳞33～34；背鳍前鳞0。

本种体延长，稍粗壮。头颇大，头背具5个感觉管孔（B′、D、E、F、G）；颊部突出，具3条竖直乳突线和2条颇长的水平乳突线（图53）[4H]。吻短，圆钝。眼中等大，背侧位，上缘突出于头背缘。口特大，前位，口裂约占头长的1/2。上颌长于下颌。颌齿细小，2～3行。前鳃盖后缘具3个感觉管孔。鳃孔宽大，左、右鳃膜相连，但不与峡部相连。体前部被小圆鳞，后部被栉鳞。头部裸露，无背鳍前鳞。第1背鳍高，以第1～4鳍棘最长。尾鳍长，约与头等长。体黄褐色，体侧具6～7条深色斜带。眼下有一宽横带。第1背鳍具黑褐色斑块。为暖水性底层鱼类。栖息于泥底质或沙砾底质海区，与鼓虾共栖。分布于我国台湾海域，以及琉球群岛海域、印度尼西亚海域、印度－西太平洋暖水域。体长约6 cm。

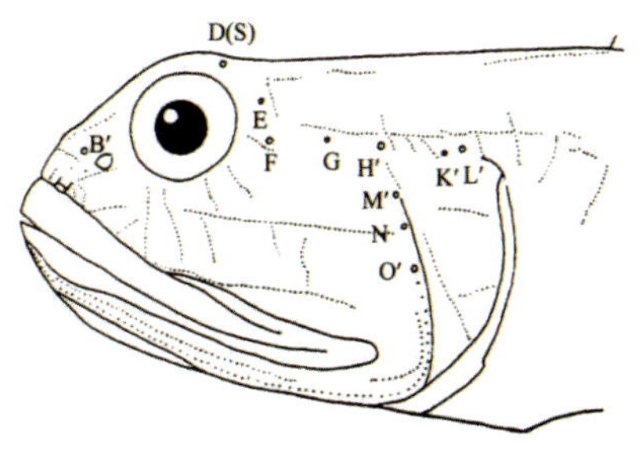

图53　大口巨颌虾虎鱼头部感觉器模式图

2669 比科尔雷虾虎鱼 *Redigobius bikolamus*（Herre，1927）[38]

= 斑纹梵摩蔭虾虎鱼 *Valmosa bikolama*

背鳍Ⅵ，Ⅰ-7；臀鳍Ⅰ-6；胸鳍16～17；腹鳍Ⅰ-5。纵列鳞25～27；背鳍前鳞6～7。

本种体延长，较粗。头中等大，头背有5个感觉管孔（B′、C、D、E、F），颊部有2纵行乳突线（图54）[4H]。吻钝，吻长约等于眼径。口大，前位。上颌齿尖锐，1行；下颌齿多行。唇厚，舌前端截形。前鳃盖后缘具3个感觉管孔。鳃膜与峡部相连。体前部被圆鳞，后部被栉鳞。鳃盖上部有3～4枚大圆鳞。项部、胸部、背鳍前有鳞，颊部无鳞。第1背鳍高，雄鱼以第3鳍棘最长。体黄褐色，腹部浅灰色。头部眼前及眼下方各有一褐色条纹。体腹侧具6条褐色横纹。体侧中央有4～5个不规则的褐色斑块。第1背鳍后上缘有一黑色横带。胸鳍基和尾鳍基各有2个圆形小黑斑。为暖水性底层鱼类。栖息于淡水河川，可入河口。分布于我国台湾水域，以及日本静冈水域、菲律宾水域、西南太平洋暖水域。体长约4 cm。

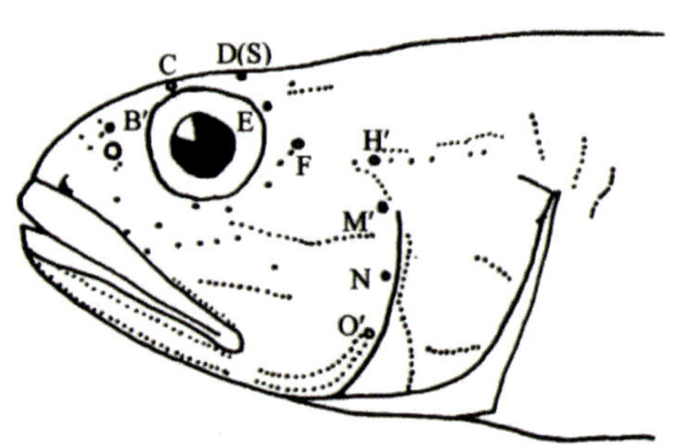

图54　比科尔雷虾虎鱼头部感觉器模式图

2670 裸项蜂巢虾虎鱼 *Favonigobius gymnauchen*（Bleeker，1860）[38]（上雄鱼，下雌鱼）

= 裸项吻虾虎鱼 *Rhinogobius grmnauchen* = 裸项栉虾虎鱼 *Ctenogobius gymnauchen*

背鳍Ⅵ，Ⅰ-9；臀鳍Ⅰ-9；胸鳍16～17；腹鳍Ⅰ-5。纵列鳞28～29；背鳍前鳞0。

本种体延长。头中等大，较尖。头背有6个感觉管孔（B′、C、D、E、F、G）（图55）[4H]；

眼下有1条感觉乳突线，颊部有3条乳突线。吻短，突出，吻长约等于眼径。眼中等大，背侧位。口中等大，前位。下颌长于上颌。齿细尖，上、下颌后部各有2行齿。舌宽，游离，前端截形或微凹。前鳃盖后缘具3个感觉管孔。体被中等大弱栉鳞。吻部、颊部、项部、鳃盖无鳞。第1背鳍以第1、第2鳍棘最长，雄鱼的呈丝状延长。胸鳍宽大。腹鳍愈合成吸盘。头、体黄褐色，腹部色浅。体侧具4～5对暗斑。尾鳍具多行黑色斑纹，尾鳍基有一分支状暗斑。为暖水性底层鱼类。栖息于近岸浅滩、砾石、岩礁海区和珊瑚礁海区。分布于我国沿海，以及日本北海道沿海、本州沿海，朝鲜半岛沿海。体长约6 cm。

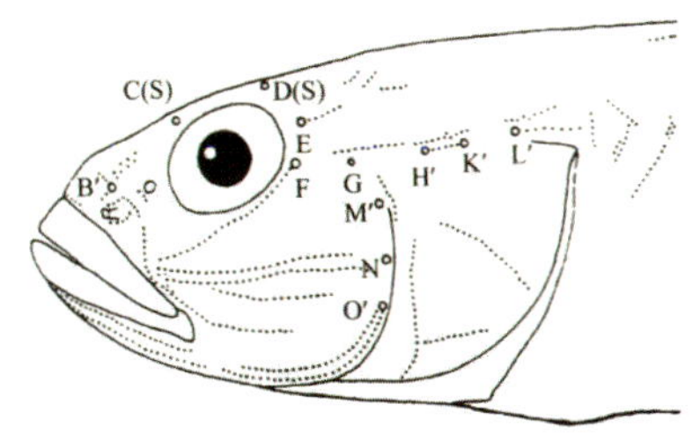

图55　裸项蜂巢虾虎鱼头部感觉器模式图

2671 雷氏点颊虾虎鱼 *Papillogobius reichei* (Bleeker, 1853) [14]

= 雷氏蜂巢虾虎鱼 *Favonigobius reichei*

背鳍Ⅵ, Ⅰ－8；臀鳍Ⅰ－8；胸鳍17；腹鳍Ⅰ－5。纵列鳞29～33；背鳍前鳞2～3。

本种体延长。头背和前鳃盖后缘分别有6个（A、B′、C、D、E、F）和3个（M′、N、O′）感觉管孔；眼较大，眼下无放射状感觉乳突线，而有2列平行感觉乳突线；颊部具一由多行成群的感觉乳突形成的宽纵带（图56）[4H]。雄鱼第1背鳍鳍棘延伸，呈丝状，以第2背鳍鳍棘最长。体浅黄色，腹部灰白色。体侧有5对暗斑。吻部、颊部、鳃盖均有黑色或褐色斜纹。尾鳍具4～6横列褐色斑点，尾鳍基具1对圆形黑斑。为暖水性底层鱼类。栖息于沿岸沙泥底质海区或河口。分布于我国南海、台湾海域，以及琉球群岛海域、印度尼西亚海域，印度－西太平洋暖水域。体长约5 cm。

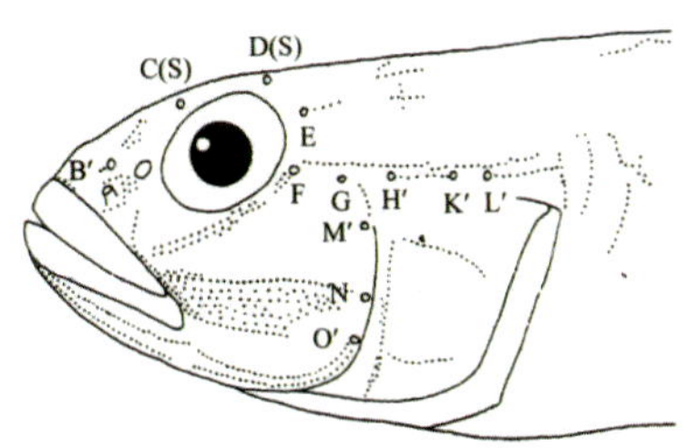

图56　雷氏点颊虾虎鱼头部感觉器模式图

寡鳞虾虎鱼属 *Oligolepis* Bleeker, 1874

本属物种体延长，侧扁。头侧扁而钝。头背具5个感觉管孔（A′、B、C、D、F）；颊部有2纵行乳突线，4行短的乳突线（图57）[4H]。吻钝，眼中等大，口大。颌齿多行，下颌缝合部及外行最后一齿呈大犬齿状。前鳃盖后缘具2个感觉管孔。鳃盖条4枚。体前部被圆鳞，后部被中等大栉鳞，胸、腹部被圆鳞或裸露无鳞。项背或裸露无鳞。纵列鳞29～30枚。背鳍Ⅵ，Ⅰ－11～13。臀鳍与第2背鳍同形，几乎对位。腹鳍形成吸盘，膜盖边缘呈弧形且内凹。尾鳍矛状，尾鳍长大于头长。我国有2种。

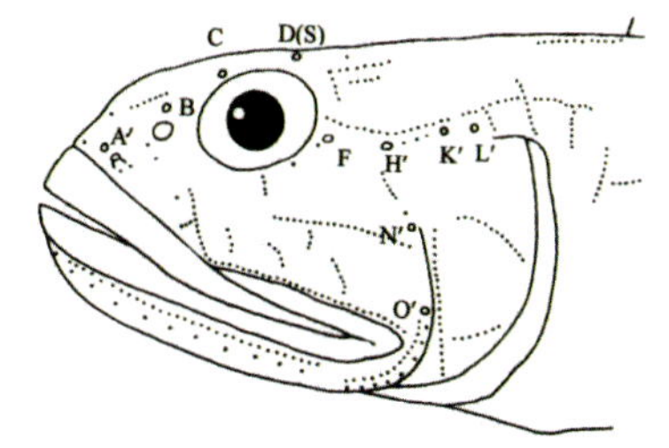

图57　寡鳞虾虎鱼属物种头部感觉器模式图

2672 尖鳍寡鳞虾虎鱼 *Oligolepis acutipennis*（Valenciennes，1837）[14]

= 斑点狭虾虎鱼 *Stenogobius acutipennis* = 台湾沟虾虎鱼 *Oxyuichthys formosanus*
= 台湾鸽鲨

背鳍Ⅵ，Ⅰ－10～11；臀鳍Ⅰ－10～11；胸鳍19～20；腹鳍Ⅰ－5。纵列鳞24～26；背鳍前鳞0。

本种一般特征同属。体延长，侧扁。头较大，吻短且圆钝。前鼻孔具一短皮瓣。口大，上、下颌等长。颌齿5～6行。体前部被较大圆鳞，后部被栉鳞。头部、项部、胸部、腹部均裸露无鳞。第1背鳍第1～5鳍棘延长为丝状，以第2、第3鳍棘最长。胸鳍尖。腹鳍膜盖平，无叶状突出，吸盘呈长椭圆形。尾鳍尖矛状，尾鳍长约为头长的1.9倍。体淡棕色，略透明。体侧具1纵列5～6个不规则的黑褐色斑块，斑块间尚具一黑斑。项部、背侧有虫状黑褐色斑点。眼下缘具一斜行黑色条纹。各鳍色较浅。为暖水性底层鱼类。栖息于河口及近岸泥沙底质浅海。分布于我国南海、台湾海域，以及日本千叶海域、宫古岛海域，菲律宾海域，印度海域。体长达10 cm。

2673 大口寡鳞虾虎鱼 *Oligolepis stomias*（Smith，1941）[38]

背鳍Ⅵ，Ⅰ－10；臀鳍Ⅰ－11；胸鳍20；腹鳍Ⅰ－5。纵列鳞29～30；背鳍前鳞0。

本种与尖鳍寡鳞虾虎鱼相似。体延长，侧扁。头大。吻短圆。眼中等大，高位，突出于头背缘。前鼻孔具一短皮瓣。口特大，前位。上颌超过眼后缘下方。体前部被较大圆鳞。头部、项部、胸部、腹部裸露无鳞。第1背鳍高，以第4、第5鳍棘最长，呈丝状延长。尾鳍尖矛状，其长度可达头长的2倍。体淡棕色，略透明。体侧具1纵行5个不规则的大型黑斑。眼下缘有一 L 形黑色条纹。为暖水性底层鱼类。栖息于河口及近岸沙泥底质浅海，掘穴而居。分布于我国南海、台湾海域，以及日本冲绳海域、菲律宾海域、印度海域。体长达8 cm。

2674 双斑矮虾虎鱼 *Pandaka bipunctata*（Chen，Wu，Zhong et Shao，2008）[38]

背鳍Ⅵ，Ⅰ－6～7；臀鳍Ⅰ－6；胸鳍15；腹鳍Ⅰ－5。纵列鳞21～22；背鳍前鳞0。

本种体延长，前部粗壮，近圆柱形。头中等大，宽圆。头部无任何感觉管孔，颊部有一水平感觉乳突线；眼大，上侧位，眼径约为头长的1/3；眼下缘有数个分散的感觉乳突和一放射状乳突线（图58）[4H]。口小，前上位。下颌稍突出。颌齿细尖，2行。鳃盖部无任何感觉管孔。体被大栉鳞。头部、项部裸露无鳞，胸部、腹部亦无鳞。第1背鳍第1、第2鳍棘长。第2背鳍与臀鳍同形，对位。腹鳍小，愈合成吸盘。尾鳍长度稍小于头长。体半透明。眼下缘和眼后各有一黑色横纹。体侧有4～5个暗斑。第1背鳍第1、第2鳍棘黑色。胸鳍基部上、下方各具一黑色小斑。为暖水性超小型鱼类。栖息于河口、红树林湿地，营漂浮生活。分布于我国南海。体长约1 cm。为我国南海特有种[4H]。

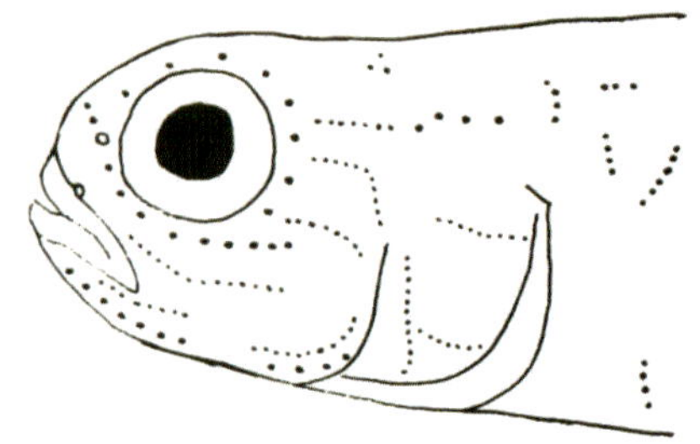

图58　双斑矮虾虎鱼属物种头部感觉器模式图

注：双斑矮虾虎鱼属世界最小鱼种之一[4H]。我们无其彩图。为避免该种缺失，本书引用日本产的近似种三斑矮虾虎鱼 *P. trimaculata* 图照供参考[38]。

细棘虾虎鱼属 *Acentrogobius* Bleeker，1874

本属物种体延长，侧扁或前部圆柱形，后部略侧扁。头中等大，头背具6个感觉管孔（B′、C、D、E、F、G）；颊部具2～4条水平感觉乳突线，多条长短不一的竖直感觉乳突线（图59）[4H]。吻短圆。眼中等大，眼下缘具7～16条放射状感觉乳突线，其向下垂伸不达颊部第1条水平乳突线。口中等大，斜前位，两颌等长或下颌稍突出。两颌齿锐尖，下颌外行最后1～2枚齿呈犬齿状。唇厚。舌游离，前端截形。前鳃盖后缘有2个或3个感觉管孔。体被栉鳞，项部、胸部、腹部被圆鳞，颊部无鳞。第1背鳍有6枚鳍棘。第2背鳍与臀鳍对位，同形；二者鳍式分别为Ⅰ－9～11和Ⅰ－8～9。胸鳍尖长。腹鳍成吸盘，膜盖连续，无叶状突出。尾鳍尖或后缘圆弧形。我国有3种。

45 鲈形目

2675 头纹细棘虾虎鱼 *Acentrogobius viganensis*（Steindachner，1893）[38]

=维甘栉虾虎鱼 =美岸栉虾虎鱼 *Ctenogbius viganensis*

背鳍Ⅵ，Ⅰ－9；臀鳍Ⅰ－8；胸鳍18；腹鳍Ⅰ－5。纵列鳞27～28；背鳍前鳞0。鳃耙2＋7。

本种一般特征同属。体延长，侧扁。头中等大，圆钝，头部感觉器分布如图59[4H]所示。其背鳍前裸露无鳞。体黄棕色，散具蓝色小点，体侧后半部具4个呈1纵列排列的黑褐色大斑块。第1背鳍基有1列黑斑，第2背鳍具2～3行小黑斑。尾鳍灰色，上部具斜带。为暖水性底层鱼类。栖息于泥沙底质海域及河口、内湾。分布于我国台湾海域，以及日本石垣岛海域、菲律宾海域、西太平洋暖水域。体长约6 cm。

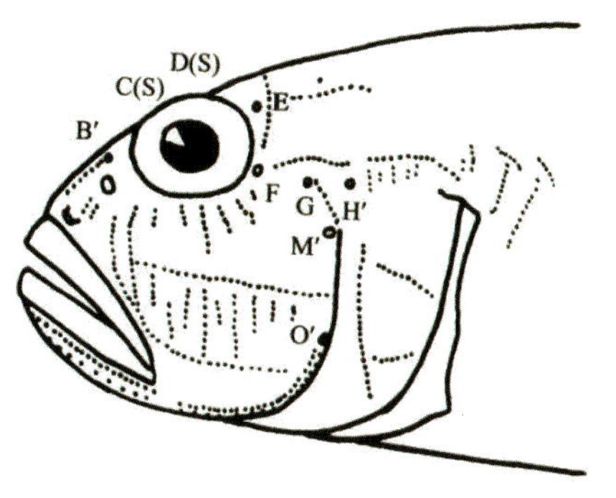

图59　头纹细棘虾虎鱼头部感觉器模式图

2676 青斑细棘虾虎鱼 *Acentrogobius viridipunctatus*（Valenciennes，1837）[4H]

=珠虾虎鱼=绿斑细棘虾虎鱼

背鳍Ⅵ，Ⅰ-10～11；臀鳍Ⅰ-9；胸鳍18～20；腹鳍Ⅰ-5。纵列鳞30～37；背鳍前鳞30～37。鳃耙3+8～10。

本种与头纹细棘虾虎鱼相似。体延长，但前部为圆柱状，后部侧扁。其项部、鳃盖、胸部、腹部被小圆鳞，仅颊部无鳞。体黑绿色，体侧具1纵列5个大暗斑，体后部有蓝绿色小斑点。头部眼下方有1条斜行黑带。第1背鳍基具黑色斑纹。第2背鳍有2条暗纵带。胸鳍色浅，基部具2个小黑斑。尾鳍灰色，上部外缘白色。为暖水性底层鱼类。栖息于河口、内湾及沙泥底质海域。分布于我国南海、台湾海域，以及日本冲绳海域、印度-西太平洋暖水域。体长约8 cm。

▲ 本属我国尚有圆头细棘虾虎鱼 *A. ocyurus*=（圆头捷虾虎鱼 *Drombus ocyurus*），以背鳍前鳞6枚，体侧具7～8条横带为特征。分布于我国南海、台湾海域[4H]。

缰虾虎鱼属 *Amoya* Herre，1927

本属物种体延长，后部颇侧扁。头短小，圆钝。头背具6个感觉管孔（B′、C、D、E、F、G）；颊部有3～4条水平乳突线，而无横行乳突线（图60）[4H]。有的种类第3乳突线短或后端分叉。吻圆钝，较短。眼小，上侧位。眼间隔窄，稍凹。口中等大，前位。下颌稍突出。两颌齿锐尖，2行。下颌外行最后1枚齿呈弯曲犬齿状。前鳃盖后缘有3个感觉管孔。体被中等大栉鳞。项部、颊部与鳃盖部裸露无鳞或有鳞。第1背鳍有6枚鳍棘。第2背鳍与臀鳍对位，同形；二者鳍式分别为Ⅰ-9～12和Ⅰ-8～10。胸鳍宽长，上部无游离鳍条。腹鳍愈合成吸盘，膜盖不内凹，不呈叶状突出。尾鳍宽或尖。我国有9种。

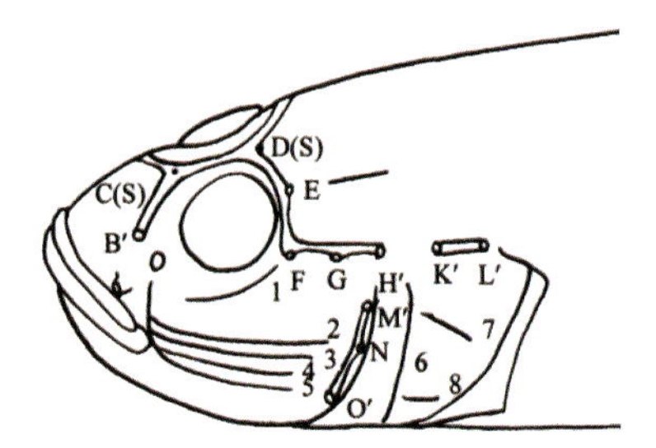

图60　缰虾虎鱼属物种头部感觉器模式图

2677 犬牙缰虾虎鱼 *Amoya caninus*（Valenciennes，1837）[15]

= 犬牙细棘虾虎鱼 = 犬牙珠虾虎鱼 *Acentrogobius caninus*

= 虎牙辐虾虎鱼 *Redigobius caninus*

背鳍Ⅵ，Ⅰ－9～10；臀鳍Ⅰ－9～10；胸鳍18～20；腹鳍Ⅰ－5。纵列鳞25～29；背鳍前鳞18～19。鳃耙1～2＋8～9。

本种一般特征同属。体延长。头颇宽。口较大，下颌外行最后1枚齿扩大为向后弯的犬齿。颊部无鳞。第1背鳍第2鳍棘最长。尾鳍后缘圆弧形，其长度等于头长。体黄绿色。头侧、体侧具亮绿色和红色小点。体侧中央有1纵列5个较大的紫黑色斑块。肩胛部有一蓝绿色圆斑。为暖水性底层鱼类。栖息于河口、红树林湿地及沙泥底质海区。分布于我国东海、南海，以及印度洋北部。体长约12 cm。其含河鲀毒素[4H]。

2678 普氏缰虾虎鱼 *Amoya pflaumi*（Bleeker，1853）[38]

= 普氏吻虾虎鱼 *Rhinogobius pflaumi* = 普氏栉虾虎鱼

= 普氏细棘虾虎鱼 *Acentrogobius pflaumi*

背鳍Ⅵ，Ⅰ－9～10；臀鳍Ⅰ－10；胸鳍17～18；腹鳍Ⅰ－5。纵列鳞25～26；背鳍前鳞0～2。鳃耙2＋7～8。

本种与犬牙缰虾虎鱼相似。体延长。头较大。口中等大，下颌外行最后齿扩大成后弯犬齿。体被栉鳞，颊部、鳃盖无鳞，项部无鳞或仅背鳍前有1～2个圆鳞。尾鳍尖。头、体灰褐色，体侧具2～3条褐色点线状纵带，并夹有4～5个黑斑。鳞片边缘色暗。鳃盖下部有一小黑斑。第1背鳍基具一黑色纵带。尾鳍具数条暗横带，基部有一椭圆形暗斑。为暖温性底层鱼类。栖息于河口、红树林湿地及沿海沙泥底质海区。分布于我国沿海，以及日本北海道海域、西表岛海域，朝鲜半岛沿海，印度–西太平洋暖温水域。体长约7 cm。

2679 紫鳍缰虾虎鱼 *Amoya janthinopterus*（Bleeker，1852）[38]

= 斑鳍细棘虾虎鱼 *Acentrogobius janthinopterus*

背鳍Ⅵ，Ⅰ－9～10；臀鳍Ⅰ－8；胸鳍16～18；腹鳍Ⅰ－5。纵列鳞31～37；背鳍前鳞17～20。鳃耙2＋8。

本种体延长，较粗壮。颊部稍突出，有4条水平感觉乳突线（图60）[4H]。体被弱栉鳞。第1背鳍第1～4鳍棘略呈丝状延长，以第2鳍棘最长。尾鳍后缘圆弧形，其长度几乎等于头长。头、体灰棕色，体侧中上部具许多不规则的黑斑，中部5～6个黑斑较大，排成1纵列。眼后及口角各有1行灰黑色纵纹。背鳍有黑点和纵行黑斑。胸鳍色浅，基部具2纵行短黑带。为暖水性底层鱼类。栖息于咸淡水或近海浅滩的泥洞中。分布于我国南海、台湾海域，以及日本本州海域、菲律宾海域、印度尼西亚海域。体长约9 cm。

▲ 本属我国尚有短吻缰虾虎鱼 *A. brevirostris*、舟山缰虾虎鱼 *A. chusanensis*、马达加斯加缰虾虎鱼 *A. madraspatensis* 等种，分布于我国东海、南海[4H]。

衔虾虎鱼属 *Istigobius* Whitley，1932

本属物种体延长。头宽大，头背具6个感觉管孔（B′、C、D、E、F、G）；颊部突出，具3行水平乳突线（图61）[4H]。吻大，多圆钝，突出于上唇上方，形成吻褶，有时包住部分上唇。眼中等大或小，上侧位，眼间隔窄。口中等大或小，前下位。两颌约等长。颌齿锐尖，细小或排列成绒毛状齿带。前鳃盖后方具3个感觉管孔。体被中等大栉鳞，吻部、颊部通常无鳞，项部无鳞，或者有小或中等大圆鳞。第1背鳍有6枚鳍棘，不呈丝状。第2背鳍Ⅰ－9～11，与臀鳍同形，对位。胸鳍长，有的种类上部鳍条呈丝状游离。腹鳍愈合成吸盘。尾鳍宽或尖长。我国有7种。

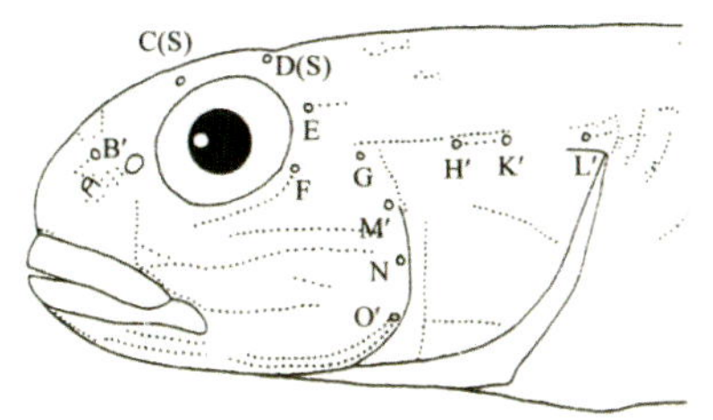

图61　衔虾虎鱼属物种头部感觉器模式图

2680 妆饰衔虾虎鱼 *Istigobius ornatus*（Rüppell，1830）[4H]

= 妆饰珠虾虎鱼= 妆饰细棘虾虎鱼 *Acentrogobius ornatus*

背鳍Ⅵ，Ⅰ－9～10；臀鳍Ⅰ－9；胸鳍19～20；腹鳍Ⅰ－5。纵列鳞27～28；背鳍前鳞10～12。鳃耙1＋5～6。

本种一般特征同属。体延长。头中等大，较尖。头部感觉器分布如图61[4H]所示。吻圆突，有吻褶。眼中等大，背侧位。体被中等大栉鳞，颊部、鳃盖均无鳞，项部被鳞。第1背鳍高，以第2鳍棘最长。胸鳍宽，上部第1～3鳍条呈丝状游离，每枚鳍条均分2支。体绿色，体侧鳞片多数有一小点。头侧有紫色斑点和纵纹。前鳃盖下角具一长黑斑。背鳍黄色，有紫色细长点列。尾鳍黄色，有暗斑。为暖水性底层鱼类。栖息于潮间带沙底质水域。分布于我国南海、台湾海域，以及日本冲绳海域、菲律宾海域、印度－西南太平洋暖水域。体长达8 cm。

2681 和歌山衔虾虎鱼 *Istigobius hoshinonis*（Tanaka，1917）[38]

= 和歌山细棘虾虎鱼 = 星棘虾虎鱼 *Acentrogobius hoshinonis*

背鳍Ⅵ，Ⅰ－11；臀鳍Ⅰ－10；胸鳍19；腹鳍Ⅰ－5。纵列鳞30～31；背鳍前鳞15～17。

本种体较修长。头稍短，头部感觉器分布如图61[4H]所示。体被中等大栉鳞，但吻部、颊部、鳃盖上方均裸露无鳞，项背多被小圆鳞。第1背鳍第2、第3鳍棘长。胸鳍长约等于头长，无丝状游离鳍条。胸鳍第1鳍条不分支，第2、第3鳍条分支。尾鳍宽。头、体棕褐色，背部色较深，具网状纹。体侧中部具5～6个长方形或X形褐色纵斑。眼下、颌和鳃盖有3条不规则黑色斜带。第1背鳍有一大黑斑，第2背鳍具3～4纵列褐色小点。尾鳍基有一个“<”形黑斑。为暖水性底层鱼类。栖息于近岸沙底质海区。分布于我国南海、台湾海域，以及日本千叶海域、九州海域，朝鲜半岛海域。体长约7 cm。

2682 黑点衔虾虎鱼 *Istigobius nigroocellatus*（Günther，1873）[38]

背鳍Ⅵ，Ⅰ－10～11；臀鳍Ⅰ－9～10；胸鳍17～19；腹鳍Ⅰ－5。纵列鳞30～32；背鳍前鳞7～10。

本种体延长。头中等大，头部感觉器分布如图61[4H]所示。吻圆钝，突出于唇上方，吻长等于眼径。眼大，背侧位。颊部突出，具4条长短不一的水平感觉乳突线（图61）。体被中等大栉鳞，吻部、颊部、鳃盖上方均裸露无鳞。胸鳍宽，无游离鳍条，第2、第3鳍条分支。尾鳍长，其长度等于头长。头、体浅棕褐色，体侧有4～5条纵带，呈网状，中部具4～5个长圆形褐色斑块。眼后缘至鳃盖有一黑色纵纹。第1背鳍后部有一大黑斑。第2背鳍有3～4纵列褐色线点。尾鳍基部有三角形黑斑。为暖水性底层鱼类。栖息于沙泥底质海区。分布于我国海南海域，以及日本西表岛海域、西南太平洋暖水域。体长约3.5 cm。

2683 华丽衔虾虎鱼 *Istigobius decoratus*（Herre，1927）[38]

=珠点衔鲨

背鳍Ⅵ，Ⅰ－10；臀鳍Ⅰ－9；胸鳍18；腹鳍Ⅰ－5。纵列鳞29；背鳍前鳞6。

本种体延长。吻圆突，眼中等大，吻长等于眼径。颊部突出，具水平感觉乳突线3条。项背被鳞。头、体浅黄棕色。体侧有6条棕褐色纵纹，中部有5个较大的长条形黑斑。第1背鳍前上方有一黑斑，第2背鳍有3纵行暗点纹。尾鳍具多条点列横纹。为暖水性底层鱼类。栖息于珊瑚礁或沙底质海区。分布于我国南海、台湾海域，以及日本冲绳海域、菲律宾海域、印度－西南太平洋暖水域。体长约13 cm。

2684 戈氏衔虾虎鱼 *Istigobius goldmanni*（Bleeker，1852）[38]

背鳍Ⅵ，Ⅰ－10～11；臀鳍Ⅰ－8～10；胸鳍17～19；腹鳍Ⅰ－5。纵列鳞30～32；背鳍前鳞7～9。

本种体延长。头中等大，较尖。吻钝圆，颊长，吻褶发达。项背被小圆鳞。胸鳍无游离鳍条，仅第2、第3鳍条分支。尾鳍长。头、体棕褐色，腹部色浅。体侧具3～4条网格状黑色纵带，中部有10余个卵圆形黑斑，有些黑斑成对相连。颊部、鳃盖具不规则的黑色斑块。第1背鳍具3～4纵行条纹，无黑斑。胸鳍基有2个小黑斑。尾鳍基有1个哑铃状黑斑。为暖水性底层鱼类。栖息于近岸沙泥底质海区。分布于我国海南海域、台湾海域，以及日本冲绳海域、西南太平洋暖水域。体长约4 cm。

2685 凯氏衔虾虎鱼 *Istigobius campbelli*（Jordan et Snyder，1901）[38]

= 凯氏细棘虾虎鱼 = 凯氏珠虾虎鱼 *Acentrogobius campbelli*

背鳍Ⅵ，Ⅰ－10；臀鳍Ⅰ－9；胸鳍17～18；腹鳍Ⅰ－5。纵列鳞26～28；背鳍前鳞8～10。

本种体较修长。头宽大。头部感觉器分布如图61[4H]所示。第1背鳍高，以第3～4鳍棘最长。头、体棕灰色，体侧散具3列不明显的暗浅纹。鳞片多有小白点。眼后缘至鳃盖有1条黑色纵带纹。背鳍有3～4纵行点列，其第1背鳍无明显黑斑。尾鳍基底常有一横向V形暗斑。为暖水性底层鱼类。栖息于近岸沙质海区。分布于我国东海、南海、台湾海域，以及日本千叶海域、西表岛海域，朝鲜半岛海域。体长可达10 cm。

▲ 本属我国尚有线斑衔虾虎鱼 *I. rigilius*，分布于我国南海、台湾海域[13]。

鹦虾虎鱼属 *Exyrias*

本属物种一般特征同科。典型形态特征可参见纵带鹦虾虎鱼介绍。我国有2种。

2686 纵带鹦虾虎鱼 *Exyrias puntang*（Bleeker，1851）[38]

= 彭当细棘虾虎鱼 *Acentrogobius puntang* = 鹦鹉颌鳞虾虎鱼 *Gnatholepis puntang*

背鳍Ⅵ，Ⅰ－10；臀鳍Ⅰ－9；胸鳍17；腹鳍Ⅰ－5。纵列鳞29～30；背鳍前鳞11。

本种体延长，粗壮而高。头大，稍平扁，头背有6个感觉管孔（B′、C、D、E、F、G）（图

62）[4H]。吻圆钝，突出于上颌之前。眼中等大，上侧位，眼间隔窄。颊部具3条水平乳突线（图62）。口小，前位。上、下颌约等长。颌齿较小，锐尖，2～3行。前鳃盖后缘具3个感觉管孔。体被较大弱栉鳞，项部、颊部和鳃盖部具大圆鳞。第1背鳍以第3鳍棘最长，呈丝状。胸鳍宽大。腹鳍愈合成吸盘。尾鳍后缘圆弧形。头、体黄褐色，腹部色较浅，体侧散布小点或暗纹。眼下方至口角有一灰黑色斜带。奇鳍有3～4条黑色斑纹。尾鳍无弧形黑纹。为暖水性底层鱼类。栖息于河口、红树林湿地、泥沙底质港湾。分布于我国台湾海域、日本冲绳海域、印度–西南太平洋暖水域。体长可达12 cm。

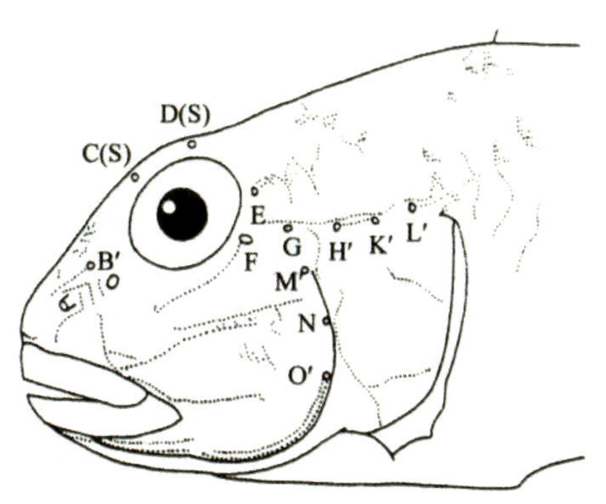

图62 纵带鹦虾虎鱼头部感觉器模式图

2687 黑点鹦虾虎鱼 *Exyrias bellissimus*（Smith，1959）[38]

背鳍Ⅵ，Ⅰ–10；臀鳍Ⅰ–9；胸鳍18；腹鳍Ⅰ–5。纵列鳞29；背鳍前鳞8。

本种与纵带鹦虾虎鱼相似，但体更粗壮。头稍高。第1背鳍高大，第1鳍棘与第5鳍棘几乎等长。尾鳍大，后缘圆弧形，有锯齿状凹刻。体暗褐色，腹侧色浅。体侧有数列纵长黑点，以中轴黑点较大。颊部散布许多小白点。体侧在黑色纵列中也有白色点列。为暖水性底层鱼类。

栖息于波浪平静的珊瑚礁海区。分布于我国台湾海域，以及日本八重山诸岛海域。体长约11 cm。

拟虾虎鱼属 *Pseudogobius* Popta，1922

本属物种体延长，前部呈圆柱状，后部侧扁。头中等大，宽圆，头背具4个感觉管孔（C、D、E、F）（图63）[4H]。颊部有2条水平感觉乳突线和数个分散的感觉乳突。吻圆钝，吻长短于眼径。眼中等大，上侧位，眼间隔狭。前鼻孔短管状，悬垂于上唇边缘。口中等大，前位。上颌稍突出。颌齿多行，无犬齿。舌游离，前端截形。鳃盖无任何感觉管孔。体被栉鳞，鳃盖上部具鳞，吻部、颊部和前鳃盖无鳞。第1背鳍有6枚鳍棘。第2背鳍与臀鳍同形，几乎对位，Ⅰ－7～8。胸鳍宽，无丝状游离鳍条。腹鳍小，愈合成吸盘。尾鳍长，其长度稍短于头长。本属我国有2种。

2688 爪哇拟虾虎鱼 *Pseudogobius javanicus*（Bleeker，1856）[38]

= 爪哇鲻虾虎鱼 *Mugilogobius javanicus*

背鳍Ⅵ，Ⅰ－7～8；臀鳍Ⅰ－7～8；胸鳍15～16；腹鳍Ⅰ－5。纵列鳞27～28；背鳍前鳞7～8。

本种一般特征同属。体延长，前部粗壮。头中等大，圆钝，头部感觉器分布如图63[4H]所示。吻宽圆，稍突出。前鼻孔短管状，垂悬于上唇边。口中等大，前位。上颌稍长于下颌。上、下颌齿各3行，细小，无犬齿。体被栉鳞，鳃盖上部具鳞。颊部无鳞，背鳍前鳞较少，7～8枚。第1背鳍三角形，以第2、第3鳍棘最长。尾鳍长，其长度稍大于头长。体灰褐色，腹部色浅。头部眼前、颞后各有一黑色短纹。体侧有5个较大黑斑。第1背鳍后部有一黑斑。胸鳍基有2个暗斑。尾鳍具8条点列横纹。为暖水性底层鱼类。栖息于河口、红树林湿地、泥底质滩涂区域。分布于我国东海、南海，以及日本西南诸岛海域、印度－西太平洋暖水域。体长约4 cm。

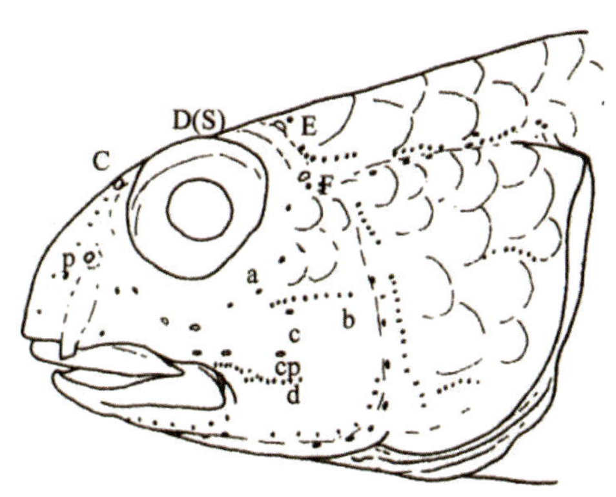

图63　爪哇拟虾虎鱼头部感觉器模式图

2689 小口拟虾虎鱼 *Pseudogobius masago*（Tomlyama，1936）[38]

= 马萨哥拟虾虎鱼

背鳍Ⅵ，Ⅰ－7～8；臀鳍Ⅰ－7；胸鳍16～17；腹鳍Ⅰ－5。纵列鳞28～29；背鳍前鳞8～9。

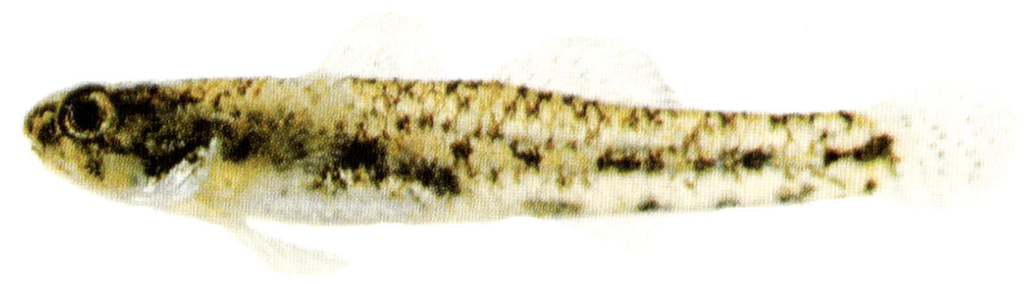

本种与爪哇拟虾虎鱼相似。体稍修长。口较小，近水平位。上颌骨仅达眼瞳孔前缘下方。体淡灰褐色，透明。头部眼下方具一黑色短纹。体侧中央具1纵列灰黑色斑块。尾部腹缘具4～5个黑斑，尾柄基部具一扇形黑斑。第1背鳍略呈灰色，无任何黑斑。胸鳍基仅有1个小暗斑。为暖水性底层鱼类。栖息于河口、内湾及红树林湿地。分布于我国东海、南海，以及日本九州海域、西南诸岛海域，朝鲜半岛海域。体长约3 cm。

2690 红粘虾虎鱼 *Kelloggella cardinalis* Jordan et Seale，1906[38]（上雄鱼，下雌鱼）

=萨摩亚粘虾虎鱼

背鳍Ⅵ，Ⅰ－12；臀鳍Ⅰ－8；胸鳍13～15；腹鳍Ⅰ－5。背鳍前鳞0。

本种体延长，侧扁。头圆钝，无感觉管孔。眼部隆起。体无鳞。两颌齿三尖状，外行齿较大。雄鱼奇鳍橙红色。雌鱼体和各鳍颜色较淡。为暖水性底层小型鱼类。栖息于浅水岩礁海区。分布于我国台湾海域，以及琉球群岛海域、西太平洋热带水域。体长约2 cm。

注：本种及以下3种因信息不足未被列入检索表。仅据益田一（1984）[38]资料简介。

2691 狼牙双盘虾虎鱼 *Luposicya lupus* Smith，1959[38]

背鳍Ⅵ，Ⅰ－8；臀鳍Ⅰ－8；胸鳍14；腹鳍Ⅰ－5。背鳍前鳞9。

本种体细长。鳃孔达前鳃盖后缘下方。口大，上唇匙状。下颌具大的外行齿和稍小的内行齿各1列，其缝合部有1对犬齿，两侧又各有1枚犬齿。体被栉鳞，头部（除项背外）与胸部无鳞。腹鳍呈吸盘状，左、右腹鳍鳍棘以厚的盖膜相连，两端叶状。体略带黄色，近透明。为暖水性底层鱼类。分布于我国台湾海域，以及日本和歌山海域。体长约2.5 cm。

2692 韧虾虎鱼 *Lentipes armatus* Sakai et Nakamura，1979[38]（上雄鱼，下雌鱼）

背鳍Ⅵ，Ⅰ-10；臀鳍Ⅰ-10；胸鳍17；腹鳍Ⅰ-5。背鳍前鳞0。

本种体细长。吻稍尖。头部断面为半圆形。体大部分被栉鳞，部分区域被圆鳞，无背鳍前鳞。雌、雄颌齿不同。雄性上颌前部有1行三尖状齿；后部齿呈圆锥形。雌性则无圆锥状齿。体暗褐色，腹部似有蓝色斑块。据益田一（1984）[38]、中坊徹次（1993）[36]记述，本种栖息于河川上游急流中。而黄宗国（2012）记述本种为浅海岩礁鱼类[13]。分布于我国台湾海域，以及日本冲绳海域、石垣岛海域。体长约5 cm。

2693 南海伊氏虾虎鱼 *Egglestonichthys patriciae* Miller et Wangrat，1979[37]

背鳍Ⅵ，Ⅰ-10；臀鳍Ⅰ-8~9；胸鳍19~20；腹鳍Ⅰ-5。纵列鳞40~44；背鳍前鳞34~36。

本种体粗壮，前部呈圆柱状，后部侧扁。头宽大，无任何感觉管或管孔。颊部突出，有5条横列和2条水平乳突线（图64）[4H]。吻圆钝。眼中等大，眼间隔宽而平坦。口中等大，前位。下颌

下方有8 ~ 9横列乳突线（图64）。颌齿尖锐；外行齿扩大，呈犬齿状。犁骨、腭骨无齿。体被中等大栉鳞。眼间隔至背鳍前、颊部和鳃盖部均具小栉鳞，无侧线。背鳍2个，Ⅵ，Ⅰ－10。第2背鳍与臀鳍对位，同形。胸鳍长，后缘圆弧形。左、右腹鳍愈合成吸盘。尾鳍宽或上叶稍尖长。体黄褐色，鳞片周围黑色，形成网状花纹。体侧具10余条灰色横带。头部有5条灰白色细长横线。奇鳍有条纹，偶鳍有小黑点。为暖水性底层鱼类。栖息水深70 ~ 80 m。分布于我国南海、台湾海域。体长约8 cm。为我国特有种。

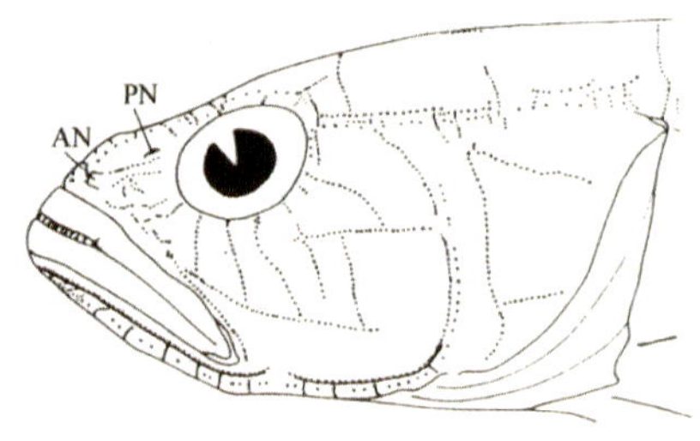

图64　南海伊氏虾虎鱼头部感觉器模式图

▲ 虾虎鱼亚科尚有钝孔虾虎鱼 *Amblyotrypauchen arctocephalus*、剑盖棘虾虎鱼 *Gladiogobius ensifer*、斜纹半虾虎鱼 *Hemigobius hoevenii* 等，分布于我国南海、台湾海域[13]。

近盲虾虎鱼亚科 Amblyopinae

本亚科物种体颇延长，鳗形。头短小，侧扁。眼甚小，上侧位，常呈废退状，埋于皮下，无游离眼睑。口小或中等大，上、下颌等长或下颌突出。齿平直或内弯，上、下颌齿多行。鳃孔狭，鳃盖上方有或无凹陷。体裸露或被小圆鳞。无侧线。背鳍连续，Ⅵ ~ Ⅶ－30 ~ 58。背鳍、臀鳍常与尾鳍相连。胸鳍尖。腹鳍愈合成吸盘，后缘完整或凹入。尾鳍尖。

2694 孔虾虎鱼 *Trypauchen vagina* (Bloch et Schneider, 1801) [60]

= 瓦格孔虾虎鱼 *T. wakae*

背鳍Ⅵ－42～52；臀鳍Ⅰ－42～49；胸鳍18～21；腹鳍Ⅰ－5。纵列鳞71～86；背鳍前鳞0，鳃耙2＋5～6。

本种体甚延长，侧扁。头较短。头后中部有一菱状嵴。吻短钝。眼小，近背缘，埋于皮下。口小，下颌突出。颌齿2～3行，外行齿稍扩大。鳃孔中等大，鳃盖上方具一凹陷。鳃盖条5枚。体被小圆鳞，头部裸露无鳞，无背鳍前鳞。背鳍连续，与尾鳍、臀鳍相连。胸鳍短小，上部鳍条较长。腹鳍狭小，愈合为漏斗状吸盘，后缘完整，无缺刻。尾鳍尖。体红色或淡紫红色。为暖水性底层鱼类。穴居。分布于我国东海、南海、台湾海域，以及印度尼西亚海域、印度–西太平洋暖水域。体长可达25 cm。

▲ 本属我国尚有大鳞孔虾虎鱼 *T. taenia*，其纵列鳞、横列鳞均偏少。分布于我国南海[4H]。

栉孔虾虎鱼属 *Ctenotrypauchen* Steindachner, 1867

本属物种体延长，侧扁。头小，头后中央具一顶嵴。头部无感觉管孔，头侧具许多分散的感觉乳突，不形成线状（图65）[4H]。吻短钝。眼小，近背缘。口小，下颌稍突出。颌齿2～3行。鳃孔中等大，鳃盖上方具一凹陷。鳃盖条4枚。体被圆鳞，头部通常无鳞。无侧线。背鳍、尾鳍、臀鳍相连。胸鳍短小。腹鳍小，愈合成吸盘，其后缘凹入。我国有2种。

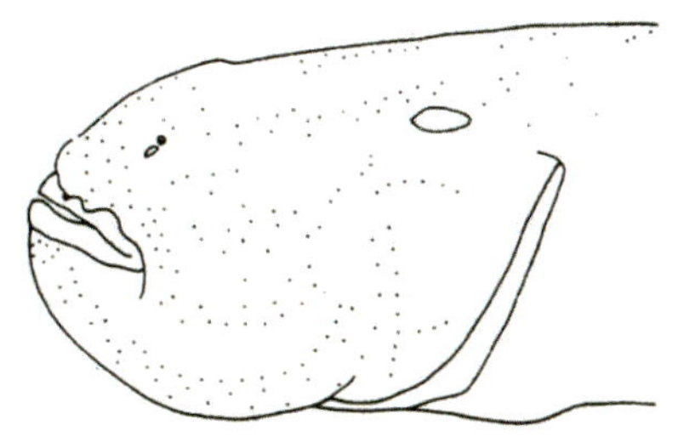

图65 栉孔虾虎鱼属物种头部感觉器模式图

2695 中华栉孔虾虎鱼 *Ctenotrypauchen chinensis* Steindachner，1867

= 凹鳍孔虾虎鱼

背鳍Ⅵ－50～58；臀鳍42～50；胸鳍14～15；腹鳍Ⅰ－4。纵列鳞67～74；背鳍前鳞0。鳃耙0＋6～7。

本种一般特征同属。体颇延长，侧扁。头短而高，侧扁。头部感觉器分布如图65所示。头背有一纵顶嵴。眼甚小，几乎埋于皮下。口小。上、下颌各有2行内弯小齿。鳃盖上方凹陷，凹陷直径约等于眼径。体被小圆鳞。头部、项部裸露无鳞或偶被小鳞。胸部、腹部被稀疏小鳞。胸鳍小，中部鳍条凹入。腹鳍愈合成吸盘，后缘有1个缺刻。尾鳍尖。体略带紫红色或蓝褐色。为暖水性底层鱼类。栖息于河口淤泥底质区。分布于我国沿海。体长可达14 cm。为我国特有种。

2696 小头栉孔虾虎鱼 *Ctenotrypauchen microcephalus*（Bleeker，1860）[18]

= *Trypauchen microcephalus* = 小头副孔虾虎鱼 *Paratrypauchen microcephalus*

背鳍Ⅵ－47～54；臀鳍43～49；胸鳍15～17；腹鳍Ⅰ－4～5。纵列鳞60～70；背鳍前鳞0。鳃耙1～2＋6～7。

本种与中华栉孔虾虎鱼相似。体颇延长。头短，侧扁。头部感觉器分布如图65所示。吻短而钝。眼甚小，上侧位。口小。颌齿2～3行，向内弯曲。鳃孔中等大，鳃盖凹陷，凹陷直径约等于眼径。除头部、项部、胸部和腹部均裸露无鳞外，体被细小圆鳞。背鳍、臀鳍、尾鳍相连。胸鳍短小，中部凹入。腹鳍小，愈合成吸盘，后缘具一缺刻。尾鳍尖。体略呈淡紫红色，幼体红色。为暖水性底层鱼类。栖息于河口、浅海泥底质区，穴居。分布于我国沿海，以及日本新潟海域、爱知海域，朝鲜半岛海域、印度尼西亚海域、印度-西太平洋。体长可达16 cm。

2697 高体盲虾虎鱼 *Brachyamblyopus anotus*（Franz，1910）[38]

= 高体短鳗虾虎鱼

背鳍Ⅵ－31；臀鳍30；胸鳍18；腹鳍Ⅰ－5。纵列鳞0；背鳍前鳞0。

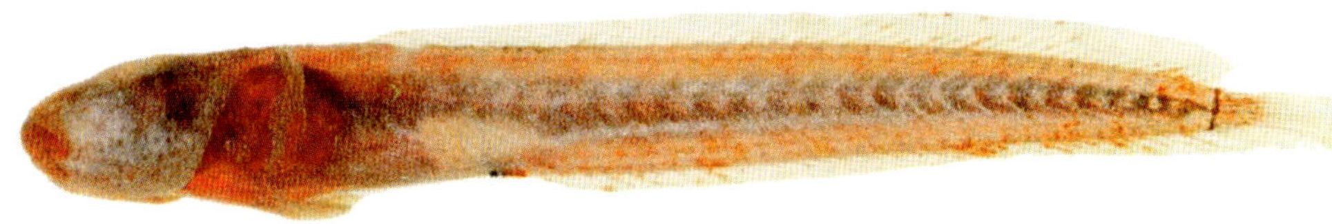

本种体甚延长。头中等大，较尖。头部无任何感觉管孔（图66）[4H]。颊部突出，具一些不规则排列的感觉乳突（图66）。吻圆钝，较长。眼退化，仅为小黑点。口小，前上位。下颌稍突出。颌齿绒毛状，无犬齿。鳃盖上方无凹陷。头、体全部裸露无鳞。背鳍、尾鳍、臀鳍相连。胸鳍宽而长。腹鳍愈合成长漏斗状吸盘。尾鳍尖，其长度等于或稍大于头长。头、体浅棕色。各鳍无色，略透明。为暖水性底层鱼类。栖息于河口软泥底质水域，钻洞生活。分布于我国南海、台湾海域，以及日本石垣岛海域、菲律宾海域、泰国海域。体长可达9 cm。

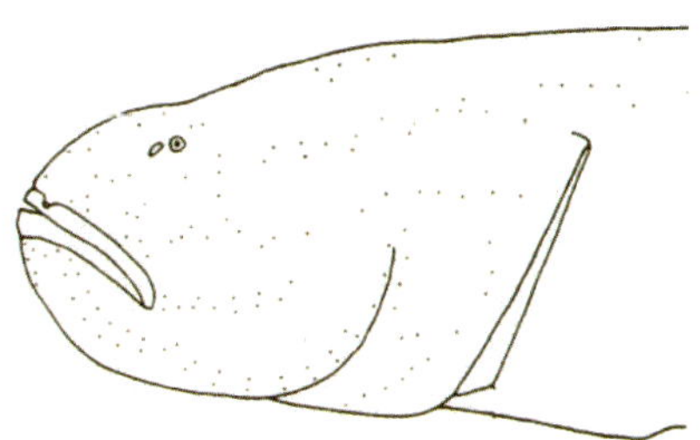

图66　高体盲虾虎鱼头部感觉器模式图

2698 拉氏狼牙虾虎鱼 *Odontamblyopus lacepedii*（Temminck et Schlegel，1845）

= 红狼牙虾虎鱼 = 狼虾虎鱼 *O. rubicundus*

背鳍Ⅵ－38～40；臀鳍Ⅰ－37～41；胸鳍31～34；腹鳍Ⅰ－5。鳃耙5～7＋12～13。

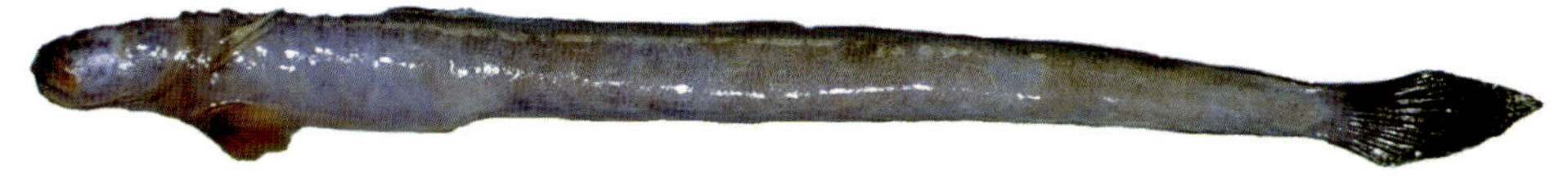

本种体颇延长，略呈鳗状。头中等大。头部无感觉管孔，但散布有许多不规则排列的感觉乳突（图67）[4H]。吻短，宽。眼极小，退化，埋于皮下。口大，前位，下颌突出。颌齿2～3行；外行齿均扩大，每侧有4～6枚弯曲犬齿，露出唇外。下颌缝合处有1对犬齿。头部无小须，鳃盖上方无凹陷。鳃盖条5枚。头、体光滑无鳞。背鳍、臀鳍、尾鳍相连。胸鳍尖形。腹鳍愈合成尖长吸盘。尾鳍尖。体淡红色或灰紫色，奇鳍黑褐色。为暖温性底层鱼类。栖息于河口及近岸滩涂海区。分布于我国沿海，以及日本有明海、八代海，朝鲜半岛海域。体长可达30 cm。

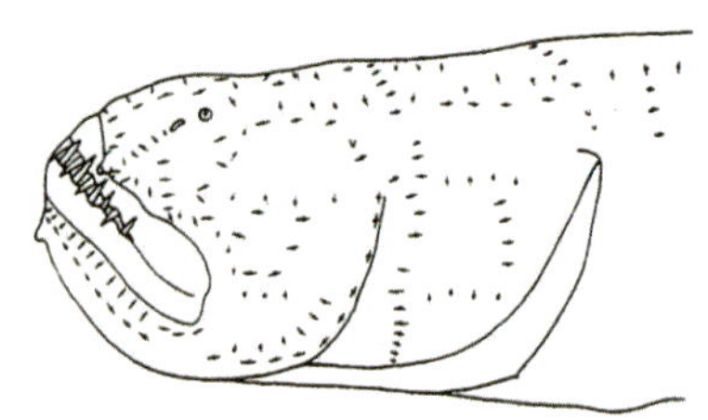

图67 拉氏狼牙虾虎鱼头部感觉器模式图

注：拉氏狼牙虾虎鱼曾被误鉴定为红狼牙虾虎鱼。后者仅分布于印度，在我国海区无分布[4H]。

鳗虾虎鱼属 *Taenioides* Lacépède，1798

本属物种体很延长，鳗形。头部无感觉管孔（图68）[4H]。吻宽圆。眼退化，隐于皮下。口中等大，下颌显著突出。颌齿平而长，多行；外行齿多外露，犬齿状。下颌缝合部无犬齿。头腹面两侧有小须。鳃盖上方无凹陷。鳃盖条5枚。头、体裸露无鳞。背鳍、臀鳍、尾鳍相连或不相连。胸鳍短小。腹鳍愈合成圆形吸盘。尾鳍尖。我国有3种。

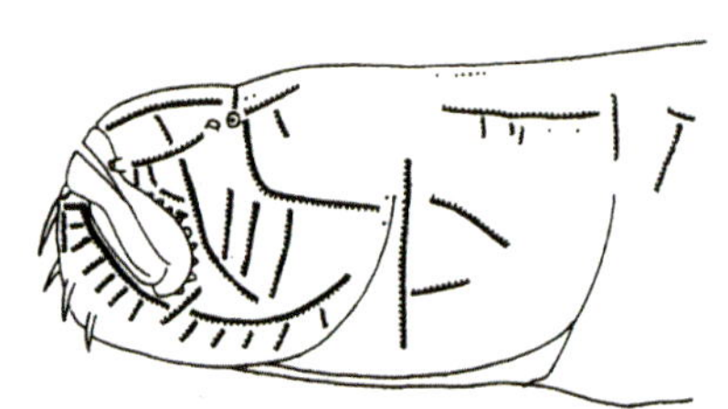

图68 鳗虾虎鱼属物种头部感觉器模式图

2699 须鳗虾虎鱼 *Taenioides cirratus*（Blyth，1860）[38]

=须拟虾虎鱼

背鳍Ⅵ－39～43；臀鳍Ⅰ－37～44；胸鳍16～18；腹鳍Ⅰ－5。

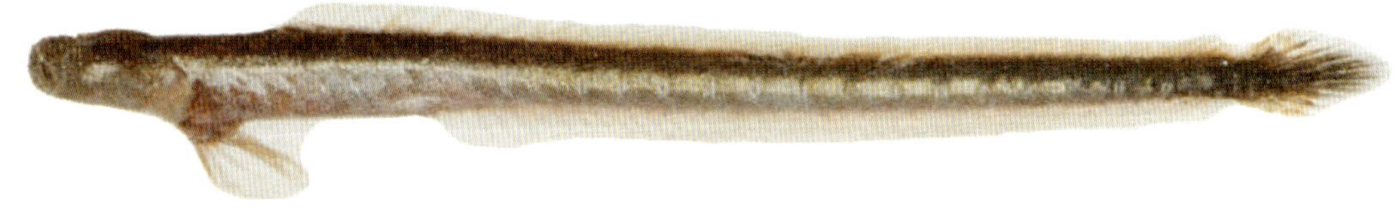

本种一般特征同属。体很细长，鳗形。头宽短，无感觉管孔。颊部有3条竖直乳突线（图68）[4H]。吻圆钝。眼退化，隐于皮下。口中等大。外行颌齿扩大，前部齿呈犬齿状，上颌每侧有

5～6枚，下颌每侧有4枚。头腹面有3对扁须，最前面一对最细。体裸露无鳞，体侧有26～28个乳突状黏液孔。背鳍、臀鳍不与尾鳍相连。胸鳍短。尾鳍尖。体红色，略带蓝灰色；腹部色浅。尾鳍黑色，其他鳍灰色。为暖水性底层鱼类。栖息于沙岸港湾、红树林湿地、河口和泥底质滩涂区。分布于我国东海、台湾海域、南海，以及日本九州海域、朝鲜半岛海域、印度–西太平洋暖水域。体长可达25 cm。

2700 等颌鳗虾虎鱼 *Taenioides limicola* Smith，1964 [38]

背鳍Ⅵ－30；臀鳍27；胸鳍19；腹鳍Ⅰ－5。

本种与须鳗虾虎鱼相似。体似鳗，很延长。头较宽。口中等大。两颌无齿。头部散布小乳突。体无鳞。背鳍、臀鳍、尾鳍相连，无缺刻。胸鳍末端比背鳍起点稍靠后。腹鳍颇长，愈合成漏斗状吸盘。尾鳍尖。体红色，具纵列排布的褐色斑块。尾鳍灰黑色，各鳍灰色。为暖水性底层鱼类。栖息于河口或近海潮间带泥滩洞穴中。分布于我国台湾海域，以及日本冲绳海域、南非东岸海域、印度–西太平洋暖水域。体长约8 cm。

▲ 本属我国尚有鲡形鳗虾虎鱼 *Taenioides anguillaris*。其与等颌鳗虾虎鱼 *T. limicola* 十分相似，背鳍、尾鳍、臀鳍亦相连，仅以鳍条数偏少而和后者相区别。二者曾被误认为是同种。

背眼虾虎鱼亚科 Oxudercinae

本亚科物种体延长。头小或中等大。吻宽钝。眼小，游离下眼睑有或无。口宽大，平裂或稍斜裂。颌齿犬齿状，钝尖或分叉，通常1行。下颌缝合部有1对犬齿。鳃孔小或中等大。体被圆鳞。背鳍连续或分离。胸鳍无游离鳍条。腹鳍愈合成吸盘。尾鳍钝尖。有的种类已成养殖对象[119]。

注：此处特征介绍未涵盖弹涂鱼属。

2701 马都拉叉牙虾虎鱼 *Apocryptodon madurensis*（Bleeker，1849）[38]

＝叉牙虾虎鱼＝卧齿鲨

背鳍Ⅵ，Ⅰ－22；臀鳍Ⅰ－22；胸鳍22；腹鳍Ⅰ－5。纵列鳞50～54；背鳍前鳞22～23。鳃耙4＋7～10。

本种体延长，呈亚圆柱形。头中等大，稍宽扁。头部仅2个感觉管孔（B′、E′），颊部具2条

水平乳突线（图69）[4H]。吻短，圆钝。眼小，背侧位。口大，前位，平裂。上颌稍突出。两颌齿各1行。上颌齿前方直立，圆锥状，每侧14～17枚。下颌齿平卧状，齿端叉状，每侧24～26枚，缝合处有1对犬齿。唇较厚。舌端圆弧形，不游离。体被小圆鳞，颏部、项部、喉部、颊部、鳃盖和胸鳍基均被细鳞。第1背鳍以第2、第3鳍棘最长，略呈丝状延长。第2背鳍与臀鳍同形；二者鳍式均为Ⅰ－22。胸鳍尖，较宽，基部无肌柄。腹鳍愈合成吸盘，与胸鳍等长。尾鳍尖，其长度大于头长。体浅褐色。背侧隐具5～6个褐色斑块，中央具5个圆斑。鳍多呈暗灰色。为暖温性底层鱼类。栖息于河口、内湾及沿海滩涂区泥质洞穴中。分布于我国沿海，以及印度–西太平洋暖温水域。体长达10 cm。

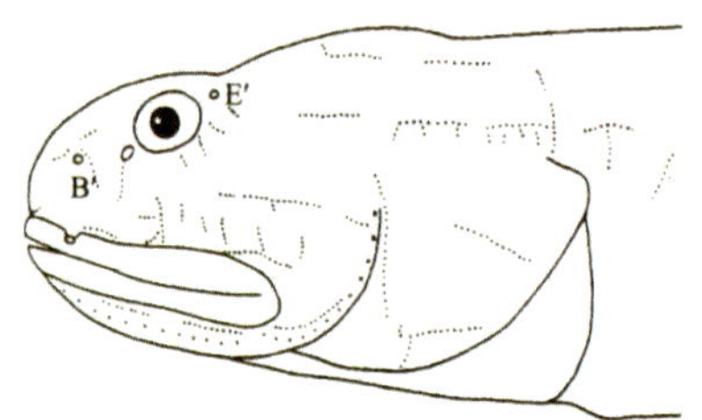

图69　马都拉叉牙虾虎鱼头部感觉器模式图

▲ 本属我国尚有少齿叉牙虾虎鱼 *A. glyphisodon* 和细点叉牙虾虎鱼*A. malcolmi*，均分布于我国南海和台湾海域[4H]。前者曾被误认为和马都拉叉牙虾虎鱼为同种。

弹涂鱼属 *Periophthalmus* Bloch et Schneider，1801

本属物种体延长，呈亚圆柱形。头大，切面观近圆形。头部、鳃盖部无任何感觉管孔。颊部无横列皮褶突起，仅具零星的感觉乳突（图70）[4H]。眼小，背侧位，突出于头顶。眼下方具眼窝。下眼睑发达，游离。口大，平裂。两颌齿各1行，直立，尖锥形。前部数齿似犬齿。下颌缝合部无犬齿。鳃孔狭小。鳃盖条5枚。鳞小，头、体被圆鳞或栉鳞。第1背鳍高，有11～14枚鳍棘。第2背鳍与臀鳍对位，同形，二者鳍式均为Ⅰ－11～13。胸鳍后缘圆弧形，基部具肌柄。腹鳍愈合成心形吸盘，或不形成吸盘，后缘凹入。尾鳍后缘圆弧形。我国有3种。

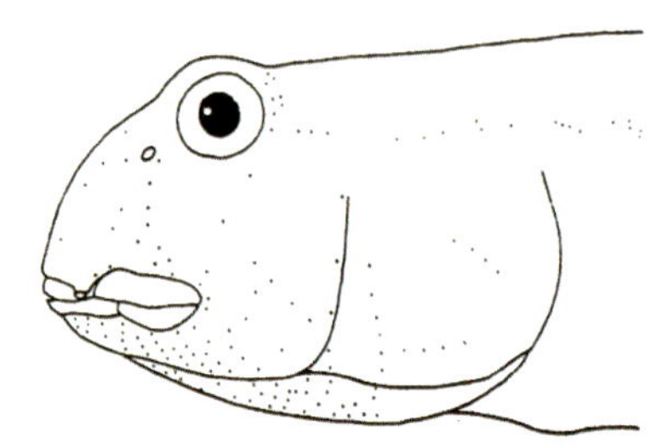

图70　弹涂鱼属物种头部感觉器模式图

2702 **弹涂鱼** *Periophthalmus modestus* Cantor，1842[38]
= *P. cantonensis*

背鳍Ⅻ～ⅩⅣ，Ⅰ－12～14；臀鳍Ⅰ－11～13；胸鳍14～15；腹鳍Ⅰ－5。纵列鳞80～95；背鳍前鳞13～16。鳃耙11～14。

本种一般特征同属。体延长，侧扁。头宽大，感觉器分布如图70[4H]所示。第1背鳍，呈长扇状，鳍棘12～14枚，各鳞棘尖端微露，第2鳍棘最长。左、右腹鳍基部愈合成心形吸盘，具膜盖。体浅褐色，体侧中央有若干褐色小斑。头侧无细点。第1背鳍边缘白色，无较宽黑带。第2背鳍中部具1条黑色纵带，其下缘有1条白色纵带。为暖温性底层鱼类。栖息于沿岸淤泥底质、泥沙底质高潮带，或河口、港湾、红树林湿地。穴居。分布于我国沿海，以及日本东京沿海、冲绳沿海，朝鲜半岛沿海。体长可达13 cm。

2703 **大鳍弹涂鱼** *Periophthalmus magnuspinnatus* Lee，Choi et Ryu，1955[10]

背鳍Ⅺ～Ⅻ，Ⅰ－12～13；臀鳍Ⅰ－11～12；胸鳍13～14；腹鳍Ⅰ－5。纵列鳞82～91；背鳍前鳞31～32。鳃耙11～14。

本种与弹涂鱼相似。体延长，侧扁。第1背鳍高耸，略呈大三角形，鳍棘11～12枚，各鳍棘尖端短丝状，第1鳍棘最长，两背鳍基相距较近。体灰褐色。头侧无细点。第1背鳍浅褐色，近边缘具一有白边的较宽黑纹。尾鳍褐色，下方鳍条浅红色。为暖温性底层鱼类。栖息环境与分布亦和弹涂鱼相同，故过去认为二者为同种，被称为弹涂鱼 *P. cantonensis*。但本种以我国东海、黄海较多见。体长达13 cm[10]。

2704 银线弹涂鱼 *Periophthalmus argentilineatus*（Valenciennes，1837）[38]
= 普弹涂鱼 *P. vulgaris*

背鳍XIII～XIV，Ⅰ－11～12；臀鳍Ⅰ－11；胸鳍12～13；腹鳍Ⅰ－5。纵列鳞74～84；背鳍前鳞32～36。鳃耙3＋9。

本种体延长，侧扁。头中等大，头部感觉器分布如图70[4H]所示。第1背鳍颇高，前部尖突，第1、第2鳍棘最长。腹鳍小，左、右腹鳍在基部分离，无膜盖及愈合膜，不形成吸盘。体灰褐色，体侧具5～6个不规则的斑块。头侧具许多细点。第1背鳍边缘和第2背鳍中部均具黑色宽纵纹。为暖水性底层鱼类。栖息于河口及低潮带滩涂。穴居。分布于我国南海，以及琉球群岛海域、印度－中西太平洋。体长可达10 cm。为我国濒危物种[4H]。

2705 大弹涂鱼 *Boleophthalmus pectinirostris*（Linnaeus，1758）[15]

背鳍V，Ⅰ－23～26；臀鳍Ⅰ－23～25；胸鳍18～20；腹鳍Ⅰ－5。纵列鳞89～115；背鳍前鳞28～36。鳃耙5＋5～6。

本种体延长，前部呈亚圆柱状。头大，头部有2个感觉管孔（B′、D′）；颊部无横行皮褶突起，有3行水平感觉乳突线（图71）[4H]。吻圆钝，吻长大于眼径。眼小，背侧位，突出于头顶。眼下具一眼窝，下眼睑发达。口大，平裂。两颌约等长。两颌齿各1行。上颌齿尖且直立，前3个犬齿状。下颌齿平卧，齿端截形或有凹缺，缝合部有犬齿1对。头、体被圆鳞。第1背鳍高而宽阔，有5枚鳍棘，呈丝状延长。第2背鳍与臀鳍同形。胸鳍尖，基部具臂状肌柄。腹鳍愈合成吸盘，后缘完整。体背侧青褐色，腹侧浅色。第1背鳍深蓝色，具不规则的白点。第2背鳍具4行小白斑。各鳍灰色。为暖水性底层鱼类。栖息于河口及低潮带滩涂。穴居。分布于我国沿海，以及日本沿海、朝鲜半岛沿海。体长约14 cm。为滩涂养殖重要鱼种[119]。

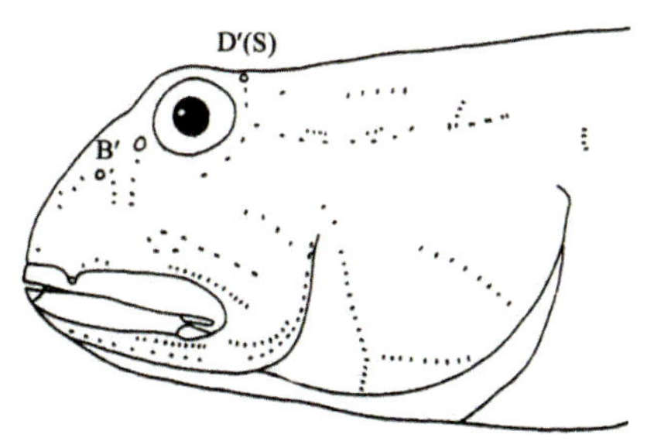

图71　大弹涂鱼头部感觉器模式图

青弹涂鱼属 *Scartelaos* Swainson，1839

本属物种体延长，前部呈亚圆柱状。头大，稍平扁。头部仅有1个感觉管孔（B′）；颊部稍隆起，具2～3行水平感觉乳突线（图72）[4H]。吻圆钝。眼小，背侧位，具眼窝。眼睑发达。前鼻孔为一三角形短管，接近上唇。口中等大，两颌齿各1行。上颌齿犬齿状，下颌齿平卧。缝合部有犬齿1对。下颌腹面两侧各具1行短须。体被圆鳞，细小，退化，部分埋于皮下。第1背鳍有5枚鳍棘。第2背鳍与臀鳍同形，斜对位。胸鳍具臂状肌柄。腹鳍愈合成吸盘。尾鳍尖。我国有2种。

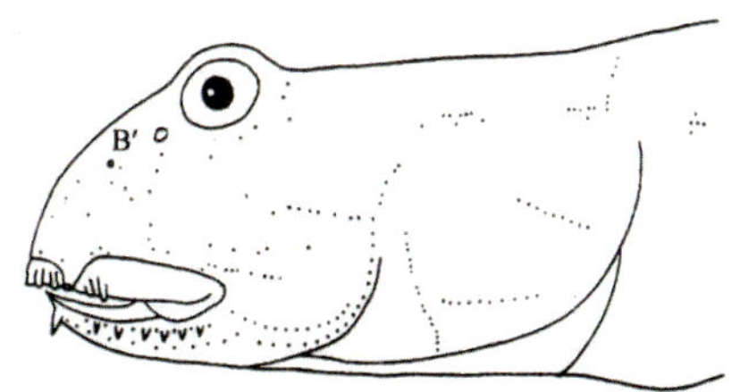

图72　弹涂鱼属物种头部感觉器模式图

2706 青弹涂鱼 *Scartelaos histophorus*（Valenciennes，1837）[38]

= *S. viridis*

背鳍Ⅴ，Ⅰ–25～27；臀鳍Ⅰ–24～25；胸鳍21～22；腹鳍Ⅰ–5。鳃耙3～6+4～6。

本种一般特征同属。头、体细长。头部感觉器分布如图72[4H]所示。下颌腹面两侧各有1行短须。第1背鳍基底短，鳍棘延长成丝状，以第3鳍棘最长。体蓝灰色，体侧常具5～7条黑色横带。头、体上部具黑色小点。第1背鳍灰黑色。第2背鳍色暗，具蓝色小点。尾鳍具4～5条蓝黑色点列横纹，末端有黑缘。为暖水性底层鱼类。栖息于河口及红树林湿地，亦见于近海泥沙底质滩涂、潮间带、潮下带。穴居。分布于我国东海、南海，以及日本冲绳海域、印度–西太平洋暖水域。体长可达18 cm。

2707 大青弹涂鱼 *Scartelaos gigas* Chu et Wu，1963[14]

背鳍Ⅴ，Ⅰ–23～25；臀鳍19～20；胸鳍21～22；腹鳍Ⅰ–5。

本种与青弹涂鱼相似。体稍粗短。头大，横切面圆形。第1背鳍第2～4鳍棘呈丝状延长，以第2鳍棘最长。尾鳍钝尖，其长度短于头长。体灰褐色，密具暗点。颊部和鳃盖均具黄色横纹。口角黑色。第1背鳍前、后部各有一黑斑。尾鳍具暗点。为暖水性底层鱼类。栖息于河口、红树林湿地或沿岸沙泥底质滩涂、潮间带。穴居。分布于我国东海、台湾海域，以及朝鲜西南部海域。体长可达18 cm。为濒危物种[4H]。

瓢虾虎鱼亚科 Sicydiinae

本亚科物种体延长，前部呈圆柱状。头中等大。吻通常突出，几乎包住上唇；或者短钝，不包住上唇。口小，下位或亚下位，平横或马蹄形。唇肥厚，颌齿通常1行。鳃孔较狭，前鳃盖骨后缘无棘。鳃盖条5枚。体被栉鳞。背鳍Ⅵ，Ⅰ－8～11。第2背鳍与臀鳍对位，同形。胸鳍宽大。腹鳍愈合成大吸盘，边缘完整或有凹缺；有时膜盖翻转，呈袋状。尾鳍后缘圆弧形。

2708 环带瓢眼虾虎鱼 *Sicyopus zosterophorum* Bleeker，1857[38]（上雄鱼，下雌鱼）

= 横带瓢鳍虾虎鱼

背鳍Ⅵ，Ⅰ－9；臀鳍Ⅰ－10；胸鳍15；腹鳍Ⅰ－5。纵列鳞33～34；背鳍前鳞2～6。

本种体延长，前部呈圆柱状。头中等大，前部略平扁，头背具5个感觉管孔（A′、B、C、D、F）（图73）[4H]。颊部稍突出，散具若干个感觉乳突。吻短而圆钝，无吻褶。眼中等大，背侧位，无眼睑。眼下方有数条放射状感觉乳突线。口中等大，亚下位，水平状，腹视呈马蹄形。上颌稍突出。两颌各具10枚犬齿。体被中等大弱栉鳞。头部、胸部无鳞。背鳍中央前方具鳞2～6枚。第1背鳍各鳍棘约等长。第2背鳍基较短，与臀鳍对位，同形。胸鳍宽，无臂状肌柄。腹鳍形成吸盘。尾鳍后缘圆弧形。雌鱼乳黄色。雄鱼前半部深褐色，后半部橘红色；体背有4～5条黑褐色横带；第1背鳍下半部褐色；尾鳍具放射状黑线纹。为暖水性底层鱼类。栖息于江河中上游，偶见于河口。分布于我国台湾沿海，以及日本石垣岛沿海、菲律宾沿海、印度尼西亚沿海。体长约6 cm。

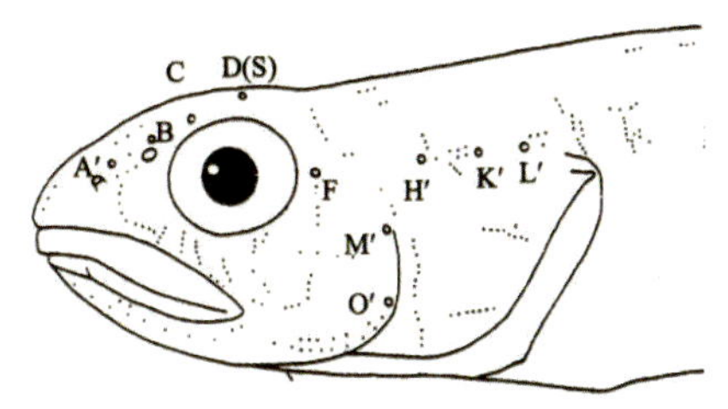

图73 环带瓢眼虾虎鱼头部感觉器模式图

瓢鳍虾虎鱼属 *Sicyopterus* Gill，1860

本属物种体延长，前部呈圆柱状。头中等大，头背具5个感觉管孔（A′、B、C、D、F）（图74）[4H]。颊部略突出，有许多分散的感觉乳突。吻宽，具吻褶，几乎包住上唇。眼较小，上侧位，眼下具3～4条短放射状乳突线（图74）。口下位，马蹄形。颌齿细尖，多行，下颌具1列锥状齿。体被栉鳞。具背鳍前鳞。背鳍Ⅵ，Ⅰ－10～11。胸鳍宽大，近椭圆形。胸鳍鳍条18～20枚。腹鳍愈合成吸盘；膜盖发达，呈袋状。尾鳍后缘圆弧形。我国有2种。

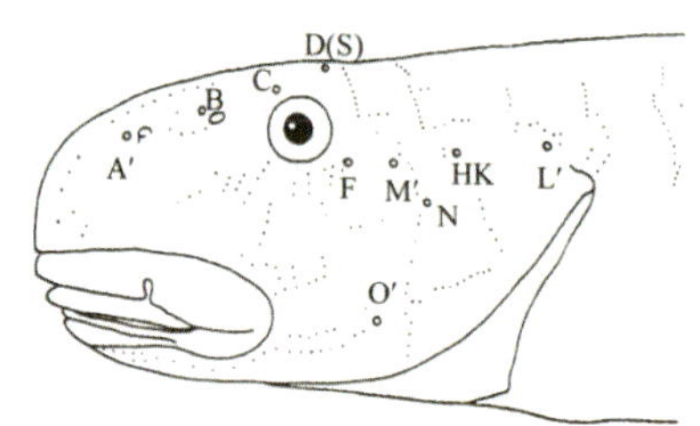

图74　瓢鳍虾虎鱼属物种头部感觉器模式图

2709 日本瓢鳍虾虎鱼 *Sicyopterus japonicas*（Tanaka，1909）[38]（上雄鱼，下雌鱼）

＝日本秃头鲨 *S. micrurus*

背鳍Ⅵ，Ⅰ－10；臀鳍Ⅰ－10；胸鳍18～20；腹鳍Ⅰ－5。纵列鳞58～63；背鳍前鳞14～18。

本种一般特征同属。体延长。头中等大，头部感觉器分布如图74[4H]所示。吻宽，前突，吻褶发达。口中等大，马蹄形。体被栉鳞。吻部、颊部、鳃盖部无鳞。第1背鳍高，以第3、第4鳍棘最长，呈丝状延长。第2背鳍Ⅰ－10，与臀鳍对位，同形。腹鳍愈合成大吸盘。体黄褐色。体侧约有10条黑褐色横带，横带略倾斜。尾鳍上、下叶无狭纵带。为暖温性溯河洄游鱼类。栖息于江河中上游，仔鱼降河游至河口或海洋，幼鱼以后溯回江河。分布于我国台湾水域，以及日本西表岛水域、朝鲜半岛水域。体长约8 cm。

2710 宽颊瓢鳍虾虎鱼 *Sicyopterus macrostetholepis*（Bleeker，1853）[38]（上雄鱼，下雌鱼）

= *Gobius lagocephalus*

背鳍Ⅵ，Ⅰ－11；臀鳍Ⅰ－10；胸鳍19～20；腹鳍Ⅰ－5。纵列鳞51～54；背鳍前鳞12～15。

本种与日本瓢鳍虾虎鱼相似。头中等大、颊较宽。头部感觉器分布如图74[4H]所示。体被小栉鳞。第1背鳍高，以第3鳍棘最长，较为延长。第2背鳍Ⅰ－11，与臀鳍同形，对位。体青褐色，体侧有6～7个云状黑斑，背侧有7～8个黑色斑块。鳃盖上方有2条黑褐色纵纹。雄性带有蓝色，尾鳍橙黄色。雌鱼体色稍浅，尾鳍上、下叶各具一狭纵带。为暖温性溯河洄游鱼类。栖息于清澈溪流中，洄游于河、海。分布于我国台湾水域，以及琉球群岛水域、印度尼西亚水域。体长约6 cm。

枝牙虾虎鱼属 *Stiphodon* Weber，1895

本属物种体延长，前部近圆柱形。头中等大，前部稍平扁，头背具5个感觉管孔（A′、B、C、D、F）（图75）[4H]。颊部突出。吻具吻褶，包住上唇。眼中等大或小，上侧位。口小，下位。上颌齿1行，密集排列，齿端三叉状。下颌具1行平卧的梳状唇齿，前方具数个弯曲的小犬齿。颏部无须。体被栉鳞，头部裸露无鳞。背鳍Ⅵ，Ⅰ-9~10。臀鳍与第2背鳍对位，同形；二者鳍条数相同。胸鳍长，具13~16枚鳍条。腹鳍稍短，愈合成吸盘，边缘完整或凹缺。尾鳍后缘圆弧形。我国有3种。本属为暖水性近海小型鱼类[4H]，多栖息于淡水江河，偶见于河口，有的已完全陆封为纯淡水种。

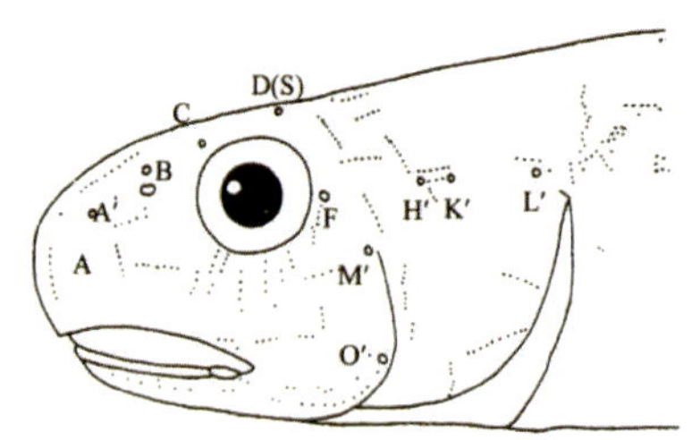

图75　枝牙虾虎鱼属物种头部感觉器模式图

2711 黑鳍枝牙虾虎鱼 *Stiphodon percnopterygionus* Watson et Chen，1998[38]（上雄鱼，下雌鱼）

= 双带虾虎鱼 *S. elegans*

背鳍Ⅵ，Ⅰ-10；臀鳍Ⅰ-10；胸鳍14；腹鳍Ⅰ-5。纵列鳞33；背鳍前鳞11。

本种一般特征同属。体颇延长。头略小，圆钝。头部感觉器分布如图75[4H]所示。吻短而平扁，具吻褶。口小，下位。上颌齿细，齿端三叉状。下颌有平卧的梳状唇齿。第1背鳍高，雄鱼第3、第4鳍棘特别长，呈丝状，第2背鳍Ⅰ－10。胸鳍宽长，大于头长。尾鳍长，其长度等于头长。雄鱼体色变异较大，头、体棕色，头部有蓝青色光泽，体带金黄色光泽；眼下有一黑色垂纹；第1背鳍蓝黑色或红黑色。雌鱼浅黄色，透明，背侧和中部各有1条深褐色纵带，尾鳍基中央有一黑斑。为暖水性底层鱼类。栖息于溪流中下游，偶见于河口。分布于我国台湾水域、日本西南诸岛水域、印度尼西亚水域、太平洋中部各岛屿水域。体长约6 cm。

2712 紫身枝牙虾虎鱼 *Stiphodon atropurpureus*（Herre，1927）[38]
= 史氏枝牙虾虎鱼 *S. stevensoni*

背鳍Ⅵ，Ⅰ－9；臀鳍Ⅰ－10；胸鳍15；腹鳍Ⅰ－5。纵列鳞33；背鳍前鳞8。

本种与黑鳍枝牙虾虎鱼相似。头部感觉器分布如图75[4H]所示。吻端圆团状，具吻褶。上颌细齿齿端呈三叉状，下颌具平卧的梳状唇齿。体被较大栉鳞，项部被鳞。第1背鳍以第3、第4鳍棘最长，但不呈丝状延伸。第2背鳍略高于第1背鳍，Ⅰ－9。胸鳍尖，有15枚鳍条。尾鳍宽，其长度略短于头长。雄鱼青黑色，体上侧有一青色带光泽的纵带。体鳞外缘黑色，形成网格纹理，各鳍青黑色。胸鳍前和尾鳍具点纹。雌鱼体侧有2条深棕色纵带。为暖水性底层鱼类。栖息于溪流中下游。分布于我国台湾水域，以及琉球群岛水域、菲律宾水域、太平洋中部各岛屿水域。体长达6 cm。

▲ 本属我国尚有多鳞枝牙虾虎鱼 *S. multisquamus*，为我国南海特有种，属于濒危物种[4H]。已陆封于溪流水库，为纯淡水种。

▲ 虾虎鱼科中我国尚有多椎虾虎鱼亚科的中华多椎虾虎鱼 *Polyspondylogobius sinensis*，分布于我国海南沿海，为我国特有种，属于濒危物种[4H]。

(282) 蠕鳢科 Microdesmidae

本科物种体颇延长，鳗形，侧扁。头中等大。头部无感觉管及感觉管孔，颊部具若干短的乳突线（图76）[4H]。吻短。眼大，不突出于头背缘。口小，前上位。下颌颇突出，长于上颌。颌齿绒毛状，多行。具犁骨齿。鳃盖条5枚。头、体被细小圆鳞，埋于皮下。背鳍1个。腹鳍小，不愈合成吸盘。尾鳍后缘圆弧形。我国仅有1属1种。

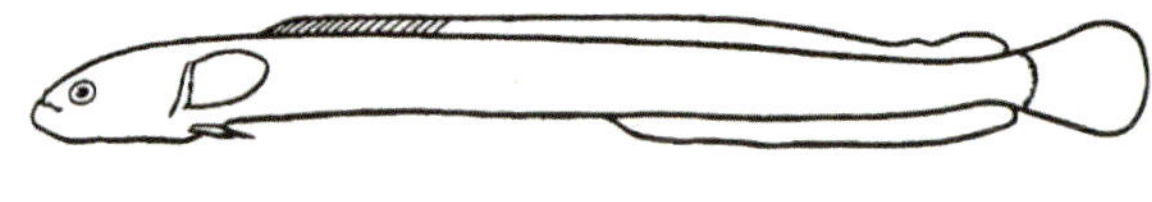

蠕鳢科物种形态简图

2713 眼带鳚虾虎鱼 *Gunnellichthys curiosus* Dawson，1968[37]（上雄鱼，下雌鱼）

背鳍 XX－43，臀鳍39，胸鳍15，腹鳍 Ⅰ－4。

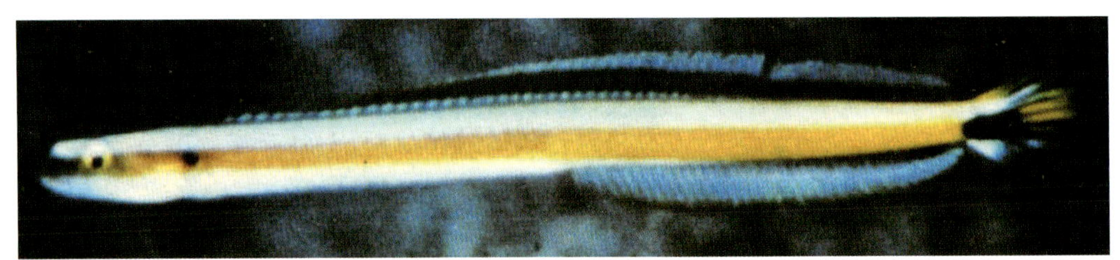

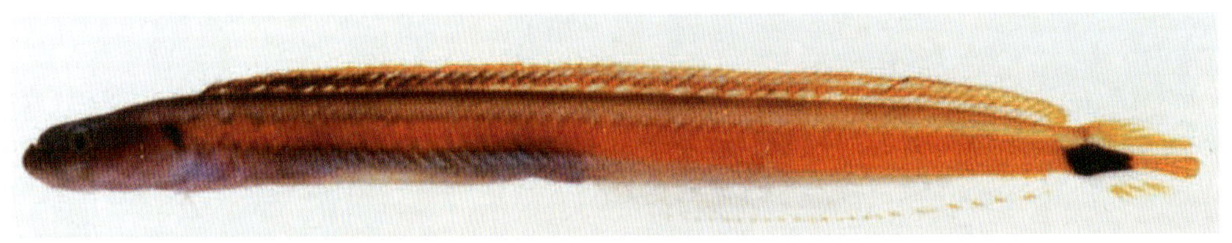

本种一般特征同科。头中等大，侧扁。颊部有许多短的乳突线（图76）[4H]。项部无低皮嵴。眼中等大，中侧位。眼下缘具1行弧形感觉乳突线（图76）。前鼻孔呈短管状，悬于上唇。颏部无须。头、体被细小圆鳞，埋于皮下。背鳍1个，基底长，不与尾鳍、臀鳍相连。腹鳍 Ⅰ－4，不愈合成吸盘。尾鳍近菱形。雄鱼体淡黄色；沿体背侧具一狭纵纹，其下侧为一橘黄色纵带。雌鱼体橙红色。雌、雄鱼的鳃盖上方皆有一长方形小斑。尾鳍基有条形黑斑。各鳍透明。为暖水性底层鱼类。结群游移于沙砾底质珊瑚礁、岩礁海域，常与长颌鰧于洞穴共栖。分布于我国台湾海域，以及琉球群岛海域、印度-西太平洋暖水域。体长约9 cm。

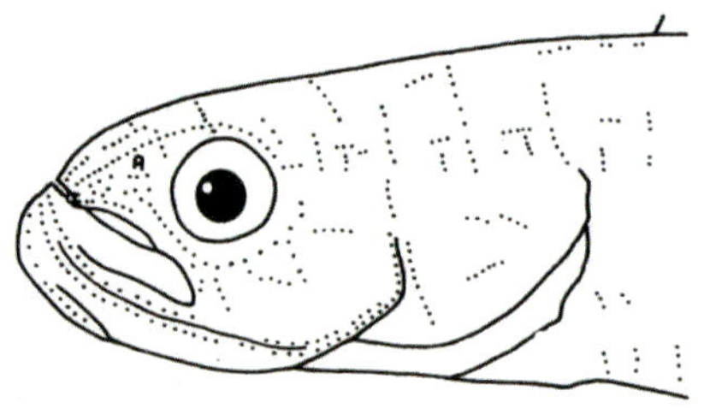

图76　眼带鳚虾虎鱼头部感觉器模式图

(283) 鳍塘鳢科 Ptereleotridae

本科物种体延长，颇侧扁。头中等大，项部有或无低皮嵴。吻短。眼位于头侧，但不突出于头背缘。口上位。下颌突出。颏部有或无须。鳃盖条5枚。体被小圆鳞。纵列鳞60～157枚。第1背鳍有5～7枚鳍棘。第2背鳍与臀鳍鳍式皆为Ⅰ－13～38。腹鳍Ⅰ－4～5，不愈合成吸盘。

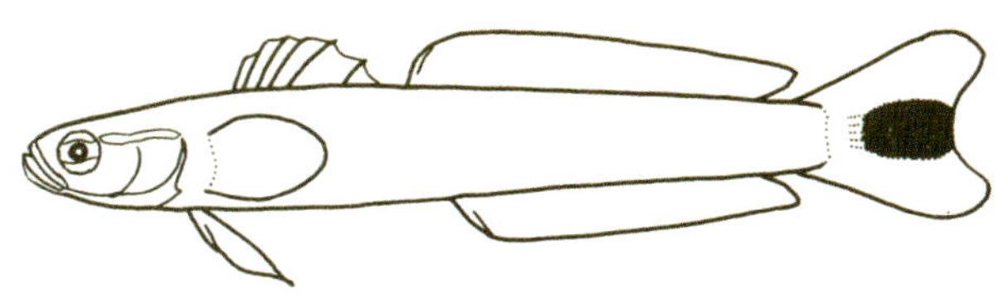

鳍塘鳢科物种形态简图

线塘鳢属 *Nemateleotris* Fowler，1938

本属物种一般特征同种。体延长，侧扁。第2背鳍和臀鳍鳍式皆为Ⅰ－23～38。

2714 大口线塘鳢 *Nemateleotris magnificus* Fowler，1938 [38]

= 丝鳍塘鳢

背鳍Ⅵ，Ⅰ－28；臀鳍Ⅰ－26；胸鳍18；腹鳍Ⅰ－5。纵列鳞97；背鳍前鳞0。

本种体延长，颇侧扁。头小，前部圆钝。头背具5个感觉管孔（B′、C、D、E、F），颊部具2条较短的水平状感觉乳突线（图77）[4H]。眼大，侧位。眼下缘具7～8条放射状感觉乳突线（图

77）。项部至第1背鳍前具一低皮嵴。口大，斜裂。上、下颌几乎等长。颌齿锥形，多行，排列成带状。具犬齿。体被小栉鳞。第1背鳍有6枚鳍棘，前3枚鳍棘高陡，显著延长成丝状。第2背鳍Ⅰ－28，与臀鳍相对，同形。胸鳍大，上方无游离鳍条。腹鳍不愈合成吸盘。尾鳍后缘圆弧形。体前部淡黄色，后部浅红色，腹部白色。第1背鳍第1、第2鳍棘红色。第2背鳍与臀鳍黄棕色，外缘有黑色宽带。尾鳍上、下叶黑色。为暖水性底层鱼类。栖息于沿岸岩礁海区及珊瑚礁海区。分布于我国台湾海域，以及琉球群岛海域、印度–西太平洋暖水域。体长达8 cm。

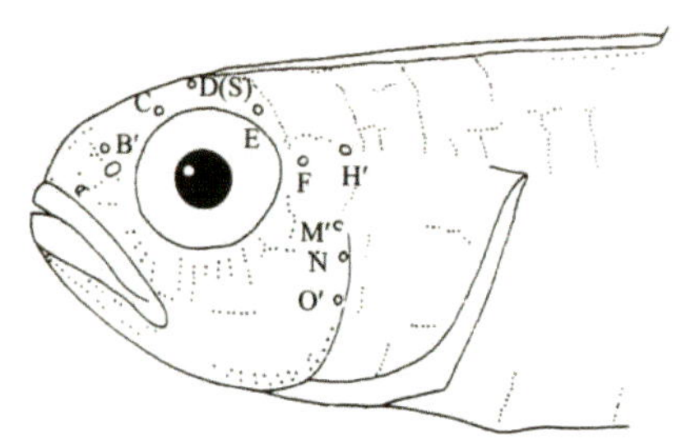

图77　大口线塘鳢头部感觉器模式图

2715 华丽线塘鳢 *Nemateleotris decora* Randall et Allen，1973[38]

背鳍Ⅵ，Ⅰ－30；臀鳍Ⅰ－29；胸鳍20；腹鳍Ⅰ－5。纵列鳞120；背鳍前鳞0。

本种与大口线塘鳢相似。体延长，侧扁。头较小。吻短，圆钝，吻长小于眼径。眼大，侧位。项部具一低的隆起嵴，隆起嵴不达眼后缘上方。第1背鳍前3枚鳍棘高，延长，但不呈丝状。尾鳍后缘截形，稍凹入。体前部黄褐色，后部深红褐色。背鳍、臀鳍、尾鳍暗褐色，外缘无黑带。为暖水性底层鱼类。栖息于沿岸珊瑚礁海域。分布于我国南海、台湾海域，以及日本冲绳海域、西表岛海域，西太平洋热带水域。体长约6 cm。

舌塘鳢属 *Parioglossus* Regan，1912

本属物种体延长，侧扁。头中等大，侧扁。头部通常具5个感觉管孔（B′、C、D、E、F′）。颊部具数个分散的感觉乳突（图78）[4H]。吻钝圆。眼大，侧位。眼下缘具5～7行短的放射状感觉乳突线（图78）。项部具一隆起嵴或无。口中等大，上位。下颌长于上颌。颌齿尖形，两颌各具1～3行齿。体侧具细小圆鳞或无鳞，头部裸露无鳞。第1背鳍有5～6枚鳍棘，第1鳍棘不延长。第2背鳍与臀鳍对位，同形，二者鳍式均为Ⅰ－13～19。腹鳍不形成吸盘。我国有3种。

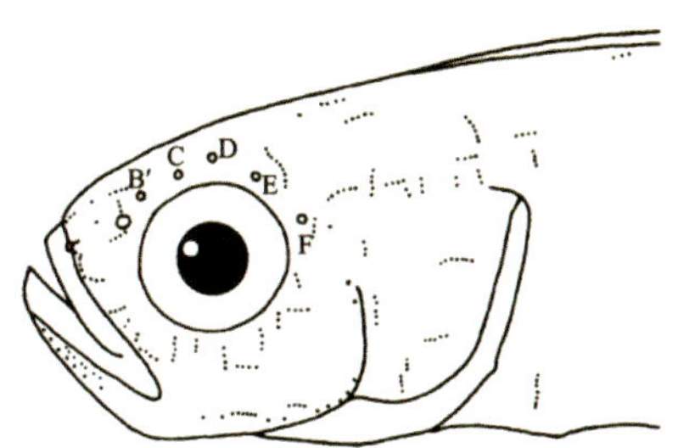

图78　舌塘鳢属物种头部感觉器模式图

2716 美丽舌塘鳢 *Parioglossus formosus*（Smith，1931）[37]

= 台湾凹尾塘鳢 = 带状塘鳢 *P. taeniatus*

背鳍Ⅴ～Ⅵ，Ⅰ－13～14；臀鳍Ⅰ－13～14；胸鳍15～16；腹鳍Ⅰ－4。纵列鳞72～76；背鳍前鳞0。

本种一般特征同属。项部背鳍前具一低、长的隆起嵴。眼下缘具5行短的放射状感觉乳突线，前鳃盖后缘具2个感觉管孔。体被小圆鳞，头部、第1背鳍前及胸鳍基部均无鳞。第1背鳍以第3、第4鳍棘最长。尾鳍后缘深凹入。体棕黄色。体侧有2条纵带；第2纵带宽，直抵尾鳍。第1背鳍灰褐色，第2背鳍有许多黑色点。腹鳍、臀鳍灰白色。为暖水性底层鱼类。栖息于岩礁海域或红树林湿地，具群游习性。分布于我国台湾海域，以及琉球群岛海域、泰国海域、澳大利亚海域。体长可达6 cm。

注：伍汉霖（2008）认为本种与带状虾虎鱼是同种[4H]。沈世杰（1994）亦将本种称为带状虾虎鱼[9]，但未见其图照。沈世杰（2011）则将二者分为两种，两者基本特征近似[37]。本书遵从伍汉霖（2008）编写。

2717 尾斑舌塘鳢 *Parioglossus dotui* Tomiyana，1958[38]

背鳍Ⅵ，Ⅰ－18；臀鳍Ⅰ－17；胸鳍20；腹鳍Ⅰ－4。纵列鳞85；背鳍前鳞0。

本种与美丽舌塘鳢相似。项背具一低、长的隆起嵴。眼下缘具6条短的放射状感觉乳突线，前鳃盖后缘无任何感觉管孔（图78）。雄鱼尾鳍后缘浅凹，雌鱼尾鳍后缘平截形。体淡灰黄色，腹侧白色。体侧具一深灰色细纵带。纵带达尾鳍中部，并在基部形成一卵圆形黑斑。背鳍、胸鳍灰黄色，腹鳍、臀鳍灰色。为暖水性底层鱼类。栖息于珊瑚礁或岩礁海域、红树林湿地，喜群游。分布于我国南海，以及琉球群岛海域、韩国济州岛海域。体长可达6 cm。

▲ 本属我国尚有中华舌塘鳢 *P. sinensis*。其形态特征与尾斑舌塘鳢相似，仅以体侧纵带伸达尾端，在尾基部不形成卵圆形黑斑相区别。分布于我国东海，为我国特有种，属于濒危物种[4H]。

鳍塘鳢属 *Ptereleotris* Gill，1863

本属物种体延长，颇侧扁。头稍小，头背具4个感觉管孔（B′、D、E、F）（图79）[4H]。颊部具数个分散的感觉乳突。吻短圆。眼大，侧位，眼下缘具3～5行短的放射状乳突线（图79）。口大，前上位。颏部有时具一皮质三角形短须。下颌突出，长于上颌。颌齿尖锥形，呈带状排列。上颌外行齿扩大。下颌缝合部具1～2对犬齿，余者细小。舌细长，竿状。体被小圆鳞，纵列鳞118～151枚。头部裸露无鳞。项部无低皮嵴。第2背鳍、臀鳍基底长，同形，对位；二者鳍式均为Ⅰ－23～38。腹鳍不形成吸盘。我国有8种。

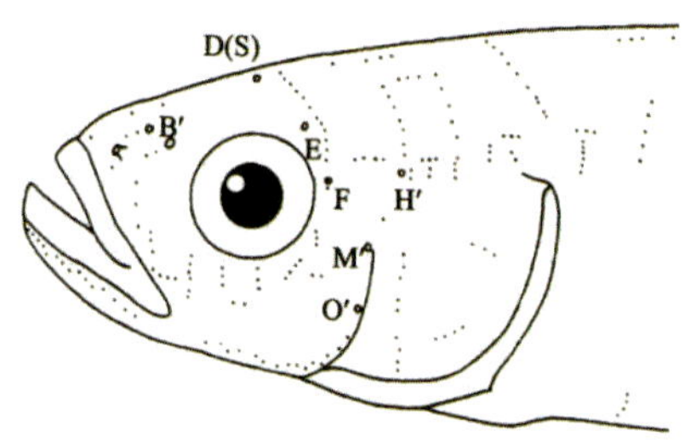

图79　鳍塘鳢属物种头部感觉器模式图

2718 单鳍鳍塘鳢 *Ptereleotris monoptera* Randall et Hoese，1985[53]

背鳍Ⅵ，Ⅰ－36～37；臀鳍Ⅰ－34～35；胸鳍25；腹鳍Ⅰ－4。

本种一般特征同属。眼下缘具3行短的放射状感觉乳突线。颏部无皮须。上颌两侧具2～4枚锥状犬齿，下颌具4～6枚锥形犬齿。体、项部、胸部、腹部被小圆鳞。背鳍长，鳍棘部和鳍条部相连，中间缺刻浅。腹鳍长，不愈合成吸盘。成鱼尾鳍后缘截形，上、下叶突出；幼鱼尾鳍后缘深凹形，上、下叶延长。头、体浅棕色，颊部略带蓝色。从眼至下颌有一黑纹，鳃盖有2个蓝斑。体背深褐色，腹部色浅。位于臀鳍前的体下侧有一椭圆形蓝色大斑。臀鳍边缘橙红色，其余鳍灰黄色。为暖水性底层鱼类。栖息于沿岸沙底质海区及珊瑚礁海区。分布于我国台湾海域，以及日本伊豆半岛海域、印度–西南太平洋暖水域。体长可达12 cm。

2719 斑马鳍塘鳢 *Ptereleotris zebra*（Fowler，1938）[4H]

背鳍Ⅵ，Ⅰ－27；臀鳍Ⅰ－26；胸鳍25；腹鳍Ⅰ－4。纵列鳞132；背鳍前鳞0。

本种眼下缘具5行放射状感觉乳突线。颏部具一皮质三角形短须。上颌具3～4枚犬齿，下颌具3～4枚锥状犬齿。体及项部两侧，胸部、腹部被小圆鳞，背鳍前无鳞。背鳍2个，分离。第1背鳍以第2、第3鳍棘最长，不呈丝状。第2背鳍长，Ⅰ－27；与臀鳍同形，对位。尾鳍后缘稍内凹，鳍条不呈丝状延长。头、体棕黄色。颊部具1条蓝色斜纹，鳃盖部有2～3条蓝色斜纹。体侧有20条橘黄色细横纹。各鳍浅黄色，背鳍边缘黑色。为暖水性底层鱼类。栖息于沿岸岩礁海区及珊瑚礁海区。分布于我国台湾海域，以及琉球群岛海域、印度–西太平洋暖水域。体长达13 cm。

2720 丝尾鳍塘鳢 *Ptereleotris hanae*（Jordan et Snyder，1901）[38]（上正常鱼，下变异鱼）

背鳍Ⅵ，Ⅰ–25~26；臀鳍Ⅰ–24~26；胸鳍24；腹鳍Ⅰ–4。纵列鳞118~124；背鳍前鳞0。

本种与斑马鳍塘鳢相似。眼下缘具5行短的放射状感觉乳突线。颏部具一皮质短须。尾鳍后缘有5~6枚鳍条呈丝状延长，或上、下叶各有1枚鳍条呈丝状延长。头、体暗灰色，胸鳍基有一鲜红色斑，腹缘具一黄色细纵带，各鳍浅灰色。为暖水性底层鱼类。栖息于沿岸岩礁海区及珊瑚礁海区。分布于我国南海，以及日本南部海域、印度–西太平洋暖水域。体长可达12 cm。

2721 尾斑鳍塘鳢 *Ptereleotris heteroptera*（Bleeker，1855）[38]

=青凹尾塘鳢=青虾虎

背鳍Ⅵ，Ⅰ–30；臀鳍Ⅰ–29；胸鳍21；腹鳍Ⅰ–4。纵列鳞146；背鳍前鳞30。

本种眼下缘有5行短的放射状感觉乳突线。颏部无皮须。上颌缝合部具2枚大犬齿，每侧各具2～4枚锥形大齿。下颌具4～6枚锥形大齿。体被小圆鳞，项部、胸部、腹部亦被小圆鳞。有背鳍前鳞。背鳍2个，以第3、第4鳍棘最长。尾鳍后缘深凹。头、体浅蓝色，各鳍灰黄色或浅红色。尾鳍中央有一椭圆形大黑斑。为暖水性底层鱼类。栖息于沿岸岩礁、沙底海区及珊瑚礁海区。分布于我国南海、台湾海域，以及琉球群岛海域、韩国济州岛海域、印度–西太平洋暖水域。体长达10 cm。

2722 细鳞鳍塘鳢 *Ptereleotris microlepis*（Bleeker，1856）[38]

= 凹尾塘鳢

背鳍Ⅵ，Ⅰ－27；臀鳍Ⅰ－27；胸鳍23；腹鳍Ⅰ－4。纵列鳞150；背鳍前鳞0。

体延长，较侧扁。头小，前部圆钝。头部感觉器分布如图79[4H]所示。体被细小圆鳞，无背鳍前鳞。第1背鳍较低，以第5、第6鳍棘最长。尾鳍后缘浅凹，上、下叶稍尖突。头、体蓝绿色，背部色较深。体侧具10余条灰黄色弧形横纹。胸鳍基具一黑色横带。各鳍浅灰黄色。为暖水性底层鱼类。栖息于沿岸岩礁海区及珊瑚礁丛中。分布于我国台湾海域，以及琉球群岛海域、印度–西太平洋暖水域。体长可达11 cm。

2723 黑尾鳍塘鳢 *Ptereleotris evides*（Jordan et Hubbs，1925）[38]

= 瑰丽凹尾塘鳢

背鳍Ⅵ，Ⅰ－25～26；臀鳍Ⅰ－24～26；胸鳍23；腹鳍Ⅰ－4。纵列鳞138～151；背鳍前鳞25～30。

本种与细鳞鲭塘鳢相似，二者曾被认为是同种[8]。头部感觉器分布如图79[4H]所示。本种具25～30枚背鳍前鳞。第1背鳍较高，以第2、第3鳍棘最长。第2背鳍和臀鳍前部鳍条长。尾鳍后缘内凹。头、体前半部浅棕色，体后半部、第2背鳍、臀鳍和尾鳍均为深褐色，尾鳍上、下缘灰黑色。胸鳍基部无黑色横带。为暖水性底层鱼类。栖息于沿岸岩礁、沙底海区及珊瑚礁海区。分布于我国南海、台湾海域，以及琉球群岛海域、印度–西太平洋暖水域。体长可达15 cm。

(284) 辛氏微体鱼科 Schindleriidae

本科物种为幼态成熟小型鱼类。成体尚存功能性前肾。体透明。其骨化程度低，仍具若干未发育的软骨和膜骨。具5枚鳃盖条。背鳍1个，有15～20枚不分支鳍条。无腹鳍。尾鳍后缘截形或略凹。椎骨12～24＋13～21枚。尾骨棒状。本科分类地位难以确定，曾被置鲈形目中，为独立一亚目[2, 66]。直到1993年，Johnson等认为其头部散具感觉乳突，与虾虎鱼类有较近的亲缘关系（图80）[4H]，而将其归于虾虎鱼亚目[3]。但该鱼结构特化，故这种分类比较勉强。本科全球仅有1属3种，我国有2种。

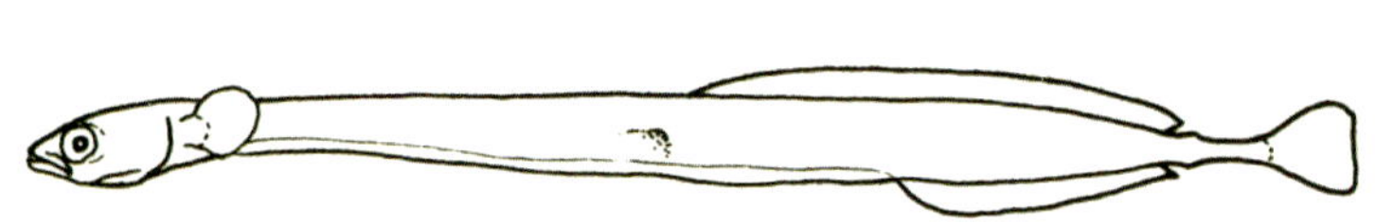

辛氏微体鱼科物种形态简图

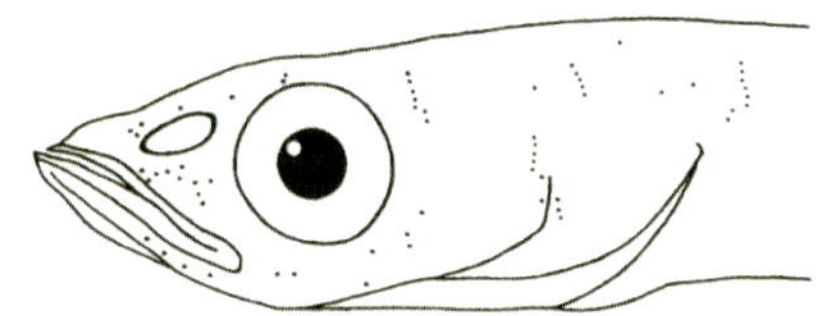

图80　辛氏微体鱼科物种头部感觉器模式图

2724 早熟辛氏微体鱼 *Schindleria praematura*（Schindler，1931）

背鳍20～21，臀鳍11～12，胸鳍15～16，腹鳍0。

本种体颇细长，前部细狭。尾柄窄长，尾杆骨颇细长。头尖小，侧扁。头部无感觉管及感觉管孔，但散具感觉乳突（图80）。吻短。眼大。口中等大，仅由前颌骨构成上颌口缘。下颌长于上颌。颌齿细尖，2～3行。鳃盖条5枚。头、体裸露无鳞。背鳍1个，具不分支鳍条，与臀鳍同形。胸鳍宽。无腹鳍。尾鳍后缘稍内凹。体无色素，透明。各鳍亦透明。属于大洋暖水性浮游鱼类。分布于我国南海、台湾海域，以及日本冲绳海域、印度–西太平洋暖水域。体长1.4 cm时个体已成熟怀卵。

2725 等鳍辛氏微体鱼 *Schindleria pietschmanni*（Schindler，1931）

背鳍19～20，臀鳍17，胸鳍17，腹鳍0，尾鳍13。

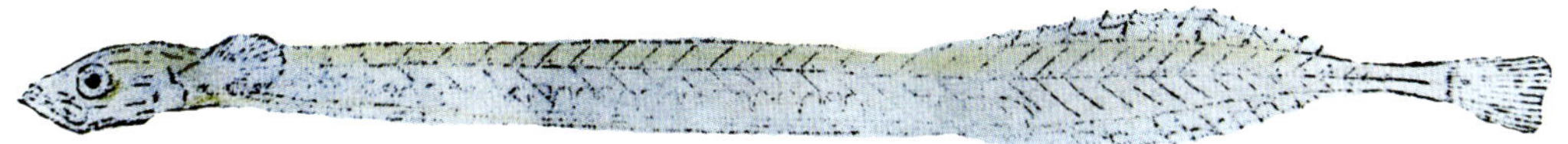

本种与早熟辛氏微体鱼十分相似。体细长，尾柄及尾杆骨细长。头、体裸露无鳞，无侧线。体无色素，透明，略带灰色。各鳍也无色透明。臀鳍鳍条较多，为17枚。臀鳍起点前移，与背鳍起点相对位。为暖水性浮游鱼类。栖息于珊瑚礁海域。分布于我国南海、台湾海域，以及美国夏威夷海域、印度-西太平洋水域。体长1～1.5 cm[4H]。

注：本种未被编入本书检索表。

45（13）刺尾鱼亚目 Acanthuroidei（7-5a）

本亚目物种体侧面观呈卵圆形、椭圆形、长卵圆形、长椭圆形或近圆形，甚侧扁而高。头短小，吻略尖突或呈管状、圆锥状。口小。颌齿1行，细尖或者侧扁且边缘呈锯齿状，齿头分叉或不分叉。背鳍鳍棘部与鳍条部相连。臀鳍有2～4枚鳍棘或7枚鳍棘。腹鳍有1枚鳍棘和2～5枚鳍条；或腹鳍内、外各具1枚鳍棘，中间为3枚鳍条。尾鳍后缘凹形、圆弧形、叉形或截形。尾柄两侧或有锐棘、盾骨板。全球有6科18属125种，我国有3科8属57种。

刺尾鱼亚目的科、属、种检索表

1a 腹鳍内、外各具1枚鳍棘；臀鳍通常有7枚鳍棘；尾柄不具锐棘或盾骨板 ……………………………… 篮子鱼科 Siganidae 篮子鱼属 *Siganus*（41）

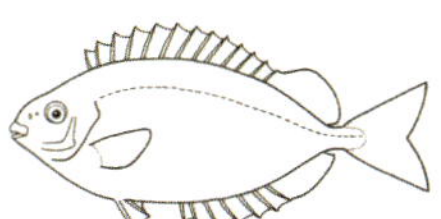

1b 腹鳍具1枚鳍棘和2～5枚鳍条；臀鳍有2～4枚鳍棘 …………………（2）

2a 尾柄两侧无锐棘或盾骨板；颌齿细尖，呈刚毛状 ……………………………… 镰鱼科 Zanclidae 镰鱼 *Zanclus cornutus* 2726

2b 尾柄两侧有锐棘或盾骨板；颌齿侧扁 ……… 刺尾鱼科 Acanthuridae（3）

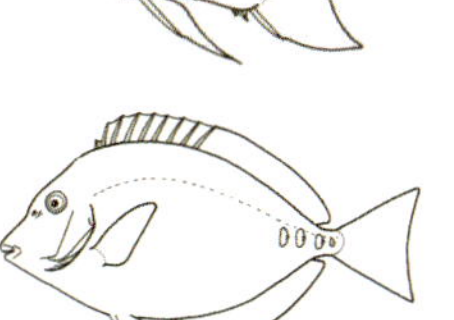

3a 尾柄部两侧各有1枚可动棘 ……………………………………………………………（17）

3b 尾柄部两侧为不可动盾骨板 ……………………………………………………………………（4）

4a 尾柄部两侧具3个以上盾骨板；背鳍鳍棘9枚，臀鳍鳍棘3枚，腹鳍鳍条5枚
…………………………………………………………多板盾尾鱼 *Prionurus scalprus* [2727]

4b 尾柄部两侧盾骨板不多于2个；背鳍鳍棘4～7枚，臀鳍鳍棘2枚，腹鳍鳍条3枚
………………………………………………………………………鼻鱼属 *Naso*（5）

5a 尾柄部两侧通常各有2个盾骨板 ……………………………………………………………（7）

5b 尾柄部两侧各有1个盾骨板 …………………………………………………………………（6）

6a 背鳍鳍棘4枚；尾鳍两叶无黄斑 ……………………………单板小鼻鱼 *N. thynnoides* [2728]

6b 背鳍鳍棘5枚；尾鳍两叶黄色 ……………………………………………小鼻鱼 *N. minor* [2729]

7–5a 头前部无角状突起……………………………………………………………………（11）

7b 头前部通常有角状突起（短棘鼻鱼雌鱼无角状突起）……………………………………（8）

8a 尾鳍后半部有淡黄色宽幅横带，上、下叶不呈丝状延长…………短吻鼻鱼 *N. brevirostris* [2730]

8b 尾鳍上、下叶呈丝状延长或后缘白色，无淡黄色横带 …………………………………（9）

9a 角状突基部到眼前缘距离等于基部到吻端长；角状突短 …………突角鼻鱼 *N. annulatus* [2731]

9b 角状突基部到眼前缘距离远小于基部到吻端长；角状突长………………………………（10）

10a 体背部无隆起……………………………………………………………长吻鼻鱼 *N. unicornis* [2732]

10b 体背部隆起高(♂)，体背缘缓斜状(♀) ……………………………短棘鼻鱼 *N. brachycentron* [2733]

11–7a 体背部隆起；吻肥大，超越上唇 ………………………………………球吻鼻鱼 *N. tonganus* [2734]

11b 体背部不隆起 ……………………………………………………………………………（12）

12a 背鳍鳍条通常不多于26枚，臀鳍鳍条不多于25枚；成鱼吻部稍突出，似马面
…………………………………………………………………………马面鼻鱼 *N. fageni* [2735]

12b 背鳍鳍条通常大于26枚，臀鳍鳍条大于26枚 ………………………………………（13）

13a 背鳍鳍棘5枚；体长为体高的3倍以上 ……………………………………洛氏鼻鱼 *N. lopezi* [2736]

13b 背鳍鳍棘6～7枚；体长为体高的2.9倍以下 ………………………………………………（14）

14a 吻部向前隆突；头长为第1背鳍鳍棘长的1.7倍以下 …………………丝尾鼻鱼 *N. vlamingii* [2737]

14b 吻部向前不隆突；头长为第1背鳍鳍棘长的2倍以上………………………………………（15）

15a 口突出，吻背缘稍凹；颌齿宽，齿端圆；背鳍鳍条部外缘有白带
……………………………………………………………………颊纹鼻鱼 *N. lituratus* [2738]

15b 口、吻背缘圆；颌齿小，齿端尖；背鳍鳍条部外缘无白带………………………………（16）

16a 体暗褐色，体侧上半部有许多暗色斑点…………………………………斑点鼻鱼 *N. maculatus* [2739]

16b 体灰蓝色，体侧无显著斑纹 ………………………………………六棘鼻鱼 *N. hexacanthus* [2740]

17–3a 背鳍鳍棘6～9枚………………………………………………………………………（20）

17b 背鳍鳍棘3～5枚 ……………………………………………高鳍刺尾鱼属 *Zebrasoma*（18）

18a 背鳍Ⅳ–28～32；体侧后半部无绒毛区……………………横带高鳍刺尾鱼 *Z. veliferum* [2741]

18b 背鳍Ⅴ–23～26；体侧后半部有绒毛区 ……………………………………………………（19）

19a 体后半部色暗；幼鱼体蓝黑色 ……………………………………小高鳍刺尾鱼 *Z. scopas* [2742]

19b 全体黄色；幼鱼体乳黄色 ……………………………………黄高鳍刺尾鱼 *Z. flavescens* [2743]

20–17a 腹鳍Ⅰ–3；头、体蓝色，尾鳍黄色，上、下缘黑色 …副刺尾鱼 *Paracanthurus hepatus* [2744]

20b 腹鳍Ⅰ–5…………………………………………………………………………………（21）

21a 颌齿幅宽，两侧锯齿状；不能向口内侧倒伏………………刺尾鱼属 *Acanthurus*（23）

21b 颌齿幅窄，齿端锯齿状；能向口内侧倒伏 ……………栉齿刺尾鱼属 *Ctenochaetus*（22）

22a 背鳍、臀鳍基底后端无黑斑；背鳍鳍条27～31枚……………………栉齿刺尾鱼 *C. striatus* 2745
22b 背鳍、臀鳍基底后端各有一黑斑；背鳍鳍条24～27枚……双斑栉齿刺尾鱼 *C. binotatus* 2746
23-21a 体侧无明显的横带……………………………………………………………………（25）
23b 体侧有白色或黑色横带…………………………………………………………………（24）
24a 体黄绿色，体侧有5～6条黑色横带…………………………横带刺尾鱼 *A. triostegus* 2747
24b 体褐色，体侧有2～3条白色横带，体后部和背鳍、臀鳍散布白色斑点
………………………………………………………………………斑点刺尾鱼 *A. guttatus* 2748
25-23a 体长等于或小于吻长的6.5倍；下颌齿22枚或少于22枚 ……………………………（27）
25b 体长大于吻长的6.5倍；下颌齿22枚以上…………………………………………………（26）
26a 尾鳍黄色；体侧暗红色………………………………………黄尾刺尾鱼 *A. thompsoni* 2749
26b 尾鳍与体同为黑褐色；尾柄有一黄色横带 ……………………………暗色刺尾鱼 *A. mata* 2750
27-25a 背鳍、臀鳍基底后端均有一黑斑；头部、胸部有橙黄色斑点
…………………………………………………………………双斑刺尾鱼 *A. nigrofuscus* 2751
27b 臀鳍基底后端无黑斑………………………………………………………………………（28）
28a 头、体具7～11条带黑缘的蓝色纵带 ……………………………彩带刺尾鱼 *A. lineatus* 2753
28b 头、体无带黑缘的蓝色纵带…………………………………………………………………（29）
29a 头部有白色区…………………………………………………………………………………（39）
29b 头部无白色区…………………………………………………………………………………（30）
30a 胸鳍上方有橙黄色指状斑；尾鳍、胸鳍黑色，有白缘…………橙斑刺尾鱼 *A. olivaceus* 2756
30b 胸鳍上方无橙黄色指状斑；尾鳍、胸鳍无白缘………………………………………………（31）
31a 眼后方、鳃盖部和胸鳍上方均无暗斑或纵带 …………………………………………………（36）
31b 眼后方、鳃盖部或胸鳍上方均有暗斑或纵带…………………………………………………（32）
32a 眼前、后各有一黑斑，眼后方尚有一黄色横斑；尾鳍两侧有黄缘
……………………………………………………………………………肩斑刺尾鱼 *A. bariene* 2755
32b 眼后方无黄色横斑，尾鳍两侧无黄缘……………………………………………………………（33）
33a 眼后缘有一黑色细纵带，尾鳍基有白色横带……………………黑尾刺尾鱼 *A. nigricaudus* 2757
33b 眼后缘无黑色细纵带………………………………………………………………………………（34）
34a 鳃盖黑色，各鳍黑色，尾鳍后缘黄色………………………………黑鳃刺尾鱼 *A. pyroferus* 2754
34b 鳃盖不呈黑色，尾鳍后缘不呈黄色…………………………………………………………………（35）
35a 尾柄后有白带；尾鳍略呈弯月形；鳃孔后有椭圆形黑斑；背鳍鳍棘通常9枚
……………………………………………………………………斑头刺尾鱼 *A. maculiceps* 2758
35b 尾柄后无白带；尾鳍后缘圆弧形；鳃盖上缘有黑斑；背鳍鳍棘通常8枚
………………………………………………………………………黑斑刺尾鱼 *A. chronixis* 2759
36-31a 全体黄色，头侧和体侧无任何斑纹 ……………………………马头刺尾鱼 *A. matoides* 2752
36b 体不呈黄色…………………………………………………………………………………………（37）
37a 背鳍无明显的纵带；胸鳍上部淡黄色，下部黑色 ……………额带刺尾鱼 *A. dussumieri* 2765
37b 背鳍有纵带；胸鳍颜色单一…………………………………………………………………………（38）
38a 背鳍有5～8条纵带……………………………………………………蓝线刺尾鱼 *A. bleekeri* 2763
38b 背鳍有4～5条纵带；胸鳍黄色透明…………………………黄鳍刺尾鱼 *A. xanthopterus* 2764
39-29a 背鳍鳍条25～27枚，臀鳍鳍条23～25枚…………………白颊刺尾鱼 *A. leucopareius* 2760
39b 背鳍鳍条28～32枚，臀鳍鳍条26～29枚 …………………………………………………………（40）
40a 眼下部白色区不向下延伸；胸鳍基色暗……………………………白面刺尾鱼 *A. nigricans* 2761

40b 眼下部白色区向下延伸至口角；胸鳍基黄色 ……………………日本刺尾鱼 *A. japonicus* 2762
41-1a 吻显著突出；体黄色；头部和胸部白色，有黑色斑带 …………狐篮子鱼 *S. vulpinus* 2766
41b 吻不显著突出 ……………………………………………………………………（42）
42a 背鳍鳍棘部与鳍条部间无显著缺刻 ……………………………………………（46）
42b 背鳍鳍棘部与鳍条部间有缺刻 …………………………………………………（43）
43a 尾鳍后缘叉形；体灰蓝色，散布小黄点……………………银篮子鱼 *S. argenteus* 2767
43b 尾鳍后缘截形或凹形 ……………………………………………………………（44）
44a 体侧上半部有网状纹、虫状纹 ……………………………刺篮子鱼 *S. spinus* 2768
44b 体侧上半部无虫状纹 ……………………………………………………………（45）
45a 体侧散布小白斑 ………………………………………褐篮子鱼 *S. fuscescens* 2769
45b 体侧有许多荧光色点；头长为胸鳍长的1.2～1.3倍…………长鳍篮子鱼 *S. canaliculatus* 2770
46-42a 头部具暗斜带通过眼达下颌 ……………………………………………（52）
46b 头部无斜带通过眼达下颌 ………………………………………………………（47）
47a 尾鳍后缘叉形 ……………………………………………………………………（50）
47b 尾鳍后缘截形或浅凹形 …………………………………………………………（48）
48a 体侧有许多红色斑点 ……………………………………星斑篮子鱼 *S. guttatus* 2771
48b 体侧有虫状纹 ……………………………………………………………………（49）
49a 体侧布满虫状纹 …………………………………虫纹篮子鱼 *S. vermiculatus* 2772
49b 体侧上部有斑点，下部具虫状纹……………………………爪哇篮子鱼 *S. javus* 2773
50-47a 头侧和体侧有暗蓝色斑点；胸鳍基上方无暗斑 ……………凹吻篮子鱼 *S. corallinus* 2776
50b 头侧和体侧有黄色斑点；胸鳍基上方有暗斑 …………………………………（51）
51a 体暗褐色；眼近背缘；尾鳍末端尖…………………………黑身篮子鱼 *S. punctatissimus* 2774
51b 体淡褐色；眼不靠近背缘；尾鳍后缘圆弧形 ……………………斑篮子鱼 *S. punctatus* 2775
52-46a 背鳍前部有2条宽幅红褐色斜带……………………………带篮子鱼 *S. virgatus* 2777
52b 背鳍前部仅1条穿过眼的黑色斜带 …………………………眼带篮子鱼 *S. puellus* 2778

（285）镰鱼科 Zanclidae

本科物种体侧面观近圆形，甚侧扁。吻甚突出，呈管状或锥状。颌齿2行，刚毛状。犁骨具绒毛状齿，腭骨无齿。眼前上方有1枚骨棘。鳞细小，粗糙，每枚鳞有2行棘。侧线完全，前部弧形弯曲。尾柄两侧无锐棘或盾骨板。本科仅有1属1种。

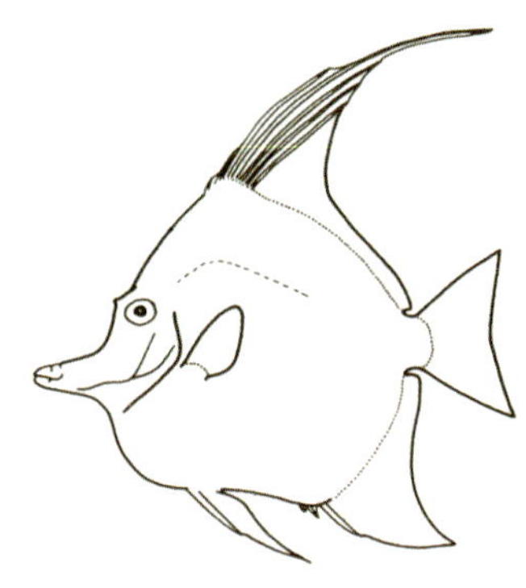

镰鱼科物种形态简图

2726 镰鱼 *Zanclus cornutus*（Linnaeus，1758）[15]

= 灰镰鱼 *Z. canescens*

背鳍Ⅶ－40～43；臀鳍Ⅲ－33～36；胸鳍18～19；腹鳍Ⅰ－5。

本种一般特征同科。体甚侧扁而高，侧面观近圆形。头短而尖。吻突出，呈管状。背鳍有7枚鳍棘，以第3鳍棘最长，延长成丝状。尾柄两侧无锐棘或盾骨板。体黄色，有2条宽幅黑色横带。尾鳍黑色，后缘灰白色。为暖水性岩礁鱼类。栖息于珊瑚礁礁盘海区。分布于我国南海、台湾海域，以及日本本州以南海域、印度–中西太平洋暖水域。体长约30 cm。

（286）刺尾鱼科 Acanthuridae

本科物种体侧面观呈椭圆形或卵圆形，侧扁。吻不呈管状突出。口小，前位。体被粗糙的弱栉鳞。尾柄两侧各具1个或多个尖棘或盾骨板。背鳍通常Ⅳ～Ⅸ－19～32；臀鳍Ⅱ～Ⅳ－18～36。全球有6属80种，我国有6属43种。

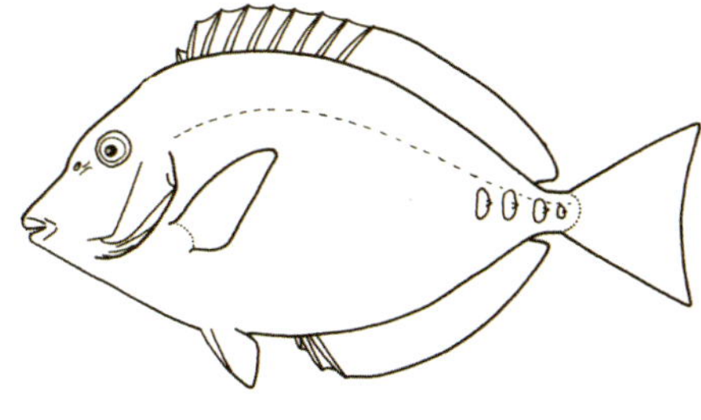

刺尾鱼科物种形态简图

2727 多板盾尾鱼 *Prionurus scalprus* Valenciennes，1835 [141]

=锯尾鲷

背鳍IX－22～24；臀鳍Ⅲ～Ⅳ－21～23；胸鳍16～18；腹鳍Ⅰ－5。

本种体侧扁，侧面观呈卵圆形。吻长，吻端尖。口小。两颌各具齿1行，齿呈叶状，齿多尖头。第1背鳍鳍棘短。尾柄具黑色大盾骨板4～5块。体被绒毛状小突起。体暗褐色。为暖水性岩礁鱼类。栖息于近岸岩礁海区。分布于我国南海、台湾海域，以及日本宫城以南海域。体长约40 cm。

鼻鱼属 *Naso* Lacépède，1802

本属物种体侧面观呈椭圆形或长椭圆形，侧扁。尾柄两侧各有1～2个固着性盾骨板，骨板具尖锐的龙骨片。成鱼额部常有角状突。口小，前位。颌齿1行，侧扁，两侧或有细锯齿。侧线完全。背鳍Ⅳ～Ⅶ－24～31。臀鳍Ⅱ－23～31。腹鳍Ⅰ－3。尾鳍后缘截形或凹形。我国有16种。

2728 单板小鼻鱼 *Naso thynnoides*（Valenciennes，1835）[14]

=拟鲔鼻鱼 =单板盾尾鱼 *Axinurus thynnoides*

背鳍Ⅳ－28～30；臀鳍Ⅱ－27～29；胸鳍17～18；腹鳍Ⅰ－3。

本种体侧面观呈长椭圆形，甚侧扁。吻稍长，吻端尖突。口小。颌齿门齿状，两侧具锯齿。尾柄两侧各具一盾骨板，板上有一逆向半圆形弯曲的龙骨片。尾鳍新月形。体深褐色，腹侧淡褐色。体侧具许多黄褐色横纹。背鳍、臀鳍有白缘或白色斜纹。为暖水性岩礁鱼类。栖息于近岸岩礁海区。分布于我国南海、台湾海域，以及日本纪伊半岛海域、印度–西太平洋暖水域。体长约35 cm。

2729 小鼻鱼 *Naso minor*（Smith，1966）[14]

背鳍Ⅴ–27～29；臀鳍Ⅱ–27～30；胸鳍16～17；腹鳍Ⅰ–3。

本种体侧面观呈长椭圆形，侧扁。吻尖突。口小，开口于吻端。前额不突出。尾柄两侧仅各有一盾骨板，板棘尖锐向前。尾鳍弯月形。体侧黄褐色，腹侧浅灰褐色。尾鳍上、下叶黄色，胸鳍色淡。为暖水性岩礁鱼类。栖息于近岸岩礁海区。分布于我国台湾海域，以及日本八重山群岛海域、印度–西太平洋暖水域。体长约30 cm。

2730 短吻鼻鱼 *Naso brevirostris*（Valenciennes，1835）[38]

背鳍Ⅴ～Ⅵ–27～29；臀鳍Ⅱ–25～30；胸鳍16～17；腹鳍Ⅰ–3。

本种体侧面观呈长椭圆形，甚侧扁。眼前有甚长的角状突起。口小，两颌齿门齿状。尾柄细，上、下缘具缺刻，两侧各有2个盾骨板，板上有一锐尖龙骨片。体被微小鳞，鳞上有带状小突起。体褐绿色，体侧有微小的红褐色点和诸多横纹。尾鳍后缘有一淡黄色横带。为暖水性岩礁鱼类。栖息于岩礁海区。分布于我国南海、台湾海域，以及日本纪伊半岛以南海域、印度–太平洋。体长约60 cm。

2731 突角鼻鱼 *Naso annulatus*（Quoy et Gaimard，1825）[38]

=环纹鼻鱼=剑角鼻鱼 *N. herrei*

背鳍Ⅴ～Ⅵ－28～29；臀鳍Ⅱ－27～30；胸鳍17～19；腹鳍Ⅰ－3。

本种体侧扁，前部高，向后渐细。眼前角状突短钝。眼大，口小。门齿1行，齿缘锯齿状。尾柄两侧各具2个盾骨板，板上有龙骨片。尾鳍后缘平截。体暗褐色。背鳍基有一灰带。臀鳍有数条纵线。尾鳍后缘柄与腹鳍缘白色。为暖水性岩礁鱼类。栖息于近岸岩礁海区。分布于我国台湾海域，以及日本骏河湾以南海域、印度–太平洋暖水域。体长约45 cm。

2732 长吻鼻鱼 *Naso unicornis*（Forskål，1775）[15]

=单角鼻鱼

背鳍Ⅴ～Ⅵ－27～30；臀鳍Ⅱ－27～29；胸鳍17～18；腹鳍Ⅰ－3。

本种体侧面观呈长椭圆形，侧扁。吻尖长，眼前具一角状突起。两颌为大型锥状齿，成鱼共60枚，齿尖而光滑。尾柄两侧各有2个骨质板，上有弯曲龙骨片。尾鳍弯月形，上、下叶呈丝状延长。体灰褐色。背鳍、臀鳍有数条黑色纵线。为暖水性岩礁鱼类。栖息于珊瑚礁的礁盘海区。分布于我国东海、南海、台湾海域，以及日本南部海域、澳大利亚海域、印度–西太平洋暖水域。体长约50 cm。

2733 短棘鼻鱼 *Naso brachycentron*（Valenciennes，1835）[38]

= 粗棘鼻鱼

背鳍Ⅳ～Ⅴ－29～30；臀鳍Ⅱ－27～28；胸鳍17；腹鳍Ⅰ－3。

本种体侧面观呈长椭圆形，甚侧扁。雄鱼眼前具一长的角状突起，背部隆起高。雌鱼无角状突，背缘缓斜状。幼鱼具瘤状突。口小，颌齿门齿状。体被细小鳞。尾柄上、下缘有缺刻，两侧各具2个盾骨板。尾鳍弯月形，上、下叶呈丝状延长。体蓝褐色，体侧有许多小点和横条纹。为近海暖水性岩礁鱼类。分布于我国台湾海域，以及日本冲绳以南海域、印度-中西太平洋暖水域。体长约90 cm。

2734 球吻鼻鱼 *Naso tonganus*（Valenciennes，1835）[37]

背鳍Ⅴ－27～30；臀鳍Ⅱ－26～28；胸鳍17～18；腹鳍Ⅰ－3。

本种体侧面观呈长椭圆形，侧扁。吻部膨突呈球状，超过上唇。眼上方至背鳍第5鳍棘间具凹陷。头、体背侧灰褐色，头背色深，腹侧白色。本种易与瘤鼻鱼*N. tuberosus*混淆。后者以吻部高耸，但不超越上唇与本种相区别。为浅海暖水性岩礁鱼类。分布于我国台湾海域。

2735 马面鼻鱼 *Naso fageni* Morrow，1954

= 费氏鼻鱼

背鳍Ⅴ－24～26；臀鳍Ⅱ－23～25；胸鳍17；腹鳍Ⅰ－3。

本种体呈纺锤状。吻端钝，瘤状止于上唇上方。体背缘不高突。头背缘较平直而似马面。背鳍、臀鳍鳍条均少于27枚。尾鳍新月形，上、下叶呈丝状延长。体褐色。为浅海暖水性岩礁鱼类。分布于我国台湾海域，以及日本神奈川海域、菲律宾海域、印度－西太平洋暖水域。体长约80 cm。

注：该图由王春生研究员提供。

2736 洛氏鼻鱼 *Naso lopezi* Herre，1927 [38]

= 背斑双板盾尾鱼 *Callicanthus lopezi*

背鳍Ⅴ－28～31；臀鳍Ⅱ－27～29；胸鳍17；腹鳍Ⅰ－3。

本种体呈纺锤状。吻长，吻端钝尖。眼小，位于头后半部近背缘。口小。两颌各具50枚以上门齿状齿1行，齿锯齿状。尾柄两侧各具2个小盾骨板，上有近三角形龙骨片。尾后缘稍凹。体黑褐色，背侧有许多黑色小点。为浅海暖水性岩礁鱼类。分布于我国台湾海域，以及琉球群岛海域、菲律宾海域、西太平洋暖水域。体长约45 cm。

2737 丝尾鼻鱼 *Naso vlamingii* (Valenciennes, 1835) [16]

= 高鼻鱼

背鳍Ⅵ－26～27；臀鳍Ⅱ－26～29；胸鳍16～19；腹鳍Ⅰ－3。

本种体侧面观呈椭圆形，侧扁。吻部隆突稍超越上唇。口裂小。颌齿门齿状。体密被微小鳞片。尾柄两侧各有2个盾骨板，板上有尖锐的龙骨片。尾鳍两叶呈丝状延长。体茶褐色，头侧和体侧具蓝色点排成的不规则纵列，而腹侧具蠕虫状蓝横线。为暖水性浅海岩礁鱼类。分布于我国南海、台湾海域，以及日本纪伊半岛以南海域、菲律宾海域、印度－西太平洋暖水域。体长约65 cm。

2738 颊纹鼻鱼 *Naso lituratus* (Forster, 1801) [16]

= 黑背鼻鱼 = 颊纹双板盾尾鱼 *Callicanthus lituratus*

背鳍Ⅵ～Ⅶ－27～30；臀鳍Ⅱ－28～30；胸鳍15～17；腹鳍Ⅰ－3。

本种体侧面观呈椭圆形，侧扁。吻尖长。眼间隔宽平，眼前方具一深的眶前沟。尾鳍新月形，上、下叶呈丝状延长。体紫绿色。眼前方具一黄色线纹伸达吻端并弯向颊部。唇部、臀鳍、盾板基部均为橙黄色。背鳍鳍条部外缘有白带。为暖水性岩礁鱼类。栖息于浅水岩礁海区。分布于我国南海、台湾海域，以及日本骏河湾以南海域、印度－中西太平洋暖水域。体长约55 cm。

2739 斑点鼻鱼 *Naso maculatus* Randall et Struhsaker, 1981 [38]

= 斑鼻鱼

背鳍Ⅵ～Ⅶ－26～28；臀鳍Ⅱ－26～28；胸鳍16～18；腹鳍Ⅰ－3。

本种体侧面观呈椭圆形，侧扁。吻长，吻端圆钝。口小，上颌具约20枚门齿状小齿，下颌具约65枚锯齿状齿。尾柄两侧各具1个圆形盾骨板和龙骨片。幼鱼尾鳍新月形，成鱼尾鳍后缘截形。体被小鳞。体暗褐色，背侧密布褐色斑点。为浅海暖水性岩礁鱼类。分布于我国台湾海域，以及日本和歌山以南海域、美国夏威夷海域。体长约46 cm。

2740 六棘鼻鱼 *Naso hexacanthus* (Bleeker, 1855) [38]

= 小齿双板盾尾鱼 *Callicanthus hexacanthus*

背鳍Ⅵ－25～29；臀鳍Ⅱ－27～31；胸鳍17～18；腹鳍Ⅰ－3。

本种体侧面观呈长椭圆形，侧扁。吻长，圆钝。口小。颌齿小门齿状，末端尖。眼小，位于头中部背侧。尾柄两侧各具2个大盾骨板，板上具前向龙骨片。尾鳍后缘截形。体密被小鳞片。体灰蓝褐色，腹侧色浅。背鳍鳍条部有3条灰色纵带。为暖水性岩礁鱼类。栖息于近岸岩礁海区。分布于我国台湾海域，以及日本南部海域、印度-太平洋暖水域。体长约60 cm。

▲ 本属我国尚有大眼鼻鱼 *N. tergus*、网纹鼻鱼 *N. reticulatus* 和方吻鼻鱼 *N. mcdadei*，均分布于我国台湾海域[13]。

高鳍刺尾鱼属 *Zebrasoma* Swainson，1839

= 斑马体鲷属

本属物种体甚高，侧扁，侧面观呈卵圆形。尾柄两侧各具1枚可倒伏的前向尖棘。吻突出。口小，颌齿1行，侧扁，边缘有锯齿。侧线完全。背鳍高度约与体高相等，Ⅲ～Ⅴ－23～32。臀鳍Ⅲ－19～26。腹鳍Ⅰ－5。尾鳍后缘截形。全球有6种，我国有3种。

2741 横带高鳍刺尾鱼 *Zebrasoma veliferum*（Bloch，1795）[15]

= 高鳍刺尾鱼

背鳍Ⅳ－28～32；臀鳍Ⅲ－22～26；胸鳍15～17；腹鳍Ⅰ－5。

本种一般特征同属。体高，侧扁，侧面观呈卵圆形。吻长，突出。口小，两颌密布小齿。背鳍、臀鳍甚大。尾柄两侧各有1枚可活动棘。体被小长栉状突起鳞。体暗褐色，体侧有5条金黄色横带。背鳍、臀鳍有许多斜纹。为暖水性岩礁鱼类。栖息于珊瑚礁海区。分布于我国南海、台湾海域，以及日本相模湾以南海域、澳大利亚海域、印度–西太平洋暖水域。体长约27 cm。

2742 小高鳍刺尾鱼 *Zebrasoma scopas*（Cuvier，1829）[38]（左幼鱼，右成鱼）

背鳍Ⅴ－23～26；臀鳍Ⅲ－19～21；胸鳍14～16；腹鳍Ⅰ－5。

本种体侧面观呈卵圆形，甚侧扁。眼较小，位于后头部背缘。吻呈管状突出，背缘深凹。口小，颌齿短而薄。尾柄两侧有可活动的强棘，其前部具有刚毛状突起的椭圆形区。背鳍、臀鳍高大，后缘圆弧形。尾鳍后缘近截形。体茶褐色，头、体散布颜色较浅的斑点，体侧中部具白色纵带，体后半部色暗。幼鱼体侧有白色横线。为浅海暖水性岩礁鱼类。分布于我国台湾海域，以及日本骏河湾以南海域、印度－西太平洋暖水域。体长约15 cm。

2743 黄高鳍刺尾鱼 *Zebrasoma flavescens*（Bennett，1828）[38]（左幼鱼，右成鱼）

背鳍Ⅴ－23～26；臀鳍Ⅲ－19～22；胸鳍14～16；腹鳍Ⅰ－5。

本种与小高鳍刺尾鱼很相似。体侧面观呈卵圆形，甚侧扁。眼较小，位于后头部近背缘。吻长，突出，背缘凹陷。口小。体黄色，体侧中央具淡色纵线。幼鱼乳黄色，有白色横线。为暖水性岩礁鱼类。栖息于珊瑚礁海区。分布于我国南海、台湾海域，以及琉球群岛海域、印度–太平洋暖水域。体长约15 cm。

2744 副刺尾鱼 *Paracanthurus hepatus*（Linnaeus，1766）[38]

= 黄尾拟刺尾鲷

背鳍Ⅸ－19～20；臀鳍Ⅲ－18～19；胸鳍16；腹鳍Ⅰ－3。

本种体侧面观呈椭圆形，甚侧扁。吻长，吻端钝。口小。颌齿平扁，齿缘锯齿状。尾柄具前向棘，其后缘固着于皮下。体侧被细栉鳞。体蓝色，眼后经背侧至尾柄暗褐色。胸鳍后上方有一黄色长椭圆形斑。背鳍、臀鳍蓝色，有黑边。尾鳍黄色，上、下缘黑色。为暖水性岩礁鱼类。栖息于珊瑚礁海区。分布于我国南海、台湾海域，以及日本高知以南海域、印度–西太平洋暖水域。体长约25 cm。

栉齿刺尾鱼属 *Ctenochaetus* Gill，1884

本属物种体侧面观呈卵圆形，侧扁。尾柄两侧各有1枚前向活动棘。口小。上、下颌齿各1行，均30枚以上，细长，具柄，齿端膨大边缘具锯齿，可向口内倒伏。侧线完全。尾鳍新月形。全球有6种，我国有2种。

2745 栉齿刺尾鱼 *Ctenochaetus striatus*（Quoy et Gaimard，1824）[15]

= 涟纹栉齿刺尾鲷

背鳍Ⅷ－27～31；臀鳍Ⅲ－24～28；胸鳍16～17；腹鳍Ⅰ－5。

本种一般特征同属。体侧面观呈卵圆形，侧扁。吻端钝。口小，唇圆滑。颌齿细长，末端扁平状，可倒伏。上颌齿端有6个尖头，下颌齿端有4个尖头。尾鳍弯月形。体被小栉鳞。体暗褐绿色，成鱼头、体前部有小斑点，后部及背鳍、臀鳍有许多细纵带。为暖水性岩礁鱼类。栖息于岩礁、珊瑚礁海区。分布于我国南海、台湾海域，以及日本南部海域、印度–西太平洋暖水域。体长约20 cm。

2746 双斑栉齿刺尾鱼 *Ctenochaetus binotatus* Randall，1955[38]（左幼鱼，右成鱼）

背鳍Ⅷ－24～27；臀鳍Ⅲ－22～25；胸鳍15～16；腹鳍Ⅰ－5。

本种体侧面观呈卵圆形，侧扁。吻短钝。口小，唇圆滑。颌齿可倒伏。上颌齿端有6个尖头，下颌齿端有3个尖头。尾鳍弯月形，上、下叶呈丝状延长。体被弱栉鳞。成鱼体暗褐色，具多条蓝色纵线纹。眼外缘蓝绿色。背鳍、臀鳍基底后部各有1个黑斑。幼鱼尾鳍后缘稍凹，黄色；头、体前部有白色小点。为暖水性岩礁鱼类。栖息于珊瑚礁、岩礁海域。分布于我国台湾海域，以及日本冲绳海域、菲律宾海域、西太平洋暖水域。体长约14 cm。

刺尾鱼属 *Acanthurus* Forskål，1775

本属物种体侧面观呈椭圆形、卵圆形、长卵圆形或近圆形。尾柄两侧各具1枚可倒伏的前向尖棘。口小。颌齿1行，侧扁，齿缘锯齿状或波状，不能倒伏。侧线完全。背鳍Ⅵ～Ⅸ－22～32。臀鳍Ⅲ－18～29。腹鳍Ⅰ－5。尾鳍后缘凹入、圆弧形或叉形；或者尾鳍呈半月形。全球有37种，我国有20种。

2747 横带刺尾鱼 *Acanthurus triostegus*（Linnaeus，1758）[15]

＝条纹刺尾鱼＝绿刺尾鲷

背鳍Ⅸ－22～24；臀鳍Ⅲ－19～22；胸鳍14～16；腹鳍Ⅰ－5。

本种一般特征同属。体侧面观呈椭圆形，侧扁。吻稍长，吻端突出。口小。颌齿门齿状，具细锯齿。头部眼前稍隆突。尾柄侧棘短，可纳入沟内。尾鳍后缘浅凹。体被细栉鳞。体黄绿色，腹侧乳白色，体侧具黑色横带5～6条。为暖水性岩礁鱼类。栖息于珊瑚礁海域。分布于我国南海、台湾海域，以及日本南部海域、印度－太平洋暖水域。体长约13 cm。

2748 斑点刺尾鱼 *Acanthurus guttatus* Bloch et Schneider，1801 [38]

背鳍Ⅸ－27～30；臀鳍Ⅲ－23～26；胸鳍15～17；腹鳍Ⅰ－5。

本种体高，侧扁，侧面观近圆形。眼小，位于头后近背缘。吻长，吻端突出。口小，上、下颌齿各12～14枚。背鳍、臀鳍鳍棘细。尾柄侧棘锐尖，可纳入沟内。尾鳍近新月形。体褐色，体侧有2～3条白色横带。体后部和背鳍、臀鳍密布小白点。腹鳍黄色。尾鳍基淡黄色。为暖水性岩礁鱼类。栖息于珊瑚礁海域。分布于我国台湾海域，以及琉球群岛海域、印度–西太平洋暖水域。体长约22 cm。

2749 黄尾刺尾鱼 *Acanthurus thompsoni* Fowler，1923 [37]

＝黄色刺尾鲷

背鳍Ⅸ－23～26；臀鳍Ⅲ－23～26；胸鳍16～19；腹鳍Ⅰ－5。

本种体侧面观呈长卵圆形，侧扁。吻短，圆钝。口小。两颌具小型齿，下颌齿22枚以上。尾柄侧棘尖锐，可纳入沟内。尾鳍深叉形，上、下叶延长为丝状。体被小栉鳞。体暗褐色，胸鳍青色。腹鳍黄褐色。尾鳍黄色。为暖水性岩礁鱼类。栖息于珊瑚礁海域。分布于我国南海、台湾海域，以及日本高知以南海域、印度–西太平洋暖水域。体长约17 cm。

2750 暗色刺尾鱼 *Acanthurus mata*（Cuvier，1829）[38]

= 后刺尾鱼 = 蓝线刺尾鱼 *A. bleekeri*

背鳍Ⅸ－24～26；臀鳍Ⅲ－23～24；胸鳍16～17；腹鳍Ⅰ－5。

本种体侧面观呈卵圆形，侧扁。吻长，吻端钝。口小。颌具细齿，下颌齿22枚以上。背鳍、臀鳍鳍棘细。尾鳍后缘内凹，上、下叶延长。体被小栉鳞。体黑褐色。背鳍、臀鳍具多条青色纵带。尾柄处有一黄色横带。为暖水性岩礁鱼类。分布于我国台湾海域，以及日本南部海域、印度－西太平洋暖水域。体长约30 cm。

注：黄宗国（2012）认为，暗色刺尾鱼和蓝线刺尾鱼是同种[13]。据《南海鱼类志》（1962）[7]、陈清潮（1997）[16]、中坊徹次（1993）[36]记述，两者是不同种。笔者亦依两种列写。

2751 双斑刺尾鱼 *Acanthurus nigrofuscus*（Forskål，1775）[16]

= 褐斑刺尾鲷 = 马头刺尾鱼 *A. matoides*

背鳍Ⅸ－24～27；臀鳍Ⅲ－22～24；胸鳍16～17；腹鳍Ⅰ－5。

本种体侧面观呈卵圆形，侧扁。吻短，圆钝。口小，两颌每侧均具5～6枚宽齿。尾柄两侧各具一前向棘。尾鳍新月形，上叶较下叶长。体黄褐色，头部、胸部有橙黄色斑点。背鳍、臀鳍基底后端各有一黑斑。为浅海暖水性岩礁鱼类。分布于我国南海、台湾海域，以及日本南部海域、印度-西太平洋暖水域。体长约18 cm。

2752 马头刺尾鱼 *Acanthurus matoides* Cuvier et Valenciennes，1835[16]

背鳍Ⅸ－26～27；臀鳍Ⅲ－24～25；胸鳍17～18；腹鳍Ⅰ－5。侧线鳞150～160。

本种体甚侧扁，侧面观呈卵圆形。头短。眼前缘头背突起。吻长，吻端钝尖。眼中等大，侧高位，眼前方有一眶前沟。口小。两颌齿各1行，每侧各7～8枚；齿侧扁，边缘钝锯齿状。体黄色。头侧和体侧无线纹。背鳍、臀鳍基底淡蓝灰色，有纵纹4条，无黑色斑点。尾鳍后缘稍凹入。尾鳍基有一颜色较浅的宽横带。为暖水性岩礁鱼类。分布于我国南海，以及中西太平洋、印度洋暖水域。体长约12 cm[7]。

注：黄宗国（2012）认为，双斑刺尾鱼和马头刺尾鱼为同种[13]。陈清潮（1997）认为两者是不同种[16]。据《南海鱼类志》（1962）[7]记述，两者也有差别。笔者按两种编写。

2753 彩带刺尾鱼 *Acanthurus lineatus*（Linnaeus，1758）[15]

＝线纹刺尾鲷＝纵带刺尾鱼

背鳍Ⅸ－27～30；臀鳍Ⅲ－25～28；胸鳍16～17；腹鳍Ⅰ－5。

本种体侧面观呈长卵圆形，侧扁。头背稍隆起。吻短钝。两颌具小齿。尾柄侧棘发达。尾鳍弯

月形，上、下叶延长。体黄色，体侧具7～11条具黑缘蓝色纵带。头部有具黑缘的蓝色条带和体侧纵带相连。为暖水性岩礁鱼类。栖息于珊瑚礁礁盘浅海区。分布于我国南海、台湾海域，以及日本南部海域、太平洋中部暖水域。体长约29 cm。

2754 黑鳃刺尾鱼 *Acanthurus pyroferus* Kittlitz，1834 [38]（左幼鱼，右成鱼）

= 叉尾刺尾鱼 = 火红刺尾鲷

背鳍Ⅷ－27～30；臀鳍Ⅲ－24～28；胸鳍16；腹鳍Ⅰ－5。

本种体侧面观呈椭圆形，侧扁。吻端尖。两颌齿宽而薄，弯曲。背鳍、臀鳍高，鳍棘细长。尾柄侧棘锐尖。幼鱼尾鳍后缘圆弧形。成鱼尾鳍后缘凹入，上、下叶延长。幼鱼体黄色，成鱼体红褐色。鳃盖部黑色。各鳍黑色。尾鳍后缘橙黄色。为暖水性岩礁鱼类。栖息于珊瑚礁海域。分布于我国台湾海域，以及日本和歌山以南海域、印度–太平洋暖水域。体长约22 cm。

2755 **肩斑刺尾鱼** *Acanthurus bariene* Lesson，1830[38]（左幼鱼，右成鱼）

=鳃斑刺尾鱼=橄榄斑刺尾鱼=圆斑刺尾鱼

背鳍Ⅸ－26～28；臀鳍Ⅲ－25～26；胸鳍17；腹鳍Ⅰ－5。

本种体侧面观呈椭圆形，甚侧扁。眼甚小，位于前鳃盖上方。吻长，吻端钝。成鱼额前隆突。口小，上颌稍长。尾鳍弯月形，上、下叶呈丝状延长。体紫褐色，眼前、后各有一黑斑，眼后方有黄色横斑。尾鳍两侧有黄缘，尾柄棘板白色。幼鱼体红褐色，尾鳍基有白色横带。为暖水性岩礁鱼类。栖息于珊瑚礁海域。分布于我国台湾海域，以及琉球群岛海域、印度–西太平洋暖水域。体长约42 cm。

2756 **橙斑刺尾鱼** *Acanthurus olivaceus* Bloch et Schneider，1901[15]

=一字刺尾鲷

背鳍Ⅸ－23～25；臀鳍Ⅲ－22～24；胸鳍15～17；腹鳍Ⅰ－5。

本种体侧面观呈长卵圆形，侧扁。头、吻端圆钝。口小。颌齿门齿状，顶端具锯齿。鳞细小，卵圆形。尾鳍上、下叶延长成丝状。成鱼体草绿色，幼鱼体黄色。肩部有一具黑绿色边缘的橙色指状斑。胸鳍、尾鳍黑色，有白缘。为暖水性岩礁鱼类。栖息于珊瑚礁礁盘浅海区。分布于我国南海、台湾海域，以及日本南部海域、印度尼西亚海域、澳大利亚海域、印度–中西太平洋暖水域。体长约26 cm。

2757 黑尾刺尾鱼 *Acanthurus nigricaudus* Duncker et Mohr，1929 [38]

= 细纹刺尾鱼 = 黑斑刺尾鱼 *A. gahhm*

背鳍 Ⅸ - 24 ~ 28；臀鳍 Ⅲ - 23 ~ 26；胸鳍16 ~ 17；腹鳍 Ⅰ - 5。

本种体侧面观呈椭圆形，侧扁。眼小，近头背缘。吻短钝。成鱼头前部隆突。口小。齿细长，不能倒伏，齿缘锯齿状或波状。尾鳍新月形，上、下叶呈丝状延长。体被小栉鳞。体深褐色，眼后缘及尾柄棘部各有1条黑色纵带。尾柄上、下黑缘向前延伸，尾鳍基尚有白色横带。为暖水性岩礁鱼类。栖息于珊瑚礁海域。分布于我国南海、台湾海域，以及琉球群岛海域、印度–西太平洋。体长约24 cm。

2758 斑头刺尾鱼 *Acanthurus maculiceps*（Ahl，1923）[14]

= 细点刺尾鱼

背鳍 Ⅸ - 24 ~ 26；臀鳍 Ⅲ - 22 ~ 24；胸鳍16 ~ 17；腹鳍 Ⅰ - 5。

本种体侧面观呈长卵圆形，侧扁。眼近头背缘。吻稍长，突出。口小，颌齿薄而宽、弯曲。尾鳍略呈弯月形，上、下叶稍延长。体被小栉鳞。体暗褐色，体侧具许多波状青色纵线。鳃孔后部有椭圆形黑斑。胸鳍后端有黄色大斑。头部有许多黄色斑点。尾柄有白色横带。为暖水性岩礁鱼类。栖息于珊瑚礁海域。分布于我国台湾海域，以及琉球群岛海域、菲律宾海域、印度–西太平洋暖水域。体长约19 cm。

2759 黑斑刺尾鱼 *Acanthurus chronixis* Randall，1960 [38]

= 蓝鳍刺尾鱼

背鳍Ⅷ – 26；臀鳍Ⅲ – 24；胸鳍17；腹鳍Ⅰ– 5。

本种体侧面观呈长卵圆形，侧扁。吻短尖，背缘有凹陷。口小，稍向下突出。体被小圆鳞。背鳍、臀鳍后缘尖。尾鳍后缘圆弧形，尾柄侧棘小而尖锐。幼鱼黄褐色，体侧具白点形成的网纹，尾鳍黑色。成鱼体稍长，鳃盖上缘具黑斑，体侧无网状纹。为暖水性岩礁鱼类。栖息于珊瑚礁海域。分布于我国台湾海域，以及日本西表岛海域、加罗林群岛海域、太平洋暖水域。体长约21 cm。

2760 白颊刺尾鱼 *Acanthurus leucopareius*（Jenkins，1903）[38]

= 白斑刺尾鱼

背鳍Ⅸ – 25 ~ 27；臀鳍Ⅲ – 23 ~ 25；胸鳍16 ~ 17；腹鳍Ⅰ– 5。

本种体侧面观呈卵圆形，侧扁。吻短钝。口小，两颌各具16 ~ 20枚小齿。背鳍、臀鳍鳍棘细。尾柄两侧具尖棘，尾鳍后缘截形，稍凹入。体被小栉鳞。体黑褐色，头部和尾鳍基各有一白色横带。为暖水性岩礁鱼类。分布于我国台湾海域，以及日本和歌山以南海域、美国夏威夷海域、中西太平洋暖水域。体长约23 cm。

2761 白面刺尾鱼 *Acanthurus nigricans*（Linnaeus，1758）[14]

背鳍Ⅸ－28～32；臀鳍Ⅲ－26～29；胸鳍16；腹鳍Ⅰ－5。

本种体侧面观呈卵圆形，侧扁。头背方稍突出。吻短钝。口小。颌齿小，每侧各12枚以下。尾柄侧棘甚发达。背鳍、臀鳍同长，后缘圆弧形。尾鳍后缘截形，稍凹入。体紫褐色，眼下具半圆形白斑。背鳍、臀鳍基底及尾柄棘上、下黄绿色。尾鳍具黄色横带。为暖水性岩礁鱼类。栖息于珊瑚礁海域。分布于我国南海、台湾海域，以及琉球群岛海域、印度–太平洋暖水域。体长约17 cm。

2762 日本刺尾鱼 *Acanthurus japonicus* Schmidt，1930[15]

＝灰额刺尾鱼 *A. glaucopareius*

背鳍Ⅸ－28；臀鳍Ⅲ－26；胸鳍16；腹鳍Ⅰ－5。

本种与白面刺尾鱼很相似。体侧面观呈卵圆形，侧扁。黄宗国（2012）认为白面刺尾鱼与灰额刺尾鱼是同种[14]。沈世杰（1993）认为白面刺尾鱼是成鱼，灰额刺尾鱼是白面刺尾鱼的幼鱼[9]。沈世杰（1984）曾鉴定灰额刺尾鱼为日本刺尾鱼[70]，主要特征为体暗褐色，眼下方白斑大，呈半月形延伸至口角，尾柄部黄色区宽，颌齿仅5～6枚。为暖水性岩礁鱼类。栖息于珊瑚礁海域。分布于我国南海、台湾海域，以及日本奄美大岛以南海域、西太平洋暖水域。体长约8 cm。

注：日本刺尾鱼与白面刺尾鱼可能如黄宗国、沈世杰所述[14, 9]为同种，前者是后者的幼鱼。但本书分别介绍，供读者参考。

2763 蓝线刺尾鱼 *Acanthurus bleekeri* Günther，1861[38]

= 白氏刺尾鱼 *A. blochii*

背鳍Ⅸ－24～26；臀鳍Ⅲ－23～24；胸鳍16～17；腹鳍Ⅰ－5。

本种体侧面观呈椭圆形，侧扁。吻短，吻端钝。口小。颌齿小，成鱼下颌齿22枚以下。尾鳍后缘凹入，上、下叶延长。体灰褐色。体侧有许多青蓝色纵线。眼间隔处有2条黄色带，眼后有暗黄色区。背鳍后半部有5～8条纵纹。为暖水性岩礁鱼类。分布于我国南海、台湾海域，以及日本南部海域、印度–西太平洋暖水域。体长约35 cm。

注：前文已述及，黄宗国（2012）将蓝线刺尾鱼与暗色刺尾鱼认为是同种[13]。沈世杰（2011）认为蓝线刺尾鱼和暗色刺尾鱼是布氏刺尾鱼 *A. blochii* 的两个发育阶段，前者是成鱼，而后者是其幼鱼[37]。

2764 黄鳍刺尾鱼 *Acanthurus xanthopterus* Valenciennes，1835 [38]

=黄翼刺尾鱼=网纹刺尾鱼 *A. reticulatus*

背鳍Ⅸ－25～27；臀鳍Ⅲ－23～25；胸鳍16～17；腹鳍Ⅰ－5。

本种体高，侧扁，侧面观呈卵圆形。眼近头背缘。吻长，吻端钝。口小，颌齿小，每侧8～9枚。尾柄棘短小。尾鳍弯月形，上、下叶延长。体蓝褐色。尾柄棘蓝色，棘沟黑色。背鳍、臀鳍各具4～5条橙黄色纵带。胸鳍黄色，尾鳍基有白色宽横带。为暖水性岩礁鱼类。栖息于珊瑚礁海域。分布于我国南海、台湾海域，以及日本南部海域、印度–太平洋暖水域。体长约50 cm。

2765 额带刺尾鱼 *Acanthurus dussumieri* Valenciennes，1835 [38]

=杜氏刺尾鲷

背鳍Ⅸ－25～27；臀鳍Ⅲ－24～26；胸鳍16～17；腹鳍Ⅰ－5。

本种体侧面观呈长卵圆形，侧扁。吻长，吻端钝。口小，可向下伸出，上、下颌齿各8～12枚。尾柄棘尖长，尾鳍弯月形。体褐色，头、体具深褐色波状纹，成鱼渐消失。眼后黄白色，眼间隔有黄带。尾鳍深蓝色，具黑点。尾柄棘白色，棘沟黑色。为暖水性岩礁鱼类。分布于我国南海、台湾海域，以及日本南部海域、印度–西太平洋暖水域。体长约33 cm。

▲ 本属我国尚有密线刺尾鱼 *A. nubilus*，分布于我国台湾海域[13]。

(287) 篮子鱼科 Siganidae

本科物种体侧面观呈卵圆形、椭圆形或长椭圆形，侧扁。头短小。吻略尖突或呈短管状。体被细小圆鳞，埋于皮下。背鳍XIII－10，前方有一埋于皮下的倒棘。腹鳍内、外共有2枚鳍棘，中间是3枚鳍条。藻食性，有些种类已成为养殖对象。鳍棘两侧沟内具毒腺，人被刺后引起剧疼。全球仅1属27种，我国有13种。

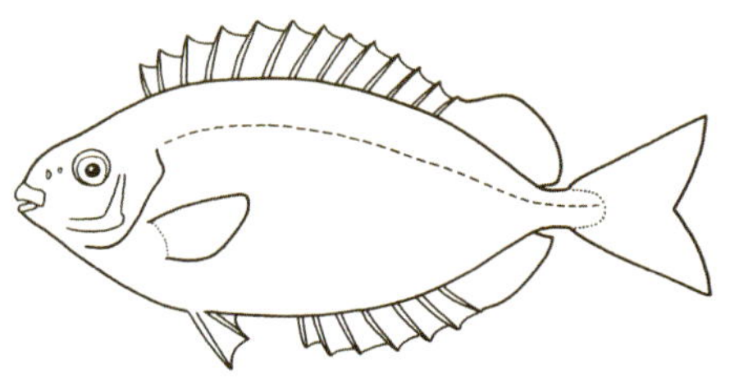

篮子鱼科物种形态简图

篮子鱼属 *Siganus* Forskål，1775

本属物种特征同科。

2766 狐篮子鱼 *Siganus vulpinus*（Schlegel et Müller，1845）[15]

= 单斑篮子鱼 *S. unimaculatus*

背鳍XIII－10；臀鳍VII－9；胸鳍15～17；腹鳍I－3－I。

本种体侧面观呈长椭圆形，头前部尖。吻长，呈管状。体黄色，头部、胸部有白色区。自背鳍前经眼至吻端有一黑色宽带，前胸黑色。为暖水性岩礁鱼类。栖息于岩礁海区、珊瑚礁海区。分布于我国南海、台湾海域，以及琉球群岛海域、菲律宾海域、澳大利亚海域、中西太平洋暖水域。体长约18 cm。

注：黄宗国（2012）将狐篮子鱼和单斑篮子鱼列为两种，但二者似应属于同种。

2767 **银篮子鱼** *Siganus argenteus*（Quoy et Gaimard，1825）[38]
= 钝吻篮子鱼 *S. rostratus*

背鳍 XIII － 10；臀鳍 VII － 9；胸鳍17～19；腹鳍 I － 3 － I 。

本种体侧面观呈长椭圆形，侧扁。前鼻孔具一细长瓣膜，向后可盖住后鼻孔。鳞小，侧线上鳞为16～22行。背鳍有深缺刻。尾鳍后缘分叉深。体灰蓝色，向腹面渐呈白色。体侧则有许多黄色小点。为暖水性岩礁鱼类。分布于我国南海、台湾海域，以及日本田边湾海域、印度–中西太平洋暖水域。体长约33 cm。

2768 **刺篮子鱼** *Siganus spinus*（Linnaeus，1758）[15]
= 网纹篮子鱼 = 黑篮子鱼

背鳍 XIII － 10；臀鳍 VII － 9；胸鳍16～18；腹鳍 I － 3 － I 。

本种体侧面观呈长椭圆形，甚侧扁。吻短钝。眼大，位于头中部近背缘。吻稍长，吻端钝。口小，上颌稍长。侧线上鳞17～19行。背鳍具深缺刻。背鳍、臀鳍鳍条部高，后端圆弧形。尾鳍后缘近截形。体背侧黄褐色，腹侧白色，体侧具黑色虫状纹。为暖水性岩礁鱼类。分布于我国南海、台湾海域，以及日本以南海域、印度–西太平洋暖水域。体长约17 cm。

2769 褐篮子鱼 *Siganus fuscescens*（Houttuyn，1782）

= 云斑篮子鱼 *S. nebulosus*

背鳍 XIII – 10；臀鳍 VII – 9；胸鳍16～17；腹鳍 I – 3 – I 。

本种体侧面观呈长椭圆形，甚侧扁。眼中等大，近背缘。吻短，钝尖。口小，两颌各具门状齿1行。犁骨、腭骨无齿。鳞甚小。体表光滑，富有黏液。胸鳍较小，背鳍、臀鳍鳍条部低。体色依其所栖息的藻场不同而有变化，多为黄灰色或暗褐色，散布许多小白斑。为暖水性岩礁鱼类。分布于我国黄海、东海、南海、台湾海域，以及日本下北半岛以南海域、澳大利亚海域、印度–西太平洋温暖水域。体长约25 cm。

2770 长鳍篮子鱼 *Siganus canaliculatus*（Park，1797）[15]

= 沟篮子鱼 = 黄斑篮子鱼 = 莹斑篮子鱼 *S. oramin*

背鳍 XIII – 10；臀鳍 VII – 9；胸鳍15～18；腹鳍 I – 3 – I 。

本种体侧面观呈椭圆形，侧扁。吻稍长，较尖。口小，上颌稍长。鳞小，侧线上鳞20～23行。背鳍、臀鳍较低。背鳍第1鳍棘约与最后1枚鳍棘等长。尾鳍浅叉形。体淡黄色，腹侧银白色，散布许多荧光小点。为暖水性岩

礁鱼类。栖息于岩礁海区、珊瑚礁海区，有时可进入河口。分布于我国东海、南海、台湾海域，以及日本南部海域、澳大利亚海域、印度–西太平洋暖水域。体长约12 cm。

2771 星篮子鱼 *Siganus guttatus*（Bloch，1787）[15]

＝点篮子鱼

背鳍Ⅻ－10；臀鳍Ⅶ－9；胸鳍15～17；腹鳍Ⅰ－3－Ⅰ。

本种体侧面观呈椭圆形，侧扁而高。吻长，钝尖。口小。两颌均具门齿状小齿，犁、腭骨无齿。侧线上鳞18～20行。背鳍、臀鳍较低，背鳍第1鳍棘短，仅为最后1枚鳍棘长的1/2；鳍条部后缘圆弧形。尾鳍后缘凹形。体背侧暗褐色，腹侧灰白色，体侧密布红色小圆点。为暖水性岩礁鱼类。栖息于珊瑚礁或岩礁海区。分布于我国南海、台湾海域，以及日本冲绳以南海域、印度–西太平洋暖水域。体长约33 cm。

2772 虫纹篮子鱼 *Siganus vermiculatus*（Valenciennes，1835）[38]

背鳍Ⅻ－10；臀鳍Ⅶ－9；胸鳍16～17；腹鳍Ⅰ－3－Ⅰ。

本种体侧面观呈椭圆形，甚侧扁。眼大，近头背缘。吻钝尖。口小。侧线上鳞20～24行。背鳍无缺刻。尾鳍后缘浅凹入。体灰褐色，腹侧色淡，体侧布满虫状纹。为暖水性岩礁鱼类。栖息于岩礁海区和咸淡水水域。分布于我国台湾海域，以及日本冲绳以南海域、西太平洋暖水域。体长约35 cm。

2773 爪哇篮子鱼 *Siganus javus*（Linnaeus，1766）[15]

背鳍 XⅢ－10；臀鳍Ⅶ－9；胸鳍18；腹鳍Ⅰ－3－Ⅰ。

本种体侧面观呈椭圆形，侧扁。吻短钝。鳞小，侧线上鳞30～35行。背鳍无缺刻。第1背鳍鳍棘短于最后1枚鳍棘。尾鳍叉形。体蓝褐色，腹侧色淡。头、体背侧具斑点，体侧下方有不规则的虫状纹。背鳍、臀鳍、胸鳍黄褐色，尾鳍后缘黄色。为暖水性岩礁鱼类。栖息于珊瑚礁或岩礁海区，也可进入河口。分布于我国南海、台湾海域，以及印度–中西太平洋暖水域。体长约23 cm。

2774 黑身篮子鱼 *Siganus punctatissimus* Fowler et Bean，1929）[37]

＝黄斑篮子鱼

背鳍 XⅢ－10；臀鳍Ⅶ－9；胸鳍16；腹鳍Ⅰ－3－Ⅰ。

本种体侧面观呈长椭圆形，侧扁。眼大，位于头中部近背缘。吻稍长，吻端钝尖。口小，端位。背鳍低，鳍条部中部突出。尾鳍叉形。体暗褐色，颊部和鳃盖密布金黄色多角形斑点。侧线起始处具一大暗斑。为暖水性岩礁鱼类。分布于我国南海、台湾海域，以及日本八重山诸岛海域，西太平洋暖水域。体长约28 cm。

2775 斑篮子鱼 *Siganus punctatus*（Schneider et Forster，1801）[38]

= 金点篮子鱼 *S. chrysospilos*

背鳍 XIII －10；臀鳍 VII －9；胸鳍16～17；腹鳍 I －3－ I 。

本种体侧面观呈椭圆形，侧扁而高。吻短钝。侧线上鳞23～27行。背鳍鳍棘尖锐，第4～7鳍棘较长。背鳍无缺刻。臀鳍最后1枚鳍棘较长。尾鳍叉形。体淡褐色，头侧和体侧有金黄色斑点。胸鳍基上方有一镶白边的黑斑。为暖水性岩礁鱼类。分布于我国南海、台湾海域，以及日本冲绳以南海域、印度-西太平洋暖水域。体长约35 cm。

2776 凹吻篮子鱼 *Siganus corallinus*（Valenciennes，1835）[38]

背鳍 XIII －10；臀鳍 VII －9；胸鳍16～17；腹鳍 I －3－ I 。

本种体侧面观呈长椭圆形，侧扁。眼大，位于头中部近背缘。吻尖突。背鳍无缺刻。背鳍、臀鳍长，鳍条部后缘圆弧形。胸鳍宽而短。尾鳍叉形。体黄褐色，体侧有许多暗蓝色斑点。为暖水性岩礁鱼类。栖息于珊瑚礁水域。分布于我国南海，以及琉球群岛海域、澳大利亚海域、印度-西太平洋暖水域。体长约23 cm。

2777 带篮子鱼 *Siganus virgatus*（Valenciennes，1835）[15]

=蓝带篮子鱼

背鳍 XIII－10；臀鳍 VII－9；胸鳍16～17；腹鳍 I－3－I。

本种体侧面观呈卵圆形，侧扁。吻短钝，口小。鳞稍大，侧线上鳞18～20行。背鳍无缺刻，其最后1枚鳍棘长于第1鳍棘。尾鳍后缘凹入。体前部有2条红褐色斜带。体黄色，上半部密布青色斑点，腹侧白色。各鳍金黄色。为暖水性岩礁鱼类。栖息于岩礁或珊瑚礁海域。分布于我国南海、台湾海域，以及日本纪伊半岛以南海域、印度－西太平洋。体长约20 cm。

2778 眼带篮子鱼 *Siganus puellus*（Schlegel，1852）[8]

=蓝纹篮子鱼

背鳍 XIII－10；臀鳍 VII－9；胸鳍15～16；腹鳍 I－3－I。

本种体侧面观呈长椭圆形，甚侧扁。眼大，位于头中部近背缘。吻稍长，钝尖。口小。上颌比下颌长。背鳍无缺刻。背鳍、臀鳍鳍条部中部突出。尾鳍后缘凹入。体金黄色，头部有一黑色斜带始于背鳍前，穿过眼，达下颌。眼上侧有青色网状纹。体侧蓝线在前部为竖直状，后部成纵走纹。为暖水性岩礁鱼类。栖息于珊瑚礁海域。分布于我国南海、台湾海域，以及日本冲绳以南海域、西太平洋暖水域。体长约23 cm。鳍棘两侧沟内有毒腺[8]。

45（14）鲭亚目 Scombroidei（6b）

本亚目物种体延长，呈长椭圆形（侧面观），或纺锤形，或长纺锤形。尾柄具隆起嵴。前颌骨固着于上颌骨上，上颌骨通常不为眶前骨遮盖。颌齿1行，齿或强或弱。犁骨、腭骨具齿或无齿。体被细鳞；或裸露无鳞；或仅部分被鳞，鳞片在胸部形成胸甲。背鳍1或2个，背鳍、臀鳍后方通常有小鳍。腹鳍存在或消失。尾鳍深叉形或新月形，鳍条基部重叠于尾下骨上。全球有4科20属60种，我国有4科16属29种。

鲭亚目的科、属、种检索表

1a 鳃盖膜与峡部相连；背鳍1个；每侧1个鼻孔；肛门在胸鳍下方 ……………………………… 鱼其鲭科 Luvaridae 鱼其鲭 *Luvarus imperialis* 2779

1b 鳃盖膜不与峡部相连；背鳍2个；每侧2个鼻孔；肛门在臀鳍前方 ……………………（2）

2a 吻部呈剑状突出；胸鳍低位；腹鳍退化或无腹鳍 ……………………………………（24）

2b 吻部不呈剑状突出；胸鳍高位；腹鳍Ⅰ－5；背鳍、臀鳍后方有小鳍 ……………………………………………… 鲭科 Scombridae（3）

3a 体细长，较侧扁；颌齿强侧扁，三角形小刀状；腹鳍甚小 ……………………………（19）

3b 体纺锤形；颌齿小圆锥形；腹鳍中等大 ………………………………………………（4）

4a 第1、第2背鳍相靠近 ……………………………………………………………………（10）

4b 第1、第2背鳍相距较远 …………………………………………………………………（5）

5a 小鳍7～8个；腹鳍间突起大；体除胸甲部外无鳞 ……………………… 舵鲣属 *Auxis*（9）

5b 小鳍5个；腹鳍间突起小；全体被鳞 ……………………………………………………（6）

6a 体高小于头长；犁骨、腭骨有齿；臀鳍第1鳍棘发达 …………………… 鲐属 *Scomber*（8）

6b 体高约等于头长；犁骨、腭骨无齿；臀鳍鳍棘发育不全 ………… 羽鳃鲐属 *Rastrelliger*（7）

7a 体较高；体长为体高的3.7～4.1倍；鳃耙极长，第1鳃弓下鳃耙30～40枚 ……………………………………………………………………… 羽鳃鲐 *R. kanagurta* 2780

7b 体较低；体长约为体高的4.4倍；鳃耙稍短，第1鳃弓下鳃耙21～25枚 ………………………………………………………………… 福氏羽鳃鲐 *R. faughni* 2781

8-6a 体下部无蓝黑色点；体稍侧扁 …………………………………… 日本鲐 *S. japonicus* 2782

8b 体下部多蓝黑色点；体横切面近圆形 ……………………………… 澳洲鲐 *S. australasicus* 2783

9-5a 鳃盖上端暗斑和头背暗斑分离；胸甲在第1、第2背鳍中间急窄；体稍高 ………………………………………………………………………… 扁舵鲣 *A. thazard* 2784

9b 鳃盖上端暗斑和头背暗斑连续；胸甲越过第2背鳍起始处；体细长 ……… 圆舵鲣 *A. rochei* 2785

10-4a 侧线在第1背鳍下方分支为2条，两条侧线在尾部再会合 …………………………………………………… 双线鲅 *Grammatorcynus bilineatus* 2786

10b 侧线1条 ………………………………………………………………………………（11）

11a 体侧全部被小圆鳞 ……………………………………………………………………（14）

11b 体侧除胸甲部和侧线外无鳞 …………………………………………………………（12）

12a 第1背鳍前部不高；腹鳍间突有1个尖头；侧线后半部呈波浪状 ……………………………………………………………………………………裸狐鲣 *Gymnosarda unicolor* 2787

12b 第1背鳍前部高；腹鳍间突有2个尖头；侧线后半部不呈波浪状 …………………………（13）

13a 胸鳍下方有数个小黑斑；腭骨有齿 ……………………………………鲔 *Euthynnus affinis* 2788

13b 胸鳍下方无小黑斑；腭骨无齿；腹侧有4条以上褐色纵带 ………鲣 *Katsuwonus pelamis* 2789

14–11a 体侧上半部有纵纹；犁骨无齿 ………………………………东方狐鲣 *Sarda orientalis* 2790

14b 体侧上半部无纵纹；犁骨有齿 ……………………………………………金枪鱼属 *Thunnus*（15）

15a 尾鳍后缘白色；成鱼胸鳍长，可达臀鳍 ……………………………长鳍金枪鱼 *T. alalunga* 2791

15b 尾鳍后缘不呈白色；成鱼胸鳍短，通常不达臀鳍后端 ………………………………………（16）

16a 胸鳍短，末端不达第2背鳍起始处 ………………………………………………金枪鱼 *T. thynnus* 2792

16b 胸鳍较长，末端达或稍超越第2背鳍起始处 ………………………………………………………（17）

17a 体侧下部密布水平状长卵圆形小白斑，有的个体白斑尚连续成横带；鳃耙20～25枚 ……………………………………………………………………………………青甘金枪鱼 *T. tonggol* 2793

17b 体侧下部无水平状长卵圆形小白斑；鳃耙26～34枚 ……………………………………………（18）

18a 成鱼第2背鳍、臀鳍伸长；第1背鳍黄色；幼鱼体下部有银白色点和斜横线；体稍细长，眼正常大小 ………………………………………………………………………黄鳍金枪鱼 *T. albacares* 2794

18b 成鱼背鳍、臀鳍不伸长；第1背鳍不呈黄色；幼鱼体下部有数条竖直白线；体甚高，眼大 ……………………………………………………………………………………大眼金枪鱼 *T. obesus* 2795

19–3a 第1背鳍有23～28枚鳍棘，该鳍后半部不低 …………………刺鲅 *Acanthocybium solandi* 2796

19b 第1背鳍有15～21枚鳍棘，该鳍后半部渐低 ……………………马鲛属 *Scomberomorus*（20）

20a 胸鳍后缘圆弧形；侧线在胸鳍后方急剧下弯 ……………………………中华马鲛 *S. sinensis* 2797

20b 胸鳍后缘尖；侧线在胸鳍后方不急剧下弯 ……………………………………………………（21）

21a 体侧有许多横纹；齿缘微呈锯齿状；侧线在第2背鳍后方急剧下弯 ……………………………………………………………………………………康氏马鲛 *S. commersoni* 2798

21b 体侧有许多暗斑点；齿缘不呈锯齿状；侧线在第2背鳍后方缓慢下弯 …………………（22）

22a 第1背鳍鳍棘19～21枚；体较低 ………………………………………蓝点马鲛 *S. niphonius* 2799

22b 第1背鳍鳍棘14～18枚；体较高 ……………………………………………………………………（23）

23a 头长等于或略小于体高；襻肠有2个盘曲 ……………………………斑点马鲛 *S. guttatus* 2800

23b 头长显著小于体高；襻肠有4个盘曲 …………………………………朝鲜马鲛 *S. koreanus* 2801

24–2a 无腹鳍；体裸露无鳞；尾柄两侧各有1个强隆起嵴 ……………………………剑鱼科 Xiphiidae 剑鱼 *Xiphias gladius* 2802

24b 具腹鳍；体被针状小鳞；尾柄两侧各有2个隆起嵴 ……………………………………………旗鱼科 Istiophoridae（25）

25a 头后部平直，不高耸；肛门位于第1臀鳍前方；第2臀鳍位于第2背鳍前方 ……………………………………………………小吻四鳍旗鱼 *Tetrapturus angustirostris* 2803

25b 头后部高耸隆起；肛门紧靠第1臀鳍前方；第2臀鳍与第2背鳍相对位或第2臀鳍位置稍靠后 ……………………………………………………………………………………………………（26）

26a 第1背鳍高大如帆，后半部高 ……………………………平鳍旗鱼 *Istiophorus platypterus* 2805

26b 第1背鳍前端高，后部低平……………………………………………………（27）
27a 胸鳍固定，不能转动……………………………………印度枪鱼 *Makaira indica* 2806
27b 胸鳍固定，但能转动……………………………………………………………（28）
28a 侧线网目状；第1背鳍高小于体高；体稍侧扁…………………蓝枪鱼 *M. mazara* 2807
28b 侧线直线状；第1背鳍高稍大于体高；体更侧扁………条纹四鳍旗鱼 *Tetrapturus audax* 2804

(288) 鲯鲭科 Luvaridae

本科物种体侧面观呈长椭圆形，侧扁。头圆，吻短钝。口小，前位。颌齿极细小，成鱼颌齿消失。鳃膜与峡部相连。体被细小粒状鳞片。腹鳍退化或消失。幼鱼背鳍始于体前部。成鱼背鳍、臀鳍几乎对位，鳍条为不分支骨质鳍条。肛门位于胸鳍基下方，为鳞状腹鳍遮盖。尾柄具肉质隆起嵴。尾鳍新月形。本科仅有1属1种。

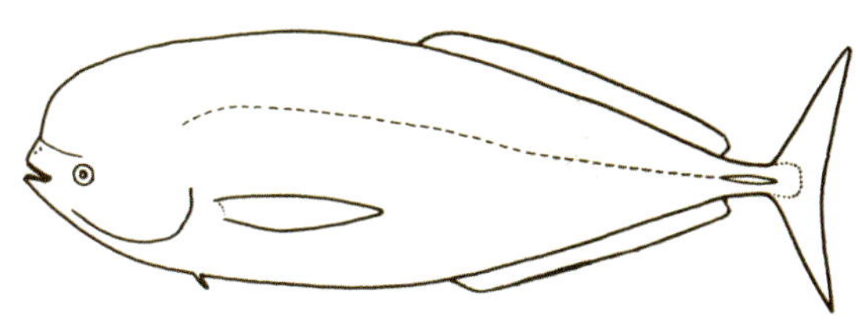

鲯鲭科物种形态简图

2779 鲯鲭 *Luvarus imperialis* Rafinesque，1810[38]（左幼鱼，右成鱼）

背鳍Ⅰ-11~13（幼鱼Ⅰ-21）；臀鳍Ⅰ-12~14（幼鱼Ⅰ-16~18）；胸鳍14~18。

本种一般特征同科。体浅灰褐色，胸鳍、尾鳍红色。为大洋中层鱼类。栖息水深达1 000 m。分布于我国台湾海域，以及太平洋、印度洋、大西洋暖水域。体长可达2 m。

(289) 鲭科 Scombridae

本科物种体呈纺锤形或长纺锤形。尾柄细短，两侧各具2~3条隆起嵴。头大，锥状。口中等大或大，颌齿强或弱。鳃膜与峡部分离。体被小圆鳞，或体侧仅侧线上和胸部被鳞，形成胸甲。

侧线完全。背鳍2个，第2背鳍与臀鳍同形，对位，其后方各具至少5个小鳍。胸鳍高位。腹鳍胸位，Ⅰ－5。腹鳍间突有或无。尾鳍深叉形或新月形。皮肤血管系统有或无。全球有15属48种，我国有11属22种。本科多为近海和远洋主要经济鱼类[54, 123, 124]。

注：本科分类变化较大，早期仅包含鲐鱼等的2个属，现归于本科的金枪鱼类，因有发达的皮肤血管系统曾独立为金枪鱼目[66]。

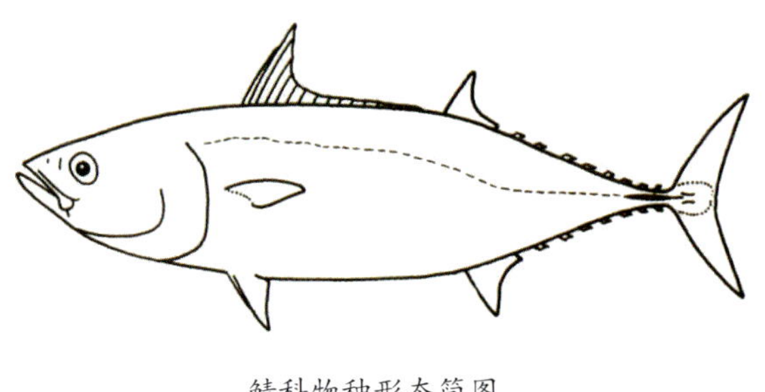

鲭科物种形态简图

羽鳃鲐属 *Rastrelliger* Jastrelliger，Jordan et Starks，1908

本属物种体呈纺锤形，体高约等于头长。犁骨及腭骨均无齿，鳃耙发达，呈羽状，可伸达口腔。臀鳍鳍棘发育不全。我国有2种，为南海习见经济鱼类[9, 13]。

2780 羽鳃鲐 *Rastrelliger kanagurta*（Cuvier，1817）[15]

= 短翅羽鳃鲐 *R. chrysoaonus* = 金带花鲭

背鳍Ⅸ～Ⅺ，11～13＋5；臀鳍12＋5；胸鳍19～22；腹鳍Ⅰ－5。下鳃耙30～40。

本种体高，呈纺锤形。体长为体高的3.7～4.1倍。张口可见羽状鳃耙。犁骨、腭骨无齿。第1背鳍可纳入棘沟中。第2背鳍、臀鳍无鳍棘，其后各有5个小鳍。尾柄两侧各具2条隆起嵴。体被小圆鳞。体背侧蓝绿色，腹侧银白色，体侧具黄色纵线。背鳍基底有黑点列。为近海洄游性鱼类。栖息于近海中上层。分布于我国东海、南海、台湾海域，以及日本冲绳以南海域、印度－西太平洋暖水域。体长约40 cm。

2781 **福氏羽鳃鲐** *Rastrelliger faughni* Matsui，1967 [14]

背鳍Ⅹ，12＋5；臀鳍12＋5；胸鳍20；腹鳍Ⅰ－5。下鳃耙21～25。

本种与羽鳃鲐十分相似，过去二者被视为同种。区别在于本种体稍低，体长约为体高的4.4倍，鳃耙稍短，其第1鳃弓的下鳃耙21～25枚。体浅蓝绿色，背部有暗斑纹。为近海洄游性鱼类。栖息于近海中上层。分布于我国南海、台湾海域，以及印度尼西亚海域、菲律宾海域、印度–西太平洋热带海域。体长约20 cm。

鲐属 *Scomber* Linnaeus，1758

= 鲭属 *Pneumatophorus*

本属物种体呈纺锤形，体高短于头长。吻尖长。眼大，脂眼睑发达。口大，犁骨、腭骨有齿。鳃耙正常。我国有2种，为海洋主要经济鱼类[69，110]。

2782 **日本鲐** *Scomber japonicus*（Houttuyn，1832）

= 日本鲭 *Pneumatophorus japonicus* = 白腹鲭

背鳍Ⅸ～Ⅹ，Ⅰ－11～12＋5；臀鳍Ⅰ，11～12＋5；胸鳍20～21；腹鳍Ⅰ－5。鳃耙37～47。

本种体呈纺锤形，稍侧扁。吻长，吻端尖。口大。胸鳍高位。腹鳍间突发达。第2背鳍与臀鳍各有一硬棘，其后各具5个小鳍。尾柄两侧各有隆起嵴2条。体被小圆鳞。体背侧蓝绿色，具黑色波状纹，波状纹向下可伸达侧线；腹侧银白色，无蓝黑色小斑点。为沿海洄游性鱼类。栖息于沿海中上层。分布于我国渤海、黄海、东海、南海、台湾海域，以及日本海域，太平洋、印度洋、大西洋亚热带、温带水域。体长约50 cm。

2783 澳洲鲐 *Scomber australasicus* Cuvier，1831[38]

= 狭头鲐 = *Pneumatophorus tapeinocephalus* = 花腹鲭

背鳍Ⅺ～Ⅻ，Ⅰ－11～12＋5；臀鳍Ⅰ，11～13＋5；胸鳍18～21；腹鳍Ⅰ－5。鳃耙33～40。

本种体呈纺锤形，横切面观近圆形。吻长，吻端尖。口大。犁骨、腭骨具齿。第1背鳍鳍棘11～12枚。腹鳍间突小，1个。尾柄两侧各具2条棱嵴。体背侧暗蓝色，具蓝色波状斑纹；腹侧银白色，有一些蓝黑色小圆点。为近海洄游性鱼类。栖息于近海中上层。分布于我国东海、南海、台湾海域，以及日本海域、菲律宾海域、澳大利亚海域、中西太平洋暖水域。体长约40 cm。

舵鲣属 *Auxis* Cuvier，1829

本属物种体呈纺锤形，横断面观近圆形。颌齿小，1行，锥状。背鳍2个，相距较远。背鳍、臀鳍后方均有小鳍7～9个。体侧仅胸甲部被圆鳞。腹鳍间突大，1个，约长于腹鳍。尾柄每侧具3条隆起嵴。尾鳍新月形[123]。我国有2种。

2784 扁舵鲣 *Auxis thazard*（Lacépède，1800）[15]

= *A. tapeinosoma*

背鳍Ⅺ～Ⅻ，10～12＋7～8；臀鳍12～14＋7～8；胸鳍22～25；腹鳍Ⅰ－5。鳃耙38～42。

本种一般特征同属。体呈纺锤形。背鳍、臀鳍后各具小鳍7～8个。尾柄中央隆起嵴显著。胸甲鳞在第1与第2背鳍间急剧变狭。体背蓝绿色，腹侧银白色。鳃盖上端暗斑与头背暗色区分离。为海洋洄游性鱼类。栖息于海洋中上层。分布于我国黄海、东海、南海、台湾海域，以及日本南部海域，朝鲜半岛海域，太平洋、印度洋、大西洋温带、热带水域。体长约60 cm。

注：据黄宗国（2012），*A. tapeinosoma* 和扁舵鲣是同物种[13]，而不是圆舵鲣[15]。

2785 圆舵鲣 *Auxis rochei*（Risso，1810）[83]
= 双鳍舵鲣

背鳍Ⅹ～Ⅺ，10～12＋7～9；臀鳍12～13＋7；胸鳍22～23；腹鳍Ⅰ－5。鳃耙44～47。

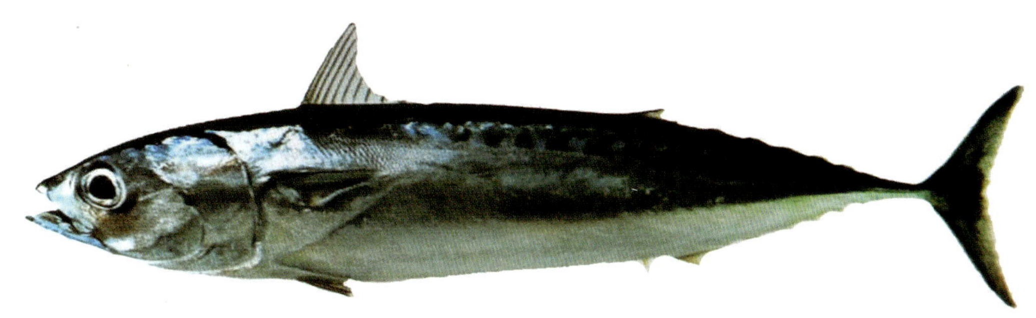

本种体呈纺锤形，横断面观近圆形。胸鳍短。胸甲鳞向后伸延，宽而长，可达第2背鳍起始处。体背侧蓝绿色，腹侧银白色，背侧具不规则的波状纹。鳃盖上端暗斑和头背暗区连续。为海洋洄游性鱼类。栖息于海洋中上层。分布于我国黄海、东海、南海、台湾海域，以及日本南部海域，朝鲜半岛海域，太平洋、印度洋、大西洋温带、热带水域。体长约55 cm。

2786 双线鲅 *Grammatorcynus bilineatus*（Rüppell，1836）[38]
= 大眼双线鲭

背鳍Ⅻ，10～14＋6～7；臀鳍10～14＋6；胸鳍22～25；腹鳍Ⅰ－5。鳃耙17～22。

本种体呈纺锤形。吻端尖，口较小。颌齿细长，锥状。犁骨、腭骨具齿。眼大，眼径为体长的7%~9%。侧线在第1背鳍下方分支为2条，第2条沿腹侧至尾柄部与第1条再会合。尾柄每侧有1条主隆起嵴和2条侧隆起嵴。体背部蓝绿色；腹部白色，略带金黄色。为近海中上层鱼类。栖息于珊瑚礁礁盘海区。分布于我国南海、台湾海域，以及日本冲绳以南海域、印度–西太平洋暖水域。体长约70 cm。

2787 裸狐鲣 *Gymnosarda unicolor*（Rüppell，1835）[38]

背鳍XIII~XV，12~14+6~7；臀鳍12~13+6；胸鳍25~28；腹鳍I–5。鳃耙11~14。

本种体呈纺锤形。头大，吻长，口大。颌齿大，锥状。两背鳍紧相连。腹鳍间突大，1个。侧线1条，呈波浪状。体除胸甲、侧线外，裸露无鳞。体背侧蓝黑色，腹部银白色，无斑点和线纹。各鳍暗灰色。为大洋洄游性鱼类。栖息于珊瑚礁海区。分布于我国南海、台湾海域，以及日本南部海域、菲律宾海域、澳大利亚海域、印度–中西太平洋暖水域。体长约2 m。

2788 鲔 *Euthynnus affinis*（Cantor，1849）[15]

=东方鲔=巴鲔=白卜鲔 *E. yaito*

背鳍XV~XVII，12~13+7~8；臀鳍12~14+7；胸鳍25~27；腹鳍I–5。鳃耙31~34。

本种体呈纺锤形，粗壮。颌齿1行，细尖。犁骨、腭骨具细齿。腹鳍间突小，分2个尖头。体除

胸甲和侧线外均裸露无鳞。背部深蓝色或带绿色金属光泽，腹侧银白色。体背有许多黑色斜带。胸鳍、腹鳍间有数个蓝黑色圆点。为近海洄游性鱼类。栖息于近海中上层。分布于我国南海、台湾海域，以及日本南部海域、印度尼西亚海域、澳大利亚海域、印度–西太平洋暖水域。体长约1 m。

2789 鲣 *Katsuwonus pelamis*（Linnaeus，1758）[38]

背鳍 XV ~ XVIII，12 ~ 14 + 8；臀鳍 II – 13 ~ 15 + 6 ~ 7；胸鳍26 ~ 28；腹鳍 I – 5。鳃耙56 ~ 65。

本种体呈纺锤形，横断面观近圆形。头大，吻尖。口较大。颌齿绒毛状。犁骨、腭骨无齿。2个背鳍分离。头、体除眼后、胸甲和侧线外无鳞。体背侧铅绿色；腹侧银白色，具4条以上褐色纵带。为近海洄游性鱼类。栖息于近海中上层。分布于我国东海、南海、台湾海域，以及日本南部海域，太平洋、印度洋、大西洋温热带水域。体长约1.1 m。是鲣钩和大型围网的主要捕捞对象[123]。

2790 东方狐鲣 *Sarda orientalis*（Temminck et Schlegel，1844）[15]

背鳍 XVII ~ XIX，14 ~ 17 + 7 ~ 9；臀鳍14 ~ 16 + 6 ~ 7；胸鳍23 ~ 26；腹鳍 I – 5。鳃耙8 ~ 13。

本种体呈纺锤形。头大，吻尖。口大。颌齿1行，大而内弯。犁骨无齿，腭骨具1列尖齿。体被小圆鳞。腹鳍尖突分离为二。尾柄两侧各具3条隆起嵴。体背侧灰蓝色，腹侧银白色。成鱼体背侧具6 ~ 7条蓝黑色细纵带，幼鱼纵带多达15条以上。为近海洄游性鱼类。栖息于中上层水域。分布于我国东海、南海、台湾海域，以及日本南部海域，太平洋、印度洋、大西洋热带、亚热带水域。体长约1 m。

金枪鱼属 *Thunnus* South，1845

本属物种体呈纺锤形。口中等大，上颌骨不为眶前骨遮盖。颌齿细小，1行，锥状。犁骨、腭骨具齿。背鳍2个，相距甚近。背鳍、臀鳍后均有7～10个小鳍。胸鳍鳍条多达26～38枚。腹鳍间突小，分两叶。体被小圆鳞，胸部鳞大。尾柄细，每侧具3条隆起嵴。尾鳍新月形。全球有7种，我国有5种。为远洋渔业重要捕捞对象[123，124]。

2791 长鳍金枪鱼 *Thunnus alalunga*（Bonnaterre，1788）【38】

背鳍 XⅢ ～ XⅣ，14～16＋7～8；臀鳍14～15＋7～8；胸鳍31～34；腹鳍 Ⅰ－5。鳃耙25～31。

本种一般特征同属。体呈纺锤形。吻尖长，口大。两颌等长。胸鳍特别长，成鱼胸鳍可达小鳍。体被小圆鳞。体背侧深蓝色，腹侧银白色。背鳍深黄色，胸鳍黑色，尾鳍后缘具白边。为大洋洄游性鱼类。栖息于海洋中上层。分布于我国东海、南海、台湾海域，以及日本南部海域，太平洋、印度洋、大西洋温带、热带海域。体长约1.2 m。为远洋渔业的主要鱼种之一[124]。

2792 金枪鱼 *Thunnus thynnus*（Linnaeus，1758）【38】

＝北方黑鲔

背鳍 XⅢ ～ XⅤ，13～15＋8～9；臀鳍13～15＋7～8；胸鳍31～38；腹鳍 Ⅰ－5。鳃耙32～43。

本种体呈纺锤形。眼小，位于头前半部背缘。胸鳍短，不达第2背鳍起始处。第2背鳍和臀鳍稍高且短。体背侧黑绿色，腹侧银白色。幼鱼体侧有10～20条银白色横带。各鳍灰色，第2背鳍具黄边。为大洋洄游性鱼类。栖息于海洋中上层水域。分布于我国东海、南海、台湾海域，以及日本南部海域，北半球海域的温带、亚热带区。体长可达3 m。为远洋渔业主要捕捞对象[124]。

注：黄宗国（2012）收录的东方金枪鱼 *T. orientalis*[13]，实际是金枪鱼 *T. thynnus* 的一个亚种。DNA分析和耳石微量元素检测结果显示二者有较大差异，因而东方金枪鱼被暂定为有效种[37]。本书仅作为1种记述。

2793 青甘金枪鱼 *Thunnus tonggol*（Bleeker，1851）[15]

=小黄鳍鲔

背鳍Ⅻ～XⅣ，14～15＋8～9；臀鳍13～14＋8～9；胸鳍30～35；腹鳍Ⅰ－5。鳃耙20～25。

本种体呈纺锤形，尾部较长。眼小，吻尖。口大，颌齿缺如。胸鳍呈长三角形，末端处于第2背鳍起始处。体背侧黑绿色，体侧中部色较淡，腹侧银灰色。体下部密布水平状长卵形小白斑。为大洋洄游性鱼类。栖息于海洋中上层。分布于我国南海、台湾海域，以及日本南部海域、印度尼西亚海域、澳大利亚海域、印度–西太平洋暖水域。体长约1.36 m。

注：本种现图片体下部缺长卵圆形小白斑。

2794 黄鳍金枪鱼 *Thunnus albacares*（Bonnaterre，1788）[38]

背鳍Ⅻ～XⅣ，14～15＋8～9；臀鳍14～15＋8～9；胸鳍32～35；腹鳍Ⅰ－5。鳃耙27～34。

本种体呈纺锤形。头较小，吻尖，口大。两颌、犁骨、腭骨均具圆锥形小齿。胸鳍长。第2背鳍、臀鳍镰状，伸长。体背侧黑色，腹侧银白色，幼鱼体侧具银白色点和斜横线。第2背鳍、臀鳍和尾柄中央嵴黄色。为大洋洄游性鱼类。栖息于海洋中上层。分布于我国南海、台湾海域，以及日本南部海域，太平洋、印度洋、大西洋温带、热带水域。体长约2 m。为远洋渔业主要捕捞对象[124]。

2795 大眼金枪鱼 *Thunnus obesus*（Lowe，1839）【15】

=肥壮金枪鱼=副金枪鱼=短鲔

背鳍XIV～XV，13～15+8～9；臀鳍13～15+8～9；胸鳍32～36；腹鳍I－5。鳃耙26～28。

本种体呈纺锤形，粗短。眼大，吻尖。两颌、犁骨、腭骨具圆锥形小齿。胸鳍尖长，末端可超越第2背鳍起始处。体背侧绿黑色，腹侧银白色。幼鱼体侧下部有数条竖直白线。背鳍、臀鳍黄色。小鳍鲜黄色，有黑边。为大洋洄游性鱼类。栖息于大洋中上层。分布于我国南海、台湾海域，以及日本南部海域，太平洋、印度洋、大西洋热带、亚热带水域。体长约2 m。为远洋渔业主要捕捞对象[124]。

2796 刺鲅 *Acanthocybium solandi*（Cuvier，1832）【38】

=沙氏刺鲅=棘鰆

背鳍XXIII～XXVIII，12～16+8～9；臀鳍12～14+8～9；胸鳍23～24；腹鳍I－5。

本种体细长，呈纺锤形。吻尖长，口大。两颌具锯齿缘。颌齿扁平，1行。犁骨、腭骨具齿。鳃耙缺如。体被小圆鳞。尾柄两侧各具3条隆起嵴。腹鳍间突小，分两叉。背鳍、臀鳍后各具小鳍

8~9枚。体背侧蓝灰色，腹侧银白色，体侧有许多深褐色横带。为大洋洄游性鱼类。栖息于上层海域。分布于我国南海、台湾海域，以及日本南部海域，太平洋、印度洋、大西洋温带、热带水域。体长约2 m。

马鲛属 *Scombermorus* Lacépède，1802

该属物种体呈纺锤形或长纺锤形。吻尖，口大。颌齿侧扁，三角形。犁骨、腭骨具齿。2个背鳍紧密相连。背鳍、臀鳍后方各有5~11枚小鳍。腹鳍间突小，分两叶。体被小鳞。侧线1条，常呈波状弯曲。全球有18种，我国有5种。为近海流刺网主要捕捞鱼种[56，122]。

2797 中华马鲛 *Scomberomorus sinensis*（Lacépède，1800）[37]

背鳍XV~XVII，15~17+6~8；臀鳍16~19+6~7；胸鳍21~23；腹鳍Ⅰ-5。鳃耙12~15。

本种一般特征同属。体呈纺锤形。头大。吻端尖，背缘稍凹入。胸鳍宽，后缘圆弧形。第1背鳍有棘沟。背鳍、臀鳍后均有6~8枚小棘。腹鳍间突发达。尾鳍新月形。体被小圆鳞。侧线在第1背鳍后半部急剧下降。体背侧蓝绿色，腹侧银白色，体侧具2列不明显的黑点。胸鳍、尾鳍黑色。为近海洄游性鱼类。栖息于沿海中上层，有时可入江河。分布于我国黄海、东海、台湾海域，以及日本南部海域、朝鲜半岛海域、东南亚海域、西太平洋温暖水域。体长约2 m。

2798 康氏马鲛 *Scomberomorus commersoni*（Lacépède，1801）[44]

背鳍XV~XVIII，15~20+8~10；臀鳍16~21+8~9；胸鳍21~24；腹鳍Ⅰ-5。鳃耙3~7。

本种体呈长纺锤形。吻尖长，口大。颌齿侧扁，三角形，齿缘略呈锯齿状。犁骨、腭骨有齿。鳃耙少，第1鳃弓鳃耙通常3～7枚。侧线在第2背鳍后方急剧下弯。体背侧深蓝色或灰绿色，腹侧银白色。体侧具50～60条波状黑色横纹，幼鱼横纹少于20条。为近海洄游性鱼类。栖息于近海中上层。分布于我国东海、南海、台湾海域，以及日本南部海域、澳大利亚海域、印度海域、西太平洋暖水域。体长约2.2 m。

2799 **蓝点马鲛** *Scomberomorus niphonius*（Cuvier，1832）

= 日本马鲛 = 蓝点鲅 *Cybium gracle*

背鳍 XIX～XXI，15～19＋7～9；臀鳍16～20＋6～9；胸鳍21～23；腹鳍 I－5。鳃耙11～15。

本种体修长，呈纺锤形。吻稍尖，口裂大。颌齿三角形，锐扁，齿缘不呈锯齿状。犁骨、腭骨具绒毛状齿。胸鳍短尖。腹鳍间突小，分两叶。侧线在背鳍下方不急剧下弯。体背侧蓝绿色，腹侧银白色，体侧有7～8列褐色斑点。为近海洄游性鱼类。栖息于近海中上层。分布于我国渤海、黄海、东海、台湾海域，以及日本北海道以南海域、朝鲜半岛海域、西北太平洋暖温水域。体长可达1.6 m。是我国近海流刺网主要捕捞鱼种[56，69]。

2800 **斑点马鲛** *Scomberomorus guttatus*（Bloch et Schneider，1801）[38]

= 台湾马鲛 = 库氏马鲛 *S. kuhlii*

背鳍 XV～XVIII，18～24＋7～10；臀鳍19～23＋7～10；胸鳍20～23；腹鳍 I－5。鳃耙8～14。

本种体呈长纺锤形。吻尖长，口大。侧线不急剧弯曲，但其前部有很多分支，分别指向背部和腹部。腹腔襻肠简单，仅有2个盘曲。体侧银白色，并具数行直径小于眼径的深褐色圆点。第1背鳍鳍棘膜黑色，第2背鳍及胸鳍、尾鳍深褐色。腹鳍、臀鳍银白色。为近海洄游性鱼类。栖息于近海中上层。分布于我国东海、南海、台湾海域，以及日本南部海域、印度尼西亚海域、印度–西太平洋热带、亚热带水域。体长约80 cm。

2801 朝鲜马鲛 *Scomberomorus koreanus*（Kishinouye，1915）[38]

背鳍XIV～XVII，20～24＋7～9；臀鳍20～24＋7～9；胸鳍20～24；腹鳍Ⅰ–5。鳃耙11～15。

本种体较高，呈纺锤形。头长显著小于体高。吻短，钝尖。口大。侧线不急剧弯曲，前部有背、腹分支。腹鳍甚小，间突发达。襻肠复杂，具4个盘曲。体侧银白色，有数行直径小于眼径的深褐色圆点，沿侧线稀疏排列。第1背鳍膜黑色，第2背鳍、胸鳍、尾鳍深褐色。腹鳍、臀鳍银白色。为近海洄游性鱼类。栖息于近海中上层。分布于我国黄海、东海、南海、台湾海域，以及日本南部海域、印度–西太平洋温暖水域。体长约1.6 m。

（290）剑鱼科 Xiphiidae

本科物种体呈纺锤形。尾柄细，每侧有一强隆起嵴。上颌和吻部甚延长，呈扁平剑状。成鱼无齿。各鳃弓、鳃丝呈网状联结，左、右鳃盖膜相连。体裸露无鳞，侧线不明显。背鳍2个，相距远。臀鳍2个；第2臀鳍小，与第2背鳍相对，同形。胸鳍位低，镰状。无腹鳍。尾柄侧具一强隆起嵴，尾鳍弯月形。本科仅1属1种。

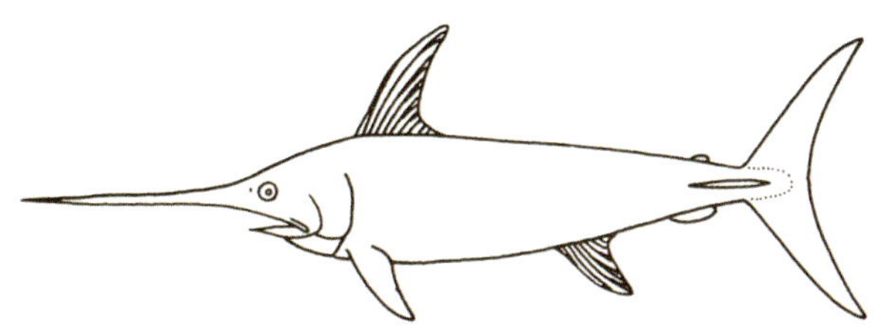

剑鱼科物种形态简图

2802 **剑鱼** *Xiphias gladius* Linnaeus，1758 [41]

背鳍XXXVIII～XLV，4～5；臀鳍XII～XVI，3～4；胸鳍17～19；腹鳍0。

本种一般特征同科。体粗壮，呈纺锤形。吻甚延长，呈扁平剑状。成鱼无齿。体裸露无鳞。侧线不明显。幼鱼背鳍、臀鳍高长，似旗鱼。无腹鳍。尾柄两侧各具一强隆起嵴。体背部和体侧棕褐色，腹部浅棕色。为大洋洄游性鱼类。栖息于海洋中上层水域。分布于我国东海、南海、台湾海域，以及太平洋、印度洋、大西洋温热带水域[49]。体长约4.5 m。为金枪鱼延绳钓、游钓的重要对象。

（291）旗鱼科 Istiophoridae = Histiophoridae

本科物种体延长。吻部呈一尖长喙状，其横断面圆形。口大，颌齿绒毛状。鳃盖膜相连。鳃耙退化。体被针状小鳞。背鳍、臀鳍各2个。第1背鳍高大，可藏于背沟内。第2背鳍、臀鳍小，同形，对位。腹鳍狭长。尾柄每侧有2条隆起嵴。尾鳍深叉形。全球有3属10种，我国有3属5种。

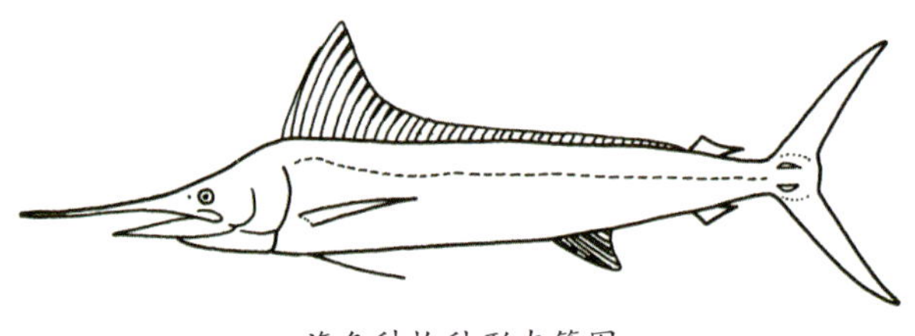

旗鱼科物种形态简图

四鳍旗鱼属 *Tetrapturus* Rafinesque，1810

本属物种体延长，侧扁。第1背鳍鳍棘37～50枚，最长鳍棘长约等于或稍大于体高。第1臀鳍鳍棘12～18枚，第2背鳍、臀鳍鳍条5～7枚。侧线1条，不甚明显。全球有6种，我国有2种。

2803 小吻四鳍旗鱼 *Tetrapturus angustirostris* Tanaka，1915[54]

= 狭吻四鳍旗鱼 = 刀旗鱼

背鳍XXXVII～L，6～7；臀鳍XII～XV，6～7；胸鳍18～19；腹鳍I－2。

本种一般特征同属。体延长，侧扁。喙细短，无鳃耙。两颌、腭骨具绒毛状齿。背鳍2个。第1背鳍前部高大于体高，后部高约等于体高，不急剧降低。胸鳍窄而短，鳍条18～19枚。体被针状小鳞。侧线1条，显著。体背深蓝色，腹部银白色。为大洋洄游性鱼类。栖息于海洋中上层。分布于我国东海、南海、台湾海域，以及日本南部海域，太平洋、印度洋、大西洋温热带水域。体长约2.5 m。

2804 条纹四鳍旗鱼 *Tetrapturus audax*（Phillppi，1887）[38]

= 箕作氏枪鱼 *T. mitsukurii* = 台湾枪鱼 *Makaira formosana*

背鳍XXXVII～XLII，5～6；臀鳍XIII～XVIII，5～6；胸鳍18～22；腹鳍I－2。

本种体延长，稍侧扁。喙部尖长。第1背鳍最长鳍棘长稍大于体高，至第10鳍棘突然降低，其后各鳍棘长均远小于体高。侧线直线状。体背黑紫色，腹侧银白色，体侧具白色横条纹。第1背鳍深蓝色，其他鳍棕色。为大洋洄游性鱼类。栖息于海洋中上层水域。分布于我国南海、台湾海域，以及日本南部海域、印度-太平洋温热带水域。体长约3.8 m。

2805 **平鳍旗鱼** *Istiophorus platypterus*（Shaw et Nodder，1792）[44]

= 东方旗鱼 *I. orientalis* = 灰旗鱼 *I. gladiuss* = 芭蕉旗鱼 = 伞旗鱼

背鳍 XLII ~ XLVIII，6 ~ 7；臀鳍XII ~ XV，6 ~ 7；胸鳍17 ~ 20；腹鳍 I – 2。

本种体呈长纺锤形。喙长而尖。口大，两颌、腭骨具绒毛状细齿。无鳃耙。背鳍2个。第1背鳍高大如帆。腹鳍极细长，可纳入腹鳍沟。尾柄两侧各具2条隆起嵴。侧线1条。体背部深蓝色，体侧浅蓝色，腹部银白色。体侧有20余条淡蓝圆点组成的横斑。深蓝色背鳍上有黑色小圆点。为大洋洄游性鱼类。栖息于中上层水域。分布于我国东海、南海、台湾海域，以及日本南部海域、印度–太平洋温热带水域。体长约3.8 m。

枪鱼属 *Makaira* Lacépède，1803

本属物种体呈长纺锤形，前部粗壮，稍侧扁。喙尖长。颌齿绒毛状，腭骨具齿。背鳍2个，相连。第1背鳍有38 ~ 47枚鳍棘，最长鳍棘明显小于体高。第2背鳍有6 ~ 7枚鳍条。臀鳍2个，第1臀鳍鳍棘13 ~ 15枚；第2臀鳍与第2背鳍对位，同形，鳍条数目相等。腹鳍较细短，I – 2。尾柄具2个隆起嵴。尾鳍新月形。全球有3种，我国有2种。

2806 **印度枪鱼** *Makaira indica*（Cuvier，1832）[38]

= 立翅旗鱼

背鳍 XXXVIII ~ XLII，6 ~ 7；臀鳍 XIII ~ XIV，6 ~ 7；胸鳍19 ~ 20；腹鳍 I – 2。

本种一般特征同属。体呈长纺锤形。上颌长为下颌长的2倍，后头部隆起。胸鳍平展，不能贴向体侧。第1背鳍高小于体高。腹鳍短，不达肛门。体被针状小鳞。体背侧蓝黑色，腹部银白色。为大洋洄游性鱼类。栖息于海洋上层水域、岛屿和珊瑚礁海区。分布于我国黄海、东海、南海、台湾海域，以及日本南部海域、朝鲜半岛海域、印度-太平洋温热带水域。体长约4.5 m。

2807 蓝枪鱼 *Makaira mazara*（Jordan et Snyder，1901）[41]

=黑皮旗鱼=黑枪鱼

背鳍XL～XLIV，6～7；臀鳍XII～XV，6～7；胸鳍21～23；腹鳍I－2。

本种体呈长纺锤形。上颌长是下颌长的2倍。胸鳍窄长，可转动。侧线网目状。体背侧蓝黑色，腹部银白色。体侧具15条淡蓝色横纹，每条横纹由圆点或短线组成。为大洋洄游性鱼类。栖息于海洋上层水域。分布于我国东海、南海、台湾海域，以及日本南部海域、印度-太平洋温热带水域。体长约4.5 m。

45（15）带鱼亚目 Trichiuroidei（6a）

本亚目物种体延长，多呈带状，或不呈带状。尾柄两侧有或无隆起嵴。前颌骨固着于上颌骨，两颌具强大犬齿。体裸露或具细鳞。背鳍、臀鳍均很长。腹鳍胸位，有时消失或位低。尾鳍存在或退化。全球有3科26属56种，我国有3科19属23～24种。

注：本亚目长期作为鲈形目中的独立亚目[66]。Nelson（2006）因蛇鲭等与鲭亚目有联系，将原属于带鱼亚目的除鲭鲈科以外的鱼类并入鲭亚目，将鲭鲈科提升为鲭鲈亚目[3]。笔者在本书中仍依习惯，保留带鱼亚目，同时将鲭鲈科列于其内。

带鱼亚目的科、属、种检索表

1a 上颌骨被眶前骨遮盖；体延长，呈带状；腹鳍近痕迹或消失；背鳍、臀鳍后方无游离小鳍……………………………带鱼科 Trichiuridae（13）

1b 上颌骨外露；体延长或呈长纺锤形，不呈带状；腹鳍有1枚鳍棘及0～5枚鳍条，有的成鱼腹鳍退化……………………………………………………………………………………（2）

2a 腹鳍正常Ⅰ－5；背鳍、臀鳍后方无游离小鳍 ……………鳍鲈科 Scombrolabracidae 鳍鲈 *Scombrolabrax heterolepis* 2808

2b 腹鳍Ⅰ－5或少于5或无；背鳍、臀鳍后方均具游离小鳍 ……………………………………………………蛇鲭科 Gempylidae（3）

3a 尾柄有1个隆起嵴；体侧鳞大，鳞周围有网状小管孔；侧线波浪状 ……………………………………………………异鳞蛇鲭 *Lepidocybium flavobrunneum* 2809

3b 尾柄无隆起嵴；体侧鳞嵴状或无棘；侧线呈或不呈波浪状 ………………………………（4）

4a 腹缘有骨质隆起；体侧鳞嵴状 ………………………………棘鳞蛇鲭 *Ruvettus pretiosus* 2810

4b 腹缘无骨质隆起；体侧鳞无棘 ………………………………………………………………（5）

5a 第1背鳍鳍棘28～36枚 ………………………………………………………………………（12）

5b 第1背鳍鳍棘15～21枚 ………………………………………………………………………（6）

6a 侧线1条 ………………………………………………………………………………………（10）

6b 侧线2条 ………………………………………………………………………………………（7）

7a 第2侧线沿腹侧纵走；犁骨有齿 ……………………………东方新蛇鲭 *Neoepinnula orientalis* 2811

7b 第2侧线沿体侧中部纵走；犁骨无齿 …………………………………………………………（8）

8a 体细长；腹鳍有1枚鳍棘5枚鳍条，第1侧线止于背鳍鳍棘部后端前下方 ……………………………………………………………黑鳍蛇鲭 *Thyrsitoides marleyi* 2812

8b 体延长，但不细长；腹鳍仅1枚棘或无；第1侧线至少达第2背鳍后下方 ………………（9）

9a 第2侧线不呈波浪状；第1侧线仅达第2背鳍后下方 …………短蛇鲭 *Rexea prometheoides* 2813

9b 第2侧线呈波浪状；第1侧线越过第2背鳍，达小鳍…………索氏短蛇鲭 *Rexea solandri* 2814

10-6a 腹鳍小，Ⅰ－5；体细长；腭骨无齿……………………直线蛇鲭 *Nesiarchus nasutus* 2815

10b 腹鳍退化，仅有1枚鳍棘和0～1枚鳍条；体较粗；腭骨有齿…………………………（11）

11a 侧线在胸鳍上方不弯曲；臀鳍2枚鳍棘显著游离 ………………游棘蛇鲭 *Nealotus tripes* 2816

11b 侧线在胸鳍上方急剧下弯；臀鳍2枚鳍棘小，不游离 ……………………………………………………纺锤蛇鲭 *Promethichthys prometheus* 2817

12-5a 体显著细长；侧线1条；臀鳍前部鳍条退化………双棘蛇鲭 *Diplospinus multistriatus* 2818

12b 体细长；侧线2条；臀鳍前部鳍条不退化……………………………蛇鲭 *Gempylus serpens* 2819

13-1a 无尾鳍 ……………………………………………………………………………………（18）

13b 有尾鳍 ………………………………………………………………………………………（14）

14a 眼间隔隆起；眼不靠近头背缘，位于头侧中部 ……………………………………………（16）

14b 眼间隔平坦；眼靠近头背缘或稍向上突出 …………………………………………………（15）

15a 体黑色，不显著细长；背鳍鳍条和鳍棘共91～97枚，臀鳍Ⅱ－43～45 ……………………………………………………黑等鳍叉尾带鱼 *Aphanopus carbo* 2820

15b 体白色，显著细长；背鳍鳍条和鳍棘共120～133枚，臀鳍Ⅰ－70～76 ……细叉尾带鱼 *Benthodesmus tenuis* 2821

16–14a 体显著长；背鳍鳍条和鳍棘共120～123枚，臀鳍Ⅰ－78～87 ……长剃刀带鱼 *Assurger anzac* 2822

16b 体延长；背鳍鳍条和鳍棘共84～93枚，臀鳍Ⅰ－49～53 ……嵴额带鱼属 *Evoxymetopon*（17）

17a 背鳍第1鳍棘伸长；背鳍鳍条和鳍棘共91～93枚 ……鞭嵴额带鱼 *E. poeyi* 2823

17b 背鳍第1鳍棘不伸长；背鳍鳍条和鳍棘共84～88枚 ……金线嵴额带鱼 *E. taeniatus* 2824

18–13a 上颌有钩状大型犬齿；鳃盖下半部凹入；侧线在胸鳍后方急剧下弯；无鳞状腹鳍 ……（20）

18b 上颌无钩状大型犬齿；鳃盖下半部不凹入；侧线在胸鳍后方不急剧下弯；有鳞状腹鳍 ……（19）

19a 头背缘直线状；鳞状腹鳍位于背鳍第15～17枚鳍条下 …小带鱼 *Eupleurogrammus muticus* 2825

19b 头背缘圆弧状；鳞状腹鳍位于背鳍第9～12枚鳍条下…中华窄颅带鱼 *Tentoriceps sinensis* 2826

20–18a 臀鳍第1鳍棘长于眼径的1/2；胸鳍长小于吻长；鳃耙2～4＋3～8 ……沙带鱼 *Lepturacanthus savala* 2827

20b 臀鳍第1鳍棘短于瞳孔直径；胸鳍长等于或大于吻长；鳃耙8～10＋16～17 ……带鱼属 *Trichiurus*（21）

21a 头部具上枕骨瘤；背鳍鳍条132～139枚；胸鳍鳍条11枚 ……珠带鱼 *T. margarites* 2828

21b 头部无上枕骨瘤 ……（22）

22a 眼较大；背鳍鳍条133～146枚；口腔底部色浅；吻端到主鳃盖末端长，到背鳍起点远 ……高鳍带鱼 *T. lepturus* 2830

22b 眼稍小；背鳍鳍条125～145枚；口腔底部黑色；吻端到主鳃盖末端稍短，到背鳍起点较近 ……日本带鱼 *T. japonicus* 2829

（292）鲭鲈科 Scombrolabracidae

本科物种体稍延长，侧扁。尾柄短，无隆起嵴。体被大小不一的圆鳞。头大，眼甚大，吻钝尖。口中等大，下颌突出，上颌骨外露。两颌齿各1行，有犬齿。犁骨、腭骨具细齿。前鳃盖骨缘、主鳃盖骨缘具锯齿或棘。侧线1条，沿背缘纵走。尾鳍叉形。据 Nelson（2006），本科已提升为亚目[3]。本科仅有1属1种。

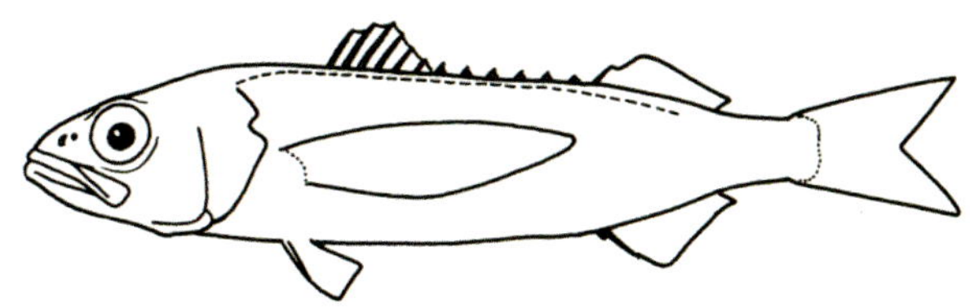

鲭鲈科物种形态简图

2808 鲭鲈 *Scombrolabrax heterolepis* Roule，1921[48]

背鳍Ⅻ，Ⅰ－14～15；臀鳍Ⅱ－16～18；胸鳍17～19；腹鳍Ⅰ－5。侧线鳞44～49。鳃耙0～1＋4～5。

本种特征同科。体稍延长，侧扁。头大，吻钝尖。背鳍长，鳍棘部和鳍条部间以鳍膜相连，有深缺刻。胸鳍长，可抵肛门。体深褐色，无斑点或条纹。口腔黑色，各鳍亦稍带黑色。为深海中层鱼类。栖息水深380～685 m。分布于我国台湾海域，以及日本九州海域，太平洋、印度洋、大西洋温带和热带水域。体长约30 cm。

（293）蛇鲭科 Gempylidae

本科物种体延长，或呈纺锤形及长纺锤形。尾柄细长，两侧有或无隆起嵴。口大，前位，斜裂。上颌不为眶前骨遮盖。两颌齿强大，侧扁，尖锐。腭骨具齿，犁骨通常无齿。体被小圆鳞或骨板棘鳞。侧线有时具分支。背鳍2个。第1背鳍鳍棘弱。第2背鳍与臀鳍同形，二者后方均有1～6个小鳍。腹鳍Ⅰ－5；或者退化，有的种类仅由1枚鳍棘组成。尾鳍分叉。全球有16属23种，我国有10属11种。本科物种肉中含有大量蜡脂质，食后易中毒，症状为急性腹泻。但只要不严重，不治可愈。同时也是药用鱼类，可治便秘[43]。

蛇鲭科物种形态简图

2809 异鳞蛇鲭 *Lepidocybium flavobrunneum*（Smith，1849）[44]

＝鳞网带鲭

背鳍Ⅷ～Ⅹ，16～19＋4～6；臀鳍12～15＋4～5；胸鳍15～17；腹鳍Ⅰ－5。

本种体呈纺锤形。吻长，吻端尖。口大，上颌稍长。两颌均具圆锥状齿，犁骨、腭骨有齿。第

2背鳍高，与臀鳍同形，两者后方均有4～6枚游离小鳍。尾柄两侧各具一隆起嵴。鳞大，周围有网状排列的管孔。侧线波浪状。体暗褐色，头部黑色。为大洋深海鱼类。栖息水深200～885 m。分布于我国南海、台湾海域，以及日本南部海域，太平洋、印度洋、大西洋温带、热带水域。体长可达2 m。有食用后中毒的记录。

2810 棘鳞蛇鲭 *Ruvettus pretiosus* Cocco，1829 [48]

= 蔷薇带鰆 = 台氏棘鳞蛇鲭 *R. tydemani*

背鳍XⅢ～XV，16～20＋2；臀鳍Ⅱ－15～18＋2；胸鳍13～15；腹鳍Ⅰ－5。

本种体呈长纺锤形。吻长，吻端钝。口大，上颌末端达眼后缘下方。两颌、犁骨、腭骨均具齿。第2背鳍与臀鳍同形，两者后方均有小鳍2枚。尾柄无隆起嵴。体被结节状骨板棘鳞；腹缘尖锐，有骨质隆起。侧线1条，不明显。体暗褐色。为大洋深海鱼类。栖息于水深100～700 m的陆坡海域。分布于我国东海、南海、台湾海域，以及日本南部海域，太平洋、印度洋、大西洋热带、亚热带水域。体长可达3 m。有食用后中毒的记录。

2811 东方新蛇鲭 *Neoepinnula orientalis* (Gilchrist et Von Bonde, 1924) [38]

= 东方肩线蛇鲭 = 东洋蛇鲭

背鳍XV ~ XVI, I - 17 ~ 20; 臀鳍III - 18 ~ 21; 胸鳍13 ~ 15; 腹鳍I - 5。

本种体呈纺锤形。吻长，吻端尖。口大，下颌稍长。两颌、犁骨、腭骨均具齿。背鳍起始于鳃孔上方，鳍棘弱。侧线2条，一条位于背缘，另一条于鳃盖上端分支并沿腹侧纵走。体被小圆鳞，侧线鳞无棘。腹缘无骨质隆起。体蓝褐色，口腔、鳃孔和背鳍鳍棘部前部黑色。为大洋鱼类。栖息于水深200 ~ 300 m的大陆架水域。分布于我国东海、台湾海域，以及日本南部海域，太平洋、印度洋、大西洋热带、亚热带水域。体长约30 cm。

2812 黑鳍蛇鲭 *Thyrsitoides marleyi* Fowler, 1929 [48]

= 尖身鲟

背鳍XVII ~ XIX, I - 16 ~ 18; 臀鳍II - 15 ~ 17; 胸鳍13 ~ 14; 腹鳍I - 5。

本种体延长，侧扁。吻长，吻端尖突。口裂大，下颌较长，两颌前端具皮质突起。犁骨、腭骨无齿。侧线2条，第1侧线沿背缘纵走且止于第1背鳍鳍棘部后端前下方，第2侧线位于体侧中部。体背部深褐色，腹部稍带银白色。第1背鳍鳍膜黑色。为大洋深海鱼类。栖息水深300 ~ 600 m。分布于我国东海、台湾海域，以及日本南部海域，印度-西太平洋温带、热带水域。体长约1.3 m。

2813 短蛇鲭 *Rexea prometheoides* Bleeker，1856 [48]

背鳍 XⅧ ~ XⅨ，Ⅰ－14 ~ 18 + 2；臀鳍Ⅰ－13 ~ 16 + 2；胸鳍12 ~ 14；腹鳍Ⅰ－0。

本种体稍延长，侧扁。头尖长。眼大，背缘稍隆起。口大。两颌、腭骨均具齿，犁骨无齿。背鳍、臀鳍后方分别具3枚和2枚小鳍。成鱼腹鳍完全消失，幼鱼腹鳍仅有1枚鳍棘。侧线2条，分别沿体背缘和体侧中部纵走。第1侧线仅达第2背鳍后端下方。体后半部被微小圆鳞。体灰绿色，带银色光泽，背鳍前三棘膜有黑斑。栖息水深350 ~ 370 m。分布于我国东海、台湾海域，以及日本南部海域，印度–西太平洋温带和热带水域。体长约40 cm。

2814 索氏短蛇鲭 *Rexea solandri*（Cuvier，1832）[54]

= 南短蛇鲭 = 中村银蛇鲭 *R. nakamurai*

背鳍 XⅧ，Ⅰ－15 ~ 17 + 2；臀鳍Ⅰ－13 ~ 14 + 2；胸鳍12 ~ 13；腹鳍Ⅰ－2 ~ 3。

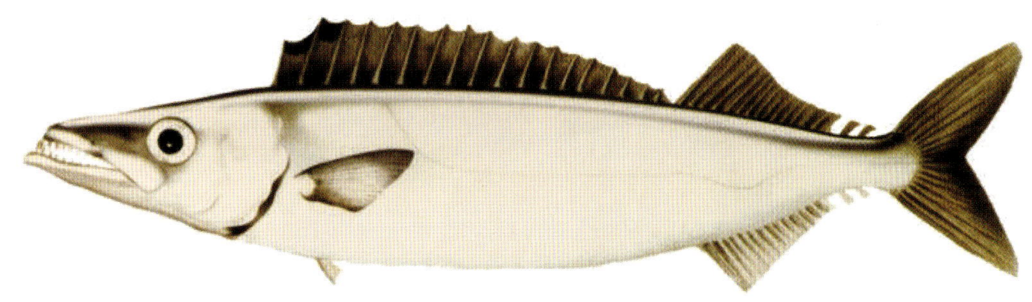

本种体稍延长，侧扁。头尖长。眼中等大，背缘平真。口大，上颌达眼中部下方。两颌齿各1行，扁尖，犬齿状。犁骨无齿。侧线2条，第1侧线沿背侧达小鳍附近，第2侧线沿体中部纵走且呈波浪状。体背侧蓝色，腹部银白色。背鳍前两棘膜有黑斑。栖息水深100 ~ 800 m。分布于我国东海，以及日本九州海域、帕劳海域、澳大利亚海域、新西兰海域、太平洋西部暖水域。体长约1 m。

2815 直线蛇鲭 *Nesiarchus nasutus* Johnson, 1862 [55]

= 无耙蛇鲭

背鳍 XIX ~ XXI，Ⅰ－19 ~ 24；臀鳍 Ⅱ － 18 ~ 21；胸鳍12 ~ 14；腹鳍 Ⅰ － 5。

本种体延长，侧扁。头尖长。口大，下颌甚突出。两颌各有犬齿1行，犁骨、腭骨无齿。无鳃耙。侧线1条，平直。腹鳍小。体银白色，带黑褐色，各鳍、口腔和鳃腔黑色。为大洋中深层鱼类。栖息水深90 ~ 1 200 m。分布于我国东海，以及日本茨城、福岛海域，太平洋、印度洋、大西洋温带、热带水域。体长可达1.5 m。

2816 游棘蛇鲭 *Nealotus tripes* Johnson, 1865 [55]

= 三棘若蛇鲭

背鳍 XX ~ XXI，16 ~ 19 + 2；臀鳍 Ⅱ － 15 ~ 19 + 2；胸鳍13 ~ 14；腹鳍 Ⅰ － 1。

本种体较粗，侧扁。头大，吻尖。口大，下颌突出。两颌齿各1行，犬齿状。犁骨无齿，腭骨有齿。侧线单一，平滑，不呈波浪状。鳞小，无棘。臀鳍具2枚游离鳍棘。腹鳍退化。体黑色，有银色光泽。口腔和鳃腔亦呈黑色。为大洋中、深层鱼类。栖息水深200 ~ 950 m。分布于我国东海、台湾海域，以及日本东北及南部海域、太平洋、印度洋、大西洋温带和热带水域。为蛇鲭科小型种，最大体长30 cm。

2817 纺锤蛇鲭 *Promethichthys prometheus*（Cuvier，1832）[15]

=紫金鱼

背鳍XⅦ～XIX，Ⅰ－18～20＋2；臀鳍Ⅱ－15～18＋2；胸鳍14～15；腹鳍Ⅰ－0～1。

本种体呈纺锤形。吻尖长，口裂大。两颌齿各1行，为三角形尖齿，约25枚。犁骨齿3～4枚。腭骨齿1行，钩状。体被小圆鳞。侧线1条，在胸鳍上方急剧下弯。臀鳍2枚鳍棘小，不游离。腹鳍退化，仅有1枚鳍棘和0～1枚鳍条。体背侧暗紫色，腹侧色淡。各鳍先端和口腔黑色。为大洋中深层鱼类。栖息于水深100～750 m的陆架、陆坡水域。分布于我国南海、台湾海域，以及日本南部海域，太平洋、印度洋、大西洋热带、亚热带水域。体长可达60 cm。

2818 双棘蛇鲭 *Diplospinus multistriatus* Maul，1948[48]

=点纹蛇鲭

背鳍XXX～XXXⅥ，35～42；臀鳍Ⅱ－28～34；胸鳍11～13；腹鳍Ⅰ。

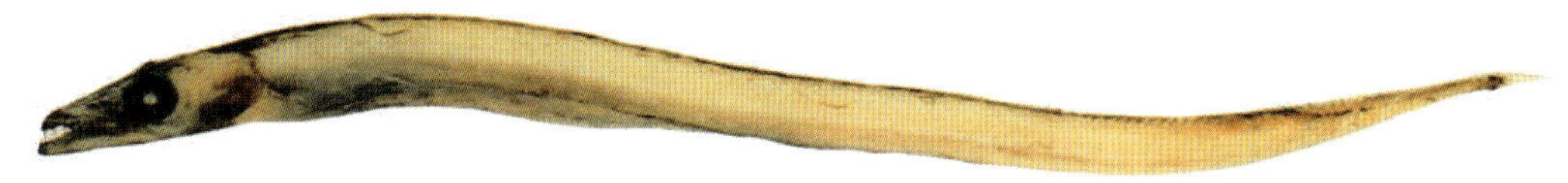

本种体显著延长，侧扁。头小，吻尖。口小，上颌达眼前缘下方。颌齿钩状。犁骨无齿，腭骨有小齿。第1背鳍长，有30～36枚鳍棘。臀鳍前部鳍条退化，埋于皮下。腹鳍退化，仅1枚鳍棘。尾鳍小，叉形。侧线1条，不明显。体淡褐色，密布微小黑色点列。各鳍基稍带黑色。为大洋中深层鱼类。栖息于水深360～380 m的陆坡水域。分布于我国南海、台湾海域，以及日本南部海域，太平洋温带、热带水域。体长约30 cm。

2819 蛇鲭 *Gempylus serpens* Cuvier，1829[38]

= 黑刀舒

背鳍XXⅧ～XXXⅡ，Ⅰ－11～14＋5～7；臀鳍Ⅱ－10～13＋5～7；胸鳍13～16；腹鳍2～3。

本种体显著延长，侧扁。吻甚尖长，口大，下颌尖突。两颌前端具皮质突起。两颌及腭骨有齿，犁骨无齿。第1背鳍长，有28～32枚鳍棘。臀鳍正常，背鳍、臀鳍后方均有5～7枚小鳍。侧线2条。第2侧线沿体中部纵走，达尾鳍基。体暗褐色，胸鳍有许多小黑点。栖息于水深200 m或更深的水域。分布于我国南海、台湾海域，以及日本南部海域，太平洋、印度洋、大西洋热带、亚热带水域。体长可达1 m。

（294）带鱼科 Trichiuridae

本科物种体甚延长，呈带状。上颌骨被眶前骨遮盖。颌齿尖锐，侧扁。犁骨无齿，腭骨具细齿。通常鼻孔1个。鳞退化或消失，侧线1条。背鳍长，延达尾端。臀鳍多由分离的短棘组成。尾鞭状或小叉状。全球有9属32种，我国有8属11～12种，有的种类具有重要渔业意义[69，110，122]。

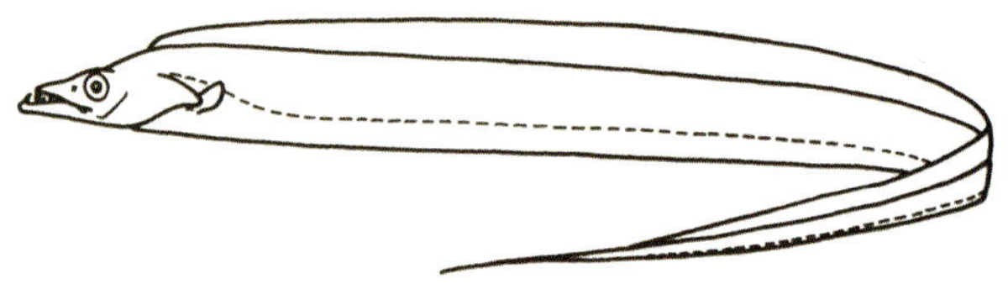

带鱼科物种形态简图

2820 黑等鳍叉尾带鱼 *Aphanopus carbo* Lowe，1839[55]

= 凹鳍带鱼

背鳍91～97；臀鳍Ⅱ－43～45；胸鳍12～13；腹鳍0。

本种体呈带形。吻尖长。眼大，靠近头背缘，稍高突；眼间隔平坦。口大，下颌突出。两颌和腭骨具齿，犁骨无齿。背鳍鳍条和鳍棘共91～97枚。无腹鳍。尾鳍小。体无鳞，侧线管状。体黑色，口腔、鳃腔黑色。为大洋中深层鱼类。栖息于水深146～1 600 m的陆架、陆坡水域。分布于我国东海、台湾海域，以及日本东部海域，印度洋、太平洋和北大西洋温暖水域。体长约1.2 m。

2821 细叉尾带鱼 *Benthodesmus tenuis*（Güther，1877）[38]
=叉尾深海带鱼

背鳍120～133；臀鳍Ⅰ－70～76；胸鳍12；腹鳍Ⅰ。

本种体甚细长。吻尖长。眼大，近头背缘，眼间隔平缓。背鳍鳍棘部与鳍条部间有缺刻，鳍棘部基底长为鳍条部基底长的1/2。臀鳍有1枚鳍棘70～76枚鳍条。腹鳍退化，仅1枚小鳍棘，位于胸鳍基下方。尾鳍小，叉形。体白色。为大洋中深层鱼类。栖息于水深600 m的陆坡水域。分布于我国东海、南海、台湾海域，以及日本南部海域，太平洋、印度洋、大西洋温带和热带水域。体长约1 m。

2822 长剃刀带鱼 *Assurger anzac*（Alexander，1917）[38]
=短头窄颅带鱼

背鳍120～123；臀鳍Ⅱ－78～87；胸鳍12；腹鳍Ⅰ。

本种体甚延长，侧扁。头较短，头背缘不急剧隆起。背鳍无缺刻。臀鳍有2枚鳍棘。腹鳍小。尾鳍细小，叉形。体银白色，背鳍前3～4枚鳍条鳍膜黑色。栖息于水深150～400 m的中底层海域。分布于我国东海，以及日本南部海域，澳大利亚海域，太平洋、印度洋、大西洋温暖水域。体长可达2.5 m。

峭额带鱼属 *Evoxymetopon* Gill，1863

本属物种体延长，头背急剧隆起。全长为体高的11～13倍。背鳍鳍条和鳍棘共84～93枚。臀鳍鳍条49～53枚。尾鳍叉形。侧线1条，缓弧状。本属在我国有2种。

2823 鞭嵴额带鱼 *Evoxymetopon poeyi* Güther，1887 [48]

= 波氏窄颅带鱼 = 波氏叉尾带鱼

背鳍Ⅹ－81～83；臀鳍Ⅰ－49～53；胸鳍12；腹鳍Ⅰ。

本种体延长，甚侧扁。头小，前额倾斜。吻尖，口小。前鳃盖骨后下缘具锯齿。体无鳞。背鳍第1鳍棘延长如鞭。尾鳍小，叉形。体银白色，两颌和鳃盖带黑色。为大洋中深层鱼类。栖息于水深350 m的陆坡水域。分布于我国台湾海域，以及日本九州海域、冲绳海域，印度–西太平洋暖水域。体长可达2 m[48]。

注：沈世杰（2011）尚记述本种的前鳃盖骨棘长约等于眼径；体被小型鳞，深褐色，有2条黄带；并述及在台湾海域可能没有分布[37]。笔者列写供参考。

2824 金线嵴额带鱼 *Evoxymetopon taeniatus* Poey，1863 [14]

= 条状窄颅带鱼 = 细身叉尾带鱼

背鳍Ⅹ－74～78；臀鳍Ⅰ－49；胸鳍12；腹鳍Ⅰ。

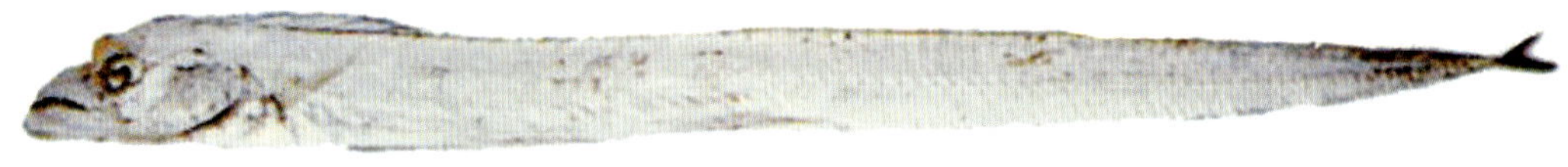

本种体延长，侧扁。头短，侧面观呈卵圆形，头背有强侧扁的隆起棱。吻端钝圆，口小，下颌显著突出。前鳃盖骨具锯齿缘，前鳃盖棘长约等于眼径。第1背鳍鳍棘不呈鞭状延长。体银白色，背部色较暗。为海洋中下层鱼类。栖息于水深超100 m的沙泥底质海区。分布于我国东海、台湾海域，以及日本南部海域、印度–西太平洋暖水域。体长约1.5 m。

2825 小带鱼 *Eupleurogrammus muticus*（Gray，1831）[15]

= 瑕臂小带鱼 *E. punctumamus*

背鳍136～151；臀鳍Ⅱ－130～140；胸鳍11～13。鳃耙5～8＋8～10。

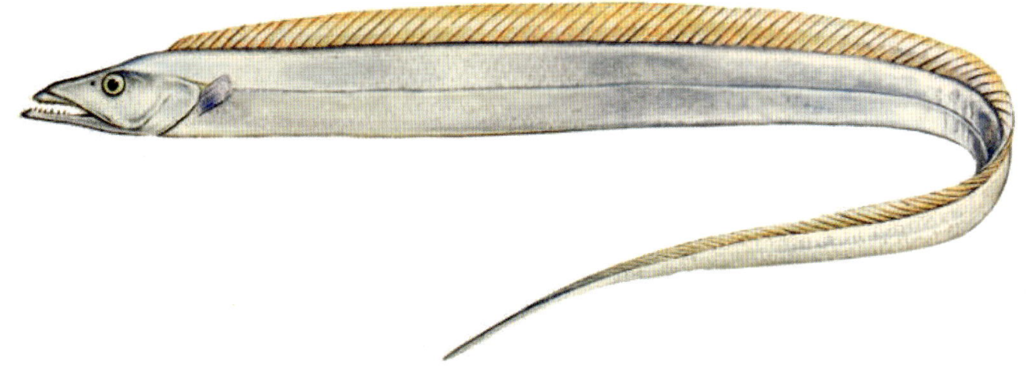

本种体延长，呈带状。头背缘直线状。眼间隔隆起。吻尖长，口大。上颌齿尖直，不呈钩状。侧线几乎平直。腹鳍为1对圆形鳞状突起。尾鞭状，无尾鳍。体银白色，各鳍稍带黄绿色。为近海中下层鱼类。栖息于近岸浅海、咸淡水水域。分布于我国渤海、黄海、东海、南海，以及日本中部以南海域，印度－西太平洋温、暖水域。体长约70 cm。

2826 中华窄颅带鱼 *Tentoriceps sinensis* Klunzinger，1884 [38]

= 窄额带鱼 *T. cristatus* = 中华拟窄颅带鱼 *Pseudoxymetopon sinensis* = 隆头带鱼

背鳍Ⅴ－126～144；胸鳍11；腹鳍Ⅰ。

本种体延长，呈带状。头部短尖，额骨在眼上方呈侧扁高锐突起。口大，颌齿尖锐且侧扁。侧线平直。胸鳍短小。臀鳍退化，起点处具一鳞状突起。腹鳍退化为1对鳞状突起。尾鳍消失。体银白色，带蓝色，背部两侧具不规则的黑斑。为近海中下层鱼类。栖息于沙泥底质浅海区。分布于我国东海、南海、台湾海域，以及日本南部海域、印度－西太平洋暖水域。体长约1 m。

2827 沙带鱼 *Lepturacanthus savala*（Cuvier，1829）[14]

背鳍XXXIV－110～131；臀鳍74～80；胸鳍11～12。鳃耙2～4＋3～8。

本种体延长，带状。口大，颌齿强大。背鳍有34枚鳍棘。胸鳍甚短，其长度小于吻长。臀鳍第1鳍棘发达，其长度超过眼径的1/2。无腹鳍和尾鳍。侧线在胸鳍上方显著下弯。体银白色，背鳍、胸鳍密布黑色细点，尾部黑色。为近海中下层鱼类。栖息于沙泥底质海区。分布于我国东海、南海，以及琉球群岛海域、菲律宾海域、澳大利亚海域、印度－西太平洋暖水域。体长约40 cm。

带鱼属 *Trichiurus* Linnaeus，1758

本属物种体甚延长，呈带状。尾鞭状。头窄长，前端尖突。口大，上颌骨伸达眼下方。颌齿强大，扁尖。上颌前端具倒钩状大型犬齿。鳞退化。侧线在胸鳍上方显著下弯。臀鳍由分离的小棘组成，仅尖端外露。无腹鳍和尾鳍。本属我国有3～4种。

2828 珠带鱼 *Trichiurus margarites* Li，1992 [37]

＝南海带鱼 *T. nanhaiensis*

背鳍132～139；臀鳍103～111；胸鳍11。

本种一般特征同属。体延长，侧扁。眼大，吻尖长。尾部细短。与本属其他带鱼的最主要差别在于其头部具上枕骨瘤。左、右额骨愈合，骨化程度高。体银白色，背侧暗褐色。背鳍黄色。为近海中下层鱼类。栖息于沙泥底质海区。分布于我国南海。

2829 日本带鱼 *Trichiurus japonicus* Temminck et Schlegel，1844[37]

背鳍125～145；臀鳍108～112；胸鳍10～12。

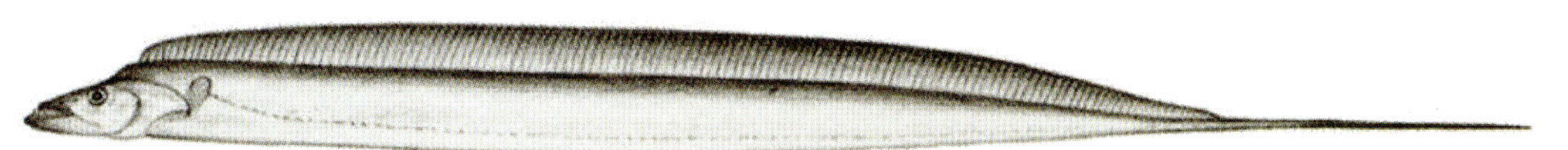

本种体甚长，带形。吻尖长，下颌突出。颌前部齿为钩状尖齿，两侧齿为扁尖齿。眼间隔平坦，中间微凹。侧线在胸鳍上方处下弯。无腹鳍。臀鳍仅露棘尖。尾部极长，末端鞭状。体银白色。背鳍白色。口腔底部黑色。尾黑色。为近海中下层鱼类。栖息于水深100 m以浅的沙泥底质海区。分布于我国渤海、黄海、东海、南海、台湾海域，以及日本北海道以南海域、朝鲜半岛海域、印度–西太平洋温热水域。体长约1.3 m。

2830 高鳍带鱼 *Trichiurus lepturus* Linnaeus，1758[15]

= 白带鱼 *T. haumela*

背鳍133～146；臀鳍108～110；胸鳍10～12。

本种与日本带鱼十分相似，故过去认为二者是同一物种[57]。同工酶分析也认定二者属于同种[33]。中坊徹次（1993）将二者分立为两种[36]，我国台湾学者曾万年等（2007）也认为二者分属两种[37]。二者区别在于本种眼径较大，从吻端到上颌骨末端、主鳃盖骨末端、背鳍起点距离均较长。体银白色，口腔底部浅色，背鳍黄绿色。为近海中下层鱼类。栖息于水深100 m以浅的陆架沙泥底质海区。分布于我国近海，以及日本九州海域、冲绳东岸海域，西太平洋、印度洋、大西洋温暖水域。体长约1.5 m。为我国最重要经济鱼类之一[114]。

注：李明德（1998）将高鳍带鱼与白带鱼分立为两种[33]，这可能有误，二者似应为同种。日本带鱼与高鳍带鱼是否为两种也需深入研究。

▲ 本属我国尚有短带鱼 *T. brevis*（= 琼带鱼 *T. minor*）。其个体小，躯干部脊椎骨33～35枚，背鳍白色。分布于我国海南海域、台湾海域。

45（16）鲳亚目 Stromateoidei（4–2a）

本亚目物种体延长，侧扁。食道具侧囊。眼中等大，有的具脂眼睑。吻突出或圆钝。口小或中等大，上颌骨大部分被眶前骨所遮盖。颌齿1行。体被圆鳞或弱栉鳞。侧线完全，头部侧线分支复杂。腹鳍胸位、亚胸位或缺失。全球有6科16属60余种，我国有4科7属21种。

鲳亚目的科、属、种检索表

1a 背鳍2个，有腹鳍……（8）

1b 背鳍1个，有或无腹鳍……（2）

2a 成鱼具腹鳍；背鳍鳍条22～33枚；前部鳍条不呈镰刀形；具上颌辅骨……长鲳科 Centrolophidae（7）

2b 成鱼无腹鳍；背鳍鳍条35～50枚，前部鳍条呈镰刀形；无上颌辅骨……鲳科 Stromateidae 鲳属 *Pampus*（3）

3a 项部感觉管丛呈细带状，侧线起点处感觉管丛短小；前鳃盖骨边缘游离……镰鲳 *P. echinogaster* 2831

3b 项部感觉管丛呈宽带状，侧线起点处感觉管丛尖长；前鳃盖骨边缘不游离……（4）

4a 幼鱼背鳍、臀鳍后缘截形，成鱼的为浅凹形；感觉管的横枕管丛和背分支丛后缘截形，腹分支达胸鳍中部上方……中国鲳 *P. chinensis* 2832

4b 背鳍、臀鳍后缘镰刀形……（5）

5a 背鳍、臀鳍前部鳍条延长，伸越尾鳍基；横枕管丛及背分支丛后缘楔形，腹分支达胸鳍2/3处上方……灰鲳 *P. cinereus* 2833

5b 背鳍、臀鳍前部鳍条稍延长，不达尾鳍基……（6）

6a 上颌突出，长于下颌；下鳃耙12～15枚；横枕管丛及背分支丛后缘圆弧形，腹分支达胸鳍1/3处上方……银鲳 *P. argenteus* 2834

6b 两颌约等长；下鳃耙8～10枚；横枕管丛及背分支丛后缘近截形，腹分支达胸鳍中部或后上方……北鲳 *P. punctatissimus* 2835

7–2a 体暗褐色，幼鱼有虫纹斑；背鳍鳍棘短，可与鳍条部明显区别；侧线鳞99～103枚……日本栉鲳 *Hyperoglyphe japonicus* 2836

7b 体灰褐色，幼鱼淡褐色；背鳍鳍棘细短，不易与鳍条部区别；侧线鳞55～63枚……刺鲳 *Psenopsis anomala* 2837

8–1a 犁骨、腭骨无齿；背鳍、臀鳍鳍条通常为14或15枚（印度无齿鲳有个体例外）……无齿鲳科 Ariommidae（15）

8b 犁骨、腭骨具齿或无；背鳍、臀鳍鳍条延长，通常均超过15枚（少鳍方头鲳有个体例外）…………………………双鳍鲳科 Nomeidae（9）

9a 头背鳞区不达眼间隔；侧线鳞120枚 ………………………………玉鲳 *Psenes pellucidus* 2838

9b 头背鳞区达到或超越眼间隔；侧线鳞44～65枚 ……………………………………………（10）

10a 头背鳞区两侧在鳃盖上方无鳞；吻短；侧线鳞44～48枚 ………水母玉鲳 *P. arafurensis* 2839

10b 头背鳞区两侧均具鳞 ……………………………………………………………………………（11）

11a 体高，侧面观呈卵圆形 ……………………………………琉璃玉鲳 *P. cyanophrys* 2840

11b 体低而延长 …………………………………………………………………………………（12）

12a 胸鳍长，伸达臀鳍中部；胸鳍下缘有白色，幼鱼有花斑；头背鳞不达眼前缘 ……………………………………………………………水母双鳍鲳 *Nomeus gronovii* 2844

12b 胸鳍稍短，不达臀鳍起始处 ……………………………………………………………（13）

13a 体较细长；体高为体长的30%以下；背鳍鳍条15～17枚，臀鳍鳍条14～17枚 ………………………………………………………少鳍方头鲳 *Cubiceps pauciradiatus* 2841

13b 体稍高；体高为体长的30%以上；背鳍鳍条22～28枚，臀鳍鳍条18～22枚 …………（14）

14a 头背鳞片几乎达吻端；上、下颌齿分别为51～55枚和61～69枚 ……………………………………………………………………鳞首方头鲳 *C. squamiceps* 2842

14b 头背鳞片伸达眼中部；上、下颌齿分别为12～21枚和25～36枚 ………………………………………………………拟鳞首方头鲳 *C. squamicephaloides* 2843

15–8a 体高，侧面观呈卵圆形，侧扁；眼径接近头长的1/3……印度无齿鲳 *Ariomma indica* 2845

15b 体较低，稍侧扁；眼径小于头长的1/4 …………………………爱氏无齿鲳 *A. evermanni* 2846

（295）鲳科 Stromateidae

本科物种体侧面观呈卵圆形，侧扁而高。头小，吻圆钝。口小。颌齿小，三峰状，1行。犁骨、腭骨无齿。鳃孔小。食道侧囊1个。侧线完全，上侧位。项部附近侧线管复杂，形成横枕管丛和背、腹分支丛[125]。背鳍1个，幼鱼鳍棘短，成鱼鳍棘埋于皮下。通常无腹鳍。尾鳍后缘截形或叉形。全球有3属16种，我国有1属6种。

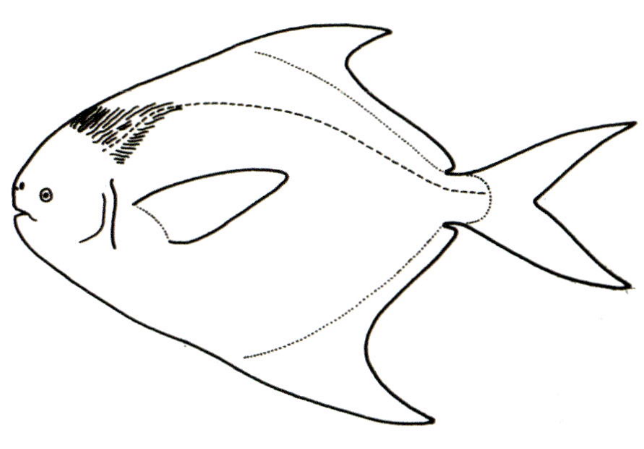

鲳科物种形态简图

鲳属 *Pampus* Bonaparte，1837

本属物种一般特征同科。体侧面观呈卵圆形，侧扁。食道侧囊内壁密具大小不等的乳突，每个乳突具许多针状角质刺，基底为数条放射状骨质根。胸鳍长，翼状。无腹鳍。尾鳍后缘截形或叉形。为我国流刺网、拖网捕捞的主要经济鱼种[110，122]。

注：由于本属鱼类多很相似，过去常混同称呼，中日诸多专著对本属鱼类的分类记述也不尽相同[2，35，36，39，57]。本书根据《江苏鱼类志》（2006）[10]和《长江口鱼类》（2006）[60]的记述编列检索，以供参考。

2831 镰鲳 *Pampus echinogaster*（Basilewsky，1855）[10]

=棘腹鲳

背鳍Ⅸ～Ⅺ－44～50；臀鳍Ⅵ～Ⅶ－42～48；胸鳍21～22。鳃耙6＋13。

本种一般特征同属。体侧扁而高。头较小。吻圆钝，颏突出于口前。眼小，中侧位。口小。颌齿1列，三峰状。犁骨、腭骨无齿。前鳃盖骨边缘游离，伸达口角。体被小圆鳞。侧线完全。项部感觉管丛呈细带状。侧线起点处的感觉管丛短小，仅稍越胸鳍基上方，不达胸鳍中部。背鳍1个；鳍棘短，小戟状，成鱼鳍棘退化而埋入皮下；前部鳍条稍延长，镰刀状，不达尾鳍基。胸鳍大。无腹鳍。尾鳍后缘深叉，下叶延长。体背侧浅灰色，腹侧银白色。各鳍色浅。为暖温性中下层鱼类。栖息于陆架沙泥底质海区。分布于我国渤海、黄海、东海、台湾海域，以及日本西南部海域。体长约30 cm。

注：张春霖、成庆泰等（1955）所著《黄渤海鱼类调查报告》中的银鲳[5]，似应为镰鲳。

2832 中国鲳 *Pampus chinensis*（Euphrasen，1788）[38]

背鳍Ⅴ～Ⅵ－41～46；臀鳍Ⅲ－40～41；胸鳍21。鳃耙2～3＋8～11。

本种体高而侧扁。头较小。吻短，截形。口小，下颌突出。项部感觉管丛呈宽带状。侧线起点处有一尖长感觉管丛，在侧线下方（即腹分支）沿侧线向后伸达胸鳍中部上方。幼鱼背鳍、臀鳍后缘截形，成鱼的为浅凹形。胸鳍宽大。尾鳍后缘浅叉形。体背侧暗灰色，腹部色浅。各鳍深褐色。为暖水性中下层鱼类。栖息于陆架沙泥底质海区，喜在阴影下集群。分布于我国东海、南海、台湾海域，以及日本南部海域、印度－西太平洋暖水域。体长约25 cm。

2833 灰鲳 *Pampus cinereus*（Bloch，1793）[60]

＝燕尾鲳 *P. nozawae*

背鳍Ⅵ～Ⅸ－38～43；臀鳍Ⅴ～Ⅵ－38～43；胸鳍22～23。鳃耙2～3＋8～9。

本种体侧扁。头较小，吻短钝。口小，上、下颌约等长。鳃耙细小，退化为结节状，2～3＋8～9。项部侧线管的横枕管丛和背分支丛的后缘呈楔形；腹分支丛较长，向后可延伸达胸鳍2/3处上方。背鳍、臀鳍鳍条长，向后可伸越尾鳍基。尾鳍后缘深叉，似燕尾，下叶延长。体背部青灰色，腹部乳白色。各鳍黑色。为暖水性中下层鱼类。栖息于陆架沙泥底质海区。分布于我国黄海、东海、南海，以及越南海域、马来西亚海域、西北太平洋暖水域。体长约35 cm。

2834 银鲳 *Pampus argenteus*（Euphrasen，1788）[20]

背鳍Ⅹ－41～44；臀鳍Ⅶ～Ⅷ，41～43；胸鳍22～24。鳃耙4～6＋12～15。

本种体侧扁。头较小。体长为体高的1.4～1.5倍，为头长的3.8～4.9倍。吻短，钝圆。口小。上颌突出，长于下颌。鳃耙细弱，下鳃耙12～15枚，鳃孔小，前鳃盖骨边缘不游离。项部侧线感觉管的横枕管丛和背分支丛后缘圆弧形；腹分支丛较短（其小分支稀疏），向后仅伸达胸鳍1/3处上方。背鳍、臀鳍前方鳍条稍延长，镰刀状，不伸达尾鳍基。尾鳍深叉形。体背侧青灰色，腹侧银白色。各鳍浅灰色。为暖水性中下层鱼类。栖息于水深30～70 m沙泥底质海区。分布于我国南海、台湾海域，以及日本南部海域。体长约25 cm。

注：刘瑞玉（2008）认为本种与镰鲳 *P. echinogaster* 是同种[12]。但从前鳃盖骨边缘是否游离、头部侧线感觉管丛形态及分布区来看，二者应为两个独立种。

2835 北鲳 *Pampus punctatissimus*（Temminck et Schlegel，1844）

背鳍Ⅹ－41～43；臀鳍Ⅶ～Ⅷ－42～43；胸鳍23。鳃耙5～6＋8～10。

本种与银鲳十分相似。体侧扁。头较小。体长为体高的1.5～1.6倍，为头长的3.8～4.3倍。吻短，圆钝。口小，两颌约等长。下鳃耙8～10枚。项部感觉管丛呈宽带状，侧线起点处具一尖长感觉管丛，腹分支沿侧线向后伸达胸鳍中部上方或后上方。体背部深灰色，腹部银白色。各鳍浅灰色。为暖温性中下层鱼类。栖息于近岸沙泥底质海区。分布于我国渤海、黄海、东海，以及日本南部海域。体长约20 cm。过去把本种也误鉴定为银鲳[15，43]。

▲ 本属我国尚记录有镜鲳 *P. minor*，分布于我国南海[12，13]。

（296）长鲳科 Centrolophidae

本科物种体延长或侧面观呈长卵圆形或卵圆形，侧扁。吻圆钝，口小。颌齿锥状，1行。犁骨、腭骨、舌均无齿。食道囊2个，肾形。前鳃盖骨有或无锯齿缘。鳃盖骨具2枚扁棘。体被圆鳞，头部无鳞。侧线完全。背鳍、臀鳍鳍棘短小，基底长。尾鳍后缘凹形或叉形。全球有7属25种，我国有2属2种。

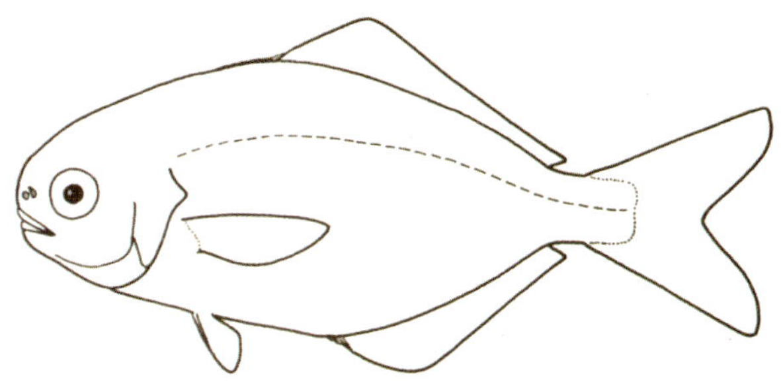

长鲳科物种形态简图

2836 日本栉鲳 *Hyperoglyphe japonicus*（Döderlein，1885）[38]（左幼鱼，右成鱼）

背鳍Ⅶ～Ⅷ－22～26；臀鳍Ⅲ －17～19；胸鳍21～23；腹鳍Ⅰ－5。侧线鳞99～103。

本种体侧面观呈长卵圆形，侧扁。吻钝圆，口中等大，具上颌辅骨。眼中等大，有脂眼睑。前鳃盖骨边缘具小棘。背鳍鳍棘短。腹鳍胸位。尾鳍叉形。体暗褐色，背侧暗青色。各鳍黑褐色。为暖水性次深海鱼类。成鱼栖息于水深400～500 m的陆坡、海岭水域。幼鱼栖息于上层水域，随流藻漂移。分布于我国东海、南海、台湾海域，以及日本本州中部以南海域、西太平洋暖水域。体长约90 cm。

2837 刺鲳 *Psenopsis anomala*（Temminck et Schlegel，1844）

背鳍Ⅵ～Ⅶ－27～33；臀鳍Ⅲ －25～28；胸鳍20～22；腹鳍Ⅰ－5。侧线鳞55～63。

体侧面观呈卵圆形，侧扁。口小，无上颌辅骨。颌齿细小，锥状，1行。犁骨、腭骨无齿。食道囊2个，肾形。眼中等大，脂眼睑发达。前鳃盖骨边缘光滑，主鳃盖骨有2枚扁棘。背鳍鳍棘细短且坚硬。尾鳍叉形。体灰褐色，腹侧银白色。鳃盖后有一大黑斑。为暖水性底层鱼类。成鱼栖息于水深140 m以浅的沙泥底质海区。幼鱼栖息于表层水域，和水母共栖。分布于我国黄海、东海、南海、台湾海域，以及日本北岛湾以南海域、朝鲜半岛海域、西太平洋暖水域。体长约17 cm。

(297) 双鳍鲳科 Nomeidae

本科物种体较高，侧面观呈卵圆形；或体较低，延长，侧面观呈长椭圆形，侧扁。口小。颌齿细小，1行。犁骨、腭骨具齿或无。前鳃盖骨和主鳃盖骨光滑无棘。鳃耙细短。食道囊内壁具纵长褶皱，上有细棘。侧线完全。体被圆鳞。背鳍2个。臀鳍与第2背鳍同形，对位，鳍条通常均超过15枚。腹鳍小，Ⅰ－5。全球有3属16种，我国有3属10种。

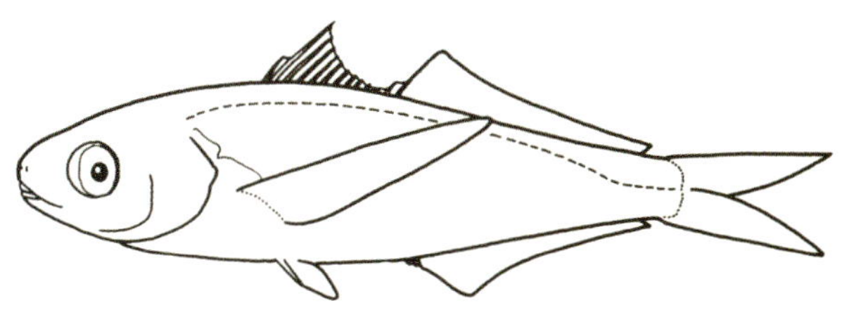

双鳍鲳科物种形态简图

玉鲳属 *Psenes* Cuvier et Valenciennes，1833

本属物种体侧面观呈卵圆形。头圆钝。眼中等大，脂眼睑较发达。口中等大，上颌骨被眶前骨遮盖，无上颌辅骨。颌齿1行，上颌齿尖细，下颌齿呈扁三角形。体被中等大或细小圆鳞。背鳍2个。尾鳍深叉形。我国有4种。

2838 玉鲳 *Psenes pellucidus* Lütken，1880[38]（左幼鱼，右成鱼）

= 花瓣玉鲳

背鳍Ⅸ～Ⅻ，Ⅰ～Ⅱ－27～33；臀鳍Ⅱ～Ⅲ－26～35；胸鳍18～20；腹鳍Ⅰ－5。侧线鳞120。

本种一般特征同属。体侧扁。体被小圆鳞，头背鳞区不达眼间隔。幼鱼体高，骨骼柔软。吻端钝，口中等大。上颌稍突出，上颌齿细尖长。下颌齿呈栉状，齿端均有锯齿缘。犁骨、腭骨无齿。腹鳍可收入沟内。幼鱼半透明，成鱼暗褐色。各鳍黑色。为暖水性底层鱼类。幼鱼和水母共栖。分布于我国东海、南海、台湾海域，以及日本钏泸以南海域，北太平洋、印度洋和大西洋暖水域。体长约47 cm。

2839 水母玉鲳 *Psenes arafurensis* Günther，1889 [38]

= 阿拉米鲳 = 水母鲳

背鳍Ⅹ～Ⅺ，Ⅰ～Ⅱ－19～21；臀鳍Ⅲ－20～21；胸鳍18～20；腹鳍Ⅰ－5。侧线鳞44～48。

本种体侧面观呈卵圆形，侧扁。头圆。吻短钝，成鱼吻端略呈截形。体被圆鳞，头背鳞区可超越眼间隔，但鳞区两侧的鳃盖上端无鳞。侧线完全。背鳍高，尾鳍后缘深叉，尾上叶长。成鱼体黑色，具金属光泽。幼鱼体背暗褐色，侧腹色淡，散布黄褐色斑。背鳍、臀鳍灰黑色，尾鳍浅灰色。为暖水性底层鱼类。栖息于陆架沙泥底质水域。幼鱼和水母共栖。分布于我国东海、南海，以及日本神奈川以南海域，西太平洋、印度洋和大西洋热带水域。体长约15 cm [49]。

2840 琉璃玉鲳 *Psenes cyanophrys* Cuvier et Valenciennes，1833 [16]

背鳍Ⅸ～Ⅺ，Ⅰ－23～28；臀鳍Ⅱ～Ⅲ－24～28；胸鳍19～20；腹鳍Ⅰ－5。侧线鳞44～65。

本种体侧面观呈卵圆形，侧扁。头中等大，吻圆钝。眼中等大，前缘被皮质眼睑。口小。颌齿1行，上颌齿细尖长，下颌齿呈栉状。犁骨、腭骨无齿。尾鳍深叉形。体银灰褐色，体背具不明显的云状黑斑。背鳍、臀鳍黑色。为暖水性底层鱼类。栖息于陆架底层水域。幼鱼随流藻漂移或和水母共栖。分布于我国东海、南海、台湾海域，以及日本相模湾以南海域，太平洋、印度洋、大西洋温暖水域。体长约25 cm[49]。

▲ 本属我国尚记录有银斑玉鲳 *P. maculatus*，分布于我国南海海域[13]。

方头鲳属 *Cubiceps* Lowe，1843

本属物种体延长，侧扁。眼中等大，脂眼睑较发达。上颌骨部分被眶前骨遮盖，无上颌辅骨。颌齿细尖，1行。犁骨、腭骨具齿。前鳃盖骨边缘光滑无棘，主鳃盖骨有2枚扁棘。体被大圆鳞，头背鳞片达眼部，颊部被鳞。背鳍2个。尾鳍深叉形。全球有8种，我国有5种。

2841 少鳍方头鲳 *Cubiceps pauciradiatus*（Günther，1872）[38]

背鳍Ⅸ～Ⅺ，Ⅰ－15～17；臀鳍Ⅰ～Ⅱ－14～17；胸鳍17～20；腹鳍Ⅰ－5。侧线鳞49～53。

本种一般特征同属。体延长，较低，体高为体长的22.8%～28.3%。吻钝圆，眼大，口小。胸鳍稍短，不达臀鳍起始处。头背鳞片达眼前缘。尾鳍叉形。体棕褐色，背鳍、臀鳍色淡，尾鳍暗褐色。为暖水性次深海鱼类。栖息于陆坡、岛屿周边海域。分布于我国台湾海域，以及日本相模湾海域，太平洋、印度洋、大西洋暖水域。体长约12 cm。

2842 鳞首方头鲳 *Cubiceps squamiceps*（Lloyd，1909）[16]

＝威氏方头鲳 *C. whiteleggii*

背鳍Ⅸ～Ⅺ，Ⅰ－23～28；臀鳍18～21；胸鳍19～21；腹鳍Ⅰ－5。侧线鳞约55。

本种体延长。吻钝圆，眼大，眼间隔宽。口中等大。颌齿细小，上、下颌齿分别为51～55枚和

61～69枚。前鳃盖骨边缘光滑。体被圆鳞，头背鳞片几乎达到吻端。背鳍2个。胸鳍尖长，伸达臀鳍起始处。尾鳍叉形。头背侧暗褐色，腹侧色稍淡。各鳍灰褐色。为暖水性次深海鱼类。栖息于水深270～374 m的陆架外缘、陆坡水域。分布于我国东海、南海、台湾海域，以及日本相模湾以南海域、澳大利亚海域、印度–西太平洋暖水域。体长约25 cm[49]。

2843 拟鳞首方头鲳 *Cubiceps squamicephaloides* Deng，Xiong et Zhan，1983[14]

背鳍Ⅹ～Ⅺ，Ⅰ－22；臀鳍Ⅲ－22；胸鳍20～21；腹鳍Ⅰ－5。鳃耙9～11＋14～18。

本种体延长。吻钝圆，头部具明显的黏液孔。口中等大。两颌齿各1行，齿头尖，弯向内侧。上、下颌齿分别为12～21枚和25～36枚。犁骨、腭骨各具1纵列齿。体被圆鳞，头背鳞片仅伸达眼中部。体紫褐色，头、体背侧色略深，腹侧色较淡。为暖水性次深海鱼类。栖息于水深655～670 m的陆坡水域。分布于我国东海。体长约12 cm[49]。

▲ 本属我国尚记录有巴氏方头鲳 *C. baxteri* 和科氏方头鲳 *C. kotlyari*，分布于我国东沙群岛海域、台湾海域[13]。

2844 水母双鳍鲳 *Nomeus gronovii*（Gmelin，1789）[38]

= 圆鲳

背鳍Ⅸ～Ⅺ，Ⅰ～Ⅱ－23～27；臀鳍：Ⅰ～Ⅱ－24～29；胸鳍21～23；腹鳍Ⅰ－5。侧线鳞57～65。

本种体侧面观呈长椭圆形，侧扁。吻短，圆钝。眼大，近头前部背缘。口中等大，颌齿1行，小锥状。头背鳞片不达眼前缘。胸鳍长，可伸达臀鳍中部。幼鱼腹鳍长，其内缘皮膜与腹部相连成腹中央沟。尾鳍叉形。幼鱼体银白色，布有3～4个黑色横斑；胸鳍、腹鳍、尾鳍黑色。成鱼体暗褐色。为暖水性深海鱼类。幼鱼栖息于僧帽水母触手间，成鱼栖息于200～1 000 m的沙底质底层水域。分布于我国黄海、东海、南海、台湾海域，以及日本静冈县以南海域，太平洋、印度洋、大西洋暖水域。体长约24 cm。

（298）无齿鲳科 Ariommidae

本科物种体延长或侧面观呈卵圆形，侧扁。尾柄短，断面近方形，每侧有2条低弱的肉质隆起嵴。口小，上颌骨被眶前骨遮盖，无上颌辅骨。颌齿细小，1行。犁骨、腭骨无齿。眼大，脂眼睑发达。前鳃盖骨、主鳃盖骨边缘光滑或具齿。体被大圆鳞，侧线高位。食道囊1个。背鳍2个。腹鳍胸位，有皮膜与腹部相连。尾鳍叉形。全球仅有1属7种，我国有3种。

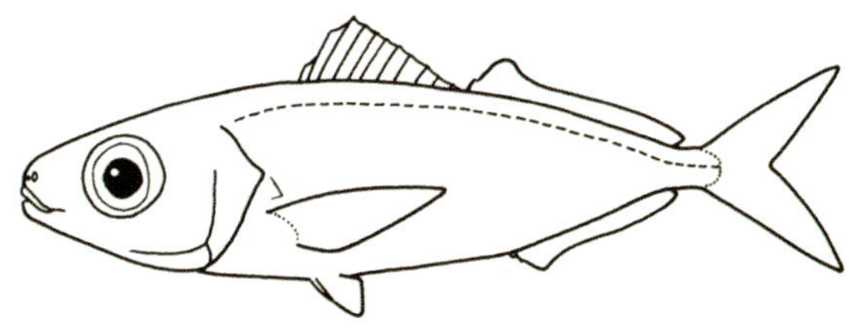

无齿鲳科物种形态简图

无齿鲳属 *Ariomma* Jordan et Snyder，1904

本属物种特征同科。

2845 印度无齿鲳 *Ariomma indica*（Day，1871）[15]

背鳍Ⅺ～Ⅻ，Ⅰ－15～16；臀鳍Ⅲ－15；胸鳍22～23；腹鳍Ⅰ－5。鳃耙8＋15～17。侧线鳞41～44。

本种体侧面观呈卵圆形，侧扁。吻短，钝圆。口小。眼大。鳃孔大，鳃盖骨边缘光滑。背鳍2个，第1背鳍鳍棘细弱。体被大圆鳞。尾鳍叉形。体背侧具灰褐色斑，腹侧银白色。第1背鳍黑色。为暖水性中下层鱼类。栖息于浅海、河口水域。分布于我国东海、南海、台湾海域，以及日本若狭湾以南海域、印度海域、西北太平洋暖水域。体长约20 cm[49]。

2846 爱氏无齿鲳 *Ariomma evermanni* Jordan et Snyder，1907 [38]

背鳍Ⅹ，Ⅰ－15；臀鳍Ⅱ－15；胸鳍23；腹鳍Ⅰ－5。侧线鳞53～55。

本种体延长，稍侧扁。吻长，钝尖。眼较小，眼径为头长的1/4以下。口中等大，前鳃盖骨后缘具锯齿。体被中等大圆鳞。头、体背侧暗褐色，侧腹淡褐色，有金属光泽。背鳍、胸鳍、尾鳍黑色。腹鳍色浅。为暖水性中下层鱼类。栖息于近海。分布于我国东海、南海，以及日本南部海域、印度–西太平洋暖水域。体长约28 cm。

▲ 本属我国尚有短鳍无齿鲳 *A. brevimanus*，分布于我国东海、南海和台湾近海海域[13]。

46 鲽形目 PLEURONECTIFORMES

鲽形目物种体甚侧扁，成鱼左右不对称，两眼均位于头部左侧或右侧。口、牙、偶鳍等也时有不对称情况。肛门通常不在腹部正中线上。各鳍一般无鳍棘。背鳍、臀鳍基底长，鳍条多。腹鳍胸位或喉位，一般鳍条不多于6枚。体两侧被栉鳞或圆鳞，或有眼侧被栉鳞，无眼侧被圆鳞。无眼侧通常白色。成鱼一般无鳔。全球共有14科134属678种，我国有9科55属149种。其中有许多是重要经济鱼类和养殖种类[41, 98, 110, 129]。

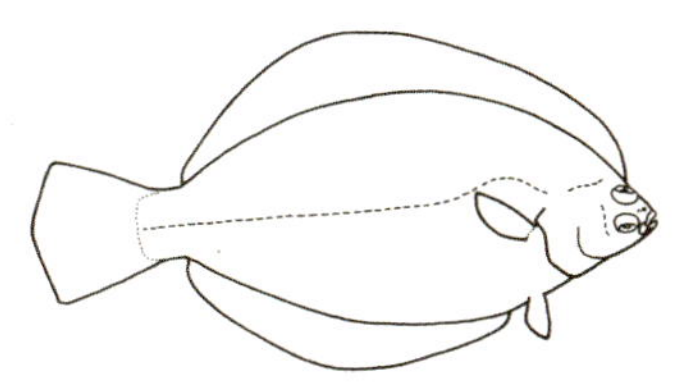

鲽形目鲽科物种形态简图

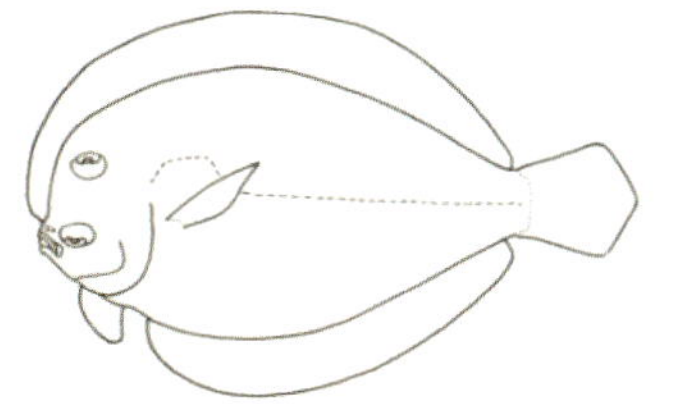

鲽形目鲆科物种形态简图

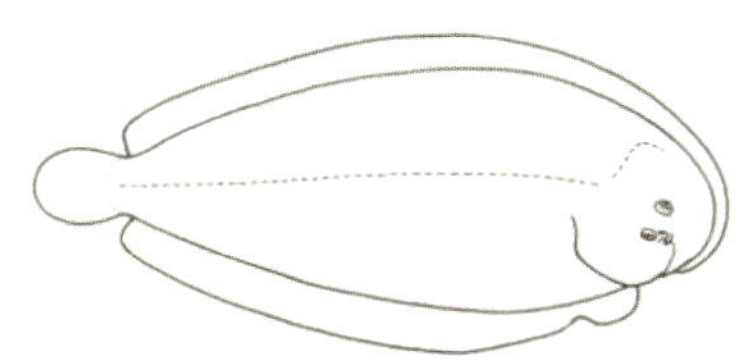

鲽形目鳎科物种形态简图

鲽形目的亚目检索表

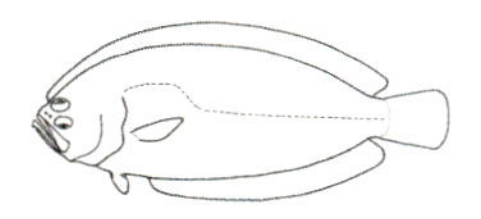

1a 背鳍、臀鳍前部有鳍棘；鳃峡略凹；犁骨、腭骨和第1下鳃骨有齿；有伪头中骨、尾下骨；有侧棘……………………鳒亚目 Psettodoidei

1b 背鳍、臀鳍无鳍棘；鳃峡深凹刻状；腭骨及下鳃骨无齿；无伪头中骨、尾下骨；无侧棘 ……………………………………………………（2）

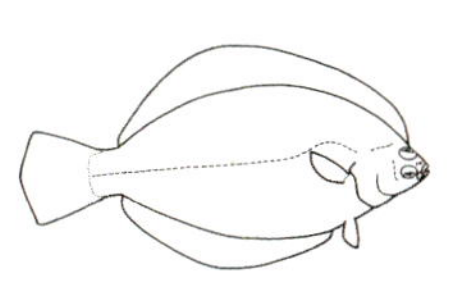

2a 前鳃盖骨后缘常游离；无眼侧鼻孔近头背缘，左右不对称；口常前位；有后匙骨、肋骨、肌膈骨刺；视神经交叉为单型……………………………………………………鲽亚目 Pleuronectoidei

2b 前鳃盖骨后缘埋入皮下；无眼侧鼻孔位较低，左右近似对称；口前位或下位；无后匙骨、肋骨、肌膈骨刺；视神经交叉为双型……………………………………………………鳎亚目 Soleoidei

鳒亚目和鲽亚目的科、属、种检索表

1a 背鳍始于项背；背鳍、臀鳍前部有鳍棘
……………………鳒科 Psettodidae 大口鳒 *Psettodes erumei* 2847

1b 背鳍始于头背侧眼上方或前上方或吻部；背鳍、臀鳍无鳍棘；前鳃盖骨后缘常游离…（2）

2a 鳃盖膜互连；腹鳍基底短或长，无鳍棘，常有6枚鳍条；有眼侧胸鳍较长；肛门位于腹中线或偏向无眼侧，生殖孔偏向有眼侧；尾舌骨钩状……………………………………………………（5）

2b 鳃盖膜分离；腹鳍基底短，有1枚鳍棘和5枚鳍条；有眼侧胸鳍短（短鲽除外）；肛门、生殖孔均偏向有眼侧；尾舌骨扇状或钝钩状
……………………………………………………棘鲆科 Citharidae（3）

3a 侧线鳞29～31枚；吻及上、下颌无鳞，雄鱼背鳍第5～10枚长丝状鳍条；尾舌骨扇状
……………………………………………………短鲽 *Brachypleura novaezeelandiae* 2848

3b 侧线鳞40～55枚；吻及上、下颌有鳞；背鳍无丝状鳍条；尾舌骨钝钩状………………（4）

4a 两眼位于头左侧；背鳍、臀鳍鳍条均分支，鳍基后端各有一黑斑
……………………………………………………大鳞拟棘鲆 *Citharoides macrolepidotus* 2849

4b 两眼位于头右侧；背鳍、臀鳍仅后部鳍条分支，鳍基后端无黑斑；眼上有鳞
……………………………………………………鳞眼鲽 *Lepidoblepharon ophthalmolepis* 2850

5-2a 两眼通常位于头右侧（江鲽及反常个体例外）；腹椎无肾脉弓或有叉状的两脉棘；颌齿常不尖细……………………………………………………………………………（51）

5b 两眼通常位于头左侧（有反常个体）；腹椎有肾脉弓；脉棘非叉状；颌齿锐利或尖细
……………………………………………………………………………………（6）

6a 背鳍始于吻部；偶鳍无分支鳍条；通常有眼侧腹鳍长；通常仅有眼侧有侧线；上眼比下眼常靠后；尾舌骨尖钩状；无眼侧额骨，无眶间突
……………………………………………………鲆科 Bothidae（18）

6b 背鳍始于眼上方或前上方；偶鳍有分支鳍条；腹鳍基短，左、右几乎对称；两侧侧线各1条；上眼比下眼靠前；尾舌骨钝钩状，钩端近截形；有眶间突……………………………牙鲆科 Paralichthyidae（7）

7a 背鳍、臀鳍鳍条全分支；前部背鳍鳍条较稀疏；颌齿毛状，多行；鳃耙宽短
……………………………………………………………华鲆 *Tephrinectes sinensis* 2852

7b 背鳍、臀鳍鳍条不分支或部分分支；前部背鳍鳍条不显著；颌齿1行 ……………………（8）

8a 颌齿为大犬齿；背鳍、臀鳍后部鳍条分支；侧线无明显的颞上支
……………………………………………………………褐牙鲆 *Paralichthys olivaceus* 2851

8b 颌齿不为犬齿；背鳍、臀鳍鳍条均不分支；侧线颞上支伸达背鳍前部附近……………（9）

9a 侧线鳞43～46枚；鳃耙无小刺 ……………………高体大鳞鲆 *Tarphops oligolepis* 2853

9b 侧线鳞58～100枚；鳃耙有小刺 …………………………斑鲆属 *Pseudorhombus*（10）

10a 鳃耙宽短，长约等于宽，有小刺；体左侧有5个双瞳状斑；上颌达眼中央下方或稍靠后
……………………………………………………………双瞳斑鲆 *P. dupliocellatus* 2854

10b 鳃耙尖长，长大于宽；体无双瞳状斑…………………………………………………（11）

11a 体两侧被栉鳞；鳃耙2～5＋8～10枚，侧线鳞80～85枚；在折弯处暗斑内有前、后2个黑点…………………………………………………………………少牙斑鲆 *P. oligodon* 2856

11b 体右侧被圆鳞…………………………………………………………………………（12）

12a 体左侧除上、下缘有栉鳞外，其余部位与体右侧全被圆鳞；背鳍鳍条79～89枚，达吻后半部；下鳃耙8～10枚………………………………………………圆鳞斑鲆 *P. levisquamis* 2859

12b 体左侧全为栉鳞，或侧线有圆鳞……………………………………………………（13）

13a 沿体上、下缘及侧线各有3～6个眼状黑斑；背鳍鳍条73～75枚，臀鳍鳍条55～59枚；鳃耙3＋9～12枚……………………………………………………………南海斑鲆 *P. neglectus* 2861

13b 体斑纹不规则………………………………………………………………………（14）

14a 齿大且稀，右下颌齿6～16枚；下鳃耙8～13枚；第1间脉棘不突出或突出…………（17）

14b 齿小且密，右下颌齿常至少20枚；第1间脉棘突出………………………………（15）

15a 背鳍鳍条80～85枚，臀鳍鳍条61～67枚；下鳃耙10～12枚；体中部有一大黑斑，周边有白色小点……………………………………………………………桂皮斑鲆 *P. cinnamomeus* 2858

15b 背鳍鳍条67～76枚，臀鳍鳍条53～60枚；下鳃耙13～20枚……………………（16）

16a 体左侧有5个眼状斑…………………………………………五眼斑鲆 *P. pentophthalmus* 2855

16b 体左侧有3个暗斑……………………………………………………高体斑鲆 *P. elevatus* 2860

17-14a 第1脉间棘突出于臀鳍前方；体左侧有5个眼状斑………五点斑鲆 *P. quinquocellatus* 2862

17b 第1脉间棘不突出；体左侧有许多环纹和小黑点………………………大牙斑鲆 *P. arsius* 2857

18-6a 口小或中等大；上颌长不及头长的1/2…………………………………………（21）

18b 口很大；上颌长大于头长的1/2……………………………………………………（19）

19a 两颌突出于吻前端，下颌前端有大犬齿；仅左侧有1条侧线
…………………………………………………………大嘴鳄口鲆 *Kamoharaia megastoma* 2865

19b 上颌不显著突出，下颌前端无大犬齿；两侧各1有条侧线…大口鲆属 *Chascanopsetta*（20）

20a 下颌稍前突；背鳍鳍条111～127枚，臀鳍鳍条76～88枚……………大口鲆 *C. lugubris* 2863

20b 下颌显著前突；背鳍鳍条124～133枚，臀鳍鳍条86～93枚…短颌大口鲆 *C. prognathus* 2864

21-18a 体两侧侧线均发达；左侧腹鳍第3鳍条最长；背鳍前端约4枚鳍条延长，呈丝状
……………………………………………………克氏双线鲆 *Grammatobothus krempfi* 2896

21b 只有左侧线，无右侧线…………………………………………………………（22）

22a 眼间隔凹形，成年雄鱼较幼鱼及雌鱼眼间隔宽………………………………（36）

22b 眼间隔窄，骨嵴状或仅前半部稍凹；无吻棘……………………………………（23）

23a 有眼侧腹鳍基底稍长，有眼侧第2鳍条与无眼侧第1鳍条对位；雄鱼背鳍、臀鳍各有5～6条丝状鳍条…………………………………………………眼斑丝鳍鲆 *Taeniopsetta ocellata* 2866

23b 有眼侧腹鳍基底相当长，有眼侧第3、第4鳍条与无眼侧第1鳍条对位………………（24）

24a 上颌较眼径短；口很小，下颌前端宽；口仅右侧有齿………小头左鲆 *Laeops parviceps* 2895

24b 上颌较眼径长或相等；口很窄而扁；口两侧有齿…………………………………（25）

25a 口较大，上颌长于眼径；体左侧被圆鳞或弱栉鳞…………………………………（29）

25b 口小，上颌长约等于眼径…………………………………………………………（26）

26a 体两侧均被圆鳞；体长为头长的4.9～5.7倍…………多齿日左鲆 *Japonolaeops dentatus* 2894

26b 体左侧被强栉鳞，栉刺长，1行，位于鳞后缘；体长为头长的3.8～4.5倍 ……………………………………………………………………………………鲽鲆属 *Psettina*（27）

27a 左侧背、腹缘暗斑伸达背鳍、臀鳍内；侧线弯弧长小于眼径的1.5倍 …大斑鲽鲆 *P. iijimae* 2883

27b 左侧背、腹缘暗斑不达背鳍、臀鳍内；侧线弯弧长至少为眼径的2倍 ………………（28）

28a 两颌及吻前部黑色 ……………………………………………………………大鲽鲆 *P. gigantea* 2884

28b 两颌及吻前部不呈黑色 ………………………………………………………土佐鲽鲆 *P. tosana* 2885

29–25a 体长至少为头长的4.7倍；有眼侧被圆鳞……小眼新左鲆 *Neolaeops microphthalmus* 2893

29b 体长不及头长的4.5倍；有眼侧通常被栉鳞（角羊舌鲆例外）…羊舌鲆属 *Arnoglossus*（30）

30a 背鳍前4枚鳍条特别长，呈长丝状 ……………………………长冠羊舌鲆 *A. macrolophus* 2892

30b 背鳍前4枚鳍条不特别长，或雄鱼背鳍前6枚鳍条延长成丝状 ……………………………（31）

31a 上颌前端齿不大，上、下颌齿相似 …………………………………………………………………（34）

31b 上颌前端齿较大，下颌侧齿较上颌侧齿大且排列稀疏 ………………………………………（32）

32a 体两侧均被圆鳞；侧线鳞63～68枚；成年雄鱼第2背鳍鳍条延长 …角羊舌鲆 *A. japonicus* 2890

32b 体左侧被弱栉鳞，右侧被圆鳞 …………………………………………………………………（33）

33a 侧线鳞70～81枚；尾鳍前部有2个褐斑 ……………………………多斑羊舌鲆 *A. polyspilus* 2889

33b 侧线鳞87～94枚；有眼侧胸鳍、腹鳍有暗斑 ………………尖吻羊舌鲆 *A. oxyrhynchus* 2891

34–31a 成年雄鱼前6枚背鳍鳍条延长为丝状；左侧偶鳍后端黑色；臀鳍鳍条70～75枚 ……………………………………………………………………长鳍羊舌鲆 *A. tapeinosoma* 2886

34b 成年雄鱼前端背鳍鳍条较短；左侧偶鳍后端不呈黑色；臀鳍鳍条少于75枚 …………（35）

35a 背鳍鳍条80～84枚，臀鳍鳍条61～64枚；侧线鳞44～48枚………无斑羊舌鲆 *A. aspilos* 2887

35b 背鳍鳍条93～98枚，臀鳍鳍条70～74枚；侧线鳞50～55枚 …………纤羊舌鲆 *A. tenuis* 2888

36–22a 眼间隔宽较眼径小；成年雄鱼无吻棘、眼棘；左腹鳍通常始于下眼后缘下方或后下方 ……………………………………………………………………………………………………（47）

36b 成年雄鱼眼间隔宽大于眼径；有吻棘、眼棘；左腹鳍始于下眼后缘前下方 …………（37）

37a 侧线鳞少于64枚 ………………………………………………………………………………（41）

37b 侧线鳞不少于74枚………………………………………………………………鲆属 *Bothus*（38）

38a 体两侧被圆鳞；侧线鳞78～80枚；上颌长约等于眼径 ………………圆鳞鲆 *B. assimilis* 2880

38b 至少体左侧有栉鳞 ………………………………………………………………………………（39）

39a 体右侧黑暗区前缘有蓝黑色横纹；左胸鳍第2～6鳍条延长为丝状；上颌长约等于眼径 …………………………………………………………………………………繁星鲆 *B. myriaster* 2879

39b 体右侧无暗横纹；上颌长较眼径长 ……………………………………………………………（40）

40a 背鳍鳍条96～103枚，臀鳍鳍条74～81枚；下鳃耙9～11枚；头背缘在眼前方略凹，雄鱼两眼各有7～10个毛状突起 ……………………………………………………凹吻鲆 *B. mancus* 2881

40b 背鳍鳍条86～93枚，臀鳍鳍条64～70枚；下鳃耙6～7枚；头背缘在眼前方圆突；雄鱼两眼各有1～3个毛状突起……………………………………………………豹鲆 *B. pantherinus* 2882

41–37a 头、体左侧被强栉鳞，鳞后缘栉刺长；侧线鳞50～63枚…缨鲆属 *Crossorhombus*（45）

41b 头、体左侧被弱栉鳞；侧线鳞不多于50枚……………………短额鲆属 *Engyprosopon*（42）

42a 尾鳍中部上、下缘无黑色斑；成年雄鱼左胸鳍上部鳍条呈丝状，其长度大于头长 ……………………………………………………………………………（44）

42b 尾鳍中部上、下缘各有一黑色斑；鳃耙0 + 5 ~ 8 ………………………………（43）

43a 左胸鳍第2鳍条不显著延长，其长度小于头长 ……………大鳞短额鲆 *E. grandisquama* 2876

43b 左胸鳍第2鳍条显著延长，其长度大于头长 ………………多鳞短额鲆 *E. multisquama* 2878

44–42a 侧线鳞45 ~ 47枚 ……………………………………大鳍短额鲆 *E. macroptera* 2875

44b 侧线鳞37 ~ 42枚 ……………………………………………长鳍短额鲆 *E. filipennis* 2877

45–41a 雄鱼右侧有蓝黑色区达背、腹缘及尾柄附近；左胸鳍较头长，有丝状鳍条 ………………………………………………………………长臂缨鲆 *C. kobensis* 2873

45b 雄鱼右侧蓝黑色区不达背、腹缘及尾柄附近；左胸鳍较头短，鳍条不呈丝状，尾鳍有2个暗横斑 ………………………………………………………………………（46）

46a 上颌齿1行；眼球外缘有一低的膜状突起；鳃耙0 + 6 ~ 7枚 …………青缨鲆 *C. azureus* 2872

46b 上颌齿2行；眼球外缘无膜状突起；鳃耙1 ~ 4 + 6 ~ 8枚 …………多齿缨鲆 *C. kanekonis* 2874

47–36a 鳃耙宽掌状；第1背鳍鳍条较长，独立…………中间角鲆 *Asterorhombus intermedius* 2867

47b 鳃耙细长；第1背鳍鳍条不独立，较第2背鳍鳍条短 ………………拟鲆属 *Parabothus*（48）

48a 侧线鳞少于65枚；背鳍鳍条95 ~ 108枚，臀鳍鳍条78 ~ 84枚 ……台湾拟鲆 *P. taiwanensis* 2871

48b 侧线鳞多于70枚 ………………………………………………………………（49）

49a 侧线鳞多于90枚；背鳍鳍条106 ~ 117枚，臀鳍鳍条92 ~ 93枚……短腹拟鲆 *P. coarctatus* 2868

49b 侧线鳞多于70枚，少于90枚 ……………………………………………………（50）

50a 侧线鳞通常75 ~ 80枚；背鳍110 ~ 112枚，臀鳍鳍条87 ~ 88枚…绿斑拟鲆 *P. chlorospilus* 2869

50b 侧线鳞80 ~ 86枚；背鳍鳍条104 ~ 113枚，臀鳍鳍条83 ~ 90枚 ………少鳞拟鲆 *P. kiensis* 2870

51–5a 胸鳍无分支鳍条；无眼侧无胸鳍和侧线；背鳍始于吻部 ……………………………………………冠鲽科 Samaridae（73）

51b 胸鳍有或无分支鳍条；无眼侧无侧线或侧线仅呈痕迹状（此类鱼的背鳍始于眼上方），或者两侧侧线均发达 ………………………………………………………………（52）

52a 无眼侧无侧线或侧线呈痕迹状；腹鳍无分支鳍条；嗅小板沿一条中轴呈辐状排列……瓦鲽科 Poecilopsettidae 瓦鲽属 *Poecilopsetta*（70）

52b 两侧侧线均发达；腹鳍常有分支鳍条；嗅小板平行排列，无中轴 ……………………………………………鲽科 Pleuronectidae（53）

53a 眼位于体左侧或右侧（美洲产）；有眼侧具白色星斑突起 ……………………………………………星突江鲽 *Platichthys stellatus* 2897

53b 眼位于体右侧；有眼侧无白色星斑突起 ………………………………………（54）

54a 有眼侧密布粒状突起 …………………………………粒鲽 *Clidoderma asperrimum* 2898

54b 有眼侧无粒状突起 ……………………………………………………………（55）

55a 有眼侧鳃孔上端比胸鳍基上端更高 ……………………………………………（58）

55b 有眼侧鳃孔上端与胸鳍基上端几乎等高 ……………………………………………………（56）
56a 两眼间无骨质突起；无眼侧两颌齿发达；眼上缘无鳞……亚洲油鲽 *Microstomus achne* 2901
56b 两眼间有前后向骨质突起 ……………………………………木叶鲽属 *Pleuronichthys*（57）
57a 头背缘侧线前部无分支；有眼侧的小黑斑不定型 …………………角木叶鲽 *P. cornutus* 2899
57b 头背缘侧线前部有分支；有眼侧的小黑斑圆形……………………长木叶鲽 *P. japonicus* 2900
58-55a 颌齿犬齿状、门齿状或小圆锥状；颌齿若为小圆锥状，则仅1行，不排列成齿带；有的种有眼侧颌齿不发达或无 ……………………………………………………………………（60）
58b 颌齿钝圆锥状；上颌齿2～3行，排列成齿带；有眼侧颌齿也很发达 ……………………………………………………………………星鲽属 *Verasper*（59）
59a 背鳍和臀鳍有黑色圆斑 ……………………………………………圆斑星鲽 *V. variegatus* 2902
59b 背鳍和臀鳍有黑色条带 ………………………………………………条斑星鲽 *V. moseri* 2903
60-58a 口小，头长为上颌长的3.2倍以上；有眼侧齿不发达或无 ……………………………（63）
60b 口大，或稍大，头长为上颌长的3.2倍以下；两颌齿均发达；尾鳍后缘圆弧形或截形 ………………………………………………………………………………………………（61）
61a 有眼侧有3对圆形斑 …………………………………………虫鲽 *Eopsetta grigorjewi* 2905
61b 有眼侧无明显的斑纹 ……………………………………………………………………（62）
62a 上眼位于头背缘；背鳍起始于上眼的后半部上方；胸鳍中央鳍条末端分支 ………………………………………………………高眼鲽 *Cleisthenes herzensteini* 2904
62b 上眼不在头背缘；背鳍起始于上眼的前部上方；胸鳍鳍条全部不分支 ……………………………………………………犬牙拟庸鲽 *Hippoglossoides dubius* 2906
63-60a 体呈长椭圆形；背鳍鳍条51～81枚，臀鳍鳍条38～73枚 ………………………………（65）
63b 体细长；背鳍鳍条80～102枚，臀鳍鳍条70～83枚 ……………………………………（64）
64a 无眼侧头部无凹陷；背鳍、臀鳍后部8～9枚鳍条末端分支；眼上缘有鳞 ……………………………………………………………长鲽 *Tanakius kitaharae* 2907
64b 无眼侧头部有一些凹陷黏液腔；背鳍、臀鳍鳍条末端全部不分支；眼上缘无鳞 …………………………………………………斯氏美首鲽 *Glyptocephalus stelleri* 2908
65-63a 体鳞光滑，鳞特化为石状骨板，沿背侧、侧线、腹侧部排列 ……………………………………………………………石鲽 *Kareius bicoloratus* 2909
65b 体鳞不呈石状骨板 ………………………………………………………………………（66）
66a 眼上缘有鳞，侧线鳞57～67枚；侧线几乎平直 ……………小口鲽 *Dexistes rikuzenius* 2910
66b 眼上缘无鳞，侧线鳞64～108枚；侧线前部多向上弯曲 ………………………………（67）
67a 背鳍、臀鳍有数条不明显的黑色带；侧线在胸鳍上方弯曲小；鳃盖下部无小皮瓣 ……………………………………………………………黑光鲽 *Liopsetta obscura* 2911
67b 背鳍、臀鳍无黑色带，侧线在胸鳍上方弯曲大 …………………………………………（68）
68a 口稍大，后端达到或超越瞳孔前沿；头长为上颌长的3.2～3.8倍，眼间隔宽，栉鳞有1～3枚棘 ……………………………………………刺黄盖鲽 *Pleuronectes asper* 2914
68b 口小，后端不达瞳孔；头长为上颌长的4.0～4.7倍 ……………………………………（69）
69a 吻稍尖；两眼间隔无鳞 ………………………………………尖吻黄盖鲽 *P. herzensteini* 2913

69b 吻端钝；两眼间隔有鳞 ……………………………………………钝吻黄盖鲽 *P. yokohamae* 2912

70-52a 侧线鳞95～98枚；尾鳍无黑斑；头背缘在眼上方不突出
……………………………………………………………普来隆瓦鲽 *Poecilopsetta praelonga* 2918

70b 侧线鳞55～70枚；尾鳍有黑斑 …………………………………………………………………（71）

71a 侧线鳞55～56枚；尾鳍前、后端各有一淡黑色斑 …………………大鳞瓦鲽 *P. megalepis* 2917

71b 侧线鳞57～70枚；尾鳍上、下缘各有一黑斑 ……………………………………………………（72）

72a 胸鳍中部鳍条分支，无大黑斑；体右侧后部上、下缘各有一黑斑 …双斑瓦鲽 *P. plinthus* 2915

72b 胸鳍鳍条完全不分支，后端黑色；体右侧后部上、下缘无大黑斑
…………………………………………………………………………纳塔尔瓦鲽 *P. natalensis* 2916

73-51a 有眼侧胸鳍鳍条8～10枚………………………………………褐斜鲽 *Plagiopsetta glossa* 2920

73b 有眼侧胸鳍鳍条4～5枚 ……………………………………………………………………………（74）

74a 尾鳍鳍条全不分支；背鳍前部10～15枚鳍条和有眼侧腹鳍条呈丝状延长
……………………………………………………………………………冠鲽 *Samaris cristatus* 2919

74b 尾鳍中央鳍条分支；背鳍前部和腹鳍鳍条不呈丝状 ………………沙鲽属 *Samariscus*（75）

75a 胸鳍鳍条4枚，臀鳍鳍条46～53枚；体长为体高的2.2～2.6倍；侧线鳞45～52枚
…………………………………………………………………………………高知沙鲽 *S. xenicus* 2924

75b 胸鳍鳍条5枚，臀鳍鳍条47～59枚；侧线鳞49～61枚 ……………………………………（76）

76a 体长为体高的2.6～2.9倍；臀鳍鳍条47～54枚 ……………………日本沙鲽 *S. japonicus* 2923

76b 体长为体高的2.6倍以下；臀鳍鳍条53～59枚……………………………………………………（77）

77a 体长为体高的2.0～2.3倍；侧线鳞57～61枚 ………………………………满月沙鲽 *S. latus* 2921

77b 体长为体高的2.2～2.5倍；侧线鳞52～56枚 ……………………丝鳍沙鲽 *S. filipectoralis* 2922

（299）鳒科 Psettodidae

本科物种两眼均位于头部右侧或左侧。口大，前位。下颌稍突出。具一发达的上颌辅骨。前鳃盖骨后缘明显，未被皮膜或鳞覆盖。腹鳍胸位，有1枚鳍棘和5枚鳍条。具胸鳍，左右对称。全球有1属3种，我国有1种。

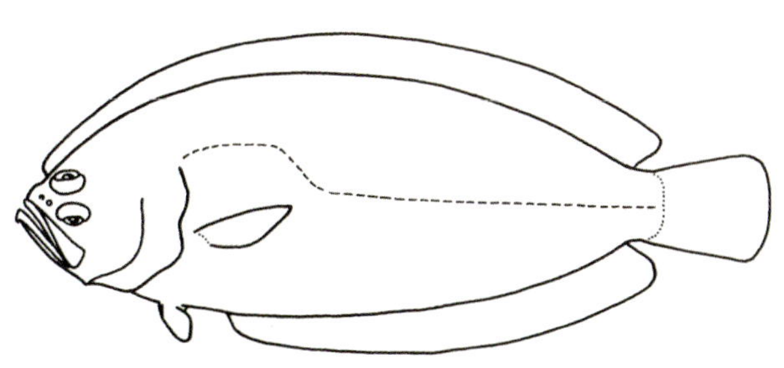

鳒科物种形态示意图

2847 大口鳒 *Psettodes erumei*（Bloch et Schneider，1801）[16]

背鳍Ⅺ～ⅩⅣ－39～42；臀鳍Ⅱ－37～41；胸鳍14～15；腹鳍Ⅰ－5。侧线鳞65～70。鳃耙9～12+16。

本种体呈长椭圆形，很侧扁。口甚大，前位，斜形。上颌辅骨发达。颌齿尖锐，两侧各有一侧棘。犁骨、腭骨、舌上均有齿。前鳃盖骨后缘游离。体被栉鳞。体暗褐色，奇鳍深褐色，偶鳍淡黄色。为暖水性底层鱼类。栖息于近岸沙泥底质海区。分布于我国南海、台湾海域，以及日本南部海域、印度－西太平洋暖水域。体长约60 cm。

（300）棘鲆科 Citharidae

本科物种两眼均位于头部左侧或右侧。背鳍、臀鳍有分支鳍条。腹鳍基底短，具1枚鳍棘和5枚鳍条。通常有眼侧胸鳍较无眼侧胸鳍短。鳃盖膜彼此分离。肛门位于有眼侧。全球有5属6种，我国有3属3种。

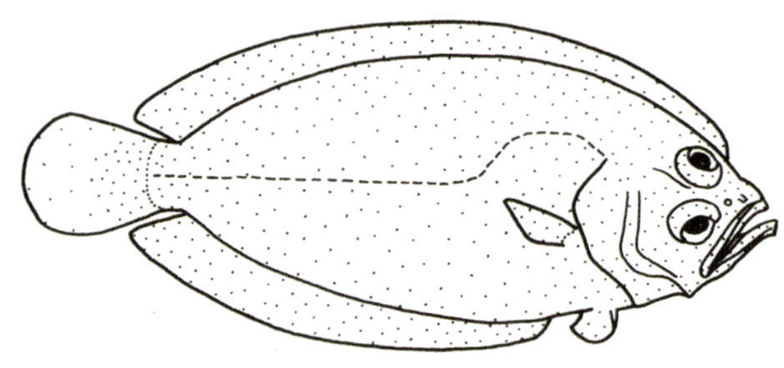

棘鲆科物种形态简图

2848 短鲽 *Brachypleura novaezeelandiae* Günther，1862 [37]

= 新西兰短鲽

背鳍69 ~ 74；臀鳍47 ~ 49；胸鳍12 ~ 13；腹鳍Ⅰ－5。侧线鳞6 + 29 ~ 31。鳃耙3 ~ 5 + 8 ~ 9。

本种体呈长椭圆形，很侧扁。头短高。眼中等大，位于头右侧，眼间隔窄嵴状。鼻孔每侧2个，前鼻孔短管状，有皮突。口大，前位，左右对称。下颌稍长，联合处下方有一突起。颌齿2行，犁骨有小齿群。鳞大，右侧被栉鳞，左侧被弱栉鳞或圆鳞。侧线中位，在胸鳍上方弯弧状，无颞上支。背鳍始于左侧上颌背缘附近，雄鱼第5 ~ 10枚鳍条延长成呈丝状。体右侧淡黄色，鳞片后缘灰褐色，鳃孔灰黑色。背鳍、臀鳍各有1纵行4 ~ 8个灰黑色斑。为暖水性底层鱼类。栖息于沙泥底质浅海。分布于我国南海、台湾海域，以及菲律宾海域、马尔代夫海域。体长约10 cm。

2849 大鳞拟棘鲆 *Citharoides macrolepidotus* Hubbs，1915 [39]

背鳍64 ~ 68；臀鳍44 ~ 48；胸鳍9 ~ 10。侧线鳞40 ~ 43（38 ~ 42）。鳃耙4 ~ 6 + 8 ~ 9。

本种体呈长椭圆形。眼位于左侧，眼大，上眼近头背缘，较下眼略靠前。眼间隔窄嵴状，眼表无鳞。吻稍钝。口大，前位。颌齿尖小，齿群呈带状。鳞大，左侧被弱栉鳞，右侧被圆鳞。侧线中位，在胸鳍上方呈浅弧状，无颞上支。背鳍始于吻部右侧。背鳍、臀鳍鳍条均分支。头、体左侧淡黄灰色。背鳍、臀鳍基底后端各有一大黑斑。吻背侧和左侧灰黑色。各鳍淡黄色。为暖水性底层鱼类。栖息于水深200～500 m的海域。分布于我国南海、东海，以及日本骏河湾海域、兵库以南海域，韩国海域，菲律宾海域，西太平洋暖水域。体长约20 cm。

2850 鳞眼鲽 *Lepidoblepharon ophthalmolepis* Weber，1913[38]

背鳍65～70；臀鳍45～48；胸鳍11～12。侧线鳞51～58。鳃耙4～7＋10～11。

本种体呈椭圆形，很侧扁，尾柄短。头大。两眼大，位于右侧，眼间隔窄嵴状。有眼侧被栉鳞，无眼侧被圆鳞。吻、两颌、眼间隔和眼球上均被鳞。口大，上颌骨约为头长的1/2。颌齿小，呈带状排列。背鳍始于眼前缘左侧上方，背鳍、臀鳍仅后部鳍条略有分支。有眼侧淡黄褐色，奇鳍色稍淡，无眼侧白色，腹膜黑色。为暖水性底层鱼类。栖息于水深300～400 m的海区。分布于我国台湾海域，以及日本骏河湾以南海域、澳大利亚阿拉弗拉海、西太平洋暖水域。体长约25 cm。

(301) 牙鲆科 Paralichthyidae

本科物种两眼位于头部左侧（有反常个体），上眼比下眼位置靠前，有眶间突。背鳍始于眼上方或前上方。偶鳍有分支鳍条。腹鳍基底短，左右几乎对称。侧线发达，两侧各1条。尾舌骨钝钩状，钩端近截形。全球有16属105种，我国有4属16种。

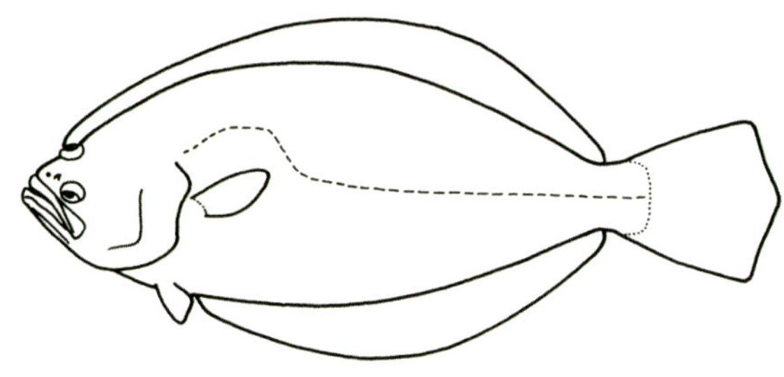

牙鲆科物种形态简图

2851 褐牙鲆 *Paralichthys olivaceus*（Temminck et Schlegel，1846）[15]

背鳍77 ~ 81；臀鳍59 ~ 61；胸鳍12 ~ 13。侧线鳞107 ~ 120。鳃耙6 + 15。

本种体呈长椭圆形，侧扁。两眼位于头左侧，眼间隔较宽坦。口大，前位，斜裂。上颌骨长等于或稍大于头长的1/2。两颌齿各1行，较大，犬齿。犁骨、腭骨无齿。无眼侧被小圆鳞，有眼侧有小栉鳞，眼前部无鳞。左、右侧线同等发达，无明显的颞上支。背鳍、臀鳍仅后部鳍条分支。胸鳍无眼侧中部鳍条分支。尾鳍后缘双截形。头、体左侧灰褐色，在侧线中央及前端上、下各有一和瞳孔约等大的亮黑斑，体盘上尚散布暗环纹或斑点。无眼侧白色。各鳍淡黄色。为暖温性底层鱼类。栖息于水深10 ~ 200 m的沙泥底质海区。分布于我国渤海、黄海、东海、南海，以及日本北海道以南海域、朝鲜半岛海域、西北太平洋暖温水域。体长可达65 cm[132]。曾是我国黄海和渤海的重要经济鱼类[56]，为底拖网渔获对象。现因资源衰退，已开展人工养殖和放流增殖[98]。

2852 华鲆 *Tephrinectes sinensis*（Lacépède，1802）[37]

= 中华鲆

背鳍44 ~ 49；臀鳍35 ~ 39；胸鳍13 ~ 16。侧线鳞4 + 72 ~ 80。鳃耙3 ~ 5 + 9 ~ 14。

本种体呈卵圆形，很侧扁。吻钝。两眼通常在左侧，眼间隔微凹。口前位，很斜。颌齿多行，尖毛状。鳃耙宽短，呈扁圆突起。背缘在眼上缘和尾柄处各有一凹刻。背鳍、臀鳍鳍条全部分支，背鳍前部鳍条较稀疏。有眼侧被弱栉鳞，无眼侧被圆鳞。两侧侧线各1条，有颞上支。体有眼侧黄褐色，散布小于瞳孔的小黑点。鳍黄色，奇鳍有黑褐色大斑。无眼侧白色。为暖水性底层鱼类。栖息于近海水域，春、夏季可入江河淡水区觅食。分布于我国东海、南海、台湾海域，为我国特有种。体长约30 cm。

2853 高体大鳞鲆 *Tarphops oligolepis*（Bleeker，1858）[38]

背鳍63 ~ 67；臀鳍48 ~ 52；胸鳍10 ~ 11。侧线鳞43 ~ 46。鳃耙7 ~ 9 + 18 ~ 24。

本种体呈长卵圆形，侧扁而高。两眼位于头左侧，无眼侧胸鳍中部鳍条不分支。有眼侧侧线有颞上支。背鳍、臀鳍鳍条均不分支。口小，前位。上颌后部不达眼中部，无上颌辅骨。颌齿细小，1行。鳃耙较密，长扁形，无小刺。头、体两侧均被弱栉鳞，仅右侧线鳞为圆鳞。体左侧淡灰褐色，有不规则的暗褐色网状纹。鳍淡黄色，左腹鳍有5 ~ 6条褐色横纹。无眼侧白色或淡黄色。为暖水性底层鱼类。栖息于30 m以浅沙底质海区。分布于我国南海、东海、台湾海域，以及日本石狩湾海域、千叶以南海域，西太平洋亚热带水域。体长约9 cm。

斑鲆属 *Pseudorhombus* Bleeker，1862

本属物种体呈长椭圆形、长卵圆形或卵圆形，侧扁。两眼均位于头部左侧。口较大，上颌骨长超过头长的1/2。颌齿1行，细锥状，左、右侧颌齿同等发达。背鳍、臀鳍鳍条不分支。背鳞始于吻部或眼前上方。有眼侧胸鳍较长。腹鳍基底短，左、右几乎对称。左、右侧线同等发达，在胸鳍上方有一弓状弯曲，具颞上支。我国有13种。

2854 双瞳斑鲆 *Pseudorhombus dupliocellatus* Regan，1905[38]

背鳍72～78；臀鳍56～63；胸鳍10～12。侧线鳞73～84。鳃耙5＋8～9。

本种一般特征同属。无眼侧胸鳍鳍条不分支。口大，上颌达眼中部或稍靠后。右下颌齿13～22枚。鳃耙宽短，呈簇状，长宽约相等，有小刺。体左侧被栉鳞，右侧被圆鳞。头、体左侧淡黄褐色，侧线直线部前端有1个和眼约等大的黑褐色斑。其前后、上下各有1对瞳状黑褐色斑，周围有1环纹。侧线后部常有1对瞳状斑。头、体背、腹缘有环状或弧状暗纹。体右侧及鳍白色或淡黄色。为暖水性底层鱼类。栖息于大陆架泥沙底质海区。分布于我国南海、台湾海域，以及日本濑户内海、西太平洋热带水域。体长约38 cm。

2855 五眼斑鲆 *Pseudorhombus pentophthalmus* Günther，1862[18]

背鳍71～76；臀鳍53～60；胸鳍11～12。侧线鳞67～75。鳃耙6～7＋17～20。

本种与双瞳斑鲆相似。体呈长椭圆形，侧扁。口大，上颌可超过眼后缘。两颌齿较密且小，右下颌齿20～26枚。鳃耙栉状。头、体左侧淡黄灰褐色，侧线上、下分别有3个和2个眼状大黑斑。沿背缘和腹缘分别有8～9个和3个环状或弧状斑纹。鳍灰黄色，奇鳍和腹鳍尚有许多褐色小点。为暖温性底层鱼类。栖息于40～80 m水深沙泥底质海区。分布于我国黄海、东海、南海、台湾海域，以及日本北海道以南海域，朝鲜半岛海域，西太平洋热带、暖温带水域。体长约17 cm。

2856 少牙斑鲆 *Pseudorhombus oligodon*（Bleeker，1854）[38]

背鳍78～82；臀鳍61～64；胸鳍12～13。侧线鳞80～85。鳃耙2～5＋8～9。

本种体呈长椭圆形，很侧扁。口大，前位。上颌达下眼后半部下方。两颌前方齿大，较稀，右下颌齿15枚。体两侧被栉鳞。头、体左侧黄灰褐色，位于侧线弯曲与平直交界处有一和眼约等大的暗褐色斑，斑内于侧线前、后各有1个黑点。鳃孔后缘有4～5个小黑点，以上方2个较显著。鳍黄色，奇鳍和腹鳍灰暗。背鳍、臀鳍有1纵列不规则的暗斑。头、体右侧灰白色或微黄色。为暖水性底层鱼类。栖息于30 m以浅沙泥底质海区。分布于我国东海、台湾海域，以及日本南部海域、西北太平洋温带、热带水域。体长约21 cm。

2857 大牙斑鲆 *Pseudorhombus arsius*（Hamilton，1822）[60]

背鳍74～78；臀鳍57～60；胸鳍11～12。侧线鳞70～80。鳃耙1～7＋8～12。

本种体呈长椭圆形，很侧扁。吻钝。口较大，但上颌不达下眼后缘。两颌齿较尖长，右下颌齿8～12枚。鳃耙长扁形。体左侧被栉鳞，右侧被圆鳞。头、体左侧黄灰褐色，吻较暗。侧线直线部前端有1个褐色大斑，斑内时有前、后2个黑斑。左侧体中部和尾柄前各有1个较小黑斑。沿体背、腹缘各有1纵行4～6个环形或弧形褐色斑纹，侧线上、下亦有类似褐纹。各鳍有小褐斑纹。体右侧乳白色。为暖水性底层鱼类。栖息于30 m以浅沙泥底质海区，可进入河口。分布于我国南海、东海、台湾海域，以及日本爱知海域、冲绳海域，印度–西太平洋热带、亚热带水域。体长可达32 cm。

2858 桂皮斑鲆 *Pseudorhombus cinnamomeus*（Temminck et Schlegel，1846）[18]

= 柠檬斑鲆

背鳍80 ~ 85；臀鳍61 ~ 67；胸鳍11 ~ 13。侧线鳞75 ~ 85。鳃耙4 ~ 6 + 10 ~ 12。

本种与大牙斑鲆相似。但两颌齿小，右下颌齿22 ~ 26枚。鳃耙矛状，内缘有小刺。体左侧被栉鳞，右侧被圆鳞。两侧侧线发达，在胸鳍后上方呈高弧状。体左侧黄褐色。侧线直线前部和中央稍后各有1个黑褐色斑；前面的黑褐色斑约与瞳孔等大，周缘有不规则乳白小点；后面的黑褐色斑较小。沿侧线另有2 ~ 3个更小的斑点。体左侧侧线上、下各有4 ~ 6个褐色弧状纹。鳍淡黄色。右侧头、体乳白色，无斑纹。为暖温性底层鱼类。栖息于水深50 ~ 80 m的黏泥底质海区。分布于我国渤海、黄海、东海、南海，以及日本南部海域、朝鲜半岛海域、西北太平洋温水域。体长约30 cm。

2859 圆鳞斑鲆 *Pseudorhombus levisquamis*（Oshima，1927）[38]

背鳍79 ~ 89；臀鳍59 ~ 67；胸鳍12 ~ 13。侧线鳞78 ~ 83。鳃耙3 ~ 6 + 8 ~ 10。

本种体呈长椭圆形，很侧扁。吻钝，吻长小于眼径。口前位，上颌达瞳孔后半部。两颌齿尖小，1行，右下颌齿约22枚。鳃耙宽扁，有小刺。体左侧除上、下缘有栉鳞外，其余部位与右侧全被圆鳞。头、体淡黄褐色，侧线直线前端有一褐色圆斑，约与瞳孔等大。沿体背、腹缘各有4 ~ 5个圆环或弧状暗纹，侧线上、下亦有数个相似暗纹。鳍淡黄灰色，有褐色小点。体右侧白色或淡黄色。为暖水性底层鱼类。通常栖息于水深20 ~ 60 m的海区，也见于水深300 m处。分布于我国南海、台湾海域，以及日本高知以南海域、西太平洋暖水域。体长约25 cm。

2860 高体斑鲆 *Pseudorhombus elevatus* Ogilby，1912[37]

背鳍69 ~ 70；臀鳍53 ~ 56；胸鳍12。侧线鳞67 ~ 74。鳃耙6 ~ 7 + 13 ~ 16。

本种体呈卵圆形，侧扁而高，体长为体高的1.8 ~ 1.9倍。吻钝短，口前位。齿尖小，右下颌齿30 ~ 38枚。头、体左侧被栉鳞，右侧被圆鳞。头、体左侧淡灰褐色。侧线直线部前端偏上方有一与眼约等大的黑褐色斑，而侧线中央及尾柄前端各有一较小的黑斑。侧线上、下各有2纵行4 ~ 7个环状或圆弧状暗褐色纹。鳍淡黄色，尾鳍上、下各有一暗斑。头、体右侧乳白色。为暖水性底层鱼类。栖息于水深13 ~ 200 m的沙泥底质海区。分布于我国南海、台湾海域，以及印度–西太平洋暖水域。体长约15 cm。

2861 南海斑鲆 *Pseudorhombus neglectus* Bleeker，1866[37]

背鳍73 ~ 75；臀鳍55 ~ 59；胸鳍13。侧线鳞73 ~ 75。鳃耙3 + 9 ~ 12。

本种体呈长椭圆形，很侧扁。口前位，上颌约达瞳孔后半部。两颌前端齿较大，右下颌齿10 ~ 11枚。鳃耙矛状，有小刺。头、体左侧被栉鳞，侧线鳞为圆鳞；右侧全被圆鳞。体左侧淡灰褐色，沿侧线直线部有3个黑色圆斑；前面的斑较大，位较高。沿体背缘和腹缘分别有6个和4个黑褐色斑。体上尚有较小暗斑。鳍淡黄色。头、体右侧乳白色。为暖水性底层鱼类。栖息于浅海底层。分布于我国南海、台湾海域，以及中南半岛海域、西太平洋暖水域。体长约11 cm。

2862 五点斑鲆 *Pseudorhombus quinquocellatus* Weber et Beaufort，1929 [16]

背鳍68 ~ 72；臀鳍52 ~ 56；胸鳍12。侧线鳞74 ~ 78。鳃耙3 ~ 4 + 9 ~ 10。

本种体呈长卵圆形，很侧扁。吻钝，口前位，上颌骨达下眼中部稍后下方。两颌齿较大且稀，右下颌齿10 ~ 12枚。鳃耙扁长，矛状。头、体左侧被栉鳞，右侧被圆鳞。头、体左侧淡黄灰色，有5个眼状黑斑，分别位于侧线弯曲部、尾部和侧线上、下方。沿体背、腹缘各有5 ~ 6条圆弧状纹。鳃孔后有4 ~ 5个黑点。鳍灰黄色，尾鳍中部上、下各有一较大的褐色斑。头、体右侧乳白或微黄色。为暖水性底层鱼类。栖息于近海内湾底层。分布于我国南海、台湾海域，以及泰国海域、印度尼西亚海域、西北太平洋热带水域。体长约17 cm。

▲ 本属我国尚有形态特征与少牙斑鲆相似的马来斑鲆 *P. malayanus* 及与圆鳞斑鲆相似的爪哇斑鲆 *P. javanicus*。上述相似种间仅以分节特征侧线鳞数目、背鳍鳍条数目差异而区分。至于栉鳞斑鲆 *P. ctenosquamis*，其可能和桂皮斑鲆为同种。而三眼斑鲆 *P. triocellatus* 在我国是否分布尚存在疑问[41]。

（302）鲆科 Bothidae

本科物种两眼常位于头左侧，右视神经位于背方。除尾鳍中部外，各鳍鳍条均不分支。背鳍始于吻部，背鳍、臀鳍与尾鳍不相连，均有胸鳍。腹鳍基很不对称，左长，右短。有正常的栉鳞或圆鳞。左侧侧线发达，右侧一般无侧线。鳃耙扁形，数较少。前鳃盖骨后缘游离。口通常前位，无上颌辅骨。尾舌骨尖钩状。全球有20属140种，我国有14属43种。

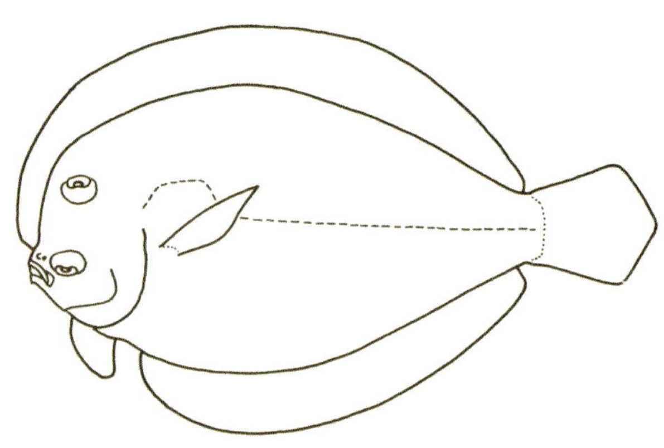

鲆科物种形态简图

大口鲆属 *Chascanopsetta* Alcock，1894

本属物种体延长，侧扁。两眼位于体左侧。口特别大，上颌长超过头长的1/2，下颌突出。两颌齿均不发达。两眼间有骨嵴。无鳃耙或鳃耙发育不全。体两侧皆被圆鳞。我国有2种。

2863 大口鲆 *Chascanopsetta lugubris* Alcock，1894[70]

背鳍111～127；臀鳍76～88；胸鳍13～17。侧线鳞152～205。鳃耙0＋3。

本种体延长，侧扁，前端高，后细尖。头短高，吻短钝。两眼位于体左侧。口很大，前位，斜直。上颌长约等于头长的4/5。两颌各有尖齿1行，无大犬齿。口腔膜有很多黑毛状突起。鳃耙少，3枚，小刺突状。体两侧被小圆鳞。两侧各有1条斜直侧线。侧线无颞上支。左胸鳍长，尖刀状，约为右胸鳍长的1.3倍。尾鳍尖矛状，中央鳍条分支。体左侧淡灰褐色，腹腔部暗褐色，鳍色淡。为暖水性底层鱼类。栖息水深300～500 m。分布于我国南海、台湾海域，以及日本本州中部以南海域，太平洋、大西洋和印度洋暖水域。体长约32 cm。

2864 短颌大口鲆 *Chascanopsetta prognathus* Norman，1939 [14]

= 前长颌鲆

背鳍124 ~ 133；臀鳍86 ~ 93；胸鳍15 ~ 17。侧线鳞185 ~ 196。

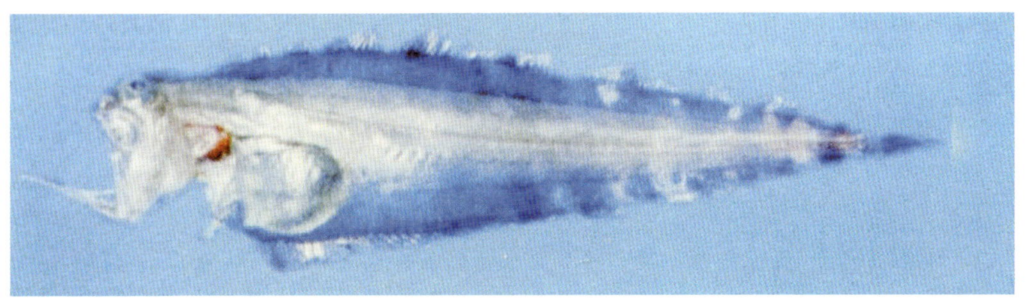

本种与大口鲆相似。体较低，延长，侧扁。口大，上颌后端超过下眼后端。下颌比上颌显著前伸。口腔底部皮膜显著向腹面膨出。背鳍、臀鳍鳍条多。体浅灰褐色，略呈半透明状，体侧背腹散布有黑点。为暖水性底层鱼类。栖息于水深约500 m的陆坡水域底层。分布于我国台湾海域，以及日本土佐湾海域、相模湾海域、冲绳海域，印度–西太平洋暖水域。

2865 大嘴鳄口鲆 *Kamoharaia megastoma*（Kamohara，1936）[48]

背鳍109 ~ 112；臀鳍84 ~ 86；胸鳍15 ~ 16。侧线鳞126 ~ 127。鳃耙7 + 8 ~ 9。

本种体呈长椭圆形，甚侧扁。其两颌前端突出于吻前。口大，齿尖。上颌前端齿较大，1行。两侧齿群呈窄带状。下颌齿1行，前端有3对大犬齿。右侧无侧线，左侧有1条侧线。体左侧褐色，有小黑斑。背鳍、臀鳍外缘、左胸鳍及尾鳍中部暗褐色。体右侧淡黄白色。为暖水性底层鱼类。栖息水深300 ~ 500 m。分布于我国台湾海域，以及日本四国海域、九州海域，西太平洋暖水域。体长约15 cm。

2866 眼斑丝鳍鲆 *Taeniopsetta ocellata* Günther，1880[48]

背鳍85～97；臀鳍71～81；胸鳍12～16。侧线鳞95～113。

本种体呈长卵圆形，侧扁而高。无眼侧无侧线。口中等大，上颌达眼前缘下方。下颌齿小，无明显的犬齿。有眼侧胸鳍比无眼侧稍长。无眼侧的腹鳍第1鳍条与有眼侧腹鳍的第2鳍条对位。雄鱼背鳍和臀鳍前5～6枚鳍条延长为丝状。体有眼侧黄褐色，侧线上有3～4个瞳孔大小的暗褐色圆斑。背、腹缘分别有3条和2条黑色弧纹。体盘上有黑色小斑点。各鳍色稍浅。无眼侧淡黄白色。为暖水性底层鱼类。栖息水深300～400 m。分布于我国南海，以及日本南部海域、印度–西太平洋暖水域。体长约18 cm。

2867 中间角鲆 *Asterorhombus intermedius*（Bleeker，1866）[38]

背鳍82～85；臀鳍63；胸鳍11。侧线鳞53～54。鳃耙0＋7～9。

本种体呈长椭圆形，很侧扁。头短，圆钝。两眼位于头左侧，在眼上缘各有一灰色或黑色皮质突起。口前位，上颌达下眼下方。两颌齿尖，前端齿略大，右下颌齿16枚。体左侧被弱栉鳞，右侧被圆鳞。仅有左侧线。背鳍始于吻中部偏右侧，第1鳍条粗长、独立。体左侧暗褐色。沿背侧有1纵行5～6个黑褐色花斑，腹侧

有1纵行4～5个黑褐色花斑。沿侧线有3个黑褐色大斑。背鳍、臀鳍各有1纵行较大黑斑。体右侧乳白色。为暖水性底层鱼类。栖息于水深20～67 m的沙泥底质海区。分布于我国南海，以及日本南部海域、印度–西太平洋暖水域。体长约12 cm。

拟鲆属 *Parabothus* Norman，1931

本属物种体呈长椭圆形，两眼位于头左侧。下眼略靠前，眼间隔略窄。口中等大，上颌达下眼前缘下方或稍靠后。两颌齿小，1行；前部齿略稀，稍大。鳃耙中等，尖形。鳞稍小，左侧被弱栉鳞或圆鳞，右侧全被圆鳞。背鳍鳍条不分支，也无独立鳍条。左侧胸鳍、腹鳍均较右侧的长。尾鳍后缘圆弧形，中部鳍条不分支。我国有4种。

2868 短腹拟鲆 *Parabothus coarctatus*（Gilbert，1905）[48]

＝副鲆

背鳍106～117；臀鳍92～93；胸鳍13～14。侧线鳞93～96。鳃耙1～3＋8～9。

本种一般特征同属。体较低，体长为体高的2.6～2.9倍。无眼侧无侧线。口中等大，上颌达眼前缘，下颌无明显的犬齿。体左侧被弱栉鳞，右侧被小圆鳞。有眼侧腹鳍基底显著长，左、右鳍条错位大。眼较大，眼间隔稍窄，凹沟状。有眼侧腹鳍起始于下眼后下方。体左侧淡褐色。沿侧线直线部的前、中、后各有一黑褐色斑。沿体背、腹缘各有1行较小的褐色斑。背鳍、臀鳍亦各有1行6～10个褐色斑。尾鳍有黑线状横纹。为暖水性底层鱼类。栖息水深210～402 m。分布于我国南海，以及日本南部海域、美国夏威夷海域、太平洋暖水域。体长约22 cm。

2869 绿斑拟鲆 *Parabothus chlorospilus*（Gilbet，1905）[37]

背鳍110～112；臀鳍87～88；胸鳍13～14。侧线鳞75～83。鳃耙0＋9～10。

本种与短腹拟鲆相似。体稍高，体长约为体高的2.3倍。头、体左侧淡褐色或淡灰色，有橄榄绿色小斑。雄鱼吻部有淡绿黄色小斑。背鳍、臀鳍各有1行长方形褐色斑。为暖水性底层鱼类。栖息水深137～314 m。分布于我国台湾海域，以及美国夏威夷海域、太平洋暖水域。体长约15 cm。

2870 少鳞拟鲆 *Parabothus kiensis*（Tanaka，1918）[38]

背鳍104～113；臀鳍83～90；胸鳍12～13。侧线鳞85～86。鳃耙0＋7～10。

本种体稍低，体长为体高的2.4倍以上。眼较大，头长为眼径的3.5倍以下。体浅黄褐色，散布有小斑点。侧线和上眼上缘无黑斑。各鳍浅灰色，尾鳍中部有一大黑斑。无眼侧灰白色。为暖水性底层鱼类。栖息水深300 ~ 400 m。分布于我国台湾海域，以及日本和歌山海域、高知海域，西太平洋暖水域。体长约20 cm。

2871 台湾拟鲆 *Parabothus taiwanensis* Amaoka et Shen，1993[37]

背鳍95 ~ 108；臀鳍78 ~ 84；胸鳍12 ~ 14。侧线鳞61 ~ 62。

本种体呈卵圆形，侧扁。头中等大，双眼位于头左侧。吻短，口小，上颌仅达眼前下方。下眼前部有凹刻。鳃耙尖细。鳞细小，有眼侧被弱栉鳞，无眼侧被圆鳞。侧线鳞少。胸鳍长短于头长。尾鳍尖形。体黄褐色，具黑点。各鳍均有黑缘。无眼侧灰白色。为暖水性底层鱼类。栖息于水深100 m以深的大陆架水域。分布于我国台湾海域。

缨鲆属 *Crossorhombus* Regan，1920

本属物种体呈卵圆形，甚侧扁。两眼均位于头部左侧。眼间隔宽，凹形，雄鱼的更宽。口小。颌齿1 ~ 2行，圆锥形，左、右侧颌齿同等发达。背鳍、臀鳍鳍条全不分支。有眼侧胸鳍长，鳍条不分支。有眼侧腹鳍基亦长。有眼侧被强栉鳞，有侧线。无眼侧被弱栉鳞或圆鳞，无侧线。尾舌骨尖钩状。本属物种雌雄异形，雄性特征明显。我国有4种。

2872 青缨鲆 *Crossorhombus azureus*（Alcock，1889）[141]（上为有眼侧，下为无眼侧）

背鳍87～91；臀鳍68～71；胸鳍12～13。侧线鳞52～59。鳃耙0＋6～7。

本种一般特征同属。体高，头大。吻短，背缘圆突，近吻端处有一凹刻。眼大，眼外缘有一低的膜状突起。眼间隔宽，且凹。口小，上颌骨短。颌齿1行，尖锥形。有眼侧被栉鳞，无眼侧被圆鳞。有眼侧体灰褐色，有5纵行蓝黑色斑。背缘有1行6个暗斑点，腹缘有4～5个暗斑点。尾鳍有2条黑色横斑。雄鱼两眼前方常有2条蓝黑色斜斑纹。体右侧中部有一长舌状蓝黑色大斑。为暖水性底层鱼类。栖息于沙泥底质近岸海区。分布于我国南海、东海，以及印度尼西亚海域、印度–西太平洋暖水域。体长约15 cm。

2873 长臂缨鲆 *Crossorhombus kobensis*（Jordan et Starks，1906）[38]（上为有眼侧，下为无眼侧）

= 高本缨鲆

背鳍79～86；臀鳍59～67；胸鳍9～11。侧线鳞50～55。鳃耙2＋9～11。

本种与青缨鲆相似。但其雄鱼右侧蓝黑色区面积广，可达背、腹缘及尾柄附近。左侧胸鳍长，其长度超过头长，有丝状鳍条。眼球无膜状突起。上颌齿2行，前方外行齿大且排列稀疏，内行齿与下颌齿则较密。体左侧灰褐色，沿侧线及体上、下缘有不规则的云状褐色小斑点，各鳍黄灰色。雌鱼右侧面乳白色，雄鱼右侧面有蓝黑色大斑。为暖水性底层鱼类。栖息于30 m以浅的沙泥底质近岸海区。分布于我国南海、东海、台湾海域，以及日本南部海域、西太平洋暖水域。体长约15 cm。

2874 多齿缨鲆 *Crossorhombus kanekonis* (Tanaka, 1918)[38]

= 钱斑缨鲆 = 双带缨鲆

背鳍84 ~ 91；臀鳍63 ~ 73；胸鳍11 ~ 13。侧线鳞56 ~ 63。鳃耙1 ~ 4 + 6 ~ 8。

本种雄鱼右侧蓝黑色区较小，仅位于侧腹部分，不达背、腹缘和尾柄附近。左胸鳍长小于头长，无丝状鳍条。尾鳍有2个横带状黑褐色斑。上颌齿2行，外行齿稍小且排列稀疏。下颌齿1行，两颌前方齿较大，且右侧齿较左侧齿大。眼较大，眼外缘无膜状突起。鳃耙短扁，有上鳃耙。为暖水性底层鱼类。栖息于30 m以浅的沙泥底质海区。分布于我国台湾海域，以及日本南部海域。体长约15 cm。

▲ 本属我国尚有宽额缨鲆 *C. valderostratus*。其形态特征与长臂缨鲆相似，雄性胸鳍有丝状鳍条，但其眼上缘有膜质突起，和长臂缨鲆相区别[41]。

短额鲆属 *Engyprosopon* Günther，1862

本属体呈卵圆形，侧扁而高。两眼均在头部左侧。眼间隔平凹形或宽凹形，成年雄鱼较幼鱼及雌鱼眼间隔更宽。口较小，颌齿小。上颌前部齿2行，后部齿和下颌齿1行，左、右侧颌齿同等发达。背鳍、臀鳍全部不分支。胸鳍不对称，有眼侧胸鳍稍长。有眼侧腹鳍基底亦稍长。有眼侧被大、中型弱栉鳞，侧线无颞上支。无眼侧被圆鳞。尾舌骨尖钩状。我国有7种。

2875 大鳍短额鲆 *Engyprosopon macroptera* Amaoka，1963[70]

= 马尔代夫短额鲆 *E. maldivensis*

背鳍85～91；臀鳍65～68；胸鳍11～13。侧线鳞45～47。鳃耙0＋8～11。

本种一般特征同属。头较大，额部陡，两眼间隔宽。口中等大，上颌伸达眼中部。鳃耙细长而尖，但不呈锯齿状。鳞大，有眼侧被弱栉鳞，无眼侧被圆鳞。胸鳍长于头长，上部鳍条延长为丝状。体有眼侧浅灰绿色，头前缘有1行浅褐色小点。各鳍皆具黑点，但尾鳍上、下缘无黑斑。无眼侧灰白色。雄鱼体色较暗。为暖水性底层鱼类。栖息于近岸水深约30 m的泥沙底质海区。分布于我国台湾海域，以及日本土佐湾以南海域。体长约12 cm。

2876 大鳞短额鲆 *Engyprosopon grandisquama*（Temminck et Schlegel，1846）[38]

背鳍79～87；胸鳍11～12。侧线鳞37～43。鳃耙0＋6～8。

本种与大鳍短额鲆相似。体呈卵圆形，高而侧扁，体高为体长的1/2以上。但本种口较小，上颌仅达眼前缘。鳃耙短，也不呈锯齿状。左胸鳍较短，其长度小于头长，其第2鳍条不显著延长。体左侧淡黄灰色，胸鳍基眼下缘黑色，各鳍灰黄色。

尾鳍中部上、下缘各有1个黑色斑。胸鳍有3～4条黑色横带。体右侧乳白色。雄鱼头部灰褐色，具乳白色圆斑。为暖水性底层鱼类。栖息于水深30 m以浅的沙泥底质海区。分布于我国南海、东海、台湾海域，以及日本南部海域、印度尼西亚海域、西太平洋暖水域。体长约12 cm。

2877 长鳍短额鲆 *Engyprosopon filipennis* Amaoka，1969[14]

背鳍79～83；臀鳍60～64；胸鳍11～12；腹鳍6。侧线鳞37～42。鳃耙0＋6～7。

本种体呈长椭圆形，甚侧扁。头高大于头长。吻背缘具深凹刻。两眼位于头左侧，眼间隔凹沟状。口前位，上颌达眼中部稍前下方。下颏有一突起。颌齿尖，上颌外行齿粗短且排列稀疏。下颌齿1行，较密。体左侧被弱栉鳞，侧线中位。右侧被圆鳞，无侧线。头、体左侧灰褐色，鳍淡黄色。背鳍、臀鳍有黑褐色小斑点。头、体右侧乳白色。为暖水性底层鱼类。栖息于近海。分布于我国南海、台湾海域，以及日本南部海域。体长约7 cm。

2878 多鳞短额鲆 *Engyprosopon multisquama* Amaoka，1963[38]（上雄鱼，下雌鱼）

背鳍92～96；臀鳍67～73；胸鳍9～11。侧线鳞45～50。鳃耙0＋5～7。

本种体稍延长，体高不及体长的1/2。头小，口中等大，上颌达眼前缘。两眼间距稍狭，中部凹陷。鳃耙长、扁，呈三角形。鳞大，有眼侧被弱栉鳞，侧线鳞较多。无眼侧被圆鳞，无侧线。有眼侧体黄褐色，布有深褐色小点；各鳍黄褐色，有褐色小点；尾鳍中部上、下缘各有一黑色斑。右侧面除雄鱼头部有淡色圆斑外，其余为淡黄色或棕褐色。为暖水性底层鱼类。栖息于20～40 m水深

的沙泥底质近岸海区。分布于我国南海、台湾海域，以及日本千叶海域、山形以南海域，西太平洋暖水域[41]。体长可达13.7 cm。

▲ 本属据记载我国尚有长腹鳍短额鲆 *E. longipelvis*、黑斑短额鲆 *E. mogki* 和宽额短额鲆 *E. latifrons*。其种间特征都很近似，主要靠侧线鳞数及右侧体色等加以区别[13，41]。

鲆属 *Bothus* Rafinesque，1810

本属体呈卵圆形或长椭圆形，甚侧扁。口小或中等大。颌齿锥状，2行或多行，左、右侧同等发达。背鳍、臀鳍鳍条全不分支。有眼侧胸鳍较长，鳍条不分支；腹鳍基也较无眼侧长。鳞小，有眼侧被栉鳞或圆鳞，有侧线。侧线在胸鳍上方形成弓状弯曲，颞上支短。无眼侧被圆鳞，无侧线。我国有4种。

2879 繁星鲆 *Bothus myriaster*（Temminck et Schlegel，1846）[38]

背鳍87 ~ 97；臀鳍61 ~ 73；胸鳍8 ~ 10。侧线鳞74 ~ 108。鳃耙4 ~ 6 + 6 ~ 7。

本种一般特征同属。体呈卵圆形，体长为体高的1.6 ~ 2.1倍。眼间隔宽，平凹。口小，上颌骨仅达眼前缘下方。鳞小，体左侧除背鳍和臀鳍基底被栉鳞外，与右侧同被圆鳞。有眼侧灰绿褐色，侧线中部有一稍大于眼的黑褐色眼状斑。尾鳍上、下部各有1个褐色斑。右侧体后半部暗褐色。雄鱼体中部有9 ~ 20条蓝黑色横纹，雌鱼横纹仅4 ~ 9条。为暖水性底层鱼类。栖息于水深30 m左右的沙泥底质海区。分布于我国南海、台湾海域，以及日本南部海域、印度尼西亚海域、印度–西太平洋热带水域。体长约23 cm。

2880 圆鳞鲆 *Bothus assimilis*（Günther，1862）[70]

＝异鲆

背鳍86～87；臀鳍63～65；胸鳍11。侧线鳞78～80。下鳃耙6～7。

本种与繁星鲆相似。体呈卵圆形，侧扁而高。体长为体高的1.5～1.6倍。头高大。眼间隔很宽，略凹。两侧均被小圆鳞。左胸鳍上方4枚鳍条或呈丝状延长。体左侧淡褐色，侧线上有大黑斑，体盘上散布褐色斑与白色圆斑。为暖水性底层鱼类。栖息于近岸沙泥底质海区。分布于我国南海、台湾海域。体长约8.5 cm[1，41]。

2881 凹吻鲆 *Bothus mancus*（Broussonet，1782）[38]

背鳍96～103；臀鳍74～81；胸鳍11～13。侧线鳞76～89。鳃耙0＋9～11。

本种体呈长椭圆形，体长为体高的1.9～2.1倍。眼间隔宽，中部稍凹。上眼始于下眼的后上方，眼后部常有毛状皮突。口稍大，上颌后端越过下眼前缘下方。头、体左侧被弱栉鳞，右侧被圆鳞。体左侧淡褐色，密布淡蓝色且具褐色缘的环状、弧状斑和针尖状黑褐色点。侧线直线部的前部、中部各有一大黑斑。胸鳍有多条黑褐色横纹。体右侧淡黄白色，头部有灰褐色小斑点。为暖水性底层鱼类。栖息于潮间带、潟湖。分布于我国南海、台湾海域，以及日本和歌山以南海域，印度－太平洋热带、亚热带水域。体长可达39.5 cm。

2882 豹鲆 *Bothus pantherinus*（Rüppell，1828）[14]

背鳍86～93；臀鳍64～70；胸鳍10～11。侧线鳞70～78。鳃耙4～5＋6～7。

本种体呈卵圆形，体长为体高的1.8～2倍。头较大，口中等大，上颌后端几乎达眼中部下缘。眼间隔稍窄，具凹陷。有眼侧被栉鳞，侧线鳞较少。无眼侧被圆鳞，无侧线。胸鳍长，雄鱼左胸鳍第2～4鳍条呈丝状延伸。体左侧淡黄褐色，侧线直线部中央有一眼状大暗斑，其前端附近尚有一类似较小斑。沿体背、腹缘内侧各有一纵行淡褐色圆斑及许多褐色小杂斑，鳍淡黄色。雄鱼胸鳍有一黑色大圆斑，尾鳍有上、下部各有1个褐色斑。头、体右侧淡黄色。为暖水性底层鱼类。栖息于珊瑚礁、潮间带、潟湖区。分布于我国南海、台湾海域，以及日本和歌山以南海域、印度－太平洋热带水域。体长可达45 cm。

鳒鲆属 *Psettina* Hubbs，1915

本属物种体呈长椭圆形，很侧扁。两眼位于头左侧；眼间隔很窄，嵴状。口小，上颌长约等于眼径。颌齿小，两侧相似。上颌齿1～2行，下颌齿1行。鳃耙粗短。体左侧被强栉鳞，侧线发达，无颞上支。右侧无侧线。背鳍、臀鳍、偶鳍鳍条均不分支。左腹鳍基发达，两侧不对称。尾舌骨尖钩状。我国有5种。

2883 大斑鳒鲆 *Psettina iijimae*（Jordan et Starks，1902）

= 饭岛鳒鲆 = 小嘴鳒鲆 *P. brevirictis*

背鳍86～90；臀鳍66～71；胸鳍11～13。侧线鳞56～58。鳃耙4～5＋6～7。

本种一般特征同属。口小，上颌不达眼后端下方。眼间隔窄，嵴状。颌齿尖小，上、下颌齿各1行，右下颌齿为22～30枚。左侧被强栉鳞，栉刺长；有侧线。左胸鳍尖刀状，第2、第3鳍条最长，右侧鳍条短小。左侧腹鳍基长。右侧腹鳍基短。有眼侧头、体黄灰褐色，有5纵行黑褐色斑。背鳍、臀鳍各有6～7个斑点。尾鳍灰黄色，尾端有暗横带。体右侧乳白色。为暖水性底层鱼类。栖息于水深100 m以浅的沙泥底质海区。分布于我国南海、东海、台湾海域，以及日本高知以南海域、印度–西太平洋暖水域。体长约10 cm。

注：陈兼善等（1965）报道的台湾产小嘴鳒鲆（体长6.9cm）与大斑鳒鲆十分相似，仅以背、腹缘黑斑未延伸入背鳍、臀鳍基部以及背、腹缘黑斑大且少而与大斑鳒鲆相区别[9, 70]。本种图由国家海洋局第三研究所林龙山研究员提供。

2884 大鳒鲆 *Psettina gigantea* Amaoka，1963

= 长鳒鲆

背鳍90～103；臀鳍69～80；胸鳍11～12。侧线鳞56～61。鳃耙0＋7。

本种与大斑鳒鲆相似。体左侧背、腹缘暗斑不伸达背鳍、臀鳍内。背鳍、臀鳍鳍条较多。胸鳍第3鳍条不呈丝状。侧线发达，弯弧长为眼径的2倍。有眼侧头、体淡灰褐色，体上、下缘内侧各有1行暗褐色环状斑。左胸鳍和尾鳍无大黑斑，两颌及吻前部黑色。为暖水性底层鱼类。栖息于水深

100 m左右的沙泥底质海区。分布于我国台湾海域，以及日本高知以南海域、西太平洋暖水域。体长约12 cm。

2885 土佐鳒鲆 *Psettina tosana* Amaoka，1963 [39]

背鳍89 ~ 99；臀鳍69 ~ 79；胸鳍8 ~ 11。侧线鳞45 ~ 53。鳃耙0 + 6 ~ 8。

本种体呈长椭圆形，甚侧扁。左胸鳍第3鳍条最长，不延伸成丝状。体左侧浅灰褐色。但本种的两颌及吻前部不呈黑色。有眼侧有暗褐色眼状环斑。侧线上、下各有2个斑。沿体背缘和腹缘分别有7个和6个斑。各鳍上也有暗点。侧线鳞稍大。左胸鳍较长，约与头等长。为暖水性底层鱼类。栖息于水深100 m左右的沙泥底质海区。分布于我国台湾海域，以及日本南部海域。体长约18 cm。

▲ 本属尚有海南鳒鲆 *P. hainanensis* 和丝鳍鳒鲆 *P. filimanus*。前者形态特征与土佐鳒鲆相似，仅以侧线鳞数较多及胸鳍较短而和土佐鳒鲆相区别。丝鳍鳒鲆则以左胸鳍第3鳍条呈丝状为鉴别特征[41]。

羊舌鲆属 *Arnoglossus* Bleeker，1862

本属物种体呈卵圆形，侧扁，两眼均位于头左侧。口小或中等大；颌齿1行，圆锥状，左、右颌齿同等发达。背鳍、臀鳍、胸鳍鳍条全不分支。有眼侧胸鳍、腹鳍发达。有眼侧被弱栉鳞或圆鳞，侧线在胸鳍上方有弓状弯曲，无颞上支。无眼侧被圆鳞，无侧线。鳃耙数少，细长。我国有8种。

2886 长鳍羊舌鲆 *Arnoglossus tapeinosoma*（Bleeker，1866）

背鳍92～99；臀鳍70～75；胸鳍12～13。侧线鳞55～56。鳃耙0＋9～10。

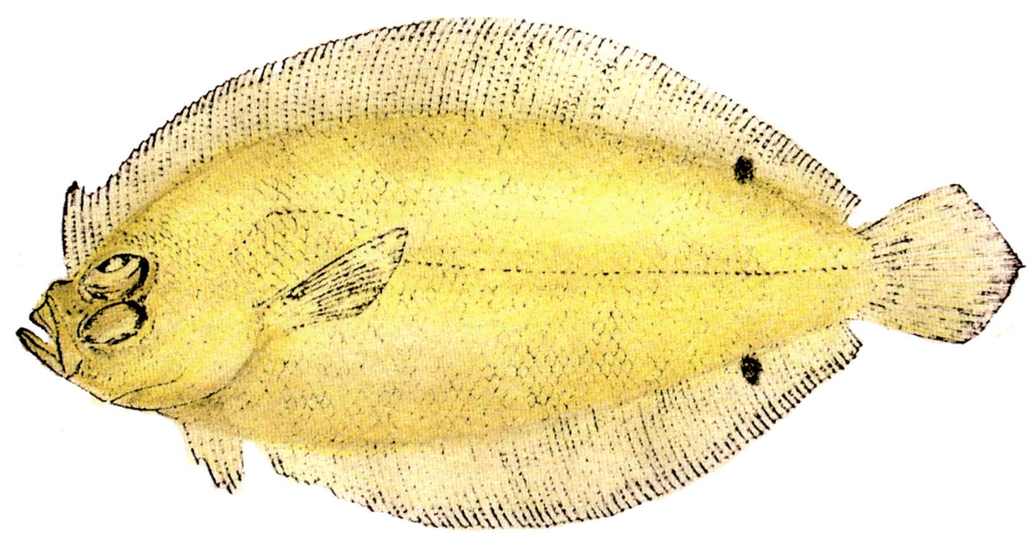

本种一般特征同属。体呈长椭圆形，体长为体高的2.6～2.9倍。头较大，体长为头长的3.8～4.2倍。口较小，前位；上颌略超过眼前缘下方。两颌齿小，两侧齿相似。雄鱼背鳍前6枚鳍条呈丝状。头、体左侧淡黄褐色，眼后缘黑色，鳍淡黄色。背鳍、臀鳍后部各有一黑斑，偶鳍后端黑色。右侧乳白色。为暖水性底层鱼类。栖息于沙泥底质浅海。分布于我国南海、台湾海域，以及印度尼西亚海域、印度－西太平洋暖水域。体长约13 cm。

2887 无斑羊舌鲆 *Arnoglossus aspilos*（Bleeker，1851）[39]

背鳍80～84（88～90）；臀鳍61～64（65～68）；胸鳍9～11。侧线鳞44～48。鳃耙0＋7～8。

本种与长鳍羊舌鲆相似，但体稍高，体长为体高的2～2.3倍，为头长的3.7～4倍。背鳍前部鳍条较短，无丝状延长鳍条。背鳍、臀鳍鳍条和侧线鳞数也相对较少。左侧体淡灰褐色，无明显的斑点，奇鳍色较暗。左侧偶鳍后部不为黑色。为暖水性底层鱼类。栖息于近岸沙泥底质海区。分布于我国东海、台湾海域，以及泰国海域、印度尼西亚海域、西太平洋暖水域。体长约10 cm。

2888 纤羊舌鲆 *Arnoglossus tenuis* Günther，1880[70]

背鳍93～98；臀鳍70～74；胸鳍11～13。侧线鳞50～55。鳃耙0＋3＋8～9。

本种与无斑羊舌鲆很相似，均为背鳍前端鳍条较短，上、下颌两侧齿同等发达，只是本种体稍低，体长为体高的2.4～2.7倍。头稍小，体长为头长的4～4.1倍。背鳍、臀鳍鳍条和侧线鳞数目均偏多，鳃耙上无棘。头、体左侧淡灰褐色，偶鳍淡黄色，奇鳍略呈灰暗色。头、体右侧白色。为暖水性底层鱼类。栖息于水深40 m～200 m的沙泥底质海区。分布于我国南海、东海、台湾海域，以及日本高知、长崎以南海域，西太平洋暖水域。体长达11 cm。

2889 多斑羊舌鲆 *Arnoglossus polyspilus*（Günther，1880）[38]

=南洋羊舌鲽=坚实鲆 *Bothus confertus*

背鳍100～114；臀鳍78～91；胸鳍11～13。侧线鳞70～81。鳃耙1～5+7～9。

本种体稍修长，体长为体高的2.5～2.9倍，为头长的3.6～4倍。左侧被弱栉鳞，右侧被圆鳞。其上颌前端齿较大，下颌侧齿较上颌侧齿大且排列稀疏。侧线鳞偏多。背鳍、臀鳍鳍条数也较多。胸鳍长短于头长，尾鳍后缘圆弧形。体左侧淡灰褐色，背鳍、臀鳍各有1纵行黑褐色小斑。尾鳍上、下各有一黑褐色斑。体右侧乳白色。为暖水性底层鱼类。栖息水深浅于300 m。分布于我国南海、东海、黄海、台湾海域，以及日本骏河湾海域、土佐湾海域，印度–西太平洋暖水域。体长约22 cm。

2890 角羊舌鲆 *Arnoglossus japonicus* Hubbs，1915[45]

=日本羊舌鲆

背鳍89～106；臀鳍76～83；胸鳍13～14。侧线鳞63～68。鳃耙0+7～9。

本种体呈长椭圆形。两眼位于头左侧，眼间隔窄。体两侧皆被圆鳞。雄鱼第2背鳍鳍条较长而突出。颌齿1行，圆锥状。两颌前端齿较大，下颌侧齿较上颌侧齿大且排列稀疏。头、体左侧淡褐色，鳍淡黄色。奇鳍和左腹鳍有黑褐色小点。右侧乳白色。为暖水性底层鱼类。栖息于水深150 m左右的沙泥底质海区。分布于我国南海、东海、台湾海域，以及日本南部海域，西太平洋暖水域。体长约14 cm。

2891 尖吻羊舌鲆 *Arnoglossus oxyrhynchus* Amaoka，1969[37]

背鳍108～113；臀鳍84～89；胸鳍13～15。侧线鳞87～94。

本种体呈长椭圆形，甚侧扁。吻端稍尖。口较大，上颌骨后缘达眼中央下方。两眼位于头左侧，眼间隔窄。鳃耙粗短，上有小棘。体有眼侧被弱栉鳞，无眼侧被圆鳞。背鳍前几枚鳍条呈丝状延长。体浅褐色，略呈透明状。有眼侧胸鳍、腹鳍有黑斑。为暖水性底层鱼类。栖息水深100～300 m。分布于我国台湾海域，以及日本土佐湾海域。体长约20 cm。

2892 长冠羊舌鲆 *Arnoglossus macrolophus* Alcock，1889[37]

背鳍93～98；臀鳍72～77；胸鳍13～14。侧线鳞54～58。

本种体呈长椭圆形，侧扁。吻端尖，下颌突出。口较大，上颌达眼中部下方。背鳍前4枚鳍条延长如丝状，特别长。体浅黄褐色，沿背鳍、臀鳍有多个小黑斑，以尾柄前背、腹缘黑斑显著。尾鳍有2条黑色弧纹。为暖水性底层鱼类。分布于我国台湾海域。

▲ 本属尚有大羊舌鲆 *A. scapha*。其形态特征与多斑羊舌鲆相似，仅以背鳍、臀鳍鳍条数稍少和尾鳍上、下无黑褐色斑与后者相区别[41]。

2893 小眼新左鲆 *Neolaeops microphthalmus*（Von Bondc，1922）

背鳍108～110；臀鳍83～87；胸鳍14～15。侧线鳞85～110。鳃耙5～6＋8～9。

本种体延长，侧扁，前部宽，后部窄。头较小，体长至少为头长的4.7倍。头背眼前方有深凹刻。双眼位于头左侧，甚小。吻短，口稍大，上颌达眼中部下方。上颌前端有犬齿。侧线于胸鳍上方弯曲。两侧皆被圆鳞，鳞极小。尾舌骨尖钩状，尾鳍尖形。体左侧淡灰褐色，奇鳍色较暗，沿背鳍、臀鳍基有暗纵带。右侧淡黄色。为暖水性底层鱼类。栖息水深300～400 m。分布于我国台湾海域，以及日本南部海域、印度–西太平洋暖水域。体长约12 cm。

2894 多齿日左鲆 *Japonolaeops dentatus* Amaoka，1969[38]

背鳍109～125；臀鳍90～101；胸鳍12～16。侧线鳞88～106。鳃耙3～7＋6～10。

本种体甚延长，侧扁。体长为体高的2.7～3.3倍。头更小，体长为头长的4.9～5.7倍。吻短，口斜，很小。上颌长约等于眼径。两侧皆被细小圆鳞。背鳍、臀鳍鳍条多。尾鳍后缘圆弧形。体左侧黄

褐色，无明显斑点，各鳍淡白色，尾鳍中部鳍条淡黑色。无眼侧乳白色。为暖水性底层鱼类。栖息于水深200 ~ 300 m的沙底质水域。分布于我国台湾海域，以及日本南部海域。体长约12 cm。

2895 小头左鲆 *Laeops parviceps* Günther，1880[38]

= 北原左鲆 *L. kitaharae* = 东港左鲆 *L. tungkongensis*

背鳍105 ~ 114；臀鳍85 ~ 93；胸鳍12 ~ 16。侧线鳞93 ~ 105。鳃耙1 ~ 4 + 5 ~ 7。

本种体延长，体长为体高的2.6 ~ 3.1倍。头很小，体长为头长的4.9 ~ 6.1倍。吻短钝，两眼在头左侧，口极小。上颌长较眼径短，不达眼前缘。两颌齿尖小，齿群呈窄带状，仅右侧有齿。两侧皆被圆鳞，鳞很小。背鳍前端2枚鳍条呈独立分离状。胸鳍短，尾鳍尖形。体左侧淡黄褐色，吻和眼部淡黑色。体背、腹缘无纵行黑斑，但背鳍、臀鳍外缘有黑色纵带。左腹鳍和尾鳍末端黑色。右侧淡黄白色。为暖水性底层鱼类。栖息水深40～300 m。分布于我国南海、东海、台湾海域，以及日本相模湾海域、秋田以南海域，西太平洋暖水域。体长约13 cm。

注：郑葆珊（1962）将本种称为北原左鲆[7]。本种也曾与东港左鲆混同[41]，现二者已分立为两种[37]。

▲ 本属我国尚有矛状左鲆*L. lanceolata*。此种曾被认为和网纹左鲆*L. variegata*为同种，亦曾被认为是北原左鲆的幼鱼。李思忠（1995）将其确认为独立种[41]。分布于我国东海、南海、台湾海域。

2896 克氏双线鲆 *Grammatobothus krempfi* Chababaud，1929[70]

背鳍81～82；臀鳍66；胸鳍14。侧线鳞76。鳃耙2＋8～9。

本种体呈椭圆形。两眼均在头左侧，眼间隔窄凹形。嗅小板依一短轴作辐射排列。口较小，前位，上颌几乎达眼前缘。两颌各具1行小尖齿。鳞小，左侧被栉鳞，右侧被圆鳞。两侧皆有发达的侧线，侧线在胸鳍上方呈弯弧状，在头部有颞上支。背鳍始于吻部，前端4枚鳍条延长为丝状。胸鳍发达。左侧腹鳍以第3鳍条最长。体左侧色较暗，在侧线弯曲部和直线部各有一较大的眼状斑，斑中央色深。沿背、腹缘内侧各有1行环状小斑。尾鳍有1～2个黑斑。为暖水性底层鱼类。栖息于沙泥底质浅海。分布于我国南海、台湾海域，以及越南海域。体长约17 cm。罕见。

▲ 本属尚有三斑双线鲆 *G. polyophthalmus*。其形态特征与克氏双线鲆相似，仅以背鳍前有7～8枚丝状延长鳍条及左侧腹鳍以第4鳍条最长而和后者相区别[41]。

(303) 鲽科 Pleuronectidae

本科物种两眼均位于头部右侧（反常个体例外），左视神经位于眼背方。口通常前位，下颌突出。无上颌辅骨。腭骨无齿。前鳃盖骨边缘游离（木叶鲽属和亚洲油鲽例外）。背鳍始于头前部背侧，至少位于上眼背方。鳍条分节。具胸鳍。腹鳍基底短，两侧腹鳍略对称或有眼侧腹鳍基底长，鳍条不多于6枚。两侧侧线各1条。肛门位于腹中线或偏向无眼侧。种间形态特征、生态特征差异显著[126，127]。全球有23属60种，我国有15属18种。

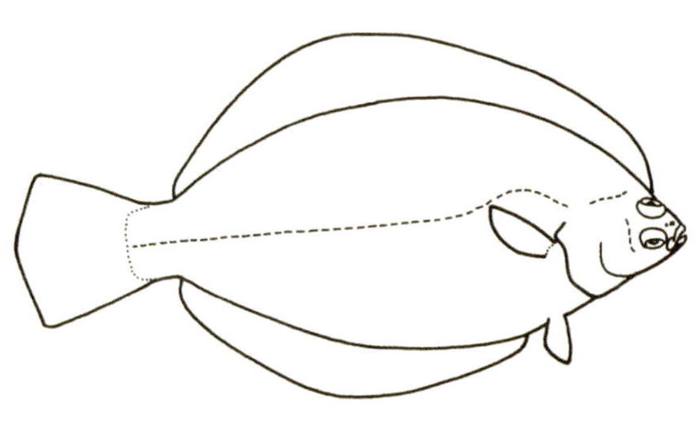

鲽科物种形态简图

2897 星突江鲽 *Platichthys stellatus*（Pallas，1787）

=星斑川鲽

背鳍52～68；臀鳍36～51；胸鳍10～12；腹鳍6。侧线鳞66～76。鳃耙3～5＋7～10。

本种体呈长椭圆形，很侧扁。两眼位于头左侧（亚洲产）或右侧（美洲产的个体两眼多位于右侧）。口中等大，前位。上颌骨达眼前部下方。颌齿门齿状，有眼侧上颌齿16～18枚，无眼侧上颌齿22～24枚。两侧鳞片大部分呈骨质突起状。侧线几乎平直。雌鱼有眼侧黑褐色，骨质突起白色；背鳍、臀鳍大部分黄色，边缘白色，有4～7条黑褐色条斑；无眼侧白色，奇鳍有黑色条斑。雄鱼有眼侧淡紫褐色，骨质突起为淡蓝白色；背鳍、臀鳍黄色，有5～8个黑色条斑；胸鳍、尾鳍淡紫红色；无眼侧淡黄色，骨质突起略带紫色。为冷温性底层鱼类。栖息于浅海或江河。分布于我国图们江、黑龙江及其河口，以及北太平洋冷温带、亚寒带水域。体长可达55 cm。现已开展海水人工养殖。

注：本图由中国水产科学院黄海水产研究所庄志猛研究员提供。

2898 粒鲽 *Clidoderma asperrimum*（Temminck et Schlegel，1846）[18]

背鳍79～94；臀鳍63～75；胸鳍12～14；腹鳍6。鳃耙3～5＋9～12。

本种体近似卵圆形。两眼均在头右侧，嗅小板平行排列。吻短钝。口小，前位，不对称。右侧上颌达眼前缘。颌齿锥状，2行，以左侧前端及外行齿较大。体无正常鳞片，右侧密布粒状突起。右侧灰褐色，粒状突起白色。背鳍、臀鳍边缘和尾鳍鳍膜黑褐色。左侧淡黄色。为冷温性底层鱼类。栖息于水深50～1 000 m的沙泥底质海区。分布于我国东海、黄海，以及日本海域，加拿大海域，北太平洋温带、亚寒带水域。体长可达42 cm。

木叶鲽属 *Pleuronichthys* Girard，1856

本属物种体呈卵圆形，侧扁而高。两眼在头右侧，眼间隔呈窄嵴状，两端各有1枚强棘。吻甚短，口小，唇厚。颌齿小，尖锥状。无眼侧两颌齿呈窄带状排列。有眼侧无齿或仅下颌具齿1行。前鳃盖骨边缘不游离。体被小圆鳞。背鳍、臀鳍鳍条全部不分支。腹鳍基底短，略对称。左、右侧线略呈直线状。颞上支沿背鳍向后延伸。我国有2种。

2899 角木叶鲽 *Pleuronichthys cornutus*（Temminck et Schlegel，1846）

背鳍69～86；臀鳍50～64；胸鳍9～13。侧线鳞8～9＋89～100。鳃耙2～3＋5～7。

本种一般特征同属。体呈长卵圆形，体长为体高的1.5～2倍。眼间隔前、后棘角状，锐尖。有眼侧体黄褐色到深褐色，布有许多大小不等、形状不一的黑褐色斑点。背鳍、臀鳍灰褐色，胸鳍、尾鳍色较深，略带黄边。为暖温性底层鱼类。栖息于水深

100 m以浅的泥沙底质海区。分布于我国渤海、黄海、东海、南海，以及日本北海道东侧和南侧海域、朝鲜半岛海域、太平洋暖温带和亚热带水域。体长可达27.5 cm。是我国黄海和渤海底拖网兼捕对象。

2900 长木叶鲽 *Pleuronichthys japonicus* Suzuki，Kawashima et Nakabo，2009 [39]

背鳍70～79；臀鳍52～58。

本种一般特征同属，与角木叶鲽很相似。体略低，呈椭圆形。体长为体高的2倍左右。眼间隔具隆起嵴，棘突略钝，两端低。体被圆鳞，侧线几乎平直。有眼侧棕黄色，散布黑色小圆斑。背鳍、臀鳍与躯体同色，布有小黑点。胸鳍黑色，尾鳍末端黑色。为暖水性底层鱼类。栖息于水深150 m以浅的泥沙底质海区。分布于我国浙江东海、南海，以及日本东北海域。体长约15 cm。30°N的杭州湾以南海域分布的数量较多[39，128]。

注：我国过去无此种记录。高天翔教授在浙江近海采到本种。

2901 亚洲油鲽 *Microstomus achne*（Jordan et Starks，1904）[18]

背鳍76～103；臀鳍61～82；胸鳍8～11；腹鳍6。侧线鳞99～106。鳃耙5～7＋8～11。

本种体呈长椭圆形，头短小。两眼在头右侧，眼间隔窄，眼上缘无鳞。吻短钝，口小，唇肥厚。两颌齿门齿状，1行。无眼侧颌齿发达。前鳃盖骨后缘略显露，不游离。体被小圆鳞，侧线在胸鳍上方略呈弧状，有颞上支。尾舌骨钝钩状。体右侧灰褐色，有圆形黑斑，侧线直线部有较明显的3个暗褐色斑。各鳍黄褐色，胸鳍末端黑褐色，奇鳍有黄白色边。体左侧白色或灰白色。为冷温性底层鱼类。栖息于水深50～450 m的沙泥底质海域。分布于我国渤海、黄海、东海，以及日本海域、朝鲜半岛海域、俄罗斯萨哈林岛（库页岛）海域、西北太平洋冷温带和亚寒带水域。体长约40 cm。

星鲽属 *Verasper* Jordan et Gilbert，1898

本属物种体呈卵圆形。两眼位于头右侧，上眼邻头背缘。眼间隔窄，略微隆起。嗅小板平行排列。口中等大，前位，近对称状。上颌达眼中部下方。两颌齿钝圆锥形，上颌齿2～3行，下颌齿1～2行。前鳃盖骨后缘游离，鳃耙宽短。背鳍始于眼中部上方偏左侧。右侧被粗栉鳞，左侧大部分被圆鳞。侧线在胸鳍上方浅弧状，有颞上支。我国有2种[129]。

2902 圆斑星鲽 *Verasper variegatus*（Temminck et Schlegel，1846）[68]

背鳍76～87；臀鳍53～68；胸鳍10～12；腹鳍6。侧线鳞78～91。鳃耙0～2＋6～8。

本种一般特征同属。体呈长卵圆形，体长为体高的2～2.3倍。头短而高，头长小于头高。吻短，吻长等于或略小于眼径。侧线弯曲部稍低。体黄褐色，鳞中央具灰白色星状斑，鳍灰黄色。背鳍、臀鳍各有2行黑褐色圆斑，外部1行斑点小且色较浅。尾鳍上有2横行黑褐色斑，每行3～4个。体左侧白色。稀疏布有大小不等的黑褐色斑。为冷温性底层鱼类。栖息于大陆架沙泥底质海区。分布于我国渤海、黄海、东海，以及日本中部海域、朝鲜半岛海域、俄罗斯大彼得湾海域、西北太平洋温水域。体长可达41 cm。其资源衰退，已成为增养殖对象。

2903 条斑星鲽 *Verasper moseri* Jordan et Gilbert，1898[18]

= 摩氏星鲽

背鳍76～87；臀鳍53～68；胸鳍10～13；腹鳍6。侧线鳞85～100。鳃耙0～1＋6～8。

本种与圆斑星鲽很相似。体更高，体长为体高的2倍左右。头长与头高相等或略大于头高。吻钝短，吻长约等于眼径。其侧线弯曲部较高，有眼侧体深褐色；鳞中央浅灰色，边缘暗褐色。鳍色淡，奇鳍有多条与鳍条平行的黑色条带。雄鱼无眼侧橙黄色。为冷温性底层鱼类。栖息于大陆架沙泥底质海区。分布于我国渤海、黄海、东海，以及日本茨城以北海域、朝鲜半岛海域、鄂霍次克海南部、太平洋温水域。体长可达70 cm。为海水增养殖对象。

2904 高眼鲽 *Cleisthenes herzensteini*（Schmidt，1904）

= 赫氏高眼鲽 *Hippoglossoides herzensteini*

背鳍64～79；臀鳍45～61；胸鳍9～13；腹鳍6。侧线鳞70～86。鳃耙6～9＋15～23。

本种体呈长椭圆形。两眼位于头右侧，上眼位很高，越过头背中线。有反常个体[130]。口中等大，近似对称。上颌骨几乎达眼中部下方。两颌齿小，上颌齿1行。背鳍始于上眼后部上方的左侧，鳍条不分支。右侧胸鳍较长，中央鳍条分支。腹鳍基短，近似对称。右侧大部分被栉鳞，左侧多被圆鳞。侧线发达，直线形，无颞上支。尾柄长大于尾柄高。有眼侧黄褐色，无明显的斑纹，鳍灰黄色，奇鳍外缘色较暗。无眼侧白色。为冷温性底层鱼类。栖息于水深

100 ~ 200 m的沙泥底质海域。分布于我国渤海、黄海、东海，以及日本福岛以北海域、鄂霍次克海、西北太平洋温水域。体长可达40 cm。为我国黄海和渤海主要捕捞对象[56]。

2905 **虫鲽** *Eopsetta grigorjewi*（Herzenstein，1890）

背鳍81 ~ 94；臀鳍61 ~ 78；胸鳍10 ~ 14；腹鳍6。侧线鳞86 ~ 92。鳃耙3 ~ 7 + 14 ~ 20。

本种与高眼鲽相似。但上眼已越过头背中线。口中等大，左右对称。上颌齿尖，2行，外行齿大，并有犬齿。尾柄短，其长大于高。鳞椭圆形，稍小。体右侧被栉鳞，左侧被圆鳞。侧线发达，在胸鳍上方呈浅弧状。体右侧淡褐色，散布大小不等的暗褐色环纹。体中部有3对与眼约等大的褐色斑。鳍灰黄色，奇鳍有黑褐色斑点。左侧白色，鳍淡黄色。为冷温性底层鱼类。栖息于200 m以浅的沙泥底质海底。分布十我国渤海、黄海、东海，以及日本北海道以南海域、朝鲜半岛海域、西北太平洋温水域。体长约30 cm。

2906 **大牙拟庸鲽** *Hippoglossoides dubius* Schmidt，1904[55]

= 赤鲽

背鳍75 ~ 95；臀鳍58 ~ 72；胸鳍8 ~ 12；腹鳍6。侧线鳞87 ~ 98。鳃耙1 ~ 4 + 11 ~ 17。

本种体呈长椭圆形，体长约为体高的2.5倍，头高大于头长。两眼位于头右侧，眼间隔窄嵴状。吻短钝，口大，唇薄，斜形。上颌略伸过下眼中部下方。两颌齿尖，1行，前端较长。体右侧被栉鳞，左侧被圆鳞或弱栉鳞。侧线前部有弯弧。背鳍始于上眼前缘稍后上方，前端鳍条排列较稀疏，短粗。背鳍、臀鳍、偶鳍鳍条均不分支。尾柄短，长、高约相等。尾鳍截形。体右侧淡褐色，鳍黄色，背鳍、臀鳍边缘灰白色。为冷温性底层鱼类。栖息于水深40 ~ 900 m的沙泥底质海区。分布于我国黄海，以及日本金华山冲以北海域、鄂霍次克海、西北太平洋冷温水域。体长约41 cm。

2907 长鲽 *Tanakius kitaharae*（Jordan et Starks，1904）[18]

背鳍80 ~ 102；臀鳍78 ~ 81；胸鳍10 ~ 12；腹鳍6。侧线鳞85 ~ 100。鳃耙3 ~ 6 + 7 ~ 10。

本种体呈长椭圆形，体长为体高的3.2 ~ 3.6倍。头短，头高略大于头长。吻钝短。两眼位于头右侧，上眼达头背缘，眼间隔微凹。口小，前位。上颌骨达眼前缘。两颌门齿发达，1行，密列成切缘。体两侧均被圆鳞，右侧鳞较大。背鳍始于眼中部稍后上方。右胸鳍长，小刀状。腹鳍基短，左右近对称。尾柄较短，高为长的1倍以上。尾鳍后缘双截形。体右侧淡红褐色，沿背、腹缘各有4 ~ 5个眼状黑褐色斑。沿侧线有3个斑，鳍淡黄色。体左侧白色。为暖温性底层鱼类。栖息于水深60 ~ 200 m的沙泥或软泥底质海区。分布于我国渤海、黄海、东海，以及日本北海道以南海域、朝鲜半岛海域、西北太平洋温水域。体长可达40 cm。

2908 斯氏美首鲽 *Glyptocephalus stelleri*（Schmidt，1904）[55]

背鳍83 ~ 100；臀鳍70 ~ 83；胸鳍10 ~ 13；腹鳍6。侧线鳞85 ~ 115。鳃耙3 ~ 4 + 7 ~ 8。

本种形态与长鲽相似。两眼位于头右侧，上眼接近头背缘中线。眼上和吻部无鳞。口小，下颌稍突出，上颌达眼前缘稍后下方。两颌齿门齿状，1行，紧密排列。侧线发达，在胸鳍部稍弯曲，有颞上支。体两侧被小圆鳞。背鳍始于眼中部上缘，背鳍、臀鳍鳍条均不分支。无眼侧头部有几个凹陷黏液腔是本种重要特征。体黄灰褐色，各鳍灰褐色，奇鳍外缘黑色。为冷温性底层鱼类。栖息于水深50～700 m的沙泥底质海区。分布于我国东海，以及日本海域、鄂霍次克海、西北太平洋冷温水域。体长可达26 cm。

2909 石鲽 *Kareius bicoloratus*（Basilewsky，1855）

背鳍62～75；臀鳍45～55；胸鳍11～13；腹鳍6。鳃耙1～5＋4～6。

体呈长椭圆形，两眼位于头右侧。口小，上颌骨约达眼前缘下方。两颌有扁齿1行，齿端截形，左下颌齿为18～25枚。体光滑，成鱼沿右侧线及背、腹侧有3纵行粗骨板。侧线平直，颞上支短。尾舌骨钝钩状。头、体右侧黄褐色，骨板色淡。鳍橙黄色，尾鳍色较暗。幼鱼体上有白色斑点。左侧乳白色。为冷温性底层鱼类。栖息于水深30～100 m的沙底质或岩礁海区。分布于我国渤海、黄海、东海，以及日本海域、朝鲜半岛海域、俄罗斯萨哈林岛（库页岛）以南海域、西北太平洋温带水域。体长约35 cm。

2910 小口鲽 *Dexistes rikuzenius* Jordan et starks，1904[38]

背鳍65～75；臀鳍54～62；胸鳍10～11；腹鳍6。侧线鳞57～67。鳃耙3～5＋6～8。

本种体呈长椭圆形，略修长。体长约为体高的2.5倍。两眼位于头右侧。眼大，有鳞，眼径大于头长的1/3，上眼达头背缘。吻短，吻长小于眼径的1/2。口小，不对称。颌齿小，圆锥形，排列成1行。鳞小。有眼侧被弱栉鳞，无眼侧被圆鳞。侧线几乎平直。体有眼侧褐色，腹部略带紫色，各鳍色浅，奇鳍有黑边。为冷温性底层鱼类。栖息于水深100 ~ 200 m的沙泥底质海区。分布于我国东海，以及日本北海道以南海域、西北太平洋温水域。体长约20 cm。

2911 黑光鲽 *Liopsetta obscura*（Herzenstein，1891）[38]

背鳍59 ~ 67；臀鳍44 ~ 49；胸鳍10 ~ 11；腹鳍6。侧线鳞75 ~ 83。鳃耙3 ~ 5 + 6 ~ 10。

本种体呈长椭圆形，两眼位于头右侧。眼间隔低窄，眼上缘无鳞，眼后嵴粗皱。嗅小板几乎平行排列，无中轴。口小，两颌齿门齿状，各1行，无眼侧颌齿较有眼侧发达。鳃盖下部无小皮瓣。雄鱼被栉鳞，雌鱼被圆鳞。侧线发达，在胸鳍处呈浅弧状，有颞上支。体右侧淡褐色，幼鱼有暗斑及灰白色斑。背鳍、臀鳍有不太明显的横条状暗斑，奇鳍有的鳍条末端黄色。为冷温性底层鱼类。栖息于浅海、咸淡水水域。分布于我国黄海，以及日本北海道东北海域、朝鲜半岛海域、鄂霍次克海、西北太平洋温水域。体长约33 cm。

注：王以康（1958）记述了本种的形态特征，但未介绍其具体产地[1]。李思忠（1995）对本种进行了描述，并指出其分布于我国黄海北部[41]。但我国在近几十年的渔业调查中，均未采集到本种。

黄盖鲽属 *Pseudopleuronectes* Bleeker，1862

本属物种体呈长椭圆形，尾柄高稍大于尾柄长。两眼在头右侧，眼上缘无鳞，眼间隔窄嵴状或平坦。口小，前位。上颌骨后端不达瞳孔下方。两颌齿各1行，门齿状，以左侧齿较多。前鳃盖骨后缘游离。侧线在胸鳍上方呈弧状，有颞上支。右侧胸鳍长，中部鳍条分支。尾鳍截形。我国有2种。

2912 钝吻黄盖鲽 *Pseudopleuronectes yokohamae*（Günther，1907）[15]

= *Limandella yokohamae*

背鳍61～73；臀鳍48～73；胸鳍10～12；腹鳍6。侧线鳞74～90。鳃耙2～4＋6～7。

本种一般特征同属。体呈长椭圆形，体长为体高的2.2～2.4倍。尾柄长小于尾柄高。头钝，吻钝短。眼间隔较窄，微凹，有鳞。口小，上、下唇右侧各有一皮膜突起。颌齿门齿状，右侧几乎无颌齿，左下颌齿12～20枚。鳞小。体右侧被栉鳞，侧线上鳞30行。左侧被圆鳞。有眼侧黄褐色，有大小不等的深褐斑。背、腹缘分别有7个和5个白斑。左侧白色，鳍黄色。为冷温性底层鱼类。栖息于水深100 m以浅的沙泥底质海域。分布于我国渤海、黄海、东海，以及日本北海道以南海域、朝鲜半岛海域、西北太平洋。体长约30 cm。已成为增养殖对象[131]。

2913 尖吻黄盖鲽 *Pseudopleuronectes herzensteini*（Jordan et Snyder，1891）[71]

= 赫氏黄盖鲽 *Limanda herzensteini*

背鳍64～80；臀鳍50～62；胸鳍9～12；腹鳍6。侧线鳞68～82。鳃耙2～5＋6～8。

本种与钝吻黄盖鲽相似，但体稍低，体长为体高的2.3～2.6倍。尾柄长与尾柄高约相等。吻尖。眼间隔窄嵴状，无鳞。口小。颌齿多，左下颌齿19～24枚。体右侧被栉鳞，侧线上鳞20～26行，侧线弯弧较高。左侧被圆鳞。体右侧深黄褐色，其上散布白色斑点，鳍灰黄色。左侧白色，鳍淡黄色。为冷温性底层鱼类。栖息于水深100 m以浅的沙泥底质海区。分布于我国渤海、黄海、东海，以及日本中北部海域，朝鲜半岛海域，西北太平洋温水域。体长约28 cm。

2914 刺黄盖鲽 *Pleuronectes asper*（Pallas，1814）[71]

=远东黄盖鲽 *Limanda aspera*（Hubbs，1915）

背鳍64～77；臀鳍48～58；胸鳍9～13；腹鳍6。侧线鳞74～90。鳃耙3～9+5～10。

本种体呈卵圆形。两眼位于头右侧，眼间隔呈嵴状，上眼邻近头背缘。吻和眼上缘不被鳞。口中等大，上颌后端可超过眼前缘。齿1行，圆锥形或具截形齿尖。无眼侧齿发达。背鳍起始于眼上背方，鳍条不分支。第1脉间棘突出于臀鳍前方。鳞小。有眼侧被栉鳞或圆鳞，无眼侧多被圆鳞。侧线发达，无颞上支，侧线上鳞25～31行。有眼侧体棕褐色，上有不规则的暗斑块。背鳍、臀鳍黄褐色，尾鳍有暗斑。无眼侧淡黄色，背鳍、臀鳍有黄斑。为冷温性底层鱼类。栖息于水深400 m以浅的沙泥底质海区。分布于我国黄海，以及日本北海道海域、朝鲜半岛海域、北太平洋冷温水域。体长约25 cm。为北太平洋底拖网捕捞的重要经济鱼类。

注：依自然分布区，刺黄盖鲽在我国没有分布。但有的年份，冬季荣成返港渔船上可见少量个体。

（304）瓦鲽科 Poecilopsettidae

本科物种背鳍始于上眼上方，头左侧鼻孔的后方。两眼位于头右侧。侧线仅在有眼侧发达，无眼侧无侧线或侧线仅为痕迹。嗅小板依一中轴作辐射状排列。尾椎横突发达。喙骨窄，肋骨及背肋骨细长。全球有3属20种，我国有1属5种。

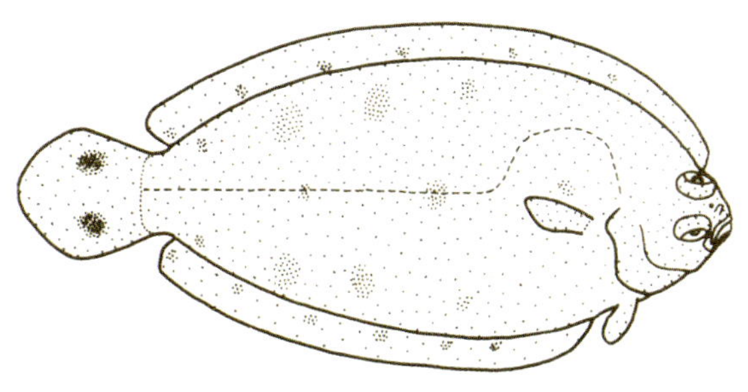

瓦鲽科物种形态简图

瓦鲽属 *Poecilopsetta* Günther，1880

本属物种体呈长椭圆形。两眼在头右侧。嗅小板依一中轴作辐射状排列。口小。两颌齿小矛状，1～2行或呈窄带状，左侧齿发达。前鳃盖骨后缘外露。鳞小或中等大，右侧被栉鳞或圆鳞，左侧被圆鳞。右侧线在胸鳍处呈弯弧状，无颞上支。无左侧线或左侧线呈痕迹状。背鳍始于眼上方，鳍条不延长，不分支。右侧胸鳍发达，腹鳍基短。我国有5种。

2915 双斑瓦鲽 *Poecilopsetta plinthus*（Jordan et Starks，1907）[48]

背鳍60～66；臀鳍45～54；胸鳍7～11；腹鳍6。侧线鳞57～65。鳃耙4～9＋9～11。

本种一般特征同属。体呈长椭圆形。体长为体高的2.3～2.8倍。头较短，体长为头长的3.8～4.3倍。右侧胸鳍发达，中部鳍条分支，第3鳍条最长。尾鳍钝矛状。体右侧黄灰褐色，沿体上、下缘和中部各有1纵行黑褐色云状斑。体后部上、下各有一黑斑。鳍淡黄色。背鳍、臀鳍各有1纵行小黑斑。尾鳍上、下也各有一黑斑。为暖水性底层鱼类。栖息于40～200 m的大陆架边缘水域。分布于我国南海、东海，以及日本以南海域、菲律宾海域、西太平洋暖水域。体长约25 cm。

2916 纳塔尔瓦鲽 *Poecilopsetta natalensis* Norman，1931

= 南非瓦鲽

背鳍65～68；臀鳍54～58；胸鳍8～10；腹鳍6。侧线鳞63～68。下鳃耙10～11。

本种与双斑瓦鲽相似。体长约为体高的2.7倍，约为头长的4.2倍。鳞小，光滑。体灰褐色，尾鳍上、下缘各有一黑斑。但本种以下形态特征和双斑瓦鲽有别。两眼靠近，几乎相接。眼径较大，头长约为眼径的2.23倍。右侧胸鳍鳍条完全不分支，后端黑色。体右侧后部上、下缘无黑斑。背鳍、臀鳍斑纹不规则。为暖水性底层鱼类。栖息水深300～400 m。分布于我国台湾海域，以及南非东部海域。体长约10 cm。

2917 大鳞瓦鲽 *Poecilopsetta megalepis* Fowler，1934

背鳍63～66；臀鳍54～56；胸鳍8～10；腹鳍6。侧线鳞55～56。鳃耙6＋9～10。

本种体呈长椭圆形。体长为体高的2.75～2.8倍，为头长的4.13～4.24倍。口小。仅无眼侧有齿。鳞较大，有眼侧被强栉鳞。侧线鳞较少，侧线上、下鳞各16行。无眼侧被圆鳞。体右侧黄红褐色，布有模糊的暗斑。背鳍、臀鳍具模糊的暗斑。尾鳍前、后端各有一淡黑色斑。为暖水性底层鱼类。栖息于近岸沙泥底质海区。分布于我国台湾海域，以及菲律宾海域。体长约9 cm。

2918 普来隆瓦鲽 *Poecilopsetta praelonga* Alcock，1894

= 长吻瓦鲽

背鳍59～62；臀鳍50；胸鳍8～10；腹鳍5～6。侧线鳞95～98。下鳃耙9～11。

本种体呈长椭圆形，体长为体高的2.7～3倍，为头长的4～4.5倍。眼大，上眼位于头背缘，两眼几乎相接。口小。颌齿尖细，两侧齿绒毛状，排列成细窄带。鳞中等大。有眼侧被栉鳞，侧线鳞较多。无眼侧无侧线。鳍条不分支。体右侧淡灰褐色。鳍均为黑色。尾鳍无黑斑。为暖水性底层鱼类。栖息水深220～450 m。分布于我国台湾海域，以及印度尼西亚海域、斯里兰卡海域、印度-西太平洋热带水域。体长可达14.5 cm。

注：本图由国家海洋局第三研究所林龙山研究员提供。

▲ 本属我国尚有黑斑瓦鲽 *P. colorata*，其形态特征与普来隆瓦鲽相似。侧线鳞多达95～100枚。背鳍、臀鳍无纵行排列的黑斑。体较高，体长为体高的1.9～2.2倍。右侧胸鳍鳍条8～12枚，中部具黑斑，鳍条分支。尾鳍有2个黑斑[41]。

（305）冠鲽科 Samaridae

本科物种两眼位于头右侧。口前位。嗅小板平行排列，无中轴。鳞小，右侧线平直，无左侧线。背鳍始于吻部左鼻孔下方。右侧胸鳍发达，左侧无胸鳍。腹鳍鳍条5枚，不分支。右侧腹鳍基稍长。尾鳍与背鳍、臀鳍不相连或稍相连。全球有3属20种，我国有3属9种。

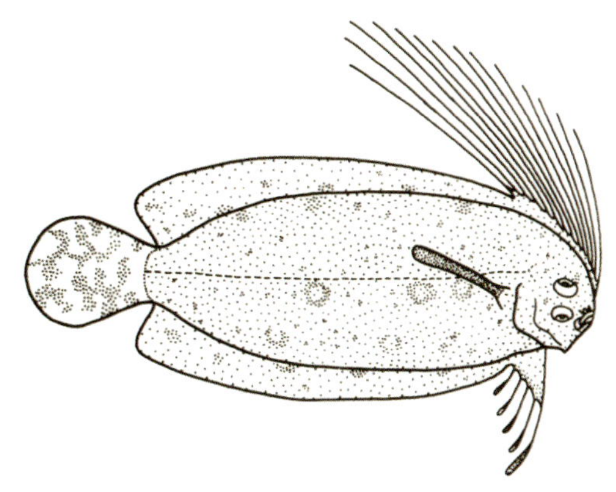

冠鲽科物种形态简图

2919 冠鲽 *Samaris cristatus* Gray，1831[141]（上为有眼侧，下为无眼侧）

背鳍73～86；臀鳍49～60；胸鳍4；腹鳍5。侧线鳞67～82。鳃耙2～5＋7～10。

本种基本特征同科。体呈长椭圆形，体长为体高的2.5～3倍。尾柄很短。头短而高，吻短而钝。口小，很斜，上颌骨达眼前缘下方。颌齿小，钝锥状。右侧被栉鳞，左侧被圆鳞。右侧线平直，颞上支短。背鳍前10～15枚鳍条和有眼侧腹鳍鳍条延长为长丝状。尾鳍鳍条全不分支。体右侧棕褐色，沿背缘和腹缘分别有5个和4个黑斑。各鳍黄褐色，背鳍丝状鳍条白色。体左侧白色。为暖水性底层鱼类。栖息于沙泥底质近岸海区。分布于我国南海、东海、台湾海域，以及日本高知海域、印度尼西亚海域、印度–西太平洋热带水域。体长约17 cm。

2920 褐斜鲽 *Plagiopsetta glossa* Franz，1910[14]

= 舌形斜颌鲽 = 斜颌鲽

背鳍64 ~ 75；臀鳍49 ~ 55；胸鳍8 ~ 10；腹鳍5。侧线鳞55。鳃耙2 ~ 6 + 6 ~ 15。

本种体呈长椭圆形。两眼位于头右侧，眼间隔窄，眼球上方无鳞。口小。两颌及齿近似对称。齿小，圆锥形。头、体两侧被小栉鳞。背鳍始于眼上方。背鳍、腹鳍鳍条不延长。右侧胸鳍鳍条8 ~ 10枚，左侧无胸鳍。尾鳍中部鳍条分支。体右侧暗褐色，上、下缘各有5 ~ 6个较瞳孔稍小的浅色斑。该斑周缘黑褐色，呈弧状或环状。体中部有数个黑褐色斑。鳍黄灰色。背鳍、臀鳍各有1纵行黑褐色小斑。尾鳍也有同色小斑点。左侧大部分为黄褐色，雄鱼仅头部白色。为暖水性底层鱼类。栖息于水深100 ~ 150 m的沙泥底质海区。分布于我国南海、东海、台湾海域，以及日本南部海域、西北太平洋暖水域。体长约15.5 cm。

▲ 本属我国尚记录有纵带斜鲽 *P. fasciatus*。仅 Fowler 于1933年在香港海域采集到1尾体长6.8cm的标本[41]。其形态与褐斜鲽相似。但本种侧线鳞少，为45枚；有眼侧中部1/3处具棕褐色纵带[41]。此后再未见报道。黄宗国（2012）认为其与褐斜鲽为同种[13]。

沙鲽属 *Samariscus* Gilbert，1905

本属物种体呈长椭圆形，两眼位于头右侧，眼间隔窄嵴状。口小，前位，很斜，上颌伸过眼前缘，背鳍始于吻部，无分支鳍条及丝状鳍条。右胸鳍鳍条4 ~ 5枚，其长度短于或等于头长。左侧无胸鳍。腹鳍有5枚鳍条，不延长。尾鳍中部鳍条分支。体两侧被栉鳞或左侧被圆鳞。右侧线平直，左侧无侧线。我国有6种。

2921 满月沙鲽 *Samariscus latus* Matsubara et Takamuki，1951[44]

= 胡氏沙鲽 *S. huysmani* = 枢氏沙鲽 = 尖臂沙鲽 *S. sunieri*

背鳍67～76；臀鳍53～59；胸鳍5；腹鳍5。侧线鳞57～61。鳃耙0～2＋5～9。

本种一般特征同属。体呈长椭圆形，体长为体高的2.0～2.3倍。头短，体长为头长的4.4～4.8倍。以右侧胸鳍第1鳍条最长，呈长丝状，其长度可达头长的2倍。胸鳍上有9条黑色横纹。头、体两侧均被栉鳞。侧线平直。体右侧灰褐色，沿背缘有5～6个瞳孔状黑褐色斑。腹缘4～5个黑斑。中部侧线上、下各一大黑斑。尾鳍上、下各有一灰黑色斑。体左侧色浅，无斑点。为暖水性底层鱼类。栖息水深40～200 m。分布于我国南海、东海、台湾海域，以及日本熊野海域、高知海域，西太平洋暖水域。体长约10 cm。

注：本种曾被误认为是胡氏沙鲽和枢氏沙鲽（或称尖臂沙鲽）[27]。实际上胡氏沙鲽和枢氏沙鲽都是独立的近缘种，以侧线鳞数目和胸鳍鳍条长短相区分[41]。

2922 丝鳍沙鲽 *Samariscus filipectoralis* Shen，1982[14]

背鳍71～77；臀鳍53～58；胸鳍5；腹鳍6；尾鳍16。侧线鳞52～56。下鳃耙7～8。

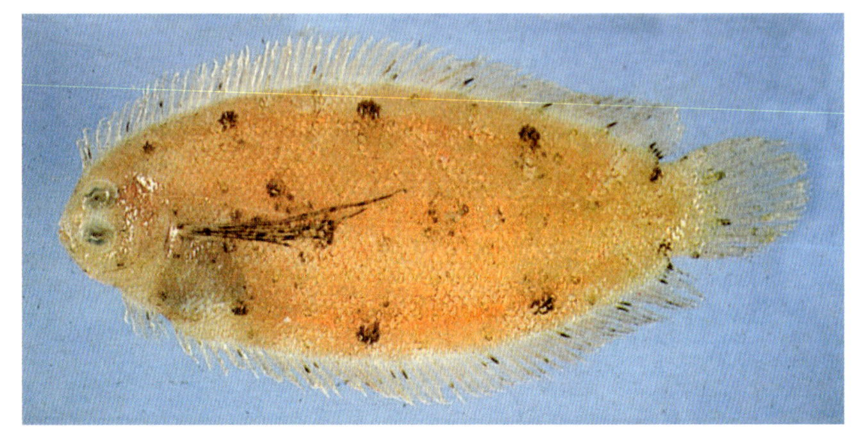

本种体呈长椭圆形。体长为体高的2.2～2.5倍。头小，微向下弯。两眼小，眼间隔窄。口小，斜形。上颌达眼前缘下方，颌齿绒毛状。鳃耙短，微小。两侧被栉鳞，侧线呈波状。背鳍始于眼前上方。胸鳍基短，第1鳍条长丝状，其长度稍小于头长的2倍。尾鳍后缘圆弧形，与背鳍、臀鳍不相连。有眼侧体黄褐色，背、腹缘各有1纵行5个大黑斑，侧线前部上方有一黑斑。胸鳍黑色，尾鳍上、下各有一黑斑。为暖水性底层鱼类。栖息于沙泥底质近岸海区。分布于我国台湾海域。体长约8 cm。

2923 日本沙鲽 *Samariscus japonicus* Kamohara，1936[39]

背鳍62～70；臀鳍47～54；胸鳍5；腹鳍5。侧线鳞49～58。鳃耙0＋7～8。

本种体呈长椭圆形，体长为体高的2.6～2.9倍。头小，体长为头长的5.6～5.7倍。眼较小，眼间隔具骨嵴隆起。口小，斜位，对称。上颌达眼前缘下方，颌齿绒毛状。有眼侧胸鳍与头几乎等长，有5枚鳍条。背鳍起始于无眼侧上眼前下方。各鳍除尾鳍外均不分支。鳞小，两侧均被栉鳞，侧线鳞较少。臀鳍鳍条也较少。体黄褐色，沿背、腹缘分别具5个、4个瞳孔大小的黑斑。胸鳍黑色，其他鳍灰褐色。为暖水性底层鱼类。栖息于水深100 m以浅的沙泥或泥底质海区。分布于我国东海，以及日本熊野海域、高知海域，西北太平洋暖水域。体长约10 cm。

2924 高知沙鲽 *Samariscus xenicus* Ochiai et Amaoka，1962[38]

＝奇沙鲽

背鳍62～70；臀鳍46～53；胸鳍4；腹鳍5。侧线鳞45～52。鳃耙0～3＋5～9。

本种与日本沙鲽相似。体呈长椭圆形，侧扁。但本种体稍高，体长为体高的2.2～2.6倍。吻短钝，吻长小于眼径。有眼侧胸鳍长度略大于头长，无眼侧无胸鳍。尾鳍中部鳍条分支。体黄褐色，沿背、腹缘有小圆斑。胸鳍黑色，其他鳍色淡。为暖水性底层鱼类。

栖息水深大于100 m。分布于我国台湾海域，以及日本高知县海域。为鲽形鱼类的最小型种，体长约6 cm。

▲ 本属我国尚有短颌沙鲽 *S. inornatus*、长臂沙鲽 *S. longimanus*，二者形态特征与上述种相似，仍以上颌长度、胸鳍鳍条长度和数目及侧线鳞数目相区分[41]。

鳎亚目的科、属、种检索表

1a 眼常位于头左侧；无胸鳍；尾舌骨后端浅叉状，肾脉棘宽短；均无尾柄……舌鳎科 Cynoglossidae（18）

1b 眼常位于头右侧；有或无胸鳍；尾舌骨钩状，肾脉棘尖长；有或无尾柄……鳎科 Soleidae（2）

2a 尾鳍与背鳍、臀鳍相连……（11）

2b 尾鳍不与背鳍、臀鳍相连……（3）

3a 口下位，吻钩常发达；右腹鳍与臀鳍相连……钩嘴鳎属 *Heteromycteris*（10）

3b 口近似前位，无吻钩；腹鳍基短，不与臀鳍相连……（4）

4a 左、右两侧均无胸鳍……（6）

4b 左、右两侧胸鳍发达或明显……（5）

5a 右侧胸鳍发达，但不达鳃孔上方；前鼻管伸达下眼中央……异吻长鼻鳎 *Soleichthys heterorhinos* 2926

5b 两侧胸鳍发达，右侧胸鳍基达鳃孔上方；前鼻管不伸达下眼中央……卵鳎 *Solea ovata* 2925

6-4a 背鳍、臀鳍鳍条不分支……（8）

6b 背鳍、臀鳍鳍条分支……（7）

7a 有眼侧前鼻管短，不达下眼前缘……眼斑豹鳎 *Pardachirus pavoninus* 2927

7b 有眼侧前鼻管长，达到或超过下眼前缘……拟鳎 *Parachirus xenicus* 2928

8-6a 头、体被圆鳞；右侧腹鳍基较长……黑点圆鳞鳎 *Liachirus melanospilus* 2929

8b 头、体被栉鳞；右侧腹鳍基短……栉鳞鳎属 *Aseraggodes*（9）

9a 右侧鳍无黑色网目状纹……褐斑栉鳞鳎 *A. kobensis* 2931

9b 右侧鳍有黑色网目状纹……网纹栉鳞鳎 *A. kaianus* 2930

10-3a 体右侧仅有黑褐色圆斑；左侧前鼻管内有一圆匙状皮突…日本钩嘴鳎 *H. japonicus* 2935

10b 体右侧背、腹缘各有3个尖端向外的“∧”形斑纹；左侧前鼻管内有一分支皮突……人字钩嘴鳎 *H. matsubarai* 2934

11-2a 第1背鳍鳍条很粗长、突出；体右侧黄褐色，有14条宽横带…角鳎 *Aesopia cornuta* 2936

11b 第1背鳍鳍条不特别突出……（12）

12a 胸鳍退化为皮膜状，或右侧胸鳍稍尖长；体右侧有11～13对暗横带…条鳎属 *Zebrias*（15）

12b 两侧胸鳍或右侧胸鳍发达；体右侧无成对的暗横带……箬鳎属 *Brachirus*（13）

13a 头、体右侧被栉鳞，左侧被圆鳞；侧线鳞103～109枚；体无纵带状黑斑……白边箬鳎 *B. marginata* 2943

13b 体两侧被栉鳞 ……………………………………………………………………………（14）

14a 两侧均有胸鳍，右侧胸鳍较长；鳞片大小相同……………………东方箬鳎 *B. orientalis* 2941

14b 仅右侧有小胸鳍；右侧有大的暗环纹 ……………………………环纹箬鳎 *B. annularis* 2942

15-12a 两眼各有一指状皮突 ……………………………………………………峨眉条鳎 *Z. quagga* 2937

15b 两眼无指状皮突 ……………………………………………………………………（16）

16a 尾鳍上、下缘完全与背鳍、臀鳍相连…………………………………带纹条鳎 *Z. zebra* 2940

16b 尾鳍上、下缘前半部与背鳍、臀鳍相连 …………………………………………………（17）

17a 尾鳍后半部有黑褐色纵纹；眼间隔有鳞；侧线鳞7＋83～99枚……日本条鳎 *Z. japonicus* 2938

17b 尾鳍后半部有黄色圆斑；眼间隔无鳞；侧线鳞5～6＋65～75枚

……………………………………………………………………………缨鳞条鳎 *Z. crossolepis* 2939

18-1a 吻略呈钩状，不达口腹侧；口略厚，近前位；无侧线 ………无线鳎属 *Symphurus*（43）

18b 吻钩发达，达口腹侧；口下位；体左侧有1～3条侧线，体右侧有0～2条侧线 ………（19）

19a 体左侧上、下唇无须状突起；体右侧前鼻管短；体左侧有1～3条侧线

……………………………………………………………………………舌鳎属 *Cynoglossus*（23）

19b 体左侧上、下唇有须状突起；体右侧前鼻管长；体左侧有2～3条侧线

……………………………………………………………………………须鳎属 *Paraplagusia*（20）

20a 体左侧有3条侧线 ……………………………………………………………………（22）

20b 体左侧有2条侧线 ……………………………………………………………………（21）

21a 吻钩达下眼远后下方；侧线间鳞17～20行……………………长钩须鳎 *P.*（*P.*）*bilineata* 2945

21b 吻钩仅达下眼后缘下方；侧线间鳞15～16行…………………短钩须鳎 *P.*（*P.*）*blochi* 2944

22-20a 体左侧被栉鳞，右侧被圆鳞 ……………………日本须鳎 *P.*（*Rhinoplagusia*）*japonica* 2946

22b 体两侧均被栉鳞 ………………………………………………………栉鳞须鳎 *P.*（*R.*）*guttata*

23-19a 头左侧鼻孔1个 ……………………………………东亚单孔舌鳎 *C.*（*Trulla*） *itinus* 2967

23b 头左侧鼻孔2个 ……………………………………………………………………（24）

24a 体左侧有3条侧线……………………………………三线舌鳎亚属 *C.*（*Areliscus*）（34）

24b 体左侧有2条侧线 ……………………………………………………………………（25）

25a 体右侧无侧线……………………………………………拟舌鳎亚属 *C.*（*Cynoglossoides*）（27）

25b 体右侧有侧线 ………………………………………………………………………（26）

26a 体右侧有1条侧线 ……………………………………中华舌鳎 *C.*（*Cynoglossus*）*sinicus* 2952

26b 体右侧有2条侧线……………………………………双线舌鳎 *C.*（*Arelia*）*bilineatus* 2956

27-25a 头、体左侧被栉鳞，右侧被圆鳞 ………………………………………………………（31）

27b 头、体两侧均被栉鳞 …………………………………………………………………（28）

28a 侧线间鳞15～19行；左侧有许多黑褐色斑…………………斑头舌鳎 *C.*（*C.*）*puncticeps* 2955

28b 侧线间鳞9～14行；左侧无黑褐色斑 …………………………………………………（29）

29a 侧线间鳞9～10行；吻长短于或等于上眼至背鳍基距离 ……考普斯舌鳎 *C.*（*C.*）*kopsii* 2951

29b 侧线间鳞12～14行；吻长大于上眼至背鳍基距离 ……………………………………（30）

30a 吻钩达前鼻孔下方；口角距吻端近 …………………………线纹舌鳎 *C.*（*C.*）*lineolatus* 2953

30b 吻钩达下眼下方；口角距头后端近 ……………………………南洋舌鳎 *C.*（*C.*）*lida* 2954

31-27a 侧线鳞7～8＋70～78枚；侧线间鳞10～11行……………宽体舌鳎 *C.*（*C.*）*robustus* 2947

31b 侧线鳞4～7＋48～65枚；上、中侧线间鳞6～9行……………………………………………（32）

32a 上、中侧线间鳞6～7行；体长为体高的3.8～4.3倍，为头长的4～4.7倍
……………………………………………………………………大鳞舌鳎 *C.*（*C.*）*macrolepidotus* 2950

32b 上、中侧线间鳞8～9行……………………………………………………………………（33）

33a 体长为体高的4.8～5倍，约为头长的4.7倍 ……………………印度舌鳎 *C.*（*C.*）*arel* 2948

33b 体长为体高的3.9～4.5倍，为头长的4～4.4倍………………少鳞舌鳎 *C.*（*C.*）*oligolepis* 2949

34-24a 鳃孔后侧线鳞不及100枚……………………………………………………………………（40）

34b 鳃孔后侧线鳞多于100枚 ……………………………………………………………………（35）

35a 体两侧均被强栉鳞；生殖乳突位于第1臀鳍鳍条左侧 …………………………………（37）

35b 体右侧被近似圆鳞的弱栉鳞，左侧被强栉鳞………………………………………………（36）

36a 生殖突游离，位于臀鳍右侧；鳃孔后侧线鳞123～132枚；体左侧无褐色大斑
……………………………………………………………………半滑舌鳎 *C.*（*A.*）*semilaevis* 2957

36b 生殖突连臀鳍第1鳍条左侧；鳃孔后侧线鳞107～121枚；体左侧鳃盖部有大黑斑
…………………………………………………………………………黑鳃舌鳎 *C.*（*A.*）*roulei* 2958

37-35a 上、中侧线间鳞19～20行；吻长等于上眼到背鳍基距离；口裂达下眼后缘稍前下方
……………………………………………………………短吻三线舌鳎 *C.*（*A.*）*abbreviatus* 2959

37b 上、中侧线间鳞多于20行 ……………………………………………………………………（38）

38a 背鳍鳍条117～120枚，臀鳍鳍条92～101枚；上、中侧线鳞20～22行
……………………………………………………………………小鳞舌鳎 *C.*（*A.*）*microlepis* 2962

38b 背鳍鳍条125～137枚，臀鳍鳍条102～109枚；上、中侧线鳞21～24行…………………（39）

39a 上、中侧线间鳞23～24行；侧线鳞12～13＋129～141；口角达下眼后缘下方；背鳍鳍条128～137枚；头、体左侧无黑色大斑…………………………窄体舌鳎 *C.*（*A.*）*gracilis* 2961

39b 上、中侧线间鳞21～23行；侧线鳞11～12＋113～127；口角达下眼中部下方或稍后下方；头、体左侧有数个不规则的褐色大斑 ………………褐斑三线舌鳎 *C.*（*A.*）*trigrammus* 2960

40-34a 口角达下眼中部下方；头长为眼径的4.8～8倍；上、中侧线间鳞11～12行………（42）

40b 口角达下眼后下方；头长为眼径的9.8～15.2倍……………………………………………（41）

41a 上、中侧线间鳞12～13行；侧线无眼前支；头长等于或小于头高
……………………………………………………………………短吻红舌鳎 *C.*（*A.*）*joyneri* 2963

41b 上、中侧线间鳞10～11行；侧线有眼前支；头长大于头高
………………………………………………………………………长吻红舌鳎 *C.*（*A.*）*lighti* 2964

42-40a 上、下侧线终止于体中部；侧线鳞6＋68～72枚 ……断线舌鳎 *C.*（*A.*）*interruptus* 2965

42b 上、下侧线终止于尾后端；侧线鳞7＋56～65枚 ………黑鳍舌鳎 *C.*（*A.*）*nigropinnatus* 2966

43-18a 体左侧有9～11条暗横带 …………………………九带无线鳎 *S. novemfasciatus* 2968

43b 体左侧无暗横带而有细纵纹……………………………………………………………………（44）

44a 背鳍、臀鳍有黑色横纹；鳃孔高约等于该处头高的1/2…………东方无线鳎 *S. orientalis* 2969

44b 背鳍、臀鳍无黑色横纹；鳃孔高约等于该处头高的2/5
…………………………………………………………西方细纹无线鳎 *S. strictus hondoensis* 2970

（306）鳎科 Soleidae

本科物种体呈卵圆形或长椭圆形，两眼均位于头部右侧。口小，不对称，前位或近下位。两颌不发达，有的吻呈钩状。颌齿绒毛状或不发达。腭骨无齿。前鳃盖骨边缘不游离。体被小栉鳞或圆鳞，侧线几乎平直，有颞上支。背鳍、尾鳍、臀鳍相连或不相连。背鳍始于眼前上方。胸鳍小或无。腹鳍小或无眼侧无腹鳍。全球有35属130种，我国有11属21种。

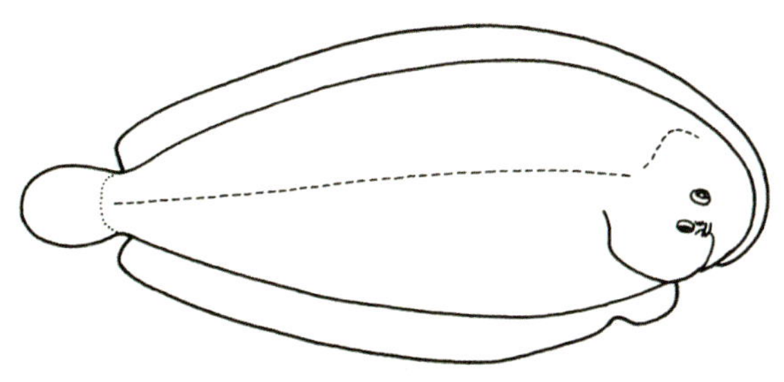

鳎科物种形态简图

2925 卵鳎 *Solea ovata* Richardson，1846[20]（上为有眼侧，下为无眼侧）

背鳍58～65；臀鳍44～48；胸鳍7～8；腹鳍5。侧线鳞88～92。鳃耙5＋12。

本种体呈卵圆形。体长为体高的2～2.2倍。头较短，体长为头长4.1～4.8倍。吻短钝。两眼位于头部右侧，眼间隔和眼上缘均有鳞。前鼻管单一，短小，达下眼前缘。口小，近前位。两颌仅左侧有绒毛状窄齿带。体两侧被小栉鳞，侧线鳞为圆鳞。背鳍、尾鳍、臀鳍不相连。有眼侧橄榄褐色，具黑点。沿背、腹缘分别有5个和4个黑色圆斑。各鳍浅灰褐色，胸鳍色深。无眼侧淡黄色或白色。为暖水性底层鱼类。栖息于近岸沙泥底质海区。分布于我国南海、东海、台湾海域，以及印度尼西亚海域、菲律宾海域、印度–太平洋暖水域。体长约8 cm。

2926 异吻长鼻鳎 *Soleichthys heterorhinos*（Bleeker，1856）[38]

背鳍92～102；臀鳍77～87；胸鳍7～9；腹鳍4。侧线鳞99～105。

本种体呈长椭圆形。体长为体高的6～6.8倍。头稍短，前端尖。两眼小，位于头部右侧；眼间隔窄凸且有小鳞。有眼侧前鼻管很长，伸达下眼中部。口小，略歪。体被粗栉鳞，侧线鳞为三角形圆鳞。两侧均有胸鳍，但无眼侧胸鳍很小。尾鳍长椭圆形，中部鳍条分支。背鳍、尾鳍、臀鳍不连续。有眼侧橄榄绿色，有20余条淡黑色斑马纹。头部有7条横斑，横斑边缘有小黑点。各鳍淡褐色，尾鳍有2条黑色细横纹。无眼侧红黄色。为暖水性底层鱼类。栖息于珊瑚礁潟湖区。分布于我国台湾海域，以及日本鹿儿岛以南海域、印度–西太平洋热带水域。体长可达12 cm。

2927 眼斑豹鳎 *Pardachirus pavoninus*（Lacépède，1802）[141]

背鳍66～70；臀鳍50～53；胸鳍0；腹鳍54。侧线鳞75～82。

本种体呈椭圆形。体长为体高的2.2～2.5倍。头短高，体长为头长的4.4～5.1倍。吻钝圆，不呈钩状。两眼位于头部右侧；眼间隔微凹，有鳞。右鼻孔粗短，不达下眼前缘。左鼻孔管较大，位低。口较小，唇发达，上唇前端有毛须状突起。体两侧被弱栉鳞。背鳍、臀鳍、尾鳍不相连，鳍条分支。背鳍鳍条基部各有一小圆孔。无胸鳍。腹鳍略不对称。尾鳍短，后缘圆弧形。头、体右侧淡黄褐色，散布棕黑色细环纹，环内有1～4个棕褐色小点。体左侧淡黄白色。为暖水性底层鱼类。栖息于珊瑚礁海区及沙底质海区。分布于我国南海、台湾海域，以及日本渥美湾以南海域，印度–西太平洋热带水域。体长约20 cm。本种背鳍、臀鳍基部有毒腺开孔，有剧毒[41]。

2928 拟鳎 *Parachirus xenicus* Matsubara et Ochiai，1963[14]

=副无臂鳎

背鳍57～69；臀鳍39～47；胸鳍0；腹鳍5。侧线鳞53～64。

本种与眼斑豹鳎相似。体呈长椭圆形。有眼侧前鼻管长，达到或超过下眼前缘。体被栉鳞。无胸鳍。尾鳍显露。背鳍、臀鳍鳍条分支，不与尾鳍相连。尾鳍椭圆形，其鳍条除上、下第1、第2鳍条外也都分支。体淡褐色，具白色圆斑和黑色点。各鳍淡灰褐色，散布小黑点。尾鳍尚具点列状横带。为暖水性底层鱼类。栖息于珊瑚礁海区、沙底质海区。分布于我国南海、台湾海域，以及日本奄美大岛海域、西表岛海域。体长约6.5 cm。

2929 黑点圆鳞鳎 *Liachirus melanospilus*（Bleeker，1854）[141]（上为有眼侧，下为无眼侧）

背鳍59～62；臀鳍42～47；胸鳍0；腹鳍5。侧线鳞66～77。

本种体呈长椭圆形，体长为体高的2.1～2.4倍。头稍短，体长为头长的3.8～4.2倍。尾柄短，尾柄长小于眼径。吻钝圆。两眼在头右侧。眼间隔小于眼径，略凹，有鳞。右前鼻孔管长达下眼前

缘。口小，唇发达，右下唇具三角形宽皮突。两颌仅左侧有齿，绒毛状。除左侧头前部鳞为绒毛状外，头、体两侧被圆鳞。头前缘有短毛状突起。右侧腹鳍基较长。体右侧棕褐色，有淡黑褐色细斜纹，纹内还有小黑点。鳍淡黄色，散布褐色斑和小黑点。体左侧淡黄白色。为暖水性底层鱼类。栖息于水深100 m以浅的沙泥底质海区。分布于我国南海、台湾海域，以及日本土佐湾海域、印度尼西亚海域、泰国海域、印度-西太平洋暖水域。体长约10 cm。

栉鳞鳎属 *Aseraggodes* Kaup，1858

本属物种体呈长椭圆形。两眼位于头右侧，眼间隔有或无鳞。右前鼻孔管不达下眼前缘。体两侧被小栉鳞，侧线鳞为圆鳞。背鳍、臀鳍鳍条不分支，基部无小孔，不与尾鳍相连。无胸鳍。右侧腹鳍基短，左右近似对称。尾鳍中部鳍条分支。我国有4种。

2930 网纹栉鳞鳎 *Aseraggodes kaianus*（Günther，1880）[39]

= 日本栉鳞鳎

背鳍64 ~ 71；臀鳍47 ~ 52；胸鳍0；腹鳍5。侧线鳞60 ~ 63。

本种一般特征同属。体呈长卵圆形，体长为体高的2.2 ~ 2.5倍，为头长的3.8 ~ 4.1倍。有眼侧前鼻管短，不达下眼前缘。无眼侧头部毛状突起发达。两侧被栉鳞，侧线鳞卵圆形。背鳍、臀鳍、尾鳍不连续。无胸鳍。背鳍、臀鳍、腹鳍鳍条不分支。体淡褐色，有黑褐色网目状斑纹，体周边及各鳍鳍膜上的斑纹明显。为暖水性底层鱼类。栖息于水深150 ~ 250 m的沙泥底质海区。春季产卵。分布于我国东海、南海、台湾海域，以及日本高知海域、鹿儿岛海域，印度尼西亚海域，西太平洋暖水域。体长约11 cm。

2931 褐斑栉鳞鳎 *Aseraggodes kobensis*（Steindachner，1896）[141]（上为有眼侧，下为无眼侧）

背鳍64 ~ 74；臀鳍45 ~ 55。侧线鳞53 ~ 71。

本种与网纹栉鳞鳎相似。但体略长，体长为体高的2.3 ~ 2.7倍，为头长的4.2 ~ 5.1倍。眼很小，两眼接近。有眼侧体黄褐色，无黑褐色网目状纹。而沿侧线及体上、下缘各有1纵行黑褐色斑，上、下

缘兼有白点。为暖水性底层鱼类。栖息于水深80 ~ 100 m的沙泥底质海区。秋季产卵。分布于我国南海、东海、台湾海域，以及日本南部海域、美国夏威夷海域、西太平洋暖水域。体长约10 cm[39]。

2932 陈氏栉鳞鳎 *Aseraggodes cheni* Randall et Senou，2007[37]

沈世杰（2011）述及本种与产于西印度洋的戴氏栉鳞鳎 *A. diringeri* 十分相似，其分节特征和量度指标均相同。二者区别在于本种侧线鳞稍少，73 ~ 76枚；体黄褐色，不规则地散布镶黑边的浅色斑块[37]。栖息于水深超过100 m的大陆架沙泥底质海区。分布于我国台湾海域。

注：本种因信息不足，未被列入检索表中。

2933 东方栉鳞鳎 *Aseraggodes orientalis* Randall et Senou，2007[37]

据沈世杰（2011），本种曾因与拟鳎相似而被误称。其主要特征为前鼻管后倒，可达下眼前缘。腹鳍向后可伸达臀鳍第3鳍条基底。鳞上具7 ~ 10枚栉刺，但不伸出鳞片后缘。背鳍前吻部具2 ~ 3列细须。头腹缘具1列宽垂饰状须，口缘上部有1或2列短细须。栖息于水深超过100 m的大陆架海区。分布于我国台湾近海。

注：本种亦因信息不足，未被列入检索表中。

钩嘴鳎属 *Heteromycteris* Kaup，1858

本属物种体呈长椭圆形。两眼位于头右侧，眼间隔有鳞。吻向后下方呈长钩状。右侧前鼻孔管状，左侧前鼻孔管粗大、肉质。口下位，不对称。头、体两侧被栉鳞，侧线鳞为圆鳞。左、右侧线平直，有颞上支和前鳃盖支。背鳍始于吻端，鳍条不分支，不与尾鳍相连。无胸鳍或胸鳍留省痕迹。腹鳍有5枚鳍条，右侧腹鳍基底长，与臀鳍相连。我国有2种。

2934 人字钩嘴鳎 *Heteromycteris matsubarai* Ochiai，1963 [38]

=松原钩嘴鳎

背鳍86～93；臀鳍57～64；胸鳍0；腹鳍5。侧线鳞71～80。

本种一般特征同属。体呈长椭圆形，体长为体高的2.3～2.8倍。头圆钝，体长为头长的3.8～4.3倍。眼小，眼径不及吻长的1/2。右前鼻孔管状，几乎伸达下眼前缘，左前鼻管内有一分支皮突。口小，下位。右唇不肥厚，下唇有一三角形皮突和许多微小突起。仅左侧有紧密排列的微小齿。鳞小。右侧被强栉鳞，左侧被弱栉鳞。侧线鳞为圆鳞。体右侧黄褐色，有许多淡黑色斑，背、腹缘各有3个“∧”形黑纹，鳍淡褐色。体左侧淡蓝色，鳍灰白色。为暖水性底层鱼类。栖息于水深约100 m的泥沙底质海区。分布于我国南海，以及日本九州西部海域、西太平洋热带水域。体长可达12 cm。

2935 日本钩嘴鳎 *Heteromycteris japonicus*（Temminck et Schlegel，1842）[38]

背鳍79～90；臀鳍52～61；胸鳍0；腹鳍5。侧线鳞86～91。

本种与人字钩嘴鳎相似。体呈长椭圆形，略延长，体长为体高的2.6～3倍，为头长的4.1～4.5倍。左前鼻管内有一圆匙状皮突。口歪小，唇发达，左唇较厚，右下唇中央有一向上的圆膜突起。体右侧灰褐色，无“∧”形黑斑，散布黑色小圆点及褐色小花斑。为暖水性底层鱼类。栖息于沙底质浅海。分布于我国南海、东海、台湾海域，以及日本千叶、新潟以南海域，西北太平洋暖水域。体长约13.5 cm。

2936 角鳎 *Aesopia cornuta* Kaup，1858 [20]

背鳍70～78；臀鳍57～68；胸鳍11～15；腹鳍4。侧线鳞93～105。

本种体呈长舌状。两眼位于头右侧。眼间隔窄，无鳞。吻短钝。背鳍始于吻部，第1鳍条粗且长。背鳍、臀鳍、尾鳍完全相连。体两侧被弱栉鳞。体右侧淡黄褐色，有14条棕褐色宽横带，且横带伸入背鳍、臀鳍。尾鳍中后部黑褐色，有黄斑。体左侧黄白色。为暖水性底层鱼类。栖息于水深100 m左右的沙泥底质海区。分布于我国东海、南海、台湾海域，以及日本爱知、长崎以南海域，印度–西太平洋暖水域。体长可达20 cm。

条鳎属 *Zebrias* Jordan et Snyder，1900

本属物种体呈长舌状。两眼小，位于头右侧。眼间隔有或无鳞。吻钝圆，无吻钩。口小，前位。两颌无齿。两侧侧线直线形，右侧侧线有颞上支。体被栉鳞，侧线鳞为小圆鳞。胸鳍短弱，呈宽膜状，或仅右侧胸鳍稍尖长。腹鳍鳍基短，具4～5枚不分支鳍条，不与臀鳍相连。尾舌骨厚，钩状。我国有4种。

2937 峨眉条鳎 *Zebrias quagga*（Kaup，1858）[14]

=匡格条鳎=格条鳎

背鳍63～70；臀鳍53～58；胸鳍6～8；腹鳍4。侧线鳞83～87。鳃耙0＋4～5。

本种一般特征同属。体呈长舌状，体长为体高的2.6～2.7倍，为头长的4.3～5.3倍。两眼位于头右侧，突出；眼间隔窄，无鳞。两眼各有一黑褐色指状皮突。头、体右侧淡黄褐色，有11对棕褐色横带，带间距小于带宽。体左侧淡黄色或白色。为暖水性底层鱼类。栖息于沙泥底质浅海。分布于我国南海、台湾海域，以及印度尼西亚海域、印度–西太平洋暖水域。体长达15 cm[1]。

2938 日本条鳎 *Zebrias japonicus*（Bleeker，1860）[141]（上为有眼侧，下为无眼侧）

= 日本拟鳎 *Pseudaesopia japonicus* = 日本鳎沙

背鳍71～81；臀鳍59～67；胸鳍6～9；腹鳍5。侧线鳞7 + 83～99。

本种体呈长舌状，体长约为体高的2.8倍，约为头长的6.5倍。两眼位于头右侧，无指状皮突。眼间隔小于眼径，有鳞。右侧前鼻管较长，伸达下眼前缘。口小，唇光滑。两颌仅左侧有细绒毛状齿。体被小栉鳞。背鳍始于吻背缘。背鳍、臀鳍仅与尾前半部相连。右侧胸鳍上方鳍条最长。左侧胸鳍很短，短于眼径。体右侧淡黄白色，有12对黑褐色横带。尾鳍黄色，后部有黑褐色纵纹。体左侧淡红白色。为暖温性底层鱼类。栖息于水深100 m左右的沙泥底质海区。分布于我国东海、台湾海域，以及日本函馆以南海域、韩国海域、西北太平洋温暖水域。体长约16 cm。

2939 缨鳞条鳎 *Zebrias crossolepis* Cheng et Chang，1965 [141]

背鳍65～76；臀鳍54～63；胸鳍8～11；腹鳍5。侧线鳞5～6＋65～75。鳃耙0～2＋0～4。

本种与日本条鳎非常相似。体呈长舌状，体长为体高的2.7～3倍，为头长的4.9～6倍。两眼位于头部右侧，眼上缘无指状皮突。背鳍、臀鳍只与尾前半部相连。但本种眼间隔通常无鳞。侧线鳞偏少。左、右两侧胸鳍均呈短膜状。体右侧淡黄褐色，有13对黑褐色横带。尾鳍后半部黑色，有数个黄色圆斑。为暖水性底层鱼类。栖息于沙泥底质浅海。分布于我国南海、台湾海域。体长约22 cm。

2940 带纹条鳎 *Zebrias zebra*（Bloch，1785）

=花斑条鳎 *Z. fascista*

背鳍68～82；臀鳍56～70；胸鳍7～9；腹鳍4。侧线鳞87～110。鳃耙0～3＋4～30。

本种体呈长舌状，体长为体高的2.6～3.1倍。头短钝，体长为头长的5.5～6.9倍。眼小，眼间隔有鳞。右侧前鼻孔管不达下眼。体被小栉鳞，侧线鳞为埋入皮下的小圆鳞。背鳍、臀鳍完全与尾鳍相连成一体。右侧胸鳍镰刀状，左侧胸鳍宽短，最多等长于眼径。体右侧淡黄褐色，有11～12对黑褐色横带。尾鳍黑褐色，有弧状黄斑。为暖温性底层鱼类。栖息于水深100 m以浅的沙泥底质海区。分布于我国渤海、黄海、东海、南海、台湾海域，以及日本北海道以南海域、朝鲜半岛海域、印度–西太平洋暖水域。体长约20 cm。

箬鳎属 *Brachirus* Swainson，1838

本属物种体高大，呈长卵圆形。头小，两眼位于头右侧。吻圆钝，不呈钩状。口小，不对称。两颌仅左侧有绒毛状小齿。体被栉鳞，少数左侧被圆鳞。侧线平直，鳞为圆鳞。背鳍、臀鳍鳍条分支。背鳍、尾鳍、臀鳍相连。两侧胸鳍或右侧胸鳍发达、不对称，中部鳍条分支。腹鳍略对称，基底短。我国有4种。

2941 东方箬鳎 *Brachirus orientalis*（Bloch et Schneider，1801）（上为有眼侧，下为无眼侧）
= 东方宽箬鳎

背鳍61～65；臀鳍44～48；胸鳍7～8；腹鳍5。侧线鳞70～85。鳃耙3＋11。

本种一般特征同属。体高，呈长卵圆形，体长为体高的1.7～2倍。头稍短，体长为头长的4～4.7倍。吻圆钝，两眼小，眼间隔有鳞。体被栉鳞，右侧鳞大小相等，有些鳞有黑毛状突起。背鳍、尾鳍、臀鳍完全相连。尾鳍宽。两侧均有胸鳍，以右侧胸鳍较长。头、体右侧灰褐色，体背、腹缘及中部各有1纵行4～6个不规则的黑色云状横斑。鳍淡黄褐色。左侧淡黄色。为暖水性底层鱼类。栖息于沙泥底质近海及咸淡水水区。分布于我国南海、台湾海域，以及日本冲绳海域、澳大利亚海域、印度–西太平洋暖水域。体长可达25 cm。

2942 环纹箬鳎 *Brachirus annularis* Fowler，1933[14]

= 云斑箬鳎 *Synaptura nebulosa*

背鳍70 ~ 71；臀鳍57 ~ 59；胸鳍5 ~ 6；腹鳍5。侧线鳞77 ~ 85。鳃耙约4 + 8。

本种与东方箬鳎相似，但体延长，呈长卵圆形。体长为体高的2.8 ~ 2.9倍，为头长的5.3 ~ 5.4倍。眼小；眼间隔宽度约等于眼径，有鳞。体侧被强栉鳞，侧线鳞为圆鳞。本种胸鳍退化，仅右侧有小胸鳍。体右侧淡黄褐色，背鳍、臀鳍、尾鳍基底为淡黄色；有5条大的深褐色环纹，且环纹延伸至背鳍、臀鳍内。侧线上、下尚有2个圆斑。为暖水性底层鱼类。栖息水深约270 m。分布于我国台湾海域。体长约13 cm。

2943 白边箬鳎 *Brachirus marginata* Boulenger，1900[38]

= 暗斑箬鳎 *Synaptura marginata*

背鳍71 ~ 74；臀鳍56 ~ 57；胸鳍5 ~ 6；腹鳍5。侧线鳞103 ~ 109。

本种体呈卵圆形。体长为体高的2.1～2.3倍，为头长的5.1～5.2倍。吻圆钝。有眼侧前鼻管短而肥厚。体两侧均有胸鳍，仍以右侧胸鳍较长，约为眼径的2倍。体右侧被栉鳞，无黑毛状突起；而左侧被圆鳞。体右侧淡灰棕色，具黑褐色云状斑；鳍淡褐色，边缘白色。为暖水性底层鱼类。栖息于珊瑚礁、沙底质浅海。分布于我国南海，以及日本奄美大岛海域、南非海域、印度-西太平洋热带水域。体长约40 cm。

注：本种在我国未见有分布报告，但笔者曾在海南陵水新村采得1尾体长12～13 cm的疑似标本。李思忠（1995）指出本种在我国可能有分布[41]，故将其编入本书供参考。

▲ 本属我国尚记录有纵带箬鳎 *B. swinhonis*。成庆泰（1963）称其为南海连鳍鳎[27]。但未见图照和详细记录[41]。

▲ 据Joua（1867）记述，本科我国尚有毛鳍单臂鳎 *Monochirus trichodactylus*（Linnaeus，1758），但未见图照。此后也未再见此种在我国有分布的报道。国内学者认为该记录存疑[41]。

（307）舌鳎科 Cynoglossidae

本科物种体呈长舌状。两眼很小，位于头左侧。口小，下位或近前位，两侧不对称。仅无眼侧具绒毛状齿群。吻有软骨板向下突出，呈钩状或略呈钩状。前鳃盖骨后缘埋于皮下。鳃耙微小或无。头、体被栉鳞或圆鳞。体左侧侧线0～3条，右侧侧线0～2条。奇鳍相连，鳍条不分支。胸鳍无或呈薄膜状。右侧无腹鳍。尾舌骨纵长板状，后端浅叉状。全球有3属127种，我国有3属34种[145, 146]。

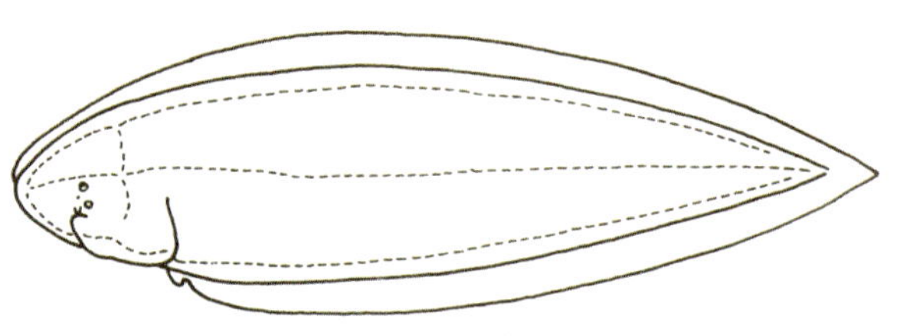

舌鳎科物种形态简图

须鳎属 *Paraplagusia* Bleeker，1865

本属物种两眼位于头左侧，上眼远离头背缘。吻达口下方，呈钩状。口下位。左侧上、下唇有须状突起。无后鼻孔。两颌仅右侧有绒毛状齿群。体左侧被栉鳞，有侧线2～3条。右侧无侧线。奇鳍相连。无胸鳍。左侧腹鳍与臀鳍相连。我国有4种。

2944 短钩须鳎 *Paraplagusia*（*Paraplagusia*）*blochi*（Bleeker，1851）[141]（上为有眼侧，下为无眼侧）

= 布氏须鳎 = 双线拟须鳎

背鳍94 ~ 104；臀鳍74 ~ 79；胸鳍0；腹鳍4。侧线鳞78 ~ 83。

本种一般特征同属。体呈长舌状。体长为体高的3.3 ~ 3.6倍，为头长的3.7 ~ 4倍。吻端稍尖；吻钩发达，约达眼后缘下方。口显著弯曲。左侧口唇有触须，下唇须长。右侧前鼻孔呈粗管状。左侧侧线2条，侧线间鳞15 ~ 16纵行。无胸鳍和右侧腹鳍。头、体左侧淡黄色，各鳍中部有褐色细纵纹。右侧淡黄白色。为暖水性底层鱼类。栖息于水深80 m的泥沙底质海区。分布于我国南海、东海、台湾海域，以及日本土佐湾以南海域、印度尼西亚海域、菲律宾海域、印度–西太平洋暖水域。体长约23 cm。

2945 长钩须鳎 *Paraplagusia*（*Paraplagusia*）*bilineata*（Bloch，1785）[9]

= 台湾须鳎 *P. formosana*

背鳍96 ~ 118；臀鳍80 ~ 92；胸鳍0；腹鳍4。侧线鳞90 ~ 117。

本种与短钩须鳎相似。体呈长舌状。体长为体高的3.6 ~ 4.1倍，为头长的3.9 ~ 4.3倍。吻发达，吻钩伸达眼下缘后下方与鳃孔之间。体左侧浅

褐色，鳞后缘棕褐色或具褐色小点。幼鱼布有不规则的灰褐色环纹，环纹内色较浅。鳍色较浅。右侧白色。为暖水性底层鱼类。栖息于水深50 ~ 120 m的沙泥底质海区。分布于我国南海、东海、台湾海域，以及日本爱知以南海域、印度–西太平洋暖水域。体长可达25 cm。

2946 日本须鳎 *Paraplagusia*（*Rhinoplagusia*）*japonica*（Temminck et Schlegel，1846）[18]

= 日本吻须鳎

背鳍106 ~ 117；臀鳍84 ~ 92；胸鳍0。腹鳍4。侧线鳞88 ~ 113。

本种体呈长舌状。体长为体高的3.4 ~ 4.2倍，为头长的4 ~ 4.7倍。吻钩稍短，不达眼后缘下方。右侧上、下唇各有1行皮须，上唇的小而多，下唇的较粗而少。体左侧被栉鳞，有侧线3条。体右侧被圆鳞，无侧线。头、体左侧黄绿褐色，散布黑褐色小斑点，鳍黑褐色。右侧白色，鳍黑色。为暖温性底层鱼类。栖息于水深20 ~ 65 m沿岸浅海、内湾、沙底海域。分布于我国黄海、东海、南海、台湾海域，以及日本北海道以南海域、朝鲜半岛海域、西北太平洋温暖水域。体长可达33 cm。

▲ 本属我国尚有栉鳞须鳎 *P.*（*R.*）*guttata*。其形态特征与日本须鳎相似，左侧有侧线3条，右侧无侧线。但前者以体两侧均被栉鳞而和后者相区别。分布于我国东海、南海、台湾海域[41]。列入本书检索表，未编号。

舌鳎属 *Cynoglossus* Hamilton，1822

本属物种体呈长舌状，两眼位于头左侧中部；眼间隔很窄或稍宽，有或无鳞。吻发达，呈钩状。通常左鼻孔2个，少数无左鼻孔或左鼻孔1个。口歪，下位，仅右侧有绒毛状小齿。唇无触须。奇鳍完全相连。背鳍始于吻端稍后。无胸鳍。仅左侧有腹鳍，且与臀鳍相连。头、体常被栉鳞，少数被圆鳞。头右侧前部有些鳞呈绒毛状。左侧侧线1 ~ 3条，右侧侧线0 ~ 2条。全球有75种，我国有24种。

2947 宽体舌鳎 *Cynoglossus*（*Cynoglossoides*）*robustus* Günther，1873[15]

背鳍124～130；臀鳍100～106；胸鳍0；腹鳍4。侧线鳞7～8＋70～78。

本种一般特征同属。体呈长舌状。体长为体高的3.9～4.5倍，为头长的4.5～4.7倍。吻大，钩状，但吻钩不达前鼻孔下方。唇无触须。两眼位于头部左侧；眼间隔微凹，有鳞。左侧鼻孔2个，前鼻孔短管状。头、体左侧被中等大栉鳞，有侧线2条，侧线间鳞10～11纵行。体右侧被圆鳞，无侧线。体左侧淡褐色，鳞后缘色暗；各鳍淡褐色，有黄边。右侧头、体和鳍均呈淡黄白色。为暖温性底层鱼类。栖息于水深20～115 m的泥沙底质海区。分布于我国渤海、黄海、东海、南海，以及日本本州中部以南海域、西太平洋暖温水域。体长约40 cm。

2948 印度舌鳎 *Cynoglossus*（*Cynoglossoides*）*arel*（Bloch et Schnetder，1801）[16]

背鳍123～129；臀鳍91～98；胸鳍0；腹鳍4。侧线鳞61～65。

本种与宽体舌鳎相似。体呈长舌状。体长为体高的4.8～5倍，约为头长的4.7倍。吻突钝尖。体左侧被栉鳞，有侧线2行。右侧被圆鳞，无侧线。侧线鳞和侧线间鳞却偏少，分别为61～65枚和8～9纵行。体左侧黄褐色，或有不规则的暗斑，奇鳍有黑边。无眼侧色较浅。为暖水性底层鱼类。

栖息于水深100 m以浅的沙泥底质海区。分布于我国南海、台湾海域，以及泰国海域、马来西亚海域、印度–西太平洋热带水域。体长约30 cm。

2949 少鳞舌鳎 *Cynoglossus*（*Cynoglossoides*）*oligolepis*（Bleeker，1854）[141]（上为有眼侧，下为无眼侧）

= 寡鳞舌鳎

背鳍120～129；臀鳍85～97；腹鳍4。侧线鳞6～7＋61～65。

本种体呈长舌状，甚侧扁。头较小，头长大于头高。吻较长，前端圆钝。吻钩短，不达前鼻孔下方。眼小；眼间隔窄，略凹。口歪小，下位，仅无眼侧具绒毛状齿。有眼侧体被栉鳞，侧线2条，有颞上支。侧线间鳞8～9纵行。有眼侧具腹鳍，无眼侧无胸鳍、腹鳍。有眼侧体淡褐色，鳞边缘多呈暗褐色月牙状，鳃、腹部色暗，体后部棕褐色。无眼侧白色，鳍淡褐色。为暖水性底层鱼类。栖息于近岸沙泥底质海区。分布于我国东海、南海、台湾海域，以及印度–西太平洋暖水域。体长约22 cm。

2950 大鳞舌鳎 *Cynoglossus*（*Cynoglossoides*）*macrolepidotus*（Bleeker，1851）[20]

背鳍105～113；臀鳍80～89；胸鳍0；腹鳍4。侧线鳞48～58。

本种与印度舌鳎很相似。体型略高，体长为体高的3.8～4.3倍。头稍长，吻圆钝，体长为头长的4～4.7倍。侧线鳞较少，侧线间鳞6～7纵行。体左侧淡褐色，有些背鳍、臀鳍鳍条有暗纹。右侧色较淡。为暖水性底层鱼类。栖息于沙泥底质近岸海区。分布于我国南海、台湾海域，以及印度尼西亚海域、菲律宾海域、印度–西太平洋热带水域。体长约31 cm。

2951 考普斯舌鳎 *Cynoglossus*（*Cynoglossoides*）*kopsii*（Bleeker，1851）[70]

=短头舌鳎 *C. brachycephalus*

背鳍104～112；臀鳍83～88；胸鳍0；腹鳍4。侧线鳞65～85。

本种体呈长舌状，体长为体高的3.51～5.69倍。头小，体长为头长的4.23～5倍。吻钩短，吻钝圆，吻长短于或等于上眼至背鳍基距离。眼小；眼间隔窄，有鳞。体两侧被栉鳞，侧线间鳞9～10纵行。体有眼侧淡黄褐色，分布有不规则的黑褐色斑点，鳍黄色。无眼侧淡白色。为暖水性底层鱼类。栖息于较深的近岸海区。分布于我国台湾海域，以及印度尼西亚海域、印度–西太平洋暖水域。体长约25 cm。

2952 中华舌鳎 *Cynoglossus*（*Cynoglossoides*）*sinicus* Wu，1932[14]

背鳍110～122；臀鳍87～96；腹鳍4。侧线鳞13＋107～124。

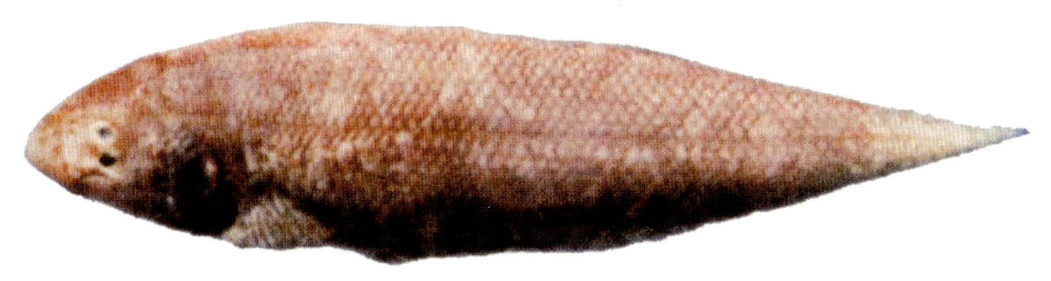

本种体呈长舌状，甚侧扁。头长等于头高。吻圆钝，吻长大于上眼至背鳍基距离。吻钩不伸达左前鼻孔下方。双眼位于头部左侧，前鼻孔管状。口唇下位，口角达眼后缘下方或稍后下方。右侧颌齿绒毛状，齿带窄。体左侧被栉鳞，右侧及侧线被圆鳞。体左侧有2条侧线，有颞上支。右侧有1条侧线。背鳍始于吻端稍后上方。尾鳍尖形。头、体左侧黄褐色。鳃部具一黑褐色大斑。鳍淡黄褐色。体右侧白色。为暖水性底层鱼类。栖息于近岸海区。分布于我国东海、南海。体长约55 cm。为我国特有种[41]。

2953 线纹舌鳎 *Cynoglossus*（*Cynoglossoides*）*lineolatus* Steindachner，1867[82]

背鳍101～106；臀鳍76～81；胸鳍0；腹鳍4。侧线鳞78～82。

本种体呈长舌状，体长为体高的3.7～4倍。头小，体长为头长的4.4～4.9倍。吻长大于上眼至背鳍基距离。吻钩较发达，伸达左侧前鼻孔下方。口角距吻端近。两眼小；眼间隔很窄，凹形，有鳞。头、体两侧被栉鳞，侧线间鳞12～14纵行。体左侧淡黄褐色，有许多黑色纵细纹，鳍黄色。体右侧白色。为暖水性底层鱼类。栖息于近岸浅海。分布于我国南海、台湾海域。为我国特有种。体长约10 cm。

2954 南洋舌鳎 *Cynoglossus*（*Cynoglossoides*）*lida*（Bleeker，1851）[37]

背鳍100～104；臀鳍78～82；胸鳍0；腹鳍4。侧线鳞约90。

本种与线纹舌鳎相似。体长约为体高的4倍，为头长的4.3 ~ 4.6倍。吻长大于眼径，也大于上眼至背鳍基距离。两眼小；眼间隔凹，有鳞。两侧被栉鳞，侧线间鳞13纵行。二者区别在于本种吻钩长，超过前鼻孔，达下眼中部下方和口弯曲；口角达下眼后缘，距鳃孔较距离吻端为近。体有眼侧淡黑褐色，鳍色稍淡。体无眼侧淡白色。为暖水性底层鱼类。栖息于沙泥底质浅海。分布于我国台湾海域，以及印度尼西亚海域、菲律宾海域、印度-西太平洋暖水域。体长约21 cm。

2955 斑头舌鳎 *Cynoglossus*（*Cynoglossoides*）*puncticeps*（Richardson，1846）[141]（上为有眼侧，下为无眼侧）

=黑斑鞋底鱼

背鳍96 ~ 102；臀鳍74 ~ 79；胸鳍0；腹鳍4。侧线鳞85 ~ 90。

本种体呈长舌状，体长为体高的3.1 ~ 3.7倍。头短钝，体长为头长的4.4 ~ 5.4倍。吻短，吻钩不达左侧前鼻孔下方。眼小；眼间隔窄，凹形，有鳞。体两侧被小栉鳞。侧线间鳞15 ~ 19纵行。体左侧淡黄褐色，头、体有许多不规则的黑褐色横斑，奇鳍每2 ~ 6枚鳍条间即有一黑褐色细纹。为暖水性底层鱼类。栖息于近海内湾，也可生活于淡水。分布于我国南海、东海、台湾海域，以及菲律宾海域、印度尼西亚海域、印度-西太平洋暖水域。体长约17 cm。

2956 双线舌鳎 *Cynoglossus*（*Arelia*）*bilineatus*（Lacépède，1802）[141]（上为有眼侧，下为无眼侧）

背鳍107～119；臀鳍86～95；胸鳍0；腹鳍4。侧线鳞82～92。

本种体呈长舌状，体长为体高的3.5～4倍。头长约等于头高，体长为头高的4～4.5倍。吻宽圆，吻钩短，不达左侧前鼻孔下方。眼小；眼间隔宽约等于眼径，有鳞。口歪小，下位，口角不达下眼后缘下方。体左侧被栉鳞；侧线2条，鳞为圆鳞；侧线间鳞15～17纵行。体右侧被圆鳞，侧线2条，侧线间鳞15～17纵行。体左侧淡黄褐色，鳃孔附近具黑褐色大斑；鳍黄褐色，边缘近黄色。右侧淡白色。为暖水性底层鱼类。栖息于水深50～120 m的沙泥底质海区。分布于我国南海、东海、台湾海域，以及日本爱知以南海域、印度-西太平洋暖水域。体长约43 cm。

2957 半滑舌鳎 *Cynoglossus*（*Areliscus*）*semilaevis* Günther，1873

背鳍122～128；臀鳍95～100；胸鳍0；腹鳍4。侧线鳞13～15＋123～132。

本种体呈长舌状，体长为体高的3.5~4.4倍。头稍短，头长小于头高，体长为头长的4.3~4.7倍。吻钝，吻钩不达左侧前鼻孔下方。两眼位于头左侧中部，眼间隔有鳞。口歪，下位，口角达下眼后缘下方。生殖突位于臀鳍第1鳍条右侧，游离。头、体左侧被小栉鳞，侧线3条。体右侧被近似圆鳞的弱栉鳞，体中央有1纵行圆鳞，无侧线。头、体左侧淡黄褐色；奇鳍淡褐色，外缘黄色。体右侧白色，各鳍淡黄色。为暖水性底层鱼类。栖息于水深20~80 m的沙泥底质海区。分布于我国渤海、黄海、东海，以及日本中部海域、朝鲜半岛海域、西北太平洋暖温水域。体长约60 cm。本种为重要经济比目鱼类，现已开展增养殖。

2958 黑鳃舌鳎 *Cynoglossus*（*Areliscus*）*roulei* Wu，1932[20]

=罗氏舌鳎

背鳍120~127；臀鳍92~99；胸鳍0；腹鳍4。侧线鳞12~14+107~121。

本种体呈长舌状，甚侧扁。头长小于头高，吻钝圆。吻长略小于上眼至背鳍基距离。吻钩不达前鼻孔下方。口歪，下位，口角不达下眼后缘下方。两颌仅右侧具绒毛状齿，齿群窄带状。生殖突附连臀鳍第1鳍条左侧。头、体左侧被小栉鳞，上、中侧线间鳞19~22纵行。右侧被弱栉鳞，头前部鳞为埋入式或呈短绒状。背鳍始于吻稍后上方。无胸鳍。仅左侧有腹鳍。尾鳍窄尖。体左侧淡棕褐色，其上有不规则的黑褐色斑。左侧鳃盖部有黑褐色云状大斑。鳍淡黄色。体右侧白色。为暖水性底层鱼类。栖息于近岸海域。分布于我国南海、东海。体长约30 cm[1, 41]。

2959 短吻三线舌鳎 *Cynoglossus*（*Areliscus*）*abbreviatus*（Gray，1832）[18]

=短吻舌鳎

背鳍127~133；臀鳍102~103；胸鳍0；腹鳍4。侧线鳞107~125。

本种与半滑舌鳎相似，以致曾认为二者为同种（Matsubara，1955；Ochiai，1963）[41]。体呈长舌状，体长为体高的3.3~3.8倍，为头长的4.9~5.5倍。但头很短。吻短，钝圆。吻长等于

上眼到背鳍基距离。吻钩不伸过左侧前鼻孔下方。眼小；眼间隔宽约等于眼径，有鳞。口歪，下位，口角不达眼后缘下方。生殖突附连于臀鳍第1鳍条左侧，不游离。体两侧被强栉鳞。体左侧黑褐色或灰褐色，鳃和腹部色稍暗。背鳍、臀鳍色稍浅，带黄边。尾鳍色深。右侧白色。为暖温性底层鱼类。栖息于水深40 ~ 50 m的沙泥底质海区。分布于我国渤海、黄海、东海，以及日本静冈以南海域。体长可达38 cm。

2960 褐斑三线舌鳎 *Cynoglossus*（*Areliscus*）*trigrammus* Günther，1862[63]

= 紫斑三线舌鳎 *C.*（*A.*）*purpureomaculatus*

背鳍125 ~ 137；臀鳍102 ~ 109；胸鳍0；腹鳍4。侧线鳞11 ~ 12 + 113 ~ 127。

本种与短吻舌鳎相似，以致曾认为两者为同物种（Menon，1977）[41]。本种体长为体高的3.3 ~ 4.4倍，为头长的4.3 ~ 5.1倍。头稍短。吻较长，吻长大于上眼至背鳍基距离。侧线鳞稍多。侧线间鳞多，21 ~ 23纵行。体左侧淡黄褐色，有数个不规则的黑褐色大斑。背鳍、臀鳍淡黄色，尾鳍棕褐色。为暖水性底层鱼类。栖息于近海并可进入长江、珠江中下游。分布于我国南海、东海，以及泰国海域，西北太平洋暖温带、亚热带水域。体长约32 cm。

2961 窄体舌鳎 *Cynoglossus*（*Areliscus*）*gracilis* Günther，1873[63]

背鳍128 ~ 137；臀鳍104 ~ 108；胸鳍0；腹鳍4。侧线鳞12 ~ 13 + 129 ~ 141。

本种体呈长舌状，修长，体长为体高的4.3 ~ 4.9倍，为头长的4.7 ~ 5.2倍。吻发达，吻钩约达眼前缘附近。两眼小；眼间隔宽，有鳞。口歪，下位，左口角达下眼后缘下方或稍后下方。两侧被小栉鳞。体左侧侧线3条，上、下侧线外鳞7 ~ 9纵行，上、中侧线间鳞23 ~ 24纵行。右侧无侧线无胸鳍。仅左侧有腹鳍。体左侧淡黄褐色；奇鳍黄褐色，有黄边。头、体右侧白色。为暖温性底层鱼类。栖息于近岸海区并可进入江河中下游。分布于我国渤海、黄海、东海、南海，以及朝鲜半岛海域。体长约31 cm。

2962 小鳞舌鳎 *Cynoglossus*（*Areliscus*）*microlepis*（Bleeker，1851）[70]

= 剑状舌鳎 *C. xiphoideus* = 书颜舌鳎 *C. suyeni* = *C.*（*A.*）*xiphoides*

背鳍117 ~ 120；臀鳍92 ~ 101；胸鳍0；腹鳍4。侧线鳞126 ~ 138。

本种体呈长舌状。体长为体高的4.44～4.98倍，为头长的4.91～5.25倍。头长约等于头高。吻发达，吻钩达下眼下方。有眼侧后鼻孔位于眼间隔后半部下方。两眼小，位于头左侧；眼间隔宽大于眼径，微凹，有鳞。口下位，口角达下眼后半部下方。两侧被小栉鳞。右侧无侧线。有眼侧黄褐色，有暗斑。无眼侧淡白色。为暖水性底层鱼类。栖息于沙泥底质近岸水域。分布于我国南海，以及东南亚沿海。体长约27 cm。

注：小鳞舌鳎与书颜舌鳎虽很相似，且分节、量度特征多重叠，但二者仍为2个独立种。区别在于后者眼间隔宽小于眼径，而且有眼侧后鼻孔位于眼间隔前方。李思忠（1995）认为沈世杰（1984）中的书颜舌鳎应为本种[95，41]。

2963 短吻红舌鳎 *Cynoglossus*（*Areliscus*）*joyneri* Günther，1878[18]

=焦氏舌鳎

背鳍107～116；臀鳍85～90；胸鳍0；腹鳍4。侧线鳞71～78。

本种体呈长舌状，体长为体高的3.6～4.4倍。头稍钝短，体长为头长的4.2～4.9倍，头长等于或小于头高。吻钝短，较眼后头长为短。吻钩几乎达眼前缘下方。口歪，下位，口角达下眼后下方。眼位于头左侧，眼小，头长为眼径的9.8～15.2倍。眼间隔宽等于瞳孔长，稍凹，有鳞。头、体两侧被栉鳞。有眼侧侧线3条，无眼前支；上、下侧线外侧鳞各4～5行，上、中侧线间鳞12～13纵行。无眼侧无侧线。体左侧淡红褐色，各纵列鳞中央具暗纵纹。腹鳍黄色。背鳍、臀鳍前半部黄色，向后渐变成褐色。体右侧及鳍白色。为暖温性底层鱼类。栖息于水深20～70 m的沙泥底质海区。分布于我国渤海、黄海、东海、南海，以及日本新潟以南海域，朝鲜半岛海域，西北太平洋暖温带、亚热带水域。体长约24 cm。

2964 长吻红舌鳎 *Cynoglossus*（*Areliscus*）*lighti* Norman，1925

=莱氏舌鳎

背鳍103～114；臀鳍82～89；胸鳍0；腹鳍4。侧线鳞63～76。

本种与短吻红舌鳎很相似。体长为体高的3.8～4.5倍，为头长的4.4～4.8倍。头长大于头高。

吻稍尖，吻长约等于眼后头长。体两侧均被栉鳞。左侧上、下侧线外鳞各4 ~ 5行，上、中侧线间鳞10 ~ 11纵行，头部侧线有眼前支。体左侧浅红色，右侧浅白色。为暖温性底层鱼类。栖息于20 ~ 70 m的沙泥底质海区。分布于我国渤海、黄海、东海、南海，以及日本有明海，朝鲜半岛海域。体长约23 cm。

注：长吻红舌鳎与短吻红舌鳎不仅分节特征、量度特征、体色相似，分布区重叠，生态习性如产卵期等也相同。Menon（1977）认为，本种和焦氏舌鳎为同种。我国过去渔业调查中也多有将长吻红舌鳎和短吻红舌鳎都称为焦氏舌鳎的记录。

2965 断线舌鳎 *Cynoglossus*（*Areliscus*）*interruptus* Günther，1879[38]（左幼鱼，右成鱼）

背鳍101 ~ 113；臀鳍80 ~ 90；胸鳍0；腹鳍4。侧线鳞6 + 68 ~ 72。

本种体呈长卵圆形，体长为体高的3.5 ~ 3.9倍。头短圆，头高大于头长，体长为头长的4.4 ~ 5.3倍。吻钩不达左侧前鼻孔下方。眼稍大，眼间隔无鳞。口歪小，口裂达下眼中部下方。头、体两侧被栉鳞，左侧有侧线3条，上、下侧线终止于体中部。侧线外鳞2 ~ 3行，上、中侧线间鳞11 ~ 12纵行。右侧无侧线。左侧体黄褐色，鳞中央常呈纵纹状。吻部色淡，背鳍、臀鳍黄褐色。幼鱼体分布有褐色横斑条。右侧淡白色，奇鳍淡红色。为暖水性底层鱼类。通常栖息于80 m以浅的沙泥底质海区，也有深至148 m的报道。分布于我国东海、南海、台湾海域，以及日本室兰以南海域、西北太平洋亚热带水域。体长约17 cm。

2966 黑鳍舌鳎 *Cynoglossus*（*Areliscus*）*nigropinnatus* Ochiai，1963[38]

背鳍104～112；臀鳍82～91；胸鳍0；腹鳍4。侧线鳞7＋56～65。

本种与断线舌鳎相似。体呈长卵圆形，体长为体高的3.3～3.9倍。头短钝，头高大于头长，体长为头长的4.7～5.4倍。吻钩不达左侧前鼻孔下方。眼稍大；眼间隔窄，有小鳞。口歪，左口角达眼中部稍后下方。体两侧被栉鳞。左侧有侧线3条，侧线鳞较少。上、下侧线终止于尾端附近，上、中侧线间鳞11～12纵行。体左侧紫褐色，中部纵行鳞中央有淡褐色细纹；背鳍、臀鳍从前向后由暗黄色向紫黑色转变，鳍外缘黄白色。体右侧淡黄色，中后部灰褐色，外缘淡黄白色。为暖水性底层鱼类。栖息于水深150 m附近的沙泥底质海区。分布于我国南海、东海，以及日本东京湾海域、高知海域，越南海域，西北太平洋亚热带、热带水域。体长约21 cm。

2967 东亚单孔舌鳎 *Cynoglossus*（*Trulla*）*itinus*（Snyder，1909）[141]（上为有眼侧，下为无眼侧）

背鳍99～114；臀鳍79～87；胸鳍0；腹鳍4。侧线鳞68～78。

本种体呈长舌状，体长为体高的3.3～3.9倍。头短钝，体长为头长的5～5.6倍。吻短圆。头左侧仅1个鼻孔，位于下眼前方。体左侧被强栉鳞，有3条侧线，上、下侧线外鳞各3～4行，上、中侧

线间鳞12 ~ 13纵行。体右侧被弱栉鳞，头部被圆鳞。体左侧淡红褐色，散布云状小暗斑；鳍色稍淡。体右侧及鳍淡黄白色。为暖水性底层鱼类。栖息于近岸较深海区。分布于我国南海、台湾海域，以及琉球群岛海域、日本鹿儿岛海域。体长约24 cm。

▲ 本属种类多，种间分化低，同种异名多。有些种稀见，难得彩照。如高眼舌鳎 *Cynoglossus*（*C.*）*monopus*、西宝舌鳎 *Cynoglossus*（*C.*）*sibogae* 等种未被本书收入，请参看《中国动物志　硬骨鱼纲　鲽形目》（1995）[41]。

无线鳎属 *Symphurus* Rafinesque，1810

本属物种体呈长舌状或矛状。两眼很小，均位于头左侧，相互紧邻，无明显的眼间隔。口近前位，向右侧略歪，无明显的吻钩。两颌仅右侧有绒毛状窄齿群。两侧鼻孔位置略对称。体被栉鳞，无侧线。奇鳍相连。成鱼无胸鳍，仅左侧有腹鳍，且腹鳍不与臀鳍相连。我国有6种。

2968 九带无线鳎 *Symphurus novemfasciatus* Shen et Lin，1984[70]

背鳍100～101；臀鳍88；胸鳍0；腹鳍4。纵列鳞98～100，横列鳞43～44。

本种一般特征同属。体呈长矛状，体长为体高的4～4.1倍。头小，稍尖，体长为头长的4.8～5倍。口小，稍弯曲，开口于吻端。有眼侧上颌伸达眼前缘下方，上、下唇有穗状突起。有眼侧上、下颌各有1行退化的绒毛状齿。犁骨、腭骨无齿。眼小，眼间隔窄。体两侧被栉鳞，无侧线。体左侧淡褐色，有9～11条褐色横带。为暖水性底层鱼类。仅分布于我国台湾海域。体长约8 cm，很罕见。

2969 东方无线鳎 *Symphurus orientalis*（Bleeker，1879）[48]

背鳍86～100；臀鳍74～86；胸鳍0；腹鳍4。纵列鳞90，横列鳞38。

本种与九带无线鳎相似，体较延长。体长为体高的3.4～3.8倍。头小，体长为头长的4.2～5.3倍。两眼小，位于头左侧，距吻端很近，眼间隔窄，嵴不明显。口小，前位，略歪。左上颌约达眼前半部下方。鳃孔高约等于该处头高的1/2。鳞小，均为栉鳞。无侧线。体有眼侧淡灰褐色，吻与颌粉红色。有眼侧背鳍、臀鳍各有18～19条黑褐色细横纹。无眼侧淡白色。为暖水性底层鱼类。栖息于水深200～400 m的泥沙底质海区。分布于我国南海到黄海东部、台湾海域，以及日本骏河湾以南海域。体长约11 cm。

注：本图取自尼冈邦夫（1982），其记述本种有9条暗褐色横带[48]。益田一（1984）中本种图照亦有9条褐色带[38]。李思忠（1995）与沈世杰（1993）则介绍本种无横带[41, 9]。日本学者所指的东方无线鳎与九带无线鳎可能是同种。

2970 西方细纹无线鳎 *Symphurus strictus hondoensis* Hubbs，1905[70]

= 多线无线鳎

背鳍105～117；臀鳍90～104；胸鳍0；腹鳍4。纵列鳞110～122。

本种体较延长。体长为体高的3.6～4.3倍。头小，体长为头长的5～6.6倍。眼小，眼间隔窄。口小，近吻端。有眼侧上颌达眼中部下方。鳃孔高约等于该处头高的2/5。体两侧被小栉鳞。两侧均无侧线。体有眼侧淡黄褐色，胸鳍基有一大黑斑。奇鳍边缘色深。为暖水性底层鱼类。栖息于黑潮流域。分布于我国东海、台湾海域，以及日本骏河湾以南海域、印度-太平洋暖水域。体长约13 cm。

▲ 本属我国尚记录有深色无线鳎 *S. bathyspilus*、洪都无线鳎 *S. hondoensis* 和多斑无线鳎 *S. multimaculatus*，分布于我国台湾海域[13]。

47 鲀形目 TETRAODONTIFORMES

鲀形目物种体被鳞片变异为小刺、骨板，或退化。无鼻骨、颅顶骨和眶下骨。前颌骨与上颌骨相连或愈合。齿楔形、圆锥形或门齿状，或愈合成喙状齿板。鳃孔小。侧线存在或消失。背鳍1个或2个。腹鳍胸位、亚胸位或消失，除翻车鲀外，均有鳔。气囊有或无[4F, 140]。分两亚目。全球有9科101属357种（内含淡水种14种），我国沿海分布有10科*63属137种。

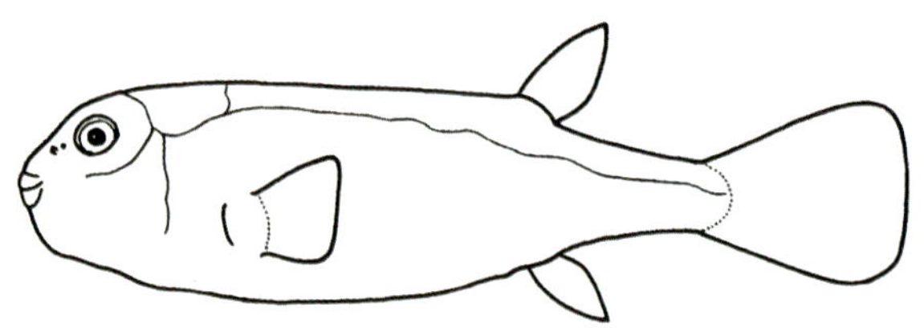

鲀形目物种形态简图

鲀形目的亚目检索表

1a 上、下颌齿楔形、圆锥形或门齿状，不愈合成齿板；体被鳞或有鳞形的骨板 ……………………………………………………鳞鲀亚目Balistoidei

1b 上、下颌齿愈合成2～4枚齿板；体被小刺或裸露 …鲀亚目Tetraodontoidei

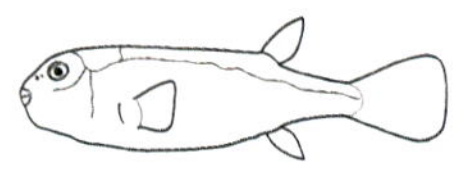

鳞鲀亚目的科、属、种检索表

1a 无腰带骨；无腹鳍；背鳍1个，无鳍棘；体被骨板 ……………………………………（53）

1b 具腰带骨；腹鳍有鳍棘；背鳍2个，有鳍棘 ……………………………………………（2）

2a 左、右腹鳍愈合成1枚短鳍棘；背鳍有1～3枚鳍棘 ………………………………………（10）

2b 左、右腹鳍各有1枚大鳍棘；背鳍有2～6枚鳍棘 …………………………………………（3）

3a 第1背鳍基底长明显大于第2背鳍基底长；尾鳍后缘圆弧形或截形 ……………………………………………拟三刺鲀科 Triacanthodidae（6）

* 我国将箱鲀科中的六棱箱鲀独立设置为1科，故为10科。

3b 第1背鳍基底长明显小于第2背鳍基底长；尾鳍后缘叉形
……………………………………………三刺鲀科 Triacanthidae（4）

4a 腰带骨宽，末端圆钝，前、后段约等宽；吻短钝…………三刺鲀 *Triacanthus biaculeatus* 2978
4b 腰带骨末端尖突，前段宽于后段；吻稍尖长 ……………………………………………（5）
5a 鳞表面有高而尖的嵴棱………………………尖吻假三刺鲀 *Pseudotriacanthus strigilifer* 2976
5b 鳞表面有低而平的嵴棱 ……………………………布氏短棘三刺鲀 *Tripodichthys blochi* 2977
6–3a 吻不呈管状；吻长小于吻后头长……………………………………………………（8）
6b 吻呈管状；吻长大于吻后头长 ……………………………………………………（7）
7a 口宽约为口后吻宽的2倍；第1背鳍第3鳍棘长度约为第2鳍棘长的2/3
……………………………………………宽口管吻鲀 *Macrorhamphosodes uradoi* 2971
7b 口宽约与口后吻宽相等；第1背鳍第3鳍棘稍露出皮外，其长度不及第2鳍棘长的1/2
……………………………………………………管吻鲀 *Halimochirurgus alcocki* 2972
8–6a 齿侧扁，宽大于厚，末端截状；唇厚………………尖尾倒棘鲀 *Tydemania navigatoris* 2973
8b 齿锥状，末端尖或稍钝圆；唇较薄 ……………………………………………………（9）
9a 两颌齿各2行，内行有1～6枚分离齿；伪鳃长…………拟三刺鲀 *Triacanthodes anomalus* 2974
9b 两颌齿各1行；伪鳃稍短；第1背鳍鳍棘长逐渐缩短
………………………………………倒刺副三刺鲀 *Paratriacanthodes retrospinis* 2975

10–2a 体被绒毛状或棘状细鳞…………………单角鲀科 Monacanthidae（29）

10b 体被大骨板状鳞………………………………鳞鲀科 Balistidae（11）

11a 鳃孔后方无大骨板状鳞 ……………………………………………………（26）
11b 鳃孔后方数鳞为大骨板状 ……………………………………………………（12）
12a 眼前方、鼻孔下方无纵沟 ……………………………………………………（23）
12b 眼前方、鼻孔下方具1条纵沟 ……………………………………………………（13）
13a 齿红色，上颌具2枚大犬齿………………………………红牙鳞鲀 *Odonus niger* 2979
13b 齿白色，上颌齿楔形，无犬齿 ……………………………………………………（14）
14a 颊部前下方有大片区域裸露（无鳞）………………………副鳞鲀属 *Pseudobalistes*（22）
14b 颊部前方完全被鳞，或除口角上、下唇后方外均被鳞 ………………………………（15）
15a 尾柄平扁，宽大于高 …………………………………宽尾鳞鲀 *Abalistes stellatus* 2982
15b 尾柄侧扁，高大于宽……………………………………………………（16）
16a 两颌齿边缘有明显的凹刻 ……………………………………………………（18）
16b 两颌齿边缘较平直，特别是中央两齿呈门齿状 ………………角鳞鲀属 *Melichthys*（17）
17a 第2背鳍、臀鳍色浅，外缘黑色；尾鳍色浅，后缘平截或呈圆弧形；胸鳍鳍条14～16枚
……………………………………………………黑边角鳞鲀 *M. vidua* 2981

17b 第2背鳍、臀鳍黑色，基部有一浅蓝色纵纹；尾鳍黑色，新月形；胸鳍鳍条15～17枚
……………………………………………………………………角鳞鲀 *M. niger* 2980

18-16a 尾部瘤状或棘状突起的前部不超过第2背鳍后半部；尾鳍后缘圆弧形
……………………………………………………………………拟鳞鲀属 *Balistoides*（21）

18b 尾部瘤状突或小棘的前部超过第2背鳍后半部；尾鳍后缘截形或稍凹入
……………………………………………………………………多棘鳞鲀属 *Sufflamen*（19）

19a 鳃孔前、后各有1条黑色弧形带……………………………………颈带多棘鳞鲀 *S. bursa* 2988

19b 鳃孔附近无黑色弧形带……………………………………………………………………（20）

20a 尾鳍黑褐色，鳍条灰白色，后缘有白色新月形带纹………黄鳍多棘鳞鲀 *S. chrysopterus* 2987

20b 尾鳍全部黑褐色，无白色鳍条和带纹……………………………缰纹多棘鳞鲀 *S. fraenatus* 2989

21-18a 颊部完全被鳞；腹面有大型白色圆斑；体侧鳞39～50横行
……………………………………………………………………圆斑拟鳞鲀 *B. conspicillum* 2986

21b 口角后方有裸露的纵行皮褶；腹部无大型白色圆斑；体侧鳞29～32横行
……………………………………………………………………绿拟鳞鲀 *B. viridescens* 2985

22-14a 尾部后方及尾柄上有5～6行棘状突起；第2背鳍及臀鳍后缘圆弧形，前部鳍条不显著高
……………………………………………………………………黄边副鳞鲀 *P. flavimarginatus* 2983

22b 尾部后方及尾柄上无棘状突起；第2背鳍及臀鳍前方鳍条明显高出
……………………………………………………………………褐副鳞鲀 *P. fuscus* 2984

23-12a 第1背鳍第3鳍棘发达；尾柄具2纵行向前的大型棘；体色深，具许多波状条纹
……………………………………………………………………波纹沟鳞鲀 *Balistapus undulatus* 2990

23b 第1背鳍第3鳍棘不发达；尾柄具3～5纵行小型棘 ……………锉鳞鲀属 *Rhinecanthus*（24）

24a 尾柄小棘4～5纵行；自眼经鳃孔到肛门、臀鳍基有一黑色宽斜带
……………………………………………………………………斜带锉鳞鲀 *R. echarpe* 2991

24b 尾柄小棘3纵行 ……………………………………………………………………（25）

25a 尾柄最下1行棘明显短于上侧2行 ……………………………叉斑锉鳞鲀 *R. aculeatus* 2992

25b 尾柄最上1行棘明显短于下侧2行 ……………………………大斑锉鳞钝 *R. verrucosus* 2993

26-11a 颊部全有鳞，无裸露的凹沟；尾部无瘤状突起
……………………………………………………………………圆斑疣鳞鲀 *Canthidermis maculatus* 2994

26b 颊部具3～6行或斜行的裸露凹沟；尾部具瘤状突起 ………凹纹鳞鲀属 *Xanthichthys*（27）

27a 颊部有3条裸露的深褐色纵沟；体上部有一些深褐色纵纹
……………………………………………………………………纵条凹纹鳞鲀 *X. lineopunctatus* 2995

27b 颊部有5～6条裸露纵沟……………………………………………………………………（28）

28a 颊部有5条裸露纵沟，纵沟色浅；体上部无深褐色纵纹
……………………………………………………………………黄边凹纹鳞鲀 *X. auromarginatus* 2996

28b 颊部有6条裸露纵沟；体侧中部具一淡青色细纵纹…黑带凹纹鳞鲀 *X. caeruleolineatus* 2997

29-10a 下颌有一长须；体细长；有绒毛状小鳞………………须鲀 *Psilocephalus barbatus* 2998

29b 下颌无须；体侧面观呈长椭圆形或近菱形 ……………………………………………………（30）

30a 背鳍、臀鳍鳍条40枚以下 ……………………………………………………………………（33）

30b 背鳍、臀鳍鳍条40枚以上 ……………………………………………………………………（31）

31a 第1背鳍第1鳍棘位于眼前缘前上方；体侧有2条褐色纵带

……………………………………………………………拟革鲀 *Pseudalutarius nasicornis* 3001

31b 第1背鳍第1鳍棘位于眼中部上方 ………………………………………革鲀属 *Aluterus*（32）

32a 尾鳍长小于头长，后缘截形 ……………………………………………单角革鲀 *A. monoceros* 3002

32b 尾鳍长大于头长，后缘圆弧形 ……………………………………………拟态革鲀 *A. scriptus* 3003

33-30a 第1背鳍第1鳍棘不能完全竖立，被皮膜包裹，连于背部；腹鳍鳍棘退化

……………………………………………………………锯尾单角鲀 *Paraluteres prionurus* 2999

33b 第1背鳍第1鳍棘能完全竖立，仅基部有鳍膜；腹鳍鳍棘明显 ………………………………（34）

34a 腹鳍鳍棘能活动 ………………………………………………………………………………（45）

34b 腹鳍鳍棘不能活动 ……………………………………………………………………………（35）

35a 成鱼体后部具粗长硬棘（♂）或刷状细刚毛（♀）……………尾棘鲀 *Amanses scopas* 3007

35b 成鱼体后部无粗长硬棘或刷状细刚毛 …………………………………………………………（36）

36a 第1背鳍起点在眼中部后上方或上方；鳞基板上鳞棘通常排列成2行 ……………………（40）

36b 第1背鳍起点在眼中部上方或前上方；鳞基板上鳞棘呈单行或多行排列 …………………（37）

37a 吻甚突出，口前上位；鳃孔位于眼后缘后下方……尖吻鲀 *Oxymonacanthus longirostris* 3000

37b 吻不突出，口前位；鳃孔位于眼后缘下方 ……………………前孔鲀属 *Cantherhines*（38）

38a 尾部有2对强逆向棘；胸鳍鳍条14～16枚；体侧有10～12条暗横带

…………………………………………………………………………棘尾前孔鲀 *C. dumerilii* 3004

38b 尾部无强棘 ……………………………………………………………………………………（39）

39a 尾鳍长，其长度为尾柄高的2.2～2.4倍；眼间隔有2条横带

………………………………………………………………………额斑前孔鲀 *C. fronticinctus* 3006

39b 尾鳍稍短，其长度为尾柄高的2倍；眼间隔无横带………………细斑前孔鲀 *C. pardalis* 3005

40-36a 体高大于体长的1/2……………………………………………粗皮鲀 *Rudarius ercodes* 3008

40b 体高等于或小于体长的1/2…………………………………………马面鲀属 *Thamnaconus*（41）

41a 体侧有7～10纵行黑斑；成鱼黑斑较多，但斑点稍小，形状规则

……………………………………………………………………………密斑马面鲀 *T. tessellatus* 3009

41b 体侧无黑斑；幼鱼有4～5纵行暗斑，形状不规则 ……………………………………………（42）

42a 背鳍、臀鳍及尾鳍黄色，尾鳍外缘黑色…………………………黄鳍马面鲀 *T. hypargyreus* 3010

42b 各鳍绿色或略带绿色 …………………………………………………………………………（43）

43a 鳃孔在眼前半部下方 ………………………………………………拟马面鲀 *T. modestoides* 3013

43b 鳃孔在眼后半部下方 …………………………………………………………………………（44）

44a 体较高，体长为体高的2.0～2.5倍；鳃孔大部分位于口裂水平线上方

……………………………………………………………………马面鲀 *T. septentrionalis* 3012

44b 体较细长，体长为体高的2.7～3.4倍；鳃孔大部分或几乎全部位于口裂水平线下方 ……………………………………绿鳍马面鲀 *T. modestus* 3011

45–34a 第1背鳍起点在眼中部后上方或眼后部后上方 ……………………………………（48）

45b 第1背鳍起点在眼中部上方或前上方 ……………………………………前角鲀属 *Pervagor*（46）

46a 鳃孔上无黑斑；胸鳍基部黑色 ……………………………………粗尾前角鲀 *P. aspicaudus* 3017

46b 鳃孔上有黑斑 ……………………………………（47）

47a 第1背鳍第1鳍棘后侧缘有14枚以上逆向棘；成鱼体侧中部鳞片易分辨 ……………………………………黑前角鲀 *P. melanocephalus* 3016

47b 第1背鳍第1鳍棘后侧缘有10枚逆向棘；成鱼体侧中部鳞片不易分辨 ……………………………………前角鲀 *P. janthinosoma* 3015

48–45a 第1背鳍起点在眼后部后上方，与鳃孔处于同一竖直线上；眼周围有放射状排列的白色线纹 ……………………………………白带拟前角鲀 *Acreichthys tomentosus* 3018

48b 第1背鳍起点在眼中部后上方；眼周围无放射状排列的白色线纹 ……………………………………（49）

49a 体侧各鳞具一强大中心棘 ……………………………………（51）

49b 体侧各鳞具许多小棘 ……………………………………（50）

50a 鳞上的棘直接着生于基板上；腹鳍鳍棘细长…日本副单角鲀 *Paramonacanthus japonicus* 3021

50b 鳞上的棘由1个柄部支撑；腹鳍鳍棘短 ……………………………………丝背细鳞鲀 *Stephanolepis cirrhifer* 3020

51–49a 腹鳍鳍膜特别发达；雄鱼尾柄部有2列倒棘，每列2～4枚 ……………………………………中华单角鲀 *Monacanthus chinensis* 3019

51b 腹鳍鳍膜小或中等大；尾柄部无倒棘 ……………………………………（52）

52a 鳞大而粗糙；鳞在体前部排列成横行，在体后部排列成纵行；体上有膜状突起 ……………………………………棘皮鲀 *Chaetodermis penicilligerus* 3014

52b 鳞小或中等大；除头部外，鳞皆排列成纵行；体上无膜状突起 ……………………………………绒纹线鳞鲀 *Arotrolepis sulcatus* 3022

53–1a 体甲三至五棱状，体甲在背鳍、臀鳍基底后方闭合，尾鳍主鳍条10枚 ……………………………………箱鲀科 Ostraciontidae（55）

53b 体甲六棱状；体甲在背鳍、臀鳍基底后方不闭合；尾鳍主鳍条11枚 ……………………………………六棱箱鲀科 Aracanidae 棘箱鲀属 *Kentrocapros*（54）

54a 背侧棱具一三角形棘突；侧中棱及腹侧棱具数枚棘突；体较高，体长为体高的1.5～2.2倍 ……………………………………棘箱鲀 *K. aculeatus* 3023

54b 体部各棱无棘突；体稍低，体长为体高的2.2～2.9倍 ……黄纹棘箱鲀 *K. flavofasciatus* 3024

55–53a 体甲一般为四或五棱状；背中棱或有或无，背侧棱和腹侧棱显著 ……………………………………（57）

55b 体甲一般为三棱状；背中棱和腹侧棱很突出，背侧棱有或无 ……………………………………三棱箱鲀属 *Tetrosomus*（56）

56a 背中棱顶端具1枚大型扁棘 ……………………………………驼背三棱箱鲀 *T. gibbosus* 3025

56b 背中棱顶端具2枚小型棘……………………………………双峰三棱箱鲀 *T. concatenatus* 3026
57–55a 无眶前棘和腰骨棘……………………………………………………………………………（60）
57b 具眶前棘和腰骨棘 …………………………………………………………角箱鲀属 *Lactoria*（58）
58a 背中央棱嵴无棘突；尾鳍较长，其长度为尾柄长的2倍左右…………角箱鲀 *L. cornutus* 3027
58b 背中央棱棘具一强棘；尾鳍稍短，其长度小于尾柄长的2倍 ……………………………（59）
59a 背中央棱嵴的棘突末端指向后部；腹侧棱后方的腰骨棘强大 …福氏角箱鲀 *L. fornasini* 3029
59b 背中央棱嵴的棘突末端指向背部；腹侧棱后方的腰骨棘短而钝
……………………………………………………………………………棘背角箱鲀 *L. diaphana* 3028
60–57a 吻端向前突出，有一尖突起；背侧棱和腹侧棱的棱突较锐尖
……………………………………………………………尖鼻箱鲀属 *Rhynchostracion*（64）
60b 吻端不向前突出；背侧棱和腹侧棱较圆钝 ……………………………箱鲀属 *Ostracion*（61）
61a 体侧具5条纵行蓝色条纹；鳃孔长，其长度约为眼径的1.4倍……蓝带箱鲀 *O. solorensis* 3033
61b 体侧无纵行蓝色条纹；鳃孔短，其长度为眼径的0.8～1.1倍 ……………………………（62）
62a 体密布白色或黄色小斑点 …………………………………………白斑箱鲀 *O. meleagris* 3030
62b 体无白色或黄色斑点 ……………………………………………………………………………（63）
63a 眼较大；吻背缘稍凹 ……………………………………………………粒突箱鲀 *O. cubicus* 3031
63b 眼较小；吻背缘斜直 ……………………………………………无斑箱鲀 *O. immaculatus* 3032
64–60a 每一骨板上有1个黑色斑点……………………………………………尖鼻箱鲀 *R. nasus* 3034
64b 每一骨板上有6～10个黑色斑点 ……………………………突吻尖鼻箱鲀 *R. rhinorhynchus* 3035

（308）拟三刺鲀科 Triacanthodidae

本科物种体侧扁，侧面观呈长椭圆形或长菱形。吻正常。两颌齿各1～2行，楔形或圆锥形。无门齿。前鼻孔管状。鳞小，上有成行排列的小棘。左、右腹鳍各有1枚大强鳍棘。背鳍有2～6枚鳍棘。第1背鳍基底长明显大于第2背鳍基底长。尾柄稍粗短。尾鳍后缘圆弧形或截形。全球有11属20种，我国有7属8种。

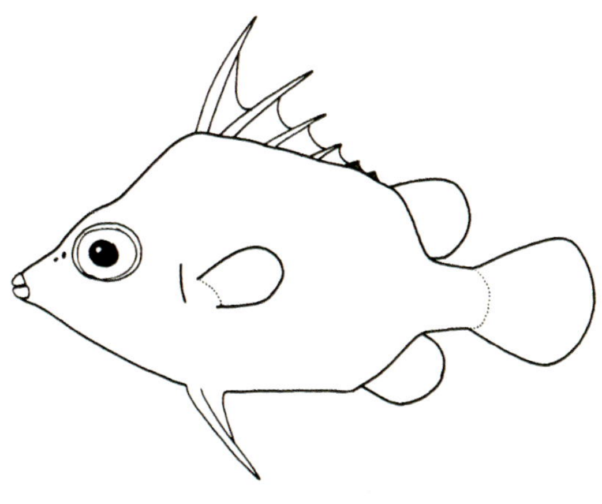

拟三刺鲀科物种形态简图

2971 **宽口管吻鲀** *Macrorhamphosodes uradoi*（Kamohara，1933）[48]
=拟管吻鲀=龙氏拟管吻鲀

背鳍Ⅵ，13～15；臀鳍12～14；胸鳍13～14；腹鳍Ⅰ－1。

体延长，侧扁。吻延长，呈管状，吻长约占体长的1/3。口上位，口宽约为口后吻宽的2倍。鳞细小，鳞上有5～6行棘突。第1背鳍与腹鳍鳍棘对位；前1～3枚鳍棘发达；后3枚鳍棘退化，隐于皮下。胸鳍小，侧位。尾鳍后缘圆弧形。体淡红色，腹侧色浅。眶下区银白色。背鳍、尾鳍红色。胸鳍黄色。为暖水性底层鱼类。栖息水深180～400 m。分布于我国东海，以及日本骏河湾海域、九州海域，帕劳海域，印度–西太平洋暖水域。体长约16 cm。

2972 **管吻鲀** *Halimochirurgus alcocki* Weber，1913 [37]

背鳍Ⅵ，12～13；臀鳍11～12；胸鳍12～13；腹鳍Ⅰ－1。

本种与宽口管吻鲀相似，但体更修长，特别是吻管更长，吻长几乎为体长的1/2。口小，上位；口宽约与口后吻宽相等。两颌齿各1行，细锥状。第1背鳍仅第1、第2鳍棘发达；第3鳍棘细小，仅露出皮外。体红褐色。自眼后沿体侧至肛门上方有一不明显的浅褐色纵纹。为暖水性底层鱼类。栖息于大陆架边缘底层水域。分布于我国南海、台湾海域，以及日本高知海域、菲律宾海域、印度尼西亚海域、西太平洋暖水域。体长约17 cm。

2973 尖尾倒棘鲀 *Tydemania navigatoris* Weber，1913[37]

背鳍Ⅵ，13～15；臀鳍12～14；胸鳍12～14；腹鳍Ⅰ－1。

本种体侧面观呈长椭圆形，侧扁。尾柄较细长。吻较短，稍尖突，但不呈管状。口小，前上位。下颌突出。唇厚。两颌齿较多，末端呈截形。体被粗糙小鳞，鳞表面有数行尖棘。背鳍以第1鳍棘最长大；棘上有绒毛状小突起，且前缘及两侧各有1行小倒棘。腹鳍鳍棘粗长，倒棘发达。尾鳍尖。头、体淡红色，腹部色较浅。自眼后至体中部有一蓝色纵带。为暖水性底层鱼类。栖息于沿海较深底层水域。分布于我国南海、台湾海域，以及日本高知海域、菲律宾海域、印度尼西亚海域、印度－西太平洋热带水域。体长可达12 cm。

2974 拟三刺鲀 *Triacanthodes anomalus*（Temminck et Schlegel，1850）[15]

＝原三刺鲀

背鳍Ⅵ，14～16；臀鳍12～14；胸鳍12～15；腹鳍Ⅰ－1～2。

本种体侧面观呈长椭圆形，侧扁而高。吻不呈管状，尖长，吻长约等于眼径。眼大，侧位。眼间隔稍突出。口小，端位。唇发达，但不肥厚。上、下颌齿各2行，圆锥状。鳞小，粗糙；表面有1～4枚呈横行排列的棘。两背鳍几乎相连，之间具一深缺刻。背鳍各鳍棘均发达；以第1鳍棘最长大，下半部粗糙。胸鳍短，后缘圆弧形。尾鳍后缘圆弧形。体淡红色，腹侧色较浅，有2条黄色纵带。各鳍浅红色。为暖水性底层鱼类。栖息于水深100 m左右的泥沙底质海区。分布于我国南海、东海、台湾海域，以及日本骏河湾海域、西太平洋暖水域。全长可达15 cm。

2975 倒刺副三刺鲀 *Paratriacanthodes retrospinis* Fowler，1934[48]

背鳍Ⅵ，14~15；臀鳍13；胸鳍13~15；腹鳍Ⅰ-1。

本种体侧面观呈长菱形，侧扁而高。吻尖突，吻长短于眼径。眼大，侧上位。口小，端位。唇发达，但不肥厚。两颌齿各1行，圆锥状。鳞细小，稍粗糙，有多行棘突。背鳍鳍棘下半部粗糙，有倒棘。腹鳍鳍棘粗大，有倒棘。体淡红色，腹部白色，有3条浅纵带。第2背鳍和尾鳍、臀鳍黄色。为暖水性底层鱼类。栖息于沿岸较深底层海域。分布于我国南海、台湾海域，以及日本高知海域、印度-西太平洋暖水域。体长约12 cm。

▲ 本科我国尚有短棘拟三刺鲀 *Atrophacanthus japonicus*、长棘拟三刺鲀 *Bathyphylax bombifrons* 和六带拟刺鲀 *Triacanthodes ethiops*。三者形态特征与拟三刺鲀相似，同为颌齿锥状，吻不呈管状。三者以背鳍鳍棘长短及腰带骨宽窄而相区分。分布于我国南海、台湾海域[4F, 13]。

（309）三刺鲀科 Triacanthidae

本科物种体侧扁。尾柄细长。吻正常，口小。上、下颌齿各2行。外行齿8～10枚，楔形。上颌内行齿4枚，下颌内行齿2枚，多为粒状或臼状。背鳍2个。第1背鳍有6枚鳍棘，第1鳍棘粗大，后2枚鳍棘细弱。左、右腹鳍各具一大鳍棘，附于腰带骨上。成鱼无腹鳍鳍条。尾鳍分叉。鳞小，有嵴突。侧线明显。全球有4属8种，我国有3属3种。

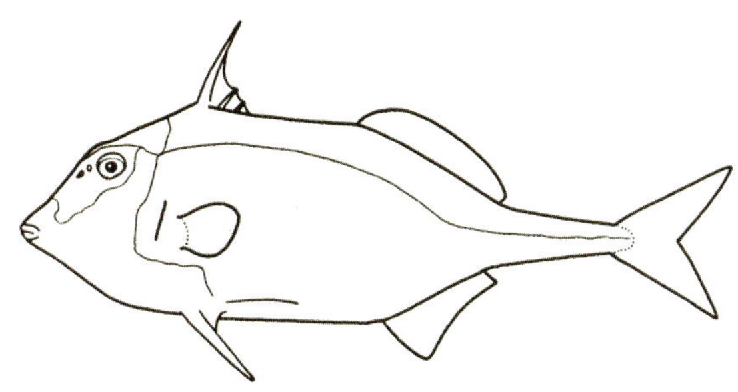

三刺鲀科物种形态简图

2976 **尖吻假三刺鲀** *Pseudotriacanthus strigilifer*（Cantor，1849）[14]

= 长吻假三棘鲀 = 粗鳞假三刺鲀

背鳍Ⅴ，20～24；臀鳍13～17；胸鳍12～15；腹鳍Ⅰ。

本种体侧面观呈长椭圆形，侧扁。尾柄细长，后端背、腹面各有一凹陷。吻稍尖长，前部微凹。眼小，上侧位。眼间隔稍出。口小，前位。唇较肥厚。上、下颌齿各2行，外行齿楔状，内行齿粒状。上唇背面具绒毛状小鳞。头、体鳞片粗糙，鳞上有横列嵴棱。侧线鳞细弱。背鳍2个。第1背鳍第1鳍棘粗大，其长度大于吻长。腹鳍胸位，各由一粗大鳍棘构成。尾鳍深叉形。体背灰色，腹部色浅。头、体常具黄色斑纹。眼间隔及背鳍前、后端各有一暗斑。各鳍黄色，但第1背鳍鳍棘上部及棘膜黑色。为暖水性底层鱼类。栖息于沿岸稍深底层海域。分布于我国东海、南海、台湾海域，以及菲律宾海域、印度尼西亚海域、印度–西太平洋暖水域。体长约20 cm。

2977 布氏短棘三刺鲀 *Tripodichthys blochi*（Bleeker，1852）[15]

= 布氏三刺鲀 *Triacanthus blochii*

背鳍Ⅴ～Ⅵ，20～24；臀鳍17～21；胸鳍12～14；腹鳍Ⅰ。

本种和尖吻假三刺鲀相似。体侧面观呈长椭圆形，侧扁。头稍短，吻稍粗。眼中等大，上侧位。眼间隔宽约等于眼径。口小，唇厚。头、体被粗糙小鳞，鳞上有成行排列的低嵴棱。侧线细弱，达尾柄部。背鳍2个；以第1背鳍第1鳍棘最粗长，其前缘和两侧有钝突起，后部有凹沟。头、体背侧黄灰色，腹侧银白色。眼间隔及第1背鳍下方各有1个灰褐色云状斑。第2背鳍下方有2个灰褐色云状斑。各鳍淡黄色。为暖水性底层鱼类。栖息水深40 m以浅。分布于我国南海、台湾海域，以及日本南部海域、马来半岛海域、西太平洋热带水域。体长约15 cm。

2978 三刺鲀 *Triacanthus biaculeatus*（Bloch，1786）[14]

= 双棘三刺鲀 = 短吻三刺鲀 *T. brevirostris*

背鳍Ⅳ～Ⅴ，22～25；臀鳍18～21；胸鳍14～16；腹鳍Ⅰ。

本种体延长，侧面观呈椭圆形。尾柄细长，后部平扁状。吻较短钝。眼小，上侧位；眼间隔稍突起，中央具一隆起嵴。口小，前位。上、下颌齿各2行，外行齿楔状。唇肥厚，上唇后面有绒毛状鳞。头、体被粗糙小鳞，鳞面具“十”字形低嵴棱，棱上布有绒毛状小刺。侧线显著。背鳍2个；第1背鳍第1鳍棘粗大，其长度大于吻长。腰带骨宽，末端圆钝，前、后段约等宽。体浅灰色，腹部银白色。第1背鳍黑色，体背具一黑斑。胸鳍基有黑色腋斑，其他鳍黄色。为暖水性底层鱼类。栖息于浅海底层。分布于我国黄海、东海、南海、台湾海域，以及日本静冈以南海域、朝鲜半岛海域、印度-西太平洋暖水域。体长可达30 cm。内脏有弱毒。

（310）鳞鲀科 Balistidae

本科物种体侧面观呈长椭圆形或菱形，侧扁而高。眼小，上侧位，位于头的后部。口小，前位。两颌各有齿1～2行，多呈楔形。体被大骨板状鳞。背鳍2个，第1背鳍具3枚鳍棘，第1鳍棘最强大。第2背鳍与臀鳍同形。左、右腰带骨愈合，腹鳍亦愈合成一短棘。全球有11属40种，我国约有10属19种。

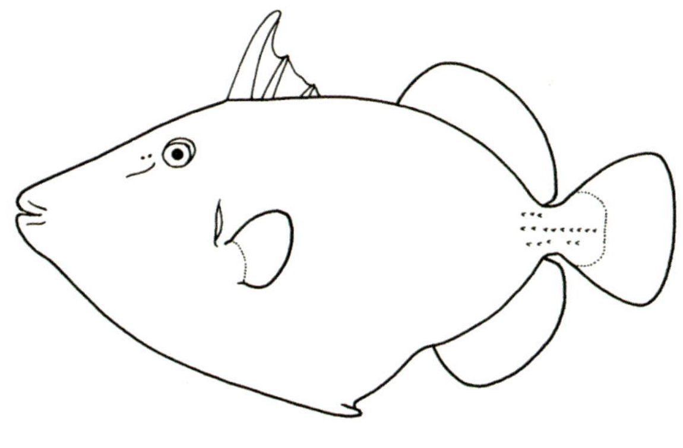

鳞鲀科物种形态简图

2979 红牙鳞鲀 *Odonus niger*（Rüppell，1835）[14]

背鳍Ⅲ，33～35；臀鳍28～31；胸鳍14～15；侧线鳞29～36。

本种体侧面观呈长椭圆形。尾柄较细短。头中等大，吻较长大。眼小，侧位而高。眼间隔宽且突出。眼前方有一纵沟。口小，前上位，下颌稍突出。两颌齿红色。上颌齿2行；外行齿4枚，第2齿最大且为犬齿，其余齿呈楔形。下颌齿1行，每侧4枚，楔状。鳞中等大，多呈菱形，鳞上有数行棘状突起。鳃孔后面有几枚骨板状大鳞。背鳍2个。第1背鳍有3枚鳍棘、第1鳍棘粗大，前缘及两侧有多个细粒状突起。腹鳍愈合为一鳍棘，能活动。尾鳍深叉形，上、下缘鳍条延长，其长度可超过头长。头、体蓝黑色，头部色稍浅。吻蓝绿色，上有蓝色纵纹。各鳍黑色，尾鳍有白色或浅蓝色边缘。为暖水性珊瑚礁鱼类。栖息于热带50 m以浅海域。分布于我国南海、台湾海域，以及日本相模湾以南海域、印度–西太平洋热带水域。体长可达27 cm。

角鳞鲀属 *Melichthys* Swainson，1839

本属物种体较高，侧面观呈长椭圆形。尾柄短，侧扁。眼小，眼前方有一深纵沟。口小。上、下颌齿白色，齿缘较平直。每侧具4枚齿，中央两齿呈门齿状。头、体被大骨板状鳞，鳃孔后有数枚大骨板状大鳞。第1背鳍第1鳍棘较粗大；第3鳍棘极小，仅露出皮。腹鳍鳍棘能活动。尾鳍后缘圆弧形、平截。我国有2种。

2980 角鳞鲀 *Melichthys niger*（Bloch，1786）[38]

背鳍Ⅲ，32～34；臀鳍29～30；胸鳍15～17。

本种一般特征同属。体侧面观呈长椭圆形，侧扁。头、体蓝黑色。第2背鳍和臀鳍黑色，基部有浅纵纹。胸鳍黑色。尾鳍新月形，两叶稍延长，黑色，外缘有浅蓝色条纹。为暖水性珊瑚礁鱼类。分布于我国台湾海域，以及琉球群岛以南海域、印度-西太平洋热带海域。体长可达30 cm。

2981 黑边角鳞鲀 *Melichthys vidua*（Solander，1844）[15]

=黑鳞鲀-黄鳍黑鳞鲀 *Bolistes vidua*

背鳍Ⅲ，32～35；臀鳍27～31；胸鳍14～16。

本种与角鳞鲀十分相似。体稍高，被菱形板状鳞。鳃孔后方5 ~ 7枚鳞较大。口小，前位。两颌各有1行楔形齿，每侧4个。眼前方具一纵沟。体蓝褐色。第2背鳍和臀鳍色浅，外缘黑色。胸鳍黄色，有黑边。为暖水性珊瑚礁鱼类。分布于我国西沙群岛海域、台湾海域，以及日本岩手县以南海域、印度–西太平洋热带水域。体长可达30 cm。

2982 宽尾鳞鲀 *Abalistes stellatus*（Lacépède，1798）[38]（左幼鱼，右成鱼）

背鳍Ⅲ，25 ~ 27；臀鳍24 ~ 25；胸鳍14 ~ 15。

本种体形与角鳞鲀相似，但其尾柄细且平扁，尾柄宽大于高。口小，唇肥厚。颌齿白色，为具凹刻的楔形齿。上颌齿2行，下颌齿1行。全体被菱形板状鳞，鳃孔后方有数枚大骨板状鳞。背鳍2个，第1背鳍第1鳍棘粗大，鳍棘缘有6 ~ 7行粒状突起。胸鳍短。幼鱼尾鳍后缘截形。随鱼体生长，尾鳍上、下缘鳍条渐延长。成鱼尾鳍后缘分叉。体灰褐色，腹部色浅。体背具浅蓝色大斑。腹部、头部具浅蓝色纹条。眼间隔附近具黑褐色大斑。胸鳍黄色。尾鳍灰褐色，隐具蓝色条纹或点斑。为暖水性珊瑚礁鱼类。栖息水深40 ~ 100 m。分布于我国黄海南部、东海、南海、台湾海域，以及日本骏河湾以南海域、印度–西太平洋暖水域。体长可达60 cm。内脏有弱毒[4F]。

副鳞鲀属 *Pseudobalistes* Bleeker，1866

本属物种体侧面观呈卵圆形，侧扁而高。眼较小，侧高位。眼前方有一纵沟。口小，前位。两颌齿每侧4枚，为具凹刻的楔形齿。体被大骨板状鳞，颊部前下方裸露无鳞。鳃孔后有数枚大骨板状鳞。第1背鳍有3枚鳍棘；第1鳍棘粗大；第3鳍棘细短，但明显可见。第2背鳍及臀鳍外缘圆弧形或前部明显高。胸鳍短。尾鳍后缘浅凹或叉形。我国有2种。

2983 黄边副鳞鲀 *Pseudobalistes flavimarginatus*（Rüppell，1828）[38]（左幼鱼，右成鱼）

= 黄边鳞鲀 *Balistes flavimarginatus*

背鳍Ⅲ，24～26；臀鳍23～25；胸鳍14～15。

本种一般特征同属，体侧面观呈卵圆形，侧扁而高。吻不被鳞。尾部后方及尾柄上有5～6行棘突。第2背鳍及臀鳍外缘圆弧形，前方鳍条不明显高出。体褐色，体侧鳞上有深绿色斑点。第1背鳍黑褐色。第2背鳍、臀鳍、胸鳍和尾鳍基部深绿色，边缘均呈浅黄色。为暖水性珊瑚礁鱼类。栖息于珊瑚礁、沙底质水域底层。具筑巢习性，产沉性黏性卵。栖息于我国南海、台湾海域，以及日本相模湾以南海域、菲律宾海域、印度–西太平洋热带水域。体长可达50 cm。

2984 褐副鳞鲀 *Pseudobalistes fuscus*（Bloch et Schneider，1801）[38]（左幼鱼，右成鱼）

= 褐鳞鲀 *Balistes fuscus* = 黑副鳞鲀

背鳍Ⅲ，25～27；臀鳍19～26；胸鳍14。

本种与黄边副鳞鲀相似，体侧面观呈卵圆形，吻不被鳞。二者区别在于本种体更高；尾柄部无小棘突；第2背鳍与臀鳍前部鳍条明显高耸，后方鳍条渐次缩短。体棕褐色。第1背鳍褐色。鳞片上常有暗黄色斑点。幼鱼体上有纵向条纹。为暖水性珊瑚礁鱼类。分布于我国南海、台湾海域，以及日本和歌山以南海域、印度–西太平洋热带水域。体长可达40 cm。

拟鳞鲀属 *Balistoides* Fraser-Brunner，1935

本属物种体侧面观呈长椭圆形。尾柄短。吻侧扁而高，眼中等大，前方具一纵沟。口小，前位。上、下颌齿各1行，外缘均有凹刻。体被大骨板状鳞，鳃孔后方有数个大骨板状鳞。尾后部及尾柄上有纵行排列的棘状或瘤状突起。第1背鳍有3枚鳍棘，第1鳍棘粗大，第3鳍棘短小。第2背鳍与臀鳍同形，几乎对位排列。胸鳍短，尾鳍后缘圆弧形。我国有2种。

2985 绿拟鳞鲀 *Balistoides viridescens*（Bloch et Schneider，1801）[38]（左幼鱼，右成鱼）

= 绿鳞鲀 *Balistes viridescens* = 褐拟鳞鲀

背鳍Ⅲ，25～26；臀鳍23～24；胸鳍14。

本种一般特征同属。吻部被鳞，口角后方有一无鳞皮褶。鳞中等大，体侧鳞仅29～32横行。体淡黄褐色，各鳞有灰黑色小斑。体侧中部略呈绿色。头部有一黑褐色斜行宽带。颊部黄褐色。上唇及口角深绿色，后方为红黑色。第1背鳍有深绿色斑纹。第2背鳍、臀鳍、尾鳍黄褐色，边缘有深绿色宽带。胸鳍基前方有小黑斑。为暖水性珊瑚礁鱼类。栖息于珊瑚礁外缘沙泥底质海区，夜间栖于洞穴。分布于我国南海、台湾海域，以及日本神奈川、三崎以南海域，印度–西太平洋热带水域。体长可达70 cm。

2986 圆斑拟鳞鲀 *Balistoides conspicillum*（Bloch et Schneider，1801）[8]

背鳍Ⅲ，24～26；臀鳍21～23；胸鳍13～14。

本种与绿拟鳞鲀相似，口角后有裸露的纵行皮褶。鳞稍小，体侧鳞为39～50横行。体腹部有3～4行大型白色圆斑。体褐色。体背黄色，具网状黑色斑点。眼间隔处有一深褐色宽带。眼前有一黄色宽带。吻端和尾柄黄色。口唇白色。背鳍、臀鳍褐色。尾鳍黄色，后缘具深褐色宽带。为暖水性珊瑚礁鱼类。栖息于珊瑚礁外缘海域。分布于我国南海、台湾海域，以及日本相模湾以南海域、印度-西太平洋暖水域。体长约27 cm。

多棘鳞鲀属 *Sufflamen* Jordan，1916

本属物种体侧面观呈菱形。尾柄短，侧扁。头较长大，吻长大。眼小，位高，眼前方有一纵沟。口小，齿边缘有凹刻。鳞较小，菱形。鳃孔后有数个骨板状大鳞。尾鳍后缘截形或稍凹入。体侧鳞41～45横行。我国有3种。

2987 黄鳍多棘鳞鲀 *Sufflamen chrysopterus*（Bloch et Schneider，1801）[38]（左幼鱼，右成鱼）

背鳍Ⅲ，26～28；臀鳍23～26；胸鳍12～14。

本种一般特征同属。体侧无白斑。尾部鳞片上有7～8行小棘，小棘的前部可超过第2背鳍基底

的1/2。尾鳍后缘近截形。体色单调，为棕褐色。幼鱼腹侧白色。第1背鳍灰褐色，第2背鳍、臀鳍和胸鳍棕红色。尾鳍黑褐色，上、下缘鳍条灰白色，后缘有白色新月形带纹。为暖水性岩礁鱼类。栖息水深小于50 m，常见于珊瑚礁海域。分布于我国南海，以及日本伊豆半岛以南海域、印度–西太平洋热带水域。体长约17 cm。

2988 颈带多棘鳞鲀 *Sufflamen bursa*（Bloch et Schneider，1801）[38]

= 鼓气鳞鲀

背鳍Ⅲ，28～29；臀鳍25～26；胸鳍13～14。

本种与黄鳍多棘鳞鲀相似，但本种体黑褐色，鳃孔前、后各有1条黑色弧形带。前1条自眼上方延伸至胸鳍基下方，后1条自胸鳍基向上伸达第1背鳍下方。有一白色细带自口角伸达臀鳍。第1背鳍黑褐色。第2背鳍、臀鳍和胸鳍灰白色。尾鳍黑褐色，尾鳍后缘平截或略呈圆弧形。鳞片小棘自尾柄伸达胸鳍附近，以尾部小棘较强。为暖水性珊瑚礁鱼类。栖息于3～90 m珊瑚礁岩缝及洞穴的斜坡附近水域。分布于我国台湾海域，以及日本骏河湾以南海域、印度–西太平洋热带水域。体长约20 cm。

2989 **缰纹多棘鳞鲀** *Sufflamen fraenatus*（Latreille，1804）[38]（左幼鱼，右成鱼）
= *S. capistratus* = 缰纹鳞鲀 *Balistes capistratus*

背鳍Ⅲ，27～30；臀鳍24～27；胸鳍14。

本种体侧面观略呈菱形，侧扁。眼小，位于头后部近背方。体侧无白斑，鳃孔附近无黑色弧形带，头、体暗褐色，口角至鳃孔下方有一黄色纵纹。尾鳍单一黑褐色，无白色鳍条及带纹。其他鳍色浅。颊部鳞片较大。尾部鳞片上具6～7行小棘，向前延伸几乎达第2背鳍起点下方。为暖水性珊瑚礁鱼类。分布于我国南海、台湾海域，以及日本相模湾以南海域、印度–西太平洋热带水域。体长可达50 cm。

2990 **波纹沟鳞鲀** *Balistapus undulatus*（Mungo Park，1797）[15]

背鳍Ⅲ，25～27；臀鳍20～24；胸鳍12～14。

本种体侧面观呈菱形。眼稍小，高位。眼前方无纵沟。口小，前位。两颌外侧各具4枚具凹刻的楔形齿，上颌内侧尚有2枚齿。头、体除口唇外，全被菱形鳞。鳃孔后有1丛骨板状鳞。尾柄部有2行较粗大的棘刺向前的钩状棘。背鳍2个，第1背鳍有3枚鳍

棘。腹鳍鳍棘短，能活动。尾鳍后缘圆弧形。体绿褐色，布有许多黄色波状斜纹。上、下唇都有黄色条纹伸向胸鳍下部。尾部有一黑色大斑。各鳍橙黄色。为暖水性珊瑚礁鱼类。栖息于珊瑚礁海区，多单独行动。分布于我国南海，以及日本和歌山以南海域、印度–西太平洋热带水域。体长可达30 cm。

锉鳞鲀属 *Rhinecanthus* Swainson，1839

本属物种与沟鳞鲀属相似，体侧面观呈长椭圆形，眼前无纵沟。口小，前位。上、下颌外行齿每侧各4枚，为具凹刻的楔形齿。上颌尚具内行齿，下颌无。头、体被大骨板状鳞，鳃孔后方有一丛大骨板状鳞。二者区别在于本种尾部小棘排成3 ~ 5行；第1背鳍的第3鳍棘短小，不发达。本属全球有3种，在我国皆有分布。

2991 斜带锉鳞鲀 *Rhinecanthus echarpe*（Lacépède，1798）[15]

= 直角锉鳞鲀 *R. rectangulus*

本种一般特征同属。体黄色。上唇后方有一灰蓝色横带围绕。有一黑色宽斜带自眼经鳃孔达肛门和臀鳍。尾柄有一楔形黑色斑，其前、后均有黄边。第2背鳍、臀鳍和尾鳍灰黄色。胸鳍基部有一红色横纹。尾柄小棘排成4 ~ 5行。为暖水性珊瑚礁鱼类。栖息于珊瑚礁外缘海区。分布于我国南海、台湾海域，以及日本和歌山以南海域、印度–西太平洋热带水域。体长约20 cm。

2992 叉斑锉鳞鲀 *Rhinecanthus aculeatus*（Linnaeus，1758）[15]

=尖吻棘鲀=叉斑钩鳞鲀 *Balistapus aculeatus*

本种形态与斜带锉鳞鲀相似，但其尾柄倒棘仅3纵行。体黄褐色，有1条黄色斜带自口角伸达胸鳍。鳃孔至尾柄有一不规则的大斑，其下有4条灰色叉纹。眼间隔至胸鳍有一黑色横带。除第1背鳍黑褐色外，其他鳍为浅灰黄色。为暖水性珊瑚礁鱼类。栖息于珊瑚礁及热带岩礁海区。分布于我国南海、台湾海域，以及日本千叶以南海域、印度–西太平洋热带水域。体长约30 cm[8]。

2993 大斑锉鳞鲀 *Rhinecanthus verrucosus*（Linnaeus，1758）[38]

=毒锉鳞鲀

背鳍Ⅲ，23～26；臀鳍21～23；胸鳍13～14。

本种与叉斑锉鳞鲀相似，也是尾柄倒棘仅3纵行；但下方2纵行每行9～10枚棘，明显长于最上一纵行。体深褐色，体腹侧有一椭圆形大黑斑。此外，眼到胸鳍有一黑色横带，口到胸鳍有一红色纵纹。为暖水性珊瑚礁鱼类。栖息于珊瑚礁礁盘及其边缘海区。分布于我国台湾海域，以及日本千叶以南海域、印度-西太平洋。体长约18 cm。

2994 圆斑疣鳞鲀 *Canthidermis maculatus*（Bloch，1786）[38]（左幼鱼，右成鱼）

= 卵圆疣鳞鲀

背鳍Ⅲ，23～27；臀鳍20～27；胸鳍14～15。

本种体侧面观呈卵圆形。眼前具一纵沟。口小，前位。两颌每侧有4枚具凹刻的楔形齿。头、体均被菱形板状鳞，鳞面有许多颗粒状突起。鳃孔后方无骨板状大鳞。尾部鳞片无棘。体侧鳞中央有一隆起嵴，在躯干部连成约20条隆起线。背鳍2个。第1背鳍有3枚鳍棘；第1鳍棘粗大，棘缘有6～7行粒状突起。第2背鳍与臀鳍同形，呈犁状，前部鳍条突出。腹鳍鳍棘短小，不能活动。尾鳍后缘截形或微凹。体棕褐色，幼鱼头、体有许多圆斑，成鱼圆斑消失。为暖水性上层游泳鱼类。幼鱼随漂流藻浮游于海域表层，成鱼栖息海域上层。分布于我国东海、南海、台湾海域，以及日本北海道小樽以南海域，太平洋、印度洋、大西洋温热带水域。体长可达40 cm。肉有毒[47]。

凹纹鳞鲀属 *Xanthichthys* Kaup，1856

本属物种体侧面观呈长卵圆形或椭圆形。眼前有一纵沟。颌齿为具凹刻的楔形齿，上颌齿2行，下颌齿1行。体被中等大板状鳞，颊部的数行鳞片较其他鳞大，且排成纵行，纵行间形成狭而裸露的凹沟。鳃孔后方无骨板状大鳞。第1背鳍常具3枚鳍棘，第1鳍棘粗大，第2鳍棘细尖，第3鳍棘极小。第2背鳍与臀鳍同形，前部鳍条较长。尾鳍后缘浅凹或为新月形。我国有3种。

2995 纵条凹纹鳞鲀 *Xanthichthys lineopunctatus* (Hollard, 1854) [14]

= 线斑黄鳞鲀

背鳍Ⅲ，27～29；臀鳍25～27；胸鳍13～14。

本种一般特征同属，颊部有3条裸露的深褐色纵沟。体褐色，上半部有许多深褐色纵行条纹。腹部色浅，布有深褐色斑点。第2背鳍和臀鳍灰褐色，基底深褐色。尾鳍浅褐色，上、下缘及后缘橙红色，呈新月形。为暖水性珊瑚礁鱼类。分布于我国南海、台湾海域，以及日本八丈岛以南海域、印度–西太平洋热带水域。体长约26 cm。

2996 黄边凹纹鳞鲀 *Xanthichthys auromarginatus* (Bennett, 1832) [14]

= 金边黄鳞鲀

背鳍Ⅲ，27～30；臀鳍25～27；胸鳍12～14。

本种与纵条凹纹鳞鲀很相似，以致苏锦祥（1979）将本种定为 *X. lineopanctatus* [8]。二者区别在于本种颊部有5条不甚明显的裸露纵沟，且纵沟色浅。体棕褐色，体侧无深褐色纵线，但有由粗糙鳞片的隆起嵴连成的许多纵行嵴线。雄鱼颊部有一深褐色大斑。第2背鳍、臀鳍和尾鳍灰褐色，周缘有黄色带。为暖水性珊瑚礁鱼类。栖息水深10 ~ 50 m。分布于我国南海、台湾海域，以及琉球群岛以南海域、印度–西太平洋热带水域。体长可达15 cm。

2997 黑带凹纹鳞鲀 *Xanthichthys caeruleolineatus* Randall, Matsuura et Zama，1978[38]

= 黑带黄鳞鲀

背鳍Ⅲ，26 ~ 28；臀鳍26 ~ 28；胸鳍12 ~ 13。

本种体侧面观呈长卵圆形，侧扁。头部圆钝。颊部有6条淡青色裸露纵沟。体灰褐色，腹侧色稍淡。体侧中部有1条淡青色纵线。上述裸露沟和纵线均有黄边。第2背鳍、臀鳍、尾鳍深灰色。尾鳍上、下缘延长，有红边；后缘黑色。为暖水性珊瑚礁鱼类。栖息水深50 m左右。分布于我国台湾南部海域，以及日本伊豆半岛以南海域、印度–西太平洋热带水域。体长约35 cm。

▲ 本科我国尚记录有鳞鲀属的姬鳞鲀 *Balistes vetula*[13，46]。但自Richardson（1846）报道产于中国南海后，已多年未采到标本。该种记录存疑[2]。本书未予列写。

（311）单角鲀科 Monacanthidae

本科物种体侧扁，尾柄宽短。眼中等大，上侧位。前颌骨与上颌骨愈合。口小，前位。上颌齿2行，外行齿每侧3枚，内行齿每侧2枚。下颌齿1行，3枚。鳞小，棘状或绒毛状。背鳍2个，第1背鳍具1 ~ 2枚鳍棘，第1鳍棘粗大。第2背鳍基底长，与臀鳍同形。两腹鳍愈合为一鳍棘，有时腹鳍消失。无气囊。全球有32属102种，我国有16属27种。

单角鲀科物种形态简图

2998 须鲀 *Psilocephalus barbatus*（Gray，1831）[149]

背鳍Ⅰ，48～55；臀鳍62～66；胸鳍8。

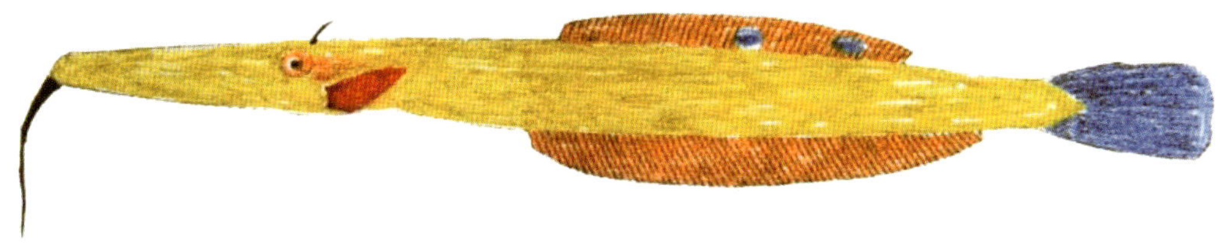

本种体延长，呈带状。头、吻均长。眼小，侧上位。鼻孔大，每侧2个。口小，上位，近直立状。颌齿楔形，上颌齿2行，下颌齿1行。下颌联合处有一侧扁形肉质长须。鳞细小，绒毛状。侧线细。背鳍2个。第1背鳍仅有1枚位于眼上方的短棘。第2背鳍延长，臀鳍更发达，胸鳍小，腹鳍完全退化，尾鳍长。体淡黄灰色，有一些灰褐色网状纹。尾鳍蓝褐色。须黑色。为暖水性底层鱼类。栖息于近岸沙泥底质海区。分布于我国南海，以及菲律宾海域、印度海域、马来西亚海域。体长可达26 cm。

2999 锯尾单角鲀 *Paraluteres prionurus*（Bleeker，1851）[14]

=副革单棘鲀

背鳍Ⅱ，26～28；臀鳍24；胸鳍11。

本种体侧面观呈长椭圆形，侧扁而高，尾柄短而高。头中等大，吻尖突。眼稍大，眼间隔隆起。口小，前位。颌齿楔形。体表光滑，仅尾柄部具鳞片，鳞棘也较发达。背鳍2个。第1背鳍第1鳍棘较短，为皮膜包被，由鳍膜连于背部，难以直立；第2鳍棘不明显。第2背鳍及臀鳍较延长，同形。胸鳍短。腹鳍鳍棘退化。尾鳍后缘圆弧形。体背灰褐色，腹部白色，头侧和体侧具4条棕色横带。第3横带下方腹部有一黑斑，头部腹面有一镶白圈的黑斑。头、体尚有许多斑点或细纹。为暖水性珊瑚礁鱼类。栖息于珊瑚礁藻丛附近水域，有拟态行为。分布于我国台湾海域，以及日本骏河湾以南海域、印度–西太平洋热带水域。体长约8 cm。

3000 尖吻鲀 *Oxymonacanthus longirostris*（Bloch et Schneider，1801）[14]

背鳍Ⅱ，31 ~ 33；臀鳍31 ~ 32；胸鳍10 ~ 12。

本种体延长，侧扁。吻长而尖，口小，前上位。眼中等大，侧位。第1背鳍第1鳍棘强大，始于眼中部上方或稍前上方，四周有许多粒状突起，且后缘棘突呈倒钩状；第2鳍棘细弱，可纳入背中沟内。鳞细小。每个鳞基板上的鳞棘粗短，单行排列，棘尖后弯。体青绿色，有7纵行黄色小圆斑。头部有长条形斑纹，自吻端向后呈辐射状排列。第1背鳍黄色，第2背鳍、臀鳍和尾鳍灰色。为暖水性珊瑚礁鱼类。成对或数尾一起游动。分布于我国南海、台湾海域，以及琉球群岛以南海域、印度–西太平洋热带水域。体长约10 cm。

3001 拟革鲀 *Pseudalutarius nasicornis*（Temminck et Schlegel，1850）[38]

= 前棘拟革鲀

背鳍Ⅱ，46 ~ 51；臀鳍44 ~ 48；胸鳍12 ~ 13。

本种体侧面观呈长椭圆形，侧扁。口小，前位。颌齿楔形，上颌齿2行，下颌齿1行。体被细鳞。第1背鳍有2枚棘，第1鳍棘起始于眼前缘的前上方，第2鳍棘极小。第2背鳍和臀鳍同形，基底

甚长。胸鳍侧中位，短小，圆形。无腹鳍鳍棘，尾鳍后缘圆弧形。体灰黄色，从头到尾鳍基有2条褐色纵带。上面1条沿体背部延伸，下面1条沿眼后水平线纵走。背鳍、臀鳍、胸鳍灰黄色。尾鳍褐色，基部有一黄褐色横带。为暖水性底层鱼类。栖息于100 m以浅沙底质近底层水域，幼鱼随海藻漂移。分布于我国南海，以及日本神奈川、三崎以南海域，印度-西太平洋暖水域。体长约17 cm。

革鲀属 *Aluterus* Cloqnet，1816

本属物种体较高，下颌稍突出。第1背鳍第1鳍棘位于眼中部上方，鳍棘后缘无倒棘，前侧缘棘细小；第2鳍棘退化，隐于皮膜下。我国有2种。

3002 单角革鲀 *Aluterus monoceros*（Linmaeus，1758）[15]

背鳍Ⅱ，47～52；臀鳍48～52；胸鳍14～15。

本种一般特征同属。体稍高，前背部隆起。头较大，尾较短。尾鳍短于头长，后缘截形。尾柄长大于尾柄高。体被细鳞，基板上有多行小棘。体灰褐色，具少数不规则的暗斑块。第1背鳍深褐色，尾鳍灰褐色。第2背鳍、臀鳍和胸鳍黄色。为暖水性底层鱼类。栖息于浅海底层，具集群性洄游习性。分布于我国黄海、东海、南海、台湾海域，以及日本南部海域，太平洋、印度洋、大西洋温带和热带水域。体长可达70 cm。为底拖网、流网兼捕对象。

3003 拟态革鲀 *Aluterus scriptus*（Osbeck，1765）[38]（上幼鱼，下成鱼）

背鳍Ⅱ，44～50；臀鳍46～52；胸鳍14～15。

本种体稍低，侧面观呈长椭圆形，前背部略凹入。头较小。尾甚长，成鱼尾长几乎接近体长的1/2。尾鳍长，其长度大于头长。尾柄较短，尾柄长小于尾柄高。体被细鳞，鳞基板上只有少数小棘。体暗灰色，散布黑色斑点和水平条纹。尾鳍色深，其余鳍色稍浅。幼鱼全身黄褐色，散布暗斑点。为暖水性底层鱼类。栖息于沿岸海藻丛中，具倒立拟态行为。分布于我国南海、台湾海域，以及日本相模湾以南海域，太平洋、印度洋、大西洋热带水域。体长可达50 cm。

前孔鲀属 *Cantherhines* Swainson，1839

本属物种体侧面观呈长椭圆形，侧扁。尾柄宽。吻不延长。眼中等大，上侧位。口小，前位。鳃孔位于眼后部下方。第1背鳍始于眼中部上方。第1背鳍第1鳍棘粗强，前、后侧有小突起；第2鳍棘短小，隐于皮下。有背中沟。第2背鳍基底延长，与臀鳍同形。腹鳍合为一鳍棘，由3对特化鳞组成，不能活动。鳞小，基板上具多行粗短鳞棘。我国有4种。

3004 棘尾前孔鲀 *Cantherhines dumerilii*（Hollard，1854）[38]
=杜氏刺鼻单棘鲀

背鳍Ⅱ，35～38；臀鳍31～33；胸鳍14～16。

本种一般特征同属。第1背鳍第1鳍棘以鳍膜与背部相连，能竖立。腰带骨后部有鳞鞘，鞘状鳞关节不能活动。第1背鳍可纳入背中沟内。尾柄无刚毛，有2对强倒棘。体灰褐色，体侧胸鳍后与尾柄间有10～12条暗横带。口唇内缘褐色，外缘白色。眼虹膜橘红色，周围有1圈灰白色皮膜。第2背鳍、臀鳍和胸鳍橘红色。尾鳍黑色，边缘橘黄色，尾棘白色。为暖水性珊瑚礁鱼类。分布于我国南海、台湾海域，以及日本骏河湾以南海域、印度－西太平洋热带水域。体长约35 cm。

3005 细斑前孔鲀 *Cantherhines pardalis*（Rüppell，1837）[38]

背鳍Ⅱ，33～35；臀鳍29～31；胸鳍13～14。

本种体接近菱形，尾柄更短而高，无逆向棘。第1背鳍第1鳍棘粗大，上有发达的细粒状突起。体灰褐色，体侧密布深色蜂窝状斑。吻部有放射状排列的浅色细条纹。第2背鳍、臀鳍和胸鳍色浅。尾鳍后部橙黄色。为暖水性珊瑚礁鱼类。分布于我国南海、台湾海域，以及日本相模湾以南海域、印度－西太平洋热带水域。体长约17 cm。

3006 额斑前孔鲀 *Cantherhines fronticinctus*（Günther，1866）[38]

=纵带前孔鲀

背鳍Ⅱ，32～33；臀鳍30～32；胸鳍12～13。

本种与细斑前孔鲀相似，尾柄上无逆向棘。第1背鳍第1鳍棘上粒状突起不发达。尾鳍较长。体灰黄色，体侧无蜂窝状斑，代之以3～4纵行黑褐色斑块。眼间隔处有2条褐色横带。尾柄上有一深横带。背鳍、臀鳍和胸鳍色浅。尾鳍黄色，后缘黑色。为暖水性珊瑚礁鱼类。栖息于珊瑚礁和沙质底海区。分布于我国台湾

海域，以及日本相模湾以南海域，印度-西太平洋热带、亚热带水域。体长可达19 cm。

▲ 本属我国尚有多线前孔鲀 *C. multilineatus*，分布于我国台湾海域[13]。

3007 尾棘鲀 *Amanses scopas*（Cuvier，1829）[38]（上雄鱼，下雌鱼）

= 美单棘鲀

背鳍Ⅱ，26～29；臀鳍22～25；胸鳍12～13。

本种体侧扁而高。尾柄高而短。眼中等大，位较高。口小，前位。颌齿楔形，上颌齿2行，下颌齿1行。第1背鳍起始于眼中部上方或稍前上方。第2背鳍与臀鳍同形，基底均较长。雄鱼在体后部有成丛的5～6枚粗长硬棘。雌鱼体后部有致密的刷状细长刚毛。两腹鳍愈合为一鳍棘，由3对特化鳞构成，不能活动。雌鱼体深褐色。雄鱼体后部深褐色，前部色较浅。体侧有12条深色横带。尾鳍深褐色，其他鳍浅色。为暖水性珊瑚礁鱼类。分布于我国台湾海域，以及日本五岛列岛以南海域，印度-西太平洋热带、亚热带水域。体长约17 cm。

3008 粗皮鲀 *Rudarius ercodes* Jordan et Fowler，1902[38]

背鳍Ⅱ，25～28；臀鳍23～28；胸鳍10～11。

本种体高而侧扁，侧面观近菱形。背缘两背鳍间明显凹陷。第1背鳍第1鳍棘强大，位于眼后半部上方，有向上的小棘；第2鳍棘细弱。第2背鳍与臀鳍对位，同形。鳞绒毛状，雄鱼在尾柄两侧有向前的长刚毛状小刺。胸鳍短。两腹鳍合为一短棘。尾鳍后缘圆弧形。体黄褐色，有许多网状纹。唇白色，后缘褐色。第1背鳍鳍膜有一黑斑。第2背鳍和臀鳍基底或各有2个大黑斑。各鳍灰白色，尾鳍或有黑色点列横纹。为暖水性岩礁鱼类。栖息于20 m以浅的岩礁藻场、内湾及马尾藻海域。分布于我国南海，以及日本房总以南海域。体长约7 cm。

马面鲀属 *Thamnaconus* Smith，1949

本属物种体侧面观呈长椭圆形，侧扁。体高小于体长的1/2。尾柄较短，其长一般大于其高。口小，前位。颌齿楔形。鳃孔较小，通常位于眼后半部下方。体被小鳞，每一枚鳞片基板上均有鳞棘，鳞棘通常排列成2行。第2背鳍延长，与臀鳍同形，对位。两腹鳍愈合为一短棘，由2枚特化鳞构成，不能活动。尾鳍后缘圆弧形。我国有5种。

3009 密斑马面鲀 *Thamnaconus tessellatus*（Günther，1880）[15]

背鳍Ⅱ，34～37；臀鳍32～34；胸鳍13～14。

本种一般特征同属。体侧面观呈长椭圆形。鳞小；基板上鳞棘多，排列成2行。第1背鳍第1鳍棘粗大，起始于眼中部后上方或上方。鳍棘上有细粒状突起，前、后缘分别有2行和1行小倒棘。体侧有7～10纵行斑点。成鱼斑点小而多，形状规则。第1背鳍深褐色。第2背鳍、臀鳍、胸鳍淡褐色。尾鳍色深，有黑边。为暖水性底层鱼类。栖息于沙泥底质浅海。分布于我国东海、南海，以及日本南部海域、菲律宾海域、西太平洋暖水域。体长可达28 cm。

3010 黄鳍马面鲀 *Thamnaconus hypargyreus*（Cope，1871）[16]

= *T. xanthopterus*

背鳍Ⅱ，32～33；臀鳍32～33；胸鳍13～14。

本种体较低，侧面观呈长椭圆形。鳞细小，基板上仅有少数鳞棘。第1背鳍第1鳍棘长，位于眼中部上方或稍后上方，前、后缘共有4行倒棘。体色雌雄有别。通常雄鱼头、体淡灰色，密布黄色小圆斑；体侧有4~5纵行不规则排列的暗褐色斑，腹部有波状黄纹；各鳍淡黄色，尾鳍有黑边。雌鱼头、体黄色圆斑不甚明显，具暗斑纹多行。为暖水性底层洄游鱼类。栖息于水深50~100 m海区。春季产沉性黏着卵。分布于我国东海、南海、台湾海域，以及日本相模湾以南海域、越南海域、澳大利亚海域。体长可达17 cm。曾是我国南海底拖网的主要渔获对象，产量较高[92]。

3011 绿鳍马面鲀 *Thamnaconus modestus*（Günther，1877）

= *T. septentrionalis* = *Navodon septentrionalis*[50]

背鳍Ⅱ，37~39；臀鳍34~36；胸鳍13~16。

本种体侧面观呈长椭圆形，稍延长，体长为体高的2.7~3.4倍。头较长，背缘斜直或稍凹入。吻长大，尖突。眼中等大，上侧位。口小，前位。颌齿楔形，上颌齿2行，下颌齿1行。鳃孔稍大，斜裂，位于眼后半部下方；其位低，大部分或几乎全部处于口裂水平线之下。鳞细小，基板上有较多细长鳞棘。背鳍2个。第1背鳍第1鳍棘较粗大，位于眼后半部上方；前、后缘分别有2行和1行倒棘。第2背鳍延长，与臀鳍同形，对位。胸鳍短。尾鳍后缘圆弧形。体蓝灰色，成鱼体上斑纹不明显。各鳍绿色。为暖温性底层洄游鱼类。栖息于水深50~120 m的沙泥底质海区。春季产黏性卵。分布于我国渤海、黄海、东海、台湾海域，以及日本小笠原海域、琉球群岛海域、印度-西太平洋温热带水域。体长可达28 cm。曾是我国底拖网的最主要渔获对象之一，但其渔业资源已严重衰退[133]。

3012 马面鲀 *Thamnaconus septentrionalis*（Günther，1874）

= *Cantherines modestus*[5] = *Navodon septentrionalis*[50]

背鳍Ⅱ，35～38；臀鳍32～36；胸鳍13～16。

本种与绿鳍马面鲀极为相似，以致二者长期被认为是同种。1995年中、日、韩等国专家审定的用日、中、韩及英文对照的《东海·黄海鱼类名称和图解》仍将二者认定为1种鱼[57]。苏锦祥（2002）、倪勇（2006）也认为二者十分相似，第1背鳍起始于眼后半部上方，鳃孔在眼后半部下方。二者体色斑纹也大体相同。二者的区别在于本种体较高，体长为体高的2.0～2.5倍；鳃孔大部分处于口裂水平线之上[4F, 10]。为暖温性底层洄游鱼类。分布区与绿鳍马面鲀重叠。体长可达32 cm。

3013 拟马面鲀 *Thamnaconus modestoides*（Barnard，1927）[38]

= 拟短角单棘鲀

背鳍Ⅱ，33～37；臀鳍32～36；胸鳍13～14。

本种与马面鲀十分相似，即头、体不具棕色斑点或线纹，各鳍略呈绿色。二者区别在于本种鳃孔在眼前半部下方，恰位于口裂的水平线上；鳞小，菱形，基板上散布30～40枚细长鳞棘。体深灰色。为暖水性底层鱼类。栖息水深100～170 m。分布于我国台湾海域，以及日本南部海域、澳大利亚海域、印度–西太平洋暖水域。体长可达30 cm。

3014 棘皮鲀 *Chaetodermis penicilligerus*（Cuvier，1816）

= *Balistes spinostssimus*

背鳍Ⅱ，25～26；臀鳍23～24；胸鳍12～13。

本种体高，侧面观呈菱形。吻稍突出。口小，前位。体侧各鳞的棘及基部愈合成片状，顶端有几枚小棘，或呈多叶状。头部鳞片细密。体侧鳞粗糙，在体前部排列成横行，在体后部则排成纵行。体上有许多皮膜状突起，末端多分支。第1背鳍在眼中部后上方。第2背鳍与臀鳍同形，对位。腹鳍愈合成一短棘，由3对特化鳞构成，可活动。尾鳍长，末端尖。体浅褐色，体侧具10余条黑色纵行线纹，并有云状暗斑。头上有灰黑色条纹，在眼周围呈辐射状。胸鳍上方有2个黑色圆斑。背鳍、臀鳍、尾鳍深灰色，上有许多点列黑斑。体上皮膜突起，灰黑色。为暖水性岩礁鱼类。栖息于50 m以浅的岩礁周边水域。分布于我国南海、台湾海域，以及日本和歌山以南海域，印度–西太平洋热带、亚热带水域。体长可达18 cm。

前角鲀属 *Pervagor* Whitley，1930

本属物种体侧面观呈长椭圆形，侧扁。尾柄短而高。口小，前位，颌齿楔形。鳃孔小，位于眼后缘下方。第1背鳍第1鳍棘起始于眼中部上方或前上方，棘前缘有许多粒状小棘，后缘有强倒棘；第2鳍棘细弱，埋于背中沟内。第2背鳍延长，与臀鳍同形，对位。腹鳍愈合成一棘，由3对特化鳞构成，能活动，棘上有强倒棘。尾鳍后缘圆弧形。体被小鳞，基板上有1～7枚鳞棘，排成单行。尾部鳞棘特别细长，呈刚毛状。我国有4种。

3015 前角鲀 *Pervagor janthinosoma*（Bleeker，1854）[14]

=红尾前角鲀

背鳍Ⅱ，31～35；臀鳍28～32；胸鳍12～13。

本种一般特征同属。体侧面观呈长椭圆形。尾柄短而高。第1背鳍第1鳍棘粗长，后缘有10枚逆向棘。腹鳍愈合成一鳍棘，能活动，鳍棘上有尖锐倒棘。体无皮瓣。鳞小，基板上鳞棘呈单行排列。体色多样，从深棕色到橙黄色皆有。通常头、体前半部体色较浅，后半部色深。体上有许多小黑点，排成许多水平纵线。鳃孔周围有一明显黑斑。尾鳍橘黄色，上有褐色点列横纹。为暖水性珊瑚礁鱼类。栖息水深浅于15 m。分布于我国台湾海域，以及日本静冈以南海域、印度-西太平洋暖水域。体长约12 cm。

3016 黑前角鲀 *Pervagor melanocephalus*（Bleeker，1853）[38]（上正常鱼，下变异鱼）

背鳍Ⅱ，30～33；臀鳍27～30；胸鳍12～13。

本种与前角鲀相似，皆尾柄短而高，鳃孔上方有大黑斑。第1背鳍第1鳍棘粗长，其后侧缘倒棘多于14枚。鳞小，粗糙；基板上鳞棘基部合并，排成1行。尾柄部鳞棘长，呈刚毛状。体侧中央鳞片清晰可辨。体前半部褐绿色，后部黄绿色。尾鳍橘黄色，尾缘有黑点横纹。其余鳍色淡，有点列

纵纹。为暖水性珊瑚礁鱼类。栖息于珊瑚礁海区、潟湖。分布于我国南海，以及日本南部海域、西太平洋热带水域。体长约10 cm。

3017 粗尾前角鲀 *Pervagor aspicaudus*（Hollard，1854）[14]

背鳍Ⅱ，31～35；臀鳍28～32；胸鳍12～13。

本种尾柄短而高，鳃孔上方无黑色大斑，胸鳍基部为黑色。第1背鳍第1鳍棘粗长，其长度大于吻长；前缘有许多粒状突起，后缘具10枚以上倒棘。腹鳍鳍棘1枚，粗强；上有多枚强倒棘。体色多变，从深棕色至灰绿色不等；或前半部色深，后半部色浅，向尾鳍渐变为黄色。尾鳍上有6～7条棕色横纹，后缘深褐色。其他鳍色浅。为暖水性珊瑚礁鱼类。分布于我国南海、台湾海域，以及日本奄美大岛以南海域、印度－西太平洋热带水域。体长约10 cm。

▲ 本属我国尚有暗纹前角鲀 *P. nitens*，形态特征与上述近缘种相似，但以尾柄较低且相对较长，体侧有3条褐色横带相区别。分布于我国西沙群岛海域[4F]。

3018 白带拟前角鲀 *Acreichthys tomentosus*（Linnaeus，1758）[38]

= 白线鬃毛鲀 = 耸鳞单棘鲀

背鳍Ⅱ，27～30；臀鳍26～29；胸鳍9～12。

本种体略修长，体长约为体高的2倍，体后部略细长。颌齿楔形。上颌齿2行，内行4枚齿均呈凹刻状。第1背鳍第1鳍棘位于眼后部后上方，与鳃孔处于一垂线上。雄鱼尾柄小棘显著，呈带状排列。体绿褐色，眼周围有放射状排列的白色线纹，体侧有1条弯向第2背鳍的白色线纹。尾鳍上、下叶各有一黑斑。其他鳍色浅。为暖水性珊瑚礁鱼类。栖息于热带内湾沙底质海区、珊瑚礁藻场或沙底质海区，栖息水深浅于5 m。分布于我国南海、台湾南部海域，以及日本西表岛海域、印度–西太平洋热带水域。体长约12 cm。

3019 中华单角鲀 *Monacanthus chinensis*（Osbeck，1762）[14]

背鳍Ⅱ，28～30；臀鳍27～30；胸鳍12。

本种体侧扁而高。尾柄短而高。雄鱼尾柄具2列粗强倒棘，每列2～4枚。鳞细小，基板上有一强而粗的中心棘。第1背鳍第1鳍棘起始于眼中央后上方，棘后缘有强倒棘，前缘具粒状突起。腹鳍鳍棘1枚，能活动。腹鳍鳍棘后方的鳍膜特别发达，后缘超越棘末端。尾鳍后缘圆弧形，最上鳍条延长。体浅棕色，有许多深棕色斑点。体侧有3条深褐色宽纹。第1背鳍灰褐色，上有3条横纹。第2背鳍、臀鳍和胸鳍淡灰色。腹鳍鳍膜黑褐色。尾鳍黄褐色，上有多条深褐色横纹。为暖水性底层鱼类。栖息于沙底质浅海。幼鱼多随海藻漂移。分布于我国东海、南海、台湾海域，以及日本南部海域、印度尼西亚海域、印度–西太平洋暖水域，最大体长可达23 cm。

3020 丝背细鳞鲀 *Stephanolepis cirrhifer*（Temminck et Schlegel，1850）

=丝鳍单角鲀 *Monacanthus setifer*

背鳍Ⅱ，31～35；臀鳍31～34；胸鳍13～15。

本种体侧扁，被细鳞，基板上鳞棘基部愈合成柄状。尾柄无倒棘。第1背鳍第1鳍棘始于眼后半部上方，棘后缘、侧缘各具1列倒棘，前缘有粒状突起。第2背鳍延长，雄鱼的第2枚鳍条呈丝状。腹鳍鳍棘1枚，能活动，不伸达肛门，鳍膜较小。体黄褐色，体侧有6～8条纵行断续黑色斑纹。第2背鳍及臀鳍的下半部具褐色宽纹。尾鳍基和外缘具灰褐色横带。为暖水性底层鱼类。栖息于100 m

以浅沙底质海区，集群活动。幼鱼喜栖于藻丛中。分布于我国东海、南海、台湾海域，以及日本北海道以南海域、印度–西太平洋温暖水域。体长可达30 cm。

3021 日本副单角鲀 *Paramonacanthus japonicus*（Tilesius，1809）[38]（**前雄鱼，后雌鱼**）
= 日本前刺单角鲀 *Laputa japonicus* = 长方单角鲀 *Monacanthus oblongus*

背鳍Ⅱ，24～31；臀鳍24～31；胸鳍12～13。

本种体侧扁，延长，背缘平直。尾柄侧高，无棘状突起。鳞较细，基板上直接着生较粗棘刺，呈2行或多行排列。第1背鳍第1鳍棘起始于眼中部后上方，仅后缘具倒棘。第2背鳍与臀鳍同形。腹鳍鳍棘较细长，能活动。尾鳍楔形或后缘圆弧形，雄鱼上中缘鳍条延长为丝状。体褐色，有几条暗褐色纵行断续斑纹。第2背鳍、臀鳍和胸鳍浅灰白色。前两者基部尚有2个暗斑块，尾鳍具3条暗横纹。为暖水性底层鱼类。栖息于沙底质浅海。分布于我国东海、南海、台湾海域，以及日本相模湾以南海域、印度–西太平洋暖水域。体长可达18 cm。

3022 绒纹线鳞鲀 *Arotrolepis sulcatus*（Hollard，1854）[147]

= 绒纹单角鲀 *Monacanthus sulcatus*

背鳍 II，32 ~ 35；臀鳍32 ~ 35；胸鳍13 ~ 14。

体侧面观呈长椭圆形。尾柄短，无倒棘。鳞小，基板上有一强中心棘，体两侧鳞棘整齐排列成纵条状。第1背鳍第1鳍棘粗大，起始于眼中部后上方，后缘具倒棘；第2鳍棘退化，埋于皮下。第2背鳍与臀鳍同形，对位，前部鳍条有时高起。腹鳍鳍棘1枚，能活动。尾鳍后缘截形，雄鱼尾鳍上部第1至第5鳍条延长为丝状。体黄褐色，体侧有许多黑褐色水平波纹状细纵纹。第2背鳍基底下方有一圆形大黑斑。背鳍、臀鳍和胸鳍灰黄色。尾鳍灰褐色，其中央和后缘各有一褐色弧状带纹。为暖水性底层鱼类。幼鱼喜光，常于水域上层集群活动，成鱼通常栖息于水深20 ~ 30 m的沙及岩礁底质海区。分布于我国东海、南海、台湾海域，以及印度尼西亚海域、澳大利亚海域、西太平洋暖水

域。体长约10 cm。为我国南部海区渔获对象之一。

（312）六棱箱鲀科 Aracanidae

本科物种体短而高。体甲六棱状，具腹侧棱、侧中棱和背侧棱，各棱有或无棘突。体甲在背鳍、臀鳍基底后方不闭合。尾柄部裸露，有由鳞片形成的尾甲环。肛门前具一腹皮褶。口小，前位。齿狭长，上、下颌齿各1行。鳃孔小，位于眼下方。背鳍1个，短小，无鳍棘；其与臀鳍同形，几乎对位。无腹鳍。尾鳍后缘截形。我国有1属2种。

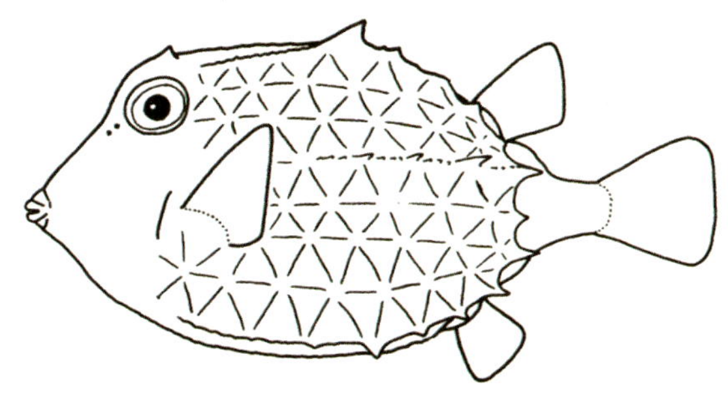

六棱箱鲀科物种形态简图

棘箱鲀属 *Kentrocapros* Kaup，1855

本属物种一般特征同科。

3023 棘箱鲀 *Kentrocapros aculeatus*（Houttuyn，1782）[68]

背鳍10～13；臀鳍10～11；胸鳍12。

本种一般特征同属。体较高，体长为体高的1.5～2.2倍。体被鳞片特化为骨板。骨板多为六角形，表面粗糙。背侧棱止于三角形棘突处。侧中棱后半部有5枚棘突。腹侧棱止于一三角形棘突。无侧线。体灰褐色。背面和上侧面每枚骨板中间均具一与瞳孔等大的褐色圆斑。腹面及下侧面色淡。各鳍色浅。为暖水性底层鱼类。栖息于水深100～200 m的沙底质海区。分布于我国东海，以及日本相模湾以南海域。体长可达13 cm。

3024 黄纹棘箱鲀 *Kentrocapros flavofasciatus*（Kamohara，1938）[44]

= 六棱箱鲀 *Aracana rosapinto*

背鳍9～11；臀鳍10；胸鳍12。

本种与棘箱鲀相似。体稍低，体长为体高的2.2～2.9倍。背侧棱、侧中棱和腹侧棱均无棘突。鳃孔短，稍倾斜，下端与眼中部相对。体黄褐色，腹部色淡。沿侧中棱和背侧棱各有一黄色纵带，并在尾部背面汇合。各鳍色浅。为暖水性底层鱼类。栖息于沙泥底质热带浅海。分布于我国东海、南海，以及日本土佐湾海域、濑户内海，西太平洋暖水域。体长约14 cm。

注：本种以往被鉴定为六棱箱鲀 *Aracana rosapinto*[7, 50]，但两者有差别。后者鳃孔几乎直立，与眼后缘相对，前端不伸达眼中部下方；分布于南非海域[4F]。本书仍将二者作为同种编写。

(313) 箱鲀科 Ostraciontidae

本科物种体箱形，稍延长。体甲三至五棱状，具背中棱、背侧棱和腹侧棱，而无侧中棱。体甲在背鳍、臀鳍基底后方闭合。尾柄光滑，裸露无鳞。肛门前无腹皮褶。口小，前位。齿狭长，颌齿1行。背鳍1个，无鳍棘。背鳍、臀鳍同形。臀鳍后位。无腹鳍。尾鳍后缘圆弧形。全球共有7属约20种，我国有4属11种。

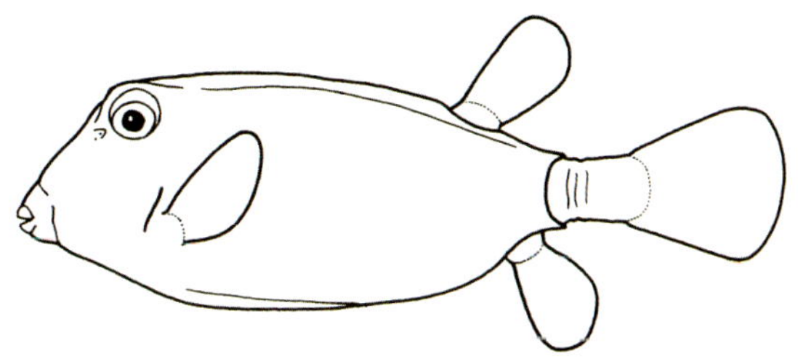

箱鲀科物种形态简图

三棱箱鲀属 *Tetrosomus* Swainson，1839

本属物种一般特征同科。体甲三棱状。背中棱和腹侧棱很发达，棱上有棘突。背侧棱有或无。眼眶上缘有小棘。口小，前位。颌齿细长，柱状。眼中等大，上侧位。背鳍1个，无鳍棘。我国有2种。

3025 驼背三棱箱鲀 *Tetrosomus gibbosus*（Linnaeus，1758）[15]

= *Lactophrys gibbosus* = *Rhinesomus gibbosus*

背鳍9；臀鳍9；胸鳍10。

本种一般特征同属。体短小，头短高，吻尖斜。体甲大致呈三棱状，背中棱和腹侧棱发达。背中棱顶端高起，中部具一大型扁棘。体甲表面具辐射状细纹或粒状突起。腹侧棱每侧有4个小扁棘。无眶前棘，眶上棱有一弱棘。尾柄细弱，光滑无鳞。体淡黄灰色，体甲腹侧带淡紫色，沿腹侧有数个紫褐色斑。胸鳍淡紫色，其他鳍淡黄色。为暖水性底层鱼类。栖息于近岸沙底质海区。分布于我国东海、南海、台湾海域，以及日本南部海域、印度–西太平洋暖水域。体长可达30 cm。

3026 双峰三棱箱鲀 *Tetrosomus concatenatus* (Bloch et Schneider, 1785) [44]

= Lactophrys concatenatus = Rhinesomus concatenatus

背鳍9；臀鳍9；胸鳍10。

与驼背三棱箱鲀相似，体甲呈三棱状。体背高，弯弧形。背中棱及腹侧棱发达。本种的背中棱顶端无大型扁棘，代之以2枚小型棘突。眶上棱常具2枚棘。体甲淡黄褐色，背部色深，腹面色稍淡。各鳍灰黄色。为暖水性底层鱼类。栖息于岩礁区到沙底质海区间的过渡带，栖息水深浅于100 m。分布于我国东海、南海、台湾海域，以及日本三浦半岛以南海域、印度-西太平洋暖水域。体长可达30 cm。

角箱鲀属 *Lactoria* Jordan et Fowler，1902

本属物种体甲大致呈五棱状，背侧棱和腹侧棱发达。背中棱低，无侧中棱。眼前面每侧各具1枚长棘，向前突出。腹侧棱后端两侧各有一向后伸的长棘。头短小，吻端斜或近垂直。背鳍、臀鳍短小，同形；尾鳍长。本属我国有3种。

3027 角箱鲀 *Lactoria cornutus*（Linnaeus，1758）[38]（左幼鱼，右成鱼）

= *Ostracion cornutus*

背鳍9；臀鳍8～9；胸鳍11。

本种一般特征同属。体侧面观呈长方形。体背中部棱嵴上无棘突。有眶前骨棘和腰骨棘（腹侧棱后伸的长棘）各1对。眶前骨棘特别长，成鱼眶前骨棘尚向下弯。尾鳍长为尾柄长的2倍左右。体黄褐色，腹面色较浅。体甲和尾柄上散布一些褐色圆斑。各鳍黄褐色，尾鳍具深褐色斑点。为暖水性底层鱼类。栖息于浅海内湾，以及珊瑚礁、岩礁海区。分布于我国东海、南海、台湾海域，以及日本静冈以南海域、西太平洋暖水域。体长可达50 cm。

3028 棘背角箱鲀 *Lactoria diaphana*（Bloch et Schneider，1801）[38]

背鳍9；臀鳍9；胸鳍11。

本种体甲大致呈五棱状，背部较平直，腹部膨出。眶前棘粗短，棘长小于眼径。眶上棘不明显。背中部棱嵴上具1个三角形强扁棘。腹侧棱的腰骨棘短而钝。尾鳍稍短，其长度小于尾柄长的2倍。头、体棕色，体上有一些不规则的深褐色条纹。头部及尾柄上有一些小黑点。尾鳍色浅，上有6条褐色横纹。为暖水性底层鱼类。栖息于近岸浅海。分布于我国东海、台湾海域，以及日本茨城以南海域、印度–西太平洋暖水域。体长约15 cm。

3029 福氏角箱鲀 *Lactoria fornasini*（Bianconi，1846）[38]

背鳍9；臀鳍9；胸鳍10。

本种体甲大致呈五棱状，背中央棱嵴上具一三角形大扁棘，尖端指向尾部。尾鳍稍短，其长度为尾柄长的1.2 ~ 1.4倍。眼大，上侧位。眶前棘长度可达眼径的2/3。腰骨棘较发达，约与眶前棘等长。体黄褐色，体上有不规则的蓝色斑点及不同长度的蓝色带纹。从口至肛门前有一褐色纵行带纹。尾鳍灰黄色，其他鳍色浅。为暖水性底层鱼类。栖息于近岸浅海底层水域。分布于我国南海、台湾海域，以及日本三浦半岛以南海域、印度–西太平洋暖水域。体长约13 cm。

箱鲀属 *Ostracion* Linnaeus，1758

本属物种体甲呈四棱状，在背鳍、臀鳍基底后方闭合。具背侧棱和腹侧棱，无背中棱。背侧棱较圆钝。腹侧棱后端无棘。头短小，吻无向前伸的尖突。口小，前位。颌齿狭长，1行，棕褐色。背鳍短小，后位，与臀鳍同形。尾鳍后缘圆弧形。我国有4种。

3030 白斑箱鲀 *Ostracion meleagris* Shaw，1796 [15]

= 米斑箱鲀 = 米点箱鲀

背鳍7～8；臀鳍8；胸鳍11。

本种一般特征同属，体侧面观呈长方形，横断面四角形。无眶上棘、腰骨棘。吻不突出，背不隆起。眼中等大，上侧位。鳃孔小，为眼径的0.8～1.1倍。体色多变，雌雄有别。雌鱼头、体深褐色，密布白色或黄色小点。背鳍、臀鳍黄色。为暖水性珊瑚礁鱼类。栖息于水深3～30 m的潟湖或珊瑚礁海区。分布于我国南海、台湾海域，以及日本田边湾以南海域、印度–西太平洋热带水域。体长约22 cm。

3031 粒突箱鲀 *Ostracion cubicus* Linnaeus，1758 [15]

= *O. tuberculatus*

背鳍9；臀鳍9；胸鳍10。

本种体箱形。头短，眼大。吻背缘有凹刻。口小，唇肥厚。颌齿1行，细柱状。全体黄褐色，各鳍黄色。体上多数骨板均具一蓝黑色圆斑。各鳍无斑点。为暖水性底层鱼类。栖息水深1～35 m，常单独于沿海内湾或礁坡洞穴水域活动。分布于我国黄海、东海、南海、台湾海域，以及日本和歌山以南海域、印度-西太平洋温带、热带水域。体长可达46 cm。

3032 无斑箱鲀 *Ostracion immaculatus* Temminck et Schlegel，1850[38]

背鳍9；臀鳍9；胸鳍10。

本种与粒突箱鲀相似。幼鱼体甲上散布黑色小圆点，以致曾被认为是粒突箱鲀的幼鱼[7]。但本种体灰褐色，略带绿色。成鱼头、体以及尾部均无黑色小圆点，或体侧有淡蓝绿色小圆点。各鳍色浅。骨板数目少。为暖水性底层鱼类。栖息于沿海内湾，也可深至大陆架边缘海区。分布于我国南海、东海，以及日本岩手以南海域、西太平洋暖水域。体长可达30 cm。偶见于我国东海，经底拖网渔获[39]。

3033 蓝带箱鲀 *Ostracion solorensis* Bleeker，1853[100]

背鳍9；臀鳍9；胸鳍10。

本种与粒突箱鲀相似，体背和头胸侧面每个骨板中部均有一瞳孔大小的蓝黑色圆斑，但圆斑边缘为白色。鳃孔较大，稍倾斜，下端与眼后缘相对，其长度为眼径的1.4倍左右。头、体灰褐色，背面有条状黑斑纹，体侧具5条蓝色纵条纹。为暖水性底层鱼类。栖息于沙底质浅海。分布于我国东海，以及印度尼西亚海域、西太平洋暖水域。体长约20 cm。

尖鼻箱鲀属 *Rhynchostracion* Fraser-Brunner，1935

本属物种体甲大致为五棱状。背侧棱和腹侧棱较发达，棱突较尖锐。背部有一低的背中棱。无侧中棱。各棱无棘突。吻部有一明显伸向前方的尖突，前端超过口裂。口小，前位。两颌齿细柱状，各1行。背鳍1个，后位，与臀鳍同形。尾鳍后缘截形。本属全球共有2种，在我国均有分布。

3034 尖鼻箱鲀 *Rhynchostracion nasus*（Bloch et Schneider，1785）[15]

背鳍9；臀鳍9；胸鳍11。

本种一般特征同属，体侧面观呈长方形，稍侧扁。头稍短小。吻短而高，吻端尖突。吻突背缘后方有一凹陷。背中央棱嵴较高而锐尖。臀鳍位于背鳍后下方。体甲淡黄色，通常每个骨板上有一黑色圆斑。尾柄淡紫色，有黑色圆斑。各鳍淡黄色，仅尾鳍色较深并有横列黑色斑点。为暖水性底层鱼类。栖息于近岸沙泥底质海区。分布于我国南海，以及印度洋、中西太平洋暖水域。体长可达20 cm。

3035 突吻尖鼻箱鲀 *Rhynchostracion rhinorhynchus*（Bleeker，1852）[52]

背鳍9；臀鳍9；胸鳍10。

本种体侧面观呈长方形。吻部高突，有一很大的、向前伸的尖形突起。背中央棱嵴较低且钝圆。臀鳍有部分位于背鳍基底下方。体深灰褐色，骨板宽大。每一骨板上有6～10个黑色斑点。各鳍灰褐色，基部有黑色斑点。为暖水性底层鱼类。栖息于近岸礁石区底层水域。分布于我国东海、台湾海域，以及日本南部海域、菲律宾海域、印度–西太平洋暖水域。体长约35 cm。

鲀亚目的科、属、种检索表

1a 无尾柄和尾鳍；无气囊，无鳔……………………翻车鲀科 Molidae（53）

1b 尾柄和尾鳍发达；有气囊，有鳔…………………………………………………………………（2）

2a 上颌齿板有中央缝；下颌齿板无中央缝
………………三齿鲀科 Triodontidae 三齿鲀 *Triodon macropterus* 3036

2b 上、下颌齿板均有中央缝或全无中央缝…………………………………………………（3）

3a 上、下颌齿无中央缝；体具许多粗棘…………刺鲀科 Diodontidae（48）

3b 上、下颌齿具中央缝；体裸露或具许多小刺…鲀科 Tetraodontidae（4）

4a 吻背部两侧各具一卵圆形鼻囊或鼻凹窝；两侧各具1或2个鼻孔……………………………（12）

4b 吻背部两侧各具一肉质鼻突起；两侧无鼻孔…………………………叉鼻鲀属 *Arothron*（5）

5a 体背部、侧部和腹部均具褐色纵行线纹，无斑点；背部浅褐色或浅绿色，腹部白色；各鳍浅黄色，尾缘黑褐色……………………………………………线纹叉鼻鲀 *A. manilensis* 3079

5b 体背部、侧部具暗斑点或浅斑点，或具流体状纹…………………………………………（6）

6a 体背部、侧部和腹部具流体状纹…………………………………网纹叉鼻鲀 *A. reticularis* 3078

6b 体背部、侧部具暗斑点或浅斑点……………………………………………………………（7）

7a 体具暗斑点……………………………………………………………………………………（10）

7b 体具浅斑点……………………………………………………………………………………（8）

8a 体前部被细刺，后部光滑无棘；背部及各鳍黑褐色，均有白色小圆点
……………………………………………………………………白点叉鼻鲀 *A. meleagris* 3081

8b 体除吻端和尾柄后部外均被小刺；体背部棕褐色………………………………………（9）

9a 胸鳍基底周围具多条辐射状白色细线纹，余部具稀疏排列的白色圆斑；各鳍黄褐色，无斑点
…………………………………………………………………………纹腹叉鼻鲀 *A. hispidus* 3077

9b 眼周围具多条辐射状白色细纹，余部密布白色圆斑或椭圆形斑；各鳍浅黄色
……………………………………………………………………辐纹叉鼻鲀 *A. mappa* 3080

10–7a 鳃孔和胸鳍基黑色斑点分离；体密被白色细刺，散布不规则的黑色斑点；各鳍青灰色（成鱼）或浅灰色（幼鱼）……………………………黑斑叉鼻鲀 *A. nigropunctatus* 3076

10b 鳃孔和胸鳍基黑斑全部或部分相连，形成一大黑斑或不规则的斑纹 …………………（11）

11a 鳃孔和胸鳍基黑斑全部相连，形成一大黑斑；体被白色细刺；无黑色小斑和条纹，各鳍淡色 ……………………………………………………………斑鳃叉鼻鲀 *A. immaculatus* 3075

11b 鳃孔和胸鳍基形成不规则的斑纹；体被黑色或浅细刺；背部和各鳍均密布小黑点
……………………………………………………………………星斑叉鼻鲀 *A. stellatus* 3074

12–4a 吻背部两侧各具一卵圆形鼻囊，每侧各有2个鼻孔 ……………………………………（22）

12b 吻背部两侧各具一鼻凹窝，每侧各有1个鼻孔 ………………………………………（13）

13a 头背部宽；鼻凹窝孔大，前、后缘各具1个皮瓣突起 ………………………………（21）

13b 头背部窄；鼻凹窝孔小，周边具低矮皮质围膜…………………扁背鲀属 *Canthigaster*（14）

14a 体背、侧部无暗鞍状横带 ……………………………………………………………（16）

14b 体背、侧部具2～4条暗鞍状横带 ……………………………………………………（15）

15a 体肉色；背部横带两侧镶有蓝点和黄边；眼周围有多条黄色纵带
……………………………………………………………………花冠扁背鲀 *C. coronata* 3038

15b 体浅绿色或浅黄色；背部横带两侧无镶边；体侧散布浅棕色小斑点
……………………………………………………………………横带扁背鲀 *C. valentini* 3037

16–14a 体背、侧部有许多白色、褐色或黄色斑点…………………………………………（18）

16b 体侧具2条黄褐色纵带或多条黄白相间的纵行线纹…………………………………（17）

17a 体褐绿色；体侧有1对黄褐色纵带；头部和尾部有多条黄蓝相间的斜纹；胸鳍基前部有一黑色小斑；尾鳍蓝褐色，其他鳍浅蓝色 ……………………水纹扁背鲀 *C. rivulatus* 3041

17b 体浅蓝色或草黄色；背侧有多条黄白相间的纵行波纹状线纹；背鳍基具镶白边的眼状黑斑；胸鳍基底无黑斑；尾鳍具棕黄色点列横纹，其余鳍浅黄色
……………………………………………………………………细纹扁背鲀 *C. compressa* 3043

18–16a 背部和尾柄均具白色斑点；背鳍基底无眼状黑斑 ………………………………（20）

18b 背部具褐色或黄色小斑；背鳍基底有一具白边的眼状黑斑…………………………（19）

19a 体棕褐色；背部有褐色小斑；眼周围具辐射状褐色线纹；尾鳍具棕色小圆点，缀成横带状线纹；其他鳍浅红色 ……………………………………………细斑扁背鲀 *C. solandri* 3044

19b 体黄色；背部具不规则的黑色斑纹，胸腹侧散布许多黄色小圆点；眼周和尾柄具橙蓝相间的纵行线纹；尾鳍橙黄色，其他鳍浅蓝色；各鳍均无暗斑点 …点线扁背鲀 *C. bennetti* 3042

20–18a 体紫红色，密布瞳孔大小的白斑，腹部白斑较大；背鳍基具一镶白边的红色圆斑；各鳍浅红色 ……………………………………………圆斑扁背鲀 *C. janthinopterus* 3039

20b 体棕紫色，背部和体侧分别具有许多白色和暗褐色小圆斑；背鳍、臀鳍、胸鳍基底均具一暗斑点；尾鳍紫褐色，其他鳍浅黄色……………………………点斑扁背鲀 *C. amboinensis* 3040

21–13a 凹窝孔边缘前、后皮瓣等大；前皮瓣呈长叶片形；后皮瓣呈花瓣状，边缘无缺刻
…………………………………………………………瓣鼻鲀 *Boesemanichthys firmamentum* 3067

21b 凹窝孔边缘前皮瓣小，呈尖叶片形；后皮瓣大，呈花瓣状，边缘具锯齿状缺刻
…………凹鼻鲀 *Chelonodon patoca* 3066

22–12a 全身皮肤光滑无刺，密布纵行细沟；体侧下方无纵行皮褶
…………密沟圆鲀 *Sphoeroides pachygaster* 3046

22b 皮肤表面有或无刺，无纵行细沟或仅腹部具稀疏排列的纵行细沟；体侧下方具一纵行皮褶
…………（23）

23a 尾鳍后缘平截或亚圆形；筛骨短，近正方形…………（30）

23b 尾鳍后缘凹入或深叉形；筛骨长，呈长方形…………（24）

24a 体细长，侧面观呈长椭圆形；尾柄长锥形，末端平扁；体侧有小刺
…………圆斑扁尾鲀 *Pleuranacanthus sceleratus* 3045

24b 体粗短，亚圆柱形；尾柄短锥形，末端侧扁；体侧无小刺…………（25）

25a 鳃孔黑色；背部光滑无刺；腹部具稀疏排列的纵行细沟，每条沟均有许多肉质小突起
…………黑鳃光兔鲀 *Laeviphysus inermis* 3068

25b 鳃孔白色；背部和腹部有或无小刺；腹部无纵行细沟…………（26）

26a 背部以眼间隔至背鳍前均有小刺；尾鳍深叉形 …………月腹刺鲀 *Gastrophysus lunaris* 3073

26b 背部有或无小刺；如有小刺，则小刺仅分布于眼间隔至胸鳍末端上方；尾鳍后缘浅凹或双凹
…………兔头鲀属 *Lagocephalus*（27）

27a 体背部光滑无刺，仅腹部具皮刺…………花鳍兔头鲀 *L. oceanicus* 3072

27b 体背部和腹部均具皮刺…………（28）

28a 体背棕黄色或绿褐色，具不规则的暗褐色云状斑…………棕斑兔头鲀 *L. spadiceus* 3070

28b 体背无暗斑…………（29）

29a 体背茶褐色或灰褐色；体侧具一浅银色纵带；胸鳍黄褐色，臀鳍白色；尾鳍后缘浅凹，下缘具一灰色宽边 …………淡鳍兔头鲀 *L. wheeleri* 3071

29b 体背蓝褐色或黑褐色；体侧具一深银色纵带；胸鳍暗褐色，臀鳍黄色；尾鳍后缘双凹，上、下叶大部分白色，下缘无浅色边…………暗鳍兔头鲀 *L. gloveri* 3069

30–23a 背鳍鳍条9～10枚；臀鳍鳍条6～8枚，前1～2枚鳍条不分支…………（47）

30b 背鳍鳍条11～18枚，前2～6枚鳍条不分支；臀鳍鳍条9～16枚，前1～6枚不分支
…………东方鲀属 *Takifugu*（31）

31a 体背部和腹部或体侧部皮肤具小刺…………（34）

31b 全体皮肤光滑无刺…………（32）

32a 体侧无胸斑；皮肤密布瘤状小突起；背部暗绿色或黄褐色，具许多眼大小的黑色椭圆形小斑；尾鳍暗褐色，其余鳍橙黄色 …………豹纹东方鲀 *T. pardalis* 3047

32b 体侧胸鳍后上方有一大暗斑；背鳍基底具一暗斑；皮肤光滑，无瘤状突起…………（33）

33a 体背棕褐色，具许多乳白色椭圆形小斑和蠕虫状细纹；胸斑中等大，具白色菊花状边缘；尾鳍黄色，具一白色窄带…………虫纹东方鲀 *T. vermicularis* 3048

33b 体背紫褐色，成鱼胸斑几乎无白边；尾鳍紫褐色，无白色窄带
…………紫色东方鲀 *T. porphytreus* 3049

34–31a 体背部刺区和腹部刺区仅在体侧鳃孔前方相连，或在鳃孔前和胸鳍后方均相连接
…………（44）

34b 体背部刺区和腹部刺区相互分离，不在体侧相连接 …………………………（35）
35a 皮刺粗而强 ……………………………………………………………………（40）
35b 皮刺细弱 ………………………………………………………………………（36）
36a 体侧无胸斑；体背浅蓝色，密被暗褐色或紫黑色小圆点；背鳍、胸鳍上半部紫黑色，下部鲜黄色 ……………………………………密点东方鲀 *T. stictonotus* 3050
36b 体侧具一明显的暗胸斑 ………………………………………………………（37）
37a 体背部有连接两侧暗胸斑的鞍状带；胸斑、鞍状带和背鳍基黑斑镶有橙黄色边 ……………………………………………………弓斑东方鲀 *T. ocellatus* 3052
37b 体背部无连接两侧暗胸斑的鞍状带 …………………………………………（38）
38a 体背绿褐色或红褐色；各鳍黄色，尾鳍缘橙黄色 ……………星点东方鲀 *T. niphpbles* 3051
38b 各鳍均不呈黄色；体有或无网状斑纹 ………………………………………（39）
39a 体背黄棕色；体具网状斑纹；尾鳍暗褐色…………………网纹东方鲀 *T. reticularis* 3053
39b 体背墨绿色；体无网状斑纹；尾鳍墨绿色 ………………墨绿东方鲀 *T. basievskianus* 3054
40-35a 尾鳍黑色 ……………………………………………………………………（42）
40b 尾鳍黄色 ………………………………………………………………………（41）
41a 体背棕黄色，具许多暗褐色斜带；体侧有暗褐色胸斑；胸鳍前部和内侧均有一小暗褐色斑点，各鳍棕黄色 ……………………………………双斑东方鲀 *T. bimaculatus* 3055
41b 体背部浅蓝色，具多条暗蓝色斜带；体侧无胸斑；各鳍鲜黄色 ………………………………………………………黄鳍东方鲀 *T. xanthopterus* 3056
42-40a 体背部棕色；有暗褐色胸斑，成鱼胸斑小，具浅色花瓣状边缘；臀鳍末端茶褐色，中部黄色，基部白色 ………………………………………菊黄东方鲀 *T. flavidus* 3057
42b 体背部黑色；有黑色胸斑，具白边 …………………………………………（43）
43a 臀鳍白色，或呈红色充血状；体背侧部具许多黑白相间的花斑，随生长花斑渐少 ………………………………………………………红鳍东方鲀 *T. rubripes* 3058
43b 臀鳍全部黑色或末端黑色；幼鱼背部全部黑色，或具白色小圆斑 ………………………………………………………假睛东方鲀 *T. pseudommus* 3059
44-34a 体背部和腹部刺区仅在体侧鳃孔前连接；体侧具一暗褐色胸斑；胸鳍、臀鳍棕黄色，背鳍、尾鳍暗褐色 ……………………………………暗纹东方鲀 *T. obscurus* 3060
44b 体背部和腹部刺区在鳃孔前和胸鳍后均连接 ………………………………（45）
45a 体背部具10余条暗褐色和浅蓝色或白色相间的鞍状横带；头部横带较窄，躯干部横带宽；体背具浅斑点；各鳍黄色 ………………………横纹东方鲀 *T. oblongus* 3063
45b 体背部具3～6条或清晰或模糊的暗褐色横带和众多斑点 …………………（46）
46a 体背部具4～6条暗带和众多黄绿色多角形斑点；每个小刺基部具一小的圆形肉质突起；尾鳍全部为黄色 ……………………………………铅点东方鲀 *T. alboplumbeus* 3061
46b 体背部具3～4条暗褐色横带和众多浅斑点；体背斑点小而圆，体侧斑点大且呈椭圆形；尾鳍末端暗褐色………………………………斑点东方鲀 *T. poecilonotus* 3062
47-30a 体较延长，侧面观呈椭圆形；体侧纵行皮褶明显；头侧具多条灰褐色细横带 ……………………………………头纹丽纹鲀 *Torquigener hypselogeneion* 3064

47b 体较粗短，侧面观呈卵圆形；体侧纵行皮褶不明显；头侧颜色均一，不具横带或斑块 ……………………………………………………白点宽吻鲀 *Amblyrhynchotes honckeni* 3065

48-3a 体背部及侧面大部分棘不能活动，具3～4枚棘根…………………………………（52）

48b 体上棘刺均能活动，大部分或全部棘具2枚棘根 ………………………刺鲀属 *Diodon*（49）

49a 尾柄无小棘；体上有一些大型斑块；各鳍无斑点 ………………………………………（51）

49b 尾柄背侧面有2枚或2枚以上小棘；体上有许多黑色小斑点；背鳍、胸鳍、尾鳍具黑色斑点 ………………………………………………………………………………………（50）

50a 尾柄下部无小棘，背鳍、臀鳍镰刀形；头宽小于体长的30% ……艾氏刺鲀 *D. eydouxii* 3082

50b 尾柄下部有小棘，背鳍、臀鳍边缘圆弧形；头宽大于体长的30% ………………………………………………………………………密斑刺鲀 *D. hystrix* 3083

51-49a 颏骨棘明显短于胸鳍后方棘；眼前缘有一指向腹面的小棘；背斑有明显的黄白色边；下颌腹面有一喉斑 ……………………………………………大斑刺鲀 *D. liturosus* 3085

51b 颏骨棘稍短于或明显长于胸鳍后方棘；眼前方无指向腹面的小棘；背斑无明显的浅色边；无喉斑………………………………………………………………六斑刺鲀 *D. holacanthus* 3084

52-48a 尾柄背部无棘；尾鳍鳍条9枚；成鱼鳍上无斑点 ………………………………………………眶棘圆短刺鲀 *Cyclichthys orbicularis* 3087

52b 尾柄背部有1～2枚小棘；尾鳍鳍条10枚；成鱼鳍上有斑点 ……………………………………………………………………瘤短刺鲀 *Chilomycterus affinis* 3086

53-1a 体延长，呈斧头状；唇伸出时呈漏斗状；胸鳍较长且呈犁状，舵鳍近平直 ……………………………………………………………………长体翻车鱼 *Ranzania laevis* 3090

53b 体短，侧面观呈卵圆形；唇伸出时不呈漏斗状；胸鳍短，后缘圆弧形 ………………（54）

54a 舵鳍常有波状凹刻，无矛状突起 ………………………………………翻车鱼 *Mola mola* 3089

54b 舵鳍无波状凹刻，后端中部有尖矛尾突起 ……………矛尾翻车鱼 *Masturus lanceolatus* 3088

（314）三齿鲀科 Triodontidae

本科物种头较短，吻圆突。眼中等大，上侧位。口小，前位。上、下颌齿愈合成喙状。上颌齿板有中央缝，下颌齿板无中央缝。腹膜长大。头、体被粗糙小鳞。背鳍1个，前方有2枚极小的鳍棘。无腹鳍。尾鳍深叉形。本科仅有1属1种，在我国有分布。

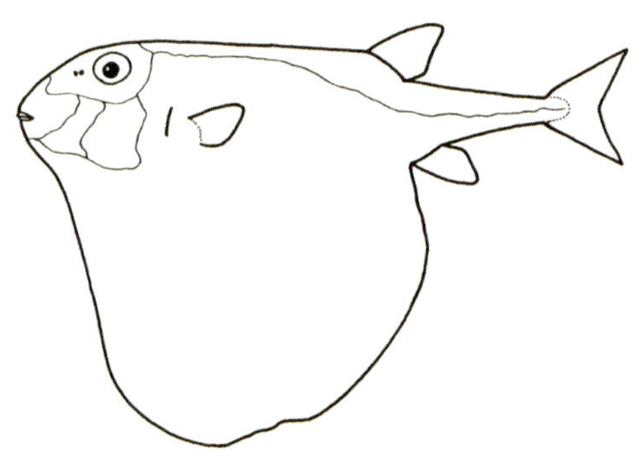

三齿鲀科物种形态简图

3036 三齿鲀 *Triodon macropterus* Lesson，1829[38]

= *T. bursarius*

背鳍0～Ⅱ，10～12；臀鳍9～10；胸鳍14～16。

本种特征同科。体稍侧扁。腹膜特别大，扇状。颌齿愈合成板状。上颌齿板中央有缝，使颌齿为2枚。下颌无中缝，故仅有1枚板状齿。头部侧线发达，背鳍无鳍棘或仅有2枚痕迹状鳍棘。尾鳍深叉形。体黄褐色，背部色深。体侧中央有一具白缘的黑色圆斑。各鳍黄色或黄褐色，无斑点。为暖水性底层鱼类。栖息水深150～300 m。分布于我国台湾海域，以及日本三崎、富山以南海域，菲律宾海域，印度－西太平洋热带水域。体长可达48 cm。

(315) 鲀科 Tetraodontidae

本科物种体粗短，亚圆柱形；或体侧面观呈卵圆形，侧扁。尾柄短或细长，尾部沿体下部两侧常具明显的皮褶。头及吻宽钝或稍侧扁。两颌齿愈合成板状，因有中央缝而分为4个齿板。鼻孔有或无；如有，则每侧1个或2个。鳃孔小，侧位，位于胸鳍前方。体裸露或被小刺。背鳍1个，背鳍、臀鳍后缘圆弧形。无腹鳍。尾鳍新月形或后缘圆弧形、截形。鳔大，卵圆形或后部分化为两叶。有气囊。本科鱼类多有不同程度的毒性[43, 134]。全球有15属90多种，我国有15属56种。

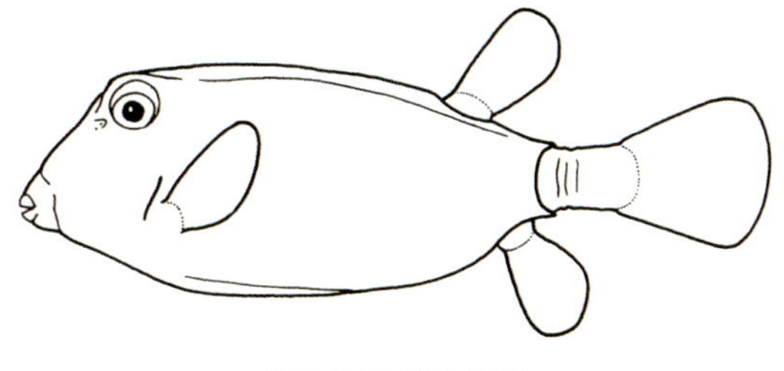

鲀科物种形态简图

扁背鲀属 *Canthigaster* Swainson，1839

本属物种体侧面观呈卵圆形，侧扁。头部、背部很窄。鼻孔每侧1个，无鼻瓣。口小，前位。鳃孔小，侧位。体具小刺，略露出皮外。侧线不明显。尾鳍后缘截形。本属鱼类内脏、皮有毒，肉无毒。我国有8种。

3037 横带扁背鲀 *Canthigaster valentini*（Bleeker，1853）[14]

= 瓦氏尖鼻鲀

背鳍9～10；臀鳍8～9；胸鳍16～17。

本种一般特征同属。体侧面观呈卵圆形，侧扁而高。头中等大，尖突。头后部呈棱嵴状突起。尾柄短而高。从口部下方至肛门前有一棱褶。头、体背、侧面及尾部光滑无刺。体腹部有弱小刺。侧线细微。头、体浅绿色或浅黄色。体侧有黑色鞍状横带，可延达躯干下部。头、体侧面尚散布有浅棕色斑点。胸鳍和背鳍、臀鳍浅蓝色。尾鳍黄色，上、下缘有黑边。为暖水性珊瑚礁鱼类。栖息于珊瑚礁、岩礁浅海。分布于我国南海，以及琉球群岛以南海域、印度-西太平洋热带水域。体长约8 cm。

3038 花冠扁背鲀 *Canthigaster coronata*（Vaillant et Sauvage，1875）[14]

= 三带尖鼻鲀 *C. oxiofogus*

背鳍9～10；臀鳍9～10；胸鳍15～17。

本种与横带扁背鲀十分相似，以致《福建鱼类志》（1985）误以横带扁背鲀的特征对其进行记述[50]。两者区别在于本种鞍状横带短，不达腹部下方，且横带边缘

镶有黄边和1列蓝色小点。眼周围有多条黄色纵带。为暖水性珊瑚礁鱼类。栖息于珊瑚礁或岩礁浅海区。分布于我国东海和台湾海域，以及日本相模湾以南海域、印度–西太平洋暖水域。体长约8 cm。

3039 圆斑扁背鲀 *Canthigaster janthinopterus*（Bleeker，1855）[14]

= 白斑扁背鲀 *C. jactator*

背鳍9 ~ 10；臀鳍9 ~ 10；胸鳍16 ~ 18。

本种体侧面观呈卵圆形，侧扁而高。尾柄短而高，侧扁，腹部中央有一棱褶。吻较长，尖突。头、体除吻前端和尾部外，均被小刺。侧线细微。尾鳍宽大，后缘稍呈圆弧形。头、体紫褐色，密布圆形或扁椭圆形灰白色斑点，腹部斑点较大。尾鳍无白点。眼周围有蓝色和橙色相间的辐射状细条纹。各鳍几乎透明。为暖水性珊瑚礁鱼类。栖息丁珊瑚礁、岩礁浅海。分布于我国南海、台湾海域，以及日本八丈岛以南海域、印度–西太平洋热带水域。体长约8 cm。

3040 点斑扁背鲀 *Canthigaster amboinensis*（Bleeker，1865）[14]

= 安纹扁背鲀 = 安邦尖鼻鲀

背鳍10 ~ 12；臀鳍10 ~ 11；胸鳍16 ~ 17。

本种与圆斑扁背鲀相似。体棕紫色，体背部有许多白色小圆斑。体侧颊部至背鳍下有一些暗褐色小圆斑。背鳍、臀鳍和胸鳍基底各有一暗斑点。尾鳍紫褐色，其他鳍浅黄色。为暖水性珊瑚礁鱼类。栖息于珊瑚礁、岩礁浅海区。分布于我国台湾海域，以及日本八丈岛、

奄美大岛以南海域，印度–西太平洋暖水域。体长可达11 cm。

3041 水纹扁背鲀 *Canthigaster rivulatus*（Temminck et Schlegel，1850）[134]

= 条纹尖鼻鲀

背鳍9 ~ 10；臀鳍9 ~ 10；胸鳍16 ~ 18。

本种体背侧褐绿色，腹侧白色。体侧具1对绕过鳃孔向后伸达尾柄末端的黄褐色纵带。头部、尾柄部及尾鳍均具多条黄色和蓝色相间的斜条纹。胸鳍基前部有一黑色小斑。尾鳍基上、下方各具一黑色斑点。尾鳍蓝褐色，其余鳍浅蓝色。为暖水性岩礁性鱼类。栖息于岩礁浅海。分布于我国南海、台湾海域，以及日本本州以南海域，印度–西太平洋热带、亚热带水域。体长可达16 cm。

3042 点线扁背鲀 *Canthigaster bennetti*（Bleeker，1854）[15]

= 苯氏尖鼻鲀

背鳍9 ~ 11；臀鳍8 ~ 10；胸鳍14 ~ 16。

本种体黄色，背部具不规则的黑色斑纹。背鳍基两侧各有一具白边的眼状黑斑。胸、腹侧散布许多橙黄色小圆点，眼周围和尾柄具橙蓝相间的纵行线纹。尾鳍橙黄色，其他鳍浅蓝色。各鳍均无暗斑点。为暖水性珊瑚礁鱼类。栖息于珊瑚礁、岩礁、沙底质浅海。分布于我国南海、台湾海域，以及日本纪伊半岛以南海域，印度–西太平洋热带、亚热带水域。体长约7.5 cm。

3043 细纹扁背鲀 *Canthigaster compressa*（Marion de Procé，1822）[38]

= 虫纹扁背鲀

背鳍9；臀鳍9；胸鳍16。

本种体浅蓝色或浅草黄色，背侧部具许多黄白相间的纵行波纹状细线条，腹侧色淡。胸鳍基前无黑色小斑。背鳍基两侧具眼状黑斑。尾鳍有许多条棕黄色点列横纹，其他鳍色浅。为暖水性珊瑚礁鱼类。栖息于珊瑚礁、岩礁浅海。分布于我国台湾海域，以及琉球群岛海域、西太平洋暖水域。体长约8.5 cm。皮有毒。

3044 细斑扁背鲀 *Canthigaster solandri*（Richardson，1845）[100]

= 苏氏尖鼻鲀

背鳍9；臀鳍9；胸鳍16。

本种体侧棕褐色，腹部色浅。背部具许多褐色小斑。眼周围有辐射状褐色线纹。背鳍基底有一紫褐色大圆斑。尾鳍有棕色小点组成的点列横带，上、下边缘各具一褐色小圆斑。其他鳍浅红色。为暖水性珊瑚礁鱼类。栖息于珊瑚礁、岩礁流缓的浅海。分布于我国台湾海域，以及印度–西太平洋暖水域。体长约6 cm。

3045 圆斑扁尾鲀 *Pleuranacanthus sceleratus*（Gmelin，1788）[15]

= 圆斑兔头鲀 = 凶兔头鲀 *Lagocephalus sceleratus* = 圆斑腹刺鲀 *Gastrophysus sceleratus*

背鳍12；臀鳍11；胸鳍18。

本种体延长，稍侧扁。尾柄长。体侧下缘有1纵行皮褶。口稍小，端位。鼻孔每侧2个，鼻瓣卵圆形。侧线分支发达。体侧被小细刺。体背部和腹部的小刺区在鳃孔前和胸鳍基底后部连成带状。背鳍1个，后位，尖刀状，与臀鳍同形。无腹鳍。尾鳍宽大，后缘弧形凹入。体背部深蓝色或暗绿色，密布黑色小斑点。体侧有一银白色纵行宽带，腹面乳白色。各鳍灰蓝色，尾鳍色较深。为暖水性底层鱼类。栖息于热带浅海。分布于我国南海、台湾海域，以及日本南部海域、印度太平洋暖水域。大型个体体长可达100 cm。该鱼卵巢、肝脏有剧毒，皮、肉、精巢亦有毒。

▲ 本属我国尚有1种杂斑扁尾鲀 *P. suezensis*。其形态特征与圆斑扁尾鲀十分相似，以致曾被列为圆斑扁尾鲀的亚种 *Lagocephalus sceleratus suezensis* [7]。实际上本种可依据体侧光滑无刺，背、腹部小刺区互不连接以及体色斑纹和后者的明显差异而分立为1种 [4F，13]。

3046 密沟圆鲀 *Sphoeroides pachygaster*（Müller et Troschel，1848）[48]

= 密沟鲀 *Liosaccus cutaneus* = 皱纹光鲀 *L. pachygaster*

背鳍7～9；臀鳍8～9；胸鳍14～17。

本种体侧面观呈卵圆形，头胸部粗。头中等大，圆钝。鼻囊卵圆形，鼻孔每侧2个。尾柄短锥状，体侧下部无纵行皮褶。体光滑，无刺，密布纵行细沟。侧线分支发达。胸鳍侧中位，长而宽。尾鳍中等长，后缘平

截或略微双凹。体背青灰色，体侧浅灰色，腹部乳白色。体侧时有大小不等的黑褐色斑点。背鳍基底和胸鳍下端黑色。尾鳍色暗，末端有白稍。为暖温性底层鱼类。栖息于大陆架边缘200～500 m深水域。分布于我国东海、台湾海域，以及日本南部海域，太平洋、印度洋、大西洋温带、热带水域。体长约22 cm。无毒。

东方鲀属 *Takifugu* Abe，1949
= 多纪鲀属

本属体呈亚圆柱形，头宽。鼻孔每侧2个，鼻瓣呈卵圆形。体腹侧有一纵行皮褶，具小刺或光滑无刺。背鳍1个，有11～18枚鳍条，前2～6枚不分支；臀鳍与之同形，有9～16枚鳍条，前部1～6枚不分支。胸鳍宽。尾鳍后缘圆弧形或平截，有时稍凹入。中筛骨短，近方形。头骨的前额骨和额骨构成外缘，呈一直线或浅凹形[135]。有鳔，气囊发达。本属在我国分布有22种。其肝脏、卵巢有剧毒，部分种类皮、肉和精巢亦有毒。多个物种为美味珍肴[43，134，136]。

3047 豹纹东方鲀 *Takifugu pardalis*（Temminck et Schlegel，1850）[68]
= 豹纹多纪鲀 = 豹圆鲀 *Spheroides pardalis*

背鳍11～14；臀鳍9～12；胸鳍15～18。

本种一般特征同属。体断面圆形。侧线发达。体下侧有一纵行皮褶。体表密布圆形疣状肉质小突起。体侧无胸斑。背部暗绿色或黄褐色，具许多眼大小的黑斑。尾鳍暗褐色，其他鳍橙黄色。为冷温性底层鱼类。栖息于岩礁浅海区。分布于我国渤海、黄海，以及日本海域、朝鲜半岛海域等。体长可达35 cm。皮、内脏、血液有毒，肉无毒。

3048 **虫纹东方鲀** *Takifugu vermicularis*（Temminck et Schlegel，1850）[15]

= 辐斑虫纹东方鲀 *Fugu vermicularis radiatus*

背鳍12～14；臀鳍10～12；胸鳍16～17。

本种体光滑无刺。体侧具暗胸斑，胸斑有菊花状白缘。背鳍基底有大暗斑。体背棕褐色，具许多乳白色椭圆形小斑和蠕虫状细纹。腹面白色，腹侧具一黄色纵纹。尾鳍橙黄色，下缘有白色窄带。其他鳍色淡。为暖温性底层鱼类。栖息于近海底层。分布于我国沿海，以及日本海域、朝鲜半岛海域。体长可达30 cm。该鱼卵巢、肝脏有剧毒，肉亦有毒[134]。

3049 **紫色东方鲀** *Takifugu porphyreus*（Temminck et Schlegel，1850）[15]

= 红褐东方鲀 = 正河鲀 = 细斑东方鲀 *Fugu punctatus* = 阿氏东方鲀 *F. abbotti*

背鳍14～15；臀鳍11～12；胸鳍14～15。

本种与虫纹东方鲀相似，体光滑无刺，具胸斑；背鳍基底亦具一暗斑。体背部紫褐色，纵行皮褶橘黄色，腹部白色。幼鱼体背具白色小圆斑，随生长变成蜂窝状线纹，随后又出现黑色小圆点，到成鱼变为均匀的紫褐色。幼鱼胸斑具有菊花状白边，成鱼胸斑几乎无白边。尾鳍紫褐色。为温水性底层鱼类。栖息于近岸沙泥底质海区。分布于我国渤海、黄海、东海，以及日本海域、朝鲜半岛海域、北太平洋西部水域。体长可达80 cm。皮、肝脏、卵巢有毒，精巢、肉无毒。

注：细斑东方鲀和阿氏东方鲀是紫色东方鲀不同生长时期的幼鱼。

3050 密点东方鲀 *Takifugu stictonotus*（Temminck et Schlegel，1850）[68]

背鳍15～16；臀鳍13～16；胸鳍13～17。

本种体具细弱皮刺，背部和腹部刺区相互分离。体侧无胸斑。背部浅蓝色，密被暗褐色或紫黑色小圆点。体侧下方纵行皮褶鲜黄色。腹面乳白色。背鳍、胸鳍上半部为紫黑色，臀鳍和胸鳍下半部为鲜黄色。为暖温性底层鱼类。栖息于近岸沙泥底质海区中下层。分布于我国东海、黄海，以及日本函馆以南海域。体长可达40 cm。肝脏、卵巢有剧毒，皮、精巢有毒，肉无毒。

3051 星点东方鲀 *Takifugu niphobles*（Jordan et Snyder，1902）[15]

背鳍12～14；臀鳍10～11；胸鳍14～16。

本种与密点东方鲀相似，均具小皮刺，且背部和腹部刺区不连接。但本种具明显的胸斑，而无明显的、连接两侧胸斑的暗鞍状带。体背绿褐色或红褐色，具许多小斑点。体下侧纵行皮褶浅黄色。腹部乳白色。背鳍基有一大黑斑。各鳍黄色，尾鳍缘橙黄色。为暖温性底层鱼类。栖息于海藻丛生的岩礁浅海区和河口附近。分布于我国渤海、黄海、东海、台湾海域，以及日本北海道以南海域、朝鲜半岛海域。体长约15 cm。肝脏、卵巢有剧毒，皮和精巢有毒，肉无毒。

3052 弓斑东方鲀 *Takifugu ocellatus* (Linnaeus, 1758) [134]

= 眼斑河鲀

背鳍13 ~ 15；臀鳍12 ~ 13；胸鳍16 ~ 18。

本种体被细弱小刺，具有明显的胸斑。体背有鞍带连接两侧胸斑，无小斑点。体黄绿色，腹面乳白。胸斑、鞍状带及背鳍基黑斑周缘均镶有橙黄色边。各鳍浅黄红色。为暖温性底层鱼类。栖息于近海中下层，有时进入河口和河内生活。分布于我国东海、南海、台湾海域，以及朝鲜半岛海域、菲律宾海域。体长可达20 cm。卵巢、肝脏有毒，精巢、肉无毒。

3053 网纹东方鲀 *Takifugu reticularis* (Tian, Cheng et Wang, 1975) [18]

背鳍13 ~ 14；臀鳍11 ~ 13；胸鳍16 ~ 17。

本种体具细弱小皮刺，体侧有大胸斑，但无鞍状带。体背黄棕色，具许多草绿色或黄色网状纹。每一网纹中心有一同色小圆点。体侧皮褶有1条鲜黄色纵带。网状纹和纵带随生长逐渐消失。腹部乳白色。背鳍基底有一大黑斑。臀鳍末端黄褐色，其余部分白色。尾鳍暗褐色。为暖温性底层鱼类。栖息于近岸沙泥底质海区的中下层。分布于我国黄海、东海，以及朝鲜半岛海域。体长可达50 cm。卵巢、肝脏有剧毒，精巢、肉无毒。

3054 墨绿东方鲀 *Takifugu basilevskianus*（Basilewaky，1852）[134]

背鳍15～16；臀鳍13；胸鳍14～16。

本种与网纹东方鲀相似，体被细弱小皮刺，体侧胸斑大，无鞍状带；背鳍基有大黑斑。但体背侧部墨绿色，布有不规则的白色小圆点。小圆点随鱼体生长逐渐消失。体侧皮褶无黄色纵行条带。臀鳍末端黑色，其余部分白色。背鳍、尾鳍墨绿色。为冷温性底层鱼类。仅分布于我国渤海和黄海北部，以及朝鲜半岛海域。体长可达50 cm。稀少。卵巢、肝脏有剧毒，皮、精巢和肉无毒。

3055 双斑东方鲀 *Takifugu bimaculatus*（Richardson，1845）

背鳍13～14；臀鳍12；胸鳍15～18。

本种体具粗而强的皮刺。背部刺区与腹部刺区分离。体背棕黄色，具多条暗褐色斜带。胸斑暗褐色，胸鳍前部和内侧均具一小暗斑。各鳍棕黄色。为暖温性底层鱼类。栖息于近海及河口。分布于我国黄海、东海、南海，以及朝鲜半岛海域。体长可达32 cm。肝脏、卵巢、血液有剧毒，皮、肉、精巢亦有毒。

3056 黄鳍东方鲀 *Takifugu xanthopterus*（Temminck et Schlegel，1850）

= 条圆鲀 *Spheroides xanthopterus*

背鳍15 ~ 17；臀鳍14 ~ 15；胸鳍16 ~ 18。

本种体呈亚圆柱形，头胸部粗圆。体被皮刺粗而强。体背部浅蓝色，具多条暗蓝色波状斜带。体侧无胸斑，也无鞍带和其他斑点。各鳍鲜黄色。为暖温性底层鱼类。栖息于近岸中下层水域。幼鱼可进入河口，栖息于咸淡水中。分布于我国渤海、黄海、东海、南海、台湾海域，以及日本相模湾以南海域、朝鲜半岛海域。体长可达60 cm。卵巢、肝脏有剧毒，肠有毒，皮、肉、精巢无毒。

3057 菊黄东方鲀 *Takifugu flavidus*（Li, Wang et Wang，1975）

背鳍15 ~ 16；臀鳍13 ~ 14；胸鳍17 ~ 18。

本种体被粗皮刺。尾鳍黑色，体背棕色。幼鱼有许多浅黄色小圆点。小圆点随鱼体生长而消失。体侧有暗褐色胸斑，具浅色花瓣状边缘。成鱼臀鳍末端暗褐色，中部黄色，基部白色。本种幼鱼与星点东方鲀易混同，张春霖（1955）、朱元鼎（1963）均将本种幼鱼记为星点东方鲀[5, 6]。为暖温性底层鱼类。分布于我国渤海、黄海、东海，可进入河口。体长可达30 cm。肝脏、卵巢、血液有剧毒，皮、精巢有毒，肉无毒。

3058 红鳍东方鲀 *Takifugu rubripes*（Temminck et Schlegel，1850）

=红鳍多纪鲀 =虎河鲀

背鳍17；臀鳍15；胸鳍15～17。

本种体亚圆锥形，稍延长。头胸部粗圆。体被粗皮刺。尾鳍黑色，体背亦呈黑色。幼鱼有许多白色小圆斑。体侧胸斑黑色，有白色边缘。臀鳍白色，或呈充血状红色。体背部、侧部具许多黑白相间的虎斑状花斑，花斑随鱼体生长渐少。为暖温性底层鱼类。栖息于河口至200 m水深的大陆架水域。分布于我国渤海、黄海、东海、台湾海域，以及日本濑户内海、日本海西部，朝鲜半岛海域等。体长可达80 cm。卵巢、肝脏、血液有剧毒，皮、肉、精巢无毒[43, 134]。肉鲜美。自然资源已衰退，现已加强资源管理并开展人工育苗和养殖[98, 139]。

3059 假睛东方鲀 *Takifugu pseudommus*（Chu，1935）[18]

=中华东方鲀 =黑鳍东方鲀 *T. chinensis*

背鳍16～17；臀鳍15～17；胸鳍16～18。

本种与红鳍东方鲀十分相似，以致二者曾被混同为一种[5]。二者区别在于本种臀鳍全部为黑色或末端黑色；幼鱼背部全部黑色或有许多白色小圆斑，随鱼体生长圆斑逐渐消失；成鱼胸斑之后有时散布数个黑色斑点。体较粗短。有时也出现介于两者之间的具有中间性状的个体，较难鉴别。有自然杂交种记录[137]。为暖温性底层鱼类。栖息于近海底层，幼鱼常进入内湾河口，甚至溯入江、湖觅食。分布于我国渤海、黄海、东海、台湾海域，以及日本本州中部以南海域、朝鲜半岛海域。体长可达50 cm。卵巢、肝脏有剧毒，精巢和肉无毒。现已进行人工养殖。

3060 暗纹东方鲀 *Takifugu obscurus* (McClelland，1844)[10]

= 星弓斑圆鲀 *Spheroides obscurus*[5] = 暗纹东方鲀 *Fugu fasciatus*[10]

背鳍15 ~ 18；臀鳍13 ~ 16；胸鳍16 ~ 18。

本种体背、腹侧皮肤具小刺，背部和腹部刺区仅在鳃孔前方相连。体背部茶褐色，有5 ~ 6条暗褐色宽横带，每条宽带间夹有黄褐色窄带。体侧有一暗褐色胸斑。背鳍基有大黑斑。幼鱼体背的暗横带上有小白斑，小白斑随鱼体生长渐消失。胸鳍、臀鳍棕黄色。胸鳍基底内、外侧均有一小暗斑。背鳍、尾鳍暗褐色。为暖温性溯河鱼类。栖息于近海。春季溯河产卵、育幼，当年或翌年降海索饵越冬，至性成熟再回归江河产卵。分布于我国渤海、黄海、东海及长江和鄱阳湖等江河湖泊，以及朝鲜半岛海域。体长可达30 cm。卵巢、肝脏、血液有剧毒，肉无毒且味美。曾是长江下游主要经济鱼类，现自然资源严重衰退，已开展人工养殖[60，62]。

3061 铅点东方鲀 *Takifugu alboplumbeus* (Richardson，1845)[15]

背鳍12 ~ 14；臀鳍10 ~ 11；胸鳍15 ~ 17。

本种皮肤被小刺，背部和腹部刺区在鳃孔前和胸鳍后方均相连。体背茶褐色，具4 ~ 6条马鞍形暗带和众多黄绿色多角形斑点。体上每个小刺基部均具一小的圆形肉质突起。胸斑和背鳍基底黑斑不显著。体侧下方有一黄色纵带。腹面乳白色。各鳍黄色。为暖温性底层鱼类。栖息于近岸沙泥底质海区。分布于我国渤海、黄海、东海、南海、台湾海域，以及朝鲜半岛海域、印度–西北太平洋

温暖水域。体长可达29 cm。卵巢、肝脏有剧毒，皮、精巢、肉亦有毒。是本属物种中毒性较强的一种[134]。

3062 斑点东方鲀 *Takifugu poecilonotus*（Temminck et Schlegel，1850）[18]

= 网纹河鲀 = 网纹多纪鲀

背鳍12～15；臀鳍10～13；胸鳍14～17。

本种与铅点东方鲀相似，背部和腹部刺区在鳃孔前、胸鳍后均相连。体背茶褐色，但背部只有3～4条模糊的暗褐色横带和众多斑点。体背斑点浅灰色，小而圆。体侧斑点大且呈椭圆形。体侧无胸斑或胸斑不明显。背鳍基具深褐色斑块。纵行皮褶橘黄色。各鳍浅黄色，尾鳍末端暗褐色。为暖温性底层鱼类。栖息于沿岸岩礁海区。分布于我国东海、黄海、台湾海域，以及日本北海道以南海域、朝鲜半岛海域。体长可达25 cm。卵巢、肝脏、血液有剧毒，皮、精巢有毒，肉一般无毒。

3063 横纹东方鲀 *Takifugu oblongus*（Bloch，1786）[141]

背鳍12～14；臀鳍10～12；胸鳍15～17。

本种体被小皮刺，背部和腹部刺区在鳃孔前、胸鳍后均相连。体背暗绿色或红褐色，具10多条

暗褐色和浅蓝色或白色相间的鞍状横带。横带在头部较窄，在躯干部宽。体背部常具许多小斑点。纵行皮褶浅黄色，腹部乳白色。各鳍黄色。为暖水性底层鱼类。栖息于近海中下层，可进入河口，冬季在外海下层越冬。分布于我国南海、东海、台湾海域，以及日本南部海域、印度-西太平洋暖水域。体长可达40 cm。肝脏、卵巢有剧毒，皮、精巢和肉也有毒。

▲ 本属我国尚记录有晕斑东方鲀 *T. coronoidus*、圆斑东方鲀 *T. orbimaculatus*、花斑东方鲀 *T. variomaculatus*、斑带东方鲀 *T. guttulatus* 和斜斑东方鲀 *T. plagiocellatus*。上述5种鱼皮刺细弱，背部和腹部刺区分离，体侧胸斑稍小；多以体背斑纹分布不同而区分。这些种的分布区多狭窄，分布于长江或珠江的河口区以及海南沿海[4F，13]。

3064 头纹丽纹鲀 *Torquigener hypselogeneion*（Bleeker，1852）[38]

= 头纹宽吻鲀 = 花纹河鲀 *Amblyrhynchotes hypselogeneion*

背鳍9～10；臀鳍7～8；胸鳍15～17。

本种与东方鲀属物种相似，体表有皮刺，体侧有纵行皮褶；尾鳍后缘平截或圆弧形；筛骨短，近正方形。但本种背鳍鳍条9～10枚；臀鳍鳍条7～8枚，而且前部1～2枚鳍条不分支。体较长，侧面观呈长椭圆形。体背侧面浅褐色，腹部乳白色。头侧颊部具多条灰褐色细横带。背部和体侧具白色或褐色斑点。背部斑小，体侧斑大。各鳍均为黄色。为暖水性底层鱼类。栖息于近海中下层。分布于我国南海、台湾海域，以及日本南部海域、印度–西太平洋暖水域。体长可达18 cm。内脏有剧毒。

▲ 本属我国尚有棕斑丽纹鲀 *T. rufopumctatus*（= 南海窄额鲀 *T. gloerfelti*）。其形态特征与头纹丽纹鲀十分相似，故曾被列为后者的亚种 *A. hypselogeneion rufopunctatus* [7]。二者区别在于本种头侧颊部不具细横带，而具一色浅大斑块；体背、侧部暗褐色圆斑皆与眼约等大；背鳍、臀鳍鳍条数目略少[4F]。

3065 白点宽吻鲀 *Amblyrhynchotes honckeni*（Bloch，1785）[16]

背鳍9～10；臀鳍6；胸鳍16～17。

本种与丽纹鲀属物种相似，故曾被划归该属。体表具皮刺，排布稍稀疏。尾鳍后缘平截或圆弧形。筛骨近方形。本种和丽纹鲀属物种的区别在于本种纵行皮褶不甚明显；体较粗短，侧面观呈卵圆形；头胸部粗圆；头侧颊部颜色均一，不具横带、斑块。体背浅黄色，具许多白色斑点。腹部乳白色。眼上方无圆斑。各鳍黄色。为暖水性底层鱼类。栖息于近岸岩礁藻丛海区。分布于我国南海，以及印度–西太平洋暖水域。体长仅达8 cm。卵巢、肝脏、血液均具剧毒。

▲ 本属我国尚有长刺宽吻鲀 *A. spinosissimus*，其形态特征与白点宽吻鲀相似。二者区别在于本种皮刺较密；体背色深，为暗褐色，无小白点；腹部浅灰色；每个皮刺基部均有小黑点；眼上方具一暗褐色大斑。分布于我国南海[4F]。

3066 凹鼻鲀 *Chelonodon patoca*（Hamilton–Buchanan，1822）[38]

背鳍9～10；臀鳍8；胸鳍16。

本种头、背部宽。鼻凹窝孔大。凹窝孔前皮瓣小，呈尖叶形；后皮瓣大，呈花瓣状，边缘具锯齿状缺刻。头、体背面和体侧上方为黄褐色。头侧和体侧有数条黄褐色横带，并散布有许多椭圆形

斑点。体侧下方有一黄色纵带。腹部乳白色。尾鳍黄褐色，后缘紫黑色。其余鳍白色或淡粉红色。为暖水性底层鱼类。栖息于近海，可进入河口。分布于我国南海、东海、台湾海域，以及日本冲绳以南海域、印度–西太平洋暖水域。体长可达35 cm。卵巢、肝脏有剧毒，皮、肉、精巢也有毒。

3067 瓣鼻鲀 *Boesemanichthys firmamentum*（Temminck et Schlegel，1850）[38]

= 瓣叉鼻鲀 *Arothron firmamentum* = 星纹叉鼻鲀 = 密棘叉鼻鲀

背鳍14；臀鳍14；胸鳍15 ~ 16。

本种和凹鼻鲀相似，头、背部宽圆，鼻凹窝大，每侧具1个鼻孔，窝孔前、后缘各具一皮瓣突起。二者区别在于本种的前、后皮瓣约等大；前皮瓣呈长叶片形；后皮瓣为花瓣状，边缘无缺刻。体紫黑或紫褐色，密布白色小斑点。头背部斑点圆形，较小；腹侧斑点椭圆形，较大。腹部色浅。各鳍黑褐色。为暖水性底层鱼类。栖息于近海中下层。分布于我国南海、东海、台湾海域，以及日本本州以南海域、西太平洋暖水域。体长约40 cm。卵巢、肝脏有剧毒。

3068 黑鳃光兔鲀 *Laeviphysus inermis*（Temminck et Schlegel，1850）[18]

= 黑鳃兔头鲀 = 光兔鲀 *Lagocephalus inermis*

背鳍11～14；臀鳍10～12；胸鳍16～18。

本种是从兔头鲀属独立出的种。鳃孔黑色。鼻囊每侧具2个小鼻孔。体背侧面光滑无刺；腹部有稀疏排列的纵行细沟，每条细沟有许多肉质小突起。尾鳍宽大，后缘呈浅凹入形，成鱼可出现双凹形。体背侧黄棕色或灰褐色，无斑点；腹部乳白色或灰白色。各鳍浅褐色，背鳍基部有黑斑，尾鳍边缘白色。为暖温性底层鱼类。栖息于近岸水深较深海域。分布于我国南海、东海、台湾海域和黄海南部，以及日本南部海域、印度尼西亚海域、印度–西太平洋暖水域。体长可达1 m。肝脏、卵巢有剧毒，皮、肉、精巢无毒。

兔头鲀属 *Lagocephalus* Swainson，1839

本属物种体呈亚圆柱形，稍侧扁。头、体部粗圆，尾柄长锥形。体腹侧下缘有一纵行皮褶。鼻瓣呈卵圆形。鳃孔白色。体背部有或无小刺，腹面具刺。侧线发达且分支。背鳍鳍条12～14枚。臀鳍鳍条10～14枚，仅前1～2枚鳍条不分支。尾鳍后缘浅凹形或双凹形。本属物种肉无毒。我国有4种。

3069 暗鳍兔头鲀 *Lagocephalus gloveri*（Abe et Tabeta，1983）

= 克氏兔头鲀 = 棕腹刺鲀 *Gastrophysus spadiceus*

背鳍12～13；臀鳍11～13；胸鳍15～16。

本种一般特征同属。体背部、腹部皆有皮刺，但背部皮刺仅达胸鳍末端。体蓝褐色或黑褐色。体背无斑点。体侧有一暗银色纵带。胸鳍暗褐色，臀鳍黄色。尾鳍上、下叶末端白色。为暖温性底层鱼类。栖息于大陆架水深100～200 m的中下层水域。分布于我国黄海、东海、南海、台湾海域，

有时也可进入渤海；以及日本九州西北海域、北海道以南海域，西太平洋热带、温带水域。体长可达45 cm。肝脏、卵巢有剧毒，皮、肉、精巢无毒。

注：本种曾与棕斑兔头鲀及淡鳍兔头鲀混同[4F]。

3070 棕斑兔头鲀 *Lagocephalus spadiceus*（Richardson，1845）[15]
= 棕腹刺鲀 *Gastrophysus spadiceus*

与暗鳍兔头鲀相似，体背部、腹部均具皮刺。但本种背部棕黄色或绿褐色，具几个不规则的暗褐色云状斑。体侧有一亮银色纵带。鳃孔内侧暗灰色。胸鳍浅棕黄色。臀鳍白色，背鳍、尾鳍棕褐色。尾鳍后缘浅凹形，上叶末端、下叶边缘为白色。为暖温性底层鱼类。栖息于近岸水深较深海区的中下层。分布于我国黄海、东海、南海、台湾海域，以及日本南部海域、印度-西太平洋温热水域。体长可达30 cm。肝脏、卵巢有剧毒，皮、肉、精巢无毒。

3071 淡鳍兔头鲀 *Lagocephalus wheeleri* Abe，Tabeta et Kitahama，1984[18]

= 怀氏腹刺鲀 *Gastrophysus wheeleri* = 怀氏兔头鲀

背鳍13～14；臀鳍12～13；胸鳍15～17。

本种与暗鳍兔头鲀相似，以致过去一直被混同描述[4F]。李春生（1984）曾将本种注释为棕斑腹刺鲀[134]。但本种体背部茶褐色或灰褐色，体侧具一浅银色纵带。胸鳍黄褐色，臀鳍白色。尾鳍后缘浅凹形，上、下叶尖端白色，下缘有灰色宽边。肉白色，骨骼钙化浅[4F]。为暖水性近海底层鱼类。栖息海区条件与暗鳍兔头鲀相同[39]。分布于我国东海、南海、台湾海域，以及日本鹿儿岛以北海域。体长可达45 cm。肝脏、卵巢有剧毒，皮、肉、精巢无毒。

3072 花鳍兔头鲀 *Lagocephalus oceanicus* Jordan et Evermann，1902[134]

= *L. lagocephalus oceanicus* = 白鳍兔鲀

背鳍14；臀鳍13；胸鳍14。

本种体背部光滑无刺，仅在腹部具皮刺。体背部暗青色。幼鱼体背具10多条横带和许多黑色小点，二者随生长而模糊，最终消失。腹部银白色。体侧皮褶具一银色纵带。胸鳍上部鳍条黑色，下部白色。尾鳍黑色，后缘浅凹形，下叶长于上叶。为暖水性中层鱼类。栖息于外海的中上层水域。分布于我国南海、台湾海域，以及日本相模湾海域、佐渡半岛以南海域，太平洋中、西部水域。体长可达50 cm。毒性不明。

3073 **月腹刺鲀** *Gastrophysus lunaris*（Bloch et Schneider，1801）[59]
= 大眼兔头鲀 = 栗色河鲀 *Lagocephalus lunaris*

背鳍13 ~ 14；臀鳍12 ~ 13；胸鳍16 ~ 17。

本种与兔头鲀属物种相似，鼻瓣呈椭圆形，每侧具2个小鼻孔。体粗短，尾柄短锥形，头、体背部、腹部均有较强小刺。背部小刺分布到背鳍前，其他部位光滑无刺。体下侧有一纵行皮褶。侧线发达并分支。尾鳍后缘深叉形，下叶较短。筛骨长，呈长方形。体背面青褐色，侧面银白色，腹面乳白色。眼上缘、背鳍和胸鳍基底为暗褐色。胸鳍、背鳍黄色。臀鳍白色。尾鳍艳黄色，尾鳍下叶有白色区。为暖水性底层鱼类。栖息于近海中下层水域。分布于我国东海、南海、台湾海域，有时也可达黄海北部、渤海海峡。体长可达30 cm。肉有毒，不可食用[4F]。

叉鼻鲀属 *Arothron* Müller，1838

本属物种体侧面观呈长椭圆形。头、体粗圆，尾柄侧扁，体侧下方无纵行皮褶。吻背部两侧各有一肉质鼻突起。鼻突粗且无鼻孔，呈叉状。体背部和腹部均有小刺。侧线发达。背鳍鳍条9 ~ 13枚。臀鳍鳍条9 ~ 12枚，仅前方1 ~ 2枚鳍条不分支。尾鳍后缘平截或亚圆截形。中筛骨窄长。本属我国有8种。

3074 **星斑叉鼻鲀** *Arothron stellatus*（Bloch et Schneider，1801）[134]（左幼鱼，右成鱼）
= 密点叉鼻鲀 *A. alboreticulatus* = 白斑河鲀 *Tetraodon alboreticulatus*

背鳍10 ~ 12；臀鳍10 ~ 12；胸鳍17 ~ 20。

本种一般特征同属。体茶褐或黄褐色，体背和体侧具暗斑点。腹部乳白色，肛门周围黑色。鳃孔和胸鳍基底部分黑色斑点相连，形成不规则斑纹。体密被黑色（幼鱼）或浅色（成鱼）细刺。幼鱼体背部和尾部具较稀疏的黑色小斑，腹部具许多条黑色斜行线纹。成鱼背部和各鳍均密布黑色

小斑点，其他鳍黄褐色。为暖水性底层鱼类。栖息于珊瑚礁、岩礁海域。分布于我国南海、台湾海域，以及日本茨城以南海域、印度–西太平洋热带水域。体长可达90 cm。卵巢、肝脏有剧毒。

3075 斑鳃叉鼻鲀 *Arothron immaculatus*（Bloch et Schneider，1801）[38]

= 无斑叉鼻鲀

背鳍9 ~ 11；臀鳍8 ~ 10；胸鳍16 ~ 17。

本种与星斑叉鼻鲀相似，体背和体侧具暗斑点，而无白色或深褐色纵行线纹。鳃孔和胸鳍基底黑斑相连，形成一黑色大斑。体密被白色细刺。背部灰褐色，腹部浅灰色，无黑色斑纹。各鳍色淡，尾鳍上、下缘和后缘色暗，中间部分为黄色。为暖水性底层鱼类。栖息于近海中下层水域。分布于我国台湾海域，以及琉球群岛以南海域、印度–西太平洋暖水域。体长可达20 cm。毒性不明。

注：据黄宗国（2012）记载，墨绿东方鲀 *T. basilevskianus* 与本种是同种[13]。根据笔者比较，二者鼻囊结构、胸斑位置等特征差别甚大，应立为两种。

3076 黑斑叉鼻鲀 *Arothron nigropunctatus*（Bloch et Schneider，1801）[38]

背鳍10～11；臀鳍10～12；胸鳍17～19。

本种体具暗斑，无白色或深褐色纵行线纹，鳃孔和胸鳍基黑色斑点分离。头、体背面棕褐色，密被白色细刺。体侧后部和腹部具大小不一、排布稀疏而形状不规则的黑色斑点。各鳍浅灰色（幼鱼）或青灰色（成鱼）。为暖水性底层鱼类。栖息于近岸岩礁海区。分布于我国南海、台湾海域，以及琉球群岛以南海域、印度–西太平洋暖水域。体长可达25 cm。卵巢、肝脏有剧毒，皮、肉、精巢也有毒。

3077 纹腹叉鼻鲀 *Arothron hispidus*（Linnaeus，1758）[8]

= 网纹叉鼻鲀 *A. reticularis*

背鳍10～11；臀鳍10～11；胸鳍17～19。

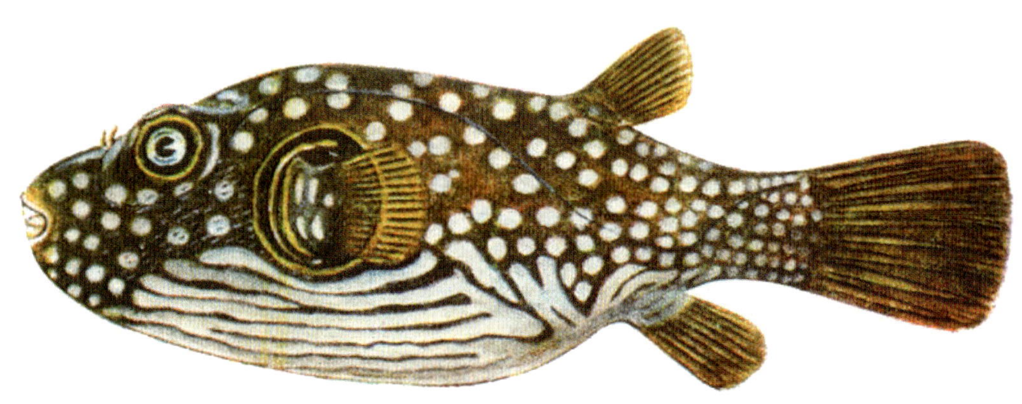

本种体具斑点，除吻端和尾柄后部外均被强小刺。体背部棕褐色。鳃孔和胸鳍基有白色环纹，腹部具多条白色纵行线纹。随鱼体生长线纹减少，腹部渐为白色。体其余部分具瞳孔大小、稀疏排布的白色圆斑。各鳍黄褐色，尾鳍末端褐色，均无斑点。为暖水性底层鱼类。栖息于岩礁、珊瑚礁海区。分布于我国南海、台湾海域，以及日本房总半岛以南海域、印度-西太平洋暖水域。体长可达50 cm。皮、精巢、卵巢、肝脏均有毒。肉通常无毒，但也有有毒的报道。

注：网纹叉鼻鲀 *A. reticularis* 是另一种叉鼻鲀（见下述）。而《福建鱼类志》（1985）中记述的网纹叉鼻鲀，实际是纹腹叉鼻鲀[50]。

3078 网纹叉鼻鲀 *Arothron reticularis*（Bloch et Schneider，1801）[38]

背鳍10；臀鳍9～10；胸鳍17～18。

本种与纹腹叉鼻鲀非常相似，体被发达的小皮刺，具白色斑点和线纹。但本种体背暗褐色，背侧则具线纹，腹侧终生布有白色流体状纹，眼周围有白色环纹，各鳍暗褐色。为暖水性底层鱼类。分布于我国台湾海域，以及琉球以南海域、印度-西太平洋暖水域。毒性不明。

3079 线纹叉鼻鲀 *Arothron manilensis*（Marion de Procé，1822）[14]

=菲律宾叉鼻鲀

背鳍9～11；臀鳍9～10；胸鳍16～19。

本种体背部浅绿色或浅褐色，腹部白色。体背部、侧部和腹部均具褐色纵行线纹。胸鳍前方尚有3条半圆弧形细纹与后面纵纹相连，但无斑点。鳃孔和背鳍基稍呈黑色。各鳍均为浅黄色。尾鳍较长，末端边缘黑褐色。为暖水性底层鱼类。栖息于珊瑚礁海区，也可进入咸淡水水域。分布于我国台湾海域，以及琉球群岛以南海域、印度–西太平洋暖水域。体长可达45 cm。毒性不明。

3080 辐纹叉鼻鲀 *Arothron mappa*（Lesson，1826）[38]

= 条纹叉鼻鲀

背鳍11 ~ 12；臀鳍10 ~ 11；胸鳍17 ~ 19。

本种体高，侧面观近圆形。体除吻端和尾柄外均被小刺。体背棕褐色，眼周围具辐射状白色细纹。体密布大于或小于瞳孔的白色圆斑或椭圆斑。腹侧尚有一黑色大斑。胸鳍基和肛门周围黑色。尾鳍具白色小圆斑，其他鳍浅黄色。为暖水性底层鱼类。栖息于珊瑚礁及邻近水域。分布于我国东海、台湾海域，以及日本和歌山以南海域、印度–西太平洋暖水域。体长可达60 cm。毒性不明。

3081 白点叉鼻鲀 *Arothron meleagris*（Lacépède，1799）[15]

背鳍10 ~ 12；臀鳍10 ~ 12；胸鳍17 ~ 19。

本种体前部被细刺，后部光滑无刺。体黑紫色，密布白色小圆点。腹部白色，无圆点（本彩图腹部色深有白点，可能属个体差异或有误）。各鳍均为黑褐色，具白色小圆点。为暖水性珊瑚礁底层

鱼类。分布于我国南海，以及日本冲绳以南海域、印度–太平洋暖水域。体长可达30 cm。肝脏、卵巢有剧毒；皮、肉、精巢也有毒。

▲ 本科我国尚有窄额兔鲀 *Stenocephalus elongatus* 和斑腰单孔鲀 *Monotreta leiurus*。前者与兔头鲀相似，但以额骨背面凹陷呈六棱角星状而和兔头鲀相区分，在我国仅分布于台湾海域[4F]。后者与叉鼻鲀相似，以鼻突起细且呈单杆形而和叉鼻鲀相区分。斑腰单孔鲀从湄公河进入云南澜沧江水系，现已为陆封种[138]。我国还有长刺泰氏鲀 *Tylerius spinosissimus*[13]，特征不甚了解。

（316）刺鲀科 Diodontidae

本科物种体短，呈圆柱形，稍侧扁。头、体背面宽圆，尾部短。体被粗棘，棘下有2～4枚棘根，能或不能活动。口前位，中小型。上、下颌各愈合为1枚大板状齿，中央无骨缝。眼中等大或稍大，侧位而高。鼻孔每侧2个，或无鼻孔，鼻瓣呈盘状。鳃孔短小。背鳍、臀鳍均小，同形，对位，在体后部。胸鳍短宽。有气囊。全球有6属19种，我国有3属7种。

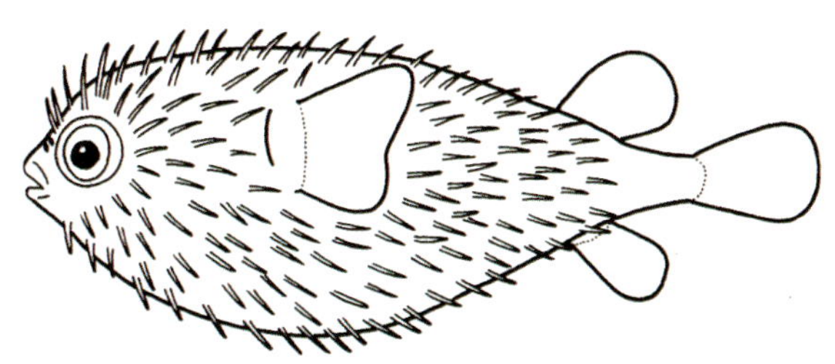

刺鲀科物种形态简图

刺鲀属 *Diodon* Linnaeus，1758

本属物种一般特征同科。体短，呈圆柱形。头、体前部宽。尾部短小，锥状。头、体上棘长而硬，均能活动。大部分或全部棘具2枚棘根。鼻孔2对，鼻瓣呈卵圆形。有鳔。我国有4种。

3082 艾氏刺鲀 *Diodon eydouxii* Brissout et Barnevill，1846 [38]

= 爱氏二齿鲀

背鳍16～18；臀鳍16～18；胸鳍19～22。

本种一般特征同属。头稍窄，头宽小于体长的30%。尾柄背侧有2枚或多于2枚的小棘，尾柄下部无棘。体背部棕灰色，体上有许多黑色卵圆形斑点。腹部白色。头腹面、下颌后方有一黑色横带。背鳍、臀鳍尖，呈镰形。背鳍、胸鳍、尾鳍上有小黑斑点。为暖水性底层鱼类。栖息水深浅于250 m。分布于我国台湾海域，以及日本房总半岛以南海域，太平洋、印度洋、大西洋热带、亚热带水域。体长约25 cm。

3083 密斑刺鲀 *Diodon hystrix* Linnaeus，1758 [15]

背鳍14～17；臀鳍14～16；胸鳍21～25。

本种与艾氏刺鲀相似，尾柄背侧面有2枚或多于2枚的小棘；体上和背鳍、胸鳍、尾鳍密布黑色

斑点。本种头、体灰褐色或棕褐色。眼下方常具一褐色弧形横带。尾柄下部有小棘。头部较宽，头宽超过体长的30%。其背鳍、臀鳍边缘圆弧形。为暖水性底层鱼类。栖息于浅海、内湾、珊瑚礁或岩礁海区。分布于我国南海、台湾海域，以及日本轻津海峡、和歌山以南海域，太平洋、印度洋、大西洋温热带水域。体长可达90 cm。皮有毒。

3084 六斑刺鲀 *Diodon holacanthus* Linnaeus，1758 [141]

= 刺鲀 = 六斑二齿鲀

背鳍13～15；臀鳍13～15；胸鳍21～24。

本种体前部粗圆。体被长棘，多具2枚棘根，能活动。额棘长。尾柄无小棘。体背侧面灰褐色，在背鳍基底、胸鳍基底、背鳍和胸鳍之间，头顶枕区和眼区共有6个大型黑色斑块。通常黑斑周缘无色浅的环纹。下颌后方无色深的喉斑。鳃孔前一般无黑斑，腹面白色。各鳍灰黄色，无斑点。为暖水性底层鱼类。栖息于水深30 m以浅的珊瑚礁或岩礁海区。分布于我国黄海、东海、南海、台湾海域，以及日本轻津海峡、相模湾以南海域，太平洋、印度洋、大西洋温带和热带水域。体长可达30 cm。内脏和生殖腺有毒。

3085 大斑刺鲀 *Diodon liturosus* Shaw，1804 [15]

= 柴氏刺鲀 =九斑刺鲀 *D. novemmaculatus* = 布氏刺鲀 *D. bleekeri*

背鳍14～16；臀鳍14～16；胸鳍21～25。

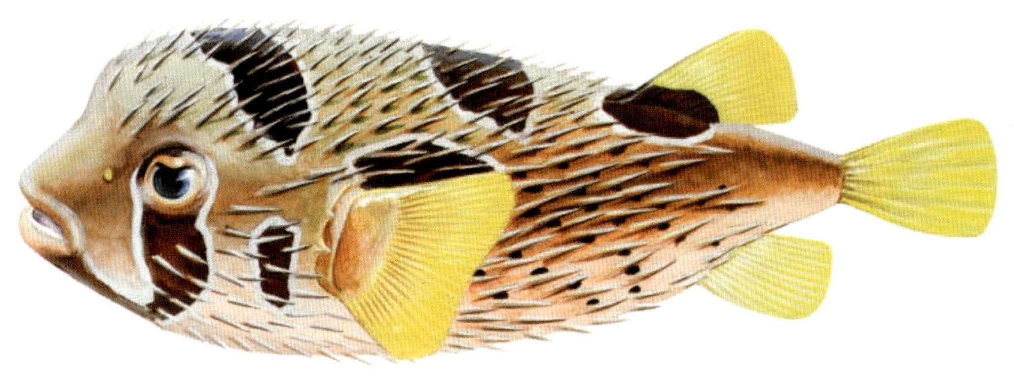

本种与六斑刺鲀相似，尾柄无小棘，体上有大型斑块。本种额刺短。体背侧褐色，头、体布有9个大黑斑，黑斑周缘尚有黄白色环纹。眼下方有一横行喉斑。腹部灰白色。各鳍黄色，鳍上无斑点。为暖水性底层鱼类。栖息于珊瑚礁或岩礁海区。分布于我国南海、台湾海域，以及日本轻津海峡、和歌山以南海域，印度-西太平洋温热水域。体长可达60 cm。肝脏、卵巢有剧毒[4F]。

注：大斑刺鲀曾被称为布氏刺鲀，黄宗国（2012）认为二者为同种[13]。而四带冠刺鲀 *Lophodiodon calori* 也曾被称为布氏刺鲀[4F]。但大斑刺鲀和四带冠刺鲀棘的长短、能否活动，以及斑纹分布等均有明显差别。

3086 瘤短刺鲀 *Chilomycterus affinis* Günther，1870[38]

=斑鳍短刺鲀 =短刺鲀

背鳍12；臀鳍11；胸鳍19。

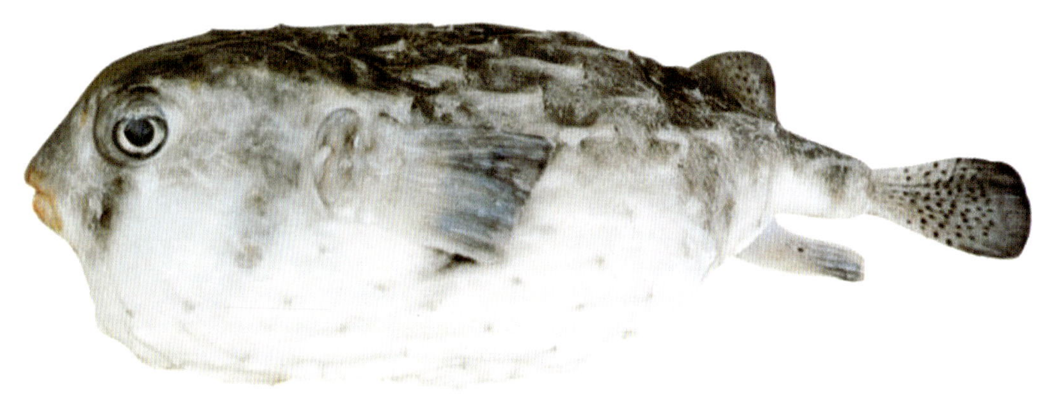

本种体短，呈圆柱形。头、体前部宽圆，尾柄短。体背和侧面棘大部分粗短、坚硬，平伏于体表，不能活动，具3～4枚棘根。眼间隔和前额中部无棘。尾柄背部具1～2枚小棘。尾鳍鳍条10枚。体背侧灰褐色，腹面白色。眼下方和鳃孔前各有一黑褐色横带。体上有黑斑。各鳍灰褐色，鳍上均密布黑点。为暖水性底层鱼类。栖息于岩礁浅海。分布于我国东海、台湾海域，以及日本本州中部海域，太平洋、印度洋、大西洋热带水域。体长可达65 cm。肝脏、卵巢有毒，肉、皮、精巢无毒。

3087 眶棘圆短刺鲀 *Cyclichthys orbicularis*（Bloch，1785）[14]

=短棘圆刺鲀 =眶短刺鲀

背鳍11～12；臀鳍10～12；胸鳍20～21。

本种体短，呈圆柱状（充气后呈圆球形）。头、体前部宽圆，尾柄短。鼻孔每侧2个，鼻突起呈长柱状。头、体上棘粗短；大部分棘具3～4枚棘根，不能活动。眼间隔和前额中部具棘，尾柄完全无棘。体背侧面灰褐色，腹面白色。体上散布一些较大的黑色圆斑。体侧下方各棘基无小黑斑。

各鳍无斑点。为暖水性底层鱼类。栖息于珊瑚礁或岩礁海区。分布于我国南海、东海，以及日本佐渡岛、伊豆半岛以南海域，印度-太平洋暖水域。体长可达15 cm。毒性不明。

▲ 本属我国尚有刺斑圆短刺鲀 *C. spilostylus*（= 黄斑圆刺鲀），其形态特征与眶棘圆短刺鲀相似。二者区别在于本种体上棘更粗短，最长约等于眼径的1/2；头侧和体侧下方各棘基部多有1个小黑斑[4F]。

（317）翻车鱼科 Molidae

本科物种体高而侧扁，侧面观呈椭圆形或长方形；后端圆弧形、截形或尖突。尾柄消失或退化。口小，前位。两颌各具一喙状大板齿，无中央缝。体粗糙，被粒状突起；或光滑，具六角形骨板。背鳍、臀鳍高大，位于体后部。全球有3属3种，在我国皆有分布。

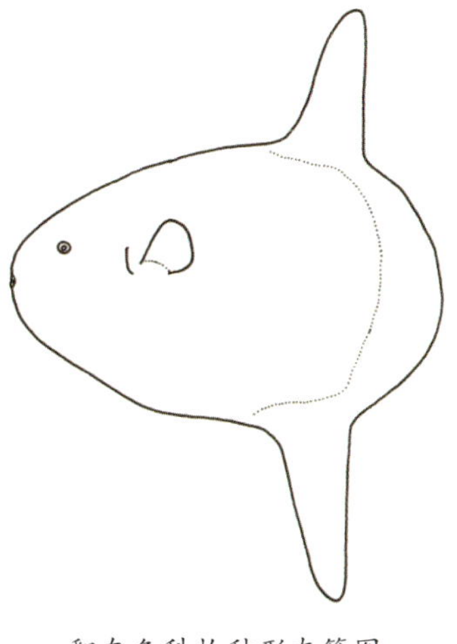

翻车鱼科物种形态简图

3088 矛尾翻车鱼 *Masturus lanceolatus*（Liènard，1840）[38]（上幼鱼，下成鱼）

背鳍20；臀鳍18；胸鳍11。

本种体短，很侧扁，侧面观呈卵圆形。幼鱼体更短，侧面观为圆形，且有长棘。长棘随鱼体生长渐消失。皮肤较粗糙，被细小鳞，无骨板。吻钝圆，上、下颌各有一喙状齿板。背鳍、臀鳍高大，尖刀状。背鳍、臀鳍的后部鳍条后延，形成“舵鳍”。舵鳍后端中部有一尖矛状突起，幼鱼该突起延长为鞭状。胸鳍短，后缘圆弧形。体暗灰色，腹部色较浅，鳍灰褐色。体有圆斑。为暖水性大型鱼类。浮游于上层水域。分布于我国东海、南海，以及日本海域，太平洋、印度洋、大西洋温、热带水域。体长可达3 m。

3089 翻车鱼 *Mola mola*（Linnaeus，1758）[44]

背鳍16～18；臀鳍14～17；胸鳍12～13。

本种与矛尾翻车鱼相似，体侧面观呈卵圆形；胸鳍短，后缘圆弧形；体粗糙，无骨板。本种成鱼具刺状或粒状突起，幼鱼被瘤状棘突。背鳍、臀鳍高大，末端圆钝。舵鳍边缘波曲形，中部无矛状突出。体侧面灰褐色，腹部银白色。各鳍灰褐色。为暖水性大洋鱼类。多单独或成对浮游于大洋上层水域。分布于我国东海、南海、台湾海域，也出现于黄海；以及日本北海道以南海域，太平洋、印度洋、大西洋温带和热带水域。体长可达5.5 m。

3090 长体翻车鱼 *Ranzania laevis*（Pennant，1776）[38]
=斑点翻车鱼

背鳍17～19；臀鳍18～19；胸鳍13。

本种体延长，侧扁而高，斧头状。头大。唇伸出时呈漏斗状，闭合时呈竖直裂缝状。鳃孔小，

鳃耙游离。背鳍、臀鳍窄长，位于体后部。舵鳍截形，边缘呈锯齿形。胸鳍较长，呈犁状。体灰褐色，背部、侧部布有弧形横纹和斑点。为暖水性大洋鱼类。栖息于大洋中上层水域。分布于我国东海、南海，以及琉球群岛以南海域，太平洋、印度洋、大西洋热带水域。体长可达1 m。

索 引

注：本索引学名及中文名仅以本书为准，有关同种异名见同页该物种记述。

参考文献

[1] 王以康. 鱼类分类学[M]. 上海：科技卫生出版社，1958.

[2] 孟庆闻，苏锦祥，缪学祖. 鱼类分类学[M]. 北京：中国农业出版社，1995.

[3A] NELSON J S. 世界鱼类[M]. 李思忠，陈星玉，陈小平，译. 基隆：水产出版社，1994.

[3B] NELSON J S. Fishes of the world. 3th ed. [M]. New York: John Wiley & Sons, Inc., 1994.

[3C] NELSON J S. Fishes of the world. 4th ed. [M]. New York: John Wiley & Sons, Inc., 2006.

[4A] 朱元鼎，等. 中国动物志 圆口纲 软骨鱼纲[M]. 北京：科学出版社，2001.

[4B] 张春光，等. 中国动物志 硬骨鱼纲 鳗鲡目 背棘鱼目[M]. 北京：科学出版社，2010.

[4C] 张世义. 中国动物志 硬骨鱼纲 鲟形目 海鲢目 鲱形目 鼠鱚目[M]. 北京：科学出版社，2001.

[4D] 陈素芝. 中国动物志 硬骨鱼纲 灯笼鱼目 鲸口鱼目 骨舌鱼目[M]. 北京：科学出版社，2002.

[4E] 李思忠，等. 中国动物志 硬骨鱼纲 银汉鱼目 鳉形目 颌针鱼目 蛇鳚目 鳕形目[M]. 北京：科学出版社，2011.

[4F] 苏锦祥，李春生. 中国动物志 硬骨鱼纲 鲀形目 海蛾鱼目 喉盘鱼目 鮟鱇目[M]. 北京：科学出版社，2002.

[4G] 金鑫波. 中国动物志 硬骨鱼纲 鲉形目[M]. 北京：科学出版社，2006.

[4H] 伍汉霖，等. 中国动物志 硬骨鱼纲 鲈形目（五）虾虎鱼亚目[M]. 北京：科学出版社，2008.

[4I] 李思忠，王惠民. 中国动物志 硬骨鱼纲 鲽形目[M]. 北京：科学出版社，1995.

[5] 张春霖，等. 黄渤海鱼类调查报告[M]. 北京：科学出版社，1955.

[6] 朱元鼎，张春霖，成庆泰. 东海鱼类志[M]. 北京：科学出版社，1963.

[7] 中国科学院动物研究所，中国科学院海洋研究所，上海水产学院. 南海鱼类志[M]. 北

京：科学出版社，1962.

[8] 国家水产总局南海水产研究所，等. 南海诸岛海域鱼类志 [M]. 北京：科学出版社，1979.

[9] 沈世杰. 台湾鱼类志 [M]. 台北：台湾大学动物学系，1993.

[10] 倪勇，伍汉霖. 江苏鱼类志 [M]. 北京：中国农业出版社，2006.

[11] 陈大刚，焦燕. 中日海洋鱼类与分布的比较研究 [J]. 青岛海洋大学学报：自然科学版，1997，27（3）：305-312.

[12] 刘瑞玉. 中国海洋生物名录 [M]. 北京：科学出版社，2008.

[13] 黄宗国，林茂. 中国海洋物种多样性：下册 [M]. 北京：海洋出版社，2012.

[14] 黄宗国，林茂. 中国海洋生物图集：第八册 [M]. 北京：海洋出版社，2012.

[15] 中国科学院海洋研究所. 中国海洋鱼类原色图集 [M]. 上海：上海科学技术出版社，1992.

[16] 陈清潮，蔡永贞，马兴明. 南沙群岛至华南沿岸的鱼类（一）[M]. 北京：科学出版社，1997.

[17] 陈清潮，蔡永贞. 珊瑚礁鱼类——南沙群岛及热带观赏鱼 [M]. 北京：科学出版社，1994.

[18] 姜大为. 中国北方海水鱼及海兽彩色图集 [M]. 沈阳：辽宁人民出版社，2001.

[19] 赵盛龙，等. 东海区珍稀水生动物图鉴 [M]. 上海：同济大学出版社，2009.

[20] 苏永全，等. 台湾海峡常见鱼类图谱 [M]. 厦门：厦门大学出版社，2011.

[21] 诺门 J R. 鱼类史 [M]. 邹源琳，译. 北京：科学出版社，1966.

[22] 特烈契雅科夫 Д K. 鱼类与圆口类 [M]. 郑葆珊，郑文莲，徐恭昭，译. 北京：科学出版社，1958.

[23] 唐启升. 中国专属经济区海洋生物资源与栖息环境 [M]. 北京：科学出版社，2006.

[24] 松原喜代松. 魚類の形態と検索 [M]. 東京：石崎書店，1955.

[25] 成庆泰. 黄海和东海经济鱼类区系 [J]. 海洋与湖沼，1959，2（1）：53-60.

[26] 成庆泰. 中国南海经济鱼类区系 [J]. 海洋与湖沼，1959，2（4）：278-283.

[27] 成庆泰. 中国鲽形目鱼类地理分布区及区系特征研究 [J]. 海洋与湖沼，1963，5（4）：346-352.

[28] 李思忠. 鲽形目鱼类的起源、演化及分布 [G] //中国鱼类学会. 鱼类学论文集. 北京：科学出版社，1981：11-20.

[29] 张春霖. 中国鲱形目鱼类的分布 [J]. 动物学报，1957，9（4）：339-344.

[30] 成庆泰，王存信. 中国西沙群岛鱼类区系的初步研究 [J]. 海洋与湖沼，1966，8（1）：29-36.

［31］王存信. 南海诸岛鱼类区系研究［G］//中国海洋湖沼学会. 海洋与湖沼论文集. 北京：科学出版社，1981， 137−165.

［32］杨家驹，黄增岳. 南海大洋性深海鱼类区系和地理分布［G］//中国科学院南海海洋研究所. 南海海洋科学集刊. 北京：科学出版社，1989：123−135.

［33］李明德. 鱼类分类学：第2版［M］. 北京：海洋出版社，2011.

［34］FISCHER W, WHITEHEAD P J P. FAO species identification sheets for fishery purposes: Eastern Indian Ocean (fishing area 57) and Western Central Pacific (fishing area 71) [M]. Rome: FAO, 1974.

［35］成庆泰，郑葆珊. 中国鱼类系统检索［M］. 北京：科学出版社，1987.

［36］中坊徹次. 日本産魚類検索：全種の同定［M］. 東京：東海大学出版会，1993.

［37］沈世杰，吴高逸. 台湾鱼类图鉴［M］. 屏东：海洋生物博物馆，2011.

［38］益田一，ほか. 日本産魚類大図鑑［M］. 東京：東海大学出版会，1984.

［39］山田梅芳，田川勝，岸田周三，ほか. 東シナ海・黄海のさかな［M］. 長崎：水産庁西海区水産研究所，1986.

［40］邵广昭，陈静怡. 鱼类图鉴——台湾七百多种常见鱼类图鉴［M］. 台北：远流出版事业股份有限公司，2009.

［41］《中国名贵珍稀水生动物》编写组. 中国名贵珍稀水生动物［M］. 杭州：浙江科学技术出版社，1987.

［42］尼科里斯基 Г В. 分门鱼类学［M］. 缪学祖，林福申，田明城，译. 北京：高等教育出版社，1958.

［43］伍汉霖. 中国有毒及药用鱼类新志［M］. 北京：中国农业出版社，2002.

［44］蒲原稔治. 原色日本魚類図鑑［M］. 大阪：保育社，1961.

［45］金益秀，等. 原色韓國魚類大圖鑑［M］. 首爾：(株)教學社，2005.

［46］乐佩琦，陈宜瑜. 中国濒危动物红皮书——鱼类［M］. 北京：科学出版社， 1998.

［47］朱元鼎. 中国软骨鱼类志［M］. 北京：科学出版社，1960.

［48］尼岡邦夫，等. 九州-パラオ海嶺ならびに土佐湾の魚類：大陸棚斜面未利用資源精密調査［M］. 東京：日本水産資源保護協会，1982.

［49］东海水产研究所《东海深海鱼类》编写组. 东海深海鱼类［M］. 上海：学林出版社，1988.

［50］《福建鱼类志》编写组. 福建鱼类志［M］. 福州：福建科学技术出版社，1984−1985.

［51］孟庆闻，苏锦祥，李婉端. 鱼类比较解剖学［M］. 北京：科学出版社，1987.

［52］李永振，等. 南海珊瑚礁鱼类资源［M］. 北京：海洋出版社，2007.

［53］益田一，杰纳德・亚伦. 世界的海水鱼：太平洋、印度洋篇［M］. 沈世杰，译. 台北：淑馨出版社，1993.

[54] 戴小杰，等. 世界金枪鱼渔业渔获物物种原色图鉴［M］. 北京：海洋出版社，2007.

[55] 尼岡邦夫，ほか. 東北海域・北海道オホーツク海域の魚類：大陸棚斜面未利用資源精密調査［M］. 東京：日本水産資源保護協会，1983.

[56] 陈大刚. 黄渤海渔业生态学［M］. 北京：海洋出版社，1991.

[57] 山田梅芳，ほか. 東シナ海・黄海魚名図鑑［M］. 東京：海外漁業協力財団，1995.

[58] 广西壮族自治区水产研究所，中国科学院动物研究所. 广西淡水鱼类志：第2版［M］. 南宁：广西人民出版社，2006.

[59] 徐恭昭，郑文莲，黄国材. 大亚湾鱼类及生物学图志［M］. 合肥：安徽科学技术出版社，1994.

[60] 庄平，等. 长江口鱼类［M］. 上海：上海科学技术出版社，2006.

[61] 张宏意，等. 渤海鱼类新纪录——莱州湾金城水域出现双吻前口蝠鲼［J］. 海洋科学，1999，(6)：32.

[62] 湖北省水生生物研究所鱼类研究室. 长江鱼类［M］. 北京：科学出版社，1976.

[63] 中国科学院水生生物研究所，上海自然博物馆. 中国淡水鱼类原色图集：第一集［M］. 上海：上海科学技术出版社，1982.

[64] 尼科里斯基 Г В. 黑龙江流域鱼类［M］. 高岫，译. 北京：科学出版社，1960.

[65] 董崇智，姜作发. 黑龙江、绥芬河、兴凯湖渔业资源［M］. 哈尔滨：黑龙江科学技术出版社，2004.

[66] 贝尔格 Л С. 现代和化石鱼形动物及鱼类分类学［M］. 成庆泰，译. 北京：科学出版社，1959.

[67] 龚艳丽. 鲱形目鱼类的分种检索及种类分布的初步研究［D］. 青岛：中国海洋大学，2000.

[68] 阿部宗明. 魚大全［M］. 東京：講談社，1995.

[69] 邓景耀，等. 海洋渔业生物学［M］. 北京：农业出版社，1991.

[70] 沈世杰. 台湾近海鱼类图鉴［M］. 台北：台湾省立博物馆，1984.

[71] 尼岡邦夫，ほか. 図鑑北日本の魚と海藻［M］. 札幌：北日本海洋センター，1983.

[72] 中国渔业区划编写组. 中国渔业区划［M］. 杭州：浙江科学技术出版社，1988.

[73] 彭育斌，赵振伦. 中国鳀科鱼类一新属新种［J］. 水产学报，1988，12（4）：355-358.

[74] 福建省区划办. 福建省渔业资源［M］. 福州：福建科学技术出版社，1988.

[75] 丘书院. 南海沙丁鱼类研究［J］. 厦门大学学报：自然科学版，1982，21（1）：55-61.

[76] 陈大刚，等. 斑鰶人工繁育与鱼苗培育的初步试验［J］. 动物学报，1977，23（1）：22-29.

[77] 近藤蕙一，ほか. マイワシの生態と資源［M］. 東京：日本水産資源保護協会，1972.

[78] 袁传宓，等. 关于我国鲚属鱼类分类的历史和现状——兼谈改造旧鱼类分类学的几点体会［J］. 南京大学学报：自然科学版，1976，2：1-12.

[79] 长江流域刀鲚资源调查协作组. 长江流域刀鲚资源调查报告 [R]. 沙市：长江水产研究所，1977.

[80] 松井魁. 鰻学 [M]. 東京：恒星社厚生閣，1972.

[81] 多部田修. ウナギの初期生活史と種苗生産の展望 [M]. 東京：恒星社厚生閣，1996.

[82] 陈正平，等. 垦丁公园海域鱼类图鉴：增修壹版 [M]. 垦丁公园管理处，2010.

[83] 益田一，荒賀忠一，吉野哲夫. 魚類図鑑：南日本の沿岸魚 [M]. 東京：東海大学出版会. 1975.

[84] 田明城，孙宝龄. 东海冲绳海槽深海鱼类报告 [G] //中国科学院海洋研究所. 海洋科学集刊. 北京：科学出版社，1982：115-127.

[85] 成庆泰，田明城. 南海深海鱼类的初步报告 [G] //中国科学院海洋研究所. 海洋科学集刊. 北京：科学出版社，1981：232-275.

[86] 陈素芝，杨玉荣. 东沙群岛邻近海域的深海鱼类报告 [G] //中国科学院动物研究所. 动物学集刊. 北京：科学出版社，1991：145-155.

[87] 陈真然. 南海中部海域灯笼鱼科的研究 [G] //中国科学院南海海洋研究所. 南海海洋生物研究论文集（一）. 北京：海洋出版社，1983：199-216.

[88] 黄增岳，杨家驹. 东沙群岛邻近海域的深海鱼类Ⅱ 灯笼鱼目 [G] //中国科学院南海海洋研究所. 南海海洋生物研究论文集（一）. 北京：海洋出版社，1983：234-255.

[89] 松原喜代松，落合明，岩井保. 魚類学 [M]. 東京：恒星社厚生閣，1965.

[90] 郑葆珊，等. 图们江鱼类 [M]. 长春：吉林人民出版社，1980.

[91] 张玉玲. 中国新银鱼属*NEOSALANX*的初步整理及其一新种 [J]. 动物学研究，1987，8（3）：277-286.

[92] 陈再超，刘继兴. 南海经济鱼类 [M]. 广州：广东科技出版社，1982.

[93] 焦燕，陈大刚. 西太平洋海鲇（Ariidae）主要种类与分布的研究 [J]. 青岛海洋大学学报：自然科学版，1998，28（4）：543-548.

[94] GREENWOOD P H, et al. Phyletic studies of teleostean fishes, with a provisional classification of living forms [J]. Bulletin of the American Museum of Natural History, 1966, 131: 339-456.

[95] 沈世杰. 台湾鱼类检索 [M]. 台北：台北天南书局，1984.

[96] 陈大刚，等. 许氏平鲉繁殖群体的生物学及其苗种培育的初步研究 [J]. 海洋通报，1994，16（3）：94-101.

[97] 祝茜. 中国海海洋鱼类种类目录 [M]. 北京：学苑出版社，1998.

[98] 雷霁霖. 海水鱼类养殖理论与技术 [M]. 北京：中国农业出版社，2005.

[99] 冉繁华. 石斑 [M]. 基隆：台湾渔业经济发展协会，2007.

[100] 赵盛龙，张义浩，吴常文. 海洋生物——鱼类 [M]. 杭州：浙江大学出版社，2002.

[101] HEEMSTRA P C, RANDALL J E. Groupers of the world (Family Serranidae, Subfamily Epinelinae) [M]. Rome: FAO, 1993.

[102] 陈大刚，等. 莱州群体花鲈渔业生物学特征的研究 [J]. 海洋学报，2001，23（4）：80–86.

[103] 张美昭，等. 花鲈亲鱼人工培育与催产技术研究 [J]. 青岛海洋大学学报：自然科学版，2001，31（2）：195–200.

[104] 张美昭，等. 花鲈人工育苗技术的研究 [J]. 青岛海洋大学学报：自然科学版，2001，31（3）：339–344.

[105] 陈清潮. 南沙群岛海区生物多样性名典 [M]. 北京：科学出版社，2003.

[106] 焦燕，等. 莱州湾小型鳀鲱鱼类的生物学特征 [J]. 水产学报，2001，25（4）：323–329.

[107] 中国科学院南沙综合科学考察队，中国水产科学研究院南海水产研究所. 南沙群岛西南部陆架海区底拖网渔业资源调查研究专集 [M]. 北京：海洋出版社，1996.

[108] 焦燕，陈大刚，任一平. 西太平洋狗母鱼科鱼类种类多样性的研究 [J]. 青岛海洋大学学报：自然科学版，1999，29（4）：617–626.

[109] 焦燕，陈大刚. 西太平洋羊鱼科（Mullidae）鱼类多样性及其分布的研究 [J]. 青岛海洋大学学报：自然科学版，2000，30（1）：48–56.

[110] 中国科学院海洋研究所. 中国经济动物志——海产鱼类 [M]. 北京：科学出版社，1962.

[111] 薛泰强. 鳕科几种鱼类的形态学及遗传学研究 [D]. 青岛：中国海洋大学，2010.

[112] 属慎也. 世界の海水魚カタロゲ [M]. 東京：成美堂. 1996.

[113] 冉繁华. 海鲡 [M]. 基隆：台湾渔业经济发展协会，2007.

[114]《中国海洋渔业资源》编写组. 中国海洋渔业资源 [M]. 杭州：浙江科学技术出版社，1990.

[115] 中水远洋渔业有限责任公司，上海水产大学. 中东大西洋底层鱼类 [M]. 上海：上海人民美术出版社，2000.

[116] 管哲成，唐文乔，伍汉霖. 中国犁齿鲷属鱼类一新种（鲈形目，鲷科）[J]. 动物分类学报，2012，37（1）：217–221.

[117] 张美昭. 无公害大黄鱼标准化生产 [M]. 北京：中国农业出版社，2006.

[118] 朱元鼎，罗云林，伍汉霖. 中国石首鱼类分类系统研究和新属新种的叙述 [M]. 上海：上海科学技术出版社，1963.

[119] 张其永，等. 大弹涂鱼和中华乌塘鳢生物学论文集 [G]. 厦门：厦门大学出版社，2008.

［120］朱元鼎，伍汉霖. 中国虾虎鱼类动物地理学初步研究［J］. 海洋与湖沼，1965，7（2）：122–140.

［121］陈大刚. 鱼港内斑尾复鰕虎鱼生物学的初步调查［J］. 动物学杂志，1979，(1)：3–6.

［122］农牧渔业部水产局，农牧渔业部东海区渔业指挥部. 东海区渔业资源调查和区划［M］. 上海：华东师范大学出版社，1987.

［123］赵传絪，陈思行. 金枪鱼类和金枪鱼渔业［M］. 北京：海洋出版社，1983.

［124］苗振清，黄锡昌. 远洋金枪鱼渔业［M］. 上海：上海科学技术出版社，2003.

［125］邓思明，熊国强，詹鸿禧. 中国鲳亚目鱼类分类系统的初步研究［G］//中国鱼类学会. 鱼类学论文集. 北京：科学出版社，1981.

［126］陈大刚，刘长安，张树本. 黄渤海比目鱼类的消化器官与食性特征的比较分析［J］. 山东海洋学院学报，1981，11（1）：87–106.

［127］CHEN D G，LIU C G, DOU S Z. The biology of flatfish (Pleuronectinae) in the coastal waters of China［J］. Netherlands Journal of Sea Research，1992，29（1–3）：25–33.

［128］王艳君，多部田修，任一平. 东海产长木叶鲽的年龄与生长［J］. 青岛海洋大学学报：自然科学版，1999，29（4）：604–609.

［129］焦燕. 西太平洋鲽形目鱼类的物种多样性与区系分布的研究［D］. 青岛：青岛海洋大学，2000.

［130］陈大刚. 黄海赫氏高眼鲽反常个体的一例［J］. 动物学报，1980，26（2）：183.

［131］陈大刚，刘长安，董广君. 套子湾黄盖鲽产卵群体渔业生物学特征的调查研究［J］. 海洋学报，1989，11（5）：629–637.

［132］陈大刚，刘长安. 黄渤海牙鲆的年龄与生长的初步研究以及关于Von. Bertalanffy生长函数的修改和讨论［J］. 山东海洋学院学报，1984，14（1）：101–110.

［133］东海水产研究所. 东海绿鳍马面鲀论文集［G］. 上海：学林出版社. 1986.

［134］厚生省生活衛生局乳肉衛生課. 日本近海産フグ類の鑑別と毒性［M］. 東京：中央法規出版，1984.

［135］成庆泰，等. 中国东方鲀属鱼类分类研究［J］. 动物学报，1975，21（4）：359–378.

［136］王奎旗，陈梅，高天翔. 东方鲀属鱼类的分类与区系分布研究［J］. 青岛海洋大学学报：自然科学版，2001，31（6）：855–860.

［137］孙铁鸥，焦燕，曾晓起. 渤海莱州湾红鳍东方鲀（*Takifugu rubripes*）×假睛东方鲀（*Takifugu pseudommus*）天然杂交种一例［J］. 青岛海洋大學学报：自然科学版，1999，29（2）：239–242.

［138］云南省农牧渔业厅渔业区划组. 云南省渔业区划. 云南农牧渔业厅，1986.

［139］多部田修. トラフグの漁業と資源管理［M］. 東京：恒星社厚生閣，1997.

［140］朱元鼎，许成玉. 中国鲀形目鱼类的地理分布和区系特征［J］. 动物学报，1965，17（3）：320-333.

［141］刘敏，陈骁，杨圣云. 中国福建南部海洋鱼类图鉴［M］. 北京：海洋出版社，2013.

［142］孙典荣，陈铮. 南海鱼类检索：上册［M］. 北京：海洋出版社，2013.

［143］QIN Y, et al. A new record of a flathead fish (Teleostei: Platycephalidae) from China based on morphological characters and DNA barcoding [J]. Chinese Journal of Oceanology and Limnlogy, 2013, 31(3): 617-624.

［144］林龙山，高天翔. 小黄鱼种群生物学与渔业管理［M］. 北京：海洋出版社，2013.

［145］柳淑芳，等. 舌鳎亚科鱼类单系起源和同种异名的线粒体DNA证据［J］. 生物多样性，2010，18（3）：275-282.

［146］ZHUANG Z M, et al. G-banding patterns of the chromosomes of tonguefish *Cynoglosus semilaevis* Günther, 1873[J]. Journal of Applied Ichthyology, 2006, 22(5): 437-440.

［147］林龙山，张静. 东山湾及其近邻海域常见游泳动物［M］. 北京：海洋出版社，2013.

［148］马彩华，等. 南海鱼类生物多样性与区系分布［J］. 中国海洋大学学报：自然科学版，2006，36（4）：655-670.

［149］曹玉茹. 中国海洋鱼类图谱［M］. 北京：中国大百科全书出版社，2010.

［150］张其永，洪万树，邵广昭. 网箱养殖卵形鲳鲹和布氏鲳鲹分类性状的研究［J］. 台湾海峡，2000，19（4）：499-506.

后 记

几经周折，几度欲罢，历时7年，三易其稿，在合作者的执着与努力下，终于写就，颇有如释重负之感。同时，编写的全过程也让我有了如下深切体会。

1.《中国海洋鱼类》是世代接力的产物

每当拿起《鱼类分类学》，我怎么也忘不了，我们尊敬的王以康先生正是因为编写这本书，不幸于1957年寒春夜里伏案阖逝。是师兄林新濯等先生继续整理出版，方有我们20世纪六七十年代鱼类分类的这部主要教学用书。我不会忘记，中国现代鱼类学的奠基人之一——中国科学院动物研究所张春霖先生，1951年就开始对我国海洋鱼类进行普查，并联合中国科学院海洋研究所成庆泰先生等共同编写《黄渤海鱼类调查报告》。张先生1963年开始主持《中国动物志》（鱼类部分）的编写。他不幸于同年秋仙逝，未能看到《中国动物志》的出版。我不能忘记李思忠先生坎坷的一生和他对鱼类学的贡献。从“黄渤海”到“南海诸岛”，都有他的劳作，是他将Nelson J S的《世界鱼类》译成中文在台湾出版，介绍给中国鱼类学界。他主持的《中国动物志　硬骨鱼纲　鲽形目》于1995年出版，这是我国最系统的比目鱼类分类学研究著作。而当我们手持他主编的《中国动物志　硬骨鱼纲　银汉鱼目　鳉形目　颌针鱼目　蛇鳚目　鳕形目》（2011）时，李先生已永远离开了我们。我永远不忘朱元鼎先生和他带领的团队成员孟庆闻、伍汉霖、苏锦祥等教授在软骨鱼类、石首鱼类、鲱形鱼类、鲉形鱼类所做的贡献及对中国鱼类学的影响。正如Nelson J S先生所说“中国鱼类学是一门繁荣的科学是可以理解的”，因为“有像朱元鼎、伍献文、张春霖、李思忠、孟庆闻、沈世杰等科学家的杰出贡献”。正是各位前辈的研究为我国鱼类学的发展奠定了坚实的基础。本书仅是成果的传承。

2.《中国海洋鱼类》是国内外同行的支持与帮助的结果

编写本书，我们依靠和承接前辈的研究成果，同样不可或缺的是得到国内外同行的帮助与支持。沈世杰先生不仅赠送《台湾鱼类志》，而且不顾高龄从台北亲自送来刚出版的《台湾鱼类图鉴》，令我感动不已。邵广昭先生寄赠了《鱼类图鉴》等专著。南京农业大学赵振伦教授惠赠海洲拟黄鲫（*Pseudosetipinna haizhouensis*）的正模彩照、X射线透视图和论文。中国海洋大学高天翔教授提供中国鱚（*Sillago sinaca*）新种模本并编写鱚科的分类检索和褐斑鲬*Platycephalus* sp.的形态特征。山东省海洋与渔业厅王春生研究员赠送成套精美的鱼类图片。黄海水产研究所庄志猛研究员赠送星突江鲽和半滑舌鳎的图片和研究资料。北京师范大学牛翠娟教授亲自给她老师日本北海道大学尼岡邦夫教授写信，并得到先生本人的帮助。尼岡邦夫教授赠予他主持编写的《図鑑北日本の魚と海藻》《九州-パラオ海嶺ならびに土佐湾の魚類》《東北海域・北海道オホーツク海域の魚類》等专著。日本东海水产研究所山田梅芳先生赠给《東シナ海・黄海のさかな》。长崎水产大学多部田修教授赠给《日本近海産フグ類の鑑別と毒性》《トラフグの漁業と資源管理》等专著。日本东京水产大学松田皎教授赠予中坊徹次主编的《日本産魚類検索》。国家海洋局第三海洋研究所林龙山研究员专程送来黄宗国、林茂主编的《中国海洋生物多样性》《中国海洋生物图集》巨著，及Nelson J S的*Fishes of the World*。山东东营市海洋与渔业局张士华研究员赠送安氏新银鱼的照片。中国海洋大学叶振江教授赠予马拉巴马虫鳗的照片，龚艳丽博士赠予鲱形目资料。厦门大学苏永全、王军、刘敏、杨圣云诸教授赐予台湾海峡鱼类和闽南鱼类图照……如果没有这么多国内外同行的鼎力支持与热心帮助，要想完成这本书的编写是不可能的，也是不可想象的。我们只能一并致以衷心感谢。在此，我还要感谢曾朝夕相处的中国海洋大学渔业资源教研室的任一平教授、曾晓起教授等的热情帮助。

3.《中国海洋鱼类》仍有遗憾，有待志者

尽管本书在同行的支持和合作者的共同努力下已编写完成，但由于一些主客观原因，仍留一些遗憾。

（1）少数种类因未获得彩照，而未被纳入本书。如似鲟足沟鱼*Podathecus sturiodes*从Cuichenot 1869年定名、首次记录出现于我国之后，迄今再未被发现。估计这些种类今后也难再现。其他主要是深海鱼类和中国稀有种。如钻光鱼科Gonostomatidae的卡氏丛光鱼*Valenciennellus carlsbergi*和巨口鱼科Stomiidae的羽深巨口鱼*Bathopilus longipinnis*等，皆或因个体小，或因捕自深水个体多不完整，难以被及时拍成彩照。至于中国稀有种，有些在过去并不少见，但近些年连采样都很难，以致丢失一些本不应该少的鱼种，留下遗憾。这只能寄望于日后增补。

（2）一些同种异名，仍有待商榷。尽管我十分注重这一问题并努力尝试对同种异名作出澄清，但苦于没有相应标本供校核，故只能用较多注释，解析我的认识，以供读者参考。

（3）对于一些习见或至关重要的经济鱼类，如鲳属*Pampus*的近似种种间的划分还有混淆之处；马面鲀属*Thamnaconus*的马面鲀*T. modestus*、绿鳍马面鲀*T. septentrionalis*和拟马面鲀*T. modestoides*之间，白带鱼（高鳍带鱼）*Trichiurus lepturus*与日本带鱼*T. japonicas*之间的明晰区别等都有必要进一步探讨。我只在书中作了检索编录和简介，主要是提供给读者参考。

此外，尚有部分鱼种，虽已收录于书中，但因资料不完整且没有相应标本供研究，致使诸如鳍式、鳞式等参数空缺，内容介绍存有缺憾。寄望于后来研究者补充。

总之，随着科技进步，鱼类学有了很大发展，新种、新记录不断被发现和编录。我坚信随着我国海洋强国战略的实施，南海、大洋的深入调查与开发，许多现在未知的种类将会不断被发现和研究。我国鱼类学的前景一片光明，它呼唤着有志来者！

笔者

2015年10月